U0151051

直线电机系列丛书

直线感应电机及系统

徐 伟 著

机 械 工 业 出 版 社

本书从“电机本体—控制策略—系统级优化”三个维度，开展了全面深入的研究和探索，成功构建了一套适用于直线感应电机系统的理论分析体系。

针对直线感应电机“模型精度偏低、控制效果欠佳、系统优化困难”等相关技术瓶颈及难题，本书在直线感应电机的时间谐波等效电路、电机系统损耗模型、电机系统最小损耗控制、多参数并行辨识策略、系统级多层次优化等方面开展了大量研究，取得了系列原创性成果，相关工作具有十分重要的理论分析及工程实践意义。

本书可供电气工程、控制工程、机械工程等相关行业科研技术人员，以及高等院校电机、电气传动、电力电子等专业的教师和学生参考。

图书在版编目（CIP）数据

直线感应电机及系统/徐伟著. —北京：机械工业出版社，2023.4
（直线电机系列丛书）
ISBN 978-7-111-72446-9

Ⅰ.①直…　Ⅱ.①徐…　Ⅲ.①直线电机-感应电机　Ⅳ.①TM346

中国版本图书馆 CIP 数据核字（2022）第 255621 号

机械工业出版社（北京市百万庄大街 22 号　邮政编码 100037）
策划编辑：李小平　　　　责任编辑：李小平
责任校对：潘　蕊　张　薇　　封面设计：鞠　杨
责任印制：刘　媛
北京中科印刷有限公司印刷
2023 年 5 月第 1 版第 1 次印刷
169mm×239mm · 28.25 印张 · 2 插页 · 502 千字
标准书号：ISBN 978-7-111-72446-9
定价：188.00 元

电话服务　　　　　　　　网络服务
客服电话：010-88361066　　机　工　官　网：www.cmpbook.com
　　　　　010-88379833　　机　工　官　博：weibo.com/cmp1952
　　　　　010-68326294　　金　　书　　网：www.golden-book.com
封底无防伪标均为盗版　　　机工教育服务网：www.cmpedu.com

直线电机系列丛书
编辑委员会

序言
Preface

直线感应电机可视为旋转感应电机沿径向剖开展平而来，其推力由初、次级电磁场直接作用产生。因无中间转换与传动装置，故直线感应电机系统具有结构简单、加减速度快、体积小、噪声低等优点，近年来已在轨道交通、伺服机床、电磁弹射、波浪能发电等多个领域得到了应用，并逐步成为直线驱动场合的重要选择。

然而，因受初级开断、气隙大、初级端部半填充槽等因素影响，直线感应电机面临精确建模难、效率和功率因数低、运行可靠性低等问题，从而严重制约了其进一步应用及推广。因此，为积极响应国家节能减排和低碳政策，亟需对直线感应电机及系统开展深入的理论与应用研究，进而有效提升电机系统的驱动性能，助力实现国家先进装备的产业升级。

华中科技大学徐伟教授在直线感应电机领域辛勤耕耘十八年，其研发工作和成果在国际和国内都具有一定的影响力。他在国家自然科学基金、国家海外高层次青年人才项目等支持下，从直线感应电机本体、控制策略和系统集成优化等方面开展了深入的研究和探索，建立了高精度等效模型，提出了高性能控制策略，并形成了系统级分层次优化方法，成功构建了一套较为完整的直线感应电机系统的理论体系。针对相关技术瓶颈及难题，作者在直线感应电机的时间谐波等效电路、电机及系统的损耗模型和最小损耗控制、多参数并行辨识策略、系统级多层次优化算法等方面取得了系列原创性成果，相关工作具有十分重要的理论与工程实践意义。

目前，中国正处于高端装备自主化与国产化的关键时期，其中高性能直线感应电机系统的市场潜力十分巨大。本书从“电机本体—控制策略—系统级优化”三个维度，对直线感应电机系统进行了全面深入的介绍，相关内容可为电机设计与控制领域的科研工作者、工程师及学生等提供较好的参考。相信本书的出版将为直线电机领域的进一步发展起到积极推动作用！

诸自强
英国皇家工程院院士
IEEE Fellow，IET Fellow
2022 年 10 月 8 日

前言

Preface

因结构简单、电磁力直接驱动（无中间传动装置）、加减速度快、噪声低等优点，直线感应电机系统已在轨道交通、伺服系统、电磁弹射器、电磁感应泵等领域得到了广泛的应用。然而，由于端部效应影响，迄今直线感应电机系统存在推力、效率和可靠性偏低等问题，主要面临三方面技术瓶颈：等效模型不精确，电机特性分析、优化设计及高性能控制难度大；控制策略不高效，复杂工况下电机的工作效率及运行可靠性偏低；系统优化不深入，系统的功率因数和效率等性能指标难以同时达到最优。

在国家自然科学基金、国家海外高层次青年人才项目、徐工研究院重大项目等支持下，作者从“电机本体—控制策略—系统级优化”三方面开展技术攻关，形成了本书较为完整的体系，具有一定理论意义与工程应用价值。

本书第 1 章从直线感应电机的应用背景出发，综述了电机本体、控制策略和系统级优化方面的研究现状，分析了当前技术条件下存在的挑战与亟待解决的问题，并介绍了本书的主要内容。第 2 章从直线感应电机气隙磁通密度方程入手，推导出电机绕组函数电路模型，分析了电机中存在的主要空间谐波和时间谐波成分及其作用规律，并建立了时间谐波激励下的直线感应电机等效模型。第 3 章叙述了三种全面且实用的直线感应电机损耗模型，可较为准确地衡量初级漏感、纵向边端效应、横向边缘效应等因素的影响，还分别考虑了电机和逆变器时间谐波损耗等。第 4 章将模型预测电流控制与矢量控制相结合，对边端效应和计算延迟进行补偿，简化了算法复杂度，提高了电流跟踪性能。第 5 章采用双矢量调制策略来提升电压矢量的调制精度，首先求解获得参考电压矢量，快速选出最优电压矢量组合，有效避免了重复的枚举计算；然后实现了额定速度以下的最大推力电流比控制和额定速度以上的弱磁控制。第 6 章提出扩展全阶状态观测器速度估计方法和扰动估计补偿速度控制方法，实现了速度跟踪性能和负载扰动性能的全解耦二自由度控制。第 7 章对电机参数机理进行了详细分析，先后研究了直线感应电机的低复杂度高精度在线参数辨识方法、低开关频率下模型预测控制参数辨识方案和无速度传感器下励磁电感并行辨识方案。

第 8 章研究了直线感应电机的系统级优化方法，从电机本体和控制策略等层面对直线感应电机系统进行同时优化。第 9 章对本书的内容进行了详细总结，并对直线感应电机系统的未来发展趋势进行了展望。

本书的书稿整理和校对工作得到了作者的博士生唐一融、董定昊、肖新宇、上官用道、郭颖聪、成思伟、葛健、胡冬、佃仁俊、邹剑桥、Mahmoud F. Elmorshedy、Mosaad M. Ali、Samir A. Hamad 等的大力支持，在此一并致谢。同时，衷心感谢我的博士生导师李耀华研究员和孙广生研究员、博士后导师 Jianguo Zhu 教授和 Xinghuo Yu 教授，是他们的指导和引领，让我有幸进入直线电机领域，十八年如一日的坚守，致大尽微，博览众长。其次，真心感谢华中科技大学黄声华教授、刘毅、彭红林、杨春全等对团队平台的建设及对我的支持，喻家山下十年的坚持，厚积薄发，担当致远。再次，非常感谢爱人和孩子的长情陪伴，感谢父母的常年挂念。最后，十分感谢国家自然科学基金面上项目（No. 52277050 和 No. 51377065）和国家海外高层次青年人才项目等的大力支持。

本书可供电气工程、控制工程、机械工程等相关行业科研技术人员，以及高等院校电机、电气传动、电力电子等专业的教师和学生参考。因作者学识和时间有限，且直线感应电机系统仍在不断发展之中，书中难免存在诸多问题或不当之处，敬请广大同仁和读者不吝批评指正。

徐伟　谨识

2022 年 10 月于华中大

目录
Contents

Chapter 1
第1章　概述

1.1 研究背景及意义

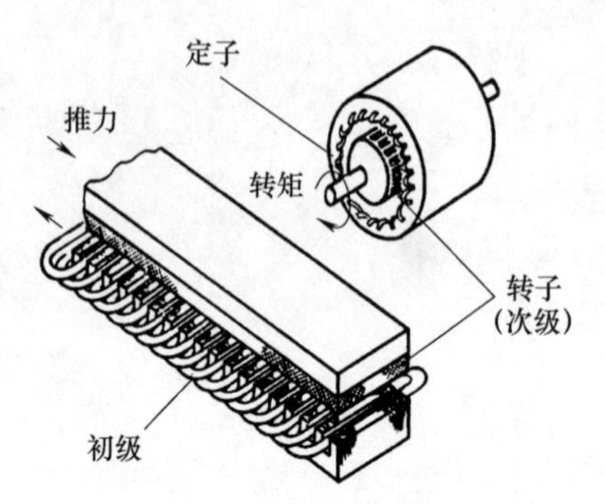

图 1-1 LIM 结构示意图

因电磁力直接驱动、机械结构简单、加减速度快、运行安全可靠、维护量小等优点，直线感应电机（Linear Induction Machine，LIM）得到了学术界和工业界的广泛关注，并已在城轨交通（简称“轨交”）、电磁弹射、航空航天、数控机床、波浪能发电等直线驱动领域得到了一定应用。图 1-1 所示为 LIM 结构示意图，它由旋转感应电机（Rotary Induction Machine，RIM）沿径向剖开并拉直演变而来：原来沿轴线旋转的电磁转矩变为水平电磁推力，无需中间传动装置即可产生直线运动。

以轨交牵引系统为例，当前多采用 RIM，需借助齿轮箱等中间传动装置，把电机转矩转为水平推力，同时依靠车轮和轨道之间的摩擦力驱动列车运行。因此，RIM 系统存在体积大、加减速度慢、爬坡能力差、噪声高、维护量大、选线难等问题，尤其在大中城市核心地段的轨交系统中问题突出[1-4]。与之对应，LIM 驱动的轨交牵引系统，其初级和次级（对应 RIM 定子和转子）分别安装和铺设于列车和轨道上，依靠初次级的电磁推力直接驱动，省掉了中间转换传输装置，如图 1-2 所示，可有效解决上述 RIM 系统所面临的相关问题[5-8]。迄今，全世界有 20 余条 LIM 轨交牵引系统线路，自 2005 年以来，我国相继修建并开通了 6 条线路，包括广州地铁 4~6 号线、北京机场快轨线、长沙低速磁悬浮线、北京 S1 线等。过去 10 余年间，我国是全世界 LIM 轨交牵引系统发展最快的国家之一，并将在未来得到进一步提升。

从图 1-1 可以看出，因两端铁心开断，LIM 电磁结构不再像 RIM 那样具有对称性，其特有的静态边缘效应和动态边端效应，为电机的等效模型、特性分析、控制策略带来很大的困难和挑战[9-12]，主要包括：

1）准确稳态和动态模型难以建立：因初级磁路开断、大气隙、初级半填充槽等影响，LIM 面临三相磁路非对称、纵向边端效应（互感受速度等影响）等问题，其气隙磁场畸变严重、作用机理复杂，是一个典型的高阶、非线性、强耦合系统。因此，如何建立合理的稳态和动态等效模型，是 LIM 轨交系统亟需解决的首要问题。

图 1-2　轨交牵引系统用 LIM 实物图

2）牵引力、效率和可靠性偏低：高牵引力、高效率、高可靠性是 LIM 驱动系统追求的关键指标。然而，因为端部效应导致的互感衰减（速度增加等导致）、大气隙（一般机械气隙为 7mm 以上）导致的无功电流增大、复杂工况导致的过电压过电流等问题，相比 RIM 驱动系统，LIM 驱动系统将面临牵引力低、效率低、可靠性低等问题。如何从控制角度有效提升 LIM 牵引力、效率、可靠性等指标，是长期困扰 LIM 轨交系统的瓶颈问题。

3）传统优化算法难以全面提升系统性能：传统的 LIM 系统采用器件级优化方法，即电机、变流器和控制器等主要单元首先分开设计，经组合和集成调试后投入实际运行，但这种单独部件优化后再组装的方法，不能保证 LIM 驱动系统的最佳性能。且在对电机本身进行优化时，传统优化局限于额定工作点，不能保证区间性能最优，即达不到广域高效的牵引性能。为此，如何把电机本体设计、变流器和控制器（控制策略）联合起来，提出 LIM 系统级设计方法，以此提高 LIM 系统的牵引能力，是目前 LIM 轨交领域的热点问题。

然而，由于 LIM 拓扑结构、数学模型、电磁关系所展现的特殊性，无法在相关研究中直接沿用 RIM 的研究方案：首先，LIM 结构和特性上的显著差异将导致相应电磁参数的变化规律发生变化，进而使得 RIM 成熟的等效电路和损耗模型不再适用；其次，考虑到端部效应对 LIM 驱动系统性能造成的影响，适用于 RIM 的控制方法难以满足高牵引力、高效率、高可靠性的控制需求。因此，有必要对 LIM 系统从等效模型、控制策略、系统集成等方面进行全面综合的研究。此外，还需要结合轨交牵引系统所面临的工程实际问题展开探索，以使得研究成果具有实用价值。

本书将以 LIM 轨交牵引系统为研究及应用背景，从 LIM 绕组函数和磁场分析出发，建立准确全面的等效电路及损耗模型，深入研究适用于 LIM 的高效高性能控制方法及多目标优化方法，从而达到系统损耗降低、电流谐波和推力波动抑制、安全可靠性提升等目标，进而推动 LIM 轨交牵引系统的产学研用进程，同时也为在其他领域的研究应用奠定坚实的基础。

1.2 直线感应电机等效分析模型研究概述

由于初级开断、大气隙、端部半填充槽等影响，LIM 数学模型相对 RIM 模型更为复杂。大量文献表明，LIM 数学模型较多，大致包括路的方法、场的方法和场路结合法，具体介绍如下。

1.2.1 路的方法

路的方法又叫静态试验法，即认为 LIM 数学模型和 RIM 模型类似，通过开路和短路试验来确定等效电路参数，并作为 LIM 参数辨识和控制策略的参考。

J. Duncan[13]从 LIM 初级运动产生次级涡流入手，认为气隙磁通的畸变对电机互感产生影响。文献假设次级导体板中的涡流呈指数变化，对初级范围内的次级涡流进行积分，定性计算出涡流的平均值。论文通过初次级的能量交换和功率相等原理，推导出 LIM 励磁电感、铁损电阻随电机速度的变化关系，并用一个与速度相关的简单函数对其互感和铁损电阻进行修正，归纳总结出了 LIM 单相等效电路模型。进一步，文献采用开路和短路试验来获取电机静态参数。所用模型一定程度上反映了纵向边端效应对电机参数特别是互感的影响，其校正系数简洁适用，理论分析结果与试验数据接近。

J. F. Gieras[14]采用开路和短路试验对弧型感应电机（LIM 模拟平台）进行了参数测量。由于气隙大，弧形感应电机空载下的稳定运行点转差较大，次级支路不能断开。为达到真正意义上的空载，文章用直流电机拖动弧形感应电机，使其运行到同步速度。测量的参数应用于实际控制中，其结果基本满足要求。

E. Dawson 等人[15]首先在直流电源下测量初级电阻，然后去掉次级导板，此时初级通电不产生运动，可等效为次级支路断开后的空载试验。堵转试验与 RIM 的传统方法相同。文献获得的 LIM 静态参数，经修正后可用于电机矢量控制中，并通过在线参数辨识算法估算出电机的动态参数，其结果基本可信。

综上所述，路的方法不需详细知道 LIM 结构参数，直接通过稳态下电机端部电压、电流、频率等量获得相关等效参数，过程简单易行。然而，因气隙较大、端部开断等特点，严格而言，LIM 静态试验只能获取较准确的初级电阻值，而次级电阻、初级漏感、次级漏感、励磁电感、铁损电阻等测量值和真实值均存在不同程度的误差。因此，路的方法一般应用于电机速度较低、控制精度要求不高的场合。

1.2.2　场的方法

场的方法就是从麦克斯韦方程入手，对LIM气隙磁场方程进行分析求解。它是分析LIM数学模型的有力手段，主要包括解析法、有限元法和边界元法，具体介绍如下。

1.2.2.1　解析法

解析法主要有两种：集中参数的电流理论分析法和分布参数的电磁场理论分析法。解析法先基于一维或二维场分析，选取电机的一对极为求解区域，把初级绕组等效成正弦电流层，暂时不考虑铁心入端、出端、补偿绕组、端部半填充槽和三相绕组不平衡等因素，直接沿用旋转电机分析方法，计算出理想化的电机模型[16]。进一步考虑横向边缘效应、纵向边端效应、初级半填充槽、磁路饱和、初级相间不平衡、次级导板的趋肤效应等影响，用相应系数对电机参数进行校正。解析法主要采用磁路法、等效电路法、磁荷法、直接求解拉氏法、空间谐波法、次级板分层法、耦合电路模型（包括极对极法、绕组函数法等）[17]。下面对其主要模型及思路进行介绍。

1. 并联或串联电路法

Sakae Yamamura[18]从三维麦克斯韦方程出发，经过简化推导出LIM一维气隙磁场方程的解，并将气隙磁场分为三部分：第一部分是基本的正向行波，对应于RIM气隙磁场；第二部分是入端磁通密度波，沿正方向（$+x$轴）运行，并逐渐衰减；第三部分是出端磁通密度波，沿负方向（$-x$轴）运行并迅速衰减。经过严密的数学推导，作者得到了三种磁通密度行波对应的等效阻抗，并等效出串联或并联电路。串联等效电路如图1-3所示，其中Z_s为初级阻抗，Z_f为气隙基波阻抗，K_1Z_f为入端波阻抗，K_2Z_f为出端波阻抗，它们对电机推力产生不同影响：气隙基波产生理想的推力，入端和出端行波大多数情况下产生负的推力（特定区域可能为正），最终使LIM的有效推力下降。整体而言，该模型能清楚描述出边端效应对LIM特性的影响，并可得到两点结论：①LIM气隙中的出端磁通密度行波衰减很快，对电机推力影响很小，一般可以不考虑；②因纵向边端效应随电机速度的增加而迅速增大，LIM有效推力将迅速衰减，不宜应用于150km/h以上的高速交通中。

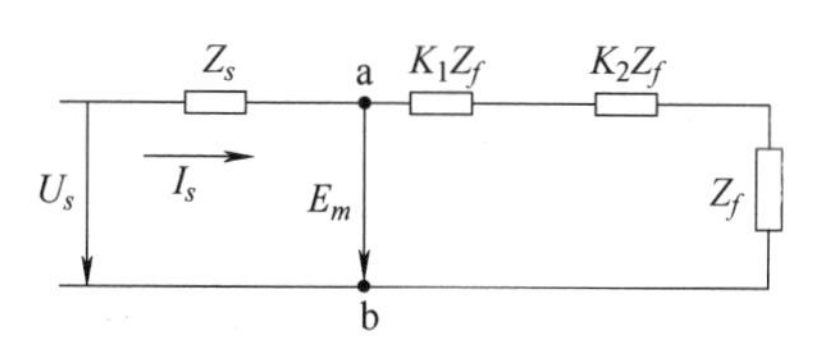

图1-3　LIM串联等效电路

Poloujadoff[19]从 LIM 一维方程入手，提出了三种修正方法，推导出气隙行波的二阶、三阶和四阶方程。其中三阶方程包含了次级导板中 x 方向电流的近似效应，四阶方程中考虑了初级铁心的饱和效应。

Wilkinson[20]根据 LIM 边端效应建立了气隙磁通密度方程。根据初级铁心端部磁通密度的急剧变化，作者研究了 LIM 电磁推力的瞬态变化过程。

J. F. Gieras[21-22]系统总结了前人的研究成果，得到如图 1-4 所示的 LIM 并联等效电路：Z_m 为励磁支路阻抗，Z_r 为次级支路等效阻抗，Z_{end}为边端效应阻抗。作者认为 $Z_{end}=\dfrac{1-k_e}{k_e}\dfrac{Z_m Z_r}{Z_m+Z_r}$，其中 k_e 为边缘效应系数。比较图 1-4 和图 1-3，两个 LIM 等效模型在本质是相同的，可以根据不同需要进行转化。

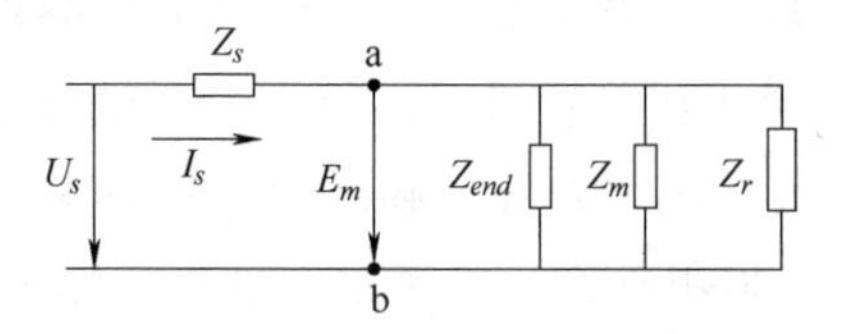

图 1-4　LIM 并联等效电路

2. 次级结构分层法

由于气隙较大，LIM 气隙磁场强度 H 沿气隙长度方向的分布不再均匀，同时次级表面的导体（铜或铝）对 H 将产生进一步影响。因此，为准确计算次级电阻，必须采用次级结构分层法，深入研究次级导板中的电流分布情况。该方法是一种二维磁场分布求解法，由 Gullen 和 Barton 提出，后经 Grieg 和 Freeman，J. F. Eastham 和 Roger 等学者进一步发展完善。它假设场量在 z 方向上是不变的，次级电流只有 z 方向分量。实际导板中，电流却具有 x 方向分量，使得次级电阻率增加，常采用 Russel-Norsworthy 系数来校正。分层法难以考虑初级铁心的有限宽度和长度，大多应用于几台 LIM 串联的情况，如图 1-5 所示。此时，若 LIM 初

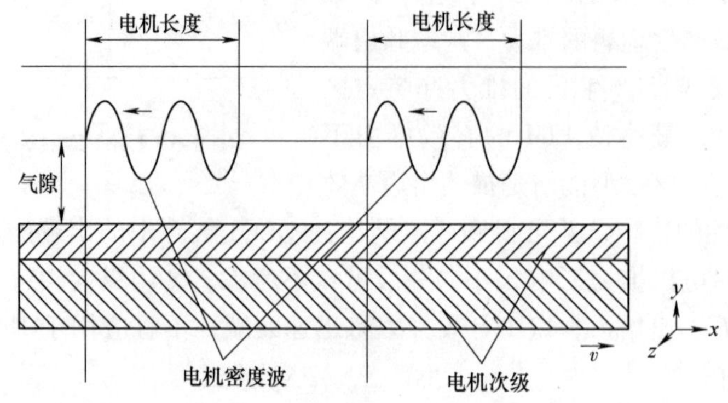

图 1-5　多台 LIM 初级串联

级足够长，则初级电流密度的分布可用正弦行波傅里叶级数来表示。在各个分层的交界面处，磁通密度 B_y 是连续的，若交界面处无电流存在，H_x 也是连续的。

J. F. Gieras[22]将 LIM 整体结构按不同材料分层，如图 1-6 所示。具体分层结构从次级导电板开始到初级线圈电流层为止，分别为 1，2，…，k 层，各层内部的磁导率 μ_i 和电导率 δ_i 均相同，且具有线性电磁分布及各向同性。若各层的电流密度已知，就可以计算出相关的磁场分量，然后根据麦克斯韦应力法和拉普拉斯方程等，计算出每层阻抗。LIM 次级的每层阻抗通过级联方式，最后可等效为串联电路的形式。该方法还可考虑空间谐波的影响，如图 1-7 所示，v 代表空间谐波次数。

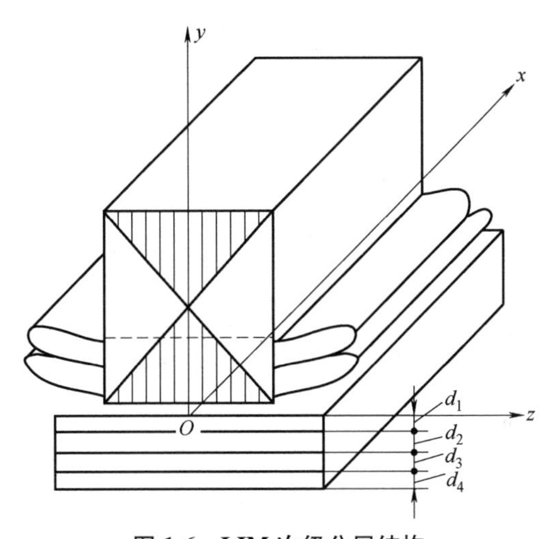

图 1-6　LIM 次级分层结构

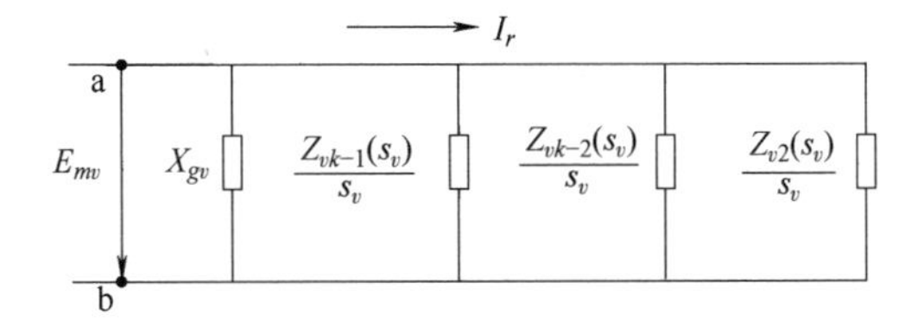

(a) LIM次级阻抗多层并联等效电路

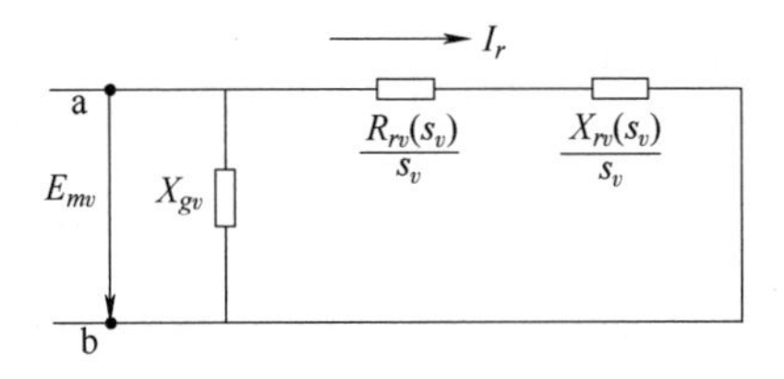

(b) LIM次级阻抗串联等效电路

图 1-7　LIM 次级分层等效阻抗

分层理论多数未考虑初级铁心的饱和。Dawson 和 Eastham[23]首次提出了同时考虑初级和次级铁心饱和的分层法：在某些大推力工作区域，因初级电流密度较大，大功率 LIM 初级铁心存在一定饱和现象，其铁磁材料的磁导率不再为无穷大。大量研究结果表明：考虑初次级铁心饱和后，电机的推力和垂直力更接近实际测量值。

3. 耦合电路模型

因为物理结构非对称，所以 LIM 等效模型建立方法不能完全照搬 RIM 分析思路。传统 RIM 中，只需要分析一个极下的场量和参数变化，然后根据对称结构扩展到整个电机范围。而 LIM 的入端和出端磁路突然变化，场量迅速改变，对称拓展法不再有效，需要进行更为细致的研究[24-25]。

D. G. Elliott[26]把 LIM 次级分为大量相似的网格，建立相应的矩阵方程，并根据边界条件求解出每个点的状态。该方法可考虑互感变化，对 LIM 稳态和暂态特性进行分析。但是，为获得合理结果，需求解大量差分方程，如 4 极电机至少要解 150 个差分方程，计算量较大。

B. T. Ooi[27]和 G. G. North[28]尝试建立 LIM 稳态和暂态特性分析的统一方程。他们从麦克斯韦静态场推导出电机参数的解析表达式，并用傅里叶级数方法对参数进行三维场分析。该方法同样需求解大量差分方程，边界条件的给定较繁琐。

T. A. Lipo 和 T. A. Nondahl[29]提出极对极方法，较大地推动了 LIM 稳态和暂态特性分析。该方法认为，LIM 次级电路的每个极是独立的，对应极下的绕组呈正弦分布；通过求解每个极的场量，最终能求解出电机气隙磁链和次级实际电流。另外，在电机两端人为增加极数，对 LIM 边缘效应进行校正，如图 1-8 所示。极对极方法首次从理论上对 LIM 动态和暂态特性进行了较好的描述，但其难点在于如何合理确定两端增加极的数量。然而，极的数目增加会加大方程求解难度，同时影响电机特性分析的准确度。另外，LIM 次级等效电流大小与电机运行速度密切相关，必须设法建立它们之间的关系。

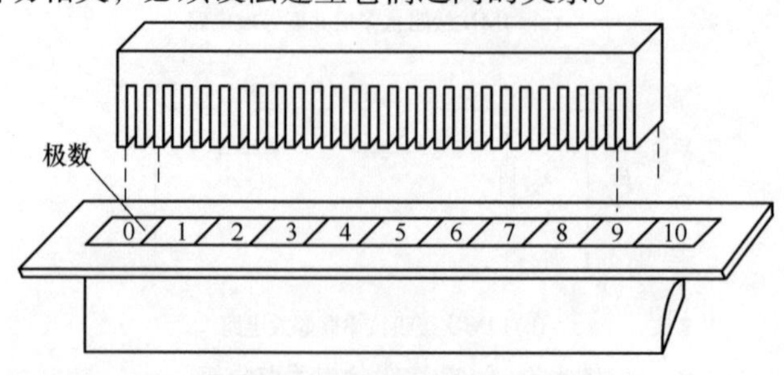

图 1-8　LIM 的极对极模型

Changan Lu 和 G. E. Dawson[30-31]在极对极方法的基础上引入了绕组函数分析方法。他们从 LIM 气隙磁链方程入手，在忽略磁路饱和、半填充槽、绕组不对称等情况下，推导出电机绕组函数表达式，进一步求解出电机互感、次级电阻等重要参数，建立电机等效模型。该模型可对 LIM 稳态和暂态特性进行较为合理的分析。

整体而言，解析法物理概念明确，容易被人理解。但在实际中，解析法很难充分考虑磁路复杂性、非线性等因素。在建立 LIM 相应数学方程式时，解析法通常要用对应等效参数去近似或折中。当电机极数较多时，该方法的计算结果较准确；但随着极数减少，其计算误差逐渐增大。

1.2.2.2　有限元法

电磁场有限元法（Finite Element Method，FEM）能综合考虑各方面因素，近年来逐渐成为 LIM 参数计算和特性分析的有力工具。FEM 对场量边值问题的微分形式进行离散化处理，适合于封闭边界面区域中的电磁场计算，可以分析 LIM 电磁推力、次级板电流、气隙磁通密度等。该方法求解步骤包括前处理、求解和后处理三步，主要分为二维法和三维法两种。

FEM 首先将电机的求解区域进行单元剖分，二维模型中剖分成一系列连续的三角形或四边形单元，三维模型中剖分成一系列连续的六面体单元。单元节点上的矢量磁位 $\boldsymbol{A}$ 按照预先假设的变化方式（如线性变化或二次变化等）进行计算，然后从麦克斯韦基本方程出发，导出一组以磁场矢量磁位 $\boldsymbol{A}$ 为变量的偏微分方程。磁导率的大小跟随 $\boldsymbol{A}$ 改变，从而考虑电机的磁路饱和效应。FEM 的边界条件由一系列初级绕组电流、磁通密度和次级感应电流组成，其中次级感应电流在求解区域中经过一定距离后会逐渐衰减为零。方程求解的精度与剖分单元的数量有关。FEM 求解推力的方法包括麦克斯韦应力张量法和虚位移法两种[32]。虚位移法的计算结果与网格剖分关系不大，而麦克斯韦应力张量法的计算精度和网格剖分精度紧密相关，即只有当网格剖分适当，计算准确性才有保证。实际中常常采用虚位移法。

1. 二维有限元模型

Rodger[33]考虑 LIM 齿槽和次级板厚度的影响，用三角形和四边形结合的方法，建立 LIM 二维分析模型。文章考虑趋肤效应作用，用等效电流层代替定子齿槽影响，结果表明：LIM 在不同速度和频率下的磁场分布和推力变化与实际情况吻合。Eastham[34]采用二维有限元模型对 Queen 大学的 LIM 进行分析，并和试验测量结果进行对比，结果表明：两者在高转差区域比较接近；随着转差减小（初级速度增加），误差逐渐增加。Chang Kim[35]采用二维模型对 LIM 运行过程进行动态分析。文章引入运动剖分法，当电机位移较小时，只将运动边的剖分单元变形，当位移较大时重新剖分运动边单元，尽量保持总单元和节点数不变。LIM 推力和法向力采用变步长有限元法求取，其结果验证了稳态工况下的性能指标。

2. 三维有限元模型

Rodger 和 Eastham[36]采用标量和矢量磁位相结合的方法，把区域划分为涡流区、源电流区、无电流区，然后对每个区域采用不同的网格划分方法。通过求解迭代 8000 个方程，得到比二维模型更精确的磁通密度分布和推力值。

Cottingham[37]比较了空间暂态分析和三维建模分析两种方法。文章从三维电磁场方程入手，分析了电机出端网格几何形状对电机性能的影响：次级涡流幅值与运行速度有关，只有当速度较高时，入端磁通密度才趋近于零。Cottingham 把气隙磁通分为两个分量：一个分量是定子电流与转子电流共同作用的结果；另一个分量幅值与第一个相反，大小与暂态转子电流有关，将随着次级的进入而消失。该方法计算的推力等特性变量和实际吻合较好。

Tadashi Yamaguchi[38]用三维有限元法对 LIM 涡流、端部磁通密度和推力等进行了详细研究，并和解析法结果进行了比较，结果表明三维分析更接近试验值。

综上所述，FEM 的优点是先知道每个剖分网格点的场量，进一步求取电机的参数和特性变量，不必像解析法那样需进行近似和简化，结果相对准确。FEM 和电机建模分析、优化设计相结合，是电机分析设计的发展趋势。相对二维 FEM，三维 FEM 必须考虑三个轴向矢量磁位的变化，需要更大数据存储空间和更多计算时间，且边界条件给定更复杂。

1.2.2.3 边界元法

FEM 是求解整个区域内不同分布节点的场量值，而边界元法（Boundary Element Method，BEM）是求解模型不同区域之间的边界上未知节点的变量，然后由这些点的值求解需要的场量。

Nonaka 和 Ogawa[39]用边界单元法计算了 LIM 性能，并与空间谐波法进行了比较，结果基本一致，但并未与实际试验对比，计算精度未知。T. Onuki[40]提出了 BEM，通过边界条件和方程求解分界面之间的节点磁通密度等。该方法整体上简单易行，但存在如下缺点：①磁场饱和时不容易得到准确解；②需要较多计算时间和较大存储空间；③运算矩阵多数情况是满秩的，阶数增多时不好处理。相对 BEM，FEM 运算矩阵大部分为稀疏矩阵，计算时间短，占用空间小。

为扬长避短，近年来一些学者提出 FEM-BEM 联合解法，从而有效解决 LIM

磁场分析中的一些问题。B. Laporte[41]比较了空间谐波法和FEM-BEM，在边界处和低转差时，FEM-BEM精度更高，且运算时间相对较短。Koji Fujiwara[42]将FEM-BEM应用于LIM次级板涡流分析中，结果表明：该方法计算获得的推力与试验测定值更加接近，且具有更好的收敛性。

1.2.3　场路结合法

路的方法简单直观，场的方法相对准确，实际中常将两者结合起来，即场路结合法，主要包括以下三种情况：①利用静态试验法测量电机参数和特性变量，并和解析法计算的电机参数和特性变量比较，对LIM性能进行分析；②在有限元分析的基础上，通过后处理直接计算得到LIM等效参数，用以校正静态试验值，获得更加精确的结果；③采用传统等效电路和状态方程法对电机参数进行计算，并和有限元分析结果比较，提高参数准确度。

Kwanghee Nam[43]把电磁场分析法和路的方法相结合，对电机参数进行研究。文章先通过FEM分析，得出LIM初次级漏感的大致比值，然后采用试验法确定电机等效电路参数。空载试验时，选用较大的压频比，使电机转速降低来满足空载试验的转差条件。堵转试验时，q轴电流给定值为零，电机自然堵转，然后根据测量的电压和电流值计算出电机参数。测量的参数用于矢量控制中，结果表明该方法较合理。

Nonaka[44]用磁场分析法对LIM次级电阻和次级漏感进行求解，并和实际测量值进行比较，然后再对部分结构参数进行校正，把获取的电路等效参数用于电机不同工况的分析，其理论值和实际值间的误差满足工程要求。

Dae-Kyong Kim[24]提出了LIM新型dq模型。文章认为电机在dq轴下，只有初级电阻相同，而初级漏感、次级漏感、互感、次级电阻均存在差异。文章采用FEM对电机参数进行深入分析和求解，并把结果应用于LIM矢量控制中，比较准确地描述了电机运行特性。

综上所述，场路结合法能把数学分析和试验测定的优点充分发挥出来，迄今已成为LIM特性分析和控制研究的有力工具。

1.2.4　等效模型研究难点

相对RIM机械结构，LIM存在如下差异：①初次级间隙大（一般为10mm，为RIM的10~20倍）；②初级铁心开断；③次级导板比初级铁心宽；④初级两端出现半填充槽。因此，LIM数学模型和特性分析相对更加复杂和困难，主要难点如下：

1）纵向铁心开断的影响。LIM 铁心端都不连续，三相绕组互感不等，在三相对称的电压作用下产生非对称的三相电流，气隙磁场中出现正序正向磁场、逆序反向磁场和零序脉振磁场。这种现象是 LIM 结构所导致的，逆序和零序磁场在电机静止或运行中，将产生阻力和增加损耗，从而影响电机效率。

2）初次级垂直力的影响。该力（又称法向力）主要由初级线圈电流和次级导板涡流的排斥力、初级线圈电流和次级背铁的吸引力合成。其中，前者与气隙大小成反比，与次级感应电流成正比；后者受气隙主磁通影响，与励磁电流和互感等相关。受磁场储能和转差频率等影响，不同方式下，系统的整体垂直力可能表现为吸引力或排斥力，其值有时会达到牵引力的 3~5 倍（单边型钢次级会更大）。该力将增大驱动系统的牵引损耗，对控制过程造成一定的干扰。

3）次级导板出端和入端涡流的影响。（假设短初级运动，长次级静止）在初级的进入和离开端的气隙磁场因为磁链守恒，会在次级导板中感应阻碍磁场变化的涡流。涡流的产生使得气隙有效磁场在入端削弱、出端加强，使气隙的平均磁链削弱。结果导致牵引力减小，电机的控制难度增加。

4）数学模型和解耦控制复杂。因静态结构的特殊性和运动状态的复杂性，LIM 互感、次级电阻等参数随速度、转差等参数变化，是一个强耦合非线性高阶系统，数学模型十分复杂。控制方法上，以前适用于旋转电机的磁场定向控制（Field Orientation Control，FOC）、直接转矩控制（Direct Torque Control，DTC）等方法不能直接应用于 LIM，需要重新分析和建立相应的电机模型和控制方程。在高精度控制场合，LIM 的静态参数需采用场路结合法或有限元分析，动态参数需进行在线参数辨识等。

1.3 直线感应电机控制方法研究概述

1.3.1 传统控制策略

整体而言，传统 RIM 系统的控制策略，可以直接或经过改进后应用于 LIM 系统，具体情况视应用场合与控制需求而定。相对传统 RIM 控制方程，LIM 最大的特点在于：因受端部效应影响，电机互感是电机运行速度、转差、频率、结构参数的函数，呈现出高阶、非线性、强耦合的变化特性[45-46]。除此之外，LIM 的次级电阻在不同工况下也呈现出一定的非线性变化。本节将从控制角度出发，归纳介绍 LIM 典型的控制方法，具体如下。

1.3.1.1 转差频率控制

早期投入运行的 LIM 轨交系统大多数采取转差频率控制，即将转差频率设定为一恒定值，电机的输出推力基本与电流二次方成正比，那么只需对电流幅值进行控制便可实现推力控制，控制框图如图 1-9 所示。文献［47］详细介绍了实际 LIM 牵引系统转差频率控制方式：在电机速度低于 12m/s 的时候，转差频率控制在 5Hz；如果速度进一步上升，由于逆变器输出电压限制，给定转差频率也会跟着线性增加。整体而言，该方法简单易行，但需选择合适的转差频率。若转差频率选择不准，在相同输入电流下，电机出力将会减小，从而降低驱动系统的整体效率。

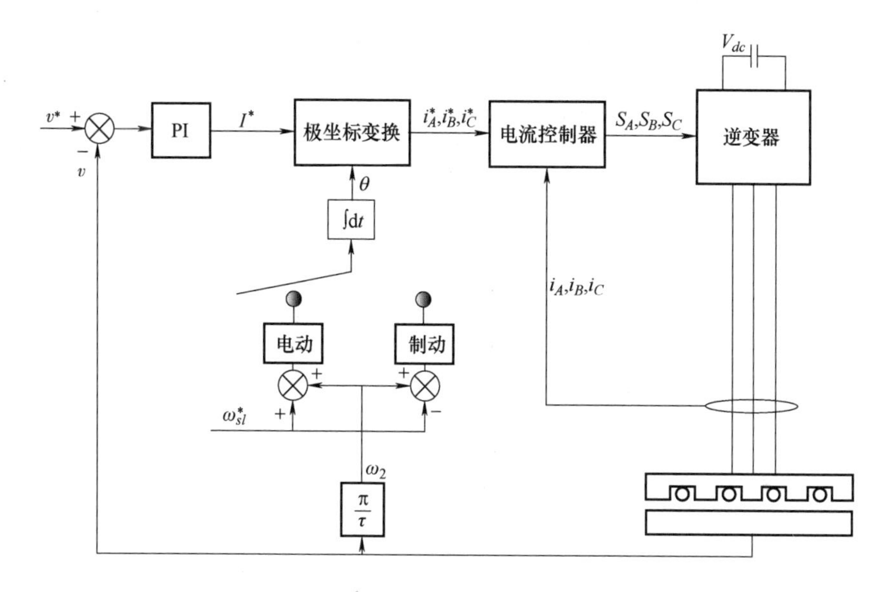

图 1-9　LIM 转差频率控制框图

1.3.1.2　矢量控制

和 RIM 类似，LIM 的矢量控制如图 1-10 所示，包括直接磁场和间接磁场定向控制，其中前者通过次级磁链观测器获取准确的磁链角度，进而对 LIM 进行解耦控制，如图 1-10a 所示；而后者则通过计算转差频率获得同步角频率，进而积分获取磁链角度，如图 1-10b 所示。在稳态工况下，LIM 直接和间接磁场定向方式的效果大致相同；然而，在动态过程中，因转差频率求解公式不再适用，为此间接磁链定向获取的磁链角度将会出现偏差。通常情况下，矢量控制与转差频率控制类似，即在稳态下均只对 LIM 转差频率进行控制。但是矢量控制可通过改变次级磁链来调节转差频率，无需将其设置为固定值。因此，矢量控制方法适用范围更广，控制效果更好，同时还可结合最小损耗控制策略等，通过调节 LIM 励磁水平来提高电机系统的运行效率等[48-50]。

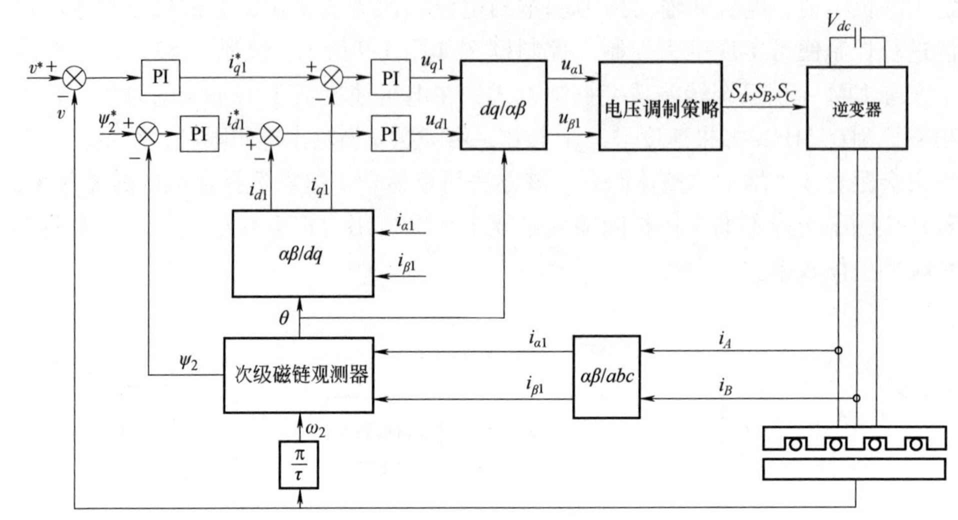

(a) 直接磁场定向方式

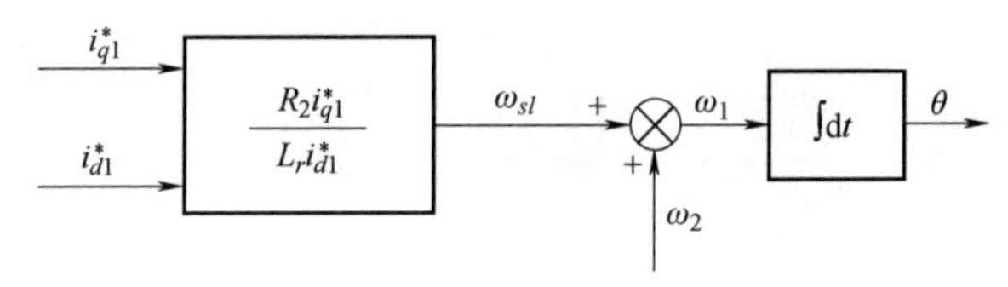

(b) 间接磁场定向方式

图 1-10　矢量控制框图

通常而言，电流环参数整定过程中，一般采用固定 PI 参数，其电流内环传递函数框图如图 1-11 所示。根据传递函数，通过零极点配置方法，可对 PI 调节器的比例和积分系数进行设计，其表达式为[51]

$$\begin{cases} k_p = 2\xi\omega_n L - R \\ k_i = L\omega_n^2 \end{cases} \tag{1-1}$$

式中，ξ 为控制器阻尼系数；ω_n 为控制器带宽；$L=\frac{L_r L_s - L_m^2}{L_r}$；$R=\frac{R_1 L_r^2 + R_2 L_m^2}{L_r^2}$。

根据式（1-1）可知，PI 参数的整定过程与电机实际运行工况相关：对于 RIM，除受电磁饱和及温度影响外，电机参数基本不变，因此对应的 PI 参数基本恒定；然而，LIM 中参数变化较为剧烈（受边端效应影响等），若 PI 参数仍设为恒定值，则难以满足实际工况需求。除此之外，单纯采取 PI 调节器，无法消除 dq 轴电流耦合现象，尤其动态过程中交叉影响较严重。同时，在实际数字控制器实施过程中，PI 控制器难以消除计算延迟带来的影响，有时会恶化系统

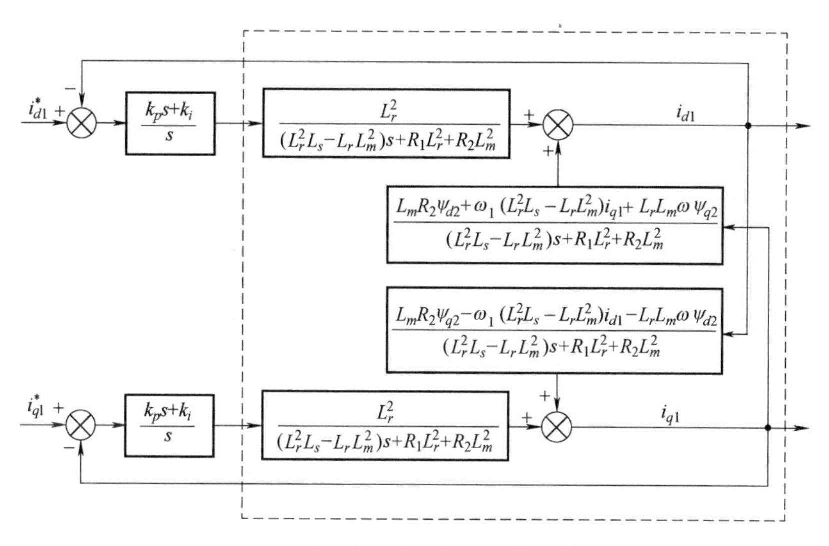

图 1-11　电流内环传递函数框图

控制性能。同时，矢量控制通常采用空间矢量调制（Space Vector Modulation，SVM）来产生驱动脉冲，采样频率与开关频率相同，如所需开关频率较低，则对应的采样频率也较小，从而进一步放大了计算延迟所带来的负面影响。

1.3.1.3　直接推力控制

为了能够提高电机的动态响应能力，直接推力控制采取基于初级磁场定向的方式，直接对电机初级磁链以及输出推力进行控制，其控制框图如图 1-12 所示。根据迟滞比较器判断的结果，结合离线开关表，合理选出满足当前需求的

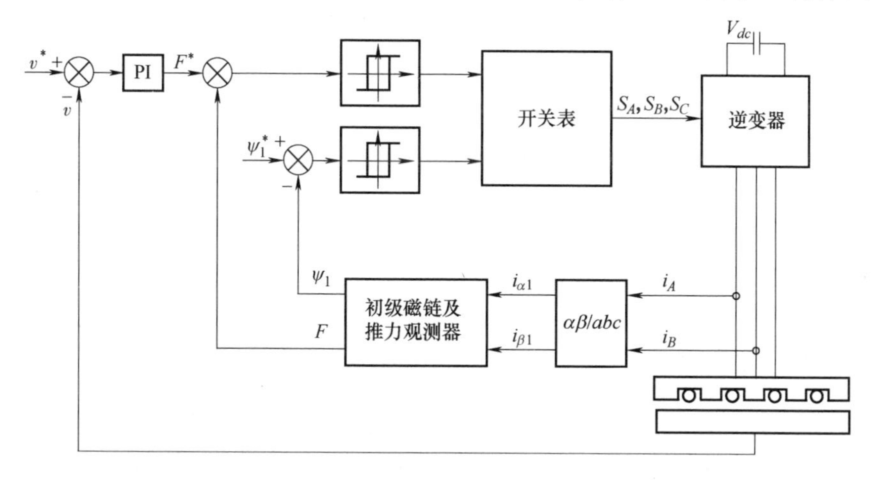

图 1-12　直接推力控制框图

电压矢量作为输入控制量。由于一个采样周期内只作用一个电压矢量，因此该方法的开关频率会比较低，适合于大功率 LIM 驱动场合。文献［52，53］详细分析了直接推力控制对 LIM 运行特性的影响：该方法不依赖电机参数，比较适宜 LIM 驱动系统，具有较强的鲁棒性。然而，相比矢量控制，因开关表内所选择的电压矢量数量有限，导致控制精度不高，磁链和推力波动较大。为减小电机输出推力波动，相关学者对离线开关表进行了优化，所采用的迟滞比较器也更加灵活，能够输出的判定结果更加丰富，从而选出更加精确的电压矢量。除此之外，有学者将该方法与电压矢量调制相结合，即一个采样周期内作用多个电压矢量，从而增加电压矢量调制精度，有效减小磁链和推力波动。

1.3.2 最小损耗控制

最小损耗控制（亦称“效率优化控制”）是一类基于电机系统参数或测量反馈等信息，通过合理调节磁链、电压、电流、转差等变量，以实现电机系统损耗降低、运行效率提升的控制方法[54-56]。

最小损耗控制的研究可追溯至 1977 年，美国工程师 F. J. Nola 在专利[57]中提出一种根据事先制定的工作表来调整感应电机运行功率因数的方法，从而可间接降低电机损耗。1983 年，T. W. Jian 与 N. L. Schmitz 等学者提出一种通过控制感应电机转差来降低损耗的方法[58]。同年，美国学者 A. Kusko 提出在开环控制系统中调整 RIM 定子电压与频率以降低电机损耗的方法[59]。1984 年，韩国学者 H. G. Kim 等人[60]通过分析 RIM 定子电流与转差频率之间的关系，提出通过调节定子电流与转差频率来控制电机气隙磁链，从而降低电机损耗，同时还分析了电机动态性能下降等问题。此后 30 余年，最小损耗控制技术迅速发展，涵盖不同种类电机、不同运行工况和诸多控制方法。

1.3.2.1 最小损耗控制分类

总体而言，最小损耗控制可分为两大类[54]：离线法与在线法，如图 1-13 所示。具体阐述如下。

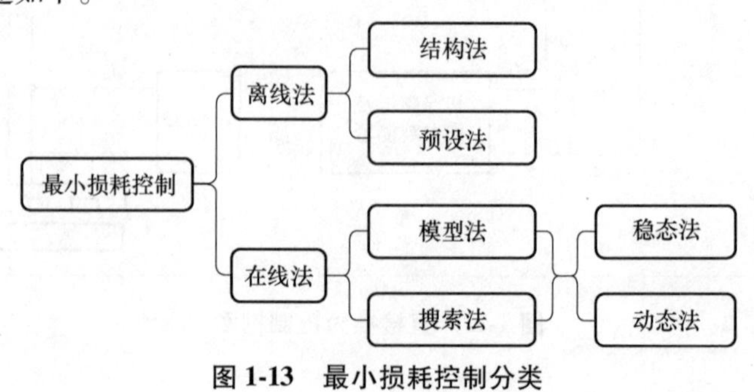

图 1-13 最小损耗控制分类

离线法包括结构法和预设法，其基本思路均是预先选取电机最优工作点（如不同转速下的最优定子电流值），制定电机工作表，运行时查表获取相应控制量，从而降低损耗。不同的是，结构法通过电磁分析获得电机最优工作点，而预设法则通过不同工况下的实验测试来获取最优工作点。由于没有任何附加计算量，离线法可在任意控制系统中轻松实现，但因需对每台电机进行预先计算或测试，面临计算量大、灵活性差等问题，难以得到大规模应用。为此，离线法多见于早期研究，而随着控制处理器运算能力提升和成本下降，在线法逐步成为行业关注的重点。

在线法通过在线监测电机系统运行状态（如转速、转矩、电流或输入功率等），实时计算和调整最优控制量（电流、转差或磁链等），从而降低损耗、提升效率等指标。根据不同技术原理，在线法可分为模型法和搜索法。模型法可基于电机系统的损耗模型和参数，寻找最优解来实现最小损耗；搜索法则利用迭代算法不断调整控制量（如磁链），并实时监测输入功率，直至输入功率达到最小。根据不同应用工况，在线法又可分为稳态法和暂态法：前者对应电机稳态运行工况，即恒定速度、恒定负载等；后者则对应速度或负载变化的情况。

自20世纪80年代以来，针对常规RIM系统的在线最小损耗控制发展迅速，各类损耗模型、迭代方法层出不穷。而受特殊物理结构及边端效应等影响，LIM系统的损耗模型更为复杂，获得最优控制量的难度更大：尤其搜索法的收敛速度难以满足多维复杂方程的在线求解要求，为此迄今学术界对LIM系统在线最小损耗控制的研究较少。

为此，本节将从模型法角度，全面介绍和对比RIM与LIM系统的在线最小损耗控制策略，并对其关键问题进行归纳总结。

1.3.2.2　模型法研究现状

利用模型法实现最小损耗控制的基本思路为：

1）选取合适的电机系统等效电路或数学模型。

2）分析电机系统损耗情况，推导并建立相应的损耗模型。

3）根据损耗模型选取合适的控制量，并求解获得最优解。

4）借助其他控制方法（如标量控制、矢量控制等）实现最优解控制，继而实现电机系统的最小损耗控制，其基本控制框图如图1-14所示。分析可知：模型法的核心是损耗模型，其控制效果直接受损耗模型的准确度影响。因此，在准确获取电机参数（离线测试或在线辨识）的前提下，如何建立精准且实用的损耗模型，是模型法研究的关键所在。

基于图1-15所示的传统RIM串联铁损电阻式的单相等效电路，文献［61］

将电机损耗表征为关于转差率的函数。接下来采用数值法求解最优转差，并基于标量控制实现电机效率优化。实验结果表明，电机效率提升效果在轻载下更加明显。在带动25%额定负载时，电机效率可提升7.5%。图1-15和后文电机等效电路中主要参数符号见表1-1。

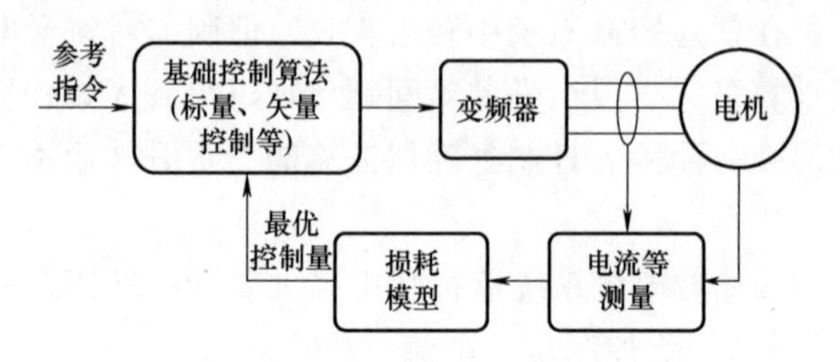

图1-14　模型法基本控制框图

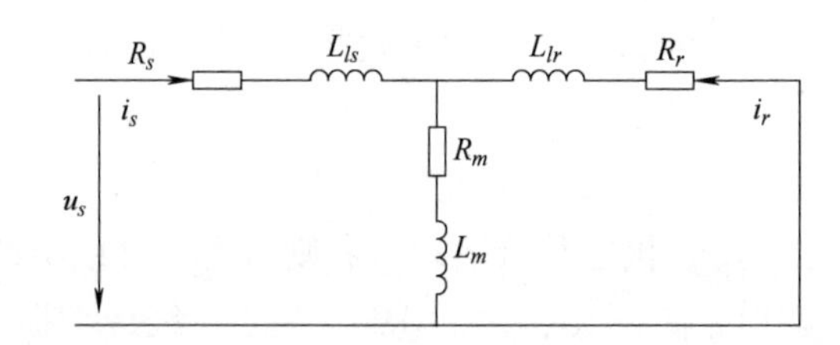

图1-15　RIM单相等效电路（串联铁损电阻式）

表1-1　等效电路中主要参数和符号

参数	符号	参数	符号
初级（定子）电阻	R_s	初级漏感、漏抗	L_{ls}、X_{ls}
次级（转子）电阻	R_r	次级漏感、漏抗	L_{lr}、X_{lr}
并联、串联铁损电阻	R_m、R_c	励磁电感、电抗	L_m、X_m
初级相、d、q轴电压	u_s、u_{ds}、u_{qs}	初级相，d、q轴电流	i_s、i_{ds}、i_{qs}
次级相、d、q轴电流	i_s、i_{dr}、i_{qr}	励磁相，d、q轴电流	i_m、i_{dm}、i_{qm}
初级d、q轴磁链	ψ_{ds}、ψ_{qs}	次级d、q轴磁链	ψ_{dr}、ψ_{qr}

基于图1-16所示的RIM并联铁损电阻式的单相等效电路，文献［62］将电

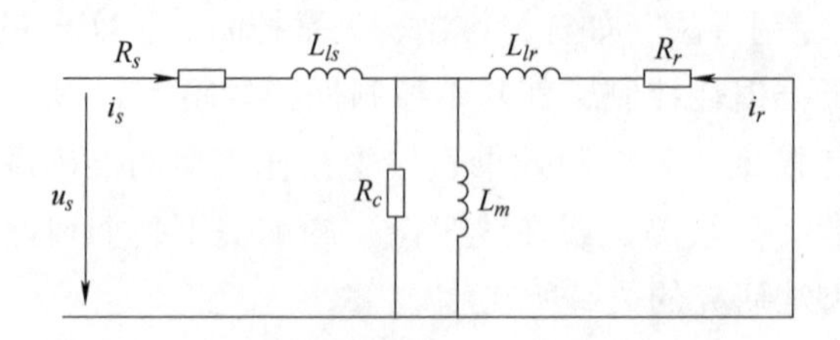

图1-16　RIM单相等效电路（并联铁损电阻式）

机损耗表征为关于电压、频率和负载转矩的函数。接下来采用遗传算法，获得给定负载下电机的最优电压和频率，并以标量控制为框架降低电机损耗。实验结果显示，电机负载在 0~50%的范围变化时，效率和功率因数仍能分别保持在 80%和 0.8 附近。在轻载时，电机损耗最高可降低 60%。

文献［63］提出了气隙磁链为中间变量的 RIM 的 dq 轴等效电路，如图 1-17 所示。文献［64］将定子铜损、定子铁损和转子铜损等表示为转差频率函数，借助数值方法得到最优解，并通过矢量控制降低了相关损耗。

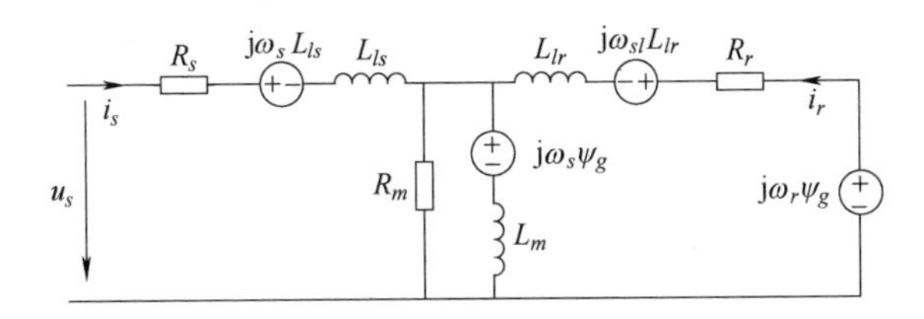

图 1-17　气隙磁链为中间变量的 RIM 的 dq 轴等效电路

文献［65］在单相等效电路的定子支路串联一个电阻来表示杂散损耗，如图 1-18 所示，并将电机损耗表征为励磁磁链函数。该算法实用性较强，可直接得到使电机损耗最小的励磁磁链解析解。虽然该方法基于 RIM 损耗模型，但其实现不需要损耗模型表达式，仅需测量定子电流即可得到最优磁链值，进而不会显著影响驱动器成本。整体而言，该方法可应用于开环和闭环控制，适用范围较广。

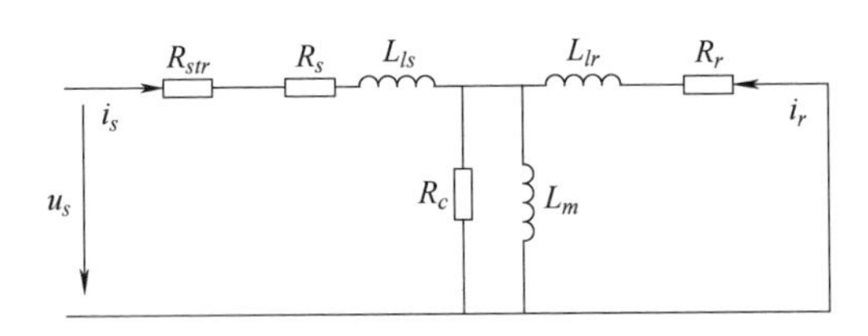

图 1-18　RIM 改进单相等效电路（考虑杂散损耗）

文献［66］也提出了与图 1-18 相同形式的等效电路。基于功率平衡原理，详细推导了考虑空间谐波的杂散损耗电阻表达式，通过空载和负载测试，即可得到杂散损耗电阻值。

文献［67］提出了转子磁场定向下 RIM 的 dq 轴等效电路，如图 1-19 所示。在忽略定转子漏感的前提下，将电机损耗表征为定子电流函数，并得到最优的定子 dq 轴电流分量比值。同时，该文还分析了损耗模型对各参数的敏感性，指出次级电阻对损耗降低效果影响最大。

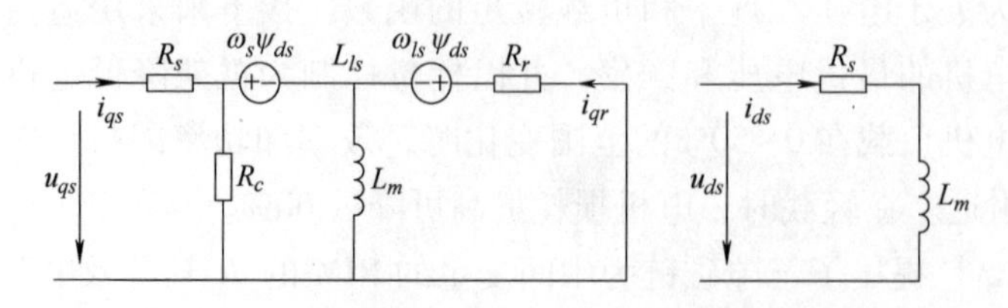

图 1-19　转子磁场定向下 RIM 的 *dq* 轴等效电路

文献［68］考虑了定转子漏感，认为励磁支路的电流远大于铁损支路；为简化损耗模型，将铁损支路从 *dq* 轴等效电路中提取出来，如图 1-20 所示。

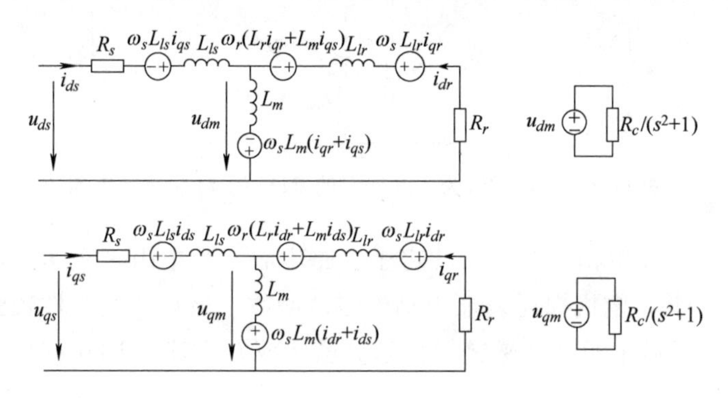

图 1-20　RIM 简化 *dq* 轴等效电路

文献［69］首先以转子励磁电流为状态量得到改进型 *dq* 轴等效电路，如图 1-21 所示。在此基础上，引入漏感系数，将定子和转子漏感等效成单个电感，在保持一定准确度的前提下，较大地简化了电机损耗模型。

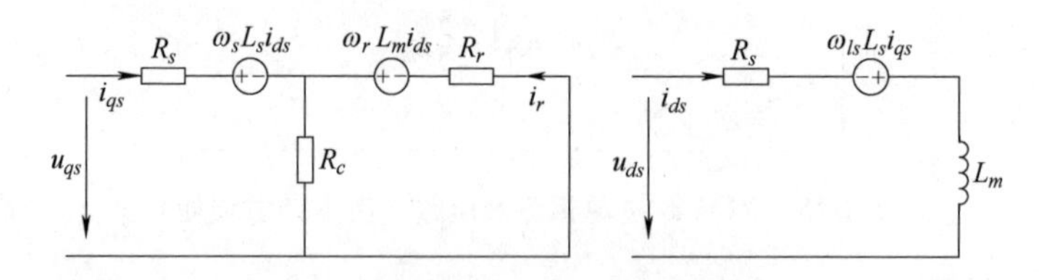

图 1-21　RIM 改进 *dq* 轴等效电路

文献［70］在图 1-4 所示的单相等效电路基础上，考虑了铁心饱和对电机损耗的影响，将励磁电感、铁损电阻表征为定子磁链的非线性函数。实验结果表明，最小损耗控制不仅能改善轻载时效率，亦能对过载工况下的磁链及效率进行灵活调节。

在小功率变频调速电机系统中，逆变器运行效率相对 RIM 来说较高，因此通常不考虑逆变器损耗。但在轨交等大功率牵引系统中，随着输出电压或电流的增大，其逆变器的损耗不能简单忽略。文献［71］综合考虑了时间谐波引起的 RIM 铜损、杂散损耗、风磨损耗、变频器导通和开关损耗等，并且考虑了励磁电感饱和效应、趋肤效应和温升对转子电阻影响等因素，建立了较为全面的 RIM 损耗模型。

简单而言，理论上 LIM 可直接采用上述 RIM 损耗模型及控制方法。然而，因气隙大、初级铁心开断、端部半填充槽等特点，LIM 内部磁场变化更加剧烈，各种参数交叉耦合更为严重，其损耗模型和控制方法更为复杂。为提高电机效率，亟需深入研究并明确 LIM 及系统的损耗模型。

在 Duncan 提出的 LIM 等效电路基础上[13]（见图 1-22），文献［72］以初级电流为控制变量，推导铜损、铁损和由端部效应产生附加损耗组成的电机损耗模型。通过实验测试，在速度为 0.75m/s 的低速工况下，电机的损耗仍能降低 22%。

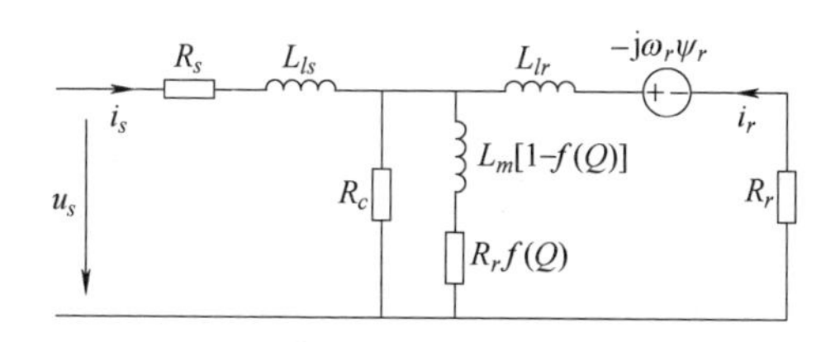

图 1-22　LIM 单相等效电路

基于如图 1-23 所示的 LIM 不等 dq 轴等效电路，文献［73-75］以定子电流为控制变量，推导了考虑纵向边端效应因素的损耗模型。该损耗模型与文献［67］中的模型类似，因而其最优初级电流求解方法也相同。基于同一等效电路，文献［76］则以次级磁链为控制变量，推导了电机损耗模型及使损耗最小的磁链解析解。

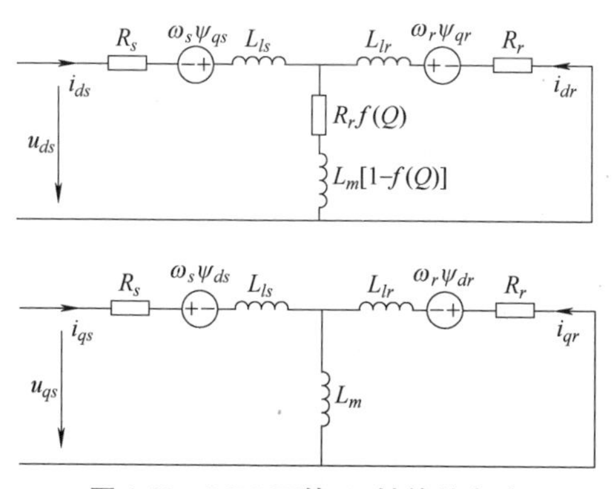

图 1-23　LIM 不等 dq 轴等效电路

由于 LIM 特有的大气隙和初级开断结构，其励磁电感较同功率 RIM 更小，导致初级漏感与励磁电感的比值较大，对电机损耗有一定影响。如图 1-24 所示，文献［77］将铁损电阻置于初级漏感之前，以衡量初级漏感产生的损耗，并推导了改进的损耗模型。对一台弧形感应电机的实验测试结果表明，相对传统损耗模型，改进的损耗模型准确度更高，能更客观地反映电机的牵引特性。此外，与传统矢量控制相比，基于改进损耗模型的最小损耗控制能显著降低电机损耗，提升不同工况下的电机系统效率。同时，采用该控制策略后，LIM 的动态特性没有受到明显影响。

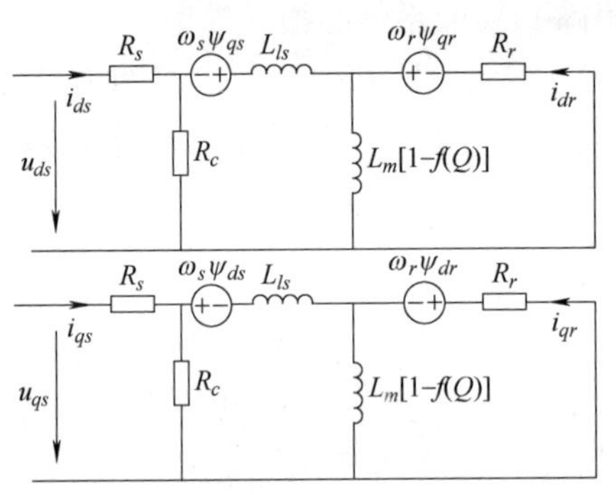

图 1-24　含铁损的 LIM *dq* 轴电路

文献［78］提出了如图 1-25 所示的 LIM 等效电路，通过引入四个修正系数来衡量纵向和横向端部效应的影响。基于该电路，文献［48］推导了考虑初级漏磁影响和逆变损耗的损耗模型。当逆变器损耗引入后，LIM 驱动系统损耗最小时的最优次级磁链难以直接计算，可采用 3~4 次数值迭代获取。实验测试显示，相较于传统最小损耗控制，提出的方法可使电机损耗、逆变器损耗和驱动系统总损耗分别降低约 3%、12%和 4%。此外，LIM 的动态试验结果显示，提出的方法能满足电机在大部分动态工况下的响应需求。

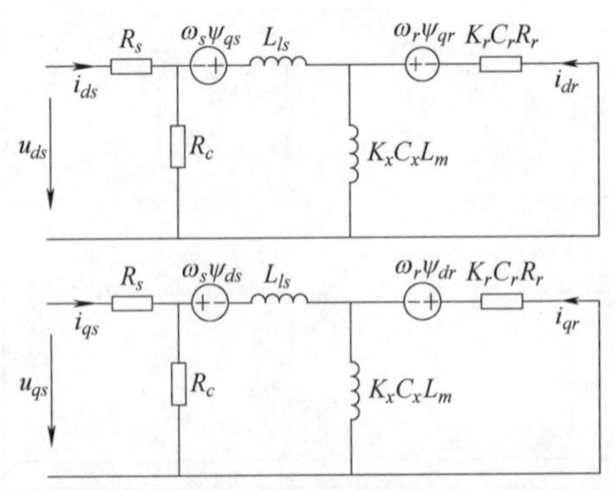

图 1-25　改进型含铁损电阻 LIM *dq* 轴电路（同时考虑漏感损耗）

在最小损耗控制中，法向力也是不可忽视的一部分，其数值可达推力的5倍以上，会显著增大直线电机及车体的视在重量，从而产生额外损耗。为考虑法向力的影响，文献［79］将法向力引起的摩擦力与电机损耗同时作为优化目标。为了统一法向力和损耗量纲，文献［80］则选择将动子速度和法向力的乘积作为目标函数的一部分，通过引入和调整法向力的权重系数得到不同的优化效果。

针对动态运行工况，文献［81］提出了LIM动态损耗模型，通过求解优化目标函数的欧拉-拉格朗日方程，得到了近似的最优次级磁链轨迹。实验结果表明，电机在动态运行过程中的损耗降低了4.8%，并且动态性能没受到明显影响。

1.3.3 模型预测控制

针对边端效应引起的参数剧烈变化等问题，传统控制方法难以进行有效的补偿及调节，从而导致LIM运行性能不佳。因此，本书对模型预测控制（Model Predictive Control，MPC）进行了研究：通过结合LIM等效电路模型，提出对应的边端效应补偿方法。MPC是Richalet等[82]于1978年提出的一种控制算法，其雏形早在20世纪60年代末已在法国工业生产的锅炉和蒸馏塔的控制中得到应用。换言之，该算法起源于实际工业应用场合，在工业界解决了实际问题之后，才有了后续相关的理论研究，其宗旨在于解决传统PID控制不易解决的多变量含约束条件控制问题。由于MPC需要大量的在线计算来求解最优控制量，起初只适用于化工生产等实时性不强的应用场合，从而保证有足够的时间来进行运算。随着微处理器的快速发展，一些计算能力较强的处理器芯片如DSP、FPGA、ARM等，被逐渐应用到实际电机控制系统中，从而给MPC的实现创造了较好条件。

2000年以来，众多电机和电力电子专家对MPC开展了大量的理论及实践研究，其代表学者包括智利工程院院士José Rodríguez、德国学者Ralph Kennel等[83]，他们不断尝试将MPC运用到不同的电机和电力电子系统中，包括DC/DC变换器控制[84]、矩阵变换器控制[85]、高压直流输电控制[86]、静止无功补偿器控制[87]、整流器和逆变器控制[88-89]、新型电机控制[90-91]等。因算法流程易懂，目标函数设计灵活，MPC对多目标控制较为方便，近年来受到学术界和工业界的广泛重视。

为充分发挥MPC算法的优势，众多专家结合实际系统，对不同的MPC算法进行了改进和优化，有些算法相互融合，取长补短，逐步形成了一些分支。通过大量文献调研，MPC 算法可划分为不同种类，如图 1-26 所示[92]。总的来说，MPC 可分为有限控制集模型预测控制（Finite Control Set MPC，FCS-MPC）和连续控制集模型预测控制（Continuous Control Set MPC，CCS-MPC）两大类。FCS-MPC 一个采样周期内只作用一个电压矢量，所以开关频率较低且可以调节，适用于开关频率不高的大功率驱动场合；它可以将求解结果直接送给变流器，无需调制算法[93]。该算法可进一步细分为：最优开关矢量模型预测控制（Optimal Switching Vector MPC，OSV-MPC）、最优开关序列模型预测控制（Optimal Switching Sequence MPC，OSS-MPC）以及图解模型预测控制（Explicit MPC，EMPC）等类型。OSV-MPC 在电力电子及电机控制应用场合最为流行，它直接通过枚举变流器所有的开关状态进行评价，从而选择出一个最优的开关状态[94-95]。相比 OSV-MPC 只对某一时刻开关状态进行优化，OSS-MPC 可对一段时间内的开关序列组合进行优化，从而可以获得更加合理的电压矢量[96]。同时，该算法也可以结合特定谐波消除脉宽调制策略[97]，根据电机当前运行状况，对离线求得的开关脉冲序列进行修正[98]。EMPC 是一种比较直观的 MPC 求解方法，即当最优解无法用公式表达的时候，该方法通过对被控状态形成的区域进行划分，穷举所有可能的情况，之后将每种情况下的解逐一求解出来，在不同区域下进行标识，最后通过对区域的判断将最优解搜索出来。整体而言，该方法是一种离线求解方法，需将求解结果保存在一张表格当中，以方便控制器在线搜寻出最优解。对于 FCS-MPC 来说，由于控制量的输入是离散的，求解结果无法用一个完整的表达式来表示。因此，当控制对象较为复杂时，FCS-MPC 会加大在线求解难度，而 EMPC 可将部分计算量离线完成，从而减小在线计算负担[99]。

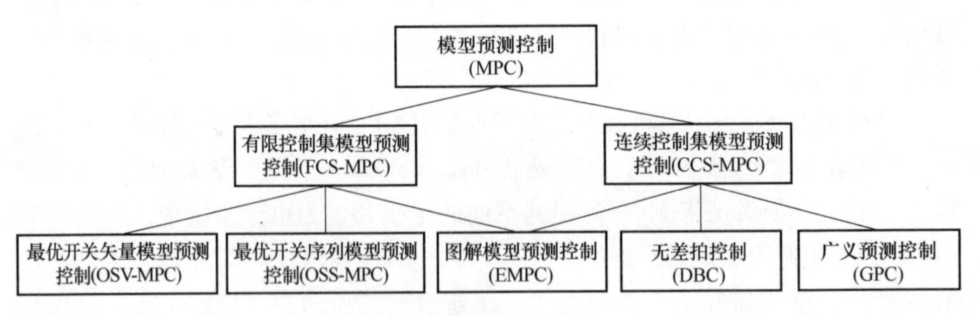

图 1-26　MPC 算法分类

CCS-MPC 需要结合调制算法将求解的结果调制后送给变流器驱动，开关频率较高且固定，适合于对控制精度要求较高的应用场合[100]。目前，该算法可分为三种不同类型，分别为：广义预测控制（Generalized Predictive Control，

GPC）、无差拍控制（Deadbeat Control，DBC）、EMPC 等。GPC 根据控制对象的传递函数进行建模并对被控变量进行预测，通过优化目标函数求解出最优控制量。该方法的求解结果有固定的表达式，在线计算量较小，方便增加预测步长，然而表达式的推导过程较为复杂[101]。DBC 通过对控制对象的状态方程求逆获得输入控制量，在理想情况下，被控量能够很好跟踪上给定指令，两者之间不会出现延迟。该方法虽然能够获得比较优越的控制性能，但是控制目标较为单一，一般只考虑控制对象的跟踪性能，无法同时考虑多个控制目标以及约束条件[102]。当 CCS-MPC 控制目标较多且含有约束条件的时候，求解过程将会变得非常复杂，难以用准确的表达式来描述。此时，可以采用 EMPC，通过离线穷举的方法，将求解结果表示出来。然而，当求解结果较为复杂时，将消耗大量的储存空间来存储离线计算结果[103]。表 1-2 对各种不同预测控制算法特点进行了分析总结。

表 1-2　不同预测控制算法特点

特点	OSV-MPC	OSS-MPC	EMPC	DBC	GPC
调制算法	不需要	不需要	视情况而定	需要	需要
开关频率	低且不固定	低且不固定	视情况而定	高且固定	高且固定
求解方式	在线求解	在线求解	离线求解	在线求解	在线求解
约束条件	可以考虑	可以考虑	可以考虑	无法考虑	可以考虑
预测步长	可以增加	可以增加	可以增加	无法增加	可以增加

不同类型 MPC 执行过程虽然会有些不同，但它们的求解本质都是对目标函数进行优化。为了能更进一步了解 MPC 的研究现状，下文将分别对 MPC 存在的问题和当前研究热点进行详细阐述。

1.3.3.1　MPC 与调制策略相结合

对于 FCS-MPC 来说，一个开关周期内只作用一个电压矢量，较低的电压调制精度会导致电流脉动增大。因此，为提高这类算法的控制性能，一方面可以提高其采样频率，缩短开关周期，但也对微处理器性能提出了更高要求；另一方面，可结合电压矢量调制策略来提高调制精度。目前，大多数文献都采取与双电压矢量调制相结合的方式。不同于传统 SVM 以及脉宽调制（Pluse Width Modulation，PWM）算法，该调制算法一个采样周期内最多只用两个电压矢量，在较少增加开关频率的同时有效提升了电流质量，如图 1-27 所示。

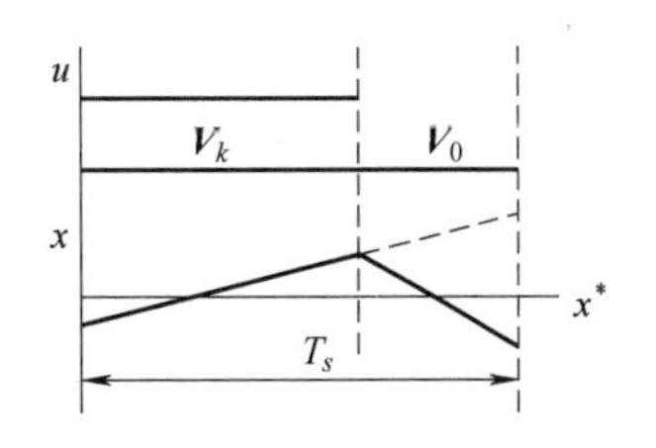

图 1-27　双电压矢量调制示意图

为简化起见，相关学者通常采取固定电压

矢量组合方式，即非零和零电压矢量组合方式[104-107]。该类组合只能改变非零电压矢量的长度，而对两电平逆变器来说，其调制策略对应的电压矢量分布如图 1-28 所示。在该情况下，通过优化目标函数值，可求解出最优电压矢量组合和电压矢量间的最优占空比，其表达式为

$$\begin{cases} u_1=\min\limits_{u}\|x^*-x_{k+1}^p\|^2 \\ d_{opt}=\min\limits_{d}\|x^*-x_k-(s_0d+s_1(1-d))T_s\|^2 \end{cases} \tag{1-2}$$

式中，d 为占空比；s_0 为零电压矢量作用下的变化率，且 $s_0=Ax+B\boldsymbol{u}_0$；s_1 为非零电压矢量 $\boldsymbol{u}_1$ 作用下的变化率，$s_1=Ax+B\boldsymbol{u}_1$。

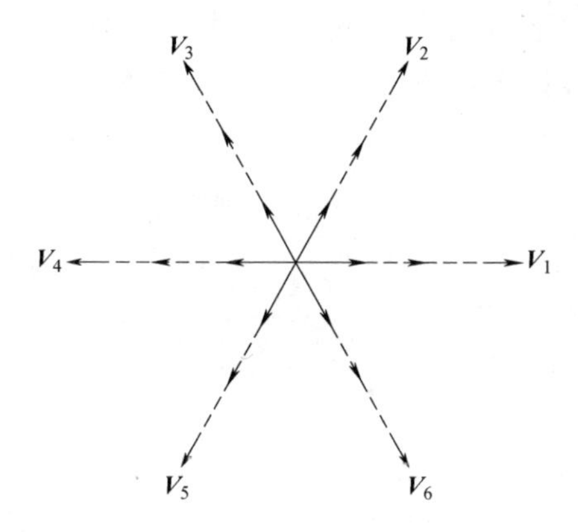

图 1-28　非零和零电压矢量组合方式合成电压矢量分布

然而，当控制目标量纲不一致时，需要对目标函数中的权重系数进行调节。若采取式（1-2）进行计算，最优占空比和系统性能将依赖于权重系数，例如对于模型预测转矩控制来说，需要不断调节权重系数以优化转矩和磁链跟踪性能之间的比重。此时，为使最优占空比不受权重系数影响，可以只对转矩或磁链跟踪性能进行优化，其求解方程为[108-111]

$$\begin{cases} d_{opt}=\dfrac{T^*-T_k-s_{t0}T_s}{(s_{t1}-s_{t0})T_s} \\ d_{opt}=\dfrac{\psi^*-\psi_k-s_{\psi 0}T_s}{(s_{\psi 1}-s_{\psi 0})T_s} \end{cases} \tag{1-3}$$

式中，s_{t1}和 s_{t0}分别为非零和零电压矢量作用下的转矩变化率；$s_{\psi 1}$和 $s_{\psi 0}$分别为非零和零电压矢量作用下的磁链变化率。

然而，采取式（1-3）方式求解的占空比，难以将转矩和磁链跟踪性能同时考虑进去。因此，一些文献通过合成虚拟电压矢量的方式，增加待选电压矢量

个数，从而提高控制精度，如图 1-29 所示[112-114]。之后，FCS-MPC 可以利用目标函数对每一个待选电压矢量进行评价，选择出最优电压矢量，从而保证求解过程能同时兼顾转矩和磁链控制目标。然而，当合成虚拟电压矢量数目上升时，会明显增加算法的计算量。合成虚拟电压矢量方法与双电压矢量调制类似，仅将占空比取为离散值，其合成方法如下：

$$\begin{cases} \boldsymbol{V}_{syn1} = \dfrac{i}{n}\boldsymbol{V}_{act} + \left(1 - \dfrac{i}{n}\right)\boldsymbol{V}_0 \\ \boldsymbol{V}_{syn2} = \dfrac{i}{n}\boldsymbol{V}_{act1} + \left(1 - \dfrac{i}{n}\right)\boldsymbol{V}_{act2} \end{cases} \tag{1-4}$$

式中，$\boldsymbol{V}_{act}$和 $\boldsymbol{V}_0$ 分别为非零和零电压矢量；n 为所需合成电压矢量个数。

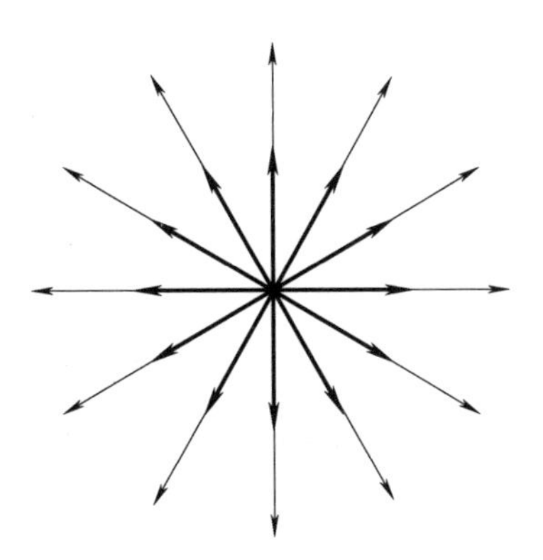

图 1-29　合成虚拟电压矢量分布

根据式（1-4）可知，该方法的待选电压矢量都是提前合成好的，其组合不仅可选取非零和零电压矢量组合 $\boldsymbol{V}_{syn1}$，还可选两个非零电压矢量组合 $\boldsymbol{V}_{syn2}$。当合成电压矢量数目增多时，控制效果将变好，但计算量会有所增加。

除此之外，一些学者对传统双电压矢量调制进行了改进，不再对其组合方式进行限制，即任意选择两个电压矢量进行组合[115-118]。然而，相比非零和零电压矢量组合的调制策略，该方法将进一步增加电压矢量的组合数量，比如对两电平逆变器来说有 7×7 = 49 种。为此，在实际应用中，该方法必须根据具体需求进行简化处理。为了进一步提高算法的控制性能，一些学者继续增加开关周期内作用的电压矢量，即将三电压矢量调制策略与 MPC 相结合[119-121]。三电压矢量调制策略与 SVM 类似，可以产生逆变器输出电压范围内的任意电压矢量，同时改变电压矢量的长度和角度。然而，这两种调制策略计算占空比的方式有所区别：SVM 根据给定电压矢量，计算出开关周期内各电压矢量的作用时间；三电压矢量调制策略因与 MPC 相结合，其占空比需通过优化目标函数获

得，其求解方式为

$$\begin{cases}\dfrac{\partial\|x^*-x_k-(s_1d_1+s_2d_2+s_0(1-d_1-d_2))T_s\|^2}{d_1}=0\\[2ex]\dfrac{\partial\|x^*-x_k-(s_1d_1+s_2d_2+s_0(1-d_1-d_2))T_s\|^2}{d_2}=0\end{cases}\tag{1-5}$$

式中，s_1、s_2 和 s_0 为不同电压矢量作用下的变化率。

因此，MPC 与三电压矢量调制策略相结合，其占空比的求解过程与控制对象的运行状况紧密相关。与 SVM 不同，该方法将占空比限制在 0~1 之间，可以确保求解结果自动满足逆变器的输出电压限制，无需对电压采取单独限幅操作。当电压矢量满足逆变器输出电压限制的情况下，SVM 与三电压矢量调制策略求解结果相似。然而，当求解结果超出逆变器输出限制时，SVM 会对输入电压矢量粗略地进行限幅以满足相关约束条件，从而会影响算法的控制性能[122-124]。

1.3.3.2 增加 MPC 预测步长

在实际控制系统中，为降低算法的复杂度，MPC 通常为单步预测，意味着求解结果只在某一个时刻点为最优。然而，如果增加预测步长，则可对某一时间段内的轨迹进行优化，因此，相关求解结果能够考虑未来多个预测时刻点之间的相互影响。当 MPC 预测步长增加时，其目标函数为

$$g=\sum_{i=1}^{N}\|x^*-x_{k+i}^p\|^2\tag{1-6}$$

通过对式（1-6）进行优化，可以求解出未来一段时间内的控制量序列 $U=(u_{k+1},\cdots,u_{k+N})$。然而，由于模型参数不准、外部扰动等因素，求解出的控制量序列往往不能够全部作用到系统中。因此，一般选取第一个控制分量 u_{k+1} 作用于控制对象，下一个时刻则需重复之前的计算过程。随着时间推移，预测时域将不断向前滚动，所以该方法也被称为"滚动时域优化"，如图 1-30 所示。通常而言，滚动时域优化能够顾及参数失准和外部扰动等影响，及时弥补偏差影响，输入控制量序列在每个时刻都在不断更新。该方法所求解的输入控制量是未来一段预测时间内的优化结果，并不仅是某一时刻点的优化值。然而，由于每个时刻都要对一段时间内的预测轨迹进行优化，当增加 MPC 预测步长时，该算法复杂度将

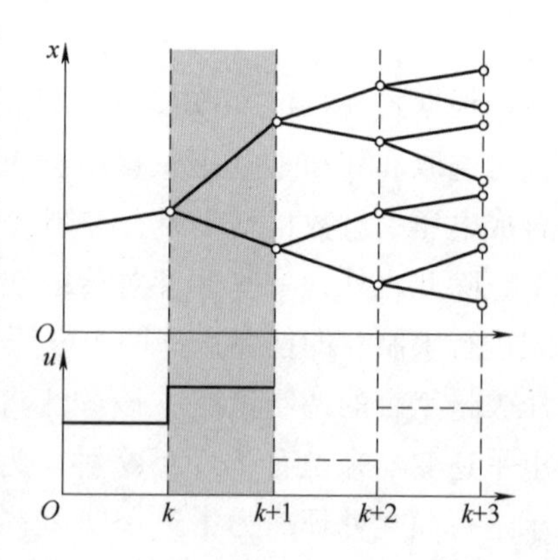

图 1-30 多步长 MPC 滚动时域优化

会大幅度提升，其求解难度也会加大。

当不考虑任何约束条件时，多步长 CCS-MPC 的最优解表达式为

$$U_k = K(R_k - Mx_k - D_k) \tag{1-7}$$

式中，U_k为最优控制量序列；R_k为给定值序列；D_k为常数项；变量 K 和 M 与预测步长有关。

在此情形下，增加预测步长即是改变式（1-7）中的某项系数，其推导过程虽然复杂，但是并不会增加该算法的在线计算量[125]。因此，近年来学者们通过增加 CCS-MPC 的预测步长，来研究其对 MPC 控制性能的影响[126-127]。然而，当考虑约束条件时，该方法最优解表达式将会变得非常复杂，且形式不唯一，需要分情况讨论。因此，在实际应用中，上述方法一般会忽略约束条件对求解带来的影响，例如：当控制对象为变流器时，通常假设求解的电压矢量能满足变流器输出电压限制。除此之外，该方法无法对开关频率进行调节，需要和 SVM 结合产生驱动脉冲，且开关频率较高。

为了能够满足大功率低开关频率的应用场合需求，文献［128-130］对多步长 FCS-MPC 算法进行了相关研究，发现其电压矢量序列数量与预测步长成指数关系：对于三电平变流器来说，当预测步长为 N 步时，所需评价的电压矢量序列为 27^N个。目前，该问题的求解方法只能在线枚举所有可能的电压矢量序列，然后代入到式（1-6）进行评价，最终找到使得目标函数值最小的最优电压矢量序列。为了能够获得较长的预测时域，文献［131］通过轨迹扩展的方法来增加预测步长，即在一段时间内保持控制量不变，预测该时间段内的轨迹变化，当达到规定边界时，再考虑控制量的变化。这种方法可以很容易获得较长的预测区间，然而相比单步预测方式，计算量仍然很大。因此，对于 FCS-MPC 来说，由于缺乏有效的简化方法来大幅减小多步长预测下的在线计算量，目前大部分应用场合仍然选择单步预测方式。

1.3.3.3　简化 MPC 执行过程

由于 FCS-MPC 没有显式解，需要在线逐一评价所有可能的情况，从而选出使目标函数值最小的控制量，因此其在线计算量十分巨大。此外，FCS-MPC 的复杂度与控制对象相关，例如：两电平变流器需要枚举 7 种不同电压矢量，而三电平变流器则需要考虑 27 种。相比 CCS-MPC 算法，在考虑约束条件前提下，FCS-MPC 可更加灵活地与不同调制策略相结合。

为减少在线计算时间，一些学者结合实际控制对象的需求，对上述算法进行了简化。通过减少待选电压矢量的数量，FCS-MPC 可以明显降低算法计算量，具体方式分为：附加约束条件排除法和参考电压矢量排除法。附加约束条件排

除法主要通过对控制对象额外附加一些控制性能的要求，提前将一些不满足要求的电压矢量排除掉，例如：对相邻采样周期内开关次数进行限制，从而排除一些开关次数较多的电压矢量[132]、结合开关表将一些会导致转矩和磁链波动较大的电压矢量提前排除掉[133]等。参考电压矢量排除法通常结合 DBC 策略，首先求解出一个不含任何约束条件下的参考电压矢量，并根据预测模型求出参考电压矢量表达式为

$$\boldsymbol{u}_k^* = B_d^{-1}(r_k - A_d x_k) \tag{1-8}$$

式中，r_k为给定值。

进一步通过推导证明，文献［134］将目标函数改写为

$$g = \|\boldsymbol{u}_k^* - \boldsymbol{u}_k\|^2 \tag{1-9}$$

因此，根据式（1-9）可知，目标函数值与待选电压矢量和参考电压矢量间的距离有关，离参考电压矢量距离最近的待选电压矢量为最优电压矢量。根据这一结论，通过对扇区的判断可很快选出最优电压矢量[135-136]。另外，当目标函数考虑多个控制目标时，一般会选取主要目标首先计算出参考电压矢量，然后排除部分电压矢量，而剩余的电压矢量需交给目标函数做进一步评价[137-138]。

当 FCS-MPC 与任意双电压矢量调制相结合时，需要确定最优电压矢量组合和占空比。然而，由于待选电压矢量组合数量庞大，难以采取穷举法求解。为减少在线计算时间，大多数文献通过提前排除部分电压矢量组合方式来降低算法复杂度，其思路和前述 FCS-MPC 简化方法类似。文献［115］忽略电压矢量组合顺序，对可能的电压矢量组合进行分析，将数目由原来的 49 个减少到 25 个。文献［116-117］根据求解的参考电压矢量，通过扇区判断的方式将电压矢量组合数减少到 2 个。文献［118］通过推导发现，占空比最大的矢量组合为最优电压矢量组合：该方法只需计算三个不同电压矢量组合的占空比，最终确定占空比最大的矢量组合为最优解。

前面所提到的简化求解策略均只适用于单步预测情况，而当 FCS-MPC 预测步长增加时，由于算法复杂度急剧提升，上述方法均不再适用。虽然 FCS-MPC 结合电压矢量调制策略能够减少电流脉动，但增加了变流器的开关频率。因此，在大功率低开关频率的应用场合，更宜采取多步预测方式来提高电流质量，同时不会增加开关频率。然而，因计算量大等问题，迄今为止，多步长 FCS-MPC 尚未在实际系统中得到广泛应用。为此，一些学者提出了对应的简化措施，如分枝界定（Branch and Bound，BAB）法[131]和球形解码算法（Sphere Decoding Algorithm，SDA）[128]。这两种简化方法的思路大致相同，类似于在线动态淘汰的思路，具体执行过程为：将目标函数当前最小值与待评价电压矢量序列的目

标函数值做比较，如果小于最小值，则继续搜索；如果大于最小值，直接将其舍弃，并开始搜索下一个序列。对于 BAB 法来说，简化效率与序列搜索顺序相关：若开始就能将最优电压矢量序列搜索到，那么所获目标函数值将会足够小，便可将大部分电压矢量序列提前排除掉，具体执行过程如图 1-31 所示。由该图可知：在逐一对电压矢量序列进行评价时，该方法会与当前时刻所获最小函数值进行比较，判断搜索是否继续。如果将一个电压矢量序列搜索完，获得目标函数值小于当前最小值，则进行替换更新。因此，如果开始找到的目标函数值很小，那么对其他电压矢量序列而言，很可能只评价前几个矢量便可被淘汰，从而减小其搜索深度，修剪更多枝叶，进而大幅缓解该算法的在线计算负担。

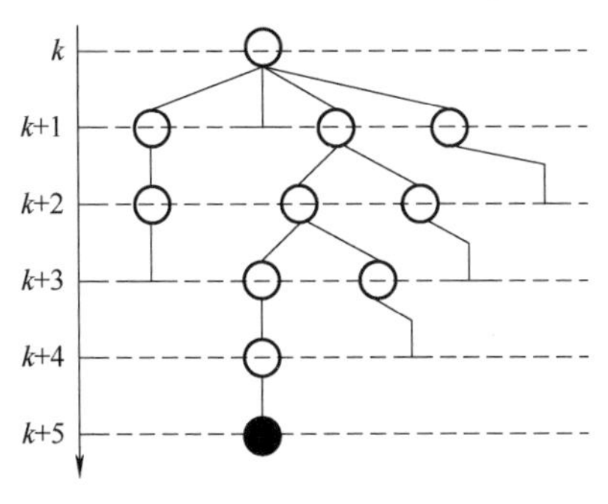

图 1-31 分枝界定法示意图[131]

另一方面，SDA 与参考电压矢量排除法类似：假定输入电压矢量为连续且不考虑约束条件，推导出一个最优电压矢量序列，其表达式为[128]

$$\boldsymbol{U}_{unc} = -\boldsymbol{H}\boldsymbol{Q}^{-1}\boldsymbol{\Theta}(k) \tag{1-10}$$

目标函数可进一步改写为

$$g = \| \boldsymbol{H}\boldsymbol{U}(k) - \boldsymbol{U}_{unc} \|^2 \tag{1-11}$$

因此，目标函数值与待选电压矢量序列和最优电压矢量序列之间的距离相关。不同于式（1-9）的单步长情形，式（1-11）是在一个多维空间内求解距离，因此无法通过划定区域来搜索出最优电压矢量序列。在此情形下，只能够对电压矢量序列里的每一个电压矢量进行评价：通过与当前获得的最短距离比较，如果求解距离大于最短距离，那么搜索将会停止，开始搜索下一电压矢量序列。类似于一个限定范围的多维空间球体，该方法只对该球体内部的电压矢量序列进行评价，而球体外部的矢量将被全部排除。因此，该方法的简化效率与球体半径的选择相关：如果球体半径足够小，那么所需评价的电压矢量序列数量就会减少；但如果球体半径太小，导致球内不含任何电压矢量序列，将会出现无解情况。为提高 SDA 效率，推测方法（Educated-Guess Method，EGM）

和含约束二次优化方法（Box-Constrained Quadratic Programming Method，BCQPM）相继被提出，用以确定合适的球体半径[139]。另外，单步长所采取的附加约束条件排除法也被运用到多步长预测的情形下，即通过添加一些约束条件来提前排除一些电压矢量序列：对控制变量波动范围进行限制[140]，对开关次数进行限制[141]等。

1.3.3.4 简化 MPC 权重系数整定过程

当目标函数含有多个控制目标时，需要权重系数来调节不同目标的重要程度。当控制目标的量纲不同时，不同目标项的数值量级差异很大，会发生大数据吃小数据的情况。例如：对于模型预测转矩控制来说，其目标函数主要含有磁链控制和转矩控制两个不同量纲的函数项，其表达式为[142]

$$g=\|T^{*}-T_{k+1}\|^{2}+k_{w}\|\psi^{*}-\psi_{k+1}\|^{2} \tag{1-12}$$

式中，ψ^{*} 和 T^{*} 代表磁链和转矩的给定值；ψ_{k+1} 和 T_{k+1} 代表磁链和转矩的预测值。

由式（1-12）可知，如果不使用权重系数调节，由于量纲不统一，转矩项数值波动范围与磁链项数值波动范围不在同一个数量级，比如：如果转矩项波动范围在 10~50 之间，而磁链项在 0.01~0.1 之间，导致磁链项波动会被转矩项波动所吞没，进而 MPC 只考虑转矩控制性能而忽略磁链控制。因此，需要加入权重系数来放大磁链项的数值波动范围，使该项值与转矩值处在同一数量级，进而目标函数才能很好地将两个控制目标进行综合考虑。

目前，权重系数的调节过程，多靠个人经验去操作，尚无成熟理论支持[143]。针对模型预测转矩控制权重系数的整定问题，一些文献提出了相关简化方法，例如：根据磁链和转矩额定值来计算出权重系数，其表达式为[144]

$$k_{w}=\left(\frac{T_{n}}{\psi_{n}}\right)^{2} \tag{1-13}$$

式中，ψ_{n}为磁链的额定值；T_{n}为转矩的额定值。

然而，该方法求解出的权重系数并不能保证是最优结果；为完全消除权重系数带来的影响，文献［145］通过对定子磁链角度控制来间接调节电机输出转矩，即只需对磁链矢量进行控制，其目标函数可改写为

$$g=\|\psi_{\alpha}^{*}-\psi_{\alpha}(k+1)\|^{2}+\|\psi_{\beta}^{*}-\psi_{\beta}(k+1)\|^{2} \tag{1-14}$$

式（1-14）所包含的两项均是磁链跟踪项，属于同一个量纲的控制变量，因此无需权重系数整定，可直接将其选定为 1，以平衡两者的控制优先级。前面所介绍的方法均采取离线整定，选好的权重系数一般都固定不变。然而，最优权重系数会随控制对象的运行状态变化而变化，为进一步提高算法性能，一些在线整定权重系数的方法近年来也被学者纷纷提出。例如：文献［146］通过对

转矩脉动的优化来求取最优权重系数表达式，从而通过在线计算方式获得相应的权重系数；文献［147］根据当前转矩和磁链的波动，通过模糊控制算法在线调节权重系数。有学者将磁链控制目标和转矩控制目标分别进行考虑来选择最优电压矢量，其目标函数设计如下[148]：

$$\begin{cases} g_1 = \| T^* - T_{k+1} \|^2 \\ g_2 = \| \psi^* - \psi_{k+1} \|^2 \end{cases} \tag{1-15}$$

根据式（1-15），先找到使函数值 g_1 最小的前两个电压矢量，之后再将这两个电压矢量送给目标函数 g_2 进行评价，最后选取使得 g_2 最小的电压矢量。因此，该方法通过两次不同目标函数来评价，从而避免磁链和转矩控制目标被同时考虑在一个目标函数中，也就省去了两者之间的权重系数。

通过分别对磁链控制项和转矩控制项进行排序，获得不同电压矢量作用下的排名，即对式（1-15）进行排序，来去除控制目标项的量纲，其表达式为

$$\begin{cases} g_1 \Leftrightarrow r_1 \\ g_2 \Leftrightarrow r_2 \end{cases} \tag{1-16}$$

根据排序，可以进一步将目标函数改写为

$$g = \frac{r_1 + r_2}{2} \tag{1-17}$$

根据式（1-17）可知，该方法最终会选择综合排名靠前的电压矢量作为最优电压矢量输出，因此可充分考虑磁链控制目标排名和转矩控制目标排名。由于排名和控制性能相关，排名越低其跟踪误差越小，进而可以去除量纲、省去权重系数[149]。

除对模型预测转矩控制算法优化外，一些文献还对含有多个控制目标情形下的权重系数整定过程进行简化，其目标函数为

$$g = \sum_{i=1}^{n} \lambda_i g_i \tag{1-18}$$

为简化多目标控制下权重系数整定过程，文献［150］采取模糊多准则决策方法（Fuzzy Multicriteria Decision Making，FMCDM）对目标函数进行改写，从而去除权重系数。最终该方法被运用到矩阵变换器中，其改写后的目标函数为

$$\mu_D = \prod_{i=1}^{n} \mu_i \tag{1-19}$$

式中，μ_i 为无量纲项，且 $\mu_i = \dfrac{g_i^{\max} - g_i}{g_i^{\max} - g_i^{\min}}$。

可对每一个控制目标进行线性化处理。与 MPC 传统优化方式不同，该方法

需选出式（1-19）为最大值时的电压矢量作为最优电压矢量。此外，该方法适用于任何情况下的权重系数简化，既可用于前面模型预测转矩控制，也可以用于其他多个控制目标应用场合，其通用性较强。文献［151］设计出根据被控对象动态性能变化的权重系数：当控制目标项对应的性能变差时，则增加相关权重系数来进行有效抑制。虽然该方法同样适用于任意多目标控制场合，但是它需要对每个控制项的三个参数进行整定，即 W_i、$\varphi_i^{\max}$ 和 h_i，其权重系数表达式为

$$\lambda_i=\begin{cases}W_i & |\varphi_i|\leqslant\varphi_i^{\max}\\ \left(\dfrac{|\varphi_i|}{\varphi_i^{\max}}-1\right)h_iW_i+W_i & |\varphi_i|>\varphi_i^{\max}\end{cases} \tag{1-20}$$

1.3.3.5　提高 MPC 参数鲁棒性

当控制器参数与实际被控对象不匹配时，将影响其实际控制效果，甚至导致系统不稳定。通过被控对象数学模型，MPC 可对未来状态进行预测及评价，因此非常依赖被控制对象的实际参数。文献［152，153］深入研究了 MPC 受被控对象参数变化的影响程度。为提高 MPC 参数鲁棒性，有学者提出图 1-32 所示的无模型预测控制算法[154]，即根据采样获取不同电压矢量带来的电流变化，其预测模型表示为

$$x_{k+1}=x_k+\Delta x_i \tag{1-21}$$

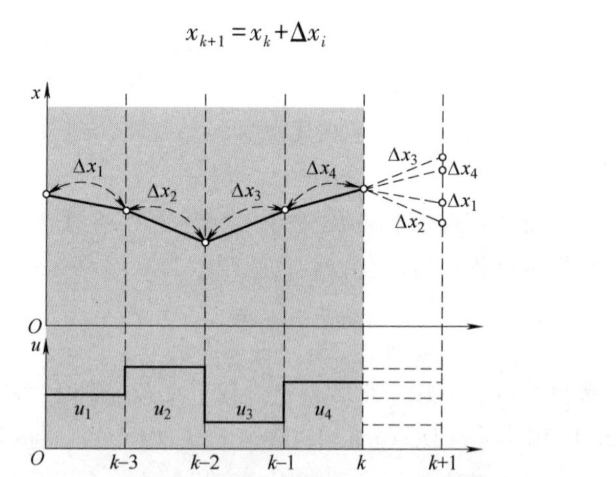

图 1-32　无模型预测控制算法执行原理示意图

从式（1-21）可知，该方法无需控制对象的预测模型就可预测下一时刻的状态变量，不依赖控制对象的任何参数。然而，之前时刻获得的电流变化并不能完全替代当前时刻，因此该方法必须在较快更新频率下才能获得较好的控制

效果。为及时更新某一电压矢量作用下的电流变化率，有学者采取记录方法，即在足够短的时间内作用该电压矢量，记录下电流变化率的最短时刻，从而保证算法的预测精度[155]。与之前方法类似，文献［156］在每个时刻采样获取不同电压矢量作用下的预测误差，相关分析认为：在较短时间内，相同电压矢量作用下的预测误差基本一致，可用之前误差预测并修正当前值，其表达式为

$$x_{k+1}^{i}=A_{d}x_{k}+B_{d}u_{k}^{i}+Kx_{error}^{i} \tag{1-22}$$

式中，x_{error}^{i}为不同电压矢量下参数不匹配导致的预测误差，可通过预测值和下一时刻采样值间的误差获得。

然而，前面提高参数鲁棒性的方法只适用于 FCS-MPC，即输入电压矢量数量有限的情况。当输入电压矢量数量较多时，该方法无法存储所有的矢量作用信息。为提高其他类型 MPC 参数鲁棒性，一些学者将被控对象参数的变化看作系统扰动，通过加入扰动观测器来提高系统的参数鲁棒性。例如：文献［152］详细分析了永磁同步电机各个参数对 MPC 的性能影响，同时设计滑模观测器对电感参数变化的影响进行观测，进而提高算法鲁棒性；文献［157］将三相并网逆变器的电感和电阻变化作为系统扰动，通过扰动观测器对其影响进行观测，之后将观测的扰动进行补偿；文献［158］对背靠背变频器的预测模型进行了改进，将开环预测改为闭环预测，使得 MPC 能够感知参数变化带来的预测误差，从而进行实时校正。

除此之外，一些学者将 MPC 与在线参数辨识进行结合，通过对一些重要参数的辨识来提高预测准确度。例如：文献［159］采取梯度校正法对整流器电感进行在线辨识，从而提高算法对电感的鲁棒性；文献［160］通过离散时域的功率扰动观测器对电感进行辨识，提高了 DBC 算法的鲁棒性。文献［161］采取最小二乘法对整流器电感和电阻进行在线识别，不再依赖原始模型参数，明显减小了参数不匹配对 MPC 的性能影响。

1.3.4 无速度传感器控制

1.3.4.1 无速度传感器控制动态性能优化

LIM 系统的动态性能是评价 LIM 无速度传感器控制优劣的重要标准之一。在实际应用场合中，当给定速度变化时，LIM 实际速度必须迅速地跟随其给定值；此外，若系统负载发生变化，电机速度的波动要尽量小，并且要能够迅速恢复到其给定值。基于次级磁链定向的 LIM 无速度传感器控制框图如图 1-33 所示：根据电机输入电压和电流，速度与磁链观测器可对次级磁链角度和速度进行估计，同时速度控制器则根据速度给定值和估计值进行调节，从而得到 q 轴

电流指令。

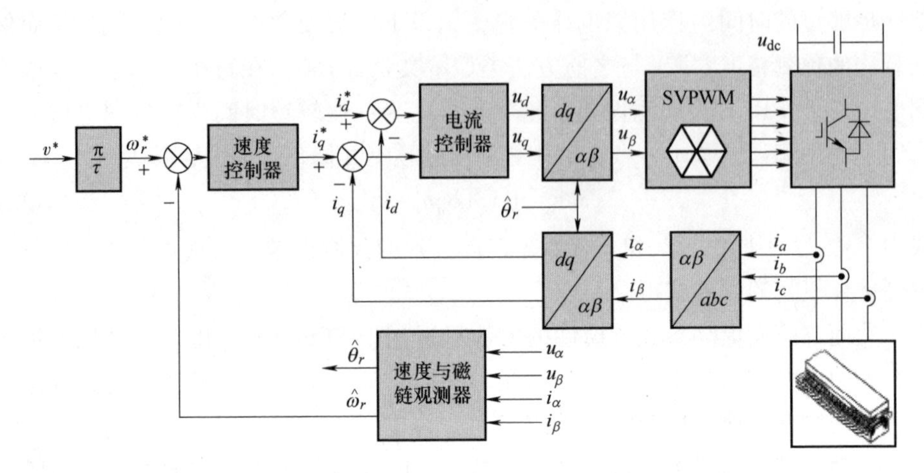

图 1-33　基于次级磁链定向的 LIM 无速度传感器控制框图

基于上述分析，可得到 LIM 无速度传感器控制的简化原理框图，如图 1-34 所示。图中 $G_p(s)$ 为 LIM 模型，$G_{ic}(s)$ 为电流控制器传递函数，$G_{vc}(s)$ 为速度控制器传递函数，$G_{vo}(s)$ 为速度观测器传递函数。由图 1-34 分析可知：LIM 系统动态性能主要受电流控制器、速度观测器和速度控制器的影响。一般情况，电流控制器的设计在有速度传感器和无速度传感器控制系统中差别不大，其性能主要与开关频率有关；同时因 LIM 电磁时间常数远小于机械常数，所以在速度环的分析和设计时，可以忽略电流内环的动态过程，从而可将其视为比例环节。因此，本书后面将主要考虑速度观测器和速度控制器对无速度传感器控制系统的动态性能影响。

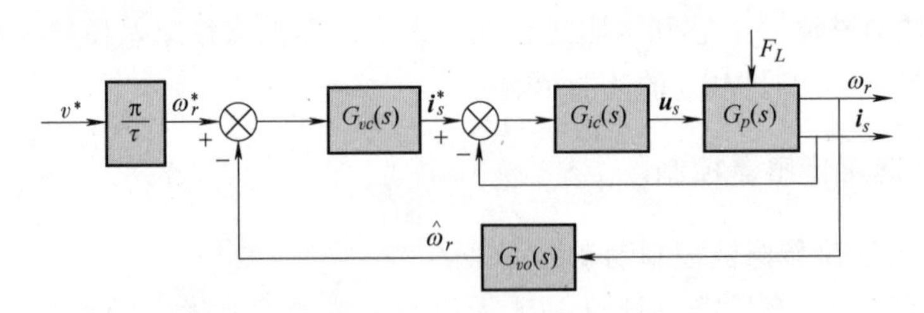

图 1-34　无速度传感器控制的简化原理框图

1.3.4.2　速度观测器动态性能优化

速度观测器的动态变化，即估计速度收敛到实际速度的过程，将会直接影响无速度传感器控制系统的动态性能。目前 RIM 速度观测器主要包括基波模型方法和各向异性方法，其详细分类如图 1-35 所示。

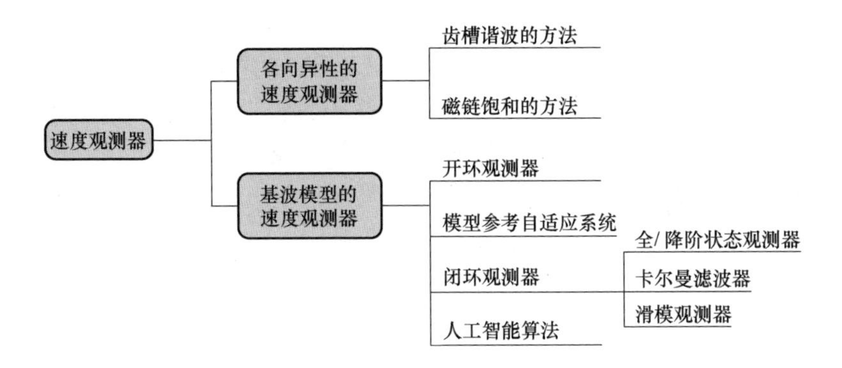

图 1-35　RIM 速度观测器方法分类

因为电机各向异性与转子位置有关，而与运行速度无关，因此可利用电机各向异性对转子位置进行辨识，从而间接获取电机转速信息。在各向异性的速度观测器中，通常需注入载波信号[162-170]，比如电压或电流，然后检测对应响应（电流或电压），进而提取转子位置信息。文献［162］针对 LIM 提出了一种磁链饱和速度估计方法：首先，通过增加励磁电流使磁链饱和，获得不同的 d 轴和 q 轴磁阻；然后，在 q 轴注入高频电压信号，在 dq 轴上产生相应的高频电流信号，通过解调制获得次级磁链位置信息，从而实现无速度传感器控制。文献［164］利用 RIM 的凸极特性提出了一种方波电压信号注入的速度观测方法：首先在 d 轴上注入高频方波电压，在 dq 轴上产生与转子磁链角度估计误差相关的电流信号，获得转子磁链的位置信息。在提取高频电流信号时，该方法利用了带通滤波器，从而影响了速度观测器的动态性能。同时，因采用频域分析方法，注入信号的频率将会影响系统动态性能，即注入信号频率越高，速度观测器的动态性能将越好。对于轨交 LIM 系统而言，因气隙较大、次级无齿槽、电机磁链不易饱和、不能用齿槽谐波进行速度估计，为此电机各向异性的速度观测器方法很难在 LIM 系统上得到广泛应用。

在基波模型的速度观测方法中，开环观测器通常采用电机电压、电流、磁链和速度间的稳态关系来观测速度，因其动态性能一般而较少采用[171]。模型参考自适应系统（Model Reference Adaptvie System，MRAS）速度观测器，通常把不含速度的电机状态模型作为参考模型，而把含有待定速度参数的电机状态模型作为可调模型，再通过自适应律调节直到两个模型的输出值相同，从而达到在线辨识电机速度的目的[172-175]。由此看出，MRAS 速度观测器的动态性能主要取决于自适应律参数的设计。

随着计算机技术的发展，人工神经网络、基因遗传算法、模糊控制等人工智能算法逐渐在 LIM 无速度传感器控制中得到应用。文献［176］提出了一种线性神经网络 MRAS 速度观测器，其性能相较于传统 MRAS 速度观测器和滑模速度观测器得到了一定提升。文献［177］提出了一种模糊虚拟参考模型速度观测器，将速度跟踪问题简化为系统稳定性问题，并将控制器设计和观测器设计进行了统一，具有较好的动态响应和参数鲁棒性。但是，这类方法的理论分析和实现过程较为复杂，其实际应用受到了一定限制。

观测器法主要有全/降阶状态观测器法、卡尔曼滤波器法和滑模观测器法。本质上，它们为特殊的 MRAS 法，以实际电机为参考模型，以观测器为可调模型，通过相应的自适应律调整估计速度，使观测器的状态估计值与电机实测量一致，其原理如图 1-36 所示。然而，与 MRAS 法不同的是，观测器法可从反馈增益和自适应两个方面来改变速度观测器的动态性能，因此其设计自由度更高。

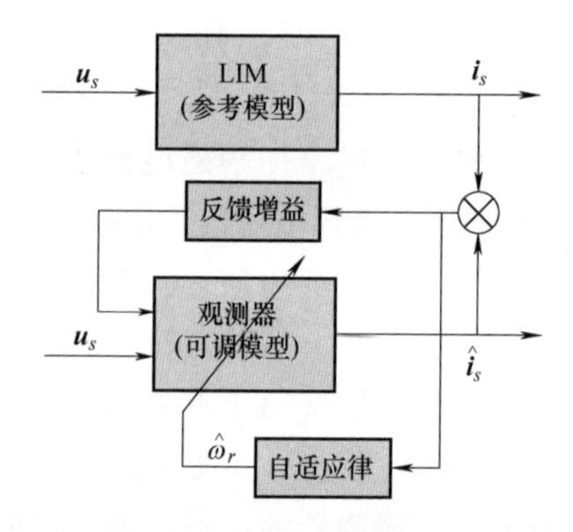

图 1-36　基于观测器的速度估计方法原理框图

LIM 数学模型包括四阶电磁方程和一阶运动方程，是一个高度耦合的五阶系统。LIM 观测器主要包括两类：两阶电压模型或两阶电压电流与互感组合的降阶状态观测器，或统一四阶电磁方程建立的速度全阶状态观测器。卡尔曼滤波器是一类特殊的全阶状态观测器，采用迭代形式的估算方式，适用于非线性系统的最优化自回归数据处理算法。卡尔曼滤波器速度估计方法，其增益矩阵与全阶状态观测器有所不同：它主要根据系统的处理误差和采样噪声确定，因此具有较好的抗噪能力。但是，卡尔曼滤波器中调节状态估计收敛速度的协方差矩阵很难获得，需要结合其他算法经过多次调整确定。此外，卡尔曼滤波器的速度估计方法涉及大量的矩阵运算，对控制芯片要求较高[178]。滑模观测器法与全/降阶状态观测器法基本类似，其主要区别在于状态估计误差的反馈形式：前者使用状态估计误差的非线性函数进行反馈，而后者则使用状态估计误差的连续函数进行反馈。

总体而言，在各类LIM速度估计方法中，观测器法在动态性能的设计上具有更多自由度，可从反馈增益和自适应律两方面来调整和提高。但是，若反馈增益选择不当，将会影响全阶状态观测器的零极点位置，进而降低观测器动态性能。文献［179，180］针对全阶状态观测器速度估计方法，提出了一种“极点放大”反馈增益，可使观测器的极点变为自然极点的倍数。文献［181］提出了一种“极点左移”反馈增益，使状态观测器的极点位于自然极点的左侧水平位置。文献［182］针对电机低速再生制动下的稳定性，分析了反馈增益稳定的必要条件，并提出了一种“完全稳定”反馈增益，能使速度观测器在大部分运行区域内保持稳定。文献［183］则比较分析了上述三种反馈增益对速度观测器的收敛性和稳定性影响，指出了速度观测器的动态性能与电机运行速度和负载密切相关：在运行速度较高时，“极点放大”型反馈增益矩阵和“极点左移”型反馈增益矩阵的误差收敛速度，均明显快于“完全稳定”型反馈增益矩阵；但前两者反馈增益矩阵在低速再生制动时会出现不稳现象，而“完全稳定”型方法则能保证系统稳定运行。文献［184］分析了几种不同反馈增益对速度收敛速率的影响，并进一步提出了增益调度方法，即在不同速度范围选择不同的反馈增益来提高速度观测器的动态性能。

自适应律的类型和参数也是影响观测器动态性能的重要因素。文献［182］提出了全域范围稳定的反馈增益，同时指出PI自适应律的积分参数将影响速度变化时的速度估计误差，而比例参数则影响速度观测器对噪声的敏感程度，并提出了自适应参数设计方法。除了使用PI自适应律外，文献［185-187］提出了电机运动方程自适应律，充分利用了电磁模型和机械模型，相比于传统PI自适应律，它增加了观测器的阶数和开环零点，提升了参数设计的自由度，可获得更好的动态性能。对于滑模观测器速度估计方法，其自适应律则采用开关函数[174,188]，从而提高了观测器的收敛速度，但却增大了估计速度的波动范围。此外，文献［173］还提出了有限集模型预测控制自适应律，通过代价函数保证每个采样周期内的速度误差最小，从而获得较为准确的转子位置：由于没采用PI自适应律，不需要设计自适应参数，具有较好的动态和稳定性能，且参数鲁棒性较强。

1.3.4.3　速度控制器动态性能优化

速度控制器也是影响速度观测器整体动态性能的关键一环。总体而言，速度控制器主要解决两个问题：对速度给定指令的快速跟踪和对负载扰动的快速抑制。从控制器结构入手，速度控制器主要包括三类，即反馈控制、前馈控制和复合控制，如图 1-37 所示。通常情况，LIM 速度控制器的设计可参考 RIM 分析方法，但目前多采用 PI 调节器[176,189-191]：由于积分器的存在，该类系统通常面临超调量较大、动态性能较差、稳定时间较长等问题[192]。

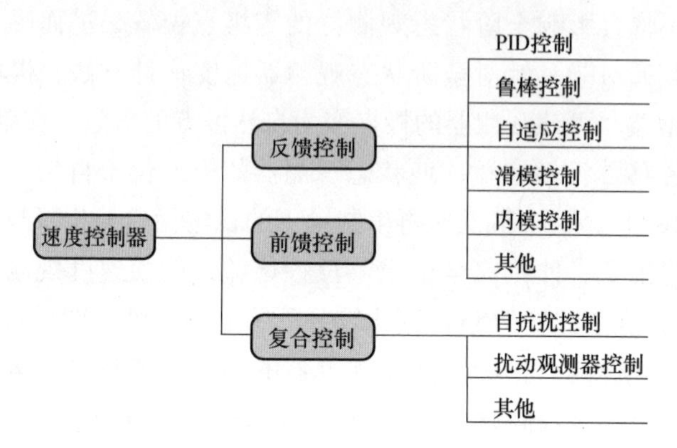

图 1-37　速度控制器分类

如图 1-38a 所示，通过比较系统的输出与给定值偏差，反馈控制方法可对输

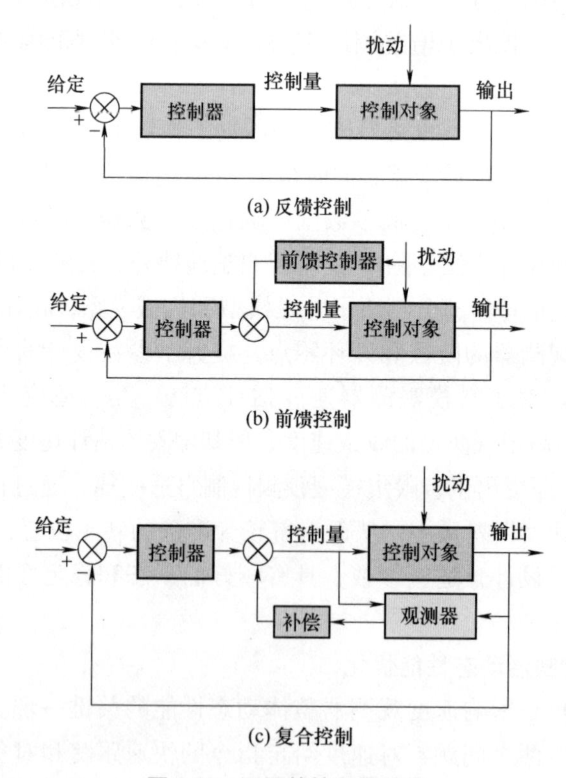

图 1-38　不同的控制器结构

入量进行调节，以获得预期的系统性能。该类方法最典型的例子是PID控制器，可根据系统误差的比例、积分和微分项确定系统输入控制量，即使控制对象的模型不确定也能获得较为满意的效果，因此在工业控制中得到了广泛应用[193-197]。文献［198］针对直流电机调速系统，根据电机参数给出了速度环PID控制器的工程设计方法。文献［199］基于永磁同步电机调速系统的频域模型，给出了电流环和速度环PID控制器的参数计算方法，充分考虑了死区、延时等非理想因素的影响。自适应控制主要处理控制对象结构参数扰动，通常需要结合在线参数辨识方法进行调整[200-205]。鲁棒性控制是系统结构或参数发生一定变化时，仍能维持系统某些特性的分析策略，它通常会考虑较差工况下的折中或补偿措施，设计思想多趋于保守[206-208]。滑模控制具有动态响应快、扰动抑制能力强、参数鲁棒性好等优点，但通常会面临较大的抖振[209-212]。内模控制是基于过程数学模型进行控制器设计的控制策略，具有设计简单、控制性能好等优点，在线性系统中应用较广，但不适用于高阶系统的逆矩阵运算。

前馈控制的结构如图1-38b所示，通常需使用传感器检测负载扰动，然后前馈到控制器，进而主动跟随负载扰动的变化。一般情况下，由于负载扰动难以在系统中测量，或者测量的传感器成本较高，因此该类方法的实际应用不广。

综上所述，因为前馈控制具有较好的扰动抑制性能，而反馈控制可灵活调整系统控制误差，为此学者们结合两类方法进一步提出了复合控制策略，其结构如图1-38c所示。自抗扰控制是一种复合控制方法，它吸收了PID控制器的优点，其控制器设计不依赖于复杂的数学模型，并对非线性、不确定性和扰动变量具有较好的控制效果[213]。自抗扰控制主要有微分跟踪器、扩展状态观测器和非线性组合PID三个部分：其中微分跟踪器解决了快速性和超调间的矛盾，提高了调节器应对噪声污染能力，增强了系统鲁棒性；扩展状态观测器对系统状态、外部扰动和不确定性等进行估计；非线性组合PID则利用非线性函数来提高系统的响应能力。扰动观测器控制（Disturbance Observer Based Control，DOBC）通过建立扰动观测器对系统扰动进行观测，再将观测到的扰动前馈到控制器中，兼具前馈控制和反馈控制的优点[214-218]。

1.3.4.4　二自由度控制器

除了动态性能，控制器的算法复杂度和调试难易程度也是重要的衡量指标。特别是对低刚性控制对象，为防止机械共振，控制器增益不能太大：此时为保证系统的跟踪性能，往往会牺牲一定的抗扰能力，同时参数的调整难度急剧增加。为此，有学者提出了二自由度控制器，可分别调节系统的跟踪性能和抗扰性能。

文献［219-220］总结了四种典型的二自由度控制器，如图1-39所示，包括设定值滤波型二自由度控制器、设定值前馈型二自由度控制器、反馈补偿型二自由度控制器和回路补偿型二自由度控制器。分析发现，四种控制器虽然结构不同，但通过合适的 $C(s)$ 和 $H(s)$ 便可进行等效变换，其系统输出具有相同的响应。因此，二自由度控制器的一般形式为

$$u=k_{\mathrm{p}}\left[(k_{\mathrm{b}}r-y)+\frac{k_{\mathrm{i}}}{s}(r-y)+k_{\mathrm{d}}s(k_{\mathrm{c}}r-y)\right] \tag{1-23}$$

式中，r 为系统的给定；y 为系统的输入；k_{p}、k_{i}、k_{d}、k_{c}、k_{b} 为控制器的参数。

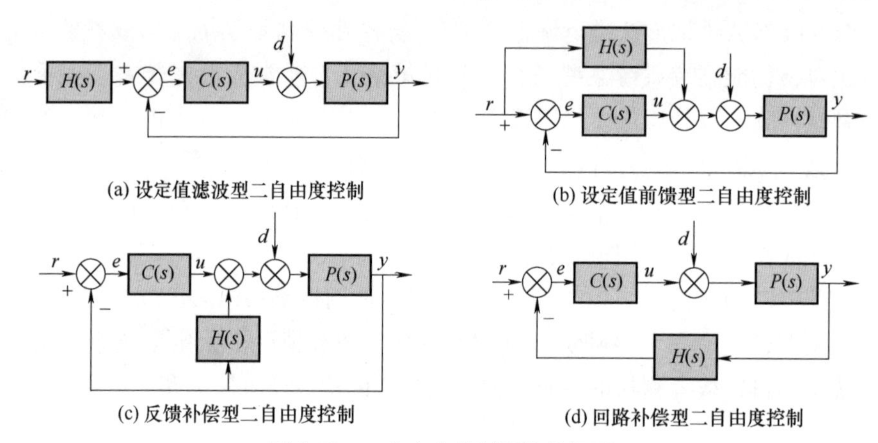

图 1-39　二自由度控制器结构框图

文献［221］采用设定值滤波型二自由度控制器改善了电机的速度跟踪性能和负载扰动性能。文献［222］研究了直流伺服系统的二自由度控制方法，在不改变指令输入响应的条件下提高负载扰动鲁棒性，其系统结构如图 1-40 所示。文献［223］对图 1-40 中的低通滤波器 Q 进行了设计，分别探讨了不同阶次的低通滤波器对系统性能的影响。实验结果表明，低通滤波器的阶次越高，系统的鲁棒性越好。文献［224］则对设定值滤波型二自由度控制进行了设计，采用非光滑函数提高了系统动态性能。文献［225］提出了滑模二自由度控制方法，其内环采用线性二自由度控制，外环则采用滑模控制，实验结果表明其具有很强的扰动抑制性能。文献［226］在传统内模原理二自由度控制基础上，使用免疫算法在线优化滤波器参数，提高了 RIM 动态性能。文献［227，228］将二自由度控制应用在永磁同步电机无速度传感器电流环中，提高了高频注入电流环控制效果。文献［229］将二自由度控制器应用在永磁同步电机有速度传感器控制中，取得了一定的抗扰性能。文献［230］结合卡尔曼观测器，将二自由度 PI 控制器应用在了永磁同步电机无速度传感器速度环中，明显提高了动态性能，但卡尔曼滤波器的参数调整困难，需要进一步改进。

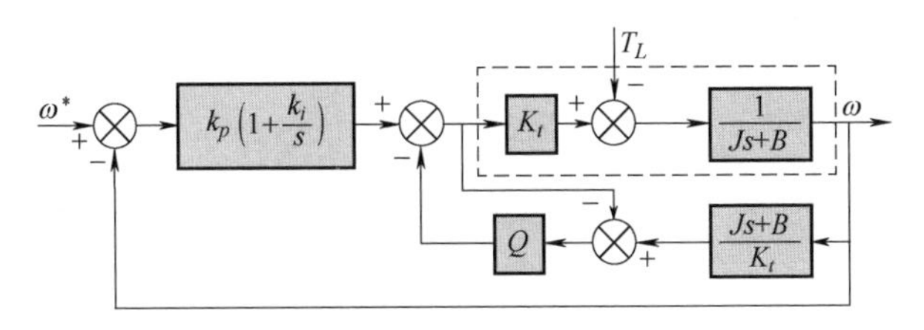

图 1-40　直流伺服系统的二自由度控制方法

综上所述，LIM 系统相关的无速度传感器控制方法及性能总结如下：

1）LIM 无速度传感器控制中，速度反馈采用速度观测器的估计值，因此应该考虑速度观测器的动态过程。为此，有速度传感器的相关算法不能直接应用在无速度传感器中。

2）要提高 LIM 无速度传感器控制系统的动态性能，必须对速度观测器和速度控制器同时进行优化，但目前研究工作主要偏重于速度观测器，而对速度控制器的重视不够。

3）二自由度控制可分别调节速度跟踪性能和负载抗扰性能，易于同时实现两者性能优化，显著降低参数调试难度。因此，本书将对二自由度无速度传感器控制进行深入研究。

1.3.4.5　无速度传感器控制稳定性研究现状

因 LIM 无速度传感器闭环控制系统包含速度控制器和速度观测器，为此必须对两者的稳定性进行详细分析。然而，目前大部分系统稳定性分析仅考虑速度观测器，而忽略了速度控制器的影响，比如文献［231］对两类无速度传感器方法进行了比较，见表 1-3。其中电机各向异性速度估计方法[232-234]最低运行频率可长期为 0Hz，但基波模型法，只能接近 0Hz 或短时 0Hz 运行。

表 1-3　RIM 不同速度估计方法特点[231]

	基波模型的方法		电机各向异性的方法			
是否需要信号注入	否	否	否	是	是	均可
原理	开环模型	观测器	转子齿槽谐波	主磁链饱和	人为凸极	转子槽漏磁
最低运行频率	接近 0Hz 或短时 0Hz 运行	接近 0Hz 或短时 0Hz 运行	低于 1Hz	理论上 0Hz	理论上 0Hz	0Hz
最大速度估计误差	额定转差的一半	额定转差的一半	理论上为零	额定转差的一半	很小	理论上为零

由表 1-3 可知，虽然各向异性速度估计方法最低运行频率理论上可为 0Hz，但由于 LIM 特殊机械结构，该类方法不具有普适性，因此下面主要讨论电机基波模型速度估计方法。文献［235，236］利用非线性方法，分析了 RIM 速度可观测的条件，得到结论如下：基波模型速度估计方法在定子频率为零时，因定子电流不含转速信息而无法估计。文献［236］针对低速再生制动时转速可观性较差的问题，通过实时调节电机励磁水平来提高速度“可观测指数”，从而提高速度观测器的稳定性。文献［237］对 RIM 常见速度观测器的稳定性进行了详细调查，并对三种常见的不稳定现象进行了深入分析，进而提出了相应的补偿办法。文献［238，239］对速度观测器的全局可观性和稳定性进行了分析。文献［240］针对降阶磁链观测器给出了满足速度观测器稳定条件的增益设计方法，可根据电机运行条件的变化实时调整增益参数值，明显提升了观测器的阻尼特性、参数鲁棒性和收敛速率。

文献［182］针对全阶状态观测器的速度估计方法，在同步旋转坐标系下将速度估计环节线性化，从而得到估计速度与实际速度之间的传递函数；进一步，分析得到了观测器稳定的条件，即观测器开环传递函数的零点和极点都必须位于左半平面；随后，根据得到的稳定条件，提出了一种反馈增益设计方法，保证系统能稳定运行（定子频率为零时除外）。文献［241］分析了同时进行速度和定子电阻辨识时的系统稳定性问题，并推导得出了系统的显式稳定条件，阐明了系统何时出现不稳定现象，提出了反馈增益和积分自适应增益设计方法，提高了观测器的稳定性。文献［242］提出了基于全阶状态观测器和解耦控制的 RIM 无速度传感器控制方法，明确了传统反馈增益下的速度观测器稳定运行边界，给出了系统稳定运行的反馈增益设计方法。文献［243］对文献［180］的反馈增益设计方法进行了改进，通过改变极点放大倍数提高了系统的稳定性。文献［183］分析比较了几种不同类型的反馈增益对速度观测器的性能影响，结果表明：在低速和高速运行下，不同反馈增益的动态性能具有明显差别，部分反馈增益虽能保证速度观测器在整个运行范围内稳定工作，但高速下的系统收敛速度变慢。

综上所述，传统无速度传感器控制方法在分析系统稳定性时，主要偏重于速度观测器，而忽略了速度闭环，即没同时考虑速度观测器和速度控制器对整个系统的稳定性影响。对于各向异性速度估计方法，因其依赖电机不同方向上的不同磁阻特性，为此不适用于 LIM 系统；对于基波模型速度估计方法，它虽能在高速时取得较好的动态和稳态性能，但是其低速再生制动时速度观测器不易稳定运行。与之不同，全阶状态观测器可从反馈增益和自适应律设计两方面来提高系统性能，因此本书将其与速度控制器结合，深入研究 LIM 无速度传感器控制性能。

1.3.5　参数辨识及牵引性能提升

迄今 LIM 的等效电路及数学模型有多种，本书将主要采用龙遐令数学模型开展参数辨识研究：其中变化最为复杂剧烈的两个参数为等效励磁电感（简称“励磁电感”）和等效次级电阻（简称“次级电阻”），同时它们也是对各种基本控制方法（如磁场定向控制、直接推力控制等）和高性能控制策略影响较为关键的参数。考虑到 LIM 结构的特殊性、模型的复杂性和参数的多变性，目前 LIM 参数辨识研究相对较少，主要集中在离线辨识方面，且大多数方案仅能获取 LIM 静态参数，难以真实反映运动状态下的变化情况[244-251]。由于 LIM 参数变化的因素众多，包括磁饱和、温度、运行速度、转差频率、趋肤效应等，通过离线辨识获取了部分工况下的电机参数后，也难以制作表格来综合反映出主要因素对 LIM 参数的影响[251]。文献［13］通过建立次级涡流方程，根据一个周期初次级能量守恒，推导出边端效应校正因子 $f(Q)$，并建立了 LIM 等效电路，但该方法考虑因素较少，适用速度区间较窄。文献［12］基于麦克斯韦方程组，根据复功率守恒，推导得到了一种全面考虑速度和转差频率的动态边端效应修正方法，但是该方法依赖众多的电机结构参数，且计算过程十分复杂。

综上可知，无论是静止状态和运动状态的离线参数辨识，还是基于电磁理论推导得到的参数修正方法，均无法充分、准确地反映实际运行中复杂因素对电机参数的影响。因此，亟需对 LIM 在线参数辨识方法进行研究，以综合地考虑多种因素对参数的影响，进而增强系统的参数鲁棒性。由于速度本质上也是电机的一个参数，因此同速度估计方法类似，在线参数辨识也可以分为：电机基波数学模型方法[252-266]和电机各向异性及谐波激励方法[267-268]。考虑到后者在目前电机系统的应用难度较大，本书将重点研究基波模型方法。

因信道数目和微处理器运算能力限制，基波模型方法难以同时辨识所有电机参数，目前多为双参数在线并行辨识方法[269-273]。当待辨识参数数目增加时，则需考虑利用暂态过程来进行辨识[274]，或对电阻类参数采取近似处理[275]。文献［274］提出了一种带定子和转子电阻解耦辨识的无速度传感器控制方法：基于分时处理，在恒定磁通状态下辨识定子电阻，在施加磁链斜坡指令时辨识转子电阻。文献［275］提出了一种考虑杂散负载和铁损的在线参数辨识无速度传感器方法：在辨识得到定子电阻后，同等比例地对转子电阻和附加电阻进行修正。但是上述方法均存在一定局限性：前者需要在转子电阻辨识过程中变更励磁状态；后者只近似考虑了温升对电阻的影响，忽略了趋肤效应等影响因素，从而对 LIM 相关参数造成一定误差。为此，本书后面将主要对单参数和双参数在线辨识方法展开深入研究。

1.3.5.1 励磁电感在线辨识方法

多数工况下，RIM 励磁电感变化相对较小，因此励磁电感在线辨识方法不多。然而，与之大不相同的是，因为边端效应等影响，LIM 励磁电感受运行速度、转差、频率、电机结构参数等影响较大，呈现出高阶非线性、时变强耦合等特点。加之 LIM 漏感和励磁电感比值相对较大，即一个微小的绝对误差可能会造成较大的相对误差，为此亟需对 LIM 励磁电感进行高精度的在线辨识，从而提高电机系统的牵引能力。

文献［252］提出了一种适用于 RIM 瞬态和稳态工况的励磁电感在线辨识方法，具有结构简单、易于实现、参数敏感度低等优点。但是，该方法需用到电机的励磁曲线，因此不能很好适用于 LIM 系统。文献［253］提出了两种不依赖于励磁曲线的在线励磁电感辨识方法，具体介绍如下：

1）基于模型参考自适应系统。第一种方法分别以 RIM 转子磁链的电压、电流模型观测器作为参考模型和可调模型，通过波波夫（Popov）超稳定理论设计的自适应律来获得励磁电感。然而，该方法参考模型中存在纯积分环节，虽然可采用低通滤波器[276]和自适应神经积分器[277]等方法加以解决，但会导致幅值衰减、相位偏移、系统复杂度增加等问题。

2）基于同步旋转坐标系下两种无功功率的计算公式。第二种方法设计了一种励磁电感开环计算方法，无需自适应率设计和 PI 参数整定。但是，因无功功率由稳态模型得到，该方法只适用于稳态参数辨识。另外，该方法的准确度严重依赖定向精度，受励磁电感变化的影响较大。

文献［254］考虑磁饱和影响，提出了一种不依赖额外数据拟合的定子电感及励磁曲线在线辨识方法。但是，该方法首先需通过信号注入辨识漏感，然后变换两种励磁水平才能完成辨识过程，其实施过程较为繁琐。文献［255］结合简化的 LIM 数学模型提出了一种全阶状态观测器励磁电感在线辨识方法：利用电机本身作为参考模型，不含纯积分环节，但需设计复杂的增益矩阵，从而增加了系统整定难度。为克服文献［255］的缺点，文献［256］基于 Duncan 模型提出了一种新型励磁电感自适应方法。然而，上述两种方法均采用了经典的极点倍数配置方案，主要针对不带自适应机制的全阶状态观测器进行设计，而未对自适应系统的反馈增益矩阵及稳定区间开展研究，而当用于全阶自适应观测器系统时将无法保证宽速度范围下的工作稳定性。

1.3.5.2 次级时间常数在线辨识方法

根据文献［12］中的 LIM 数学模型可知，等效次级电阻将受速度、负载、趋肤效应和温升等众多因素影响，因而必须对其进行在线辨识研究。由于次级电阻常出现在次级时间常数的分母上，为此可将其作为一个整体进行在线辨识。但是与 RIM 不同，因次级电感也存在一定的非线性变化，LIM 次级时间常数的辨识难度也较大。

迄今，RIM 转子时间常数或转子电阻的在线辨识研究较多，主要介绍如下。基频模型方法主要采用不同变量的 MRAS 结构来推导获得各种自适应律，如转子磁链[257]、转子磁链导数[258]、电磁转矩[259]、定子电压[260]、无功功率[262-263]等。文献［261］提出了一种 RIM 转子时间常数在线辨识方法，它由两种励磁电流观测器 MRAS 推导获得，其参考模型中因纯积分环节而存在直流偏置和参数漂移等问题。文献［262］给出了一种基于无功功率的 MRAS 转子时间常数在线辨识方法，如图 1-41 所示。通过将定子频率信息纳入自适应机制中，扩展了修正方案的有效范围，完成了定子频率相关的开环增益归一化，开展了自适应增益设计工作。然而，因可调模型依赖于精确励磁电感信息，该方法不能直接用于励磁电感变化大的 LIM 系统。

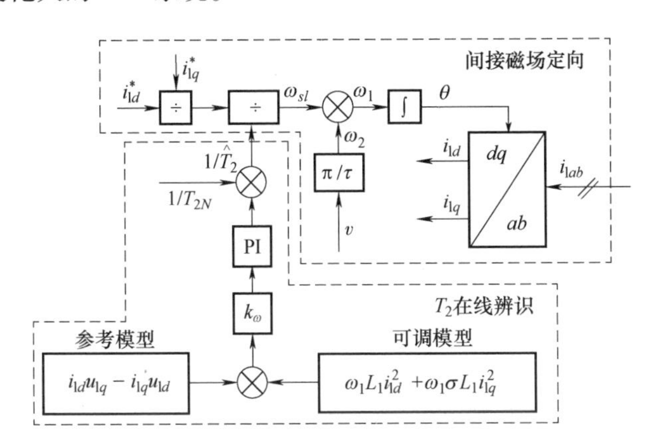

图 1-41　基于无功功率的改进型转子时间常数在线辨识方法

为更清晰地分析不同变量 MRAS 策略，文献［266］在间接磁场定向的基础上，依据李雅普诺夫（Lyapunov）稳定性理论和 Popov 超稳定性理论推导了 RIM 转子时间常数辨识的统一自适应率。结果发现：各种 MRAS 方法虽然实现方式不同，但本质上是统一的，其自适应率可归纳为

$$\frac{\mathrm{d}}{\mathrm{d}t}\frac{1}{\hat{T}_2}=(L_\mathrm{m}+f_2)i_{1q}\psi_{2q}-f_1(\psi_{2d}^*-\psi_{2d}) \tag{1-24}$$

当式（1-24）中的f_1和f_2取不同形式时，可得到不同MRAS的转子时间常数辨识自适应率。当$f_1=f_2=0$时，可得到q轴转子磁链辨识方案；当$f_1=0$、$f_2=-L_m$时，可得到d轴转子磁链辨识方案。更多方案这里不再赘述。综上可知，传统MRAS辨识方案中融入q轴定子电流、定子频率等信息后，可以有效扩展系统的稳定运行范围。

除了上述基频模型法外，还有一些方法通过小信号注入[267]或信号抖动[268]等原理来辨识转子时间常数，它们可用来同步实现基频模型的无速度传感器控制，以避开转速和次级时间常数在基波模型中的深入耦合，进而解除并行辨识方案的部分限制条件。然而，因该类方法经常需要额外信号注入或特殊设计的滤波器，实际应用难度较大，本书后面将不重点讨论。

1.3.5.3 双参数在线辨识方法

因为边端效应和磁场饱和等影响，LIM单参数在线辨识，比如互感或次级电阻辨识，可能会引起不同参数间的相互依赖和影响，所以必须开展多参数在线辨识[262]。通常而言，LIM励磁电感和次级时间常数的准确获取对电机控制具有重要意义，只有同时确定了相关参数才能准确获取次级电阻值。但是，由于实现上较为困难，目前仅有少量的研究成果[269-273]。不同于转矩或无功功率等单自由度变量，RIM次级磁链因具有幅值和相位双自由度特性，经常被用来进行双参数在线辨识，比较经典的有RIM转速和定子电阻的在线辨识方法[278]。

文献［269］选取转子磁链作为观测变量，提出了励磁电感和转子电阻并行辨识方法，如图1-42所示。为提高转子磁链参考值对转子电阻和励磁电感失配的鲁棒性，文章将高阶终端滑模观测器和一阶滑模观测器相互串联构成参考模型，从而获得了一定效果。然而，为保持系统在全速范围下的稳定性，该方法需要根据不同的运行工况实时调整转子电阻的PI控制器增益符号。

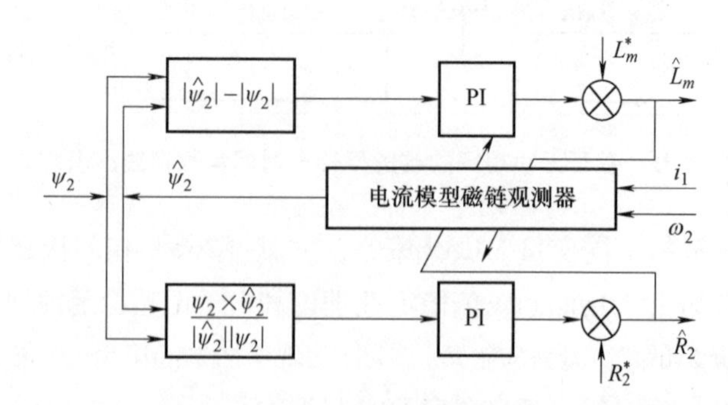

图1-42　基于转子磁链的励磁电感和转子电阻并行辨识方法

为降低文献［264］中转子时间常数在线辨识方法对励磁电感的依赖程度，

文献［270］进一步提出了一种改进电压模型励磁电感和转子时间常数并行辨识算法，如图1-43所示。经过理论分析，基于电流模型的观测磁链幅值和相位误差与参数偏差的关系式为

$$\begin{cases}\Delta\theta_{\psi}=\omega_1\dfrac{1}{\omega_1^2+\hat{T}_2T_2}\left(\dfrac{1}{\hat{T}_2}-\dfrac{1}{T_2}\right)\\ \Delta|\psi_2|=\dfrac{1}{\omega_1^2+1/T_2^2}\hat{L}_m\Delta\dfrac{1}{T_2}i_{1q}\omega_1+\Delta L_m i_{1d}\left(\dfrac{i_{1q}}{i_{1d}T_2}\omega_1+\dfrac{1}{T_2^2}\right)\end{cases}\tag{1-25}$$

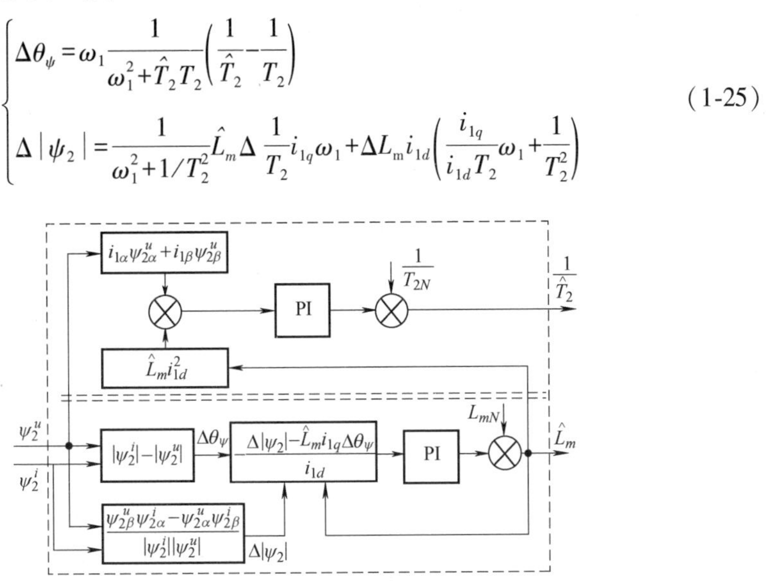

图1-43　基于改进电压模型的励磁电感和转子时间常数并行辨识算法

结合图形和相关分析发现：LIM转子磁链的相位误差仅受转子时间常数偏差的影响，而幅值误差的影响因素则包括转子时间常数偏差和励磁电感偏差。为了尽量避免转子时间常数辨识支路对励磁电感支路的影响，在辨识励磁电感时综合了转子磁链幅值和相位误差信息，通过近似处理，使该误差项主要受励磁电感偏差的影响。另外，该辨识方法还需构建相应的电压模型和电流模型磁链观测器，并且转子时间常数的辨识还需要d轴电流，因此整个系统的稳定性分析将变得较为复杂。

文献［271］设计了一种四阶滑模磁链观测器来实现转子电阻和次级时间常数倒数的在线估计，该方法对漏感数值中的不确定性具有较强鲁棒性，但对定子电阻误差却较为敏感。此外，当电机运行在低转矩水平时，其辨识误差较大。为了较为准确地实现LIM单位电流最大推力控制，文献［272］提出了一种基于端部阻抗幅值和相位的变参数辨识算法来获取励磁电感和次级电阻，以实时更新控制策略中的所用参数。文献［273］针对励磁电感和次级电阻，分别构建了基于推力观测器和全阶状态观测器的辨识方案，进而得到了一种双参数并行在线辨识策略。

综上所述，将在线参数辨识的关键性问题和研究现状整理归纳如图 1-44 所示。

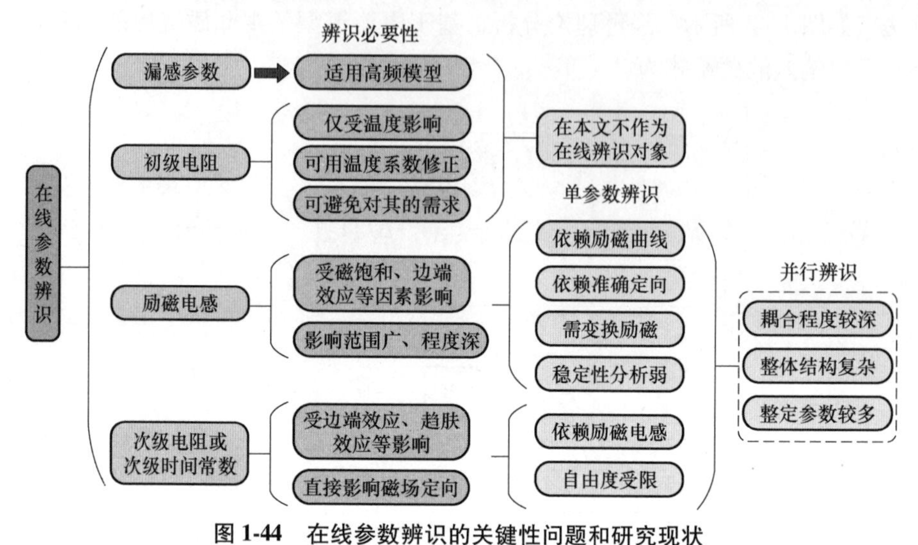

图 1-44　在线参数辨识的关键性问题和研究现状

1.3.5.4　考虑参数误差影响的改进型控制策略

通过辨识获取的高精度参数，可与 LIM 各类高级控制策略结合，如最小损耗控制、模型预测控制、无速度传感器控制等，进而降低电机损耗、提升控制动静态性能和增强系统参数鲁棒性等。

在线参数辨识同最小损耗控制结合，可以实时校正 LIM 最优磁链给定值，从而对实际磁链进行高精度控制，确保电机能运行在最优工作点上。针对传统方法未考虑电机参数随运行工况变化的不足，文献［279］设计了双卡尔曼滤波器，对电机损耗相关的电流分量、电阻、电感、磁链等参数进行了实时观测和辨识。针对损耗模型参数变化会影响效率优化效果的问题，文献［280］提出了观测器最小损耗控制算法，能够在线辨识并更新当前电机损耗模型参数。文献［281］将最小二乘在线递推算法引入 RIM 损耗模型的参数辨识中，提出了考虑电机参数时变的最小损耗控制策略，提高了系统的控制精度和鲁棒性。

在线参数辨识与 MPC 的结合已在 1.3.3 节中进行了详细介绍，通过对一些关键参数进行在线辨识以提高 MPC 的预测精度[282,283]。针对无速度传感器参数敏感性问题，不少文献采用速度和参数并行辨识的方法，实时修正自适应算法中所用到的电机参数[268,284-286]。文献［278］基于全阶状态观测器，首先提出了 RIM 转速与定子电阻并行辨识的方法。由于 RIM 基波模型下转子电阻（或转子时间常数）与转速之间存在深度耦合[287]，不满足同时可观的条件，较难实现两者的并行辨识。若通过基波模型辨识转速，则转子电阻（或转子时间常数）的在线辨识需借助高频信号注入或瞬态过程特殊处理方法：前者会在一定程度上引入转矩脉动，并将增大趋肤效应影响，后者只能在动态过程中对辨识参数进行校正。由于励磁电感同其他参数的耦合程度较深，其在线并行辨识的自适应率设计相对复杂，亟需开展深入研究。

当状态误差环节引入全阶状态观测器后，将构成闭环观测器，从而可提高参数辨识精度[288]，目前已有一些文献对全阶状态观测器无速度传感器控制开展了研究[289-290]，主要问题包括：如何实现连续域低速再生制动工况的稳定运行，如何提升稳定区间内的收敛速度，如何增强离散域高速下的稳定性，如何避免参数不准对辨识系统的影响等，其问题之间的相互关系如图1-45所示。参数并行辨识的引入，可在一定程度上提升电机参数鲁棒性，但也会对其他方面的性能产生一定影响，因而需对全速域下的稳定性进行重新分析。在分析速度与定子电阻的并行辨识系统稳定性时，考虑到转速的变化速度远快于受温度影响的定子电阻，可将定子电阻视为常数[291]。而对于LIM励磁电感，因其变化速度与转速相当，无需再进行简化，为此需要在稳定性分析中对励磁电感自适应率加以考虑，以保证整个并行辨识系统的稳定性。

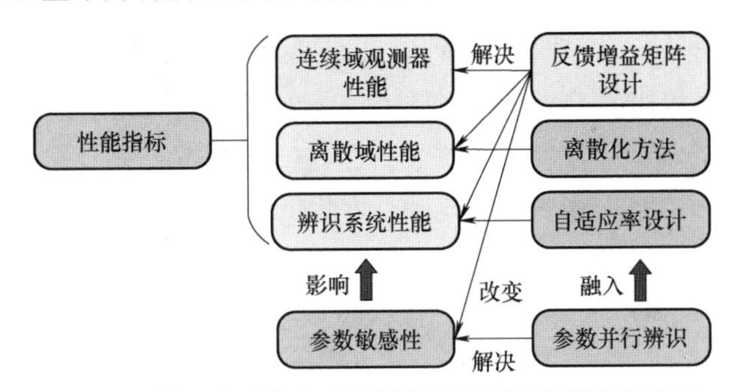

图1-45 基于全阶状态观测器的辨识系统关键问题分析

1.4 直线感应电机多目标优化研究概述

电机优化设计的大致过程为：通过调整电机结构参数，在满足用户需求、加工工艺、性能标准等约束条件下，让电机的某些指标（如效率、推力、功率密度、成本等）达到最优值[292-293]。电机优化设计主要包括校核设计、综合设计和优化设计三个阶段[294-297]。校核设计需要提前估算好若干设计变量，然后通过反复迭代调整参数，使电机性能满足要求。综合设计是对电机主要优化参数设定取值范围，然后按设定的步长循环计算并得到满足需求的最优解。优化设计主要包括两方面：①基于电机的分析模型（包括解析模型、数值模型和近似模型等）和待优化指标，建立优化目标的数学模型；②选择合适的优化算法，对该数学模型进行寻优。从电机设计的发展阶段可以看出，电机设计不仅要达到期望的性能指标，而且要不断追求性能更优、成本更低的设计方案。为了提升电机性能，相关学者主要从优化问题的数学建模、降维优化求解和优化效率提升等三个方面开展了广泛研究。

1.4.1 优化建模

文献［297］首先基于 Boldea 提出的等效电路[296]，得到 LIM 效率和功率因数的解析式。然后，进行参数敏感性分析，选取了初级绕组电流密度、初级宽度与极距比值、次级铝板厚度和转差率作为优化变量。通过式（1-26）的可调权重成本函数，将多目标问题转化为单目标问题。最后，采用遗传算法分析了效率优化、功率因数优化和功效（功率因数和效率乘积）优化的三种结果，成功提升了电机功效 12.5%。由于电机等效模型没有考虑铁损和次级漏感，随着速度增加，其理论分析和实验测量误差将逐步增大。

$$J=\eta^{k_1}\cos^{k_2}\varphi \tag{1-26}$$

式中，η 为效率；$\cos\varphi$ 为功率因数；k_1 和 k_2 为可调权重系数。

基于 Duncan 提出的 LIM 等效电路[13]，在忽略铁损和次级漏感的情况下，文献［298］推导了效率、功率因数和端部效应制动力的解析式。然后，通过参数敏感性分析，明确了次级导板厚度、气隙长度、供电频率、极对数、每极每相槽数、初级电流密度、初级宽度和槽宽与槽距比值对优化目标的影响规律，进一步将多目标（四个优化目标）转化为单目标优化问题，其成本函数表达式为

$$J=\frac{\eta^{k_1}\cos^{k_2}\varphi}{M_1^{k_3}F_{\text{end}}^{k_4}} \tag{1-27}$$

式中，M_1 为初级质量；F_{end} 为端部效应制动力；$k_1\sim k_4$ 为可调权重系数。

通过合理设置成本函数中权重系数，获得四种情况下的优化方案，明确了对优化目标影响较大的变量。相关的二维和三维有限元结果验证了优化方案的有效性。

文献［299］对一梯形次级结构的 LIM 性能进行优化，提高了电机功效、降低了初级质量和端部力等。由于该文的次级结构比较复杂，因此在 Duncan 模型基础上，对参数计算公式进行了修正。为避免优化陷入局部最优，利用两种优化算法进行求解（分别为内点算法和遗传算法）。最后通过对比二维和三维有限元模型及优化方案获得的推力大小，验证了所设计电机的有效性。文献［300］提出了一种非对称双开口的次级结构，并对次级开槽的相关参数依次进行优化，一定程度上削弱了电机横向端部效应。基于三维有限元分析，以较大推力

和较小法向力为目标，文章依次确定了次级分裂数、端部导条宽度、单边槽宽度、单边槽高度和双边槽错位长度等参数。然后，对比了传统帽型次级、对称双开口次级与提出的非对称双开口次级的横向磁通密度分布、横向次级感应电流分布、推力和法向力、纵向端部效应影响系数、动态响应速度等特性，充分体现了优化后的结构优势。但因采用单变量逐个优化方法，最终方案很容易陷入局部最优解。文献［301］通过三维有限元模型逐个研究极距、气隙长度、安匝数、永磁体厚度、齿宽、槽口高度和宽度等电机参数对电机推力密度的影响规律，并依次确定结构参数值；然后通过样机的空载反电动势和静推力测量，验证了优化结果的准确性。文献［302］对平均转矩、转矩密度、平均功率和功率密度等进行了多目标优化。通过二维有限元模型逐次两两选取电机参数并优化，同时选取分裂比（定子外径与转子外径比值）和极距、永磁体宽度和高度、磁障宽度和高度、转子磁宽度和高度来确定最终优化方案。文献［301，302］采用变量逐次优化方法，但因缺少优化变量的敏感性分析，很难保证优化结果是全局最优值。文献［303］从LIM系统的角度出发，以降低电机和逆变器损耗为目的，对电机结构参数和最优控制量同时进行了优化，并取得了一定效果，但优化结果对参数准确性要求较高，同时建模和求解过程也较为繁琐。

1.4.2　降维求解

电机的优化设计属于不等式约束的非线性优化问题，即目标函数与优化变量之间难以直接用显性解析式表示，因此一般采用数值法求解。同时，为降低电机优化模型的复杂度和计算量，替代有限元模型或者实验测试的分析模型，一些文献引入了代理模型[304-307]。该模型的优化效果非常依赖模型精度，且不能保证优化结果为全局最优解。随着研究的深入，代理模型逐渐演化为通过历史样本数据来构造新样本点，并不断逼近全局最优解的优化机制。此外，复杂高维优化问题的代理模型不需要在整个优化设计区间内，而只需保证最优解附近具有较高的精度[308-311]。

整体而言，代理模型优化问题经历了从单目标到多目标的发展历程。文献［312］提出以Kriging模型为代理模型的单目标全局优化算法，在选取样本校正点时，以模型预测值和预测准确度的期望值提高为加点准则，避免了优化过程中的局部收敛问题。文献［313］将伪距离加点准则引入到优化算法中，提出了基于Kriging模型的多目标有效全局优化算法。文献［314］则将并行计算方法与多目标有效全局优化算法相结合，进一步提高了多目标优化算法的执行效率。文献［315］基于有限元模型和试验点法，得到电机的响应面模型；然后从电机功率密度提升角度出发，求解得到最优初级长度与次级导板厚度的比值。为不失一般性，分析了功率 250~750W 范围的 5 种电机方案，结果表明：随着电机功率的增加，最优比值也逐渐降低，最后趋近于某一恒定值。采用响应面模型后，不需要推导 LIM 等效电路或解析模型，特别适用于结构复杂的 LIM，可明显降低优化模型的建立难度[316]。

文献［317］对一台电励磁双定子场调制电机进行了优化，因双层气隙、双定子特殊结构，优化设计过程需要考虑的结构参数较多。文章利用有限元软件建立了电机结构参数模型，然后以高转矩密度和低转矩波动为优化目标，按照关键尺寸参数的敏感性大小进行分层。由于敏感性较高的参数对优化目标存在较大的交叉影响，文章采用遗传优化算法，通过多元非线性回归模型确定总体目标函数。对于敏感性适中或较弱的参数，则分别采用响应面法和单参扫描法进行优化。全文通过结合不同优化方法，充分发挥了各自优势，在降低模型复杂度的同时明确了电机的最优结构尺寸参数。实验数据表明：优化后的样机转矩波动降低了 6%，平均转矩和每相感应电动势幅值分别提高了 12.3% 和 15.9%。相关结论充分说明基于参数敏感度分层的优化方法，能很好满足结构复杂的电机设计需求。

文献［318］首先采用 Taguchi 法进行参数敏感性分析，从 12 个设计参数中选出 6 个敏感度较高的参数，并确定为优化变量。然后，基于拉丁超立方试验得到 Kriging 响应面模型，通过多目标粒子群优化算法，获得推力波动和平均推力的 Pareto 前沿。大量结果显示：与原始方案相比，优化后的电机推力波动减小了 64%，平均推力提升了 6.6%。文献［319］选取推力密度、功率因数和推力波动作为优化目标，并通过正交试验表方法得到直线电机的响应面模型。为了提高优化效率，文章采用了并行计算方法，在构造加点准则后，通过 Kriging 代理模型选取新的样本点并构建新的代理模型，通过并行计算缩短了求解时间。

为提升多目标优化效率和转矩能力，文献［320］提出了一种参数分层设计与响应面结合的多目标优化方法。首先引入灵敏度指数将优化参数分层，以降低后续响应面方程的维数。对灵敏度较大的参数，先采用 Box-Behnken 试验得到响应面，然后选取多目标骨干粒子群优化算法进行优化。对于灵敏度适中的参数，则采用优化模型方程最小值搜索法。对于灵敏度较小的参数，可忽略参数间的耦合影响，采用单变量参数化扫描法。最终结果表明：电机的转矩脉动降低了 76.9%，平均转矩提升了 3.2%，优化时间大幅减少。

文献［321］对混合动力电动汽车用磁通可控定子永磁记忆电机进行了优化

设计。首先，基于五种典型工况（起动、额定速度巡航、加速、高速巡航和爬坡）及需求，建立了相关的优化模型。然后，对电机参数进行敏感性分析，确定出不同工况下影响电机性能的主要结构参数。考虑到某些工况下的优化目标或变量重复率较高，文章把优化过程分为三步，并在每一步优化不同工况下的关键结构参数和性能指标，从而得到最优方案。

文献［322］考虑到多目标优化时不同优化目标之间以及优化变量之间的耦合关系，通过相关性和方差分析，明确不同优化目标之间的关联性，确定出影响较大的变量或变量组合，从而有效地建立了多目标优化模型，提高了电机性能。

1.5　本书主要研究内容

通过初次级磁场相互作用，LIM 可直接产生沿运动方向的电磁推力，相较于传统 RIM 具有加减速快、爬坡能力强、体积小、噪声低等优点。但是，初级开断、端部半填充槽、大气隙、局部磁场饱和等影响，LIM 系统尚存在等效模型不精确、控制策略不高效、系统优化不深入等问题。针对上述问题，本书着重介绍了 LIM 高精度等效模型建模分析、高性能控制策略和系统多目标优化方法等。全书包括 9 章，主要内容简述如下：

第 1 章首先概述了本书研究背景；然后介绍了 LIM 等效模型、控制方法及多目标优化等研究现状，对目前 LIM 系统建模中存在的难点问题、边端效应对现有控制策略的影响、多目标优化的不足等工作进行了详细分析和总结；最后介绍了本书主要框架和内容。

第 2 章对 LIM 等效模型进行了研究。首先介绍了 LIM 绕组函数理论，从是否考虑边端效应和半填充槽出发，推导出基于绕组函数的 LIM 动态等效电路；其次分析了 LIM 中存在的主要空间和时间谐波成分及作用规律，推导了时间谐波激励下的电路参数、端部效应和趋肤效应的修正系数，进而建立了 LIM 时间谐波等效电路。

第 3 章研究了 LIM 及驱动系统最小损耗控制。首先，分析了初次级漏感对 LIM 铜损和铁损影响，建立了 LIM 新型稳态损耗模型；其次，考虑变流器导通和开关损耗，提出了 LIM 驱动系统新型稳态损耗模型，实现了驱动系统最小损耗控制；然后，建立了时间谐波 LIM 损耗模型，在不同工况下降低了电机谐波损耗，从而减小了电机总损耗。最后，通过仿真和实验对损耗模型及算法进行了充分验证。

第 4 章研究了 LIM 模型预测电流控制。首先，结合电压调制策略，提出了单矢量、双矢量以及三矢量模型预测电流控制。其次，提出了参考电压矢量扇区的简化搜索方法，有效降低了模型预测电流控制的计算复杂度。再次，提出了多步长模型预测控制简化求解方法，简化了多步长模型预测控制的复杂度，提高了相同开关频率下的电流质量。最后，完成了相关方法的实验验证。

第 5 章研究了 LIM 模型预测推力控制。首先，提出了两种无权重系数模型预测推力控制方法，消除了权重系数对其控制性能的影响；其次，结合双矢量调制策略，拓宽了输出电压矢量范围，减小了模型预测推力控制的跟踪误差。通过求解参考电压矢量，快速选择出最优电压矢量组合，从而避免了重复枚举计算，降低了任意双矢量模型预测推力控制的复杂度。再次，提出了基于参考初级磁链矢量模型预测推力控制，实现了额定速度以下的最大推力电流比控制和额定速度以上的弱磁控制。最后，通过实验测试验证了 LIM 模型预测推力控制及弱磁控制方法的有效性。

第 6 章研究了 LIM 无速度传感器控制。首先，分析了 LIM 全阶状态观测器和扩张状态观测器速度估计方法，进而提出了一种改进型扩张状态观测器速度估计方法，实现了速度和负载阻力的同时估计。其次，针对传统无速度传感器控制中存在的速度跟踪性能和负载抗扰性能相互耦合的问题，提出了一种新型的全解耦二自由度控制方法，提高了控制系统稳定性和系统对负载扰动的抑制能力。最后，大量仿真和实验验证了无传感器控制方法的有效性。

第 7 章对 LIM 参数辨识进行了研究。首先，阐述了 LIM 主要参数的变化规律及对控制系统的影响。在此基础上，提出了两种低复杂度高可靠性 LIM 在线参数辨识方案。其次，提出了带开关项模型预测的高精度参数辨识和优化控制方案，增强了参数辨识方法在低开关频率下的离散域稳定性和系统谐波抑制能力。同时，提出了一种全阶状态观测器励磁电感和速度并行辨识策略，提升了 LIM 调速系统的控制精度和可靠性。最后，仿真和实验结果验证了参数辨识和无传感器控制方法的有效性。

第 8 章研究了 LIM 多目标优化方法。首先，分析了 LIM 参数敏感性。其次，利用第 2 章提出的 LIM 时间谐波模型，将单层次多目标优化问题转化为多层次多目标优化问题，从而降低了优化模型复杂度，提升了优化效率。同时，提出了一种 LIM 系统级优化方法，从电机本体和控制策略两个层面对 LIM 进行同时优化。大量仿真及实验结果表明：提出的系统级损耗模型和新型最小损耗控制策略合理有效。

第 9 章总结了全书的研究工作，分析了 LIM 系统尚存在的问题，归纳和展望了未来发展方向。

Chapter 2

第2章 直线感应电机等效电路

2.1 引言

等效电路是研究 LIM 特性的有力工具，它把复杂的电磁关系转化为简明的等值参数。因为端部效应，LIM 的电气参数求解过程比旋转感应电机（RIM）更复杂[323]。由于初级铁心开断、初次级不等宽、逆变器开关频率低等影响，LIM 气隙中含有大量的空间和时间谐波，极大地影响电机牵引性能的充分发挥。有学者针对 RIM 在逆变器供电下的性能进行了简要估算，得到一些定性结果：文献［324］指出，在非正弦供电方式下（包括脉冲电压型、脉冲电流型、脉宽调制电压型和脉宽调制电流型），电机效率相比正弦供电工况降低 1%~3%、电机功率因数约降低 10%。在轨交大功率直线牵引系统中，通常逆变器的开关频率只有几百赫兹，其时间谐波的影响将更加突出，因而如何准确衡量时间谐波对 LIM 的性能影响将显得十分重要。

本章从 LIM 气隙磁通密度方程入手，引入绕组函数理论，推导出电机的绕组函数电路模型。该方法充分考虑了端部效应、半填充槽对电机互感的影响，能和 RIM 模型有机统一，可用于 LIM 的稳态和动态特性分析。通过对 LIM 的谐波成分进行分析，本章提出了计及时间谐波影响的 LIM 等效电路：首先，分析 LIM 中存在的主要空间谐波和时间谐波成分及其作用规律。然后，基于电磁场分析，推导各次谐波激励下的端部效应和趋肤效应修正系数。最后，基于功率平衡原理，建立时间谐波激励下的 LIM 等效电路，并推导出电机特性计算公式。

2.2 绕组函数理论及分析

2.2.1 电机结构

LIM 的分析模型如图 2-1 所示，为了分析的方便，首先做如下假设：

1）坐标系固定在初级上，初级绕组分布在有限区域。

2）气隙磁场只包含 y 方向分量，且和 y 坐标无关；行波磁场及电机运行方向沿 x 坐标。

3）次级电流只沿着 z 方向流动。

4）初级铁心叠片和次级铁轭磁导率为无穷大。

5）初级端部半填充槽效应可通过选用合适的初级绕组函数来等效。

6）次级端部电气参数全部归算到初级。

7）所有电磁场参量为 x 和 t 的正弦函数，且只考虑各场量的基波分量。

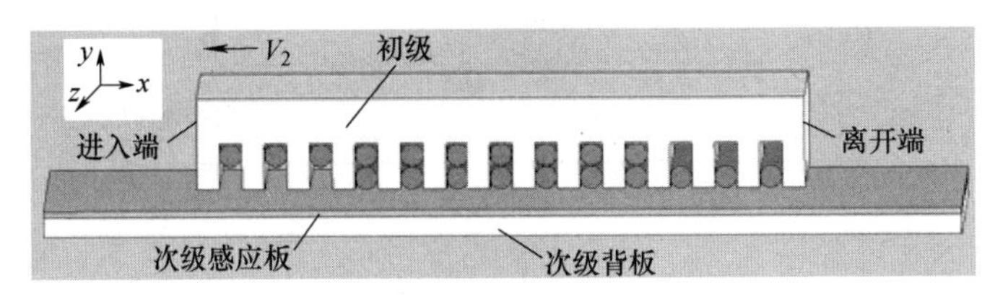

(a) 纵向示意图

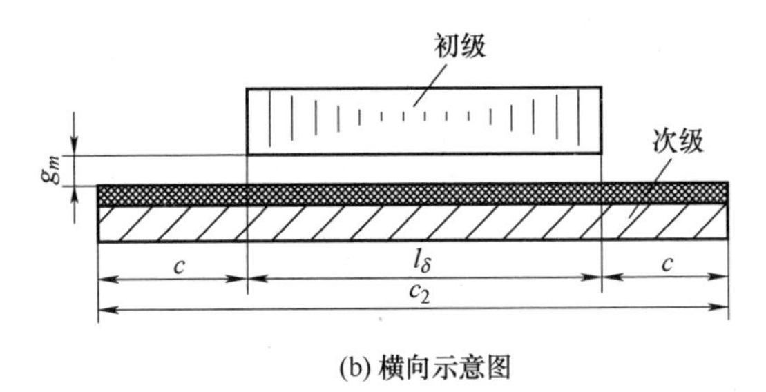

(b) 横向示意图

图 2-1　LIM 结构参数与性能指标间的相关系数

采用麦克斯韦方程，根据文献［18］可推导出气隙磁通密度方程如下：

$$\frac{\partial^2 \dot{B}_y}{\partial x^2}-\frac{\mu_0\sigma_e V_2}{g_e}\frac{\partial \dot{B}_y}{\partial x}-\frac{\mu_0\sigma_e}{g_e}\frac{\partial \dot{B}_y}{\partial t}=\frac{\mu_0}{g_e}\frac{\partial \dot{J}_1}{\partial x} \tag{2-1}$$

式中，σ_e为次级板等值电导率；$\dot{B}_y$为气隙合成磁通密度的复量形式（以下相关量均表示复数形式）；V_2为电机沿 x 方向的运动速度；$\dot{J}_1$为初级电流层的等效电流密度；$\dot{B}_y=\dot{B}_s+\dot{B}_r$，其中$\dot{B}_s$为初级电流产生的磁通密度的 y 分量，$\dot{B}_r$为次级电流产生的磁通密度的 y 分量（包括基波分量$\dot{B}_{rs}$和边端效应分量$\dot{B}_{re}$）；$\dot{J}_1=\frac{g_e}{\mu_0}\frac{\partial \dot{B}_s}{\partial x}$。

化简式（2-1），可得

$$\frac{\partial^2 \dot{B}_r}{\partial x^2}-\frac{\mu_0\sigma_e V_2}{g_e}\frac{\partial \dot{B}_r}{\partial x}-\frac{\mu_0\sigma_e}{g_e}\frac{\partial \dot{B}_r}{\partial t}=\frac{\mu_0\sigma_e V_2}{g_e}\frac{\partial \dot{B}_s}{\partial x}+\frac{\mu_0\sigma_e}{g_e}\frac{\partial \dot{B}_s}{\partial t} \tag{2-2}$$

2.2.2　绕组函数

2.2.2.1　绕组函数概念

绕组函数 $N(x)$ 可以通过简单导体数目的计算来获得，如图 2-2a 所示。从左至右计算导体数目：当电流流向纸外，$N(x)$ 增加；电流流向纸内，$N(x)$ 减小。按照上述规则，绕组函数的变化如图 2-2b 所示。

对闭环路径 $A_1A_2A_3A_4A_1$ 可用安培环路定律求得磁场强度为（见图 2-2c）

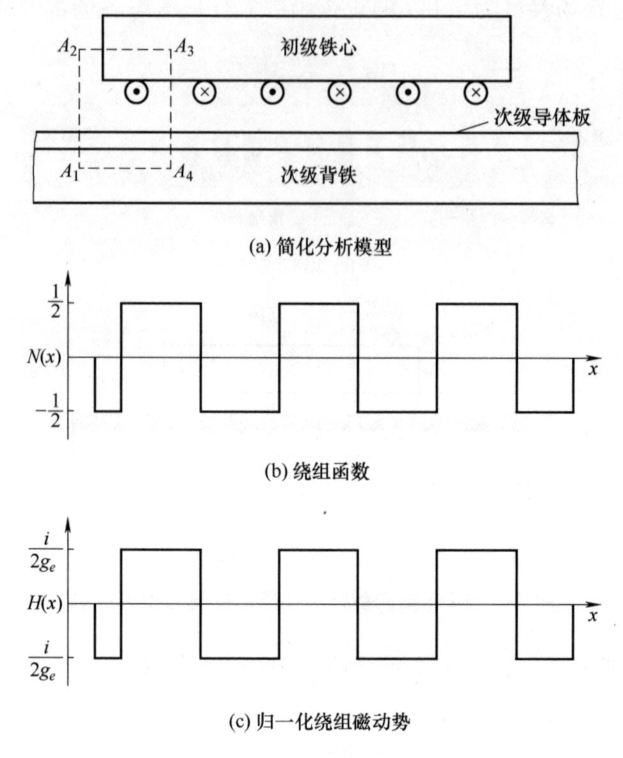

(a) 简化分析模型

(b) 绕组函数

(c) 归一化绕组磁动势

图 2-2　初级单相绕组函数示意图

$$H(x)=\frac{i}{g_e}N(x) \tag{2-3}$$

式中，i 为绕组电流；$N(x)$ 可理解为用绕组电流归一化后的磁动势，它与绕组分布和电机的几何结构相关。

2.2.2.2　初级绕组函数

按照绕组函数的求解规则，画出了一台 LIM 的初级三相绕组函数分布图，如图 2-3 所示。其中电机极数为 8，每极每相槽数为 3，绕组跨距为 7 槽。

对图 2-3 中的三相绕组函数进行傅里叶分解，并只考虑基波分量，可得到如下表达式：

$$\begin{cases} N_{as}(x)=\dfrac{N_s}{2}\cos\left(\dfrac{\pi x}{\tau}+\pi\right) \\ N_{bs}(x)=\dfrac{N_s}{2}\cos\left(\dfrac{\pi x}{\tau}+\dfrac{\pi}{3}\right) \\ N_{cs}(x)=\dfrac{N_s}{2}\cos\left(\dfrac{\pi x}{\tau}-\dfrac{\pi}{3}\right) \end{cases} \tag{2-4}$$

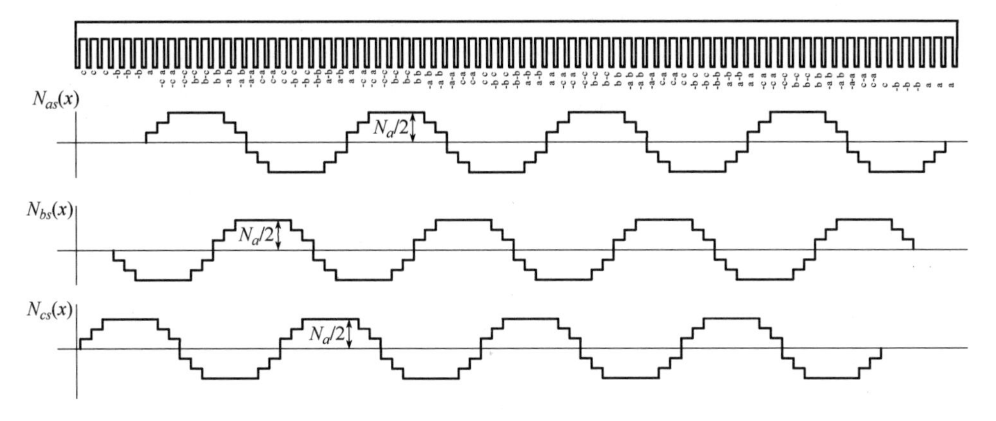

图 2-3　初级三相绕组函数分布图

式中，$N_s=K_pK_dN_a$，其中 K_p 和 K_d 为绕组短距系数和分布系数；N_a 为每极每相绕组的串联匝数。

采用旋转电机的 α-β 变换方法，将坐标固定在 LIM 的初级上，根据磁链守恒变换原则，可得 α-β 坐标下的绕组函数表达式为

$$\begin{cases} N_{\alpha s}(x)=\dfrac{3}{2}\dfrac{N_s}{2}\sin\left(\dfrac{\pi x}{\tau}\right) \\ N_{\beta s}(x)=-\dfrac{3}{2}\dfrac{N_s}{2}\cos\left(\dfrac{\pi x}{\tau}\right) \end{cases} \tag{2-5}$$

上述推导未考虑初级绕组端部半填充槽的结构特点。为表征半填充槽给电机三相初级绕组带来的不平衡影响，这里通过选择 β 轴和 α 轴的起始位置来折中，如图 2-4 所示。假设在电机初级有效范围内，β 轴滞后于 α 轴半个极距（其中初始角度 δ 为绕组开始取值的角度，实际中该角度不为 0，但是它不影响后面用绕组函数计算的电感值。为了简单起见，一般取 $\delta=0$）。比如一台 4 极电机，$N_{\alpha s}(x)$ 的角度为 $[0,4\tau]$，而 $N_{\beta s}(x)$ 的角度为 $[\tau/2,9\tau/2]$，在 $[0,\tau/2]$ 内

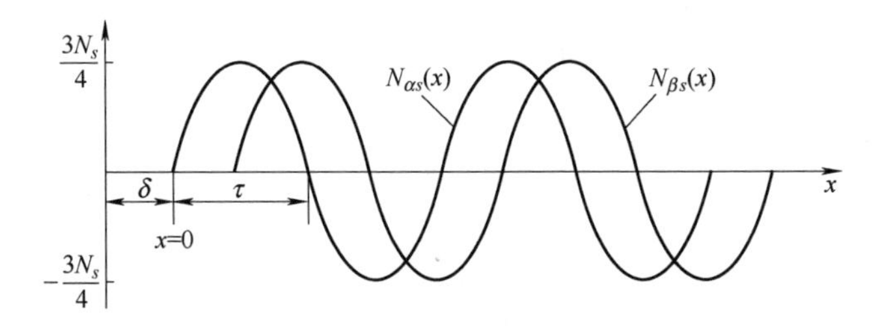

图 2-4　两相静止坐标下初级绕组函数示意图

$N_{\beta s}(x)=0$。该等效方法可以理解为：在两相坐标系中，每对极的磁动势由两相绕组共同作用产生，而 LIM 的端部绕组只有中间的一半，即可近似认为在端部区域内，绕组函数的取值范围减少半个极距。相关方法由 Lipo 教授于 1979 年提出，然后由 Dawson 教授于 1993 年进一步完善发展。大量的试验表明：上述方法合理有效，计算出来的 LIM 特性变量和实际测量值基本接近，可以简化工程计算难度[325]。

2.2.2.3 次级绕组函数

次级绕组函数是一个抽象的概念，其表达式可以从场的分布求得。气隙中的磁通密度$\dot{B}_y$用绕组函数$\dot{N}$和等效电流$\dot{I}$表达为（均用复量形式）

$$\dot{B}_y=\frac{\mu_0}{g_e}\dot{N}\dot{I} \tag{2-6}$$

初级磁通密度$\dot{B}_s$由初级电流 i_s产生（只考虑基波分量）

$$\dot{B}_s=\frac{-3\mu_0}{4g_e}N_s I_s \exp\left[\mathrm{j}\left(\omega_e t-\frac{\pi x}{\tau}\right)\right] \tag{2-7}$$

这里设定次级绕组函数由两个独立分量组成，即基波分量$\dot{N}_{rs}$和边端效应分量$\dot{N}_{re}$。两个绕组函数分量在电气上独立，各自的变化互不影响。但它们影响 α-β 坐标中电感参数的变化，后面将具体分析。

次级磁通密度的基波分量为

$$\dot{B}_{rs}=\frac{\mu_0}{g_e}\dot{N}_{rs}\dot{I}_{rs} \tag{2-8}$$

式中，$\dot{I}_{rs}$为次级支路基波电流；$\dot{B}_{rs}$是式（2-2）的稳态分量，分别求解如下：

由电机的 T 型等效电路及一维场理论，可得

$$\begin{aligned}\dot{I}_{rs}&=\dot{I}_s\frac{-\mathrm{j}X_m}{\mathrm{j}X_m+\dfrac{R_r}{s}}=I_s\frac{-\mathrm{j}X_m}{\mathrm{j}X_m+\dfrac{R_r}{s}}\exp(\mathrm{j}\omega_e t)=-I_s\frac{1}{1-\mathrm{j}\dfrac{1}{sG}}\exp(\mathrm{j}\omega_e t)\\&=\frac{-I_s}{\sqrt{1+(1/sG)^2}}\exp[\mathrm{j}(\omega_e t+\theta_s)]\end{aligned} \tag{2-9}$$

式中，θ_s为次级支路电流滞后初级电流的角度，且 $\theta_s=\arctan\left(\dfrac{1}{sG}\right)$；$\omega_e$为初级角频率。

令$\partial/\partial t=\mathrm{j}\omega_e$，代入式（2-2）得

$$\frac{\partial^2\dot{B}_{rs}}{\partial x^2}-\frac{\mu_0\sigma_e V_2}{g_e}\frac{\partial\dot{B}_{rs}}{\partial x}-\frac{\mu_0\sigma_e}{g_e}\mathrm{j}\omega_e\dot{B}_{rs}=\frac{\mu_0\sigma_e V_2}{g_e}\frac{\partial\dot{B}_s}{\partial x}+\frac{\mu_0\sigma_e}{g_e}\mathrm{j}\omega_e\dot{B}_s \tag{2-10}$$

$\dot{B}_{rs}$和$\dot{B}_s$的形式相近，将式（2-7）代入式（2-10）整理得

$$\frac{-\pi^2}{\tau^2}\dot{B}_{rs}+\mathrm{j}\frac{\mu_0\sigma_e V_2}{g_e}\frac{\pi}{\tau}\dot{B}_{rs}-\frac{\mu_0\sigma_e}{g_e}\mathrm{j}\omega_e\dot{B}_{rs}=-\mathrm{j}\frac{\mu_0\sigma_e V_2}{g_e}\frac{\pi}{\tau}\dot{B}_s+\frac{\mu_0\sigma_e}{g_e}\mathrm{j}\omega_e\dot{B}_s \tag{2-11}$$

进一步求出次级基波磁通密度为

$$\dot{B}_{rs}=\frac{-\mathrm{j}sG}{1+\mathrm{j}sG}\dot{B}_s=\frac{(3\mu_0/4g_e)N_s}{\sqrt{1+(1/sG)^2}}I_s\exp\left[\mathrm{j}\left(\omega_e t-\frac{\pi x}{\tau}+\theta_s\right)\right] \tag{2-12}$$

式中，G 为电机品质因数，且 $G=\dfrac{\omega_e\mu_0\sigma_e}{g_e(\pi/\tau)^2}=\dfrac{2f\mu_0\sigma_e\tau^2}{g_e\pi}$。

因此，由式（2-8）、式（2-9）和式（2-12）得次级绕组函数的基波分量的复数形式为

$$\dot{N}_{rs}=\frac{-3}{4}N_s\exp\left(-\frac{\mathrm{j}\pi x}{\tau}\right) \tag{2-13}$$

进一步分解到 α-β 后，可以得到次级绕组函数的基波分量为

$$\begin{cases}N_{\alpha rs}(x)=\dfrac{3}{4}N_s\sin\left(\dfrac{\pi x}{\tau}\right)\\[2ex] N_{\beta rs}(x)=\dfrac{-3}{4}N_s\cos\left(\dfrac{\pi x}{\tau}\right)\end{cases} \tag{2-14}$$

采用上面类似的方法，可求解次级绕组函数的边端效应分量。边端效应磁通密度为

$$\dot{B}_{re}=\frac{\mu_0}{g_e}\dot{N}_{re}\dot{I}_{re} \tag{2-15}$$

$\dot{B}_{re}$需要由式（2-2）的暂态方程求出，即

$$\frac{\partial^2\dot{B}_{re}}{\partial x^2}-\frac{\mu_0\sigma_e V_2}{g_e}\frac{\partial\dot{B}_{re}}{\partial x}-\frac{\mu_0\sigma_e}{g_e}\frac{\partial\dot{B}_{re}}{\partial t}=0 \tag{2-16}$$

采用分离变量法，设$\dot{B}_{re}$有如下形式[18]：

$$\dot{B}_{re}=B_{re}(x)T_{re}(t) \tag{2-17}$$

把式（2-17）代入式（2-16），并用任意常数 λ 作为中间变量，可得

$$\frac{1}{T_{re}(t)}\frac{\mathrm{d}T_{re}(t)}{\mathrm{d}t}=\frac{1}{B_{re}(x)}\left[\frac{g_e}{\mu_0\sigma_e}\frac{\mathrm{d}^2B_{re}(x)}{\mathrm{d}x^2}-V_2\frac{\mathrm{d}B_{re}(x)}{\mathrm{d}x}\right]\equiv\lambda \tag{2-18}$$

解$\dfrac{1}{T_{re}(t)}\dfrac{\mathrm{d}T_{re}(t)}{\mathrm{d}t}=\lambda$，可得

$$T_{re}(t)=C\exp(\lambda t) \tag{2-19}$$

由式（2-18）的另一个等式得

$$\frac{\mathrm{d}^2B_{re}(x)}{\mathrm{d}x^2}-\frac{\mu_0\sigma_e V_2}{g_e}\frac{\mathrm{d}B_{re}(x)}{\mathrm{d}x}-\frac{\mu_0\sigma_e\lambda}{g_e}B_{re}(x)=0 \tag{2-20}$$

假设 $B_{re}(x)=D\exp(\gamma x)$，其中 D 和 γ 为待定系数，代入式（2-20）后得特征方程为

$$\gamma^2-\frac{\mu_0\sigma_e V_2}{g_e}\gamma-\frac{\mu_0\sigma_e\lambda}{g_e}=0 \tag{2-21}$$

可求得上式的解为

$$\gamma_1,\gamma_2=\frac{\mu_0\sigma_e V_2}{2g_e}\pm\frac{1}{2}\sqrt{\left(\frac{\mu_0\sigma_e V_2}{g_e}\right)^2+\frac{4\mu_0\sigma_e\lambda}{g_e}} \tag{2-22}$$

即 $B_{re}(x)=D_1\exp(\gamma_1 x)+D_2\exp(\gamma_2 x)$，结合式（2-17）和式（2-19），$\dot{B}_{re}$ 表达式演化为

$$\dot{B}_{re}=[C_1\exp(\gamma_1 x)+C_2\exp(\gamma_2 x)]\exp(\lambda t) \tag{2-23}$$

式（2-23）的右边分别为入端和出端磁通密度；C_1 和 C_2 是待定系数，需根据电机端部的电流密度和磁通密度的边界条件确定。因为 $\dot{B}_{re}$ 的激励源是初级电流，它随时间按照初级电源角频率变化[18]，所以中间变量 $\lambda=\mathrm{j}\omega_e$。

把 λ 的解代入式（2-22），并令

$$\sqrt{\left(\frac{\mu_0\sigma_e V_2}{g_e}\right)^2+\frac{4\mathrm{j}\mu_0\sigma_e\omega_e}{g_e}}=X+\mathrm{j}Y \tag{2-24}$$

式中，X 和 Y 为正实数，且有

$$X=\frac{\mu_0\sigma_e V_2}{g_e}\sqrt{\frac{\sqrt{1+(4\omega_e g_e/\mu_0\sigma_e V_2^{\,2})^2}+1}{2}};Y=\frac{\mu_0\sigma_e V_2}{g_e}\sqrt{\frac{\sqrt{1+(4\omega_e g_e/\mu_0\sigma_e V_2^{\,2})^2}-1}{2}}$$

由式（2-22）和式（2-24）求解可得

$$\alpha_1=\frac{2g_e}{g_e X-\mu_0\sigma_e V_2};\alpha_2=\frac{2g_e}{g_e X+\mu_0\sigma_e V_2};\tau_e=\frac{2\pi}{Y};$$

$$\gamma_1=\frac{\mu_0\sigma_e V_2-g_e X}{2g_e}-\mathrm{j}\frac{Y}{2}=-\frac{1}{\alpha_1}-\mathrm{j}\frac{\pi}{\tau_e};\gamma_2=\frac{\mu_0\sigma_e V_2+g_e X}{2g_e}+\mathrm{j}\frac{Y}{2}=\frac{1}{\alpha_2}+\mathrm{j}\frac{\pi}{\tau_e}$$

上述变量中，α_1 为气隙入端磁通密度行波的透入深度（表征波形传输距离的能力），α_2 为气隙出端磁通密度行波的透入深度，τ_e 为边端效应磁通密度行波的半波长，它们与电机的气隙和次级板电导率的大小相关，其变化如图 2-5~图 2-7 所示。分别表明了入端、出端磁通密度行波的透入深度 α_1、α_2 和端部效应磁通密度行波的半波长 τ_e 随气隙和次级电阻率的变化趋势。对于轨交牵引 LIM，其入端磁通密度行波多数情况下传输范围为 1m 左右，而出端波只有几毫

米。换言之，即入端磁通密度行波能到达初级的整个覆盖范围，而出端波衰减很快，传输距离很短。半波长 τ_e 通常为 0.1m 以上，它和牵引电机的极距接近，即端部效应波的传输速度和基波的速度相当。文献［326］表明，出端磁通密度行波对电机推力影响很小，通常可以忽略不计，多数情况下只考虑入端磁通密度行波的作用。

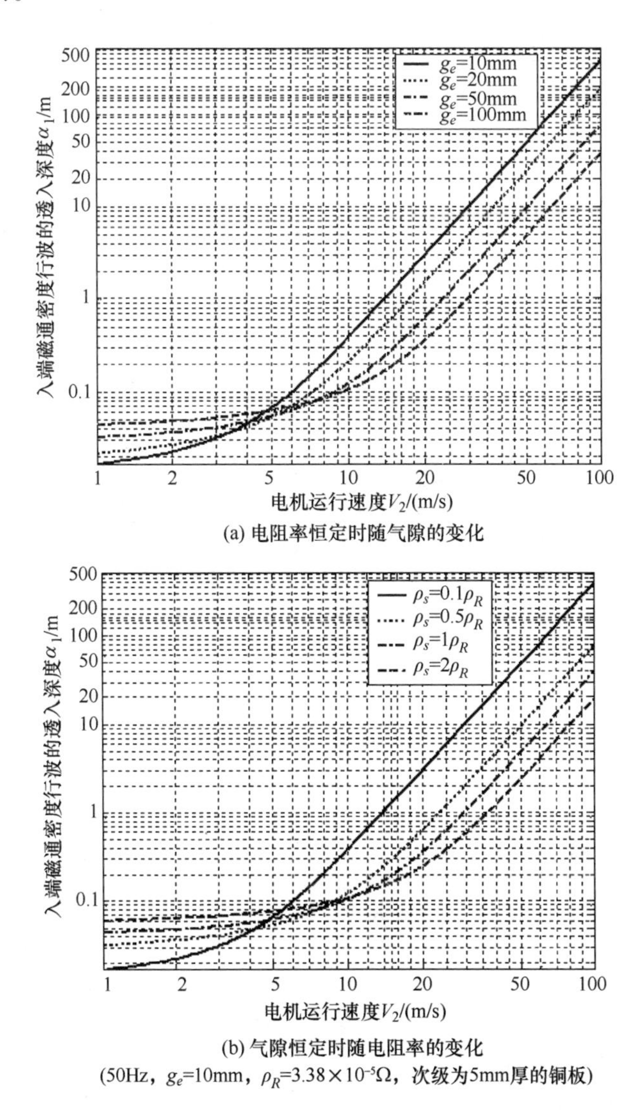

(a) 电阻率恒定时随气隙的变化

(b) 气隙恒定时随电阻率的变化
(50Hz，g_e=10mm，ρ_R=3.38×10^{-5}Ω，次级为5mm厚的铜板)

图 2-5　入端磁通密度行波的透入深度 α_1 随速度变化

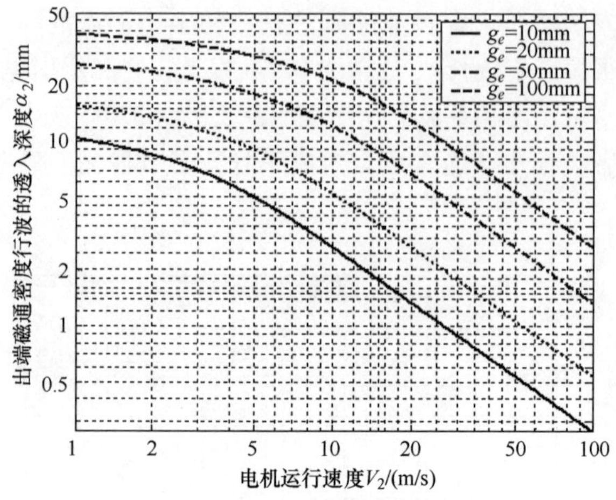

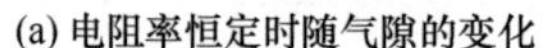
(a) 电阻率恒定时随气隙的变化

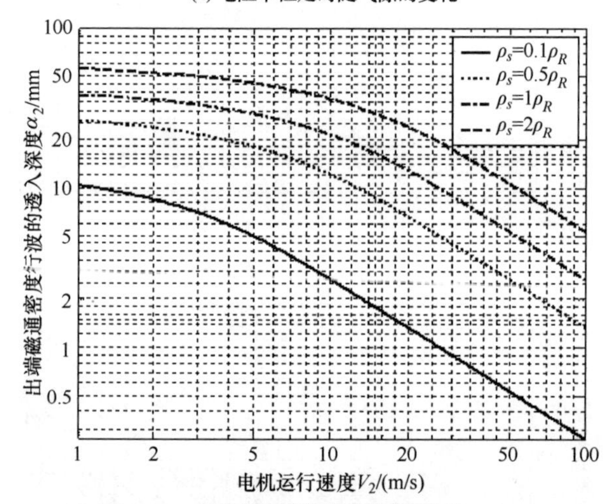

(b) 气隙恒定时随电阻率的变化

(50Hz，g_e=10mm，$\rho_R=3.38\times10^{-5}\Omega$，次级为5mm厚的铜板)

图 2-6　出端磁通密度行波的透入深度 α_2 随速度变化

综上所述，电机气隙磁通密度$\dot{B}_y$为

$$
\begin{aligned}
\dot{B}_y &= \dot{B}_s+\dot{B}_{rs}+\dot{B}_{re} \\
&=\left\{\frac{-3\mu_0}{4g_e}N_sI_s\exp\left(-\frac{\mathrm{j}\pi x}{\tau}\right)+\frac{-3\mu_0}{4g_e}N_sI_s\frac{-\mathrm{j}sG}{1+\mathrm{j}sG}\exp\left(-\frac{\mathrm{j}\pi x}{\tau}\right)+C_1\exp(\gamma_1 x)+C_2\exp(\gamma_2 x)\right\}\exp(\mathrm{j}\omega_e t) \\
&=\left\{B_n\exp\left(-\frac{\mathrm{j}\pi x}{\tau}\right)+C_1\exp(\gamma_1 x)+C_2\exp(\gamma_2 x)\right\}\exp(\mathrm{j}\omega_e t)
\end{aligned}
\tag{2-25}
$$

式中，$B_n=\dfrac{-3\mu_0}{4g_e}N_sI_s\dfrac{1}{1+\mathrm{j}sG}$。

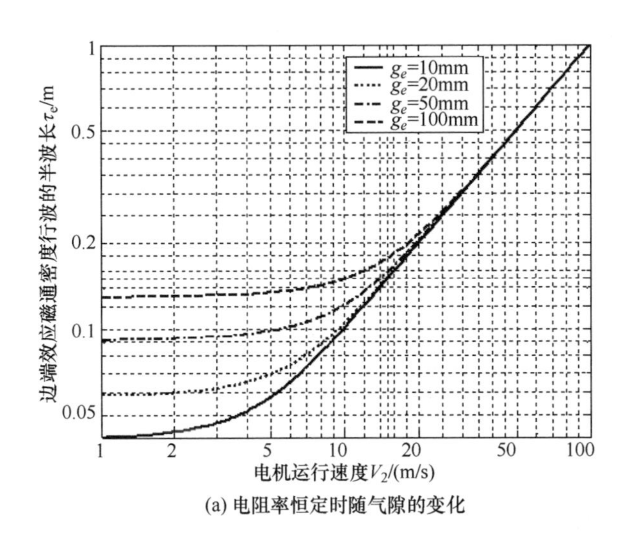

(a) 电阻率恒定时随气隙的变化

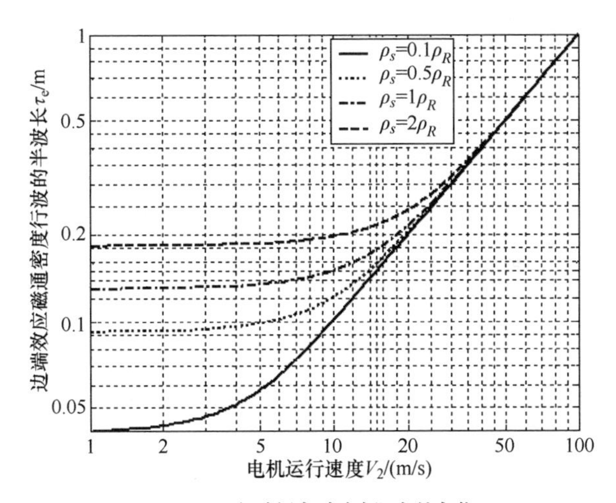

(b) 气隙恒定时随电阻率的变化

(50Hz，g_e=10mm，ρ_R=3.38×10⁻⁵Ω，次级为5mm厚的铜板)

图 2-7　边端效应磁通密度行波的半波长 τ_e 随速度变化

同理可得

$$\begin{aligned}\dot{B}_r &= \dot{B}_{rs}+\dot{B}_{re}\\ &=\left\{\frac{-3\mu_0}{4g_e}N_sI_s\frac{-\mathrm{j}sG}{1+\mathrm{j}sG}\exp\left(-\frac{\mathrm{j}\pi x}{\tau}\right)+C_1\exp(\gamma_1 x)+C_2\exp(\gamma_2 x)\right\}\exp(\mathrm{j}\omega_e t)\\ &=\left\{B_n(-\mathrm{j}sG)\exp\left(-\frac{\mathrm{j}\pi x}{\tau}\right)+C_1\exp(\gamma_1 x)+C_2\exp(\gamma_2 x)\right\}\exp(\mathrm{j}\omega_e t)\end{aligned}\tag{2-26}$$

当 $x\leqslant 0$ 时，气隙磁通密度只有出端行波分量，假设为

$$\dot{B}_0 = C_0\exp(\gamma_2 x)\exp(\mathrm{j}\omega_e t) \tag{2-27}$$

当 $x \geqslant p\tau$ 时，气隙磁通密度只有入端行波分量，假设为

$$\dot{B}_3 = C_3\exp(\gamma_1 x)\exp(\mathrm{j}\omega_e t) \tag{2-28}$$

根据出端、入端磁通密度和次级导板出端、入端感应涡流连续性原理，得到如下等式：

$$\begin{cases} \dot{B}_0 \mid_{x=0} = \dot{B}_y \mid_{x=0} \\ \dfrac{\partial \dot{B}_0}{\partial x} \mid_{x=0} = \dfrac{\partial \dot{B}_r}{\partial x} \mid_{x=0} \\ \dot{B}_3 \mid_{x=p\tau} = \dot{B}_y \mid_{x=p\tau} \\ \dfrac{\partial \dot{B}_3}{\partial x} \mid_{x=p\tau} = \dfrac{\partial \dot{B}_3}{\partial x} \mid_{x=p\tau} \end{cases} \tag{2-29}$$

根据式（2-25）~式（2-29），求得待定系数 $C_0 \sim C_3$ 为

$$\begin{cases} C_1 = \dfrac{-(\gamma_2 + sG\pi/\tau)B_n}{\gamma_2 - \gamma_1} \\ C_2 = \dfrac{(\gamma_1 + sG\pi/\tau)B_n}{\gamma_2 - \gamma_1\exp(\gamma_2 p\tau)} \\ C_0 = B_n + C_1 + C_2 \\ C_3 = [B_n + C_1\exp(\gamma_1 p\tau) + C_2\exp(\gamma_2 p\tau)]/\exp(\gamma_1 p\tau) \end{cases} \tag{2-30}$$

在端部效应磁通密度行波中，因为出端边端效应磁通密度行波对电机特性的影响较小，这里只考虑入端边端效应磁通密度行波，即只考虑 $C_1\exp(\gamma_1 x)$ 项。结合 γ_1 和 γ_2 的表达式，C_1 和 $\dot{B}_{re}$ 简化为

$$\begin{cases} C_1 = \dfrac{3\mu_0}{4g_e}\dfrac{N_s I_s\left(\dfrac{1}{\alpha_2} + sG\dfrac{\pi}{\tau} + \mathrm{j}\dfrac{\pi}{\tau_e}\right)}{\left(\dfrac{1}{\alpha_1} + \dfrac{1}{\alpha_2} + \mathrm{j}\dfrac{2\pi}{\tau_e}\right)(1 + \mathrm{j}sG)} \\ \dot{B}_{re} = \dfrac{3\mu_0}{4g_e}\dfrac{N_s I_s\left(\dfrac{1}{\alpha_2} + sG\dfrac{\pi}{\tau} + \mathrm{j}\dfrac{\pi}{\tau_e}\right)}{\left(\dfrac{1}{\alpha_1} + \dfrac{1}{\alpha_2} + \mathrm{j}\dfrac{2\pi}{\tau_e}\right)(1 + \mathrm{j}sG)}\exp\left(-\dfrac{x}{\alpha_1}\right)\exp\left[\mathrm{j}\left(\omega_e t - \dfrac{\pi x}{\tau_e}\right)\right] \end{cases} \tag{2-31}$$

在 LIM 运行中，初级绕组不断进入没有磁场的次级区域。由楞次定律，入端气隙磁链瞬时值应保持恒定，次级导板将感应出一个大小相等、方向相反的涡流。根据文献［13］的推导，可知平均涡流大小 $\dot{I}_{re}$ 和励磁电流 $\dot{I}_m$ 的关系为

$$\dot{I}_{re}=-K\dot{I}_m \tag{2-32}$$

式中，$K=\left(\dfrac{1-e^{-2Q}}{2Q}\right)^{1/2}$，其中 $Q=\dfrac{LR_r}{L_rV_2}$，L 为电机长度，R_r 为次级电阻，L_r 为次级电感；因此 K 是一个与电机速度和结构参数相关的函数。

根据 LIM 的一维场理论，可知励磁电流和初级相电流的关系，进一步推出平均涡流和初级电流的关系为

$$\dot{I}_{re}=-K\dot{I}_m=K\frac{1}{1+\mathrm{j}sG}\dot{I}_s=K\frac{1}{1+\mathrm{j}sG}I_s\exp(\mathrm{j}\omega_e t) \tag{2-33}$$

由式（2-15）、式（2-31）和式（2-33）得到次级绕组函数边端效应分量的复数形式为

$$\dot{N}_{re}=\frac{N_2}{K}\exp\left(-\frac{x}{\alpha_2}\right)\exp\left[-\mathrm{j}\left(\frac{\pi x}{\tau_e}-\theta_e\right)\right] \tag{2-34}$$

进一步得

$$\begin{cases}N_{\alpha re}(x)=-\dfrac{N_2}{K}\exp\left(-\dfrac{x}{\alpha_2}\right)\sin\left(\dfrac{\pi x}{\tau_e}-\theta_e\right)\\[2ex] N_{\beta re}(x)=\dfrac{N_2}{K}\exp\left(-\dfrac{x}{\alpha_2}\right)\cos\left(\dfrac{\pi x}{\tau_e}-\theta_e\right)\end{cases} \tag{2-35}$$

式中，$N_2=\dfrac{-3N_s}{4}\dfrac{\sqrt{\left(\dfrac{1}{\alpha_2}+sG\dfrac{\pi}{\tau}\right)^2+\left(\dfrac{\pi}{\tau_e}\right)^2}}{\sqrt{\left(\dfrac{1}{\alpha_1}+\dfrac{1}{\alpha_2}\right)^2+\left(\dfrac{\pi}{\tau_e}\right)^2}}$；$\theta_e=\arctan\dfrac{\dfrac{\pi}{\tau_e}}{\dfrac{1}{\alpha_2}+sG\dfrac{\pi}{\tau}}-\arctan\dfrac{\dfrac{\pi}{\tau_e}}{\dfrac{1}{\alpha_1}+\dfrac{1}{\alpha_2}}$。

到此为止，本节推导求出了 LIM 的初级绕组函数、次级基波分量绕组函数、次级边端效应分量绕组函数，为后面等效电路的建立奠定了基础。

2.3 绕组函数等效电路

2.3.1 电感计算

根据绕组函数理论，两个绕组之间的电感计算如下[29]：

$$L_{12}=\frac{2\mu_0 l_\delta}{3g}\int_0^{p\tau}N_1(x)N_2(x)\,\mathrm{d}x \tag{2-36}$$

这里的 $N_1(x)$ 和 $N_2(x)$ 为绕组函数表达式，式子的积分范围限定在初级绕组长度内。当求解电机自感时，$N_1(x)=N_2(x)$。

把绕组函数表达式（2-5）、式（2-14）和式（2-35）分别代入式（2-36）中，可计算出所有的36个自感和互感值，其中独立量为18个。积分时要特别注意上下限取值，它应是被积函数的共同区域。

初级 α 轴自感为

$$L_{\alpha s\alpha s}=\frac{2\mu_0 l_\delta}{3g_e}\int_0^{p\tau}N_1(x)N_2(x)\,\mathrm{d}x=\frac{3\mu_0 l_\delta p\tau}{16g_e}N_s^2=L_m \tag{2-37}$$

整个 α 轴总电感为 $L_{\alpha s}=L_m+L_{ls}$，其中 L_{ls} 为初级漏电感。通过相同的办法，可求解初级 α-β 轴之间的互感为

$$L_{\alpha s\beta s}=\frac{1}{p\pi}\frac{3\mu_0 l_\delta p\tau}{16g_e}N_s^2=\frac{1}{p\pi}L_m \tag{2-38}$$

上式表明，LIM的互感和RIM中的互感不同。RIM中的互感 $L_{\alpha s\beta s}=0$，而在LIM中，由于纵向磁路开断，初级绕组前端和后端相互耦合，其互感 $L_{\alpha s\beta s}\neq 0$。同样道理，不难求出其他的电感参数，其中主要边端效应互感 $L_{\alpha s\alpha re}$、$L_{\alpha s\beta re}$、$L_{\beta s\alpha re}$、$L_{\beta s\beta re}$ 的表达式如下：

$$\begin{aligned}L_{\alpha s\alpha re}=&\frac{1}{2}\frac{\mu_0 l_\delta N_s N_2\pi}{g_e\tau K}\frac{1}{\left[\left(\frac{1}{\alpha_1}\right)^2+\left(\frac{\pi}{\tau}+\frac{\pi}{\tau_e}\right)^2\right]\left[\left(\frac{1}{\alpha_1}\right)^2+\left(\frac{\pi}{\tau}-\frac{\pi}{\tau_e}\right)^2\right]}\cdot\\&\left\{\left[\left(\frac{1}{\alpha_1}\right)^2+\left(\frac{\pi}{\tau}\right)^2-\left(\frac{\pi}{\tau_e}\right)^2\right]\left[\exp\left(-\frac{p\tau}{\alpha_1}\right)\sin\left(\frac{p\pi\tau}{\tau_e}-\theta_e\right)+\sin\theta_e\right]+\right.\\&\left.\left(\frac{1}{\alpha_1}\right)\left(\frac{2\pi}{\tau_e}\right)\left[\exp\left(-\frac{p\tau}{\alpha_1}\right)\cos\left(\frac{p\pi\tau}{\tau_e}-\theta_e\right)-\cos\theta_e\right]\right\}\end{aligned} \tag{2-39}$$

$$\begin{aligned}L_{\alpha s\beta re}=&\frac{1}{2}\frac{\mu_0 l_\delta N_s N_2\pi}{g_e\tau K}\frac{1}{\left[\left(\frac{1}{\alpha_1}\right)^2+\left(\frac{\pi}{\tau}+\frac{\pi}{\tau_e}\right)^2\right]\left[\left(\frac{1}{\alpha_1}\right)^2+\left(\frac{\pi}{\tau}-\frac{\pi}{\tau_e}\right)^2\right]}\cdot\\&\left\{\left[\left(\frac{1}{\alpha_1}\right)^2+\left(\frac{\pi}{\tau}\right)^2-\left(\frac{\pi}{\tau_e}\right)^2\right]\left[-\exp\left(-\frac{p\tau}{\alpha_1}\right)\cos\left(\frac{p\pi\tau}{\tau_e}-\theta_e\right)+\cos\theta_e\right]+\right.\\&\left.\left(\frac{1}{\alpha_1}\right)\left(\frac{2\pi}{\tau_e}\right)\left[\exp\left(-\frac{p\tau}{\alpha_1}\right)\sin\left(\frac{p\pi\tau}{\tau_e}-\theta_e\right)+\sin\theta_e\right]\right\}\end{aligned} \tag{2-40}$$

$$\begin{aligned}L_{\beta s\beta re}=&\frac{1}{2}\frac{\mu_0 l_\delta N_s N_2\pi}{g_e\tau K}\frac{1}{\left[\left(\frac{1}{\alpha_1}\right)^2+\left(\frac{\pi}{\tau}+\frac{\pi}{\tau_e}\right)^2\right]\left[\left(\frac{1}{\alpha_1}\right)^2+\left(\frac{\pi}{\tau}-\frac{\pi}{\tau_e}\right)^2\right]}\cdot\\&\left\{\frac{\tau}{\tau_e}\left[-\left(\frac{1}{\alpha_1}\right)^2+\left(\frac{\pi}{\tau}\right)^2-\left(\frac{\pi}{\tau_e}\right)^2\right]\left[\exp\left(-\frac{p\tau}{\alpha_1}\right)\sin\left(\frac{p\pi\tau}{\tau_e}-\theta_e\right)+\cos\left(\frac{\pi\tau}{2\tau_e}-\theta_e\right)\mathrm{e}^{-\tau/2\alpha_1}\right]+\right.\end{aligned}$$

$$\left(\frac{1}{\alpha_1}\right)\left(\frac{\tau}{\pi}\right)\left[\left(\frac{1}{\alpha_1}\right)^2+\left(\frac{\pi}{\tau}\right)^2+\left(\frac{\pi}{\tau_e}\right)^2\right]\left[\exp\left(-\frac{p\tau}{\alpha_1}\right)\cos\left(\frac{p\pi\tau}{\tau_e}-\theta_e\right)+\sin\left(\frac{\pi\tau}{2\tau_e}-\theta_e\right)\mathrm{e}^{-\tau/2\alpha_1}\right]\bigg\}$$

(2-41)

$$L_{\beta s\alpha re}=\frac{1}{2}\frac{\mu_0 l_\delta N_s N_2\pi}{g_e\tau K}\frac{1}{\left[\left(\frac{1}{\alpha_1}\right)^2+\left(\frac{\pi}{\tau}+\frac{\pi}{\tau_e}\right)^2\right]\left[\left(\frac{1}{\alpha_1}\right)^2+\left(\frac{\pi}{\tau}-\frac{\pi}{\tau_e}\right)^2\right]}\cdot$$

$$\bigg\{\frac{\tau}{\tau_e}\left[\left(\frac{1}{\alpha_1}\right)^2+\left(\frac{\pi}{\tau_e}\right)^2-\left(\frac{\pi}{\tau}\right)^2\right]\left[-\exp\left(-\frac{p\tau}{\alpha_1}\right)\cos\left(\frac{p\pi\tau}{\tau_e}-\theta_e\right)-\sin\left(\frac{\pi\tau}{2\tau_e}-\theta_e\right)\mathrm{e}^{-\tau/2\alpha_1}\right]+$$

$$\left(\frac{-1}{\alpha_1}\right)\left(\frac{\tau}{\pi}\right)\left[\left(\frac{1}{\alpha_1}\right)^2+\left(\frac{\pi}{\tau}\right)^2+\left(\frac{\pi}{\tau_e}\right)^2\right]\left[\exp\left(-\frac{p\tau}{\alpha_1}\right)\sin\left(\frac{p\pi\tau}{\tau_e}-\theta_e\right)+\cos\left(\frac{\pi\tau}{2\tau_e}-\theta_e\right)\mathrm{e}^{-\tau/2\alpha_1}\right]\bigg\}$$

(2-42)

其他 11 个独立的电感采用类似的方法求解如下（电感值均归算到初级侧）：$L_{\alpha r}=L_m+L_{lr}$；$L_{\beta r}=L_m+L_{lr}$；$L_{\alpha r\beta r}=L_{\alpha s\beta s}$；$L_{\alpha s\alpha r}=L_m$；$L_{\alpha s\beta r}=L_{\alpha s\beta s}$；$L_{\beta s\beta r}=L_m$；$L_{\beta s\alpha r}=L_{\alpha s\beta s}$；$L_{\alpha r\alpha re}=L_{\alpha s\alpha re}$；$L_{\alpha r\beta re}=L_{\alpha s\beta re}$；$L_{\beta r\alpha re}=L_{\beta s\alpha re}$；$L_{\beta r\beta re}=L_{\beta s\beta re}$。$L_{lr}$ 是归算到初级的次级漏电感。

2.3.2 速度电压校正系数

LIM 在运行时等效电路中会产生运动（或速度）电动势。电压 e_{12} 定义为电路 2 感应到电路 1 中的值，其表达式为

$$e_{12}=\left(\frac{\pi V_2}{\tau}\right)i_2\left(\frac{\tau}{\pi}\frac{\partial L_{12}}{\partial x}\right) \tag{2-43}$$

定义速度电压校正系数为

$$G_{12}=\frac{\tau}{\pi}\frac{\partial L_{12}}{\partial x} \tag{2-44}$$

上式以绕组函数的形式表达为

$$G_{12}=\frac{\tau}{\pi}\frac{2\mu_0 l_\delta}{3g_e}\int_0^{p\tau}N_1(x)\frac{\partial N_2(x+y)}{\partial y}\bigg|_{y=0}\mathrm{d}x \tag{2-45}$$

对式（2-45）在积分之前进行偏导数运算，用变量 y 来区分微分和积分操作。代入前面 6 个绕组函数表达式，可求出相应的运动电动势，主要变量如下：

$$G_{\alpha r\beta s}=-G_{\beta r\alpha s}=L_m \tag{2-46}$$

$$G_{\alpha r\beta r}=-G_{\beta r\alpha r}=L_m+L_{lr} \tag{2-47}$$

$$G_{\alpha r\alpha re}=L_{\beta s\alpha re} \tag{2-48}$$

$$G_{\alpha r\beta re}=L_{\beta s\beta re} \tag{2-49}$$

$$G_{\beta r\alpha re}=-L_{\alpha s\alpha re} \tag{2-50}$$

$$G_{\beta r\beta re}=-L_{\alpha s\beta re} \tag{2-51}$$

2.3.3 电压和磁链方程

根据 LIM 不同绕组函数分量，推导出三组等值电压方程、三组磁链方程和三组速度电压方程。

三组等值电压方程、三相磁链方程和三组速度电压方程分别表述如下。初级绕组等值电压方程为

$$\begin{cases} u_{\alpha s}=R_s i_{\alpha s}+\dfrac{\mathrm{d}\lambda_{\alpha s}}{\mathrm{d}t}+e_{\alpha s} \\ u_{\beta s}=R_s i_{\beta s}+\dfrac{\mathrm{d}\lambda_{\beta s}}{\mathrm{d}t}+e_{\beta s} \end{cases} \tag{2-52}$$

次级基波绕组等值电压方程为

$$\begin{cases} u_{\alpha r}=0=R_r i_{\alpha r}+\dfrac{\mathrm{d}\lambda_{\alpha r}}{\mathrm{d}t}+e_{\alpha r} \\ u_{\beta r}=0=R_r i_{\beta r}+\dfrac{\mathrm{d}\lambda_{\beta r}}{\mathrm{d}t}+e_{\beta r} \end{cases} \tag{2-53}$$

次级边端效应绕组等值电压方程为

$$\begin{cases} u_{\alpha re}=R_{\alpha re} i_{\alpha re}+\dfrac{\mathrm{d}\lambda_{\alpha re}}{\mathrm{d}t}+e_{\alpha re} \\ u_{\beta re}=R_{\beta re} i_{\beta re}+\dfrac{\mathrm{d}\lambda_{\beta re}}{\mathrm{d}t}+e_{\beta re} \end{cases} \tag{2-54}$$

初级绕组磁链方程为

$$\begin{cases} \lambda_{\alpha s}=L_{\alpha s} i_{\alpha s}+L_{\alpha s\beta s} i_{\beta s}+L_{\alpha s\alpha r} i_{\alpha r}+L_{\alpha s\beta r} i_{\beta r}+L_{\alpha s\alpha re} i_{\alpha re}+L_{\alpha s\beta re} i_{\beta re} \\ \quad =(L_{ls}+L_m) i_{\alpha s}+L_{\alpha s\beta s} i_{\beta s}+L_m i_{\alpha r}+L_{\alpha s\beta r} i_{\beta r}+L_{\alpha s\alpha re} i_{\alpha re}+L_{\alpha s\beta re} i_{\beta re} \\ \lambda_{\beta s}=L_{\beta s\alpha s} i_{\alpha s}+L_{\beta s} i_{\beta s}+L_{\beta s\alpha r} i_{\alpha r}+L'_{\beta s\beta r} i_{\beta r}+L_{\beta s\alpha re} i_{\alpha re}+L_{\beta s\beta re} i_{\beta re} \\ \quad =L_{\beta s\alpha s} i_{\alpha s}+(L_{ls}+L_m) i_{\beta s}+L_{\beta s\alpha r} i_{\alpha r}+L_m i_{\beta r}+L_{\beta s\alpha re} i_{\alpha re}+L_{\beta s\beta re} i_{\beta re} \end{cases} \tag{2-55}$$

次级基波绕组磁链方程为

$$\begin{cases} \lambda_{\alpha r}=L_{\alpha r\alpha s} i_{\alpha s}+L_{\alpha r\beta s} i_{\beta s}+L_{\alpha r} i_{\alpha r}+L_{\alpha r\beta r} i_{\beta r}+L_{\alpha r\alpha re} i_{\alpha re}+L_{\alpha r\beta re} i_{\beta re} \\ \quad =L_m i_{\alpha s}+L_{\alpha r\beta s} i_{\beta s}+(L_{lr}+L_m) i_{\alpha r}+L_{\alpha r\beta r} i_{\beta r}+L_{\alpha r\alpha re} i_{\alpha re}+L_{\alpha r\beta re} i_{\beta re} \\ \lambda_{\beta r}=L_{\beta r\alpha s} i_{\alpha s}+L_{\beta r\beta s} i_{\beta s}+L_{\beta r\alpha r} i_{\alpha r}+L_{\beta r} i_{\beta r}+L_{\beta r\alpha re} i_{\alpha re}+L_{\beta r\beta re} i_{\beta re} \\ \quad =L_{\beta r\alpha s} i_{\alpha s}+L_m i_{\beta s}+L_{\beta r\alpha r} i_{\alpha r}+(L_{lr}+L_m) i_{\beta r}+L_{\beta r\alpha re} i_{\alpha re}+L_{\beta r\beta re} i_{\beta re} \end{cases} \tag{2-56}$$

次级边端效应绕组磁链方程为

$$\begin{cases}\lambda_{\alpha re}=L_{\alpha re\alpha s}i_{\alpha s}+L_{\alpha re\beta s}i_{\beta s}+L_{\alpha re\alpha r}i_{\alpha r}+L_{\alpha re\beta r}i_{\beta r}+L_{\alpha re\alpha re}i_{\alpha re}+L_{\alpha re\beta re}i_{\beta re}\\\lambda_{\beta re}=L_{\beta re\alpha s}i_{\alpha s}+L_{\beta re\beta s}i_{\beta s}+L_{\beta re\alpha r}i_{\alpha r}+L_{\beta re\beta r}i_{\beta r}+L_{\beta re\alpha re}i_{\alpha re}+L_{\beta re\beta re}i_{\beta re}\end{cases} \tag{2-57}$$

初级绕组速度电压方程为

$$\begin{cases}e_{\alpha s}=0\\e_{\beta s}=0\end{cases} \tag{2-58}$$

次级基波绕组速度电压方程为

$$\begin{cases}e_{\alpha r}=V_2\dfrac{\pi}{\tau}[G_{\alpha r\alpha s}i_{\alpha s}+G_{\alpha r\beta s}i_{\beta s}+G_{\alpha r\alpha r}i_{\alpha r}+G_{\alpha r\beta r}i_{\beta r}+G_{\alpha r\alpha re}i_{\alpha re}+G_{\alpha r\beta re}i_{\beta re}]=V_2\dfrac{\pi}{\tau}\lambda_{\beta r}\\e_{\beta r}=V_2\dfrac{\pi}{\tau}[G_{\beta r\alpha s}i_{\alpha s}+G_{\beta r\beta s}i_{\beta s}+G_{\beta r\alpha r}i_{\alpha r}+G_{\beta r\beta r}i_{\beta r}+G_{\beta r\alpha re}i_{\alpha re}+G_{\beta r\beta re}i_{\beta re}]=-V_2\dfrac{\pi}{\tau}\lambda_{\alpha r}\end{cases} \tag{2-59}$$

次级边端效应绕组速度电压方程为

$$\begin{cases}e_{\alpha re}=V_2\dfrac{\pi}{\tau}[G_{\alpha re\alpha s}i_{\alpha s}+G_{\alpha re\beta s}i_{\beta s}+G_{\alpha re\alpha r}i_{\alpha r}+G_{\alpha re\beta r}i_{\beta r}+G_{\alpha re\alpha re}i_{\alpha re}+G_{\alpha re\beta re}i_{\beta re}]\\e_{\beta re}=V_2\dfrac{\pi}{\tau}[G_{\beta re\alpha s}i_{\alpha s}+G_{\beta re\beta s}i_{\beta s}+G_{\beta re\alpha r}i_{\alpha r}+G_{\beta re\beta r}i_{\beta r}+G_{\beta re\alpha re}i_{\alpha re}+G_{\beta re\beta re}i_{\beta re}]\end{cases} \tag{2-60}$$

根据式（2-32），边端效应电流可以表示为

$$\begin{cases}i_{\alpha re}=-K(i_{\alpha s}+i_{\alpha r})\\i_{\beta re}=-K(i_{\beta s}+i_{\beta r})\end{cases} \tag{2-61}$$

为了简化推导，假设电机的互感具有如下关系：$L'_{\alpha s\alpha re}=-KL_{\alpha s\alpha re}$；$L'_{\alpha s\beta re}=-KL_{\alpha s\beta re}$；$L'_{\alpha r\alpha re}=-KL_{\alpha r\alpha re}$；$L'_{\alpha r\beta re}=-KL_{\alpha r\beta re}$；$L'_{\beta s\alpha re}=-KL_{\beta s\alpha re}$；$L'_{\beta s\beta re}=-KL_{\beta s\beta re}$；$L'_{\beta r\alpha re}=-KL_{\beta r\alpha re}$；$L'_{\beta r\beta re}=-KL_{\beta r\beta re}$。

同理得到电机速度和电动势系数的关系为：$G'_{\alpha s\alpha re}=-KG_{\alpha s\alpha re}$；$G'_{\alpha s\beta re}=-KG_{\alpha s\beta re}$；$G'_{\alpha r\alpha re}=-KG_{\alpha r\alpha re}$；$G'_{\alpha r\beta re}=-KG_{\alpha r\beta re}$；$G'_{\beta s\alpha re}=-KG_{\beta s\alpha re}$；$G'_{\beta s\beta re}=-KG_{\beta s\beta re}$；$G'_{\beta r\alpha re}=-KG_{\beta r\alpha re}$；$G'_{\beta r\beta re}=-KG_{\beta r\beta re}$。

把上述关系式与式（2-52）~式（2-61）结合起来，以初级绕组、次级绕组的电压和磁链方程为求解对象，次级边端效应绕组的变量可以间接表示出来，化简后的方程如下。

初级绕组等值电压方程为

$$\begin{cases}u_{\alpha s}=R_s i_{\alpha s}+\dfrac{d\lambda_{\alpha s}}{dt}\\u_{\beta s}=R_s i_{\beta s}+\dfrac{d\lambda_{\beta s}}{dt}\end{cases} \tag{2-62}$$

次级基波绕组等值电压方程为

$$
\begin{cases}
0=R_r i_{\alpha r}+\dfrac{\mathrm{d}\lambda_{\alpha r}}{\mathrm{d}t}+V_2\dfrac{\pi}{\tau}\lambda_{\beta r} \\
0=R_r i_{\beta r}+\dfrac{\mathrm{d}\lambda_{\beta r}}{\mathrm{d}t}-V_2\dfrac{\pi}{\tau}\lambda_{\alpha r}
\end{cases}
\tag{2-63}
$$

初级绕组磁链方程为

$$
\begin{cases}
\lambda_{\alpha s}=(L_{ls}+L_m+L'_{\alpha s\alpha re})i_{\alpha s}+(L_{\alpha s\beta s}+L'_{\alpha s\beta re})i_{\beta s}+(L_m+L'_{\alpha s\alpha re})i_{\alpha r}+(L_{\alpha s\beta r}+L'_{\alpha s\beta re})i_{\beta r} \\
\lambda_{\beta s}=(L_{\alpha s\beta s}+L'_{\beta s\alpha re})i_{\alpha s}+(L_{ls}+L_m+L'_{\beta s\beta re})i_{\beta s}+(L_{\beta s\alpha r}+L'_{\beta s\alpha re})i_{\alpha r}+(L_m+L'_{\beta s\beta re})i_{\beta r}
\end{cases}
\tag{2-64}
$$

次级基波绕组磁链方程为

$$
\begin{cases}
\lambda_{\alpha r}=(L_m+L'_{\alpha r\alpha re})i_{\alpha s}+(L_{\alpha r\beta s}+L'_{\alpha r\beta re})i_{\beta s}+(L_{lr}+L_m+L'_{\alpha r\alpha re})i_{\alpha r}+(L_{\alpha r\beta r}+L'_{\alpha r\beta re})i_{\beta r} \\
\lambda_{\beta r}=(L_{\beta r\alpha s}+L'_{\beta r\alpha re})i_{\alpha s}+(L_m+L'_{\beta r\beta re})i_{\beta s}+(L_{\beta r\alpha r}+L'_{\beta r\alpha re})i_{\alpha r}+(L_{lr}+L_m+L'_{\beta r\beta re})i_{\beta r}
\end{cases}
\tag{2-65}
$$

为书写方便，采用矩阵的形式对 LIM 的等效电压和磁链方程表示如下：

$$
\boldsymbol{u}=\boldsymbol{R}\,\boldsymbol{i}+\frac{\mathrm{d}\boldsymbol{\lambda}}{\mathrm{d}t}+V_2\frac{\pi}{\tau}\boldsymbol{U}\boldsymbol{\lambda}
\tag{2-66}
$$

式中，各个矩阵的含义如下：

$\boldsymbol{\lambda}=[L]i$；$\boldsymbol{u}=[u_{\alpha s},u_{\beta s},0,0]^{\mathrm{T}}$；$\boldsymbol{i}=[i_{\alpha s},i_{\beta s},i_{\alpha r},i_{\beta r}]^{\mathrm{T}}$；$\boldsymbol{\lambda}=[\lambda_{\alpha s},\lambda_{\beta s},\lambda_{\alpha r},\lambda_{\beta r}]^{\mathrm{T}}$；

$$
\boldsymbol{R}=\begin{bmatrix} R_s & 0 & 0 & 0 \\ 0 & R_s & 0 & 0 \\ 0 & 0 & R_r & 0 \\ 0 & 0 & 0 & R_r \end{bmatrix};\boldsymbol{U}=\begin{bmatrix} 0 & 0 & 0 & 0 \\ 0 & 0 & 0 & 0 \\ 0 & 0 & 0 & 1 \\ 0 & 0 & -1 & 0 \end{bmatrix};
$$

$$
\boldsymbol{L}=\begin{bmatrix}
L_{ls}+L_m+L'_{\alpha s\alpha re} & L_{\alpha s\beta s}+L'_{\alpha s\beta re} & L_m+L'_{\alpha s\alpha re} & L_{\alpha s\beta r}+L'_{\alpha s\beta re} \\
L_{\alpha s\beta s}+L'_{\beta s\alpha re} & L_{ls}+L_m+L'_{\beta s\beta re} & L_{\beta s\alpha r}+L'_{\beta s\alpha re} & L_m+L'_{\beta s\beta re} \\
L_m+L'_{\alpha r\alpha re} & L_{\alpha r\beta s}+L'_{\alpha r\beta re} & L_{lr}+L_m+L'_{\alpha r\alpha re} & L_{\alpha r\beta r}+L'_{\alpha r\beta re} \\
L_{\beta r\alpha s}+L'_{\beta r\alpha re} & L_m+L'_{\beta r\beta re} & L_{\beta r\alpha r}+L'_{\beta r\alpha re} & L_{lr}+L_m+L'_{\beta r\beta re}
\end{bmatrix}
$$

2.3.4 特性变量

根据感应电机初次级能量交换的关系，可得电磁推力方程为

$$
F_e=\frac{3\pi}{2\tau}\boldsymbol{i}_1^{\mathrm{T}}\boldsymbol{G}\boldsymbol{i}_1
\tag{2-67}
$$

式中，$\boldsymbol{G}$ 为速度电动势校正矩阵；$\boldsymbol{i}_1$ 为次级导板中边端效应电流，其表达为

$$
\boldsymbol{i}_1=[i_{\alpha s},i_{\beta s},i_{\alpha r},i_{\beta r},-K(i_{\alpha s}+i_{\alpha r}),-K(i_{\beta s}+i_{\beta r})]^{\mathrm{T}}
\tag{2-68}
$$

式（2-67）推力表达式可进一步化简为

$$F_e=\frac{3\pi}{2\tau}[L_m(i_{\alpha r}i_{\beta s}-i_{\beta r}i_{\alpha s})+i_{\alpha s}(i_{\alpha r}+i_{\alpha s})G'_{\alpha re\alpha s}+i_{\alpha s}(i_{\beta r}+i_{\beta s})G'_{\beta re\alpha s}+$$
$$i_{\beta s}(i_{\alpha r}+i_{\alpha s})G'_{\alpha re\beta s}+i_{\beta s}(i_{\beta r}+i_{\beta s})G'_{\beta re\beta s}] \tag{2-69}$$

电机的输入有功为

$$p_{in}=\frac{3}{2}(u_{\alpha s}i_{\alpha s}+u_{\beta s}i_{\beta s}) \tag{2-70}$$

电机的输入无功为

$$q_{in}=\frac{3}{2}(u_{\beta s}i_{\alpha s}-u_{\alpha s}i_{\beta s}) \tag{2-71}$$

电机的输出净推力为

$$F_x=F_e-F_r \tag{2-72}$$

式中，F_r 为阻力，包括摩擦阻力和风阻力等。

电机的输出有功为

$$p_{out}=F_xV_2 \tag{2-73}$$

电机的功率因数为

$$\cos\varphi=p_{in}/\sqrt{{p_{in}}^2+{q_{in}}^2} \tag{2-74}$$

电机的效率为

$$\eta=p_{out}/p_{in} \tag{2-75}$$

2.3.5 等效电路推导

在电感参数的求取过程中，从是否考虑边端效应和半填充槽的影响角度出发，可分四种情况进行讨论。每种情况下的电感参数有所变化，进而影响磁链方程、电压方程和等效电路模型等，具体内容总结如下。

情况 1. 考虑边端效应、考虑半填充槽的数学方程和等效电路模型

初级绕组等值电压方程、次级基波绕组等值电压方程、初级绕组磁链方程和次级基波绕组磁链方程见式（2-62）~式（2-65）。

磁链和电流的矩阵关系为

$$\begin{bmatrix}\lambda_{\alpha s}\\ \lambda_{\beta s}\\ \lambda_{\alpha r}\\ \lambda_{\beta r}\end{bmatrix}=\begin{bmatrix}L_{ls}+L_m+L'_{\alpha s\alpha re} & L_{\alpha s\beta s}+L'_{\alpha s\beta re} & L_m+L'_{\alpha s\alpha re} & L_{\alpha s\beta r}+L'_{\alpha s\beta re}\\ L_{\alpha s\beta s}+L'_{\beta s\alpha re} & L_{ls}+L_m+L'_{\beta s\beta re} & L_{\beta s\alpha r}+L'_{\beta s\alpha re} & L_m+L'_{\beta s\beta re}\\ L_m+L'_{\alpha r\alpha re} & L_{\alpha r\beta s}+L'_{\alpha r\beta re} & L_{lr}+L_m+L'_{\alpha r\alpha re} & L_{\alpha r\beta r}+L'_{\alpha r\beta re}\\ L_{\beta r\alpha s}+L'_{\beta r\alpha re} & L_m+L'_{\beta r\beta re} & L_{\beta r\alpha r}+L'_{\beta r\alpha re} & L_{lr}+L_m+L'_{\beta r\beta re}\end{bmatrix}\begin{bmatrix}i_{\alpha s}\\ i_{\beta s}\\ i_{\alpha r}\\ i_{\beta r}\end{bmatrix} \tag{2-76}$$

式（2-76）表明，由于考虑了半填充槽影响，α-β 轴间存在耦合，$L_{\alpha s\beta s}\neq0$；

次级导板中的涡流对初级磁链和次级磁链产生影响，每个磁链方程与四个电流 $i_{\alpha s}$、$i_{\beta s}$、$i_{\alpha r}$和$i_{\beta r}$有关。

把磁链方程式（2-64）和（2-65）代入到电压方程式（2-62）和（2-63）中，可得

$$\begin{cases} e_{\alpha t}=p[L'_{\alpha s\alpha re}i_{\alpha re}+L'_{\alpha s\beta re}i_{\beta re}] \\ e_{\beta t}=p[L'_{\beta s\alpha re}i'_{\alpha re}+L'_{\beta s\beta re}i'_{\beta re}] \end{cases} \tag{2-77}$$

$$\begin{cases} e_{\alpha st}=-pL_{\alpha s\beta s}i_{\beta s} \\ e_{\beta st}=-pL_{\alpha s\beta s}i_{\alpha s} \end{cases} \tag{2-78}$$

$$\begin{cases} e_{\alpha r}=V_2(\pi/\tau)\lambda_{\beta r} \\ e_{\beta r}=-V_2(\pi/\tau)\lambda_{\alpha r} \end{cases} \tag{2-79}$$

式中，电压源$e_{\alpha t}$、$e_{\beta t}$、$e_{\alpha st}$和$e_{\beta st}$为考虑边端效应作用后的感应电动势，它是电感的微分函数；$e_{\alpha r}$和$e_{\beta r}$为次级归算到初级的速度电动势。

电压方程可简化如下：

初级绕组等值电压方程为

$$\begin{cases} u_{\alpha s}=R_s i_{\alpha s}+L_{ls}pi_{\alpha s}+L_m p(i_{\alpha s}+i_{\alpha r})+e_{\alpha t}-e_{\alpha st} \\ u_{\beta s}=R_s i_{\beta s}+L_{ls}pi_{\beta s}+L_m p(i_{\beta s}+i_{\beta r})+e_{\beta t}-e_{\beta st} \end{cases} \tag{2-80}$$

次级基波绕组等值电压方程为

$$\begin{cases} 0=e_{\alpha t}+L_m p(i_{\alpha s}+i_{\alpha r})+L_{lr}pi_{\alpha r}+i_{\alpha r}R_r+e_{\alpha r} \\ 0=e_{\beta t}+L_m p(i_{\beta s}+i_{\beta r})+L_{lr}pi_{\beta r}+i_{\beta r}R_r+e_{\beta r} \end{cases} \tag{2-81}$$

进而得到考虑边端效应和半填充槽的 LIM 的等效电路模型如图 2-8 所示。

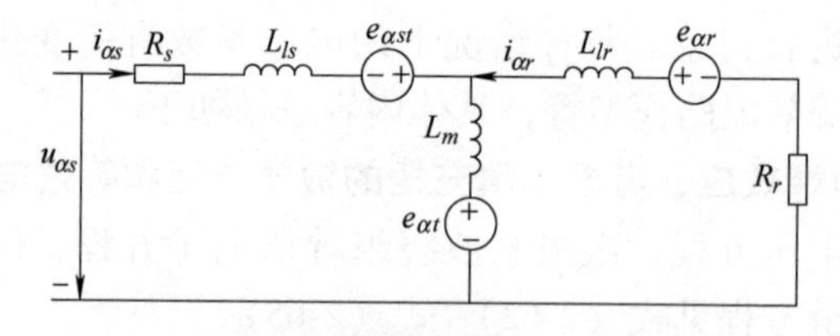

(a) α轴等效电路

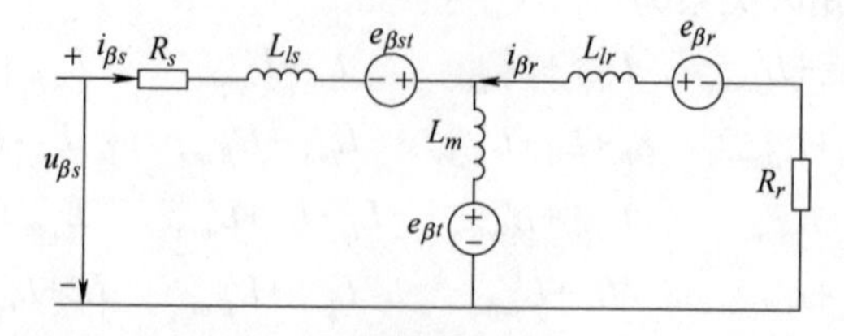

(b) β轴等效电路

图 2-8　考虑边端效应和半填充槽时的 α-β 轴等效电路

情况 2. 不考虑边端效应、考虑半填充槽的数学方程和等效电路模型

所有电感参数中，与边端效应相关的量为零，互感 $L_{\alpha s\beta s}\neq 0$，磁链方程的矩阵形式为

$$\begin{bmatrix}\lambda_{\alpha s}\\ \lambda_{\beta s}\\ \lambda_{\alpha r}\\ \lambda_{\beta r}\end{bmatrix}=\begin{bmatrix}L_{ls}+L_m & L_{\alpha s\beta s} & L_m & L_{\alpha s\beta r}\\ L_{\alpha s\beta s} & L_{ls}+L_m & L_{\beta s\alpha r} & L_m\\ L_m & L_{\alpha r\beta s} & L_{lr}+L_m & L_{\alpha r\beta r}\\ L_{\beta r\alpha s} & L_m & L_{\beta r\alpha r} & L_{lr}+L_m\end{bmatrix}\begin{bmatrix}i_{\alpha s}\\ i_{\beta s}\\ i_{\alpha r}\\ i_{\beta r}\end{bmatrix} \tag{2-82}$$

电压源 $e_{\alpha t}$、$e_{\beta t}$、$e_{\alpha st}$、$e_{\beta st}$、$e_{\alpha r}$ 和 $e_{\beta r}$ 化简为

$$\begin{cases}e_{\alpha t}=0\\ e_{\beta t}=0\\ e_{\alpha st}=-pL_{\alpha s\beta s}i_{\beta s}\\ e_{\beta st}=-pL_{\alpha s\beta s}i_{\alpha s}\\ e_{\alpha r}=V_2(\pi/\tau)\lambda_{\beta r}\\ e_{\beta r}=-V_2(\pi/\tau)\lambda_{\alpha r}\end{cases} \tag{2-83}$$

情况 3. 考虑边端效应、不考虑半填充槽的数学方程和等效电路模型

此时电机互感 $L_{\alpha s\beta s}=0$，重新求取其他电感量，有 $L'_{\alpha s\beta re}=0$；$L'_{\beta s\alpha re}=0$；$L'_{\alpha r\beta re}=0$；$L'_{\beta r\alpha re}=0$。磁链的矩阵方程为

$$\begin{bmatrix}\lambda_{\alpha s}\\ \lambda_{\beta s}\\ \lambda_{\alpha r}\\ \lambda_{\beta r}\end{bmatrix}=\begin{bmatrix}L_{ls}+L_m+L'_{\alpha s\alpha re} & 0 & L_m+L'_{\alpha s\alpha re} & 0\\ 0 & L_{ls}+L_m+L'_{\beta s\beta re} & 0 & L_m+L'_{\beta s\beta re}\\ L_m+L'_{\alpha r\alpha re} & 0 & L_{lr}+L_m+L'_{\alpha r\alpha re} & 0\\ 0 & L_m+L'_{\beta r\beta re} & 0 & L_{lr}+L_m+L'_{\beta r\beta re}\end{bmatrix}\begin{bmatrix}i_{\alpha s}\\ i_{\beta s}\\ i_{\alpha r}\\ i_{\beta r}\end{bmatrix} \tag{2-84}$$

电压源 $e_{\alpha t}$、$e_{\beta t}$、$e_{\alpha st}$、$e_{\beta st}$、$e_{\alpha r}$ 和 $e_{\beta r}$ 化简为

$$\begin{cases}e_{\alpha t}=p[L'_{\alpha s\alpha re}i_{\alpha re}+L'_{\alpha s\beta re}i_{\beta re}]\\ e_{\beta t}=p[L'_{\beta s\alpha re}i_{\alpha re}+L'_{\beta s\beta re}i_{\beta re}]\\ e_{\alpha st}=0\\ e_{\beta st}=0\\ e_{\alpha r}=V_2(\pi/\tau)\lambda_{\beta r}\\ e_{\beta r}=-V_2(\pi/\tau)\lambda_{\alpha r}\end{cases} \tag{2-85}$$

情况 4. 不考虑边端效应、不考虑半填充槽的数学方程和等效电路模型

此时电机的电感参数和 RIM 中的类似，与边端效应相关的电感为零，互感

$L_{\alpha s\beta s}=0$，磁链方程的矩阵形式为

$$\begin{bmatrix}\lambda_{\alpha s}\\\lambda_{\beta s}\\\lambda_{\alpha r}\\\lambda_{\beta r}\end{bmatrix}=\begin{bmatrix}L_{ls}+L_m & 0 & L_m & 0\\0 & L_{ls}+L_m & 0 & L_m\\L_m & 0 & L_{lr}+L_m & 0\\0 & L_m & 0 & L_{lr}+L_m\end{bmatrix}\begin{bmatrix}i_{\alpha s}\\i_{\beta s}\\i_{\alpha r}\\i_{\beta r}\end{bmatrix} \tag{2-86}$$

电压源 $e_{\alpha t}$、$e_{\beta t}$、$e_{\alpha st}$、$e_{\beta st}$、$e_{\alpha r}$和 $e_{\beta r}$化简为

$$\begin{cases}e_{\alpha t}=0\\e_{\beta t}=0\\e_{\alpha st}=0\\e_{\beta st}=0\\e_{\alpha r}=V_2\left(\dfrac{\pi}{\tau}\right)\lambda_{\beta r}=\omega_r\lambda_{\beta r}\\e_{\beta r}=-V_2\left(\dfrac{\pi}{\tau}\right)\lambda_{\alpha r}=-\omega_r\lambda_{\alpha r}\end{cases} \tag{2-87}$$

式中，ω_r为次级运行的电角速度。

不考虑边端效应和半填充槽的 LIM 的等效电路模型如图 2-9 所示。可以看出，在不考虑边端效应和半填充槽的影响时，绕组函数推导出的 LIM 等效电路模型和 RIM 完全相同。式（2-76）的磁链方程和图 2-8 的等效电路模型考虑了直线电机边端效应和半填充槽对电机参数的影响，主要体现在边端效应电感和互感的表达式中，它们均是电机的结构参数、转差和速度的函数。

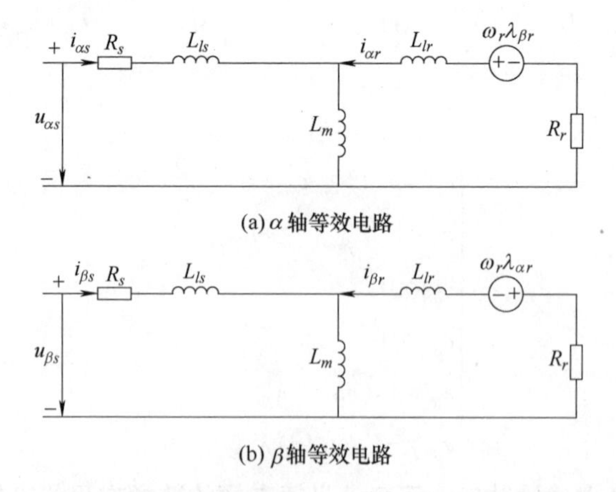

图 2-9　不考虑边端效应和半填充槽时的 α-β 轴等效电路

2.4 谐波成分及分析

2.4.1 空间谐波

当给 LIM 通入三相对称理想正弦电流时，由于电机气隙长度的不均匀和绕组的离散分布，会在气隙中产生谐波磁场，亦即空间谐波。具体来说，空间谐波主要由以下因素造成：

1）齿槽结构。沿着运动的方向，齿部和槽部位置的气隙长度不同，亦即磁导不同，在理想正弦的磁动势作用下，气隙中仍会产生谐波磁场。通常情况下，可对气隙磁导进行傅里叶展开来分析谐波成分。因实际轨交 LIM 的气隙较大，其齿槽导致的电机空间谐波幅值较小。为简化分析，本章引入卡特系数来考虑并修正齿槽影响。

2）铁心饱和。磁导率发生变化，亦即磁通密度不随磁场强度线性变化。此时，在铁心中通入正弦的磁动势不能产生正弦的磁场，从而导致磁场谐波含量的增加。由于电机气隙较大，磁负荷较小，因此铁心饱和因素产生的谐波可忽略，通过引入饱和系数以整体考虑铁心饱和影响。

3）绕组分布。考虑到实际工艺限制，电机通常采用分布绕组，从而产生谐波磁动势，进一步产生谐波磁场，可基于绕组理论对该谐波成分进行分析。

4）端部效应和半填充槽。前者会导致气隙磁场产生反向和脉振磁场，后者导致电机纵向两端磁动势的幅值与中间不一致，两者都会在气隙中产生额外谐波成分。可通过对气隙磁场进行解析计算并引入修正系数，从而定量考虑两者对电机性能的影响。

根据电机学基本原理，气隙磁场（通常用气隙磁通密度函数表示）为初级绕组磁动势和次级感应磁动势与气隙磁导的乘积。由于已将初级齿槽影响用卡特系数等效，并且次级为平整的导体板结构，所以可认为沿着运动方向各位置的气隙长度或气隙磁导相同。同时，考虑到次级感应磁动势的谐波成分与相应的初级绕组磁动势谐波成分相同，因此为分析空间谐波成分，本章需要先分析初级绕组产生的空间磁动势。

以 A 相绕组轴线为空间坐标原点，A 相电流最大幅值点为零时刻，则 A 相绕组产生的磁动势为

$$f_{\mathrm{A}v}(t,x)=\sum_{v=1,3,5,\cdots}^{\infty}F_{\phi v}\cos(x\pi/\tau)\cos\omega t \tag{2-88}$$

式中，v 为空间谐波次数；x 为空间位置；τ 为极距；t 为时刻；ω 为电源角频

率；$F_{\phi v}$为相磁动势幅值，其表达式为

$$F_{\phi v}=2\sqrt{2}k_{Nv}NI/(v\pi p) \tag{2-89}$$

式中，N 为每相绕组串联匝数；I 为相电流有效值；p 为极对数；k_{Nv}为 v 次空间谐波的绕组系数，其表达式为

$$k_{Nv}=\sin\left(\frac{vy_1}{\tau}\frac{\pi}{2}\right)\cdot\frac{\sin(qv\alpha_1/2)}{q\sin(v\alpha_1/2)} \tag{2-90}$$

式中，y_1 为线圈节距；q 为每极每相槽数；α_1 为槽距电角度。

假定 B 相和 C 相分别在时间和空间上滞后 A 相 $2\pi/3$ 和 $4\pi/3$ 角度，其磁动势表达式为

$$f_{Bv}(t,x)=\sum_{v=1,3,5,\cdots}^{\infty}F_{\phi v}\cos v(x\pi/\tau-2\pi/3)\cos(\omega t-2\pi/3) \tag{2-91}$$

$$f_{Cv}(t,x)=\sum_{v=1,3,5,\cdots}^{\infty}F_{\phi v}\cos v(x\pi/\tau-4\pi/3)\cos(\omega t-4\pi/3) \tag{2-92}$$

结合式（2-88）、式（2-91）和式（2-92），可得到 v 次空间谐波的合成磁动势为

$$f_v(t,x)=\frac{3}{2}\sum_{v=1,6k+1,\cdots}^{\infty}F_{\phi v}\cos(\omega t-vx\pi/\tau)+\frac{3}{2}\sum_{v=5,6k-1,\cdots}^{\infty}F_{\phi v}\cos(\omega t+vx\pi/\tau) \tag{2-93}$$

观察式（2-93），可以得到以下结论：

1）合成磁动势不含有 2 次、3 次及倍数次谐波。

2）合成磁动势只含有（$6k+1$）次和（$6k-1$）次谐波，且谐波的运行速度为基波的 $1/v$ 倍。

3）（$6k+1$）次谐波的运动方向与基波的运行方向相同，（$6k-1$）次谐波的运行速度则与基波相反。

下面以日本 12000 型 LIM（业内主流产品之一）为例进行分析说明。该电机由三菱公司于 20 世纪 90 年代研制，结构成熟、性能可靠，大量应用于日本直线地铁中，亦为我国广州地铁四号线牵引电机的原型，后续简称电机 A，其详细参数见附录 A。通过计算得到电机 A 各次谐波的幅值（以基波幅值为基准值进行标幺化），如图 2-10 所示，从图中可以看出，高次谐波幅值相对基波幅值较小，比如 5 次、7 次和 17 次谐波的幅值分别为基波幅值的 1%、2%和 6%。

2.4.2 时间谐波

当 LIM 采用逆变器供电后，由于供电的半导体管工作在开关状态，导致实际的供电电压非正弦，包含大量的时间谐波成分。该时间谐波电压的阶次与调

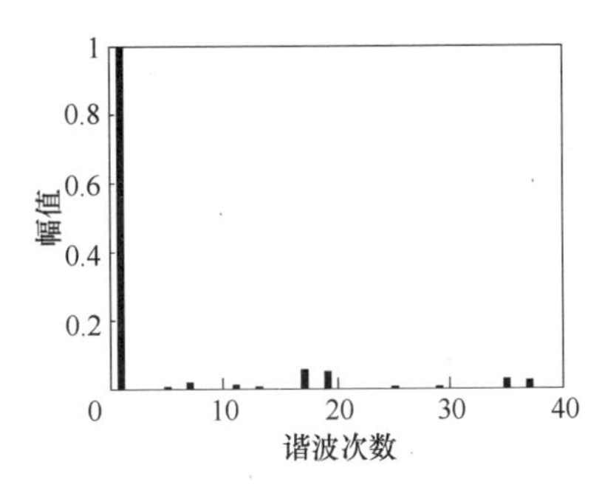

图 2-10　磁动势中主要的空间谐波

制方式、死区时间等因素密切相关。此外，即使供电电压为三相对称正弦波，由于 LIM 三相绕组不对称，同样会导致三相电流不对称，从而产生时间谐波电流。只考虑时间基波和谐波产生的空间基波时，可得到 A 相绕组磁动势为

$$f_{A1u}(t,x)=\sum_{u=1,2,3,\cdots}^{\infty}F_{\phi1u}\cos(x\pi/\tau)\cos(u\omega t) \tag{2-94}$$

式中，u 为时间谐波次数；$F_{\phi1u}$ 为 u 次时间谐波的相磁动势幅值，其表达式为

$$F_{\phi1u}=2\sqrt{2}k_{N1}NI_u/(\pi p) \tag{2-95}$$

式中，I_u 为 u 次谐波电流幅值，与逆变器的调制方式及电机参数有关；k_{N1} 为空间基波的绕组系数，令式（2-90）中系数 v 取 1，可得到其表达式为

$$k_{N1}=\sin\left(\frac{y_1}{\tau}\frac{\pi}{2}\right)\cdot\frac{\sin(qv_1/2)}{q\sin(v_1/2)} \tag{2-96}$$

轨交 LIM 极数较多（通常 8 极），为了简化分析，这里可近似认为三相绕组对称，则 B、C 相绕组磁动势为

$$f_{B1u}(t,x)=\sum_{u=1,2,3,\cdots}^{\infty}F_{\phi1u}\cos(x\pi/\tau-2\pi/3)\cos u(\omega t-2\pi/3) \tag{2-97}$$

$$f_{C1u}(t,x)=\sum_{u=1,2,3,\cdots}^{\infty}F_{\phi1u}\cos(x\pi/\tau-4\pi/3)\cos u(\omega t-4\pi/3) \tag{2-98}$$

联立式（2-94）、式（2-97）和式（2-98），得到 u 次时间谐波产生的空间基波的合成磁动势为

$$f_{1u}(t,x)=\frac{3}{2}\sum_{u=1,7,6k+1,\cdots4,10,6k-2,\cdots}^{\infty}F_{\phi1u}\cos(u\omega t-x\pi/\tau)+\frac{3}{2}\sum_{u=5,11,6k-1,\cdots2,8,6k+2,\cdots}^{\infty}F_{\phi1u}\cos(u\omega t+x\pi/\tau) \tag{2-99}$$

观察式（2-99），可以得到以下结论：

1）合成磁动势不含有 3 次及其倍数次谐波。

2）合成磁动势的各次谐波的运行速度为基波的 u 倍。

3）（$6k+1$）次和（$6k-2$）次谐波的运动方向与基波相同，（$6k-1$）次和（$6k+2$）次谐波的运行方向则与基波相反。

2.4.3 总谐波

结合式（2-93）和式（2-99），可得到同时考虑时间和空间谐波的合成磁动势为

$$
\begin{aligned}
f_{vu}(t,x) = & \frac{3}{2}\sum_{v=1,6k+1,\cdots}\sum_{u=1,7,6k+1,\cdots 4,10,6k-2,\cdots}^{\infty} F_{\phi vu}\cos(u\omega t - vx\pi/\tau) + \\
& \frac{3}{2}\sum_{v=1,6k+1,\cdots}\sum_{u=5,11,6k-1,\cdots 2,8,6k+2,\cdots}^{\infty} F_{\phi vu}\cos(u\omega t + vx\pi/\tau) + \\
& \frac{3}{2}\sum_{v=5,6k-1,\cdots}^{\infty}\sum_{u=1,7,6k+1,\cdots 4,10,6k-2,\cdots}^{\infty} F_{\phi vu}\cos(u\omega t + vx\pi/\tau) + \\
& \frac{3}{2}\sum_{v=5,6k-1,\cdots}^{\infty}\sum_{u=5,11,6k-1,\cdots 2,8,6k+2,\cdots}^{\infty} F_{\phi vu}\cos(u\omega t - vx\pi/\tau)
\end{aligned}
\tag{2-100}
$$

式中，$F_{\phi vu}$ 为 u 次时间谐波产生的 v 次空间谐波的相磁动势，其表达式为

$$
F_{\phi vu} = 2\sqrt{2}k_{Nv}NI_u/(\pi vp) \tag{2-101}
$$

观察式（2-100）和式（2-101）可以得到以下结论：

1）各次时间谐波不仅会产生空间基波，也会产生空间谐波。

2）u 次时间谐波产生的 v 次空间谐波的幅值，与谐波电流有效值成正比，与空间谐波次数成反比。

3）在电机结构确定后，谐波磁动势的幅值与绕组系数、谐波电流幅值和空间谐波次数有关。考虑到实际工况中，谐波电流幅值相对基波电流较小，同时谐波磁动势的幅值会随着空间谐波次数的增加急剧降低，所以时间谐波产生的空间谐波磁动势的幅值非常小，在分析时可忽略。也即在后文的分析中，忽略由于绕组分布产生的空间谐波，而主要考虑时间谐波的影响。此外，通过引入卡特系数、饱和系数以及端部效应修正系数，来定量衡量其他主要因素产生的空间谐波对 LIM 性能的整体影响。

2.5 时间谐波等效电路

2.5.1 修正系数

由于 LIM 的初级铁心开断和初次级宽度不等结构，各次时间谐波电流产生

的气隙磁场均会发生畸变。为了定量评估 LIM 结构特殊性而引起的端部效应和次级导体板趋肤效应影响，需要对电机内部的电磁场和功率流向进行定量分析，进而得到相应的修正系数。电机电磁场及性能关系，满足以下微分形式的麦克斯韦方程组：

$$\begin{cases}\nabla\times\boldsymbol{H}=\boldsymbol{J}\\\nabla\times\boldsymbol{E}=-\partial\boldsymbol{B}/\partial t\\\nabla\cdot\boldsymbol{B}=0\\\boldsymbol{B}=\mu\boldsymbol{H}\\\boldsymbol{J}=\sigma(\boldsymbol{E}+\boldsymbol{V}\times\boldsymbol{B})\end{cases}\tag{2-102}$$

式中，$\boldsymbol{H}$ 为磁场强度矢量；$\boldsymbol{J}$ 为电流密度矢量；$\boldsymbol{E}$ 为电场强度矢量；$\boldsymbol{B}$ 为磁感应强度（磁通密度）矢量；$\boldsymbol{V}$ 为运动速度矢量；μ 为磁导率；σ 为电导率。

引入矢量磁位 $\boldsymbol{A}$，其与 $\boldsymbol{B}$ 和 $\boldsymbol{E}$ 满足以下关系：

$$\begin{cases}\boldsymbol{B}=\nabla\times\boldsymbol{A}\\\boldsymbol{E}=-\partial\boldsymbol{A}/\partial t\end{cases}\tag{2-103}$$

2.5.1.1 纵向端部效应

在分析 LIM 纵向端部效应时，可暂时忽略横向端部效应，从而将电机的气隙磁场由三维简化为二维；假设气隙磁场沿着气隙长度方向不变，进而将其由二维简化为一维，最终得到图 2-11 所示的 LIM 纵向截面的一维电磁场解析模型，图中的 1、2、3 分别代表初级、次级和气隙区域。在分析时，暂时忽略次级的趋肤效应影响，用卡特系数来考虑初级齿槽的影响，用初级行波电流层来代替初级磁动势。根据以上假设可知，气隙磁场只有 y 轴分量，且其表达式与变量 y 无关；初次级电流只有 z 轴分量。

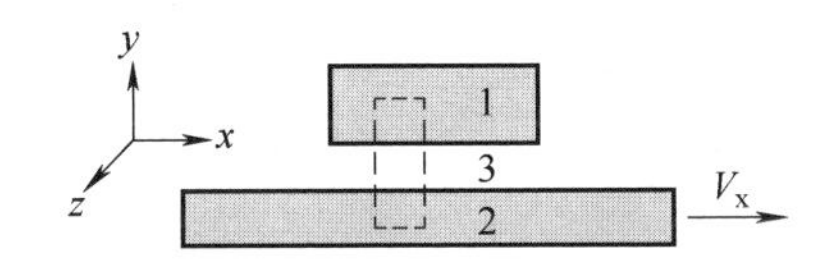

图 2-11 LIM 纵向截面的一维电磁场解析模型

假设 u 次时间谐波电流所等效的初级行波电流层表达式为

$$j_{1u}=J_{1u}\mathrm{e}^{\mathrm{j}(\omega_u t-kx+\varphi_u)}\tag{2-104}$$

式中，J_{1u} 为初级 u 次时间谐波行波电流层的幅值；φ_u 为谐波电流初相角；ω_u 为谐波电流电角速度，且满足

$$\omega_u=u\omega_1\tag{2-105}$$

式中，ω_1 为基波电流电角速度。

基于图 2-11 的矩形路径，由式（2-102）中第一式得

$$\frac{\delta_e}{\mu_0}\frac{\partial B_{3yu}}{\partial x}=j_{1u}+j_{2u} \tag{2-106}$$

式中，μ_0 为真空磁导率；B_{3yu} 为气隙磁通密度的 y 轴分量；j_{2u} 为次级行波电流层（也即次级导体线电流密度）；δ_e 为等效气隙长度，可表示为

$$\delta_e=k_\delta k_\mu \delta \tag{2-107}$$

式中，k_δ 和 k_μ 分别为槽开口系数和铁心磁饱和系数；δ 为初次级铁心的距离。

由于电流只有 z 轴分量，因此矢量磁位也只有 z 轴分量。结合式（2-103）可以得到磁通密度的 y 轴分量和电磁强度的 z 轴分量分别为

$$B_{3yu}=-\partial A_{3zu}/\partial x \tag{2-108}$$

$$E_{3zu}=-\partial A_{3zu}/\partial t \tag{2-109}$$

将式（2-108）和式（2-109）代入式（2-102）第五式可得

$$j_{2u}=-\sigma_s\left(\frac{\partial A_{3zu}}{\partial t}+V_x\frac{\partial A_{3zu}}{\partial x}\right) \tag{2-110}$$

式中，V_x 为次级运动速度；σ_s 为导体板面电导率，其表达式为

$$\sigma_s=d/\rho_{dao} \tag{2-111}$$

将式（2-104）和式（2-110）代入式（2-106），可得矢量磁位的偏微分方程为

$$\frac{\delta_e}{\mu_0}\frac{\partial^2 A_{3zu}}{\partial x^2}-\sigma_s V_x\frac{\partial A_{3zu}}{\partial x}-\sigma_s\frac{\partial A_{3zu}}{\partial t}=-J_{1u}e^{j(\omega_u t-kx+\varphi_u)} \tag{2-112}$$

因为初级电流包含时间 t 的因子为 $e^{j(\omega_u t+\varphi_u)}$，故可设气隙矢量磁位的表达式为

$$A_{3zu}=A_{zu}(x)e^{j(\omega_u t+\varphi_u)} \tag{2-113}$$

将式（2-113）代入式（2-112），可将偏微分方程简化为

$$\frac{\delta_e}{\mu_0}\frac{\partial^2 A_{zu}}{\partial x^2}-\sigma_s V_x\frac{\partial A_{zu}}{\partial x}-j\omega_u\sigma_s A_{zu}=-J_{1u}e^{-jkx} \tag{2-114}$$

式（2-114）的全解为

$$A_{zu}=c_s e^{-jkx}+c_1 e^{-\left(\frac{1}{\alpha_1}+j\frac{\pi}{\tau_e}\right)x}+c_2 e^{\left(\frac{1}{\alpha_2}+j\frac{\pi}{\tau_e}\right)x} \tag{2-115}$$

所以式（2-112）的全解为

$$A_{3zu}=c_s e^{j(\omega_u t-kx+\varphi_u)}+c_1 e^{-\frac{x}{\alpha_1}+j\left(\omega_u t-\frac{\pi}{\tau_e}x+\varphi_u\right)}+c_2 e^{\frac{x}{\alpha_2}+j\left(\omega_u t+\frac{\pi}{\tau_e}x+\varphi_u\right)} \tag{2-116}$$

式中，c_1、c_2 为待定常数；其他系数表达式为 $c_s=\dfrac{\mu_0 J_{1u}}{k^2\delta_e(1+js_u G_u)}$；$\alpha_1=\dfrac{2\delta_e}{\delta_e X-\mu_0\sigma_s V_x}$；

$\alpha_2=\dfrac{2\delta_e}{\delta_e X+\mu_0\sigma_s V_x}$；$\tau_e=\dfrac{2\pi}{Y}$。其中，$X=\dfrac{\mu_0}{\sqrt{2}\delta_e}\sqrt{A+\sqrt{A^2+B^2}}$，$A=(\sigma_s V_x)^2$，$B=\dfrac{4\delta_e\omega_u\sigma_s}{\mu_0}$；电机品质因数 $G_u=\dfrac{2\mu_0\sigma_s f_u\tau^2}{\pi\delta_e}$。

将式（2-116）代入式（2-108）和式（2-109），得

$$B_{3yu}=\mathrm{j}kc_s e^{\mathrm{j}(\omega_u t-kx+\varphi_u)}+\left(\frac{1}{\alpha_1}+\mathrm{j}\frac{\pi}{\tau_e}\right)c_1 e^{-\frac{x}{\alpha_1}}e^{\mathrm{j}\left(\omega_u t-\frac{\pi}{\tau_e}x+\varphi_u\right)}-\left(\frac{1}{\alpha_2}+\mathrm{j}\frac{\pi}{\tau_e}\right)c_2 e^{\frac{x}{\alpha_2}}e^{\mathrm{j}\left(\omega_u t+\frac{\pi}{\tau_e}x+\varphi_u\right)} \tag{2-117}$$

$$E_{3zu}=-\mathrm{j}\omega_u\left[c_s e^{\mathrm{j}(\omega_u t-kx+\varphi_u)}+c_1 e^{-\frac{x}{\alpha_1}+\mathrm{j}\left(\omega_u t-\frac{\pi}{\tau_e}x+\varphi_u\right)}+c_2 e^{\frac{x}{\alpha_2}+\mathrm{j}\left(\omega_u t+\frac{\pi}{\tau_e}x+\varphi_u\right)}\right] \tag{2-118}$$

从式（2-117）可以看出，气隙磁场中存在三个分量：正向行波、入端行波和出端行波。一般可认为出端行波影响较小，后续分析中可忽略，即 $c_2=0$。

LIM 端部外的磁场可由保角变换求出，同时结合磁场的边界条件[78]，可得到 c_1 的表达式为

$$c_1=\frac{-\mathrm{j}kc_s}{\dfrac{1}{\alpha_1}+\mathrm{j}\dfrac{\pi}{\tau_e}} \tag{2-119}$$

将 c_1 和 c_2 的表达式代入式（2-117）和式（2-118），可得

$$B_{3yu}=B_s\left[e^{\mathrm{j}(\omega_u t-kx+\varphi_u+\delta_s)}-e^{-x/\alpha_1}e^{\mathrm{j}(\omega_u t-kx+\varphi_u)}\right] \tag{2-120}$$

$$\begin{aligned}E_{3z}=&\omega_u B_s e^{\mathrm{j}(\omega_u t-kx+\varphi_u)}\left\{-\frac{\cos\delta_s}{k}+\left[\frac{\alpha_1\tau_e e^{-\frac{x}{\alpha_1}}}{\sqrt{\tau_e^{\ 2}+(\pi\alpha_1)^2}}\right]\cos\left[\left(\frac{\pi}{2}+\delta_s-\beta\right)+\left(k-\frac{\pi}{\tau_e}\right)x+\varphi_u\right]\right\}+\\&\mathrm{j}\omega_u B_s e^{\mathrm{j}(\omega_u t-kx+\varphi_u)}\left\{-\frac{\sin\delta_s}{k}+\left[\frac{\alpha_1\tau_e e^{-\frac{x}{\alpha_1}}}{\sqrt{\tau_e^{\ 2}+(\pi\alpha_1)^2}}\right]\sin\left[\left(\frac{\pi}{2}+\delta_s-\beta\right)+\left(k-\frac{\pi}{\tau_e}\right)x+\varphi_u\right]\right\}\end{aligned} \tag{2-121}$$

式中，$B_s=\dfrac{G_u J_{1u}}{\delta_s V_1\sqrt{1+(s_u G_u)^2}}$；$\delta_s=\arctan\left(\dfrac{1}{s_u G_u}\right)$；$\beta=\arctan\left(\dfrac{\pi\alpha_1}{\tau_e}\right)$。

由初级传递到次级和气隙的总复功率为

$$\begin{aligned}S_{23}&=2a\int_0^{2p\tau}0.5\left[-j_{1u}{}^{*}E_{3zu}\right]\mathrm{d}x\\&=P_{23}+\mathrm{j}Q_{23}\end{aligned} \tag{2-122}$$

在理想情况下，可认为气隙中不存在有功功率，次级不存在无功功率。结合式（2-104）、式（2-121）和式（2-122），可得到气隙中的无功功率和次级中的有功功率表达式分别为

$$Q_3=Q_{23}=J_{1u}B_s aV_s\left\{2p\tau\sin\delta_s-N\begin{bmatrix}-\alpha_1^{-1}e^{-2p\tau/\alpha_1}\cos(\delta_s-\beta+2p\tau S)+Se^{-2p\tau/\alpha_1}\sin(\delta_s-\beta+2p\tau S)+\\ \alpha_1^{-1}\cos(\delta_s-\beta)-S\sin(\delta_s-\beta)\end{bmatrix}\right\}$$

(2-123)

$$P_2=P_{23}=J_{1u}B_s aV_s\left\{2p\tau\cos\delta_s-N\begin{bmatrix}\alpha_1^{-1}e^{-2p\tau/\alpha_1}\sin(\delta_s-\beta+2p\tau S)+Se^{-2p\tau/\alpha_1}\cos(\delta_s-\beta+2p\tau S)-\\ \alpha_1^{-1}\sin(\sigma_s-\beta)-S\cos(\delta_s-\beta)\end{bmatrix}\right\}$$

(2-124)

式中，$S=k-\dfrac{\pi}{\tau_e}$；$N=\dfrac{\alpha_1\pi\tau_e}{M\tau\sqrt{\tau_e^{\ 2}+(\pi\alpha_1)^2}}$；$M=(\alpha_1^{-1})^2+S^2$。

初级电流层幅值 J_{1u} 和初级相电流有效值 I_{1u} 满足关系式

$$I_{1u}=\frac{p\tau J_{1u}}{3\sqrt{2}N_1k_{N1}} \tag{2-125}$$

基于复功率相等原则，可得到初级相电动势有效值为

$$\begin{aligned}-E_{1u}&=S_{23}/(3I_{1u})\\&=\frac{N_1k_{N1}aV_s\sqrt{2}B_s}{p\tau}\left\{2p\tau\cos\delta_s-N\begin{bmatrix}\alpha_1^{-1}e^{-2p\tau/\alpha_1}\sin(\delta_s-\beta+2p\tau S)+Se^{-2p\tau/\alpha_1}\cos(\delta_s-\beta+2p\tau S)-\\ \alpha_1^{-1}\sin(\sigma_s-\beta)-S\cos(\delta_s-\beta)\end{bmatrix}\right\}+\\&\quad j\frac{N_1k_{N1}aV_s\sqrt{2}B_s}{p\tau}\left\{2p\tau\sin\delta_s-N\begin{bmatrix}-\alpha_1^{-1}e^{-2p\tau/\alpha_1}\cos(\delta_s-\beta+2p\tau S)+Se^{-2p\tau/\alpha_1}\sin(\delta_s-\beta+2p\tau S)+\\ \alpha_1^{-1}\cos(\delta_s-\beta)-S\sin(\delta_s-\beta)\end{bmatrix}\right\}\end{aligned}$$

(2-126)

因此，可得到考虑纵向动态端部效应时，折算到初级的次级相电阻和相励磁电抗为

$$R_{2eu}=\frac{3|E_{1u}|^2}{P_2}=\frac{6a(N_1k_{N1})^2}{\sigma_s p^2\tau^2}\frac{s_uG_u}{\sqrt{1+(s_uG_u)^2}}\frac{C_1^{\ 2}+C_2^{\ 2}}{C_1} \tag{2-127}$$

$$X_{meu}=\frac{3|E_{1u}|^2}{Q_3}=\frac{6a(N_1k_{N1})^2}{\delta_e p^2\tau^2}\frac{G_u}{\sqrt{1+(s_uG_u)^2}}\frac{C_1^{\ 2}+C_2^{\ 2}}{C_2} \tag{2-128}$$

式中，中间系数 C_1 和 C_2 表达式分别为

$$C_1=2p\tau\cos\delta_s-N\begin{bmatrix}\alpha_1^{-1}e^{-2p\tau/\alpha_1}\sin(\delta_s-\beta+2p\tau S)+Se^{-2p\tau/\alpha_1}\cos(\delta_s-\beta+2p\tau S)-\\ \alpha_1^{-1}\sin(\sigma_s-\beta)-S\cos(\delta_s-\beta)\end{bmatrix} \tag{2-129}$$

$$C_2=2p\tau\sin\delta_s-N\begin{bmatrix}-\alpha_1^{-1}e^{-2p\tau/\alpha_1}\cos(\delta_s-\beta+2p\tau S)+Se^{-2p\tau/\alpha_1}\sin(\delta_s-\beta+2p\tau S)+\\ \alpha_1^{-1}\cos(\delta_s-\beta)-S\sin(\delta_s-\beta)\end{bmatrix} \tag{2-130}$$

令 $N=0$，即忽略纵向动态端部效应，式（2-127）和式（2-128）转化为

$$R_{2eu}=\frac{1}{s_u}\frac{12a(N_1k_{N1})^2}{\sigma_s p\tau}=\frac{R_{2u}}{s_u} \tag{2-131}$$

$$X_{meu}=\frac{24u_0 aV_s(N_1k_{N1})^2}{\pi p\delta_e}=X_{mu} \tag{2-132}$$

式中，R_{2u}和 X_{mu}分别为忽略纵向动态端部效应时折算到初级的次级电阻和励磁电抗。

将式（2-131）和式（2-132）代入式（2-127）和式（2-128）得

$$R_{2eu}=K_{ru}\frac{R_{2u}}{s_u} \tag{2-133}$$

$$X_{meu}=K_{xu}X_{mu} \tag{2-134}$$

式中，K_{ru}和 K_{xu}分别为次级电阻和励磁电抗的纵向端部效应修正系数，其表达式为

$$K_{ru}=\frac{s_uG_u}{2p\tau\sqrt{1+(s_uG_u)^2}}\frac{C_1^{\ 2}+C_2^{\ 2}}{C_1} \tag{2-135}$$

$$K_{xu}=\frac{1}{2p\tau\sqrt{1+(s_uG_u)^2}}\frac{C_1^{\ 2}+C_2^{\ 2}}{C_2} \tag{2-136}$$

2. 5. 1. 2　横向端部效应

分析 LIM 横向端部效应时，和上一节假设类似：忽略纵向端部效应并认为气隙磁场沿着气隙长度方向不变，可将气隙磁场由三维简化为一维，最终得到图 2-12 所示的 LIM 横向截面的一维电磁场解析模型。图中 2 和 4 分别代表有、无气隙磁场区域。根据以上假设可知，气隙磁场只有 y 轴分量，且其表达式与变量 y 无关；初级电流只有 z 轴分量；次级电流有 x 轴和 z 轴分量。

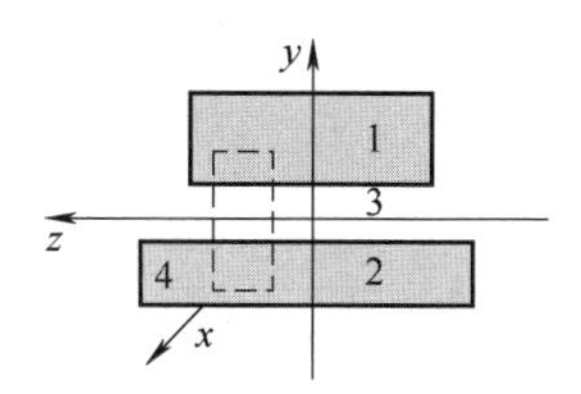

图 2-12　LIM 横向截面的一维电磁场解析模型

基于图 2-11 中的矩形路径，由式（2-102）中第一式可得

$$\frac{\delta_e}{\mu_0}\frac{\partial}{\partial z}(B_{yu})=-j_{2ux} \tag{2-137}$$

同理，由图 2-12 所示的纵向截面可得到

$$\frac{\delta_e}{\mu_0}\frac{\partial}{\partial x}(B_{yu})=j_{2uz}-j_{1u} \tag{2-138}$$

式中，j_{2ux}和j_{2uz}分别为区域 2 中次级导体板线电流密度的 x 和 y 轴分量。

对式（2-102）中第五式两边取旋度，可得

$$\frac{\partial}{\partial x}(j_{2uz})-\frac{\partial}{\partial z}(j_{2ux})=\sigma_{s}\left[\frac{\partial}{\partial t}(B_{yu})+V_{x}\frac{\partial}{\partial x}(B_{yu})\right] \tag{2-139}$$

将式（2-137）和式（2-138）代入式（2-139），可得气隙磁通密度偏微分方程为

$$\frac{\partial^{2}}{\partial x^{2}}(B_{yu})+\frac{\partial^{2}}{\partial z^{2}}(B_{yu})-\frac{\mu_{0}\sigma_{s}V_{x}}{\delta_{e}}\frac{\partial}{\partial x}(B_{yu})-\frac{\mu_{0}\sigma_{s}}{\delta_{e}}\frac{\partial}{\partial t}(B_{yu})=-\frac{\mu_{0}}{\delta_{e}}\frac{\partial}{\partial x}(j_{1u}) \tag{2-140}$$

考虑到气隙磁场只有 y 轴分量，且该分量值与变量 y 无关，可设气隙磁通密度表达式为

$$B_{yu}(x,z,t)=B(z)\mathrm{e}^{\mathrm{j}(\omega_{u}t-kx+\varphi_{u})} \tag{2-141}$$

将式（2-104）和式（2-141）代入式（2-140），可将偏微分方程化简为

$$\frac{\partial^{2}}{\partial z^{2}}[B(z)]-\left(k^{2}+\mathrm{j}\frac{\omega_{u}\mu_{0}\sigma_{s}}{\delta_{e}}s_{u}\right)B(z)=\mathrm{j}\frac{k\mu_{0}}{\delta_{e}}J_{1u} \tag{2-142}$$

显然 $B(z)$ 为变量 z 的偶函数，故式（2-142）的全解为

$$B_{yu}(x,z,t)=[B\cosh\alpha z-\mathrm{j}\mu_{0}J_{1u}r^{2}/(k\delta_{e})]\mathrm{e}^{\mathrm{j}(\omega_{u}t-kx+\varphi_{u})} \tag{2-143}$$

式中，$r^{2}=1/(1+\mathrm{j}s_{u}G_{u})$；$\alpha^{2}=k^{2}+\mathrm{j}s_{u}\omega_{u}\mu_{0}\sigma_{s}/\delta_{e}$；$B$ 为待定常数。

对于区域 2 和 4，结合电流连续定理和电磁场边界条件[78]，可得到 B 的表达式为

$$B=-\mathrm{j}J_{1u}\frac{\mu_{0}}{k\delta_{e}}\frac{1-r^{2}}{\cosh a\alpha}\lambda \tag{2-144}$$

式中，$\lambda=\dfrac{1}{1+\dfrac{1}{r}\tanh(a\alpha)\tanh[k(c-a)]}$。

将式（2-144）代入式（2-143），可得气隙磁通密度的 y 轴分量为

$$B_{yu}(x,z,t)=-\mathrm{j}\frac{\mu_{0}}{k\delta_{e}}J_{1u}r^{2}\left(1+\frac{1-r^{2}}{r^{2}}\lambda\frac{\cosh\alpha z}{\sinh\alpha z}\right)\mathrm{e}^{\mathrm{j}(\omega_{u}t-kx+\varphi_{u})} \tag{2-145}$$

因此，每极磁通为

$$\begin{aligned}\varphi_{u}(t)&=\int_{0}^{\tau}\int_{-a}^{a}B_{yu}(x,z,t)\,\mathrm{d}z\mathrm{d}x\\&=-\frac{4\mu_{0}\tau}{\pi\delta_{e}}J_{1u}r^{2}\left[a+\frac{1-r^{2}}{r^{2}}\frac{\lambda}{\alpha}\tanh(a\alpha)\right]\mathrm{e}^{\mathrm{j}(\omega_{n}t+\varphi_{n})}\end{aligned} \tag{2-146}$$

初级每相电动势为

$$e_{1u}(t)=-N_{1}k_{N1}\frac{\mathrm{d}}{\mathrm{d}t}[\varphi_{u}(t)]=-\sqrt{2}E_{1u}\mathrm{e}^{\mathrm{j}(\omega_{n}t+\varphi_{n})} \tag{2-147}$$

式中，E_{1u}为相反电动势有效值，其表达式为

$$-E_{1u}=\frac{4\sqrt{2}\mu_0 f_u N_1 k_{N1} a\tau^2}{\pi\delta_e}J_{1u}T \tag{2-148}$$

式中，$T=\mathrm{j}\left[r^2+(1-r^2)\dfrac{\lambda}{a\alpha}\tanh a\alpha\right]$。

由式（2-125）和式（2-148）得

$$\begin{aligned}3I_{1u}(-E_{1u})&=4\mu_0\frac{af_u p\tau^3}{\pi\delta_e}J_{1u}(\mathrm{Re}T+\mathrm{jIm}T)\\&=P_2+\mathrm{j}Q_3\end{aligned} \tag{2-149}$$

由式（2-148）可得反电动势有效值为

$$|E_{1u}|=\frac{4\sqrt{2}\mu_0 f_u N_1 k_{N1} a\tau^2}{\pi\delta_e}J_{1u}\sqrt{\mathrm{Re}^2[T]+\mathrm{Im}^2[T]} \tag{2-150}$$

因此，得到考虑横向端部效应时，折算到初级的次级相电阻和相励磁电抗分别为

$$R_{2eu}=\frac{3|E_{1u}|^2}{P_2}=\frac{24\mu_0 f_u a\tau(N_1k_{N1})^2}{\pi p\delta_e}\frac{\mathrm{Re}^2[T]+\mathrm{Im}^2[T]}{\mathrm{Re}[T]} \tag{2-151}$$

$$X_{meu}=\frac{3|E_{1u}|^2}{Q_3}=\frac{24\mu_0 f_u a\tau(N_1k_{N1})^2}{\pi p\delta_e}\frac{\mathrm{Re}^2[T]+\mathrm{Im}^2[T]}{\mathrm{Im}[T]} \tag{2-152}$$

令 $\alpha=0$，即忽略横向端部效应，式（2-151）和式（2-152）变为

$$R_{2eu}=\frac{1}{s_u}\frac{12a(N_1k_{N1})^2}{\sigma_s p\tau}=\frac{R_{2u}}{s_u} \tag{2-153}$$

$$X_{meu}=\frac{24\mu_0 aV_s(N_1k_{N1})^2}{\pi p\delta_e}=X_{mu} \tag{2-154}$$

可观察到，式（2-131）和式（2-132）与式（2-153）和式（2-154）推导出的次级电阻和励磁电抗的表达式相等，所以纵向和横向端部效应系数的推导过程相互得到了相互验证。

将式（2-153）和式（2-154）代入式（2-151）和式（2-152）得

$$R_{2eu}=C_{ru}\frac{R_{2u}}{s_u} \tag{2-155}$$

$$X_{meu}=C_{xu}X_{mu} \tag{2-156}$$

式中，C_{ru}和C_{xu}分别为次级电阻和励磁电抗的横向端部效应修正系数，其表达式为

$$C_{ru}=\frac{s_u G_u\{\mathrm{Re}^2[T]+\mathrm{Im}^2[T]\}}{\mathrm{Re}[T]} \tag{2-157}$$

$$C_{xu}=\frac{\mathrm{Re}^2[T]+\mathrm{Im}^2[T]}{\mathrm{Im}[T]} \tag{2-158}$$

2.5.1.3 趋肤效应

由于轨交用LIM气隙大和次级导板较厚，次级漏抗和导体板的趋肤效应将对电机产生难以忽视的影响。在分析趋肤效应时，可忽略纵向和横向端部效应，认为初次级等长，气隙磁场沿横向不变，最终得到图2-13所示忽略端部效应的LIM二维电磁场解析模型。根据以上假设可知，气隙磁场有 x 轴和 y 轴分量，无 z 轴分量；初次级电流只有 z 轴分量。

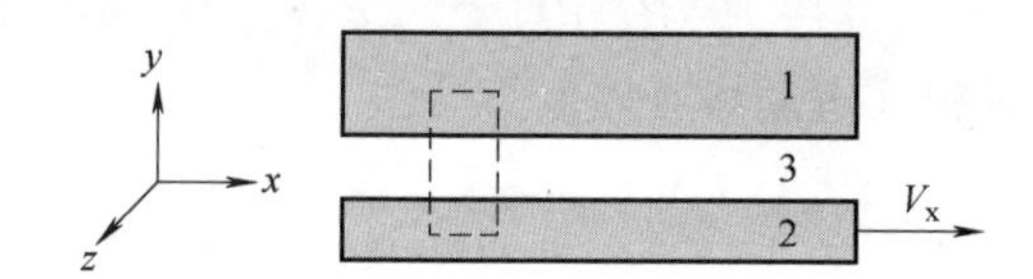

图2-13 忽略端部效应的LIM二维电磁场解析模型

将式（2-102）中的第一式和第四式和式（2-103）代入式（2-102）第五式，可得气隙矢量磁位的偏微分方程为

$$\nabla^2\boldsymbol{A}=u\sigma\left[\frac{\partial \boldsymbol{A}}{\partial t}-\boldsymbol{V}\times(\nabla\times\boldsymbol{A})\right] \tag{2-159}$$

因为初次级电流均沿 z 方向流动，也即气隙矢量磁位只有 z 轴分量 A_{3uz}，所以式（2-159）可以化简为

$$\frac{\partial^2 A_{3uz}}{\partial x^2}+\frac{\partial^2 A_{3uz}}{\partial y^2}=0 \tag{2-160}$$

可设 A_{3uz} 的表达式形式为

$$A_{3uz}=A_{\mathrm{m}}(y)\mathrm{e}^{\mathrm{j}(\omega_u t-kx)} \tag{2-161}$$

将式（2-161）代入式（2-160），可解得

$$A_{\mathrm{m}}(y)=c_1\sinh(ky)+c_2\cosh(ky) \tag{2-162}$$

式中，c_1 和 c_2 为待定常数。

根据式（2-103）中矢量磁位与磁感应强度和电场强度的关系，可得到气隙磁感应强度的 x 轴分量、y 轴分量和电场强度的 z 轴分量分别为

$$B_{3ux}=\frac{\partial A_{3uz}}{\partial y}=k[c_1\cosh(ky)+c_2\sinh(ky)]\mathrm{e}^{\mathrm{j}(\omega_u t-kx)} \tag{2-163}$$

$$B_{3uy}=-\frac{\partial A_{uz}}{\partial x}=\mathrm{j}k[c_1\sinh(ky)+c_2\cosh(ky)]\mathrm{e}^{\mathrm{j}(\omega_u t-kx)} \tag{2-164}$$

$$E_{3uz}=-\frac{\partial A_{3uz}}{\partial t}=-\mathrm{j}\omega_u[c_1\sinh(ky)+c_2\cosh(ky)]\mathrm{e}^{\mathrm{j}(\omega_u t-kx)} \tag{2-165}$$

将式（2-163）、式（2-164）和式（2-165）代入式（2-102）的第五式，并考虑到速度只有 x 轴分量，次级导体线电流密度只有 z 轴分量 j_{2uz}，可得其表达式为

$$j_{2uz}=-\mathrm{j}\sigma_s s_u\omega_u c_2\mathrm{e}^{\mathrm{j}(\omega_u t-kx)} \tag{2-166}$$

结合式（2-102）的第一式和第四式，可得到如下边界条件：$(B_{3uy}/\mu_0)\mid_{y=\delta_e}=j_{1u}$，$(B_{uy}/\mu_0)\mid_{y=0}=j_{2uz}$，从而求出待定常数 c_1 和 c_2 的表达式为

$$c_1=\frac{\mu_0 J_{1u}}{k}\frac{\mathrm{e}^{\mathrm{j}\varphi_u}}{\cosh(k\delta_e)-\mathrm{j}\dfrac{k\sinh(k\delta_e)}{\sigma_s s_u\omega_u\mu_0}} \tag{2-167}$$

$$c_2=-\mathrm{j}\frac{J_{1u}}{\sigma_s s_u\omega_u}\frac{\mathrm{e}^{\mathrm{j}\varphi_u}}{\cosh(k\delta_e)-\mathrm{j}\dfrac{k\sinh(k\delta_e)}{\sigma_s s_u\omega_u\mu_0}} \tag{2-168}$$

将式（2-167）和式（2-168）代入式（2-163）~式（2-165），得

$$B_{3ux}=\frac{\mu_0 J_{1u}}{\cosh(k\delta_e)-\mathrm{j}\dfrac{k\sinh(k\delta_e)}{\sigma_s s_u\omega_u\mu_0}}\left[\cosh(ky)-\mathrm{j}\frac{k\sinh(ky)}{\sigma_s s_u\omega_u\mu_0}\right]\mathrm{e}^{\mathrm{j}(\omega_u t-kx+\varphi_u)} \tag{2-169}$$

$$B_{3uy}=\mathrm{j}\frac{\mu_0 J_{1u}}{\cosh(k\delta_e)-\mathrm{j}\dfrac{k\sinh(k\delta_e)}{\sigma_s s_u\omega_u\mu_0}}\left[\sinh(ky)-\mathrm{j}\frac{k\cosh(ky)}{\sigma_s s_u\omega_u\mu_0}\right]\mathrm{e}^{\mathrm{j}(\omega_u t-kx+\varphi_u)} \tag{2-170}$$

$$E_{3uz}=-\frac{\mu_0 J_{1u}}{\cosh(k\delta_e)-\mathrm{j}\dfrac{k\sinh(k\delta_e)}{\sigma_s s_u\omega_u\mu_0}}\left[\frac{\cosh(ky)}{\sigma_s s_u\mu_0}+\mathrm{j}\frac{\omega_u\sinh(ky)}{k}\right]\mathrm{e}^{\mathrm{j}(\omega_u t-kx+\varphi_u)} \tag{2-171}$$

因此，结合式（2-104）和式（2-171），可得初级传递到次级和气隙的总复功率为

$$\begin{aligned}S_{23}&=2a\int_0^{2p\tau}0.5\left[-j_{1u}^{*}E_{3zu}\right]\mathrm{d}x\\&=\frac{2p\tau a}{\sigma_s s_u}\frac{J_{1u}^2}{\cosh^2(k\delta_e)+\left[\dfrac{k\sinh(k\delta_e)}{\sigma_s s_u\omega_u\mu_0}\right]^2}\left\{1+\mathrm{j}\frac{\sigma_s s_u\omega_u}{2k}\left[1+\left(\frac{k}{\sigma_s s_u\omega_u\mu_0}\right)^2\right]\sinh(2k\delta_e)\right\}\\&=P_2+\mathrm{j}(Q_2+Q_3)\end{aligned} \tag{2-172}$$

由式（2-169）、式（2-171）和“坡印亭”矢量原理，可求出由初级传递到气隙的复功率为

$$S_3=-2a\int_0^{2p\tau}\frac{1}{2\mu_0}[(E_{3uz}B_{3ux}^*)|_{y=\delta_e}-(E_zB_{3ux}^*)|_{y=d}]\mathrm{d}x$$

$$=\mathrm{j}\frac{p\tau a\omega_u\mu_0J_{1u}^2}{\cosh^2(k\delta_e)+\left[\dfrac{k\sinh(k\delta_e)}{\sigma_s s_u\omega_u\mu_0}\right]^2}\left[1+\left(\frac{k}{\sigma_s s_u\omega_u\mu_0}\right)^2\right]\frac{\sinh(k\delta_e)-\sinh(kd)}{k}$$

$$=\mathrm{j}Q_3 \tag{2-173}$$

由式（2-172）和式（2-173）可以得到初级传递到次级的复功率为

$$S_2=S_{23}-S_3$$

$$=\frac{2p\tau a}{\sigma_s s_u}\frac{J_{1u}^2}{\cosh^2(k\delta_e)+\left[\dfrac{k\sinh(k\delta_e)}{\sigma_s s_u\omega_u\mu_0}\right]^2}\left\{1+\mathrm{j}\frac{\sigma_s s_u\omega_u}{2k}\left[1+\left(\frac{k}{\sigma_s s_u\omega_u\mu_0}\right)^2\right]\sinh(2kd)\right\}$$

$$=P_2+\mathrm{j}Q_2 \tag{2-174}$$

结合式（2-125）和式（2-172），可得到初级电动势和次级电流的复量表达式分别为

$$-\boldsymbol{E}_{1u}=\frac{S_{23}}{3I_{1u}}$$

$$=\frac{2\sqrt{2}N_1k_{N1}a}{\sigma_s s_u}\frac{J_{1u}}{\cosh^2(k\delta_e)+\left[\dfrac{k\sinh(k\delta_e)}{\sigma_s s_u\omega_u\mu_0}\right]^2}\left\{1+\mathrm{j}\frac{\sigma_s s_u\omega_u}{2k}\left[1+\left(\frac{k}{\sigma_s s_u\omega_u\mu_0}\right)^2\right]\sinh(2k\delta_e)\right\}$$

$$\tag{2-175}$$

$$\boldsymbol{I}_{2u}^*=\frac{S_2}{3(-\boldsymbol{E}_{1u})}$$

$$=\frac{p\tau J_{1u}}{3\sqrt{2}N_1k_{N1}}\frac{1+\mathrm{j}\dfrac{\sigma_s s_u\omega_u}{2k}\left[1+\left(\dfrac{k}{\sigma_s s_u\omega_u\mu_0}\right)^2\right]\sinh(2kd)}{1+\mathrm{j}\dfrac{\sigma_s s_u\omega_u}{2k}\left[1+\left(\dfrac{k}{\sigma_s s_u\omega_u\mu_0}\right)^2\right]\sinh(2k\delta_e)} \tag{2-176}$$

所以考虑趋肤效应后的次级电阻为

$$R_{2eu}=\frac{P_2}{3|\boldsymbol{I}_{2u}^*|^2}=k_f\frac{R_{2u}}{s_u} \tag{2-177}$$

式中，k_f 为趋肤效应系数，其表达式为

$$k_f=\frac{1}{A}\frac{1+B^2\sinh^2(2k\delta_e)}{1+B^2\sinh^2(2kd)} \tag{2-178}$$

式中，A、B 为中间系数，两者表达式分别为

$$A=\cosh^2(k\delta_e)+\left[\frac{k\sinh(k\delta_e)}{\sigma_s s_u \omega_u \mu_0 d}\right]^2 \tag{2-179}$$

$$B=\frac{\sigma_s s_u \omega_u \mu_0 d}{2k}\left[1+\left(\frac{k}{\sigma_s s_u \omega_u \mu_0 d}\right)^2\right] \tag{2-180}$$

同理，次级漏抗表达式为

$$X_{2u}=\frac{Q_2}{3|\boldsymbol{I}_{2u}^*|^2}=R_{2eu}B\sinh(2kd) \tag{2-181}$$

2.5.2 等效电路

2.5.2.1 等效电路

由于纵向端部效应、横向端部效应和半填充槽等特点，LIM 的特性分析相比传统旋转感应电机更加复杂：首先，须基于电磁场分析求得气隙磁场解析式，然后得到电机内该部分能量流动的表达式，进而获得电机等值参数和等效电路。假设初级、气隙和次级分别为区域 1、2 和 3，气隙中只存在无功分量，则从初级传递到气隙和次级的复功率、次级复功率和气隙复功率表达式分别为

$$S_{23}=P_2+\mathrm{j}Q_{23} \tag{2-182}$$

$$S_2=P_2+\mathrm{j}Q_2 \tag{2-183}$$

$$S_3=\mathrm{j}Q_3 \tag{2-184}$$

式中，P_2 和 Q_2 分别为次级有功和无功功率；Q_3 为气隙的无功功率；Q_{23} 为次级和气隙总的无功功率。

与旋转感应电机类似，可建立计及端部效应影响的 LIM T 型等效电路，如图 2-14 所示。图中 $\boldsymbol{U}_s$，$(-\boldsymbol{E}_1)$，$\boldsymbol{I}_s$，$\boldsymbol{I}_r$ 和 $\boldsymbol{I}_m$ 分别为初级相电压、初级相电动势、初级相电流、次级电流、励磁电流的复量形式。根据电路原理，T 型等效电路中有以下关系：

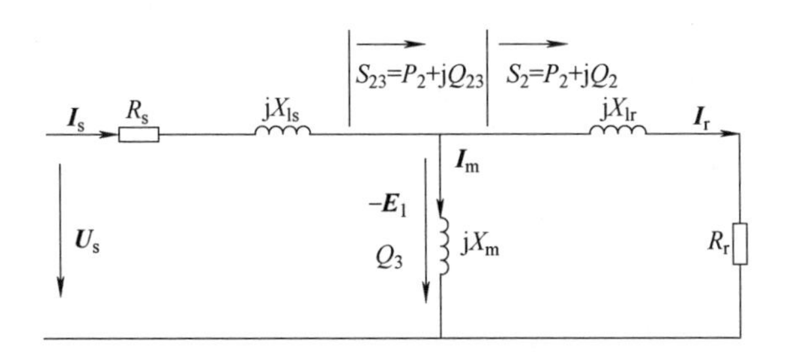

图 2-14 LIM T 型等效电路（计及端部效应影响）

$$-\boldsymbol{E}_1^*=(P_2+\mathrm{j}Q_{23})/(3\boldsymbol{I}_s) \tag{2-185}$$

$$\boldsymbol{I}_{\mathrm{r}}^{*}=(P_2+\mathrm{j}Q_2)/(-3\boldsymbol{E}_1) \tag{2-186}$$

$$\boldsymbol{I}_{\mathrm{m}}^{*}=\mathrm{j}Q_3/(-3\boldsymbol{E}_1) \tag{2-187}$$

$$R_{\mathrm{r}}=P_2/(-3|\boldsymbol{I}_{\mathrm{r}}^{*}|) \tag{2-188}$$

$$X_{\mathrm{lr}}=Q_2/(-3|\boldsymbol{I}_{\mathrm{r}}^{*}|) \tag{2-189}$$

$$X_{\mathrm{m}}=Q_3/(-3|\boldsymbol{I}_{\mathrm{m}}^{*}|) \tag{2-190}$$

显然，LIM 的次级电阻、次级电抗和励磁电抗与初级传递到次级或气隙中的能量有关，会受到端部效应影响。对初级电阻和初级电抗的求解则与普通旋转感应电机基本相同。

对变频驱动下的 LIM 进行特性分析时，可先单独分析各次时间谐波对电机的影响，再应用叠加原理，考虑所有谐波对电机性能的整体影响。与图 2-14 所示的 T 型等效电路形式相同，各次时间谐波激励下的 LIM 等效电路（简称时间谐波等效电路）如图 2-15 所示。下标 u 表示图中所示的参数都是在 u 次时间谐波激励下的值，K_{xu} 和 K_{ru} 为励磁电抗和次级电阻的纵向端部效应修正系数，C_{xu} 和 C_{ru} 为励磁电抗和次级电阻的横向端部效应修正系数，K_{fu} 为次级电阻趋肤效应修正系数，已在 2.4.1 小节推导。由于不同次数时间谐波的速度和运行方向不同，LIM 等效电路中的参数和修正系数都需分别计算。

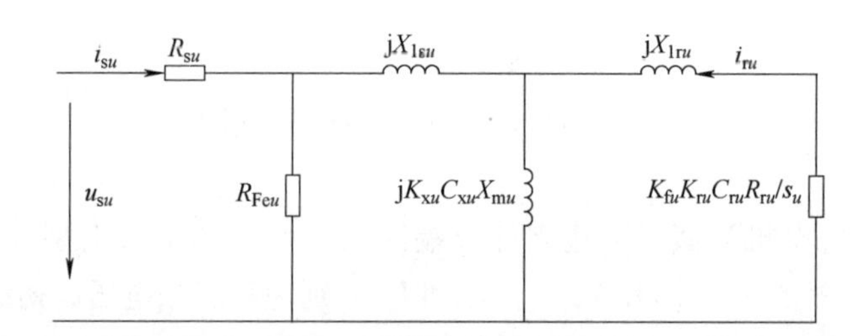

图 2-15　时间谐波激励下的 LIM 等效电路

2.5.2.2　电路参数

根据 2.2.2 节得到的时间谐波特点，可知各次时间谐波的同步速度为

$$V_{1u}=\begin{cases}uV_1, u=(6k+1),(6k+4), k=0,1,2,\cdots\\ -uV_1, u=(6k-1),(6k-4), k=1,2,3,\cdots\end{cases} \tag{2-191}$$

式中，V_1 为基波的同步速度。

因此，时间谐波转差率可表达为

$$s_u=\begin{cases}1-(1-s)/u, u=(6k+1),(6k+4), k=0,1,2,\cdots\\ 1+(1-s)/u, u=(6k-1),(6k-4), k=1,2,3,\cdots\end{cases} \tag{2-192}$$

式中，s 为基波转差率。

显然，谐波次数越高，时间谐波转差率越接近于 1，亦即时间谐波磁场相对于次级基本保持同步速运动。因此在计算 LIM 损耗时，时间谐波磁场产生的次级铁耗需要考虑。

轨交大功率 LIM 牵引系统中，逆变器的开关频率和电机基波频率都较低，同时电机绕组的线径较小，所以上述趋肤效应可忽略，即认为时间谐波激励下的初级电阻和基波激励下的初级电阻相等，即

$$R_{su}=\rho_{Cu}l_c N/S_{Cu} \tag{2-193}$$

式中，ρ_{Cu}为绕组电阻率；l_c为单匝绕组长度；S_{Cu}为单匝绕组截面积。

在 LIM 加工完成后，初级电感和励磁电感的值只与电机的结构参数有关（先均不考虑边端效应等影响），与激励无关，即时间谐波激励下的初级电感和励磁电感与基波激励下的值相等。因此 u 次时间谐波激励下的初级电抗和励磁电抗为基波激励下的 u 倍，即

$$X_{1su}=0.158uf_1N^2\frac{a_1}{q}\left(\frac{\lambda_s}{p}+\frac{\lambda_t+\lambda_e+\lambda_d}{p_e}\right) \tag{2-194}$$

$$X_{mu}=12u\mu_0(k_{N1}N)^2\frac{aV_1}{2\pi\delta_e p_e} \tag{2-195}$$

式中，p 为极对数；λ_s、λ_t、λ_e、λ_d 分别为槽、齿、端部和绕组空间谐波漏磁导；a 为初级铁心宽度的一半；p_e 为等效极对数（用以衡量 LIM 初级端部半填充槽的影响），其计算公式为 $p_e=\dfrac{(2p-1)^2}{4p-3+y_1/(mq)}$。

时间谐波激励下的次级电阻大小，由时间谐波激励下的次级导板和次级背铁电阻并联而成：次级导体电阻与频率无关，其谐波和基波激励下的值相同；次级背铁电阻和磁场的透入深度有关，即与磁场频率有关，因此需要重新计算。

u 次时间谐波磁场在次级背铁中的透入深度为

$$\Delta d_{back}=\sqrt{\frac{\rho_{Fe}}{\pi s_u f_u\mu_{Fe}}} \tag{2-196}$$

式中，ρ_{Fe}为背铁的体电阻率；μ_{Fe}为背铁的磁导率。

因此，u 次时间谐波激励下的次级背铁电阻、次级导板电阻和次级电阻分别为

$$R_{2backu}=\frac{\rho_{Fe}}{\Delta d_{back}}\frac{12a(k_{N1}N)^2}{p_e\tau} \tag{2-197}$$

$$R_{2daou}=\frac{\rho_{dao}}{d}\frac{12a(k_{N1}N)^2}{p_e\tau} \tag{2-198}$$

$$R_{2u}=\frac{R_{2\mathrm{dao}u}R_{2\mathrm{back}u}}{R_{2\mathrm{dao}u}+R_{2\mathrm{back}u}} \tag{2-199}$$

式中，ρ_{dao}为导体板的体电阻率；d 为导体板厚度。

基于复功率传递相等原则，可以得到时间谐波激励下次级漏抗的表达式为

$$X_{2u}=K_{\mathrm{f}u}R_{2u}/s_{u}B_{1u}\sinh(2kd) \tag{2-200}$$

式中，k 为常数 π 和极距 τ 的比值；d 为次级导板的厚度；$K_{\mathrm{f}u}$为趋肤效应系数；B_{1u}为考虑趋肤效应时的中间系数。

2.5.2.3 特性公式

由图 2-15 可知，LIM 时间谐波等效电路的初级、次级、励磁支路和总阻抗分别为

$$Z_{1u}=R_{1u}+\mathrm{j}X_{1u} \tag{2-201}$$

$$Z_{2su}=R_{2eu}/s_{u}+\mathrm{j}X_{2u} \tag{2-202}$$

$$Z_{mu}=\mathrm{j}X_{meu} \tag{2-203}$$

$$Z_{u}=Z_{1u}+Z_{2su}//Z_{mu}=|Z_{u}|\angle\varphi_{u} \tag{2-204}$$

式中，φ_{u}为 u 次时间谐波等效电路的功率因数角。

因此，LIM 的初、次级电流表达式分别为

$$I_{1u}=U_{1u}/|Z_{u}| \tag{2-205}$$

$$I_{2u}=I_{1u}|Z_{2su}//Z_{mu}|/|Z_{2su}| \tag{2-206}$$

基于叠加原理，考虑所有次数时间谐波影响的总推力为

$$F=3\sum_{u}\frac{I_{2u}^{2}R_{2eu}}{s_{u}V_{1u}} \tag{2-207}$$

总输入有功功率、复功率和功率因数分别为

$$P_{\mathrm{in}}=3\sum_{u}U_{1u}I_{1u}\cos\varphi_{u} \tag{2-208}$$

$$S_{\mathrm{in}}=3\sum_{u}U_{1u}I_{1u} \tag{2-209}$$

$$\cos\varphi=P_{\mathrm{in}}/S_{\mathrm{in}} \tag{2-210}$$

总铜耗为

$$P_{\mathrm{Cu}}=\sum_{u}(I_{1u}^{2}R_{1u}+I_{2u}^{2}R_{2eu}) \tag{2-211}$$

单位质量的铁耗为

$$p_{\mathrm{Fe}}=f_{\mathrm{Fe}}^{1.3}B^{2} \tag{2-212}$$

式中，f_{Fe}和 B 为材料所处磁场的频率和幅值。

在电机结构确定以后，可认为反电动势正比于电源频率 f 和磁通密度 B 的乘积，即

$$E \propto fB \tag{2-213}$$

忽略初级电抗的压降后，可认为输入电压和反电动势相等，即

$$U_{in} = E \tag{2-214}$$

需要注意的是，式（2-212）的f_{Fe}为材料所处磁场的频率，对于初级材料而言，该频率为电源频率；对于次级材料而言，该频率为转差频率。

因此，结合式（2-212）~式（2-214），可得初、次级材料单位铁耗大致满足如下关系：

$$p_{Fe,primary} \propto U_{in}^2 / f^{0.7} \tag{2-215}$$

$$p_{Fe,secondary} \propto s^{1.7} U_{in}^2 / f^{0.7} \tag{2-216}$$

所以，u次谐波激励下，初级齿、初级轭和次级轭的铁耗分别为

$$P_{Fetu} = 1/u^{0.7}(U_u/U_1)^2 P_{Fet1} \tag{2-217}$$

$$P_{Feau} = 1/u^{0.7}(U_u/U_1)^2 P_{Fea1} \tag{2-218}$$

$$P_{Feju} = 1/u^{0.7}(U_u/U_1)^2 (s_u/s)^{1.3} P_{Fej1} \tag{2-219}$$

式中，P_{Fet1}、P_{Fea1}和P_{Fej1}分别为正弦激励下初级齿、初级轭和次级轭的铁耗，具体计算公式可参考文献［9］。

综上所述，LIM 的总铁耗和效率分别为

$$P_{Fe} = \sum_u (P_{Fetu} + P_{Feau} + P_{Feju}) \tag{2-220}$$

$$\eta = FV_2 / (FV_2 + P_{Cu} + P_{Fe}) \tag{2-221}$$

2.6 小结

本章详细推导了较为合理实用的 LIM 绕组函数等效电路和时间谐波等效电路，为后续该类电机的设计、控制和系统集成奠定了基础，主要内容总结如下：

1. 绕组函数等效电路

假定电机初级三相绕组对称，由三相绕组分布得到其基波分量函数，根据（3/2）静止坐标变换，推出两相静止坐标下的初级绕组函数，由气隙磁场的稳态和暂态方程求出次级绕组函数的基波和边端效应分量。根据求解出的绕组函数，本章计算出电机所有电感、品质因数、次级电阻和运动电动势系数，建立 LIM 电压和磁链方程。由初级次级能量的转换关系，得到推力方程，并进一步求解出功率因数、效率等特性量。从是否考虑边端效应和半填充槽角度出发，本章对 LIM 的磁链方程和电压方程进行一定的简化，建立了对应的 α-β 轴（同理可得 d-q 轴）等效电路模型。结果表明，绕组函数电路模型能和常见的旋转感应电机两相坐标模型有机地统一起来，具有更广泛的适用范围。

2. 时间谐波等效电路

分析了 LIM 中空间和时间谐波产生的原因，并阐明了相关谐波的作用规律。各次时间谐波不仅会产生空间基波，也会产生空间谐波。谐波的幅值与谐波电流有效值成正比，与空间谐波次数成反比。考虑到由绕组分布产生的空间谐波磁动势幅值非常小，因此在后文分析中将其忽略。此外，通过引入卡特系数、饱和系数和端部效应修正系数，定量衡量了其他因素产生的空间谐波对电机性能的影响。基于功率平衡原理和场路耦合分析，推导了时间谐波激励下的电路参数、端部效应和趋肤效应的修正系数，进而提出了 LIM 时间谐波等效电路。最后结合叠加原理，给出了计及时间谐波影响的电机特性计算公式，为后续研究工作做好了铺垫。

Chapter 3

第3章　直线感应电机最小损耗建模分析

3.1 引言

受气隙大、初级开断、初次级宽度不等、运行工况和控制方式的影响，轨交 LIM 牵引系统的运行效率远低于同等情况下旋转感应电机牵引系统。针对这一问题，本文将着手研究合适的最小损耗控制策略，降低轨交 LIM 牵引系统损耗，提升其运行效率。

与常规旋转感应电机类似，LIM 损耗亦由如下 4 部分构成[327]：

1）初、次级绕组（或导板）中电流产生的铜耗。

2）初级铁心与次级背铁中磁场变化产生的铁耗。

3）气隙谐波磁场及漏磁场所引起的杂散损耗。

4）初级运动所引起的机械损耗。

在上述 4 部分损耗中，铜耗与铁耗占比较大，且可通过控制电机激励来调节其大小，属直接可控损耗；而杂散损耗与机械损耗占比较小，建模复杂，且难以直接控制其大小[67]。因此，LIM 铜耗与铁耗是本文最小损耗控制研究的主要对象。基于第 2 章对模型法与搜索法二者的对比分析，本章选择计算高效、实用性更强的模型法最小损耗控制策略来实现损耗降低的目的。模型法的基本思路是根据电机数学模型，推导建立损耗模型，求解最优控制量，并基于其他基础控制框架（如磁场定向控制）来实现损耗最小化。因此，模型法的关键在于电机数学模型与随之建立的损耗模型。通常而言，损耗模型越全面、准确，模型法控制效果越好，但同时意味着更复杂的求解与实现过程。

对 LIM 而言，初级漏感大、纵向边端效应、横向边缘效应等因素对其损耗影响甚大，如何在损耗模型中准确地反映这些因素且不显著增加控制算法复杂度，是研究的核心之处。为此，本章提出了三种全面且实用的 LIM 损耗模型，除了可较为准确地衡量上述因素的影响外，还分别考虑了逆变器损耗以及时间谐波损耗；基于提出的损耗模型，在线求解使得电机损耗最小时的最优磁链控制量；基于次级磁场定向控制框架，简单、有效地实现了 LIM 最小损耗控制策略。

3.2 电机损耗模型

3.2.1 数学模型

3.2.1.1 等效电路

同步旋转 d-q 轴坐标下 LIM 等效电路如图 3-1 所示。该等效电路由文献

[12] 和文献 [78] 中的 T 型单相等效电路经坐标变换推导而得，完整地保留了 LIM 纵向与横向边端效应的影响，同时与常规旋转感应电机 d-q 轴等效电路形式一致，其复杂度未明显增大。

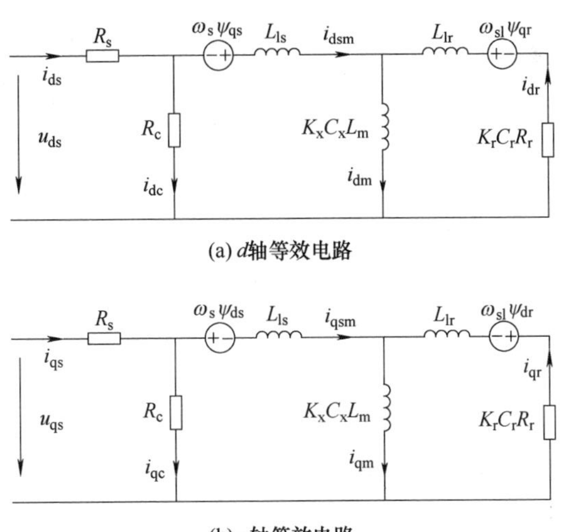

图 3-1　LIM d-q 轴等效电路

在该等效电路中，K_x 和 K_r 分别为励磁电感、次级电阻纵向边端效应修正系数，C_x 和 C_r 则分别为励磁电感、次级电阻横向边缘效应修正系数。这 4 个修正系数的定义分别为

$$K_x=\frac{1}{2p_e\tau\sqrt{1+(sG)^2}}\frac{C_1^2+C_2^2}{C_2} \tag{3-1}$$

$$K_r=\frac{sG}{2p_e\tau\sqrt{1+(sG)^2}}\frac{C_1^2+C_2^2}{C_1} \tag{3-2}$$

$$C_x=\frac{R_e^2(T)+I_m^2(T)}{I_m(T)} \tag{3-3}$$

$$C_r=\frac{sG[R_e^2(T)+I_m^2(T)]}{R_e(T)} \tag{3-4}$$

式中，p_e 为等效极对数；τ 为极距；s 为转差率；G 为品质因数；C_1、C_2 和 T 分别为关于转差、品质因数和电机结构参数的函数；$R_e(T)$ 和 $I_m(T)$ 分别表示 T 的实部和虚部。

其中等效极对数 p_e 和品质因数 G 的定义分别为

$$p_{\mathrm{e}}=\frac{(2p-1)^2}{4p-3+y_1/(mq)} \tag{3-5}$$

$$G=\frac{2\mu_0\sigma_{\mathrm{t}}f_1\tau^2}{\pi g_{\mathrm{e}}} \tag{3-6}$$

式中，p 为 LIM 电磁极对数；y_1 为短极距；m 为初级相数；q 为每极每相槽数；μ_0 为真空磁导率；σ_{t} 为次级导板表面等效电导率；f_1 为初级电源频率；g_{e} 为等效电磁气隙长度。

次级导板表面等效电导率 σ_{t} 和等效电磁气隙长度 g_{e} 的定义分别为

$$\sigma_{\mathrm{t}}=d\sigma_{\mathrm{r}} \tag{3-7}$$

$$g_{\mathrm{e}}=k_{\mathrm{c}}k_{\mu}(g_{\mathrm{m}}+d) \tag{3-8}$$

式中，d 为次级导板厚度；σ_{r} 为次级导板电导率；k_{c} 为卡特系数；k_{μ} 为磁饱和系数；g_{m} 为机械气隙长度。

在常规 RIM 中，定子漏感相对励磁电感的比值很小，漏感引起的铁耗可忽略不计。而轨交 LIM 气隙大，导致励磁电感相对较小；同时，大气隙与初级开断的结构导致初级漏感相对较大。因此，轨交 LIM 初级漏感相对励磁电感的比值大，初级漏磁通较大。这部分漏磁通不仅对电机铜耗影响重大，亦会引起较大的铁耗。因此，本文将铁损等效电阻置于初级漏感之前，以同时反映初级漏感对电机铜耗和铁耗的影响。此时，该铁损等效电阻可系统地表征初级漏感、励磁电感和次级漏感所引起的铁耗。

此外，轨交 LIM 次级由导板和背铁组成，因此图 3-1 所示等效电路中次级电阻包含两部分，即次级导板电阻 R_{con} 和次级背铁等效电阻 R_{back}，其定义分别为

$$R_{\mathrm{con}}=4m_{\mathrm{s}}\rho_{\mathrm{Al}}\frac{\lambda_{\mathrm{s}}(W_{\mathrm{s}}k_{\mathrm{Ws}})^2}{2\tau p_{\mathrm{e}}d} \tag{3-9}$$

$$R_{\mathrm{back}}=4m_{\mathrm{s}}\rho_{\mathrm{Fe}}\frac{\lambda_{\mathrm{s}}(W_{\mathrm{s}}k_{\mathrm{Ws}})^2}{2\tau p_{\mathrm{e}}d_{\mathrm{Fe}}} \tag{3-10}$$

式中，ρ_{Al} 和 ρ_{Fe} 分别为次级导板（铝）和背铁的等效电阻率；λ_{s} 为初级宽度（亦称初级叠片厚度）；W_{s} 为初级绕组串联匝数；k_{Ws} 为初级绕组系数；d_{Fe} 则为次级背铁中磁场渗入深度，且 d_{Fe} 表示为

$$d_{\mathrm{Fe}}=\sqrt{\frac{2\rho_{\mathrm{Fe}}}{\omega_{\mathrm{s}}\mu_{\mathrm{Fe}}}} \tag{3-11}$$

式中，μ_{Fe} 为次级背铁磁导率。

总体而言，图 3-1 所示 LIM d-q 轴等效电路虽然引入了边端效应、半填充槽、次级背铁等因素，但它与常规 RIM 的 d-q 轴等效电路形式相同。因此，可

以采用类似于常规 RIM 最小损耗控制策略的思路来建立 LIM 数学模型、损耗模型以及相应的最小损耗控制方法。

3.2.1.2 数学方程

由图 3-1 即可建立同步旋转 d-q 轴坐标下 LIM 数学模型，其初、次级电压方程为

$$\begin{cases} u_{ds}=R_s i_{ds}+p\psi_{ds}-\omega_s\psi_{qs} \\ u_{qs}=R_s i_{qs}+p\psi_{qs}+\omega_s\psi_{ds} \\ 0=R_{re} i_{dr}+p\psi_{dr}-\omega_{sl}\psi_{qr} \\ 0=R_{re} i_{qr}+p\psi_{qr}+\omega_{sl}\psi_{dr} \end{cases} \tag{3-12}$$

式中，p 为微分算子。

初、次级磁链方程为

$$\begin{cases} \psi_{ds}=L_{ls} i_{dsm}+L_{me} i_{dm} \\ \psi_{qs}=L_{ls} i_{qsm}+L_{me} i_{qm} \\ \psi_{dr}=L_{lr} i_{dr}+L_{me} i_{dm} \\ \psi_{qr}=L_{lr} i_{qr}+L_{me} i_{qm} \end{cases} \tag{3-13}$$

为使上述电压、磁链方程表述简洁，定义 R_{re} 和 L_{me} 分别为包含纵向边端效应与横向边缘效应影响的等效次级电阻与等效励磁电感，其表达式分别为

$$R_{re}=K_r C_r R_r \tag{3-14}$$

$$L_{me}=K_x C_x L_m \tag{3-15}$$

引入铁损等效电阻后，可建立如下铁损支路电压方程：

$$\begin{cases} R_c i_{dc}=p\psi_{ds}-\omega_s\psi_{qs} \\ R_c i_{qc}=p\psi_{qs}+\omega_s\psi_{ds} \end{cases} \tag{3-16}$$

由图 3-1 同时可得如下节点电流方程：

$$\begin{cases} i_{dsm}=i_{ds}-i_{dc} \\ i_{qsm}=i_{qs}-i_{qc} \\ i_{dm}+i_{dc}=i_{ds}+i_{dr} \\ i_{qm}+i_{qc}=i_{qs}+i_{qr} \end{cases} \tag{3-17}$$

LIM 推力为

$$F=\frac{\pi}{\tau}\frac{L_{me}}{L_r}[\psi_{dr}(i_{qs}-i_{qc})-\psi_{qr}(i_{ds}-i_{dc})] \tag{3-18}$$

运动方程为

$$v_r=\int\frac{F-F_L}{M}dt \tag{3-19}$$

式中，v_r 为 LIM 线速度；F_L 为负载力；M 为电机（或列车）质量。

3.2.1.3 状态方程

基于 LIM d-q 轴数学模型，亦可建立其状态方程。由于引入了铁损电阻并将其置于初级漏感之前，不能和常规 RIM 状态方程一样选取初级电流作为状态量，取而代之的是通过初级漏感的电流 i_{dsm} 和 i_{qsm}。

因此，本文选择 i_{dsm}、i_{qsm}、ψ_{dr}、ψ_{qr}、ω_r 作为状态量，以建立 LIM 状态方程。

铁损支路电压方程亦可表示成

$$\begin{cases} R_c i_{dc} = u_{ds} - R_s i_{ds} \\ R_c i_{qc} = u_{qs} - R_s i_{qs} \end{cases} \tag{3-20}$$

由式（3-20）和式（3-17）前两式联立可得

$$\begin{cases} i_{dc} = -\dfrac{R_s}{R_s+R_c} i_{dsm} + \dfrac{1}{R_s+R_c} u_{ds} \\ i_{qc} = -\dfrac{R_s}{R_s+R_c} i_{qsm} + \dfrac{1}{R_s+R_c} u_{qs} \end{cases} \tag{3-21}$$

$$\begin{cases} i_{ds} = \dfrac{R_c}{R_s+R_c} i_{dsm} + \dfrac{1}{R_s+R_c} u_{ds} \\ i_{qs} = \dfrac{R_c}{R_s+R_c} i_{qsm} + \dfrac{1}{R_s+R_c} u_{qs} \end{cases} \tag{3-22}$$

将式（3-17）代入磁链方程式（3-13）第三、四式得

$$\begin{cases} i_{dr} = \dfrac{1}{L_r} \psi_{dr} - \dfrac{L_{me}}{L_r} i_{dsm} \\ i_{qr} = \dfrac{1}{L_r} \psi_{qr} - \dfrac{L_{me}}{L_r} i_{qsm} \end{cases} \tag{3-23}$$

将式（3-23）代入电压方程式（3-12）第三、四式即得磁链状态方程如下：

$$p\psi_{dr} = \frac{L_{me}}{T_r} i_{dsm} - \frac{1}{T_r} \psi_{dr} + (\omega_s - \omega_r) \psi_{qr} \tag{3-24}$$

$$p\psi_{qr} = \frac{L_{me}}{T_r} i_{qsm} - (\omega_s - \omega_r) \psi_{dr} - \frac{1}{T_r} \psi_{qr} \tag{3-25}$$

式中，T_r 为 LIM 次级电磁时间常数，其定义为

$$T_r = \frac{L_r}{R_{re}} \tag{3-26}$$

将式（3-17）和式（3-23）代入磁链方程式（3-13）第一、二式即得

$$\psi_{ds}=\sigma L_s i_{dsm}+\frac{L_{me}}{L_r}\psi_{dr} \tag{3-27}$$

$$\psi_{qs}=\sigma L_s i_{qsm}+\frac{L_{me}}{L_r}\psi_{qr} \tag{3-28}$$

式中，σ 为 LIM 漏感系数，其定义为

$$\sigma=1-\frac{L_{me}^2}{L_s L_r} \tag{3-29}$$

继而将式（3-22）、式（3-27）和式（3-28）代入电压方程式（3-12）第一、二式可得电流状态方程为

$$\begin{aligned} pi_{dsm}=&-\frac{1}{\sigma L_s}\left(\frac{R_s R_c}{R_s+R_c}+\frac{L_{me}^2}{L_r T_r}\right)i_{dsm}+\omega_s i_{qsm}+ \\ &\frac{L_{me}}{\sigma L_s L_r T_r}\psi_{dr}+\frac{L_{me}}{\sigma L_s L_r}\omega_r\psi_{qr}+\frac{1}{\sigma L_s}\frac{R_c}{R_s+R_c}u_{ds} \end{aligned} \tag{3-30}$$

$$\begin{aligned} pi_{qsm}=&-\omega_s i_{dsm}-\frac{1}{\sigma L_s}\left(\frac{R_s R_c}{R_s+R_c}+\frac{L_{me}^2}{L_r T_r}\right)i_{qsm}- \\ &\frac{L_{me}}{\sigma L_s L_r}\omega_r\psi_{dr}+\frac{L_{me}}{\sigma L_s L_r T_r}\psi_{qr}+\frac{1}{\sigma L_s}\frac{R_c}{R_s+R_c}u_{qs} \end{aligned} \tag{3-31}$$

LIM 线速度与次级角频率的关系为

$$v_r=\frac{\tau}{\pi}\omega_r \tag{3-32}$$

将式（3-32）代入运动方程，整理后便得速度状态方程为

$$p\omega_r=\frac{\pi^2}{M\tau^2}\frac{L_{me}}{L_r}(\psi_{dr}i_{qsm}-\psi_{qr}i_{dsm})-\frac{\pi}{M\tau}F_L \tag{3-33}$$

式（3-24）、式（3-25）、式（3-30）、式（3-31）与式（3-33）即为含铁损影响的 LIM 状态方程，其矩阵形式为

$$\begin{bmatrix} pi_{dsm} \\ pi_{qsm} \end{bmatrix}=\boldsymbol{A}_A\begin{bmatrix} i_{dsm} \\ i_{qsm} \end{bmatrix}+\boldsymbol{A}_B\begin{bmatrix} \psi_{dr} \\ \psi_{qr} \end{bmatrix}+\boldsymbol{A}_C\begin{bmatrix} u_{ds} \\ u_{qs} \end{bmatrix} \tag{3-34}$$

$$\begin{bmatrix} p\psi_{dr} \\ p\psi_{qr} \end{bmatrix}=\boldsymbol{B}_A\begin{bmatrix} i_{dsm} \\ i_{qsm} \end{bmatrix}+\boldsymbol{B}_B\begin{bmatrix} \psi_{dr} \\ \psi_{qr} \end{bmatrix} \tag{3-35}$$

$$p\omega_r=\frac{\pi^2}{M\tau^2}\frac{L_{me}}{L_r}\begin{bmatrix} i_{dsm} \\ i_{qsm} \end{bmatrix}^{\mathrm{T}}\begin{bmatrix} 0 & -1 \\ 1 & 0 \end{bmatrix}\begin{bmatrix} \psi_{dr} \\ \psi_{qr} \end{bmatrix}-\frac{\pi}{M\tau}F_L \tag{3-36}$$

式中，各矩阵系数分别为

$$
\boldsymbol{A}_{\mathrm{A}}=\begin{bmatrix} -\dfrac{1}{\sigma L_{\mathrm{s}}}\left(\dfrac{R_{\mathrm{s}}R_{\mathrm{c}}}{R_{\mathrm{s}}+R_{\mathrm{c}}}+\dfrac{L_{\mathrm{me}}^{2}}{L_{\mathrm{r}}T_{\mathrm{r}}}\right) & \omega_{\mathrm{s}} \\ -\omega_{\mathrm{s}} & -\dfrac{1}{\sigma L_{\mathrm{s}}}\left(\dfrac{R_{\mathrm{s}}R_{\mathrm{c}}}{R_{\mathrm{s}}+R_{\mathrm{c}}}+\dfrac{L_{\mathrm{me}}^{2}}{L_{\mathrm{r}}T_{\mathrm{r}}}\right) \end{bmatrix} \tag{3-37}
$$

$$
\boldsymbol{A}_{\mathrm{B}}=\begin{bmatrix} \dfrac{L_{\mathrm{me}}}{\sigma L_{\mathrm{s}}L_{\mathrm{r}}T_{\mathrm{r}}} & \dfrac{L_{\mathrm{me}}}{\sigma L_{\mathrm{s}}L_{\mathrm{r}}}\omega_{\mathrm{r}} \\ -\dfrac{L_{\mathrm{me}}}{\sigma L_{\mathrm{s}}L_{\mathrm{r}}}\omega_{\mathrm{r}} & \dfrac{L_{\mathrm{me}}}{\sigma L_{\mathrm{s}}L_{\mathrm{r}}T_{\mathrm{r}}} \end{bmatrix} \tag{3-38}
$$

$$
\boldsymbol{A}_{\mathrm{C}}=\begin{bmatrix} \dfrac{1}{\sigma L_{\mathrm{s}}}\dfrac{R_{\mathrm{c}}}{R_{\mathrm{s}}+R_{\mathrm{c}}} & 0 \\ 0 & \dfrac{1}{\sigma L_{\mathrm{s}}}\dfrac{R_{\mathrm{c}}}{R_{\mathrm{s}}+R_{\mathrm{c}}} \end{bmatrix} \tag{3-39}
$$

$$
\boldsymbol{B}_{\mathrm{A}}=\begin{bmatrix} \dfrac{L_{\mathrm{me}}}{T_{\mathrm{r}}} & 0 \\ 0 & \dfrac{L_{\mathrm{me}}}{T_{\mathrm{r}}} \end{bmatrix} \tag{3-40}
$$

$$
\boldsymbol{B}_{\mathrm{B}}=\begin{bmatrix} -\dfrac{1}{T_{\mathrm{r}}} & (\omega_{\mathrm{s}}-\omega_{\mathrm{r}}) \\ -(\omega_{\mathrm{s}}-\omega_{\mathrm{r}}) & -\dfrac{1}{T_{\mathrm{r}}} \end{bmatrix} \tag{3-41}
$$

由上述推导结果不难看出，虽然选取了不同的状态量，LIM 状态方程与常规 RIM 仍然类似。这意味着即便引入了边端效应和半填充槽等因素，基于前述数学模型或状态方程，LIM 的控制复杂度并未显著增加，这将为后续最小损耗控制策略的实用性奠定坚实基础。

3.2.2 损耗模型

得益于磁场定向控制稳态精度高、调速范围宽等优势，本节选择次级磁场定向作为 LIM 稳态最小损耗控制的框架。当电机处于稳态运行工况（即速度与推力恒定）时，同步旋转 d-q 轴坐标下各电流可视为直流常数，因而各电感上压降为零，这将极大降低稳态损耗模型的复杂度。

次级磁场定向下有

$$
\psi_{\mathrm{qr}}=0 \tag{3-42}
$$

LIM 可控损耗包含初、次级铜耗与铁耗，可表示为

$$P_{\mathrm{LIM}}=R_{\mathrm{s}}(i_{\mathrm{ds}}^2+i_{\mathrm{qs}}^2)+R_{\mathrm{re}}(i_{\mathrm{dr}}^2+i_{\mathrm{qr}}^2)+R_{\mathrm{c}}(i_{\mathrm{dc}}^2+i_{\mathrm{qc}}^2) \tag{3-43}$$

由于轨交 LIM 气隙大，平均磁通密度较低，因此磁饱和现象在本文研究中未予考虑。鉴于以下几方面原因，本节选择次级 d 轴磁链 ψ_{dr} 作为最小损耗控制策略的控制量：

1）次级磁场定向下次级 q 轴磁链为零，将电机损耗模型化简为关于次级 d 轴磁链单一变量的函数，可避免偏微分计算，从而简化求解过程，提高控制算法的实用性。

2）电机损耗模型为关于次级 d 轴磁链的凸函数，即存在损耗极小值，3.4.1 节内容将证明该极小值唯一且同时为最小值，因此最优控制量求解直接、便捷。

3）根据求解的最优次级 d 轴磁链值可直接计算获得初级 d-q 轴磁链，以用于初级磁链控制策略（如直接推力控制，磁链预测控制，无差拍-直接推力磁链控制等）中，拓展性强。

要得到以次级 d 轴磁链为单一变量的 LIM 损耗模型，首先需要将式（3-43）中的电流表示为次级 d 轴磁链的函数。在稳态运行工况下，由电压方程第三式可知

$$i_{\mathrm{dr}}=0 \tag{3-44}$$

由磁链方程可知

$$i_{\mathrm{dm}}=i_{\mathrm{dsm}}=\frac{\psi_{\mathrm{dr}}}{L_{\mathrm{me}}} \tag{3-45}$$

$$i_{\mathrm{qm}}=-\frac{i_{\mathrm{qr}}L_{\mathrm{lr}}}{L_{\mathrm{me}}} \tag{3-46}$$

$$i_{\mathrm{qsm}}=i_{\mathrm{qm}}-i_{\mathrm{qr}}=-\frac{L_{\mathrm{r}}i_{\mathrm{qr}}}{L_{\mathrm{me}}} \tag{3-47}$$

进而可得

$$\psi_{\mathrm{qs}}=-\frac{L_{\mathrm{ls}}L_{\mathrm{r}}+L_{\mathrm{lr}}L_{\mathrm{me}}}{L_{\mathrm{me}}}i_{\mathrm{qr}} \tag{3-48}$$

由铁损支路电压和节点电流方程可推导获得

$$i_{\mathrm{dc}}=\frac{\omega_{\mathrm{s}}(L_{\mathrm{ls}}L_{\mathrm{r}}+L_{\mathrm{lr}}L_{\mathrm{me}})}{R_{\mathrm{c}}L_{\mathrm{me}}}i_{\mathrm{qr}} \tag{3-49}$$

$$i_{\mathrm{qc}}=\frac{\omega_{\mathrm{s}}L_{\mathrm{s}}}{R_{\mathrm{c}}L_{\mathrm{me}}}\psi_{\mathrm{dr}} \tag{3-50}$$

进而有

$$i_{\mathrm{ds}}=i_{\mathrm{dc}}+i_{\mathrm{dm}}=\frac{\omega_{\mathrm{s}}(L_{\mathrm{ls}}L_{\mathrm{r}}+L_{\mathrm{lr}}L_{\mathrm{me}})i_{\mathrm{qr}}}{R_{\mathrm{c}}L_{\mathrm{me}}}+\frac{\psi_{\mathrm{dr}}}{L_{\mathrm{me}}} \tag{3-51}$$

$$i_{qs}=i_{qc}+i_{qsm}=\frac{\omega_s L_s \psi_{dr}}{R_c L_{me}}-\frac{L_r i_{qr}}{L_{me}} \tag{3-52}$$

同时可得

$$\psi_{ds}=\frac{L_s}{L_{me}}\psi_{dr} \tag{3-53}$$

根据 LIM 推力方程可知在次级磁场定向下有如下关系：

$$F=\frac{\pi}{\tau}\frac{L_{me}}{L_r}\psi_{dr}i_{qsm}=-\frac{\pi}{\tau}\psi_{dr}i_{qr} \tag{3-54}$$

继而得

$$i_{qr}=-\frac{\tau F}{\pi\psi_{dr}} \tag{3-55}$$

在稳态运行工况下，转差角频率可由下式计算获得

$$\omega_{sl}=-\frac{R_{re}i_{qr}}{\psi_{dr}} \tag{3-56}$$

从而可将初级角频率表示为

$$\omega_s=\omega_r+\omega_{sl}=\omega_r-\frac{R_{re}i_{qr}}{\psi_{dr}} \tag{3-57}$$

将式（3-55）和式（3-57）代入上述表达式中，便得到各电流与次级 d 轴磁链的如下关系：

$$\begin{cases} i_{ds}=\dfrac{\psi_{dr}}{L_{me}}-\left(\omega_r+\dfrac{\tau R_{re}F}{\pi\psi_{dr}^2}\right)\dfrac{\tau(L_{ls}L_r+L_{lr}L_{me})F}{\pi R_c L_{me}\psi_{dr}} \\ i_{dc}=-\left(\omega_r+\dfrac{\tau R_{re}F}{\pi\psi_{dr}^2}\right)\dfrac{\tau(L_{ls}L_r+L_{lr}L_{me})F}{\pi R_c L_{me}\psi_{dr}} \\ i_{dr}=0 \\ i_{qs}=\left(\omega_r+\dfrac{\tau R_{re}F}{\pi\psi_{dr}^2}\right)\dfrac{L_s\psi_{dr}}{R_c L_{me}}+\dfrac{\tau L_r F}{\pi L_{me}\psi_{dr}} \\ i_{qc}=\left(\omega_r+\dfrac{\tau R_{re}F}{\pi\psi_{dr}^2}\right)\dfrac{L_s\psi_{dr}}{R_c L_{me}} \\ i_{qr}=-\dfrac{\tau F}{\pi\psi_{dr}} \end{cases} \tag{3-58}$$

同时，还可进一步得到包含铁损等效电阻时初级 d-q 轴磁链与次级 d 轴磁链关系为

$$\begin{cases}\psi_{\mathrm{ds}}=\dfrac{L_{\mathrm{s}}}{L_{\mathrm{me}}}\psi_{\mathrm{dr}}\\ \psi_{\mathrm{qs}}=\dfrac{\tau(L_{\mathrm{ls}}L_{\mathrm{r}}+L_{\mathrm{lr}}L_{\mathrm{me}})F}{\pi L_{\mathrm{me}}\psi_{\mathrm{dr}}}\end{cases}\tag{3-59}$$

将式（3-58）代入式（3-43），化简整理即得LIM稳态损耗模型为

$$P_{\mathrm{LIM}}=a_1\psi_{\mathrm{dr}}^2+a_2+a_3\psi_{\mathrm{dr}}^{-2}+a_4\psi_{\mathrm{dr}}^{-4}+a_5\psi_{\mathrm{dr}}^{-6}\tag{3-60}$$

式中，a_1、a_2、a_3、a_4、a_5 为LIM稳态损耗系数，其定义如下：

$$\begin{cases}a_1=\dfrac{R_{\mathrm{s}}R_{\mathrm{c}}^2+(R_{\mathrm{s}}+R_{\mathrm{c}})\omega_{\mathrm{r}}^2L_{\mathrm{s}}^2}{R_{\mathrm{c}}^2L_{\mathrm{me}}^2}\\ a_2=\dfrac{2\tau\omega_{\mathrm{r}}F}{\pi R_{\mathrm{c}}^2L_{\mathrm{me}}^2}\{R_{\mathrm{re}}(R_{\mathrm{s}}+R_{\mathrm{c}})L_{\mathrm{s}}^2+R_{\mathrm{s}}R_{\mathrm{c}}L_{\mathrm{me}}^2\}\\ a_3=\dfrac{\tau^2F^2}{\pi^2R_{\mathrm{c}}^2L_{\mathrm{me}}^2}\begin{Bmatrix}R_{\mathrm{re}}R_{\mathrm{c}}^2L_{\mathrm{me}}^2+R_{\mathrm{s}}R_{\mathrm{c}}^2L_{\mathrm{r}}^2+R_{\mathrm{c}}R_{\mathrm{re}}^2L_{\mathrm{s}}^2+R_{\mathrm{s}}R_{\mathrm{re}}^2L_{\mathrm{s}}^2+\\ \omega_{\mathrm{r}}^2(R_{\mathrm{s}}+R_{\mathrm{c}})(L_{\mathrm{ls}}L_{\mathrm{r}}+L_{\mathrm{lr}}L_{\mathrm{me}})^2\end{Bmatrix}\\ a_4=\dfrac{2\tau^3\omega_{\mathrm{r}}R_{\mathrm{re}}F^3}{\pi^3R_{\mathrm{c}}^2L_{\mathrm{me}}^2}(R_{\mathrm{s}}+R_{\mathrm{c}})(L_{\mathrm{ls}}L_{\mathrm{r}}+L_{\mathrm{lr}}L_{\mathrm{me}})^2\\ a_5=\dfrac{\tau^4R_{\mathrm{re}}^2F^4}{\pi^4R_{\mathrm{c}}^2L_{\mathrm{me}}^2}(R_{\mathrm{s}}+R_{\mathrm{c}})(L_{\mathrm{ls}}L_{\mathrm{r}}+L_{\mathrm{lr}}L_{\mathrm{me}})^2\end{cases}\tag{3-61}$$

3.3 直线感应电机系统损耗模型

3.3.1 考虑逆变器的电机损耗模型

通常情况下逆变器损耗较小（其效率一般在90%以上），因此在小功率驱动系统中，不考虑逆变器损耗，即仅采用电机最小损耗控制技术亦能取得不错的优化效果。但对大功率轨交LIM驱动系统而言，逆变器损耗已成为不可忽视的一部分，必须给予重视[328-330]。

轨交中LIM驱动系统的一般拓扑结构如图3-2所示：列车从接触网（或接触轨、第三轨）取电（直流750V/1500V），由电压源型两电平逆变器逆变后供给LIM，最后经走行轨（或第四轨）回流[331-332]。由于逆变器中的功率器件（开关管、二极管）为非理想器件，因此在导通时其两端电压降不为零，该电压降与通过电流的乘积即为导通损耗；而在功率器件开通或关断的时候，由于其开通、关断动作需一定时间才能完成，从而在此时间段内存在电压电流重叠区域，重叠区

域内的电压与电流乘积即为开关损耗[333-335]。由图 3-2b 可知，逆变器损耗主要包含 6 个开关管（$T_1 \sim T_6$）及 6 个反并联二极管（$D_1 \sim D_6$）的导通损耗与开关损耗。

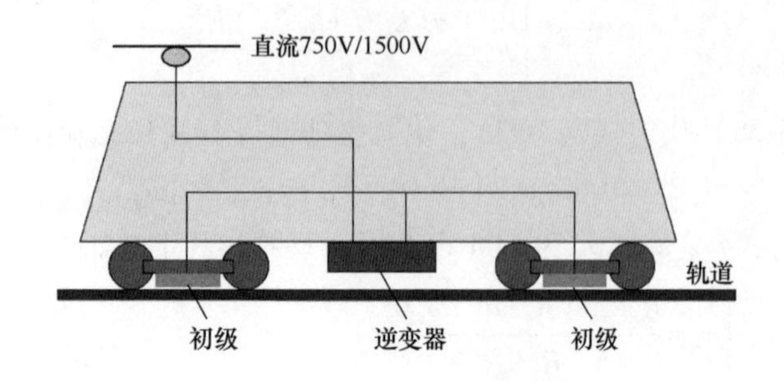

(a) 轨交LIM牵引系统示意图

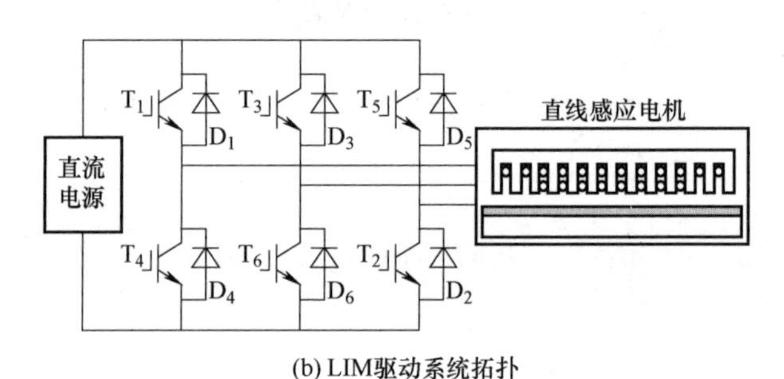

(b) LIM驱动系统拓扑

图 3-2　轨交 LIM 驱动系统拓扑结构示意图

导通损耗 P_{con} 可由下式计算[333-336]

$$P_{con} = \sum \frac{1}{2\pi}\int_0^{2\pi} V_{on}(\theta) i(\theta) \mathrm{d}\theta \tag{3-62}$$

式中，V_{on} 为开关管或二极管导通时的电压降；i 为流经开关管或二极管的电流，亦即逆变器负载电流。

其中，开关管与二极管导通时的电压降和逆变器负载电流可分别表述为

$$\begin{cases} V_T = V_{T0} + R_T i \\ V_D = V_{D0} + R_D i \end{cases} \tag{3-63}$$

$$i(\theta) = I_m \cos(\theta - \varphi) \tag{3-64}$$

式中，V_{T0} 和 V_{D0} 分别为开关管和二极管的阈值电压；R_T 和 R_D 为对应的通态电阻；这 4 个参数可由逆变器参数手册获得。I_m 为逆变器输出电流幅值；φ 为功率因数角。

开关损耗主要包括开关管的开通损耗和关断损耗以及二极管的关断损耗，计算式[337-338]为

$$P_{sw} = f_1 \frac{U_{dc}}{U_{dc}^*} \sum_{n=1}^{N} [E_{on}(|i(n)|) + E_{off}(|i(n)|) + E_{rr}(|i(n)|)] \tag{3-65}$$

式中，f_1 为逆变器输出电流频率（即电机输入电流频率）；U_{dc} 和 U_{dc}^* 分别为实时直流母线电压与直流母线电压基准值；$i(n)$ 为第 n 次开通或关断时的电流；$E_{on}(|i(n)|)$、$E_{off}(|i(n)|)$ 和 $E_{rr}(|i(n)|)$ 分别为对应电流 $i(n)$ 时的开关管开通能量、开关管关断能量与二极管关断能量。

凭借较高的直流母线电压利用率，空间矢量脉宽调制方式（Space Vector PWM，SVPWM）在各类牵引系统中广泛应用。接下来以 SVPWM 调制为例，推导在该调制方式下的逆变器损耗，类似方法可以推广到其他调制方式的损耗分析中。

以 A 桥臂为例分析逆变器导通损耗，当电流为正时，由式（3-64）可知参考电压角度范围为$\left(-\frac{\pi}{2}+\varphi,\ \frac{\pi}{2}+\varphi\right)$。但由图 3-3 所示 SVPWM 扇区分布图可知，当 φ 变化时，参考电压所在扇区亦随之发生变化，故而需根据 φ 的变化进行分析。

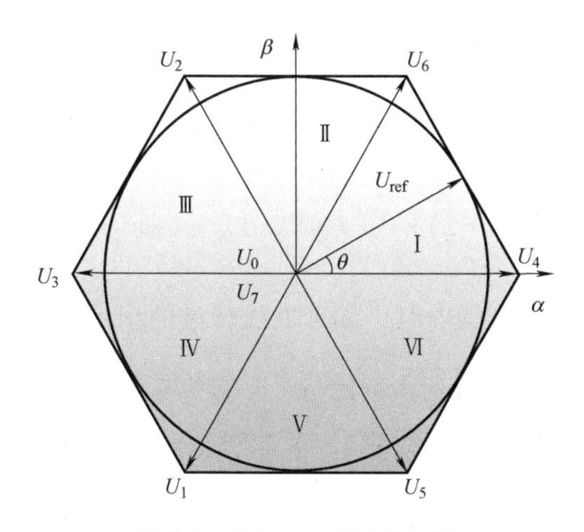

图 3-3　SVPWM 扇区分布图

当 φ 在（0，$\frac{\pi}{6}$）范围内时，电流为正时参考电压转过的扇区为Ⅰ、Ⅱ、Ⅴ、Ⅵ，在这 4 个扇区内开关管 T_1 的导通占空比与对应的参考电压角度范围分别为[339-340]

$$\delta_{T_{1\_\mathrm{I}}}=\frac{1}{2}+\frac{1}{2}m\sin\theta+\frac{1}{2}m\sin\left(\frac{\pi}{3}-\theta\right),\theta\in\left[0,\frac{\pi}{3}\right) \tag{3-66}$$

$$\delta_{T_{1\_\mathrm{II}}}=\frac{1}{2}+\frac{1}{2}m\sin\left(\frac{\pi}{3}+\theta\right)-\frac{1}{2}m\sin\left(\theta-\frac{\pi}{3}\right),\theta\in\left[\frac{\pi}{3},\frac{\pi}{2}+\varphi\right) \tag{3-67}$$

$$\delta_{T_1\_V}=\frac{1}{2}+\frac{1}{2}m\sin\left(\frac{\pi}{3}+\theta\right)-\frac{1}{2}m\sin\left(\theta-\frac{\pi}{3}\right),\theta\in\left[-\frac{\pi}{2}+\varphi,-\frac{\pi}{3}\right) \tag{3-68}$$

$$\delta_{T_1\_VI}=\frac{1}{2}+\frac{1}{2}m\sin\left(\frac{\pi}{3}+\theta\right)-\frac{1}{2}m\sin\theta,\theta\in\left[-\frac{\pi}{3},0\right) \tag{3-69}$$

开关元件 T_1、D_4 的导通损耗则可表示为

$$P_{con\_T_1}=\frac{1}{2\pi}\left(\int_0^{\frac{\pi}{3}}V_T i\delta_{T_1\_I}\,d\theta+\int_{\frac{\pi}{3}}^{\frac{\pi}{2}+\varphi}V_T i\delta_{T_1\_II}\,d\theta+\int_{-\frac{\pi}{2}+\varphi}^{-\frac{\pi}{3}}V_T i\delta_{T_1\_V}\,d\theta+\int_{-\frac{\pi}{3}}^{0}V_T i\delta_{T_1\_VI}\,d\theta\right) \tag{3-70}$$

$$P_{con\_D_4}=\frac{1}{2\pi}\left(\int_0^{\frac{\pi}{3}}V_D i(1-\delta_{T_1\_I})\,d\theta+\int_{\frac{\pi}{3}}^{\frac{\pi}{2}+\varphi}V_D i(1-\delta_{T_1\_II})\,d\theta+\int_{-\frac{\pi}{2}+\varphi}^{-\frac{\pi}{3}}V_D i(1-\delta_{T_1\_V})\,d\theta+\int_{-\frac{\pi}{3}}^{0}V_D i(1-\delta_{T_1\_VI})\,d\theta\right) \tag{3-71}$$

逆变器总导通损耗为

$$P_{con}=6(P_{con\_T_1}+P_{con\_D_4}) \tag{3-72}$$

将式（3-66）~式（3-71）代入式（3-72）整理得

$$P_{con}=\frac{m}{2\pi}I_m^2(R_D-R_T)\left(\frac{3}{2}-6\sqrt{3}\cos\varphi+\frac{3}{2}\cos2\varphi\right)+\frac{3}{4}I_m^2(R_D+R_T)+\frac{3}{\pi}I_m(V_{T0}+V_{D0})+\frac{\sqrt{3}m}{2}I_m(V_{T0}-V_{D0})\cos\varphi \tag{3-73}$$

而当 φ 在 $\left[\frac{\pi}{6},\frac{\pi}{2}\right)$ 范围内时，参考电压转过的扇区为Ⅰ、Ⅱ、Ⅲ、Ⅵ，在这 4 个扇区内开关管 T_1 的导通占空比与对应的参考电压角度范围分别为

$$\delta_{T_1\_I}=\frac{1}{2}+\frac{1}{2}m\sin\theta+\frac{1}{2}m\sin\left(\frac{\pi}{3}-\theta\right),\theta\in\left[0,\frac{\pi}{3}\right) \tag{3-74}$$

$$\delta_{T_1\_II}=\frac{1}{2}+\frac{1}{2}m\sin\left(\frac{\pi}{3}+\theta\right)-\frac{1}{2}m\sin\left(\theta-\frac{\pi}{3}\right),\theta\in\left[\frac{\pi}{3},\frac{2\pi}{3}\right) \tag{3-75}$$

$$\delta_{T_1\_III}=\frac{1}{2}+\frac{1}{2}m\sin\left(\frac{\pi}{3}+\theta\right)-\frac{1}{2}m\sin\theta,\theta\in\left[\frac{2\pi}{3},\frac{\pi}{2}+\varphi\right) \tag{3-76}$$

$$\delta_{T_1\_VI}=\frac{1}{2}+\frac{1}{2}m\sin\left(\frac{\pi}{3}+\theta\right)-\frac{1}{2}m\sin\theta,\theta\in\left[-\frac{\pi}{2}+\varphi,0\right) \tag{3-77}$$

此时开关元件 T_1 和 D_4 的导通损耗计算式为

$$P_{con\_T_1}=\frac{1}{2\pi}\left(\int_0^{\frac{\pi}{3}}V_T i\delta_{T_1\_I}\,d\theta+\int_{\frac{\pi}{3}}^{\frac{2\pi}{3}}V_T i\delta_{T_1\_II}\,d\theta+\int_{\frac{2\pi}{3}}^{\frac{\pi}{2}+\varphi}V_T i\delta_{T_1\_III}\,d\theta+\int_{-\frac{\pi}{2}+\varphi}^{0}V_T i\delta_{T_1\_VI}\,d\theta\right) \tag{3-78}$$

$$P_{con\_D_4}=\frac{1}{2\pi}\left(\int_0^{\frac{\pi}{3}}V_D i(1-\delta_{T_1\_I})d\theta+\int_{\frac{\pi}{3}}^{\frac{2\pi}{3}}V_D i(1-\delta_{T_1\_II})d\theta+\int_{\frac{2\pi}{3}}^{\frac{\pi}{2}+\varphi}V_T i(1-\delta_{T_1\_III})d\theta+\int_{-\frac{\pi}{2}+\varphi}^{0}V_D i(1-\delta_{T_1\_VI})d\theta\right) \tag{3-79}$$

进而得 φ 在 $\left[\frac{\pi}{6},\frac{\pi}{2}\right)$ 范围内时的总导通损耗为

$$\begin{aligned}P_{con}&=6(P_{con\_T_1}+P_{con\_D_4})\\&=\frac{m}{2\pi}I_m^2(R_D-R_T)\left[-\frac{3}{2}+4\sin\left(\varphi-\frac{\pi}{3}\right)+\cos\left(2\varphi+\frac{\pi}{3}\right)\right]+\\&\quad\frac{3}{\pi}I_m(V_{T0}+V_{D0})+\frac{\sqrt{3}m}{2}I_m(V_{T0}-V_{D0})\cos\varphi+\frac{3}{4}I_m^2(R_D+R_T)\end{aligned} \tag{3-80}$$

当开关频率较高时，逆变器开关损耗亦可用积分来计算，开关管 T_1 与二极管 D_4 的开关损耗可表示为

$$P_{sw\_T_1}=\frac{U_{dc}}{U_{dc}^*}\frac{f_s}{2\pi}\int_{-\frac{\pi}{2}+\varphi}^{\frac{\pi}{2}+\varphi}|i(\theta)|(\Delta E_{on}+\Delta E_{off})d\theta \tag{3-81}$$

$$P_{sw\_D_4}=\frac{U_{dc}}{U_{dc}^*}\frac{f_s}{2\pi}\int_{-\frac{\pi}{2}+\varphi}^{\frac{\pi}{2}+\varphi}|i(\theta)|\Delta E_{rr}d\theta \tag{3-82}$$

式中，f_s 为开关频率；ΔE_{on}、ΔE_{off}和 ΔE_{rr}分别为单位电流下开关管开通、关断及二极管关断的能量损耗（可由逆变器参数手册获得）。

进而得逆变器总开关损耗为

$$P_{sw}=6(P_{sw\_T_1}+P_{sw\_D_4})=\frac{6f_sI_m}{\pi}(\Delta E_{on}+\Delta E_{off}+\Delta E_{rr}) \tag{3-83}$$

基于式（3-73）、式（3-80）和式（3-83），可得 SVPWM 调制下的逆变器损耗如下：

$$P_{inv}=m_1I_m+m_2I_m^2 \tag{3-84}$$

式中，m_1、m_2 为逆变器损耗系数，其定义分别为

$$m_1=\frac{3}{\pi}(V_{ce0}+V_{D0})+\frac{\sqrt{3}m}{2}(V_{ce0}-V_{D0})\cos\varphi+\frac{6f_s}{\pi}(\Delta E_{on}+\Delta E_{off}+\Delta E_{rr}) \tag{3-85}$$

$$m_2=\begin{cases}\frac{3}{4}(R_D+R_T)+\frac{m}{2\pi}(R_D-R_T)\left(\frac{3}{2}-6\sqrt{3}\cos\varphi+\frac{3}{2}\cos2\varphi\right),\varphi\in\left(0,\frac{\pi}{6}\right)\\\frac{3}{4}(R_D+R_T)+\frac{m}{2\pi}(R_D-R_T)\left[-\frac{3}{2}+4\sin\left(\varphi-\frac{\pi}{3}\right)+\cos\left(2\varphi+\frac{\pi}{3}\right)\right],\varphi\in\left[\frac{\pi}{6},\frac{\pi}{2}\right)\end{cases} \tag{3-86}$$

要获得适用于最小损耗控制的 LIM 驱动系统稳态损耗模型，则需要推导“归一化”的逆变器损耗模型，即将逆变器损耗表示为 LIM 次级 d 轴磁链的函数。首先，推导出逆变器输出电流幅值与 LIM 初级 d-q 轴电流的关系为

$$I_{m}=\sqrt{\frac{2}{3}(i_{ds}^{2}+i_{qs}^{2})} \tag{3-87}$$

前面已分析了稳态工况下初级 d-q 轴电流与次级 d 轴磁链的关系，如下所示：

$$\begin{cases} i_{ds}=\dfrac{\psi_{dr}}{L_{me}}-\left(\omega_{r}+\dfrac{\tau R_{re}F}{\pi\psi_{dr}^{2}}\right)\dfrac{\tau(L_{ls}L_{r}+L_{lr}L_{me})F}{\pi R_{c}L_{me}\psi_{dr}} \\ i_{qs}=\left(\omega_{r}+\dfrac{\tau R_{re}F}{\pi\psi_{dr}^{2}}\right)\dfrac{L_{s}\psi_{dr}}{R_{c}L_{me}}+\dfrac{\tau L_{r}F}{\pi L_{me}\psi_{dr}} \end{cases} \tag{3-88}$$

由于转差角频率相比次级角频率数值较小，因此为简化推导，忽略上式中转差角频率一项$\left(\dfrac{\tau R_{re}F}{\pi\psi_{dr}^{2}}\right)$，从而得

$$\begin{cases} i_{ds}=\gamma_{1}\psi_{dr}+\gamma_{2}\psi_{dr}^{-1} \\ i_{qs}=\gamma_{3}\psi_{dr}+\gamma_{4}\psi_{dr}^{-1} \end{cases} \tag{3-89}$$

式中，4 个系数的定义分别为

$$\begin{cases} \gamma_{1}=\dfrac{1}{L_{me}} \\ \gamma_{2}=-\dfrac{\tau\omega_{r}(L_{ls}L_{r}+L_{lr}L_{me})F}{\pi R_{c}L_{me}} \\ \gamma_{3}=\dfrac{\omega_{r}L_{s}}{R_{c}L_{me}} \\ \gamma_{4}=\dfrac{\tau L_{r}F}{\pi L_{me}} \end{cases} \tag{3-90}$$

将式（3-87）和式（3-89）代入式（3-84）即得逆变器损耗模型为

$$P_{inv}=n_{1}\sqrt{\mu_{1}\psi_{dr}^{2}+\mu_{2}+\mu_{3}\psi_{dr}^{-2}}+n_{2}(\mu_{1}\psi_{dr}^{2}+\mu_{2}+\mu_{3}\psi_{dr}^{-2}) \tag{3-91}$$

式中

$$\begin{cases} \mu_{1}=\gamma_{1}^{2}+\gamma_{3}^{2} \\ \mu_{2}=2(\gamma_{1}\gamma_{2}+\gamma_{3}\gamma_{4}) \\ \mu_{3}=\gamma_{2}^{2}+\gamma_{4}^{2} \end{cases} \tag{3-92}$$

$$\begin{cases} n_1 = \sqrt{\dfrac{2}{3}} m_1 \\ n_2 = \dfrac{2}{3} m_2 \end{cases} \tag{3-93}$$

由逆变器损耗推导过程不难得知，损耗系数 m_1、m_2（亦即 n_1、n_2）均为正实数；同时由式（3-92）和式（3-93）可知 μ_1、μ_2、μ_3 也均是正实数。

结合式（3-91）与 3.2.1 节所得的 LIM 损耗模型，即可得 SVPWM 调制下的 LIM 驱动系统损耗模型为

$$P_{sys} = n_1\sqrt{\mu_1\psi_{dr}^2+\mu_2+\mu_3\psi_{dr}^{-2}}+b_1\psi_{dr}^2+b_2+b_3\psi_{dr}^{-2}+b_4\psi_{dr}^{-4}+b_5\psi_{dr}^{-6} \tag{3-94}$$

式中

$$\begin{cases} b_1 = a_1+n_2\mu_1 \\ b_2 = a_2+n_2\mu_2 \\ b_3 = a_3+n_2\mu_3 \\ b_4 = a_4 \\ b_5 = a_5 \end{cases} \tag{3-95}$$

3.3.2 考虑时间谐波的电机损耗模型

在逆变器供电时，会在电机内额外产生谐波损耗。与基波激励下的损耗类似，谐波激励产生的铜耗和铁耗可通过合理建模得到其表达式，同样属于可控损耗。因此，本小节选取基波和时间谐波产生的铜耗和铁耗作为最小损耗控制的研究对象。

基于欧姆定律，u 次时间谐波激励下的初级电流为

$$i_{su} = \frac{u_{su}}{u_{s1}}\frac{Z_1}{Z_u}i_s \tag{3-96}$$

式中，Z_1 为基波激励时的等效电路总电抗。

忽略谐波等效电路的励磁和铁损支路的电流，则初、次级谐波电流相等，u 次谐波激励下产生的铜耗可表示为

$$P_{Cuu} = i_{su}^2(R_{su}+R_{reu}) \tag{3-97}$$

u 次谐波激励下产生的初级铁耗为

$$P_{Feu,primary} = \frac{1}{u^{0.7}}\left(\frac{u_{su}}{u_s}\right)^2 R_{Fe1}i_c^2 \tag{3-98}$$

时间谐波的运行速度远大于次级运行速度，可认为时间谐波的转差率为 1，则谐波激励下的初、次级铁心所处的磁场强度和频率基本一致，两者铁耗之比为质量之比。因此，u 次谐波激励下产生的次级铁耗为

$$P_{\text{Fe}u,\text{secondary}}=k_{\text{MFe}}P_{\text{Fe}u,\text{primary}} \tag{3-99}$$

式中，k_{MFe}为 LIM 次级和初级铁心质量之比。

在 3. 3. 1 节已推导获得了稳态工况下铁损支路 d-q 轴电流与次级 d 轴磁链的关系，如下所示：

$$\begin{cases} i_{\text{dc}}=-\left(\omega_{\text{r}}+\dfrac{\tau R_{\text{re}}F}{\pi\psi_{\text{dr}}^2}\right)\dfrac{\tau(L_{\text{ls}}L_{\text{r}}+L_{\text{lr}}L_{\text{me}})F}{\pi R_{\text{c}}L_{\text{me}}\psi_{\text{dr}}} \\ i_{\text{qc}}=\left(\omega_{\text{r}}+\dfrac{\tau R_{\text{re}}F}{\pi\psi_{\text{dr}}^2}\right)\dfrac{L_{\text{s}}\psi_{\text{dr}}}{R_{\text{c}}L_{\text{me}}} \end{cases} \tag{3-100}$$

由于转差角频率相比次级角频率数值较小，可参考式（3-89）推导简化过程，忽略式（3-100）各电流分量中的转差角频率项 $\tau R_{\text{re}}F/(\pi\psi_{\text{dr}}^2)$，从而得

$$\begin{cases} i_{\text{dc1}}=\gamma_2\psi_{\text{dr}}^{-1} \\ i_{\text{qc1}}=\gamma_3\psi_{\text{dr}} \end{cases} \tag{3-101}$$

其中 γ_2 与 γ_3 定义与式（3-89）相同。

结合式（3-89）和式（3-96）~式（3-101），可得到时间谐波激励下的总损耗为

$$P_{\text{har}}=c_1\psi_{\text{dr}}^2+c_2+c_3\psi_{\text{dr}}^{-2} \tag{3-102}$$

式中，c_1~c_3 为时间谐波激励下的损耗系数，表达式如下：

$$\begin{cases} c_1=\sum\limits_u\left(\dfrac{u_{\text{s1}}}{u_{\text{su}}}\right)^2\left[\left|\dfrac{Z_1}{Z_u}\right|^2(R_{\text{su}}+R_{\text{re}u})({\gamma_1}^2+{\gamma_3}^2)+\dfrac{(1+k_{\text{MFe}})R_{\text{Fe1}}\gamma_3^2}{u^{0.7}}\right] \\ c_2=2\sum\limits_u\left(\dfrac{u_{\text{s1}}}{u_{\text{su}}}\right)^2\left|\dfrac{Z_1}{Z_u}\right|^2(R_{\text{su}}+R_{\text{re}u})(\gamma_1\gamma_2+\gamma_3\gamma_4) \\ c_3=\sum\limits_u\left(\dfrac{u_{\text{s1}}}{u_{\text{su}}}\right)^2\left[\left|\dfrac{Z_1}{Z_u}\right|^2(R_{\text{su}}+R_{\text{re}u})(\gamma_2^2+\gamma_4^2)+\dfrac{(1+k_{\text{MFe}})R_{\text{Fe1}}\gamma_2^2}{u^{0.7}}\right] \end{cases} \tag{3-103}$$

结合式（3-102）与 3. 3. 1 节所得 LIM 损耗模型，即可得考虑时间谐波影响的 LIM 总损耗为

$$P_{\text{LIM,total}}=(a_1+c_1)\psi_{\text{dr}}^2+(a_2+c_2)+(a_3+c_3)\psi_{\text{dr}}^{-2}+a_4\psi_{\text{dr}}^{-4}+a_5\psi_{\text{dr}}^{-6} \tag{3-104}$$

3. 4 直线感应电机最小损耗控制

3. 4. 1 控制算法

得益于磁场定向控制稳态精度高、调速范围宽等优势，本文选择次级磁场

定向作为LIM稳态最小损耗控制的框架。当电机处于稳态运行工况（即速度与推力恒定）时，同步旋转 d-q 轴坐标下各电流可视为直流常数，因而各电感上压降为零，这将大大降低稳态损耗模型的复杂度。

从式（3-61）可知，对 $\forall \omega_r F>0$，即对任意同方向且不为零的速度与推力，恒有

$$a_i>0 \qquad (i=1,2,3,4,5) \tag{3-105}$$

对式（3-60）LIM损耗模型求一阶和二阶导数得

$$\frac{\mathrm{d}P_{\mathrm{LIM}}}{\mathrm{d}\psi_{\mathrm{dr}}}=2a_1\psi_{\mathrm{dr}}-2a_3\psi_{\mathrm{dr}}^{-3}-4a_4\psi_{\mathrm{dr}}^{-5}-6a_5\psi_{\mathrm{dr}}^{-7} \tag{3-106}$$

$$\frac{\mathrm{d}^2P_{\mathrm{LIM}}}{\mathrm{d}\psi_{\mathrm{dr}}^2}=2a_1+6a_3\psi_{\mathrm{dr}}^{-4}+20a_4\psi_{\mathrm{dr}}^{-6}+42a_5\psi_{\mathrm{dr}}^{-8} \tag{3-107}$$

由式（3-106）和式（3-107）可知，对 $\forall \omega_r F>0$，恒有

$$\frac{\mathrm{d}^2P_{\mathrm{LIM}}}{\mathrm{d}\psi_{\mathrm{dr}}^2}>0 \tag{3-108}$$

这证明了LIM稳态损耗模型是关于次级 d 轴磁链的凸函数，即存在损耗极小值，且该极小值可通过下式求解：

$$\frac{\mathrm{d}P_{\mathrm{LIM}}}{\mathrm{d}\psi_{\mathrm{dr}}}=0 \tag{3-109}$$

下面证明该极小值唯一且是损耗最小值。由式（3-108）可知，损耗模型的一阶导数为单调递增函数，考虑到磁链的取值大于零，则有

$$\lim_{\psi_{\mathrm{dr}}\to 0^+}\frac{\mathrm{d}P_{\mathrm{LIM}}}{\mathrm{d}\psi_{\mathrm{dr}}}=\lim_{\psi_{\mathrm{dr}}\to 0^+}(-2a_3\psi_{\mathrm{dr}}^{-3}-4a_4\psi_{\mathrm{dr}}^{-5}-6a_5\psi_{\mathrm{dr}}^{-7})=-\infty \tag{3-110}$$

$$\lim_{\psi_{\mathrm{dr}}\to +\infty}\frac{\mathrm{d}P_{\mathrm{LIM}}}{\mathrm{d}\psi_{\mathrm{dr}}}=\lim_{\psi_{\mathrm{dr}}\to +\infty}(2a_1\psi_{\mathrm{dr}})=+\infty \tag{3-111}$$

求解式（3-109）便可得到LIM损耗最小值所对应的最优次级 d 轴磁链，如下所示：

$$\psi_{\mathrm{dr,\ opt(LIM)}}=\sqrt{\frac{1}{2}\sqrt{\frac{2a_3}{3a_1}+\Delta}+\frac{1}{2}\sqrt{\frac{4a_3}{3a_1}-\Delta-\frac{\frac{16a_4}{a_1}}{4\sqrt{\frac{2a_3}{3a_1}+\Delta}}}} \tag{3-112}$$

式中

$$\Delta=\frac{\sqrt[3]{2}\,\Delta_1}{3a_1\sqrt[3]{\Delta_2+\sqrt{-4\Delta_1^3+\Delta_2^2}}}+\frac{\sqrt[3]{\Delta_2+\sqrt{-4\Delta_1^3+\Delta_2^2}}}{3\sqrt[3]{2}\,a_1} \tag{3-113}$$

其中

$$\Delta_1 = a_3^2 - 36a_1a_5 \tag{3-114}$$

$$\Delta_2 = -2a_3^3 + 108a_1a_4^2 - 216a_1a_3a_5 \tag{3-115}$$

由式（3-58）第一式可进一步获得 LIM 损耗最小时所需的最优初级 d 轴电流为

$$i_{\mathrm{ds,\ opt(LIM)}} = \frac{\psi_{\mathrm{dr,\ opt(LIM)}}}{L_{\mathrm{me}}} - \left[\omega_{\mathrm{r}} + \frac{\tau R_{\mathrm{re}}F}{\pi(\psi_{\mathrm{dr,\ opt(LIM)}})^2}\right]\frac{\tau(L_{\mathrm{ls}}L_{\mathrm{r}} + L_{\mathrm{lr}}L_{\mathrm{me}})F}{\pi R_{\mathrm{c}}L_{\mathrm{me}}\psi_{\mathrm{dr,\ opt(LIM)}}} \tag{3-116}$$

图 3-4 为 LIM 最小损耗控制策略整体框图，如图所示，本章所用最小损耗控制策略与常规次级磁场定向控制策略十分相近，其区别仅在于初级 d 轴电流参考值：前者的初级 d 轴电流参考值为式（3-116）所计算的最优值，而后者则采用恒定初级 d 轴电流参考值。图 3-5 为最小损耗控制算法中最优磁链和电流的计算流程。

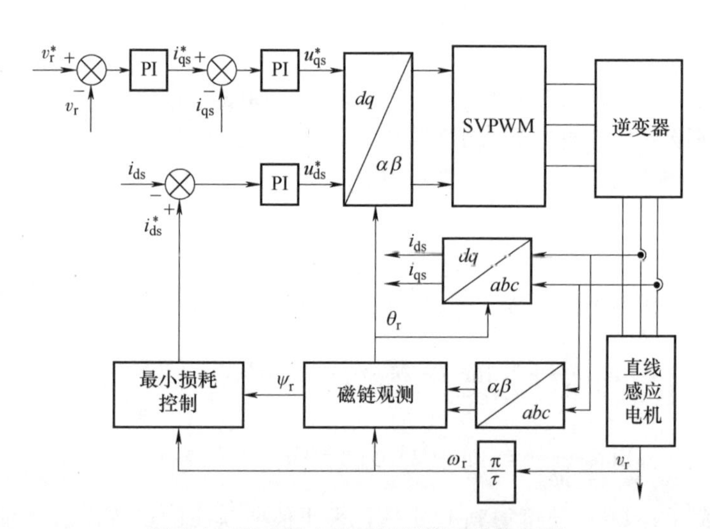

图 3-4　LIM 最小损耗控制策略整体框图

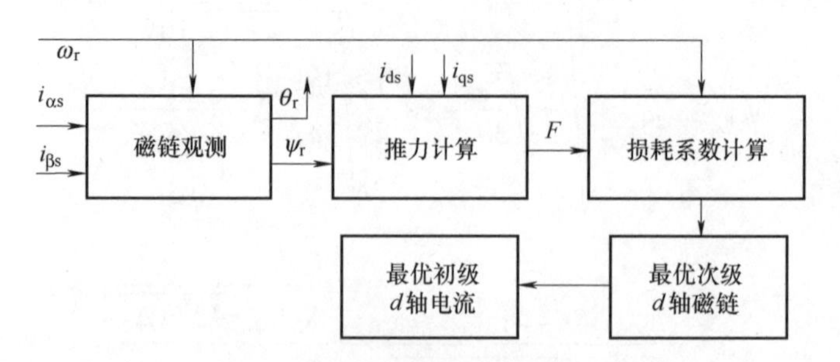

图 3-5　最小损耗控制方法计算流程

最小损耗控制策略整体实现过程描述如下：

1）基于电流、速度测量值，采用电流模型观测磁链，得到次级磁链幅值 ψ_r 与角度 θ_r。

2）根据 LIM d-q 轴数学模型计算推力，并由式（2.61）~式（2.65）计算各损耗系数。

3）根据式（3-112）和式（3-116）分别计算最优次级 d 轴磁链和最优初级 d 轴电流，并将后者作为初级 d 轴电流参考值给定。

4）采用常规磁场定向控制策略所用的 PI 控制器，调节 LIM 的速度与电流，并通过 SVPWM 方法，控制逆变器及电机系统。

其中，基于电流模型的磁链观测原理如式（3-117）和式（3-118）所示：

$$\begin{cases}\psi_{\alpha r}=\dfrac{1}{T_r s+1}(L_{me}i_{\alpha s}-T_r\psi_{\beta r}\omega_r)\\[2ex]\psi_{\beta r}=\dfrac{1}{T_r s+1}(L_{me}i_{\beta s}-T_r\psi_{\alpha r}\omega_r)\end{cases}\tag{3-117}$$

$$\begin{cases}\psi_r=\sqrt{\psi_{\alpha r}^2+\psi_{\beta r}^2}\\[2ex]\theta_r=\arctan\left(\dfrac{\psi_{\beta r}}{\psi_{\alpha r}}\right)\end{cases}\tag{3-118}$$

式中，$\psi_{\alpha r}$、$\psi_{\beta r}$为静止坐标系下次级 α-β 轴磁链；$i_{\alpha s}$、$i_{\beta s}$为初级 α-β 轴电流。

基于前述理论分析，接下来利用 MATLAB/Simulink 仿真软件对两台 LIM 进行了仿真研究，并在不同工况下与常规恒定励磁磁场定向控制以及传统最小损耗控制的稳态损耗进行了对比，以验证本节所提出的最小损耗控制方法的性能及有效性。

3.4.2 仿真结果

本节分别对电机 A 和电机 B 进行仿真分析。

3.4.2.1 电机 A 仿真

本节以电机 A 为例进行仿真分析，图 3-6 展示了电机 A 在额定速度、不同推力条件下，根据式（3-60）计算所获得的损耗与次级磁链的变化关系（在次级磁场定向下，次级磁链即为次级 d 轴磁链）。由图 3-6 可见，在同一次级磁链水平下，电机损耗随推力的增大而增大；而对应同一推力条件时，随着次级磁链的增大，电机损耗呈现先下降后上升的趋势，亦即电机损耗为关于次级磁链的凸函数。这意味着对应任一推力条件，总能找到合适的次级磁链使得电机损耗最小。同时，这也意味着在控制时如果施加不合适的磁链，将导致较高的损耗。例如，当推力为 6.48kN 时，施加 4Wb 的次级磁链所得到的电机损耗为 24.4kW，而施加 3Wb 和 6Wb 磁链时所对应的电机损耗则分别为 33.6kW 和 25.0kW，分别增大了 37.70%和 2.46%。此外，电机损耗曲线在最小值（谷底）附近都较为平坦，这间接说明采用搜索法获得最优磁链时，容易在最优磁链值附近反复迭代搜索，从而不可避免地引起电流和推力波动，进而影响最小损耗控制的效果和电机运行的平稳性。

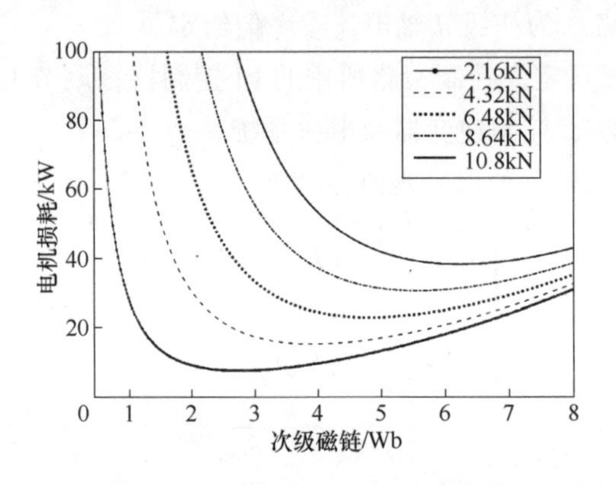

图 3-6　不同推力下 LIM 损耗与次级磁链的关系（电机 A）

图 3-7 展示了电机 A 在恒定运行速度下，采用常规恒定励磁次级磁场定向控制（图中以“FOC”标示）与本章所提出的最小损耗控制（图中以“LMC”标示）时稳态损耗的对比。由图 3-7 可见，当推力较低时，采用最小损耗控制下的电机损耗要显著小于次级磁场定向控制下的损耗；而随着推力的增长，两种控制方法下电机损耗之间的差距逐渐缩小。上述趋势合乎实际情形也容易理解：因为磁场定向控制为获得较快的响应速度，其励磁水平通常较高，因此在轻载下损耗较大。但值得注意的是，随着推力的进一步增大，采用最小损耗控制对电机损耗的降低效果反而逐渐增大。以图 3-7a 为例，在 5m/s 运行速度下，当推力分别为 2kN、6kN 和 12kN 时，最小损耗控制可分别使电机 A 稳态损耗降低 3.58kW、0.22kW 和 2.77kW。

基于图 3-7，可进一步得到相比常规恒定励磁次级磁场控制，采用最小损耗控制时电机 A 在恒定速度下稳态损耗的降低情况，如图 3-8 所示。在轻载时，最小损耗控制对电机损耗的降低效果十分显著。如当推力在 2kN 以下时，不同运行速度下的电机损耗均能降低 35%以上。该控制策略对轨交 LIM 而言意义重大：因为城轨列车在运行周期内有相当一部分时间都处于巡航模式，亦即匀速、轻载工况。随着推力的增大，损耗降低效果呈现先下降后上升的趋势，这也反映了常规恒定励磁控制方式的弊端：为追求较好的动态性能而使得电机只在某一

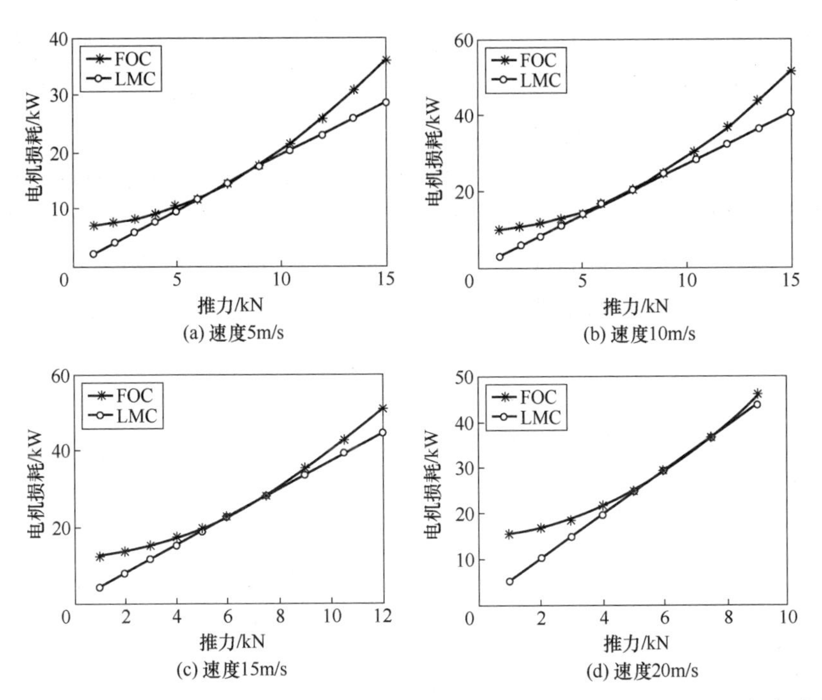

图 3-7 最小损耗控制与恒定励磁磁场定向控制下的电机 A 稳态损耗对比（恒定速度）

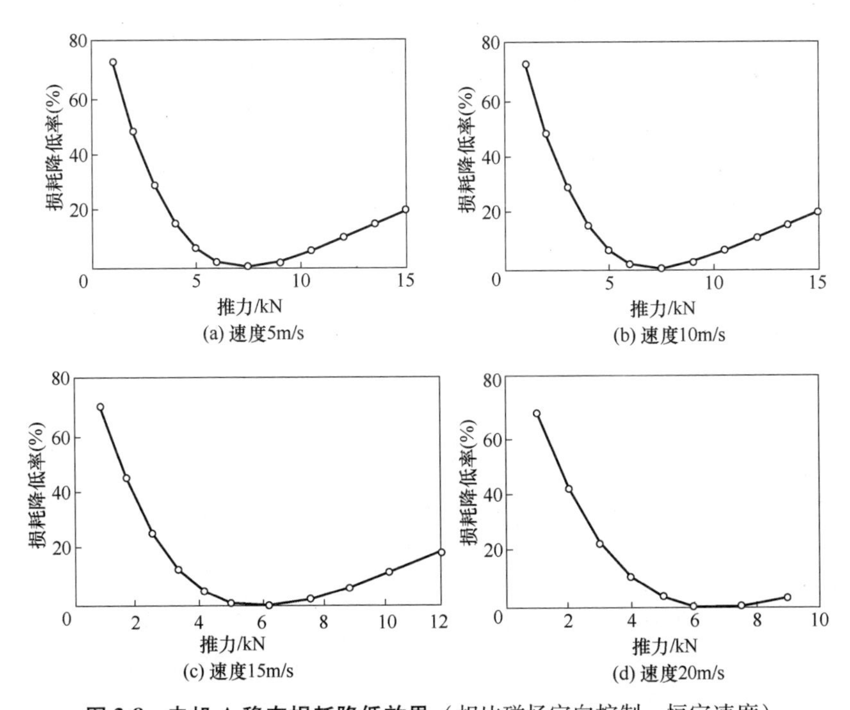

图 3-8 电机 A 稳态损耗降低效果（相比磁场定向控制，恒定速度）

工况附近（如额定工况）具有较高的效率，在远离该工况点的其他运行区域内效率则较低。

由图 3-8 亦可看到，在不同速度下采用最小损耗控制对电机损耗的降低效果不尽相同。整体而言，在 5m/s 运行速度下损耗降低效果最佳。因此，为进一步验证速度对最小损耗控制优化效果的影响，亦分析了在恒定推力条件下，分别采用恒定励磁次级磁场控制（以“FOC”标示）与最小损耗控制（以“LMC”标示）时电机 A 稳态损耗随速度的变化，结果如图 3-9 所示。

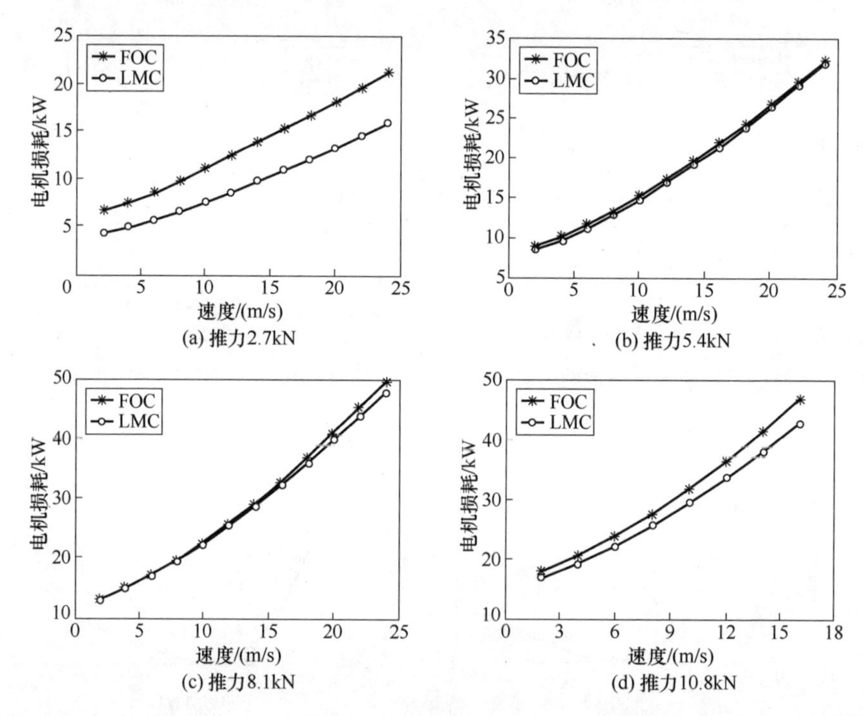

图 3-9　最小损耗控制与恒定励磁磁场定向控制下的电机 A 稳态损耗对比（恒定推力）

对比图 3-9 与图 3-7 可知，电机损耗随速度的增大趋势要显著缓于随推力的增大趋势，亦即推力变化对电机损耗的影响显著大于速度变化。此外，与恒定速度情形（见图 3-7）不同的是，恒定推力（见图 3-9）下采用最小损耗控制得到的损耗要始终低于采用磁场定向控制，且二者的差距始终维持在一定的水平。

基于图 3-9 可得到相应的损耗降低效果，如图 3-10 所示。与图 3-8 中结果显著不同的是，在不同推力等级下，电机损耗降低效果随速度的变化幅度均较小。以图 3-10d 为例，当推力为 10. 8kN、速度由 2m/s 逐渐上升至 16m/s 时，电机 A

损耗降低率始终在 6%~9%范围内变化。由图 3-7~图 3-10 可知，与常规恒定励磁次级磁场定向控制方法相比，本章所提出的 LIM 稳态最小损耗控制策略可在不同工况下有效降低电机 A 运行损耗。

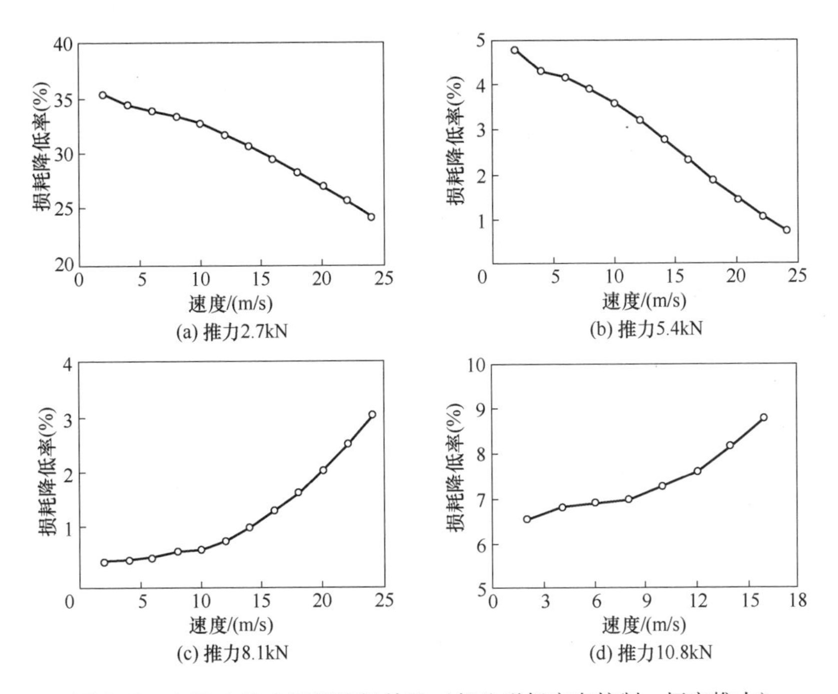

图 3-10　电机 A 稳态损耗降低效果（相比磁场定向控制，恒定推力）

为进一步验证本节所提出最小损耗控制方法的效果，下面将与文献［69］进行详细对比，主要原因如下：

1）文献［69］中所示方法与本章所提出的方法一致，均基于次级磁场定向控制框架，且都是通过对初级（定子）d 轴电流的控制来实现电机损耗最小化。

2）文献［69］中所示方法是一种简单、成熟且控制效果出色的最小损耗控制策略。虽然其后有学者提出了更为深入的方法，但这些方法或基于大量有限元分析[341]，或需要复杂离线测试[330]，或要求冗长的计算过程[342]，其实用性均较差。

值得注意的是，虽然文献［69］中所示方法是为常规 RIM 开发的最小损耗控制策略，但得益于本章前文所示 LIM 的 d-q 轴等效电路与常规 RIM 的 d-q 轴等效电路形式一致（二者的区别仅在于是否有边端效应的影响），因此在本章及后续章节的仿真和实验对比分析中，将描述 LIM 边端效应的 4 个系数（K_x、K_r、

C_x 和 C_r）移植入文献［69］所示方法中，从而保证分析对比的公平性与有效性。

与前述仿真分析类似，本小节同样通过分析对比本章所提出的最小损耗控制（文中简称“新方法”，图中以“P-LMC”标示）与传统最小损耗控制方法（文中简称“传统方法”，图中以“C-LMC”标示）在“恒定速度、变推力”和“恒定推力、变速度”工况下的稳态损耗来验证新方法的控制效果。仿真结果如图 3-11 和图 3-12 所示，其中图 3-11 为“恒定速度、变推力”工况下的结果，图 3-12 为“恒定推力、变速度”条件下的结果。

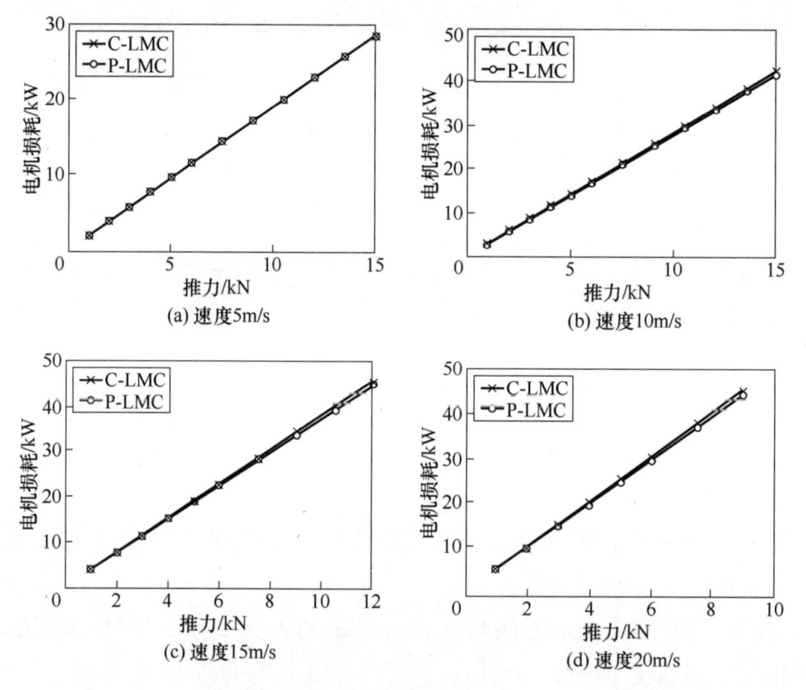

图 3-11　与传统最小损耗控制稳态损耗对比（电机 A，恒定速度）

由图 3-11 和图 3-12 可见，本章所提出的新方法与传统方法在电机 A 速度较低或推力较小时，计算的损耗值十分接近；但随着速度或推力上升，二者间的差距逐渐增大。以图 3-11d 为例，电机运行速度为 20m/s，当推力分别为 3kN 和 6kN 时，二者间的差别分别为 0. 47kW 和 0. 94kW；而在图 3-12c 中，电机推力恒定为 8. 1kN，当速度分别为 10m/s 和 16m/s 时，相比传统方法，本章所提出的新方法可分别使电机 A 损耗降低 0. 23kW 和 0. 75kW。由图 3-11 和图 3-12 亦可发现，在最小损耗控制下，不论采用何种方法，电机损耗与推力近似呈线性关系，与速度则近似呈二次函数关系。

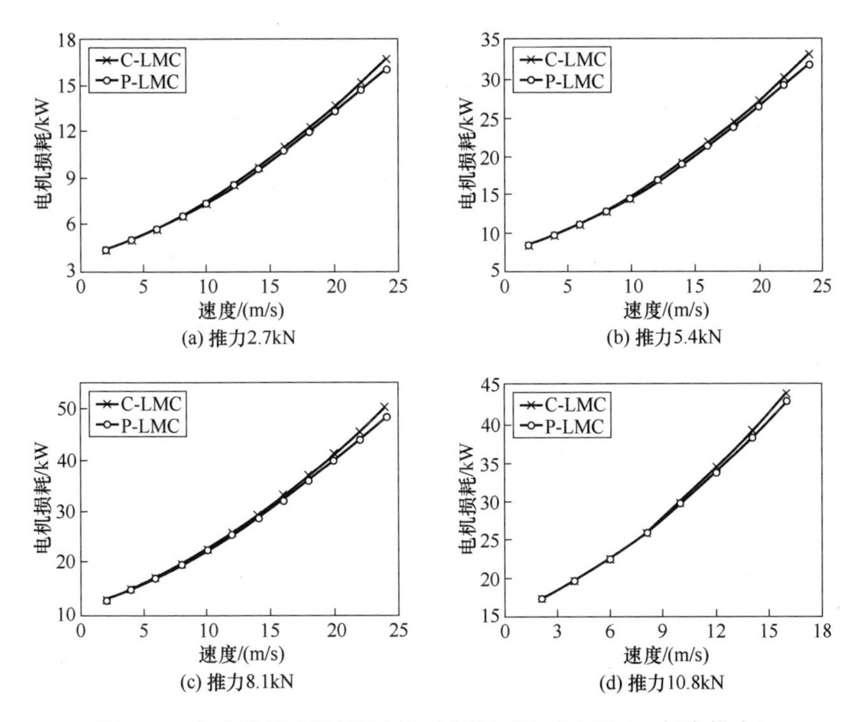

图 3-12　与传统最小损耗控制稳态损耗对比（电机 A，恒定推力）

根据图 3-11 和图 3-12，可进一步得到本章新方法电机 A 损耗的降低效果，分别如图 3-13 和图 3-14 所示。由这两幅图可看到，相较于传统方法，新方法在速度恒定和推力变化情况下对 LIM 稳态损耗的降低效果较为平均，如图 3-13c 所示，当速度恒定为 15m/s 而推力从 1kN 变化至 12kN 时，新方法对损耗的降低效果始终维持在 2%左右；而在推力恒定和速度变化的条件下，新方法对损耗的降低效果则随速度的增大而显著提升，如图 3-14c 所示，当推力恒定为 8. 1kN 而速度从 6m/s 上升至 16m/s 时，损耗降低率从 0. 36%逐渐增长至 2. 27%。

造成这一现象的原因可归纳为：电机运行中铁耗主要受频率（亦即速度）影响，由于新方法引入了 LIM 初级和次级漏感对铁耗的影响，且可根据损耗模型及相应的最优磁链有效降低相关损耗，因此随着速度上升，新方法对损耗的降低效果愈为显著。

图 3-11～图 3-14 可以充分表明：在传统最小损耗控制基础上，本节的新方法可在不同运行工况下进一步降低 LIM 稳态损耗，具有较好的效果和实用价值。

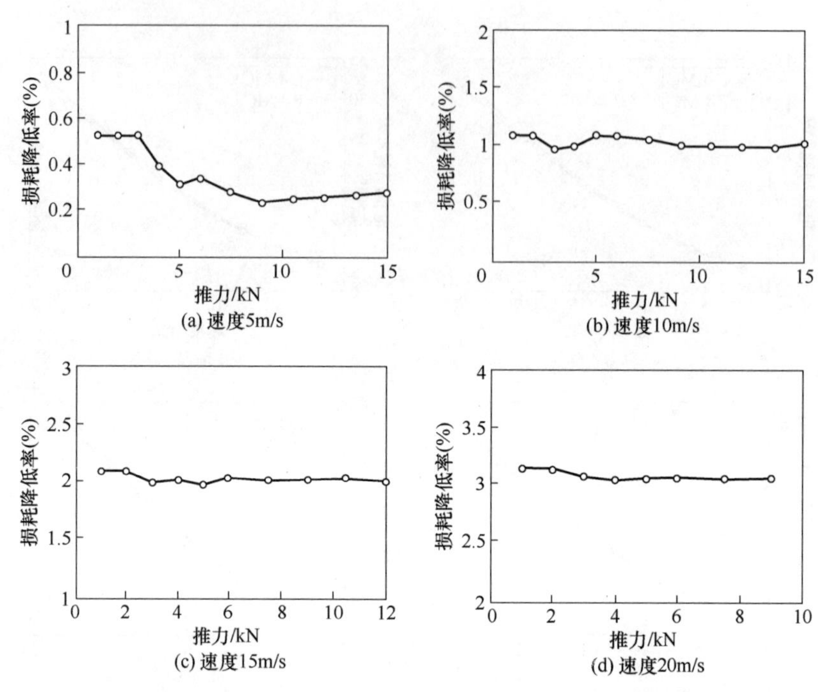

图 3-13　电机 A 稳态损耗降低效果（相比传统最小损耗控制方法，恒定速度）

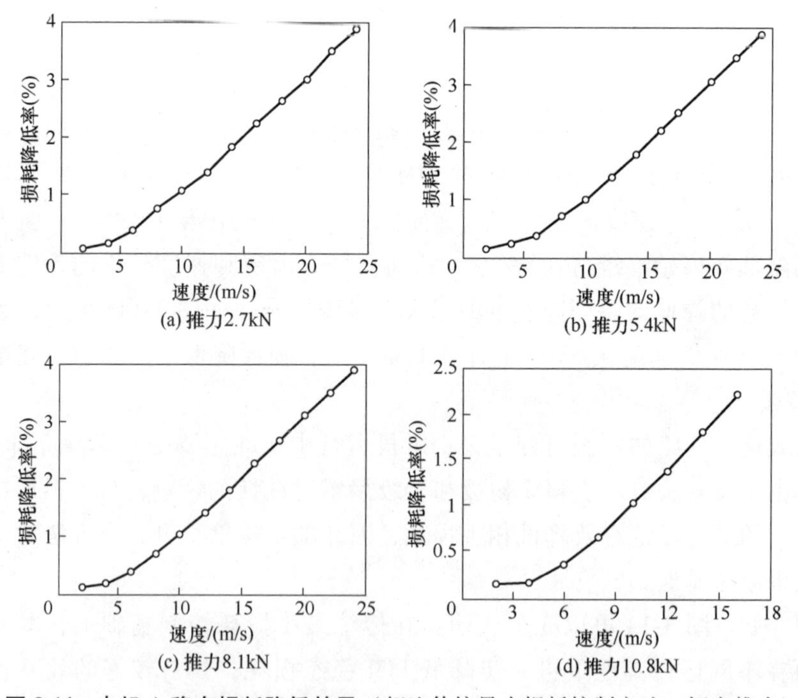

图 3-14　电机 A 稳态损耗降低效果（相比传统最小损耗控制方法，恒定推力）

3.4.2.2 电机B仿真

3kW LIM实验样机采用两端开断的弧形初级结构，并采用大直径圆形次级来获得近似直线运动，从而模拟轨交中LIM的实际运行情况。换言之，除弧形形状外，3kW LIM实验样机与轨交中实际运行的LIM拓扑结构非常类似，同样具有初级开断、半填充槽、复合次级和大气隙（10mm）等特点，后续简称电机B，其详细参数见书后附录2。

本小节以电机B为例进行仿真分析，图3-15展示了电机B在10m/s运行速度和不同推力条件下，根据式（3-60）获得的损耗与次级磁链的变化关系。与图3-6结果相似，当速度和推力一定时，电机B的损耗亦为关于次级磁链的凸函数。这表明，式（3-60）所示LIM损耗模型的凸函数性质不因具体电机结构而改变。

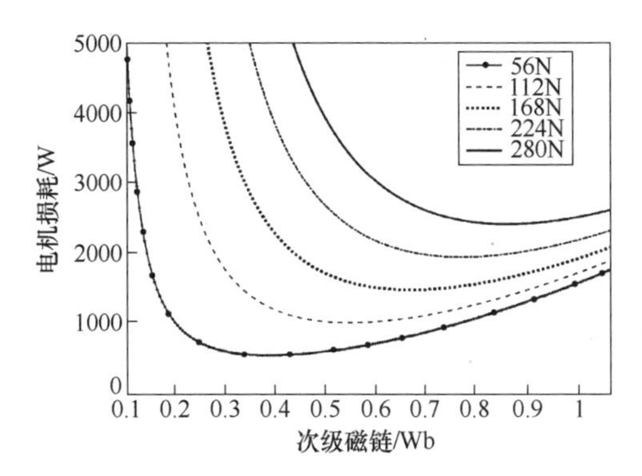

图3-15 不同推力下LIM损耗与次级磁链的关系（电机B）

与前文电机A的分析类似，本小节将分别采用本章新型最小损耗控制、恒定励磁磁场定向控制和传统最小损耗控制对电机B的稳态损耗进行详细对比分析。图3-16展示了在1~15m/s速度范围内和10~330N推力条件下，相比恒定励磁磁场定向控制，采用本章新型最小损耗控制时电机B的稳态损耗降低效果。由图3-16可见，相比常规恒定励磁磁场定向控制，新型最小损耗控制可在不同运行工况下有效降低LIM稳态损耗，且在推力较小时尤为显著。例如，当推力在30N以下时，电机B损耗降低率可达80%~90%。虽然随着推力的增大，损耗降低效果逐步减小，但仍能维持在相对可观的水平。例如，当推力为300N和速度为10m/s时，电机B损耗仍可降低1.3%。

为进一步分析损耗降低效果与速度、推力的关系，图3-17和图3-18分别绘出了在“恒定速度、变推力”和“恒定推力、变速度”工况下电机B的损耗降低情况。由图3-17可见，电机B损耗降低效果并未像图3-18那样明显呈现“先

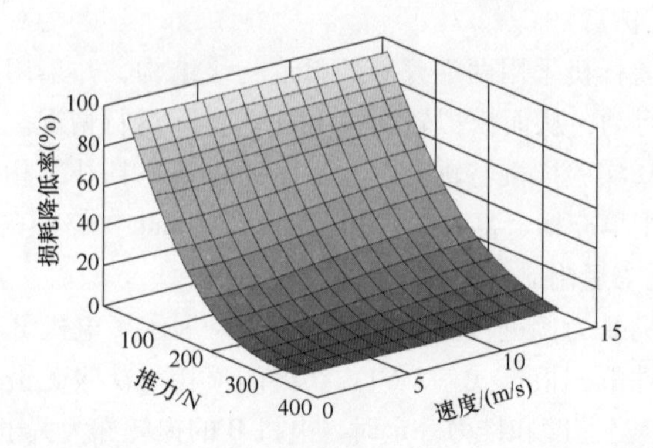

图 3-16　不同速度和不同推力下电机 B 损耗降低效果（相比恒定励磁磁场定向控制）

下降后上升”的趋势，这是由于电机 B 所产生的推力有限；若能在此基础上继续增大推力，电机 B 损耗降低效果则将随之上升。事实上，若仔细观察图 3-17a 则可发现，当推力分别为 300N 和 330N 时，损耗降低率分别为 0.08%和 0.79%，意味着此时损耗降低率已呈现轻微的上升趋势。由图 3-18 则可知，在推力一定时，电机 B 的损耗降低效果随速度的增大缓慢上升，其具体损耗降低水平则因推力等级而异。

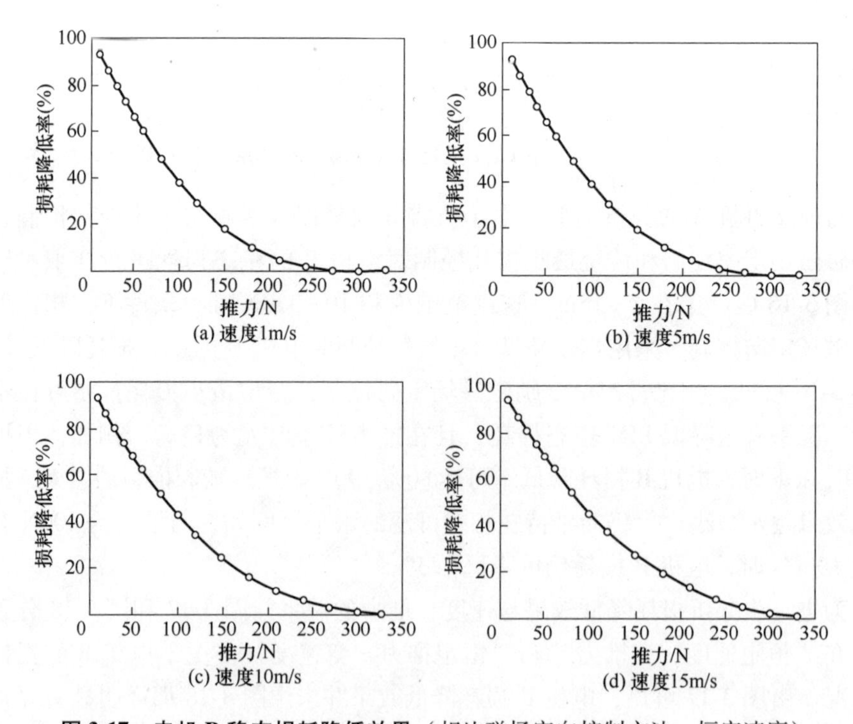

图 3-17　电机 B 稳态损耗降低效果（相比磁场定向控制方法，恒定速度）

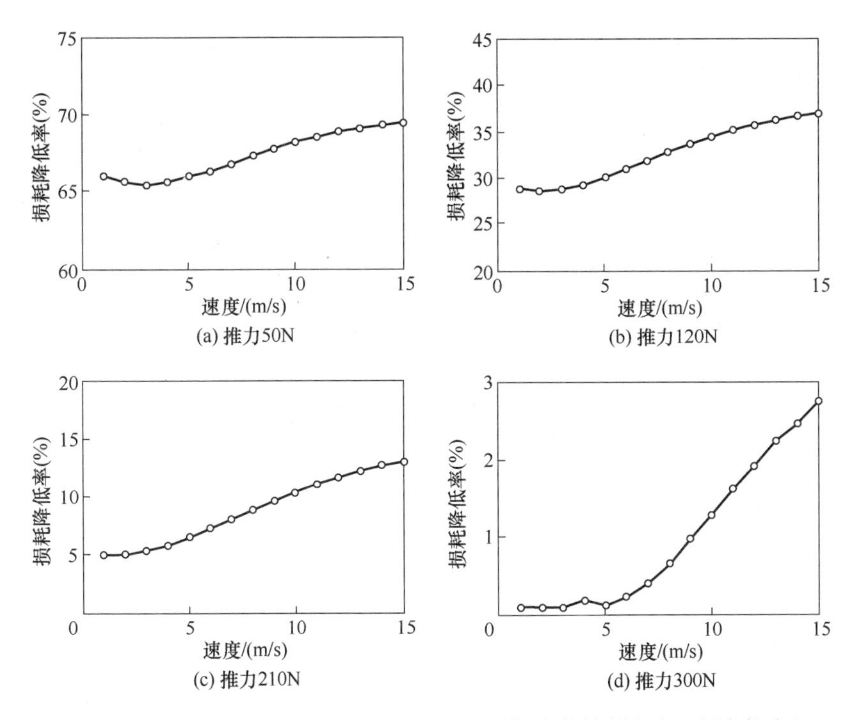

图 3-18　电机 B 稳态损耗降低效果（相比磁场定向控制方法，恒定推力）

根据电机 A 和电机 B 的仿真结果可知：总体而言，相比常规恒定励磁磁场定向控制策略，本节所提出的最小损耗控制方法可在不同运行速度下、不同推力等级下有效降低 LIM 稳态损耗，从而提升其运行效率。

图 3-19 展示了在 1~15m/s 速度范围内和 10~330N 推力条件下，相比传统最小损耗控制方法（简称“传统方法”），采用本章新型最小损耗控制（简称

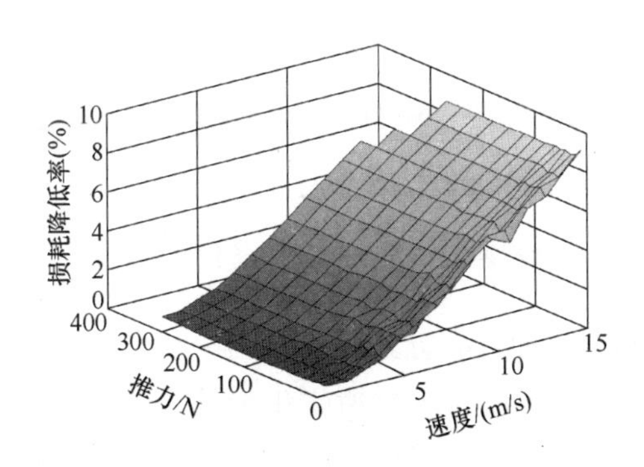

图 3-19　不同速度和不同推力下电机 B 损耗降低效果（相比传统最小损耗控制方法）

“新方法”）下的电机 B 的稳态损耗降低效果。由该图可见，在传统方法基础上，新方法对损耗的降低效果主要受速度影响，而推力的影响很小，这与上文电机 A 的分析结果完全一致。

图 3-20 和图 3-21 分别展示了在“恒定速度、变推力”和“恒定推力、变速度”工况下，在传统方法基础上电机 B 的损耗降低情况。由图 3-20 可见，当速度恒定时，推力的变化对损耗降低效果影响很小，如当速度为 6m/s 时，电机 B 损耗降低率始终维持在 2%附近。而由图 3-21 可知，在恒定推力条件下，电机 B 损耗降低率随速度的增大而显著上升。其原因亦与电机 A 的情况相同：相比传统方法，新方法可针对 LIM 初、次级漏感所引起的铁耗进行优化，而铁耗又受速度（频率）直接影响，故其降低效果会随速度增大而提升。

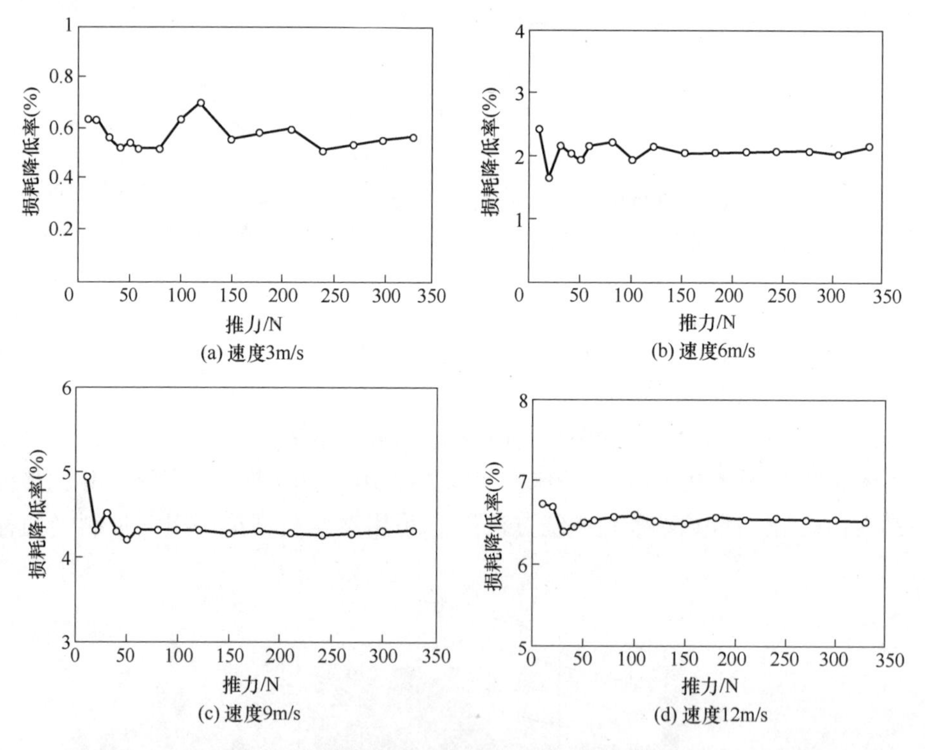

图 3-20　电机 B 稳态损耗降低效果（相比传统最小损耗控制方法，恒定速度）

由上述两台直线电机的大量仿真和分析结果可知：相对常规恒定励磁磁场定向控制和传统最小损耗控制，本章所提出的新型最小损耗控制方法均可在不同速度和不同推力下有效降低 LIM 稳态损耗，从而提升 LIM 电机及系统的运行效率。

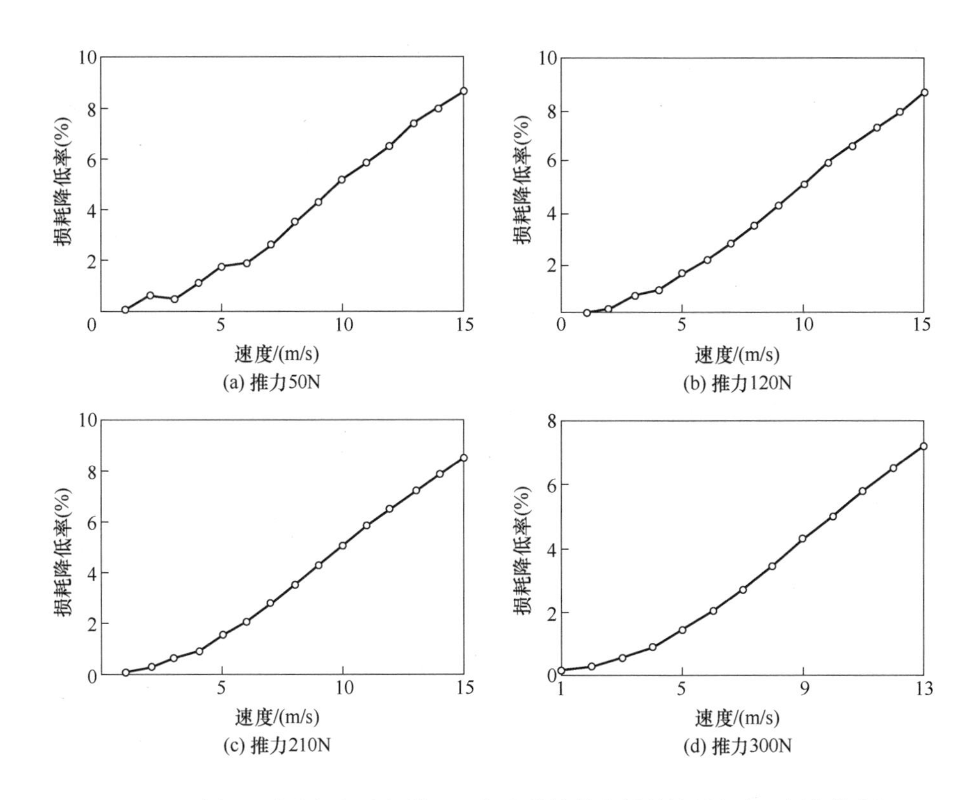

图 3-21　电机 B 稳态损耗降低效果（相比传统最小损耗控制方法，恒定推力）

3.4.3　实验结果

本章及后续章节中的实验分析均基于电机 B 实验平台完成，实验中各数据测量方法如下：电机 B 速度由增量式旋转编码器测量获得，初级电流由霍尔传感器测量获得，初级电压根据测量的直流母线电压和逆变器开关状态计算获得，电机输出功率由转矩转速传感器测量获得，电机输入功率由日置牌 3390 型功率分析仪测量获得。在功率测量中，为尽可能消除温度对实验结果的影响，先将电机 B 运行足够长时间以待温度稳定后再进行测量，而后停机并待其冷却后再进行下一组实验。

本小节首先对式（3-60）所示 LIM 损耗模型的准确度进行了验证，实验结果如图 3-22 和图 3-23 所示。由图 3-22 得知，“计算值”表示根据式（3-60）计算所得的损耗，“测量值”则表示根据前述测量方法所获得的损耗；图 3-23 中的数据为计算损耗与测量损耗之间的误差。

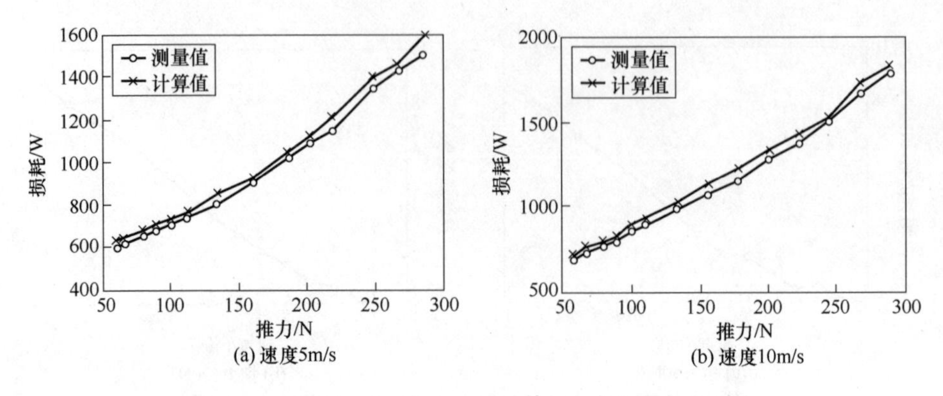

图 3-22　不同工况下电机 B 的计算损耗与测量损耗对比

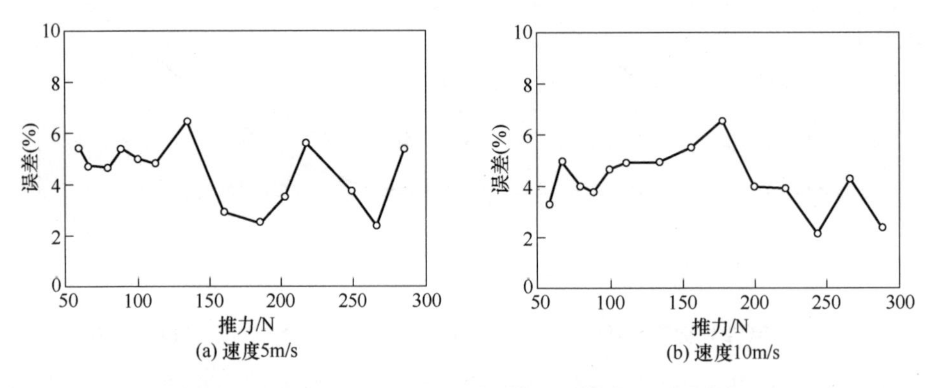

图 3-23　不同工况下电机 B 计算损耗与测量损耗之间的误差

由图 3-22 可见，在不同运行工况下，电机损耗计算值整体上都与测量值相符。根据图 3-23 中数据可知，损耗计算值与测量值之间的平均误差约为 4.5%，造成这一误差的主要原因在于参数不准确和磁链观测误差。一方面，由于 LIM 运行工况复杂，且面临来自外部的诸多干扰（如来自变速箱和永磁同步电机的扰动)，因此不可避免地存在参数不准确的问题。另一方面，实验中采用式（3-117）和式（3-118）所示传统电流模型来观测磁链，其并未考虑铁耗对磁链观测的影响，因而导致所获得的磁链观测值偏离其实际值。基于上述分析可知，式（3-60）所示 LIM 损耗模型具有较高的准确度。

与仿真分析步骤相同，本章亦通过与常规恒定励磁磁场定向控制、传统最小损耗控制方法的对比实验，来验证所提出的新型最小损耗控制方法对 LIM 损耗的降低效果。但受限于实验条件，无法获得全域速度和推力范围内的实验结果。例如，从电机 B 到永磁同步电机的动力传递过程中，变速箱将转速提升 10

倍、将转矩降低至1/10；但反过来，永磁同步电机空载转矩经变速箱放大10倍传递至电机B，因而使其在速度很低的情况下便已存在很大的负载转矩，意味着无法获得电机B在小推力情况下的测试结果。再如，受直流母线电压和逆变器开关器件耐压限制，电机B无法在高速下提供较大的推力，因而这一区域内的实验数据亦无从获得。由3.4.2节的仿真分析可知，在“恒定速度、变推力”、“恒定推力、变速度”典型工况下分析获得的结论具有较高的代表性，可推广至其他运行工况。因此，在实验分析中亦选取“恒定速度、变推力”、“恒定推力、变速度”这两类典型运行工况来进行验证。

图3-24和图3-25为不同运行条件下，采用本节新型最小损耗控制（相对常规恒定励磁磁场定向控制）的电机B的损耗降低情况。由图3-24可见，当速度恒定时，电机损耗降低效果在一定范围内随推力的增大快速下降，之后则呈轻微的上升趋势，这与前述仿真分析结论一致。由图3-25可知，当推力恒定时，速度变化对损耗降低的影响较小，仅在大推力情况下其损耗降低率随速度增大而呈现小幅度上升，这一现象与前文仿真分析基本吻合。

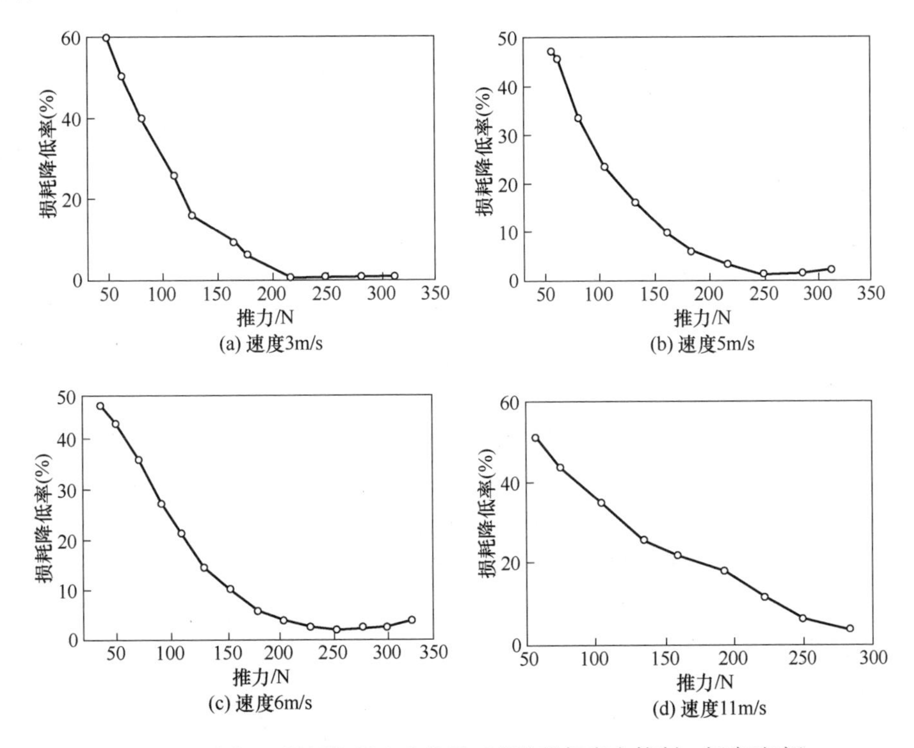

图3-24　电机B损耗降低实验结果（相比磁场定向控制，恒定速度）

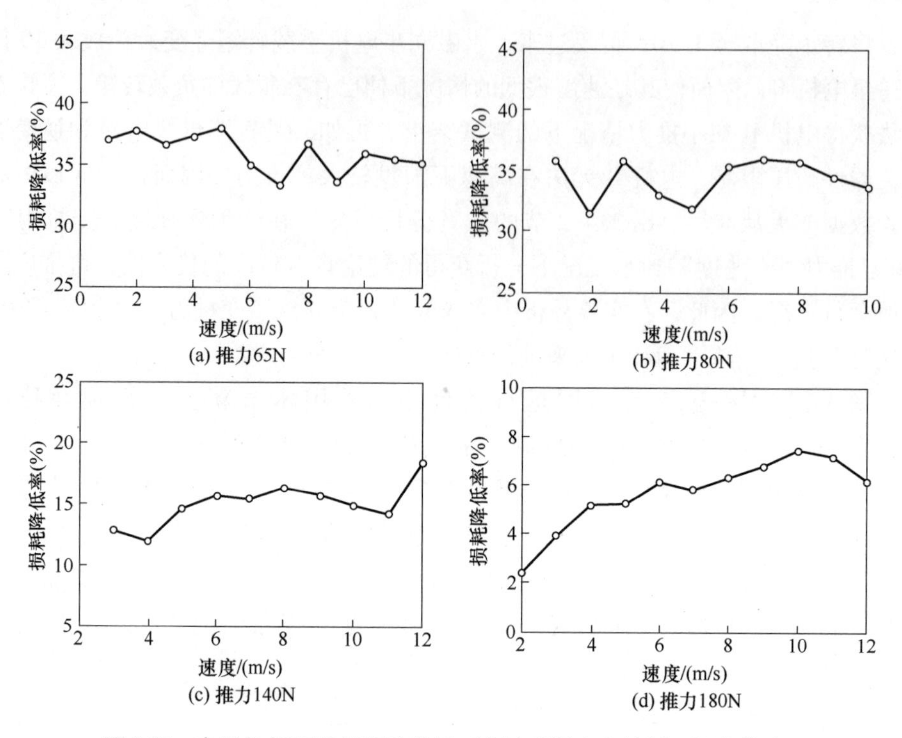

图 3-25　电机 B 损耗降低实验结果（相比磁场定向控制，恒定推力）

图 3-26 和图 3-27 对比研究了本小节所提出的最小损耗控制（简称“新方法”，在图中以“P-LMC”标示）与传统最小损耗控制（简称“传统方法”，在图中以“C-LMC”标示）在不同工况下的实验效果。从两图中可知，采用这两种最小损耗控制方法，电机 B 在不同运行工况下的损耗均较为接近，说明两种方法均能有效降低 LIM 稳态损耗。但进一步观察可发现，随着速度和推力的增大，二者之间的差距亦逐步增大。以图 3-26c 中的结果为例，电机运行速度为 11m/s，

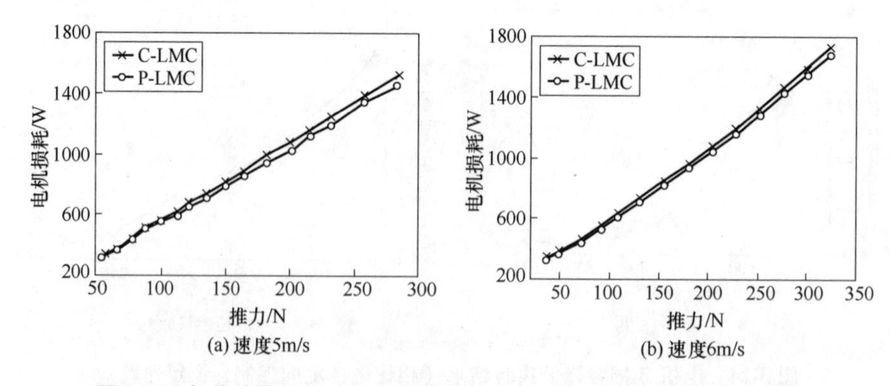

图 3-26　与传统最小损耗控制稳态损耗实验对比（电机 B，恒定速度）

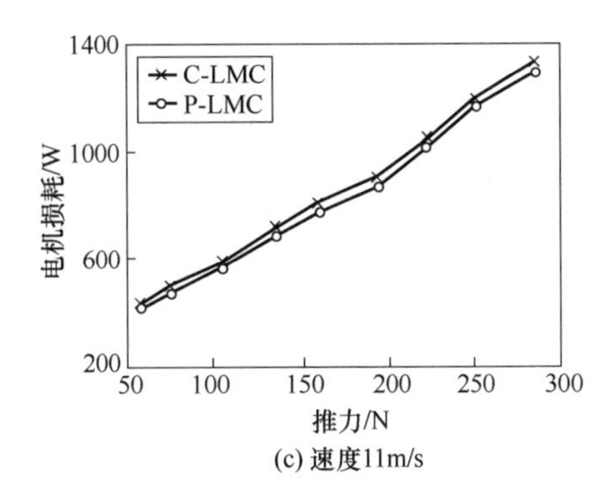

(c) 速度11m/s

图 3-26　与传统最小损耗控制稳态损耗实验对比（电机 B，恒定速度）（续）

当推力分别为 75N 和 193N 时，二者之间的差别分别为 24W 和 37W；而在图 3-27b 中，电机推力恒定为 80N，当速度分别为 5m/s 和 10m/s 时，二者间的差别则分别为 12W 和 34W。相关结果表明，相比传统方法，本小节所提出的最小损耗控制策略可进一步降低 LIM 稳态损耗。

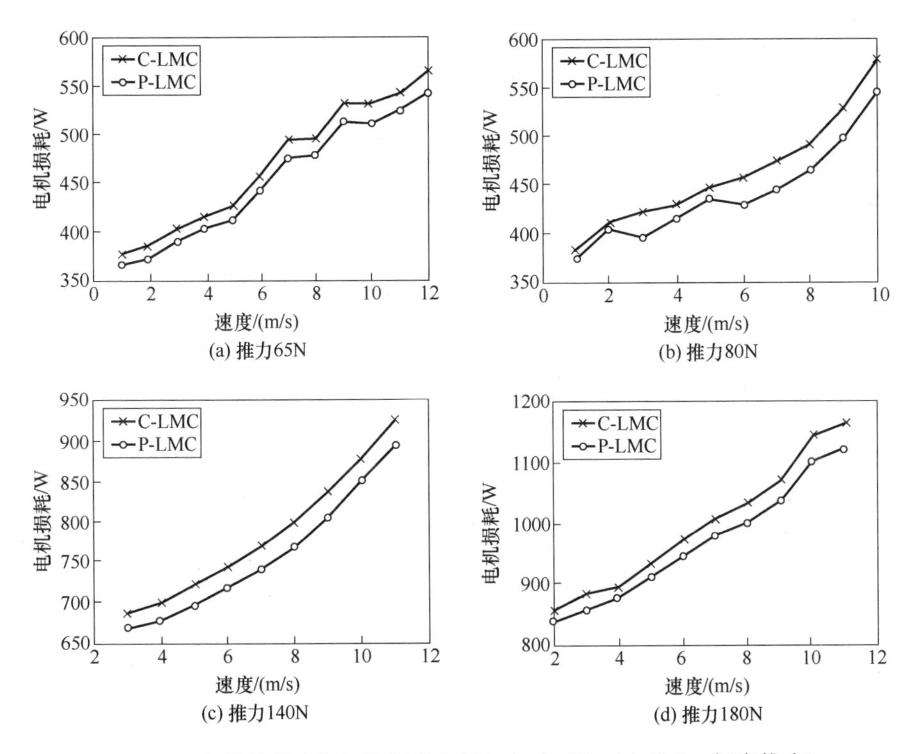

图 3-27　与传统最小损耗控制稳态损耗实验对比（电机 B，恒定推力）

图 3-28 和图 3-29 给出了新方法相比传统方法所带来的损耗降低率。尽管存在外部扰动和测量误差所导致的测量波动，从图中仍然可以发现：相对传统方法，新方法可在稳态运行工况下（不同速度及推力）进一步降低 LIM 稳态损耗 3%~4%。本小节提出的最小损耗控制可在传统方法基础上进一步降低电机损耗，主要原因归纳如下：

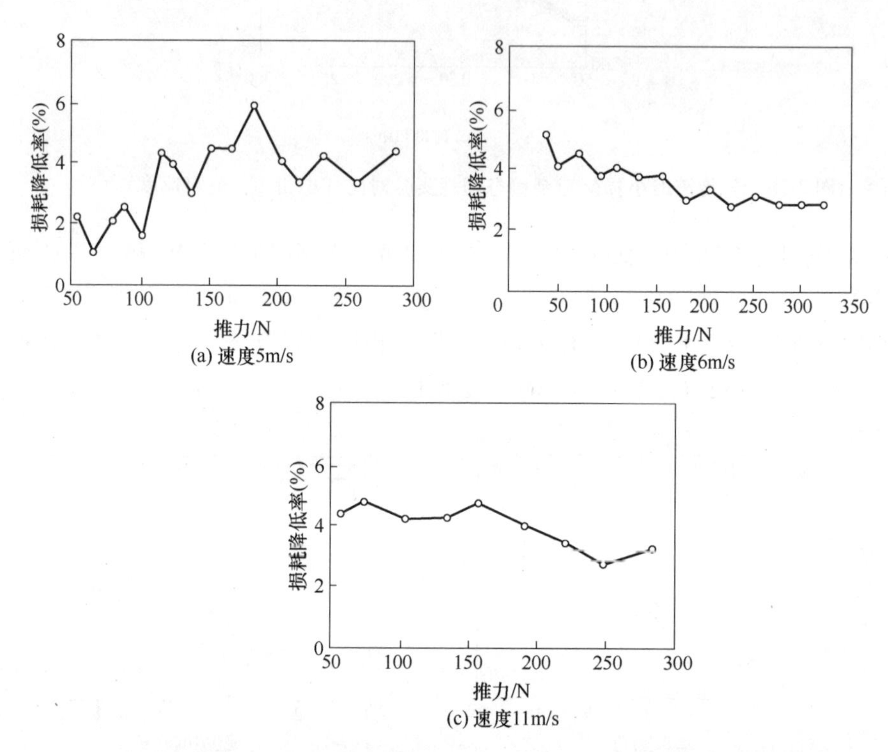

图 3-28　电机 B 损耗降低率（相比传统最小损耗控制，恒定速度）

1）常规 RIM 定子漏感相对励磁电感的比值很小，漏感引起的铁耗可忽略不计；而轨交 LIM 气隙大且初级开断，导致初级漏感相对励磁电感的比值大，初级漏磁通大，因此在同等条件下需要更大的励磁电流才能建立所需的磁场，从而导致初级电流幅值增大，致使电机铜耗和铁耗上升。相较于传统方法，本章新方法在电机损耗模型中针对性地引入了初、次级漏感对铁耗的影响，并通过最优磁链对其进行优化。仿真与实验结果充分表明：相比传统方法，新方法在高速下对电机损耗的降低效果更为显著。

2）转差角频率对大转差轨交 LIM 的运行性能影响较大。传统方法采用漏感系数对电机模型进行了简化，使得其损耗模型无法直接考量转差对电机损耗的影响。在本章新方法中，电机转差角频率通过式（3-56）表征为次级 d 轴磁链

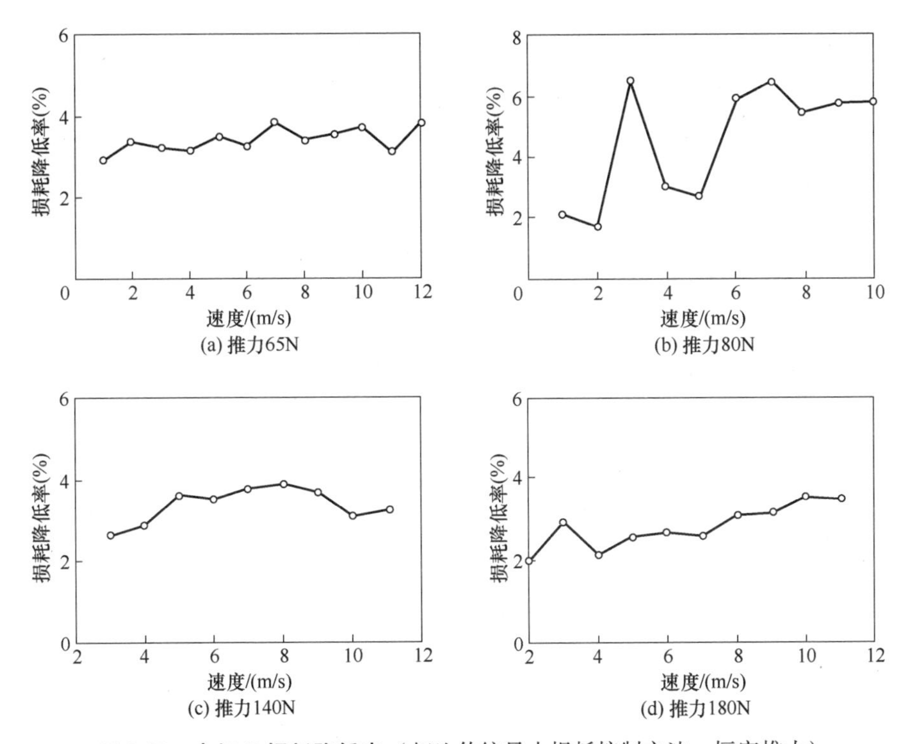

图3-29　电机B损耗降低率（相比传统最小损耗控制方法，恒定推力）

的函数，并可通过最优次级 d 轴磁链的求解间接优化转差对损耗的影响。

虽然3%～4%的损耗降低率并不高，但对轨交大功率LIM而言仍旧十分可观且意义重大。以电机A为例，在20m/s和25%负载巡航工况下，单台电机损耗可降低0.42kW。因此，对4节编组直线地铁而言，8台牵引电机总损耗便可降低3.36kW。此外，与常规恒定励磁控制方式（当前轨交LIM主流控制方式，如转差频率控制、恒定励磁磁场定向控制等）相比，本节提出的最小损耗控制可在大多数工况下显著降低电机稳态损耗。通过前文对两台电机的分析可知，相比恒定励磁磁场定向控制，新方法可在轻载（30%负载以下）工况下降低电机损耗20%～30%，在重载（120%负载以上）情况下可降低电机损耗10%～15%。上述方法可显著改善当前轨交LIM的运行效率，明显提升牵引系统的整体性能。

3.5　直线感应电机系统最小损耗控制

3.5.1　考虑逆变器损耗的最小损耗控制

与3.4节类似，对驱动系统损耗模型（3-94）分别求一阶和二阶导数，可

以得到

$$P'_{sys}=n_1\frac{\mu_1\psi_{dr}-\mu_3\psi_{dr}^{-3}}{\sqrt{\mu_1\psi_{dr}^2+\mu_2+\mu_3\psi_{dr}^{-2}}}+2b_1\psi_{dr}-2b_3\psi_{dr}^{-3}-4b_4\psi_{dr}^{-5}-6b_5\psi_{dr}^{-7} \tag{3-119}$$

$$P''_{sys}=n_1\frac{\mu_1\mu_2+6\mu_1\mu_3\psi_{dr}^{-2}+3\mu_2\mu_3\psi_{dr}^{-4}+2\mu_3^2\psi_{dr}^{-6}}{(\mu_1\psi_{dr}^2+\mu_2+\mu_3\psi_{dr}^{-2})^{\frac{3}{2}}}+2b_1+6b_3\psi_{dr}^{-4}+20b_4\psi_{dr}^{-6}+42b_5\psi_{dr}^{-8} \tag{3-120}$$

显然，两式中各系数均为大于零的实数，从而可得

$$\begin{cases}\lim\limits_{\psi_{dr}\to 0^+}P'_{sys}=-\infty\\ \lim\limits_{\psi_{dr}\to +\infty}P'_{sys}=+\infty\end{cases} \tag{3-121}$$

且

$$P''_{sys}>0 \tag{3-122}$$

即 LIM 驱动系统稳态损耗模型的一阶导数在（0，+∞）范围内存在唯一零点，且该零点对应驱动系统损耗最小时的最优 d 轴磁链。此最优 d 轴磁链可由下式求解得到

$$P'_{sys}=0 \tag{3-123}$$

由于 P'_{sys} 的表达式较为复杂，难以直接获取（3-123）的解析解。因此，本章采用牛顿-拉夫逊法求解最优 d 轴磁链数值解，其迭代原理如下：

$$\psi_{dr}(k+1)=\psi_{dr}(k)-\frac{P'_{sys}[\psi_{dr}(k)]}{P''_{sys}[\psi_{dr}(k)]} \tag{3-124}$$

由于 LIM 损耗相对逆变器损耗较大，故而可推断 LIM 系统损耗最小时的最优次级 d 轴磁链 $\psi_{dr,\ opt(sys)}$，与只考虑电机损耗时的最优次级 d 轴磁链 $\psi_{dr,\ opt(LIM)}$ 相差较小。因此，在式（3-124）所示的迭代过程中，设置迭代初值为只考虑电机损耗时的最优次级 d 轴磁链 $\psi_{dr,\ opt(LIM)}$，仅需 3~5 次迭代便可获得 LIM 驱动系统损耗最小时的最优次级 d 轴磁链 $\psi_{dr,\ opt(sys)}$。上述牛顿-拉夫逊法迭代流程如图 3-30 所示。

类似地，可以得到 LIM 系统损耗最小时的最优初级 d 轴电流为

$$i_{ds,\ opt(sys)}=\frac{\psi_{dr,\ opt(sys)}}{L_{me}}-\left[\omega_r+\frac{\tau R_{re}F}{\pi(\psi_{dr,\ opt(sys)})^2}\right]\frac{\tau(L_{ls}L_r+L_{lr}L_{me})F}{\pi R_c L_{me}\psi_{dr,\ opt(sys)}} \tag{3-125}$$

与 3.4 节相似，LIM 系统最小损耗控制同样基于次级磁场定向框架，其整体控制框图与图 3-4 和图 3-5 一致，不同之处仅在于损耗系数、最优磁链和电流的求解过程，其具体细节不再赘述。

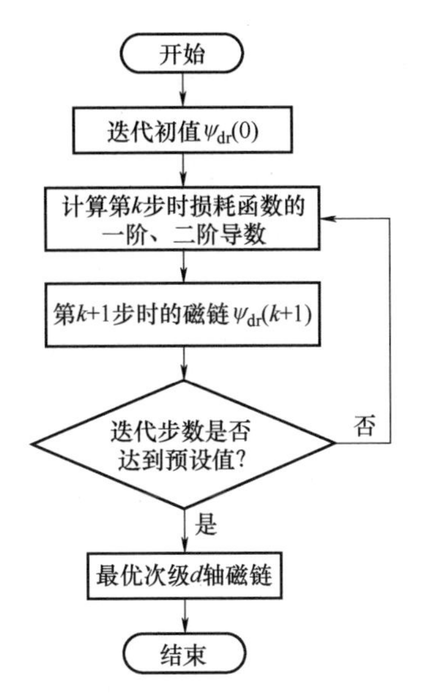

图 3-30　牛顿-拉夫逊法迭代流程

3.5.2　考虑时间谐波影响的最小损耗控制

通过式（3-104）分别对次级 d 轴磁链 ψ_{dr}求一阶和二阶导数可得

$$P'_{\mathrm{LIM,toal}}=2(a_1+c_1)\psi_{dr}-2(a_3+c_3)\psi_{dr}^{-3}-4a_4\psi_{dr}^{-5}-6a_5\psi_{dr}^{-7} \tag{3-126}$$

$$P''_{\mathrm{LIM,total}}=2(a_1+c_1)+6(a_3+c_3)\psi_{dr}^{-4}+20a_4\psi_{dr}^{-6}+42a_5\psi_{dr}^{-8} \tag{3-127}$$

观察式（3-61）和式（3-103）可知，系数 $a_1\sim a_5$ 和 $c_1\sim c_3$ 均大于零，因此可得

$$\begin{cases}\lim\limits_{\psi_{dr}\to0^+}P'_{\mathrm{LIM,total}}=-\infty\\ \lim\limits_{\psi_{dr}\to+\infty}P'_{\mathrm{LIM,total}}=+\infty\end{cases} \tag{3-128}$$

$$P''_{\mathrm{LIM,total}}>0 \tag{3-129}$$

结合式（3-128）和式（3-129）可知 $P'_{\mathrm{LIM,toal}}$在（0，+∞）区间范围内单调递增且存唯一零点 ψ_{dr0}，且 ψ_{dr0}为 LIM 损耗最小时的最优值。与 3.5.1 节类似，通过牛顿-拉夫逊数值法求解这一最优磁链，其迭代公式为

$$\psi_{dr}(k+1)=\psi_{dr}(k)-\frac{P'_{\mathrm{LIM,total}}[\psi_{dr}(k)]}{P''_{\mathrm{LIM,total}}[\psi_{dr}(k)]} \tag{3-130}$$

3.5.3　仿真结果

本节采用电机 A 和电机 B 作为仿真对象，对 3.5.1 节和 3.5.2 节介绍的两

种最小损耗控制进行详细的仿真分析。

3.5.3.1 考虑逆变器损耗的最小损耗控制

图 3-31 研究了在不同推力下电机 A 驱动系统电机损耗、逆变器损耗、系统总损耗与次级磁链的关系，这三部分损耗分别由式（3-60）、式（3-91）和式（3-94）计算获得，由图 3-31 可见，这三部分损耗都是关于次级磁链的凸函数，亦即可通过求解最优磁链来获得三部分损耗之和的最小值。但对比图 3-31a 和图 3-31b 可发现，电机损耗最小时所对应的磁链要大于逆变器损耗最小时所对应的磁链，即这两部分损耗并非在同一磁链下满足损耗最小的条件，因此需要分析整个驱动系统的总损耗，进而求解获得系统损耗最小的最优磁链。

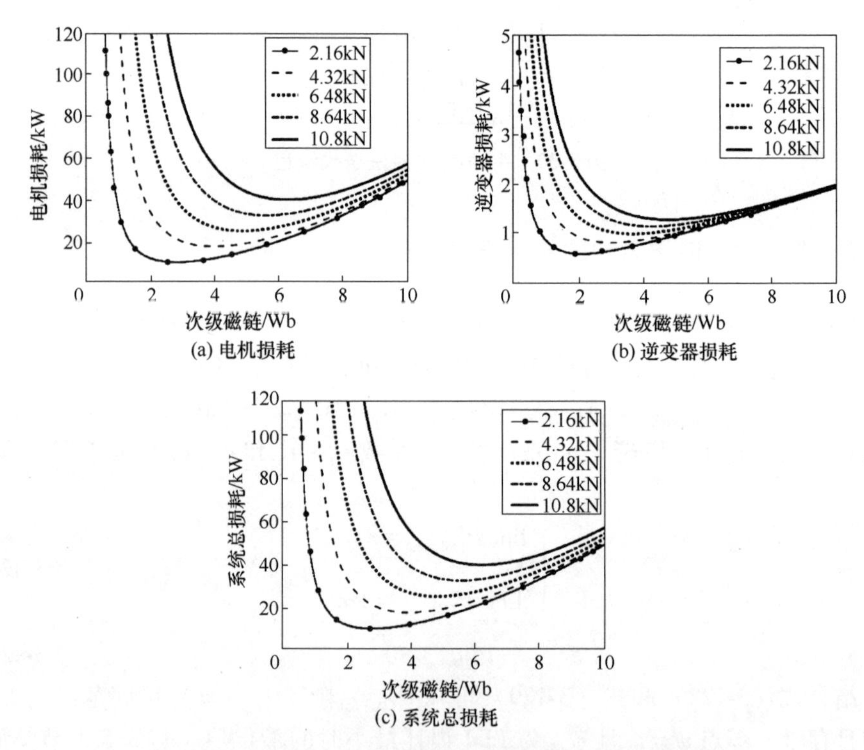

图 3-31 电机 A 驱动系统各部分损耗与次级磁链的关系

图 3-32 展示了在不同工况下采用牛顿-拉夫逊法获得驱动系统最优磁链的迭代过程，由图可知，采用该方法经 3~4 次迭代后，次级磁链便已趋于稳定，其迭代过程十分简短。分析发现，上述快速迭代及收敛的根源在于：受益于牛顿-拉夫逊法的高效迭代速度和选取最优次级 d 轴磁链为迭代初值。

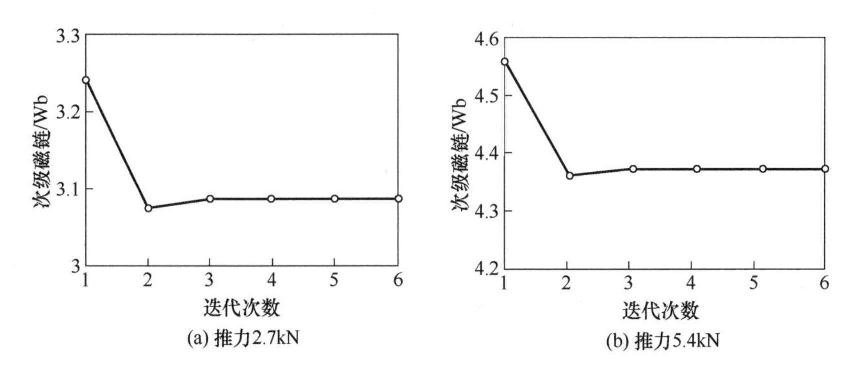

图 3-32　不同工况下牛顿-拉夫逊法迭代过程

图 3-33 研究了电机 A 驱动系统损耗最小时的最优次级磁链与速度、推力的关系，由图可知，对应逐渐增大的推力，最优次级磁链开始上升十分迅速，之后则逐渐趋于平缓；而随着速度的上升，最优次级磁链呈现出逐级降低的趋势。总体而言，最优次级磁链与速度、推力之间呈现出复杂的非线性关系，这意味着若采用离线方法则需要大量的前期测试或仿真数据才能获得较为精准的控制效果。

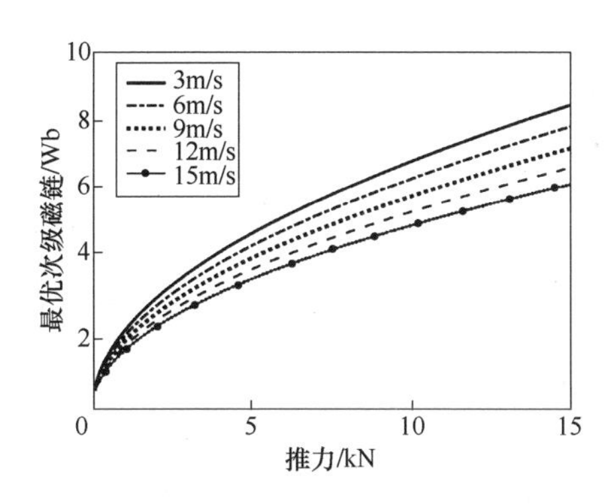

图 3-33　电机 A 驱动系统最优次级磁链与速度、推力的关系

图 3-34 和图 3-35 展示了相比传统最小损耗控制方法（简称“传统方法”），采用本章所提出的最小损耗控制方法（简称“新方法”）时电机 A 驱动系统在不同工况下各部分损耗的降低情况。从图中可以看出，尽管逆变器的运行效率一般都较高，但相比传统方法，新方法对逆变器损耗的降低效果十分显著，且在不同工况下均优于电机损耗的降低效果，进而这使得驱动系统总损耗的降低率在电机损耗降低率的基础上又获得了进一步的提升。

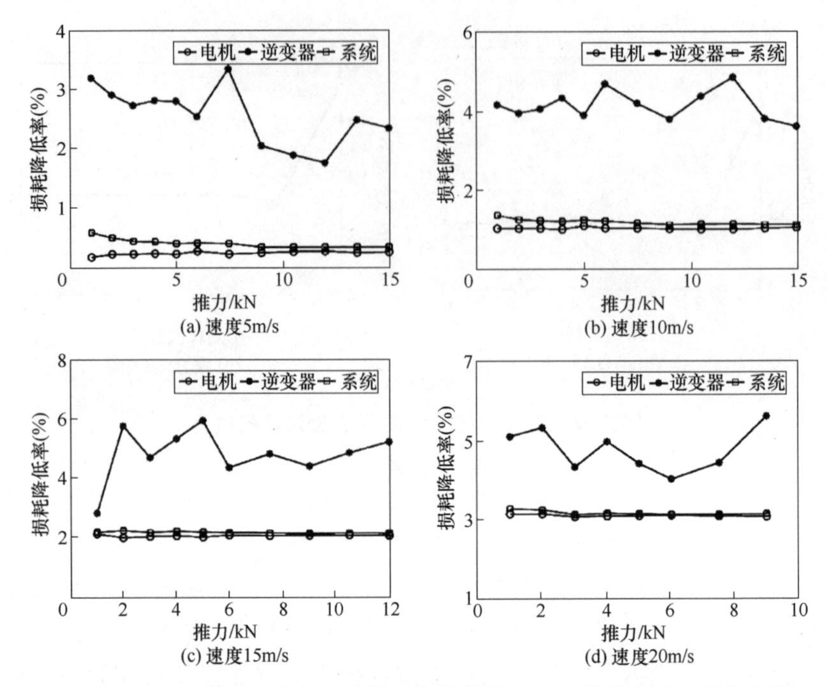

图 3-34　电机 A 驱动系统各部分损耗降低效果（相比传统方法，恒定速度）

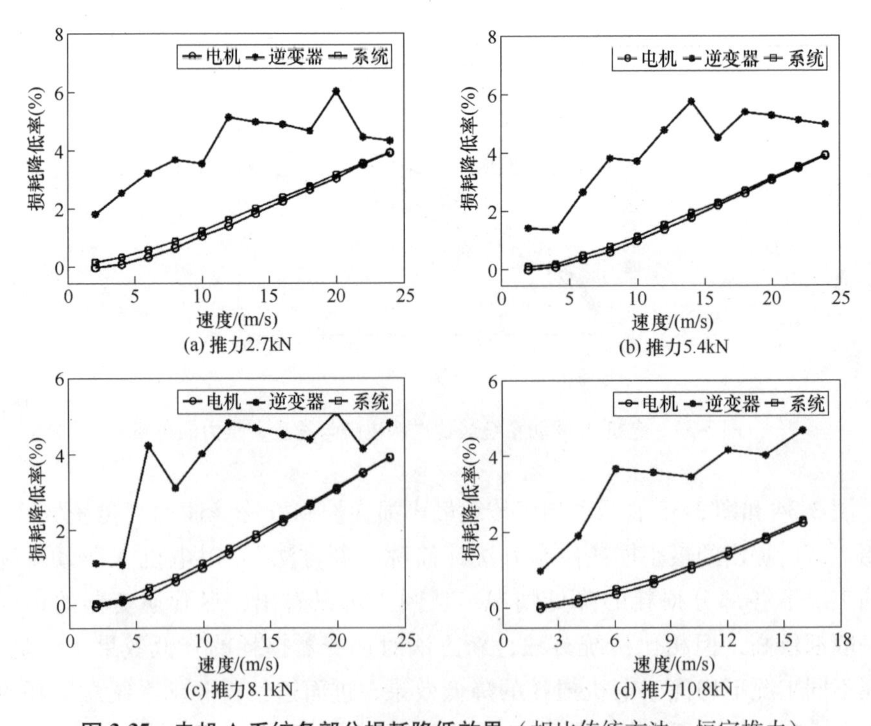

图 3-35　电机 A 系统各部分损耗降低效果（相比传统方法，恒定推力）

图 3-36 研究了在不同推力下电机 B 驱动系统各部分损耗与次级磁链的关系，其中电机损耗、逆变器损耗、系统总损耗分别由式（3-60）、式（3-91）和式（3-94）计算获得。由图 3-36 可见，随着磁链的增大，逆变器损耗极值点的出现早于同一推力下的电机损耗极值点，亦即电机损耗最小时所对应的磁链要大于逆变器损耗最小时所对应的磁链。

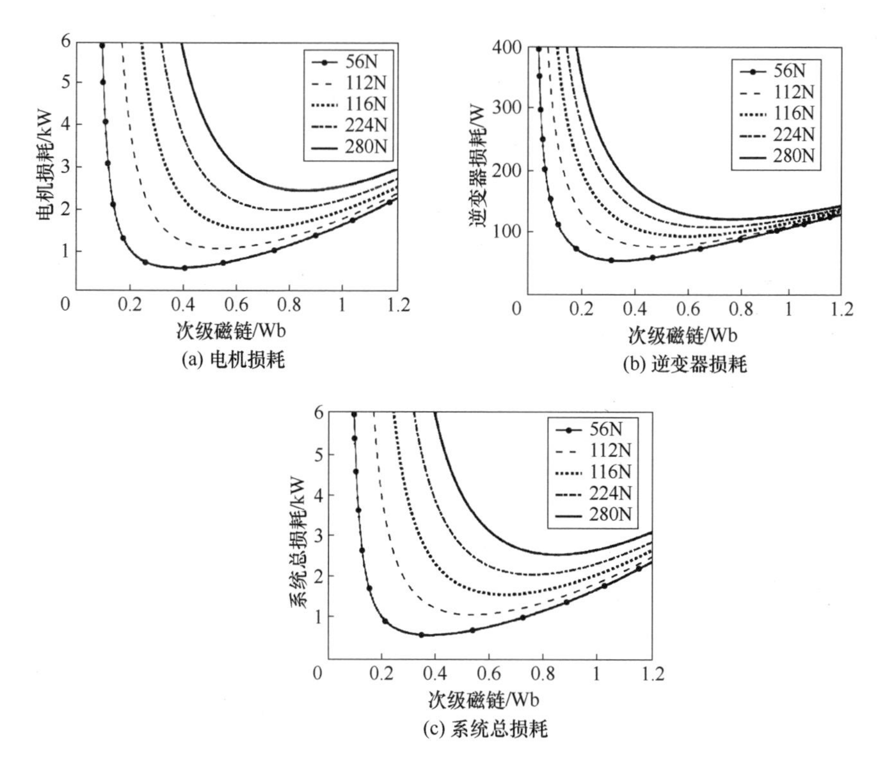

图 3-36　电机 B 系统各部分损耗与次级磁链的关系

图 3-37 展示了不同工况下电机 B 系统实现最小损耗控制所需的最优次级磁链。可知，对应很低推力下的最优次级磁链亦很小，但磁链仍存在一个下限用以维持电机的正常运行。此外，由图 3-37 可见，当推力高于额定推力时，其对应的最优次级磁链亦高于额定值，这便是最小损耗控制在过载情况下也能显著降低损耗的原因（相比恒定励磁控制方式）。

为分析 LIM 驱动系统最小损耗控制方法与常规恒定励磁磁场定向控制策略的不同，图 3-38 对比了这两种控制方式下的电流、磁链和总损耗。图 3-38 中，0~1s 内采用磁场定向控制，1s 后则切换至驱动系统最小损耗控制，由图可见，相比磁场定向控制，最小损耗控制调低了次级磁链水平和初级 d 轴电流，初级 q

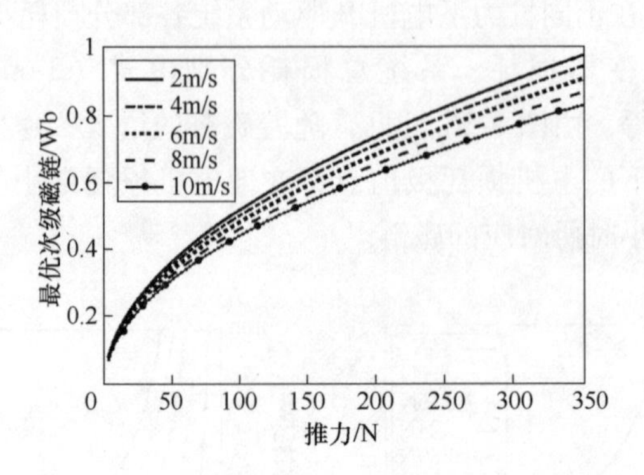

图 3-37　不同工况下电机 B 系统的最优次级磁链

轴电流相应地增大，其结果则是损耗的显著降低。值得注意的是，在最小损耗控制下，初级 d 轴和 q 轴电流并不相等，这是最小损耗控制显著区别于常规最大转矩（推力）电流比控制的地方。

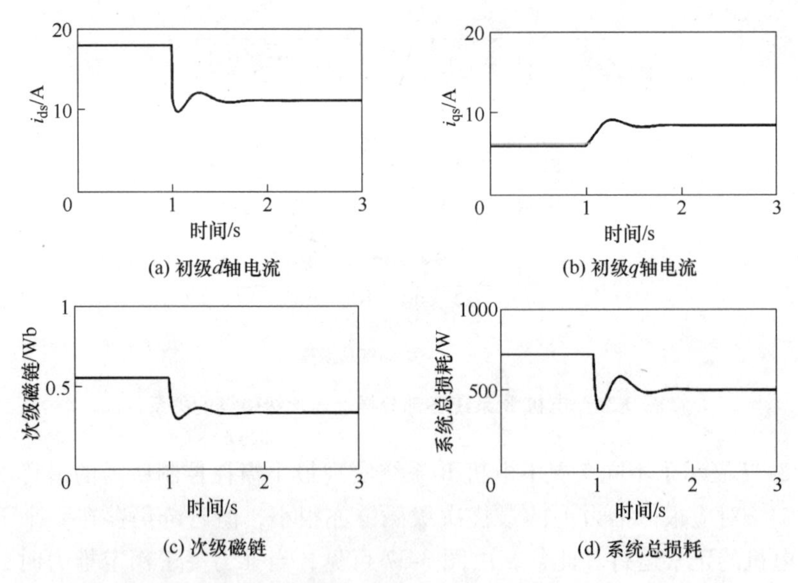

图 3-38　磁场定向控制与最小损耗控制下的电流、磁链、损耗对比

图 3-39 绘出了在 1～15m/s 速度范围内和 10～330N 推力条件下，采用本章所提出的驱动系统最小损耗控制时，电机 B 系统各部分损耗的降低效果（相比常规恒定励磁磁场定向控制）。从图 3-39 可发现，电机损耗、逆变器损耗和系统损耗整体降低趋势一致：三部分损耗降低效果受推力影响大，而受速度影响小。

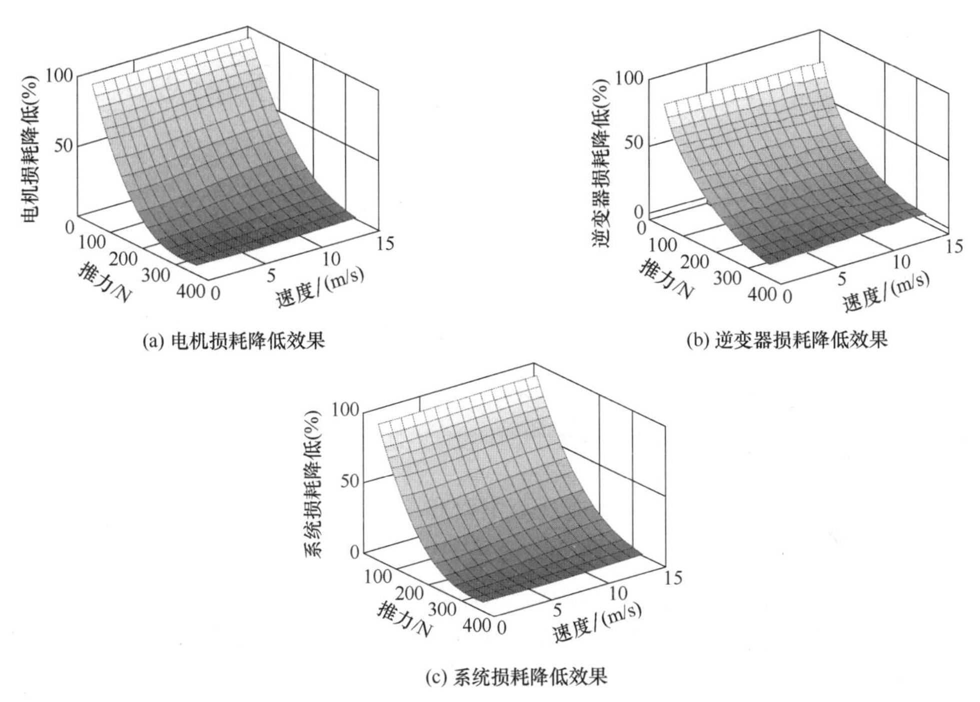

(a) 电机损耗降低效果

(b) 逆变器损耗降低效果

(c) 系统损耗降低效果

图 3-39　不同工况下电机 B 系统各部分损耗降低效果（相比磁场定向控制）

为更清晰地展示这一现象，图 3-40 和图 3-41 分别描绘了这三部分损耗降低效果与推力、速度的关系。由图 3-40 和图 3-41 可见，电机损耗、逆变器损耗和系统损耗降低效果随推力的增大而显著下降；但随着速度的增大，电机损耗和系统损耗降低率小幅上升，而逆变器损耗降低率则小幅下降。这些结果表明，相比常规磁场定向控制，本章所提出的驱动系统最小损耗控制不仅能有效降低 LIM 损耗，还可在不同工况下降低逆变器损耗，从而实现 LIM 驱动系统整体效率的提升。

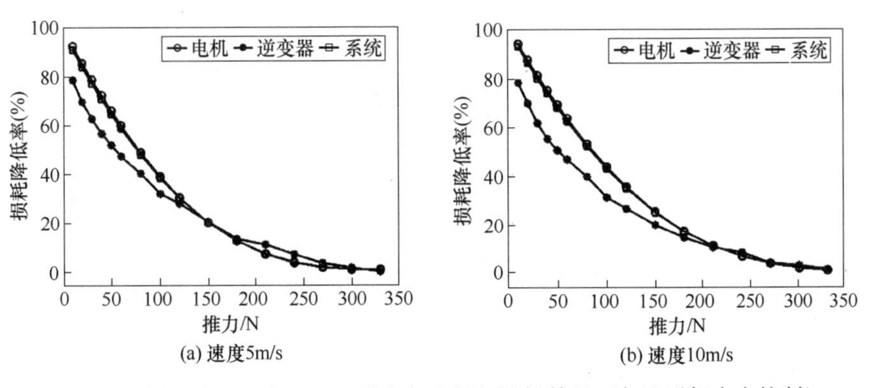

(a) 速度5m/s

(b) 速度10m/s

图 3-40　恒定速度下电机 B 系统各部分损耗降低效果（相比磁场定向控制）

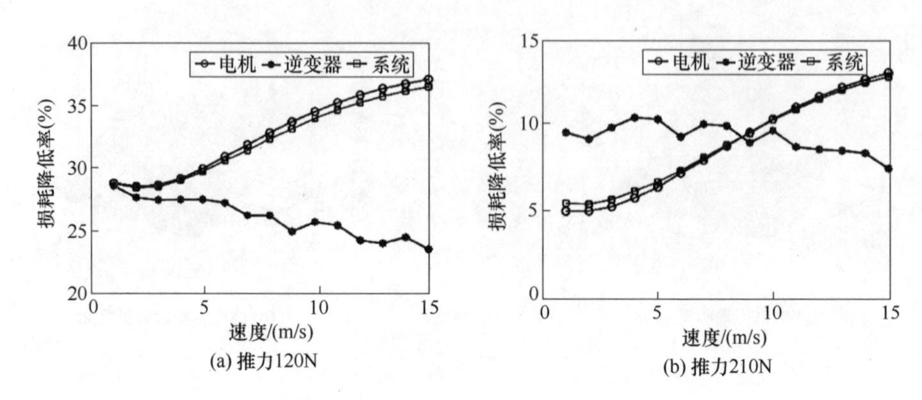

图 3-41　恒定推力下电机 B 系统各部分损耗降低效果（相比磁场定向控制）

图 3-42 展示了在 1～15m/s 速度范围内和 10～330N 推力条件下，相比传统最小损耗控制（简称“传统方法”），采用本章所提出的新型最小损耗控制（简称“新方法”）时电机 B 系统的各部分损耗降低效果。在传统方法基础上，新方法对驱动系统各部分损耗的降低效果受推力影响较小。电机损耗与系统损耗降低趋势整体上一致且均匀，而逆变器损耗降低率的分布则相对杂乱且波动较大。

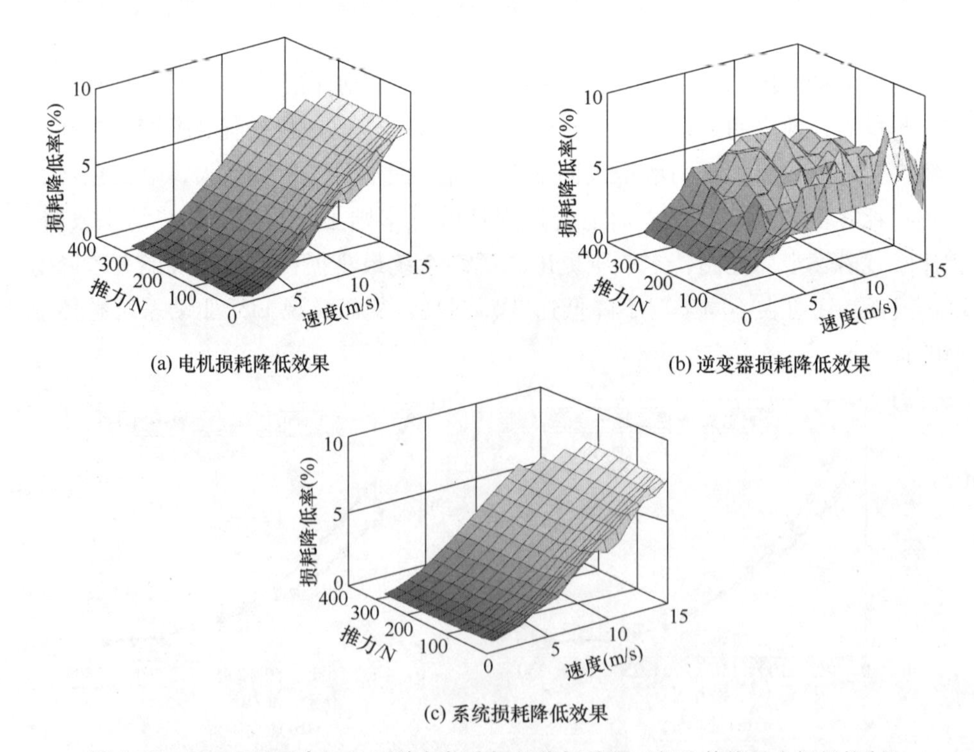

图 3-42　不同工况下电机 B 系统各部分损耗降低效果（相比传统最小损耗控制）

这是由于在驱动系统损耗中，逆变器损耗占比小，而电机损耗占比大，因此逆变器损耗的优化效果不可避免地受电机损耗优化的影响，进而导致逆变器损耗降低率波动较大。

图 3-43 和图 3-44 更为详细地描绘了这三部分损耗降低效果随推力、速度的变化趋势，由图可见，当速度恒定时，不论推力如何变化，这三部分损耗降低率均能维持在相对稳定的水平；而当推力恒定时，这三部分损耗降低率则随着速度的增大呈现小幅度上升。此外，在多数工况下，逆变器损耗的降低效果要优于电机损耗的降低效果。这表明，相比传统方法，新方法可在有效降低 LIM 损耗的基础上，进一步显著降低逆变器损耗，使 LIM 驱动系统整体运行效率获得进一步的提升。

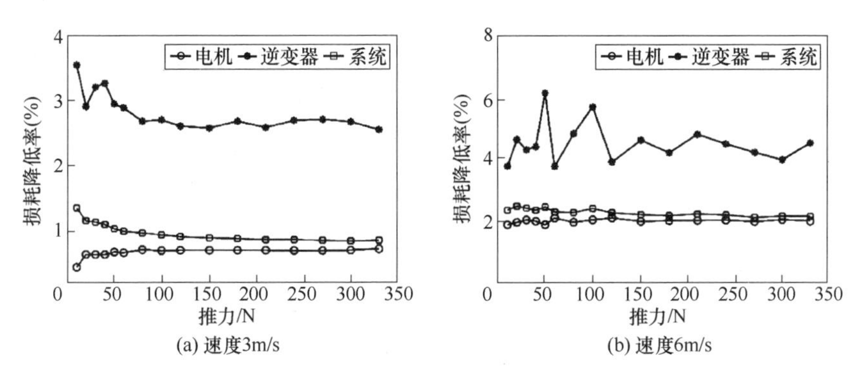

图 3-43　恒定速度下电机 B 驱动系统各部分损耗降低效果（相比传统方法）

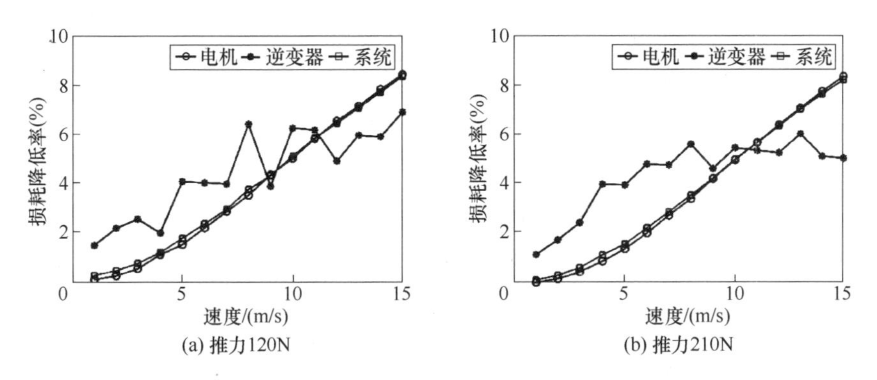

图 3-44　恒定推力下电机 B 系统各部分损耗降低效果（相比传统方法）

3.5.3.2　考虑时间谐波影响的最小损耗控制

图 3-45 和图 3-46 给出了 LIM 在次级磁场定向控制、传统最小损耗控制和本章提出的新型最小损耗控制（分别用 FOC、CLMC 和 PLMC 标注）作用下，电

机损耗随推力或速度的变化情况。从图中可以看出，当速度或推力较小时，采用新型的或传统的最小损耗控制，电机 A 的损耗十分接近；但随着速度或推力上升，二者差别逐渐增大。以图 3-45b 为例，当速度恒定为 10m/s、推力分别为 5kN 和 9kN 时，二者差别分别为 0. 51kW 和 1. 08kW；而在图 3-46b 中，当推力恒定为 7kN、速度分别为 5m/s 和 11m/s 时，相比传统最小损耗控制，新方法可分别使电机 A 损耗降低 0. 19kW 和 0. 96kW。

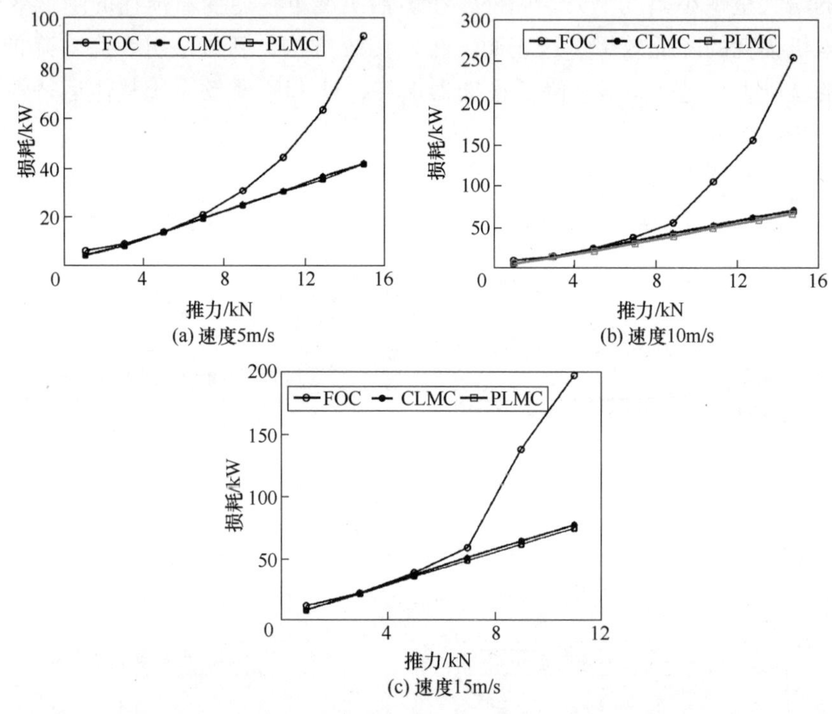

图 3-45　不同控制方式下的电机损耗对比（速度保持恒定）

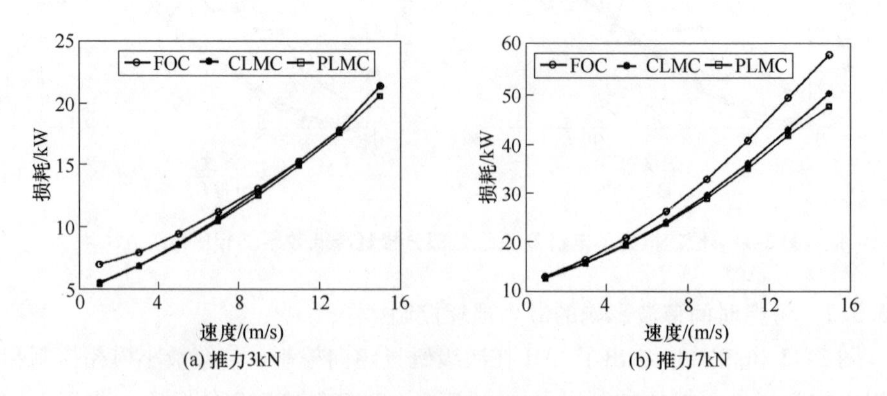

图 3-46　不同控制方式下的损耗对比（推力保持恒定）

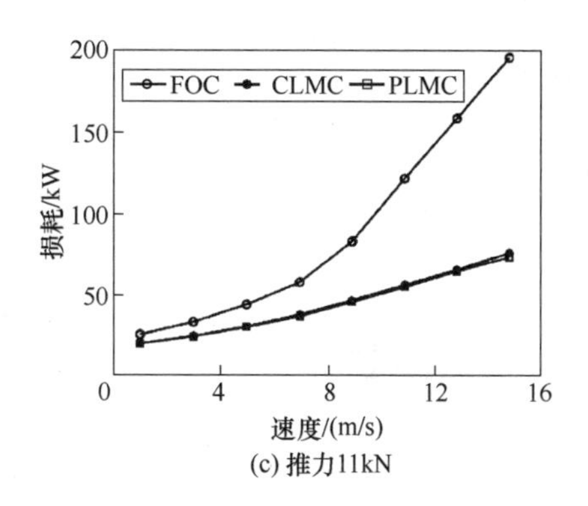

图 3-46　不同控制方式下的损耗对比（推力保持恒定）（续）

图 3-47 和图 3-48 给出了相比传统只考虑基波损耗的最小损耗控制方法，新型控制方法对电机 A 各部分损耗的降低效果。从图中可看出，相较于传统方法，新方法对谐波损耗的降低效果十分显著，并在不同工况下均优于基波损耗效果，从而使电机总损耗降低效果获得进一步提升。同时可以看出，在速度恒定时，谐波损耗降低效果较为平均；在负载恒定时，谐波损耗降低效果随着速度的增加而提高。

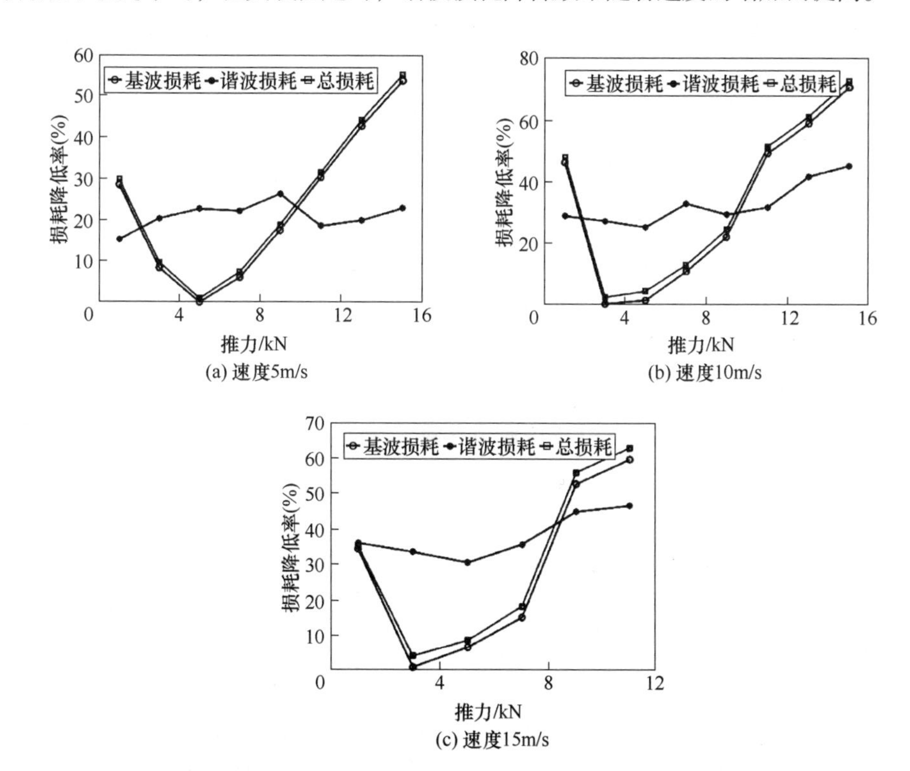

图 3-47　与传统最小损耗控制损耗降低效果对比（速度保持恒定）

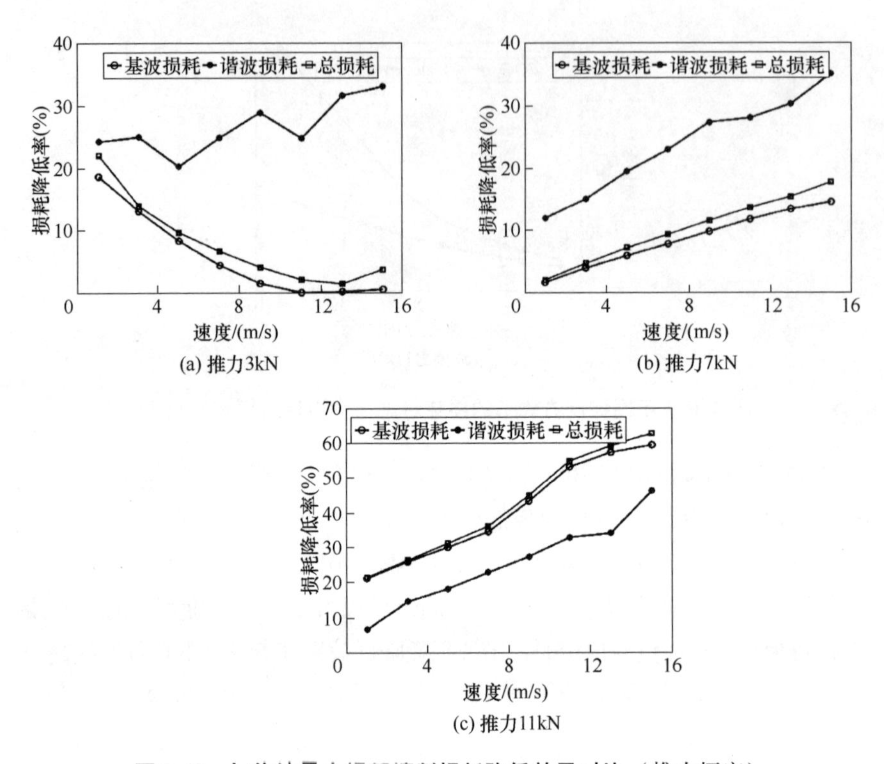

图 3-48　与传统最小损耗控制损耗降低效果对比（推力恒定）

上述损耗降低率变化的原因如下：谐波损耗受载波比（亦即电机运行速度）影响较大，由于提出的控制方法考虑了逆变器在电机中产生的谐波损耗，并通过推导的损耗模型及最优次级磁链有效降低该损耗；此外，谐波损耗随着速度的增加，在电机总损耗中的占比增加，相应的优化权重也提高。因此随着电机速度的增加，提出的最小损耗控制对谐波损耗的降低效果更加明显。

从图 3-45~图 3-48 所示不同控制方式下的电机损耗对比结果可以看出，在传统只考虑基波损耗的最小损耗控制基础上，提出的考虑时间谐波影响的最小损耗控制可在不同工况下进一步降低电机总损耗。

图 3-49 给出了电机 B 在速度为 10m/s 和不同负载条件下，依据式（3-60）和式（3-104）得到的基波损耗和总损耗（考虑谐波损耗）与次级磁链的变化情况。与上述仿真结果类似，当推力保持恒定时，LIM 的损耗同样为次级磁链的下凹函数，说明式（3-104）所示 LIM 损耗模型的凹函数性质不因具体电机型号或谐波损耗的引入而改变。

同时，图 3-49 还给出了不同情况下的最优次级磁链所对应的最佳点，其中菱形和五角形分别表示考虑与不考虑谐波损耗的次级磁链最佳点，正方形表示次级磁链取不考虑谐波损耗的最优次级磁链值时，得到的考虑时间谐波影响的总损耗所对应的点。观察图 3-49 中最优取值分布，可得出以下结论：

1）在考虑谐波损耗后，随着次级磁链的增加，谐波损耗占整体损耗的比值增加，导致最优次级磁链点向左偏移，即在传统不考虑谐波影响时计算得到的最优次级磁链，比实际最优次级磁链略大。

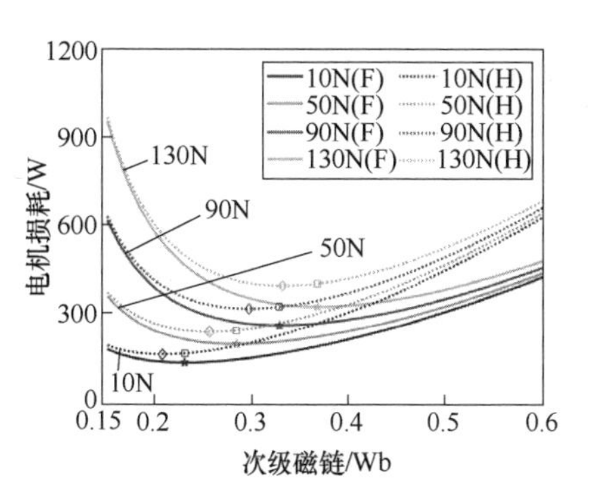

图 3-49　不同负载下 LIM 损耗与次级磁链关系

2）无论是否考虑谐波损耗，电机损耗在最优磁链点附近的变化幅度较小。如果采用搜索法寻找最优磁链，会在最优点周围重复迭代计算，引起磁链、电流和推力等电气量波动，进而影响算法控制效果和电机平稳运行。

3）以负载为 130N 的情况为例，不考虑与考虑谐波损耗时得到的最优次级磁链分别为 0.38Wb 和 0.34Wb。将这两个最优磁链代入式（3-104），得到考虑谐波影响的电机损耗分别为 550W 和 600W。可以看出，虽然没考虑谐波影响导致最优次级磁链误差为 12%，但电机在这两个磁链水平下的损耗偏差为 5%。这是因为不考虑谐波影响时得到的最优次级磁链偏大，同时损耗曲线在最优磁链右侧变化较平缓，导致电机在两种状态下的损耗比较接近。

图 3-50 显示了初级 d 轴和 q 轴电流、次级磁链、考虑时间谐波影响的电机损耗、推力和速度的变化。在整个仿真过程中，运行工况保持为 5m/s 和

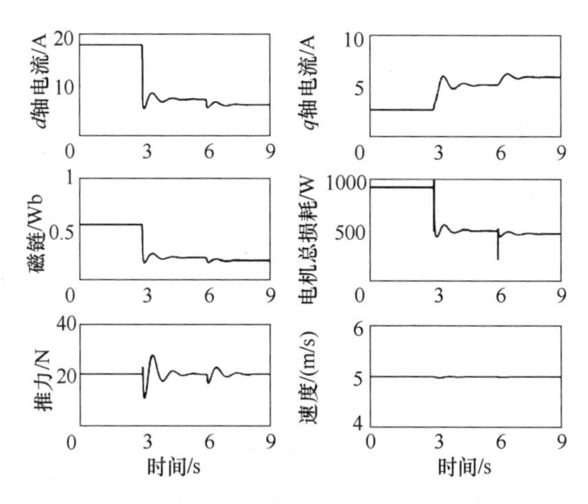

图 3-50　不同控制作用下的电机电气量变化情况（速度为 5m/s，10%额定负载）

15%额定负载。LIM 最开始以 FOC 方式运行，在 3s 和 6s 时分别切换为传统最小损耗控制和新型最小损耗控制。可以发现，初级 d 轴和 q 轴电流被重新分布以调整次级磁链。采用提出的考虑时间谐波影响的最小损耗控制方案后，LIM 损耗被进一步降低。算法切换过程中推力波动较小，但推力和速度基本保持在给定值。

图 3-51 和图 3-52 给出了电机 B 在不同控制方式下的电机损耗。与电机 A 的仿真结果类似，电机损耗随速度的增加幅度大于随推力的变化幅度，即速度对电机损耗的影响更大。

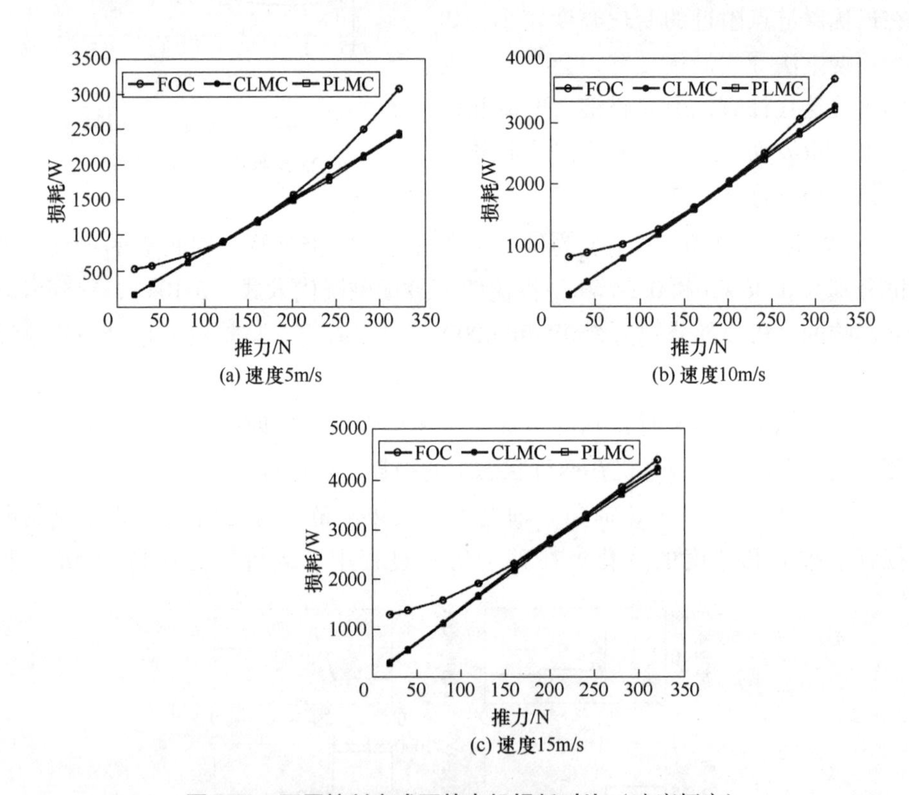

图 3-51 不同控制方式下的电机损耗对比（速度恒定）

图 3-53 和图 3-54 给出了新方法对电机 B 各部分损耗的降低效果。相较于传统最小损耗控制，新方法可十分明显降低电机的时间谐波损耗，并在大部分运行工况下均优于基波损耗效果，从而进一步提升电机总损耗的降低效果。此外，速度保持恒定时，对时间谐波损耗的降低效果较为平均；负载保持恒定时，对时间谐波损耗的降低效果随着速度的增加而提高。

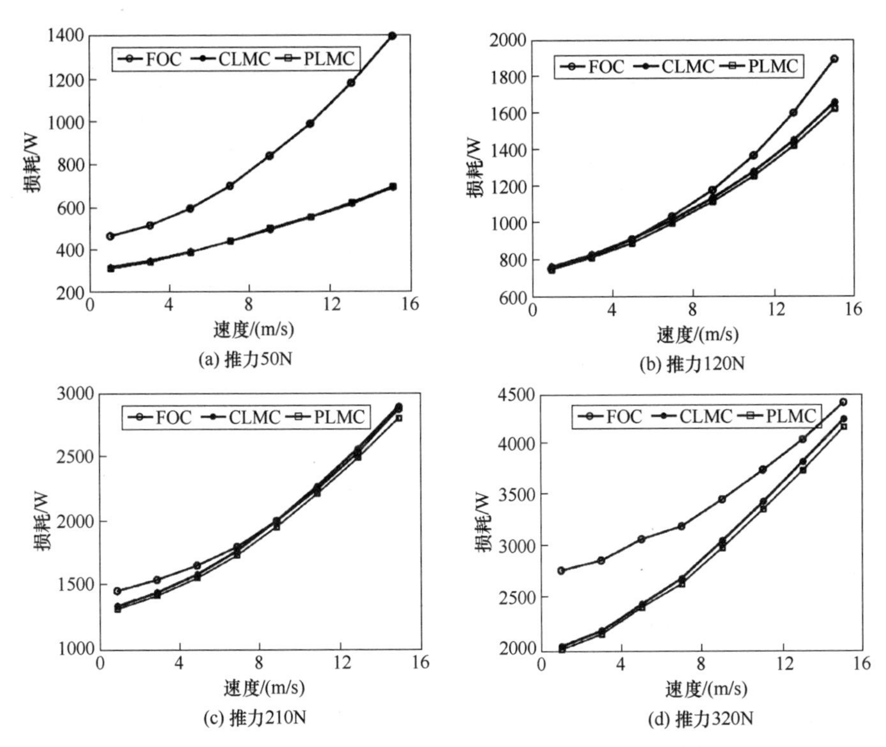

图 3-52 不同控制方式下的电机损耗对比（推力恒定）

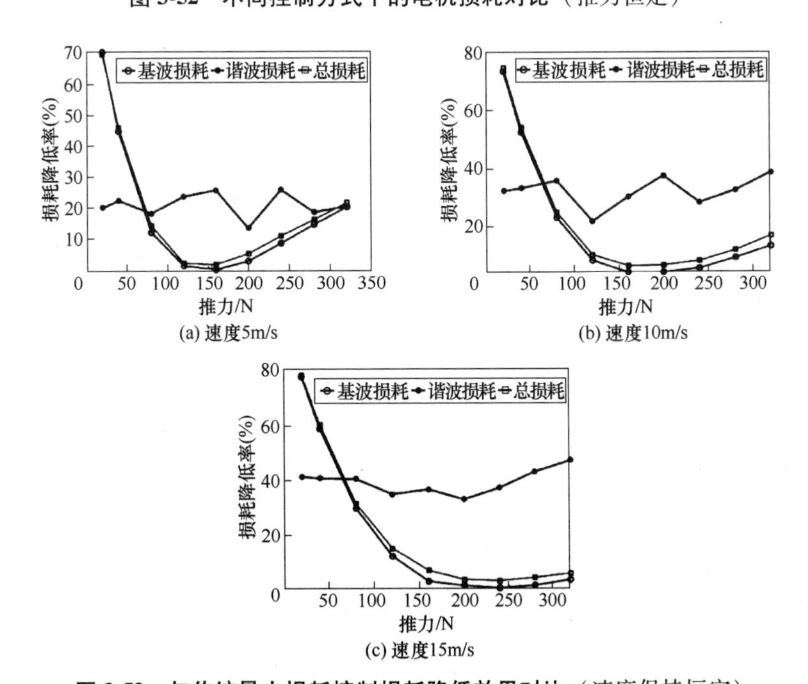

图 3-53 与传统最小损耗控制损耗降低效果对比（速度保持恒定）

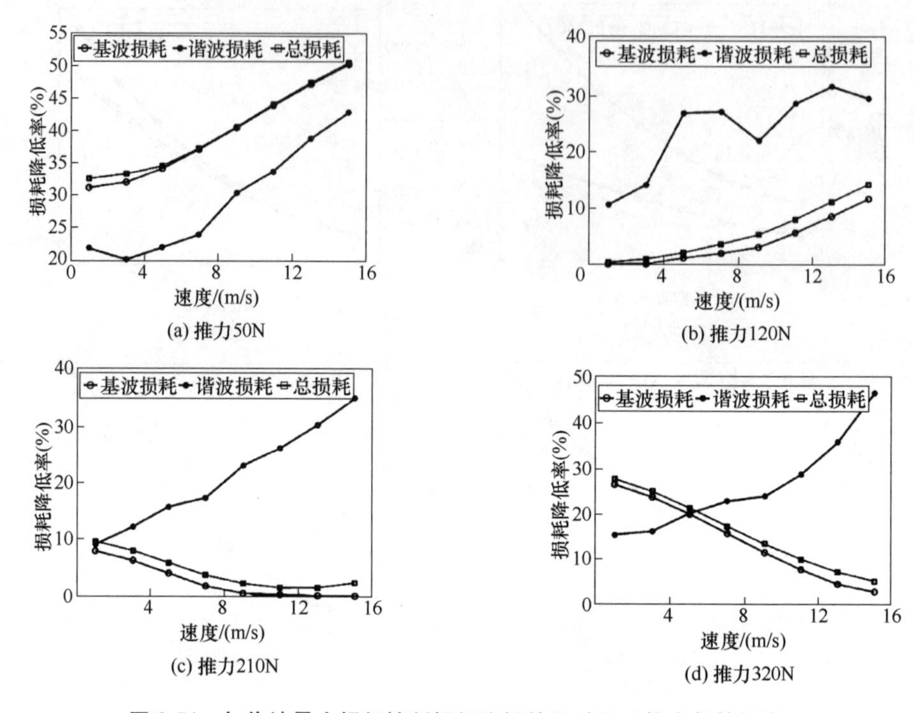

图 3-54　与传统最小损耗控制损耗降低效果对比（推力保持恒定）

3.5.4　实验结果

本节将分别采用3.5.1节和3.5.2节介绍的两种最小损耗控制对电机B进行实验验证。

3.5.4.1　考虑逆变器损耗的最小损耗控制

与3.4.3节实验分析类似，本小节首先对式（3-94）所示LIM驱动系统损耗模型的准确度进行验证，结果如图3-55和图3-56所示。从图中可以发现，驱动系统各部分损耗计算值均与测量值吻合较好，其平均误差约为4.5%。这一误差主要来自电机运行中的外部干扰、参数误差、磁链观测误差和测量误差。总体而言，本章所提出的LIM驱动系统损耗模型具有较高的准确度，可用于后续的分析研究。

为分析本章新型最小损耗控制对励磁的调节作用，本小节通过实验对比了最小损耗控制与磁场定向控制下的电流、磁链、推力和总损耗等，得到与图3-38对应的实验结果，如图3-57所示：0~5s内采用磁场定向控制，5s后则切换至驱动系统最小损耗控制。对比图3-38与图3-57可知，实验结果与仿真结果吻合较

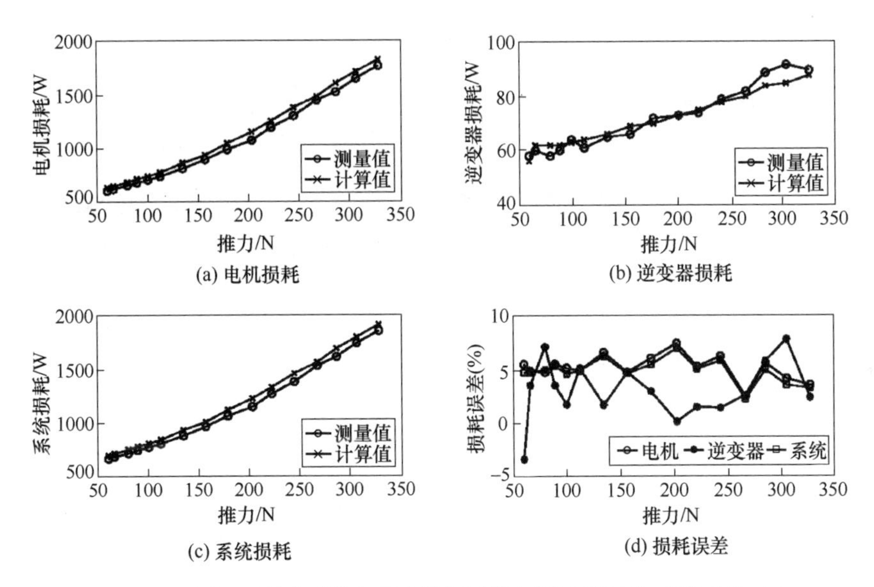

(a) 电机损耗

(b) 逆变器损耗

(c) 系统损耗

(d) 损耗误差

图 3-55　电机 B 驱动系统各部分损耗计算与测量值对比（速度 5m/s）

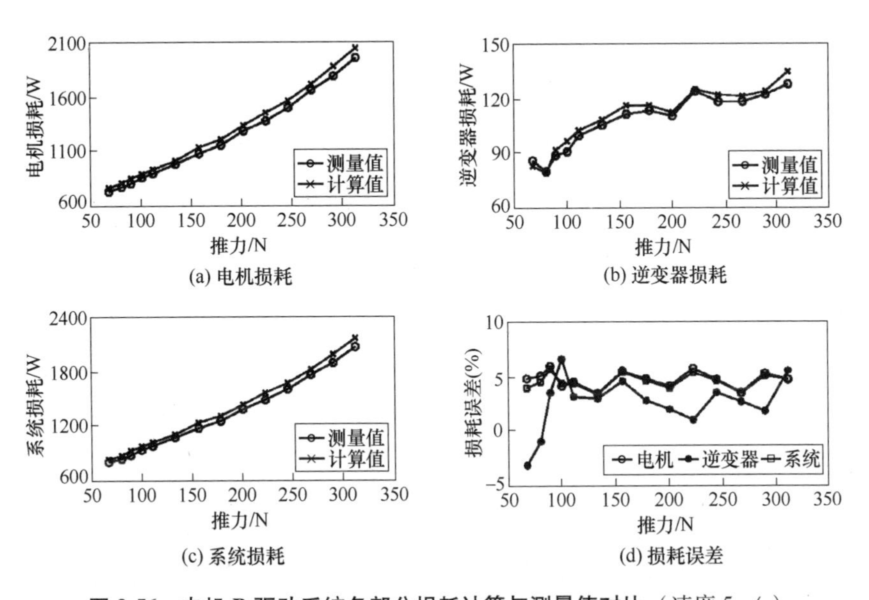

(a) 电机损耗

(b) 逆变器损耗

(c) 系统损耗

(d) 损耗误差

图 3-56　电机 B 驱动系统各部分损耗计算与测量值对比（速度 5m/s）

好：最小损耗控制调低了次级磁链水平和初级 d 轴电流，而初级 q 轴电流相应增大，最终实现损耗降低。值得注意的是，在图 3-57d 中，采用最小损耗控制后，推力波动显著降低：其原因在于从初级 d 轴电流到励磁电流的过程相当于一个低通滤波器，可使励磁电流波动下降，从而降低推力波动[332]。

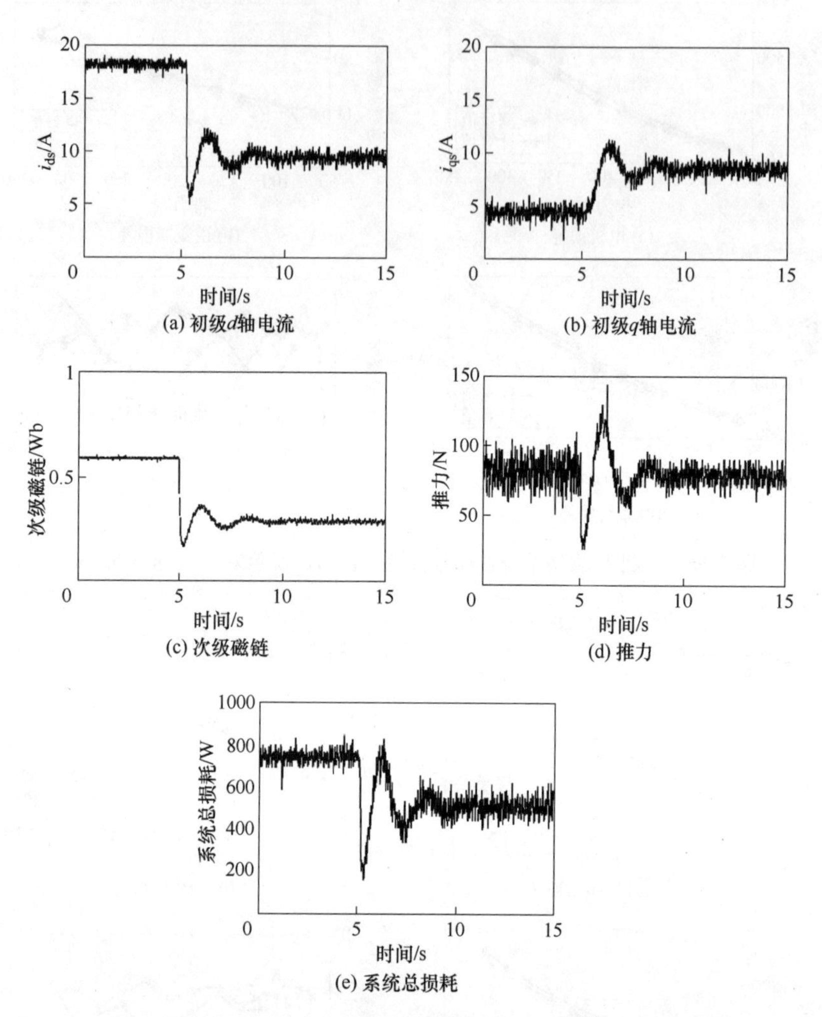

图 3-57　磁场定向控制与最小损耗控制下电流、磁链、推力、损耗的实验对比

图 3-58 研究了不同工况下与常规恒定励磁磁场定向控制相比，采用本章新型最小损耗控制对电机 B 系统各部分损耗的降低效果。由此可见，驱动系统最小损耗控制方法可在大多数工况下显著降低系统的各部分损耗。以图 3-58d 为例，电机 B 运行速度为 10m/s，当推力在 162N（60%额定推力）以下时，电机损耗、逆变器损耗和系统损耗均可降低 10%以上。这意味着常规恒定励磁磁场定向控制方式仅在少数工况下具有相对较低的损耗。为详细阐释这一点，图 3-59 研究了不同励磁水平下磁场定向控制与最小损耗控制的损耗对比。

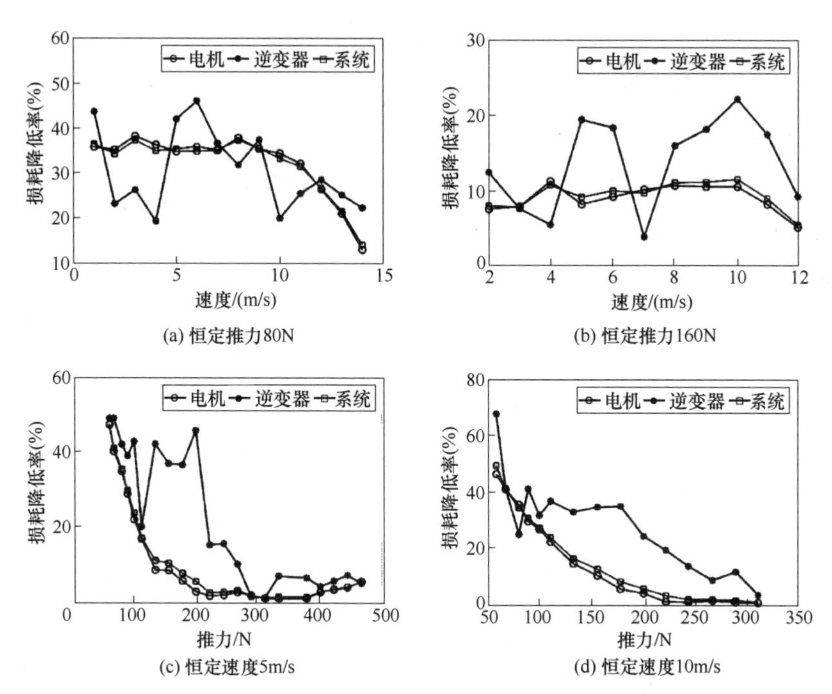

(a) 恒定推力80N (b) 恒定推力160N

(c) 恒定速度5m/s (d) 恒定速度10m/s

图 3-58 采用本章新型最小损耗控制下各部分损耗的降低效果

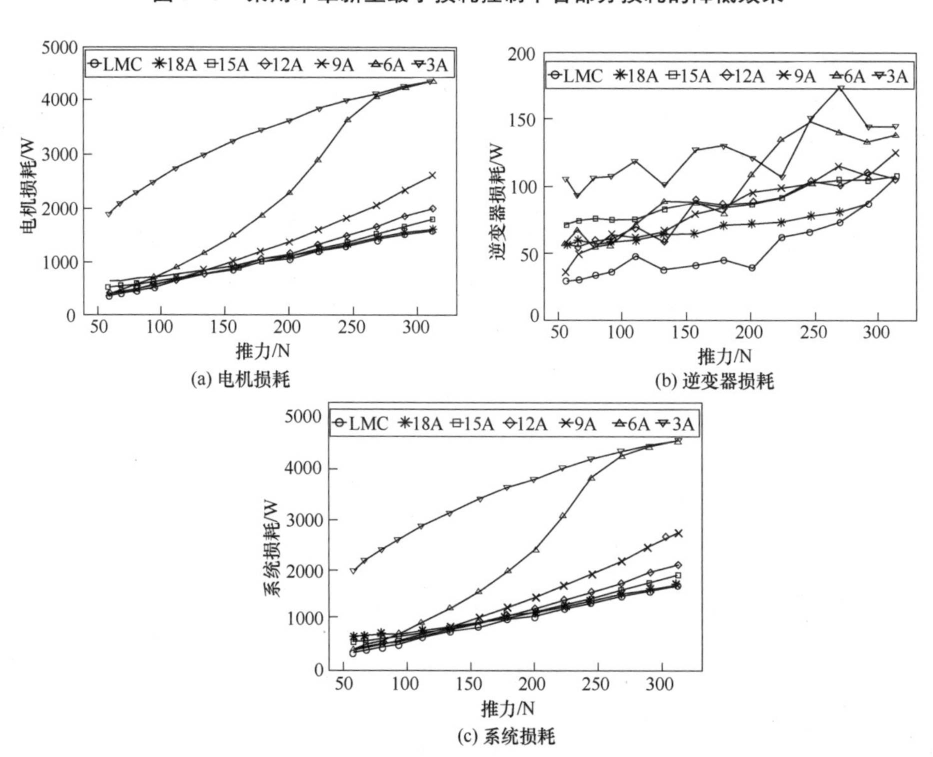

(a) 电机损耗 (b) 逆变器损耗

(c) 系统损耗

图 3-59 不同励磁水平下磁场定向控制与最小损耗控制的损耗对比

在图 3-59 中，“LMC”代表本章所提出的驱动系统最小损耗控制，“18A”“15A”“12A”“9A”“6A”“3A”则分别代表对应励磁电流的磁场定向控制。可见，相较于上述励磁水平的磁场定向控制，最小损耗控制总能获得最低的电机损耗、逆变器损耗和系统总损耗。一方面，这意味着不论采用何种励磁水平，恒定励磁控制方式仅在部分工况下能实现相对较低的损耗。另一方面，图 3-59 中结果说明，在不同工况下，本章所提出的驱动系统最小损耗控制可实现驱动系统各部分损耗最优，进而有效降低轨交 LIM 牵引系统的能耗问题。

本小节进一步对比了所提出的驱动系统最小损耗控制方法（简称“新方法”）与传统最小损耗控制方法（简称“传统方法”）之间的损耗。图 3-60 和图 3-61 分别展示了在 3m/s 和 10m/s 速度下的实验结果，其中“P-LMC”代表新方法，“C-LMC”代表传统方法。可以看到，两种方法之间的电机损耗和系统损耗较为接近，而逆变器损耗差别较大。如前文所述，由于在驱动系统中电机损耗相对逆变器损耗占比大，即新方法对电机损耗的优化权重大，因此实验结果中逆变器损耗波动较大。

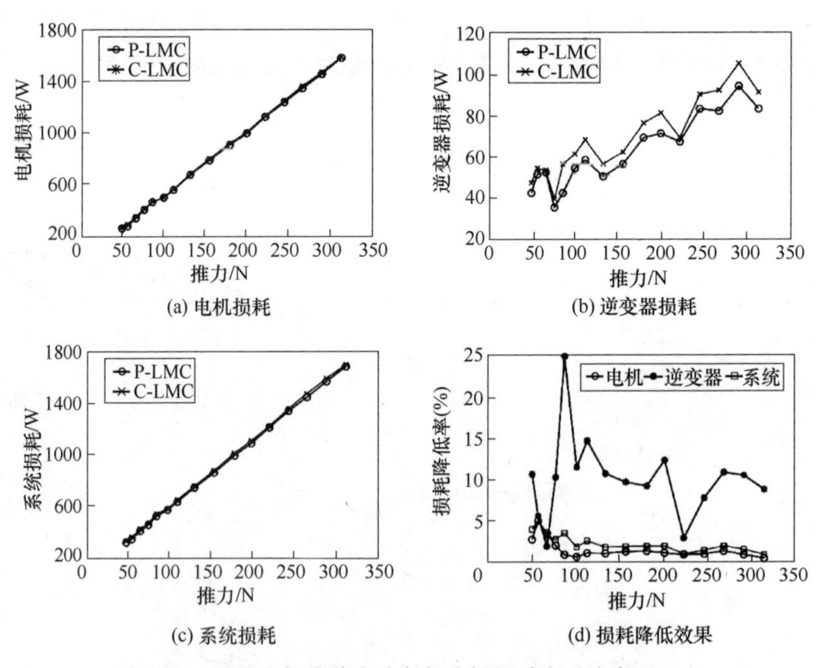

图 3-60　新方法与传统方法各部分损耗对比（速度 3m/s）

图 3-62 进一步研究了在其他运行工况下，相比传统方法，新方法对电机 B 驱动系统各部分损耗的降低效果。由图可见，在传统方法基础上，新方法可进一步降低电机损耗 2%~4%、逆变器损耗 10%~15%，系统总损耗 3%~5%。

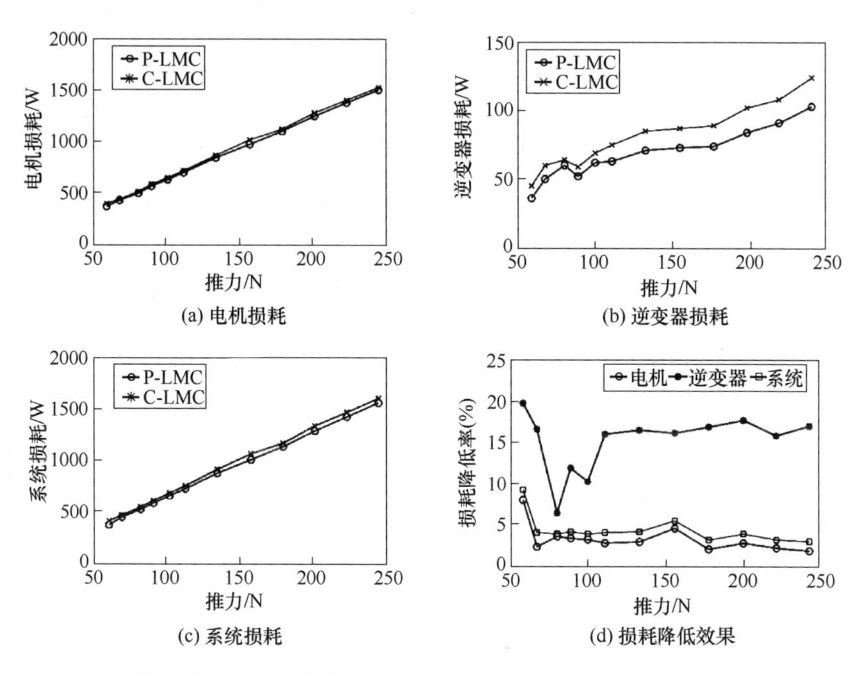

(a) 电机损耗

(b) 逆变器损耗

(c) 系统损耗

(d) 损耗降低效果

图 3-61　新方法与传统方法各部分损耗对比（速度 10m/s）

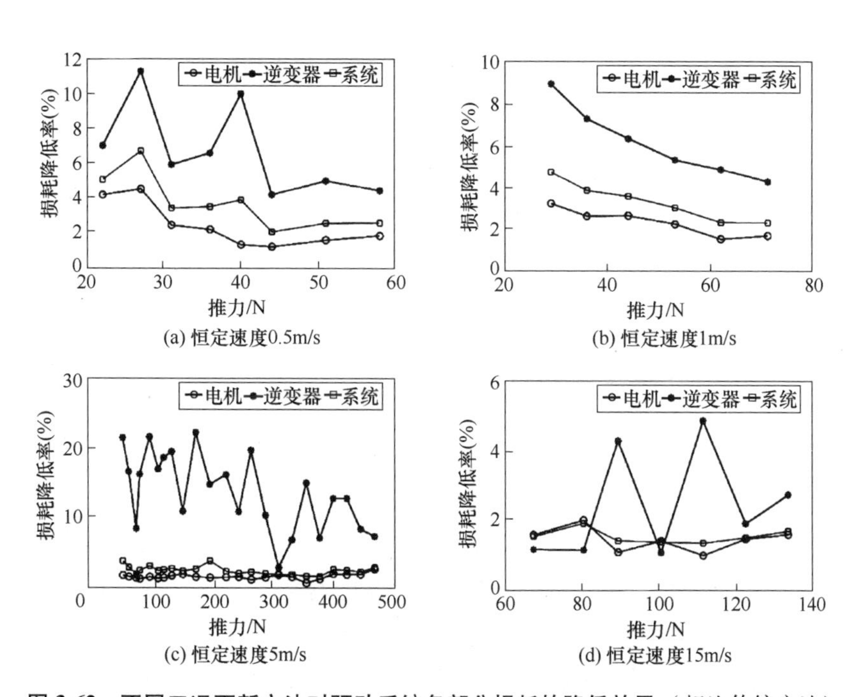

(a) 恒定速度0.5m/s

(b) 恒定速度1m/s

(c) 恒定速度5m/s

(d) 恒定速度15m/s

图 3-62　不同工况下新方法对驱动系统各部分损耗的降低效果（相比传统方法）

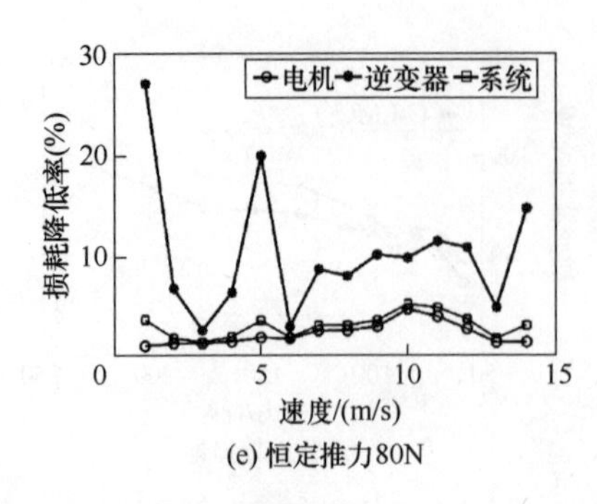

(e) 恒定推力80N

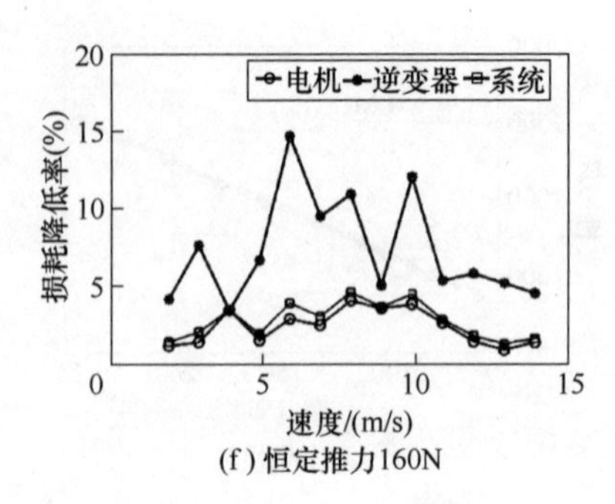

(f) 恒定推力160N

图 3-62 不同工况下新方法对驱动系统各部分损耗的降低效果（相比传统方法）（续）

新方法能实现电机损耗进一步降低的原因已在上一节中阐释：充分考虑初、次级漏感对铜耗和铁耗的影响，以及转差对电机损耗的直接影响。此外，新方法之所以能显著降低逆变器损耗，其主要原因在于传统方法只优化电机损耗而未考虑逆变器损耗。为此，相比传统方法，新方法可使 LIM 驱动系统损耗得到进一步降低。与此同时，对比实验与仿真结果可发现，在实验结果中新方法对逆变器损耗的降低效果更为突出。这是由于本章所提出的驱动系统损耗模型只涵盖了电机铜耗、铁耗，以及逆变器导通、开关损耗。事实上，驱动系统损耗还包括直流母线损耗、滤波电阻上的损耗等。在仿真分析中，这些损耗并未体现出来；而在实验中，这些损耗随着电机励磁水平的调节而有所降低。

基于以上稳态仿真和实验分析可知：不论相比常规恒定励磁控制方式抑或传统最小损耗控制，新方法可在 LIM 损耗降低的基础上，显著降低逆变器损耗，从而对降低逆变器容量、降低车载设备质重量等产生积极作用，并进一步降低 LIM 驱动系统的整体能耗。

3.5.4.2 考虑时间谐波影响的最小损耗控制

图 3-63 给出电机 B 在速度为 6m/s 的不同负载下，计算和测量（考虑和不考虑时间谐波）得到的电机损耗。为了充分说明逆变器产生的时间谐波影响，这些结果在不同的开关频率下进行。结果表明，随着开关频率的降低，时间谐波的影响增大，传统基波损耗模型的计算值与实测值误差较大，而谐波损耗模型能保持较高的计算精度。当开关频率从 3kHz 降低到 300Hz 时，传统损耗模型的平均误差从 3%增大到 20%。而时间谐波损耗模型的误差可以一直保持在 4%以内。由于实验平台面临变速箱等机械装置的外部扰动，导致观测功率值时有较大的波动，因而引起测量误差。此外，本章的新型最小损耗模型只考虑了主要次数时间谐波，而忽略了其他次数时间谐波，从而导致计算值偏小。

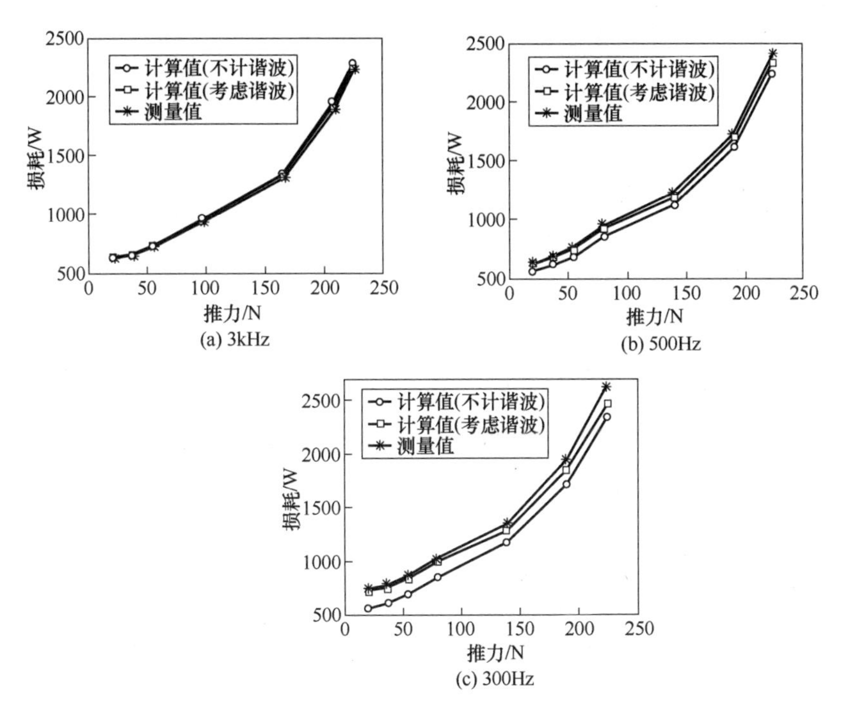

图 3-63　不同开关频率下的测量损耗与计算损耗

与仿真内容类似，通过实验测量了不同控制下的 LIM 电气量变化情况。初级 d 轴和 q 轴电流、次级磁链、考虑时间谐波影响的电机损耗、推力和速度的变化情况如图 3-64 所示。最开始，直线电机在额定速度为 5m/s、额定负载为 10% 的工况下保持额定励磁磁链运行，然后在相同的工作条件下分别在 3s 和 6s 切换为传统和新型最小损耗控制方案。结果表明，在新型最小损耗控制方案被采用后，初级 d 轴和 q 轴电流被调节到最佳水平，磁通被调整到最佳值，总损耗可以显著降低。通过比较图 3-50 和图 3-64，可知仿真与实验结果基本一致，说明了考虑时间影响最小的新型损耗控制算法的合理性和有效性。

基于实验进一步对比了所提出的最小损耗控制方法与传统最小损耗控制方法之间的损耗。图 3-65 给出了 LIM 在速度为 10m/s 时，各部分损耗的降低效果。从图中可以看出，两种方法的电机和系统损耗比较接近，但时间谐波损耗差异明显。由于电机基波损耗占比大、谐波损耗占比小，亦即新方法对谐波损耗的优化权重大。

基于实验测试，进一步对比了本章新型最小损耗控制与传统最小损耗控制之间的损耗大小。图 3-65 给出了 LIM 在速度为 10m/s 时，各部分损耗的降低效果

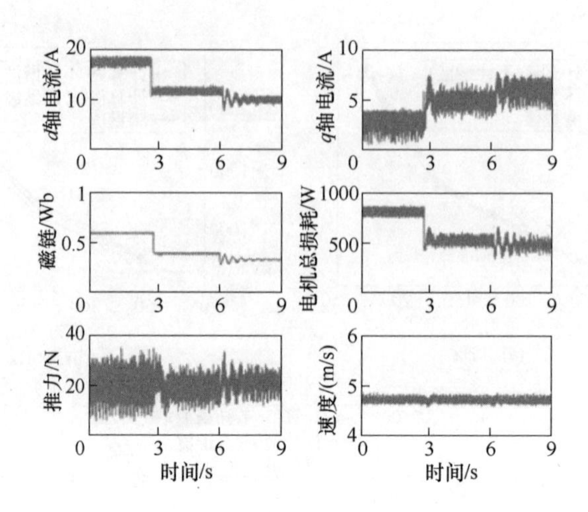

图 3-64　不同控制策略作用下电机电气量变化情况（速度为 5m/s，10%额定负载）

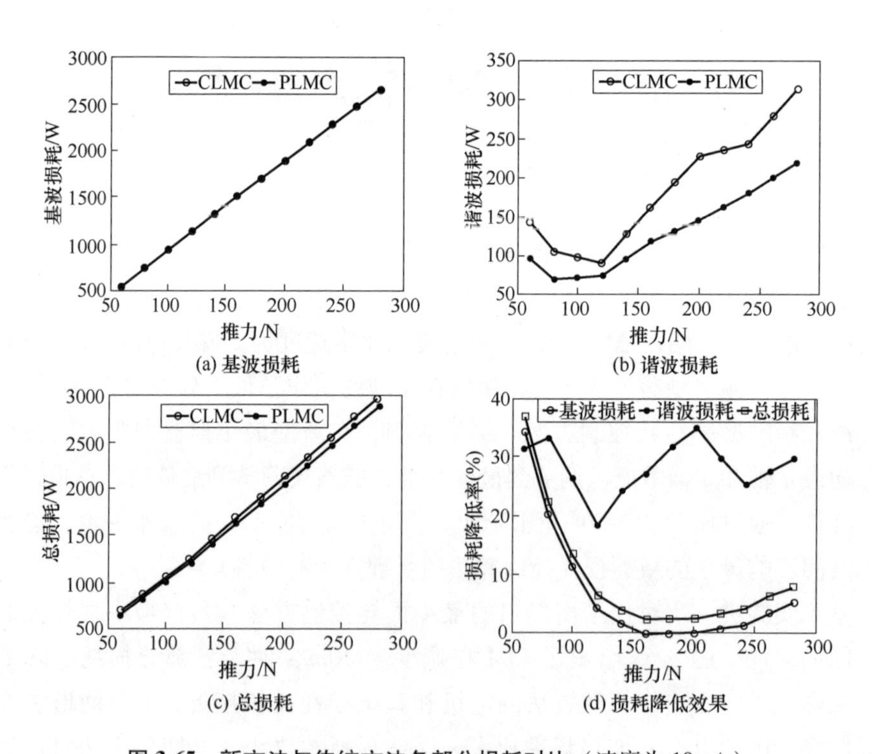

图 3-65　新方法与传统方法各部分损耗对比（速度为 10m/s）

果，从图中可以看出，两种方法的电机和系统损耗比较接近，但时间谐波损耗差异明显。由于电机的基波损耗占比相对谐波损耗大，新方法对谐波损耗的优化权重相对更大。从图 3-65 可知，与传统最小损耗控制相比，新方法可在不同负载水平下比较均衡地降低电机各部分损耗，其中对时间谐波损耗的降低效果最明显。图 3-66 中给出了在其他典型工况下，提出的最小损耗控制对电机 B 各部分损耗的降低效果。观察以上各图可以看出：在不同工况下，相较传统方法，新型最小损耗控制可降低谐波损耗 30%，从而使电机总损耗进一步降低 2%。

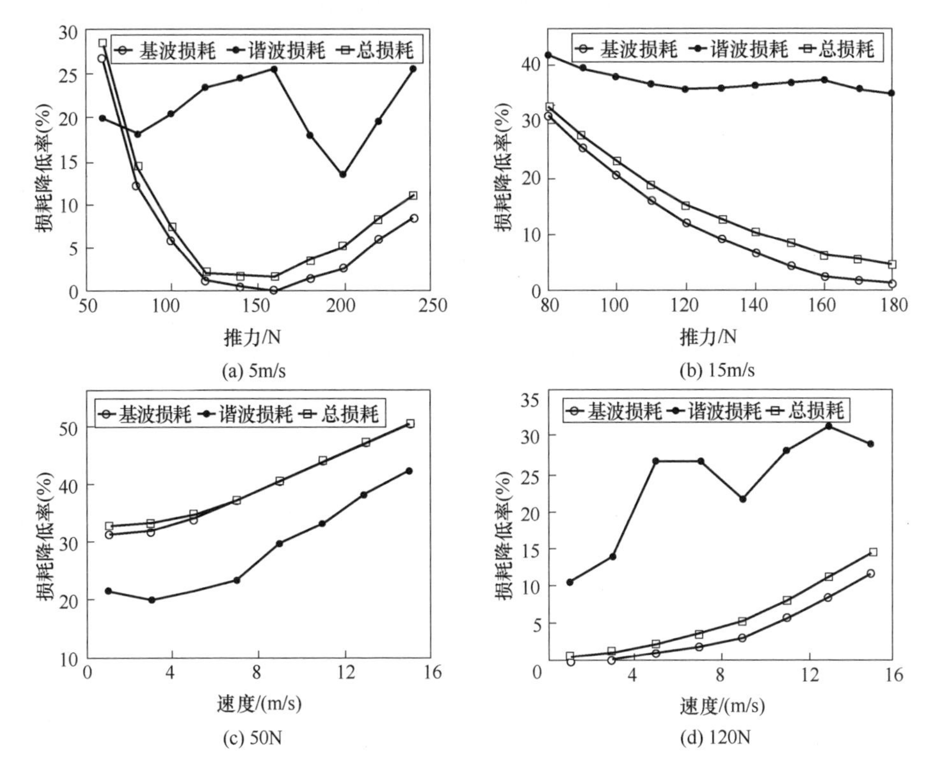

图 3-66　不同工况下新方法对电机各部分损耗的降低效果（相比传统方法）

本章提出的考虑时间谐波的影响最小损耗控制能够在传统最小损耗控制的基础上进一步降低 LIM 损耗，主要原因总结如下：

1）由于开关频率较低，由逆变器引起的 LIM 时间谐波损耗在总损耗中占一定比例，需要加以考虑。结果表明，本章的新型最小损耗控制方案可以显著降低电机的时间谐波损耗。

2）谐波损耗与载波比和调制度密切相关，即与电机运行状态有间接关系。此外，谐波对应的同步频率和转差频率也与基波的同步频率和转差频率存在较大的不同，从而导致不同时间谐波次数下的端部效应对电机的影响程度差异较大。本文提出的时间谐波等效电路和损耗模型考虑了上述因素，因而新型最小损耗控制可有效降低不同运行工况下的电机总损耗。

3.6 小结

轨交 LIM 因其固有结构特征而存在运行效率低等问题，但当前文献中缺乏切合 LIM 及驱动系统的高效控制策略。基于常规 RIM 开发的最小损耗控制策略，虽可经过一定修改应用于 LIM，但受 LIM 磁路开断、大气隙、边端效应等因素影响，该类方法的应用效果不甚理想。针对相关问题，本章所开展的主要工作总结如下。

1）建立了 LIM 新型稳态损耗模型，包含了初、次级铜耗，以及励磁电感、初级漏感和次级漏感引起的铁耗。同时，基于该损耗模型，本章提出了次级磁场定向的 LIM 最小损耗控制，并结合日本 12000 型 LIM 和 3kW LIM 实验样机开展了大量的仿真和实验测试，相关结果表明：相比常规恒定励磁控制方式，新方法可在轻载和过载工况下显著降低电机损耗；而相比传统最小损耗控制，新方法可在不同运行条件下进一步降低电机损耗。因此，新型 LIM 最小损耗控制可有效提升 LIM 的运行效率，降低轨交牵引系统的能耗水平。

2）通过分析逆变器导通和开关损耗，推导了逆变器损耗-次级磁链模型，结合提出的 LIM 损耗模型，建立了 LIM 驱动系统新型稳态损耗模型，并成功实现了驱动系统的最小损耗控制。

3）建立了包含时间谐波损耗的 LIM 损耗模型，该模型包含了初、次级铜耗和逆变器损耗。通过数值迭代算法和合理设置迭代初值，得到使电机总损耗最小的最优控制量，进而建立了相应的最小损耗控制策略。相较于传统只考虑基波损耗的最小损耗控制，该方法可在不同工况下大幅降低 LIM 谐波损耗，从而进一步降低 LIM 系统的总损耗，提升系统牵引能力。

Chapter 4

第4章　直线感应电机模型预测电流控制

4.1 引言

LIM 矢量控制通过调节 PI 控制器参数来匹配实际 LIM 模型，且所选取的 PI 参数通常为固定值。因此，对于互感变化剧烈的 LIM 来说，会存在控制器参数与实际电机模型不匹配的问题，进而导致其控制性能不佳。此外，当电机运行在低开关频率下，较低的采样频率会放大微处理器计算延迟所带来的影响，进一步恶化矢量控制性能。为提升 LIM 运行性能，本章首先将 MPC 与矢量控制相结合，并进一步研究模型预测电流控制（Model Predictive Current Control，MPCC）。根据 Duncan 提出的 LIM 等效模型，MPCC 可对 LIM 边端效应和计算延迟进行补偿，从而提升运行性能。此外，将 MPCC 与电压调制相结合，本章提出了一种基于参考电压矢量扇区的简化搜索方法，在提升电流控制性能的同时有效降低了 MPCC 的计算复杂度。同时，该方法可进一步扩展到含电流约束条件的情景中，搜索出的电压矢量既能满足电流约束条件，又具有较好的电流跟踪性能。

将 MPCC 与电压调制策略相结合，虽然能有效提升电流控制性能，但将不可避免地增加了开关频率。文献［343］研究表明：增加预测步长可在相同开关频率下提高电流质量，但却会明显增加 MPC 算法复杂度。为尽可能在不增加开关频率的前提下有效提升电流质量，本章进一步研究了多步长 MPC 算法。针对多步长 MPC 算法急剧增加的运算复杂度，当假定无任何约束条件时，本章首先推导出了 CCS-MPC 在不同预测步长下的数学表达式。之后，为确保求解结果同时满足电压和电流的约束条件，本章提出了一种简化求解方法，并对求解结果进行修正以满足约束条件。在此基础之上，本章还研究了预测步长对 FCS-MPC 的影响，并采用简化搜索方法，明显降低了多步长 FCS-MPC 的求解难度和计算量。

4.2 传统模型预测电流控制

4.2.1 电流预测模型

为了建立 LIM 等效电路模型，需要对次级涡流带来的影响进行量化分析。当 LIM 初级入端刚进入次级时，将入端处的次级等效为线圈，根据楞次定律可知：初级产生的磁场会被次级感应出的涡流磁场抵消，使得入端点的气隙磁场未能建立。因此，假定 LIM 入端的磁场近似为零，此时该处的次级涡流值等于励磁电流 I_m（其方向相反）。由于次级导板存在电阻，在初级向前运动的时间中，涡流建立的磁场会以次级时间常数衰减，其表达式为

$$T_2=\frac{L_m+L_{l2}}{R_2} \tag{4-1}$$

式中，L_m为电机互感；L_{l2}为次级漏感；R_2 为次级电阻。

进一步，整个初级通过入端涡流点所需要的时间可表示为

$$T_v=\frac{l}{v} \tag{4-2}$$

式中，l 为电机初级长度；v 为电机运行速度。

结合式（4-1）和式（4-2），可以定义无量纲的边端效应影响因子，表达式如下：

$$Q=\frac{T_v}{T_2}=\frac{lR_2}{v(L_m+L_{l2})} \tag{4-3}$$

当涡流衰减速度较快，即 T_2 较小，同时电机运行速度较慢，即 T_v 较大时，边端效应带来的影响较小，例如电机静止时，边端效应将不存在。然而，当涡流衰减速度较慢，电机运行速度较快时，边端效应带来的磁场削弱部分会越大，例如在极端情况下，当电机速度无穷大时，通过入端涡流点时间为 0，由于涡流没有任何衰减，此时电机整个初级都未能建立磁场，就被感应出的涡流所抵消。根据前面分析及式（4-3）可知，边端效应因子 Q 越大，电机气隙磁场削弱较小，边端效应带来的影响较小，反之则较大。

LIM 的有效励磁电流和涡流在整个初级长度下的分布表达式为

$$\begin{cases}I_{mea}=I_m-I_{edd}\\I_{edd}=I_m\mathrm{e}^{-\frac{x}{vT_2}}\end{cases} \tag{4-4}$$

式中，x 为 LIM 初级某一点距离入端的长度；I_{mea} 为有效励磁电流；I_{edd} 为涡流。

根据式（4-4），可以绘制出有效励磁电流和涡流分布曲线，如图 4-1 所示。进一步求解出涡流平均值为

$$\bar{I}_{edd}=\frac{I_m}{l}\int_0^l \mathrm{e}^{-\frac{x}{vT_2}}\mathrm{d}x=I_m\frac{1-\mathrm{e}^{-Q}}{Q}=I_m f(Q) \tag{4-5}$$

根据式（4-4）和式（4-5），可进一步求出等效励磁电流表达式为

$$\bar{I}_{mea}=I_m-\bar{I}_{edd}=I_m\left(1-\frac{1-\mathrm{e}^{-Q}}{Q}\right)=I_m(1-f(Q)) \tag{4-6}$$

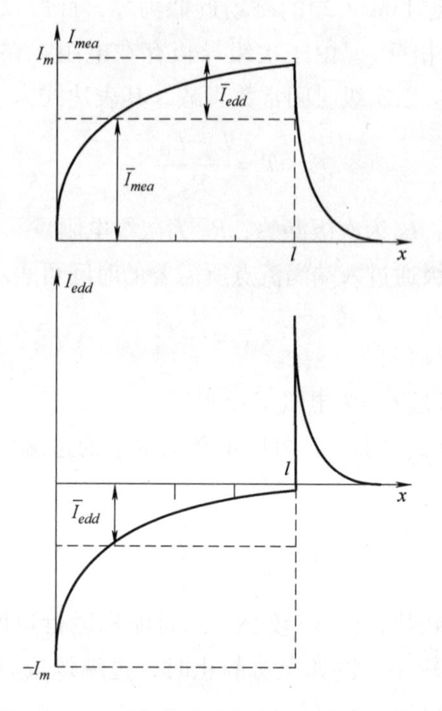

图 4-1　LIM 有效励磁电流和涡流分布曲线

因此，根据上面推导分析，次级导板涡流产生的磁场部分抵消了电机气隙磁场，相当于在 LIM 励磁回路并联一个电感对励磁电流进行分流。为能更准确描述涡流带来的影响，该电感值可通过下式求解，其表达式为

$$L_{edd}=\frac{L_m\bar{I}_{mea}}{\bar{I}_{edd}}=L_m\frac{1-f(Q)}{f(Q)} \tag{4-7}$$

最终，可获得图 4-2 所示的 LIM 等效电路，其边端效应带来的磁链衰减影响可通过励磁回路修正来考虑。根据该等效电路，当励磁电流为 I_m 时，等效励磁电感为

$$L'_m=\frac{L_m^2\frac{1-f(Q)}{f(Q)}}{L_m+L_m\frac{1-f(Q)}{f(Q)}}=L_m(1-f(Q)) \tag{4-8}$$

因此，根据式（4-8）可知：将边端效应带来的磁链衰减折算到励磁电感上，可在建立 LIM 等效模型时忽略次级涡流分量，从而简化了 LIM 数学模型。LIM 在 $\alpha\beta$ 坐标系下的电压和磁链方程为

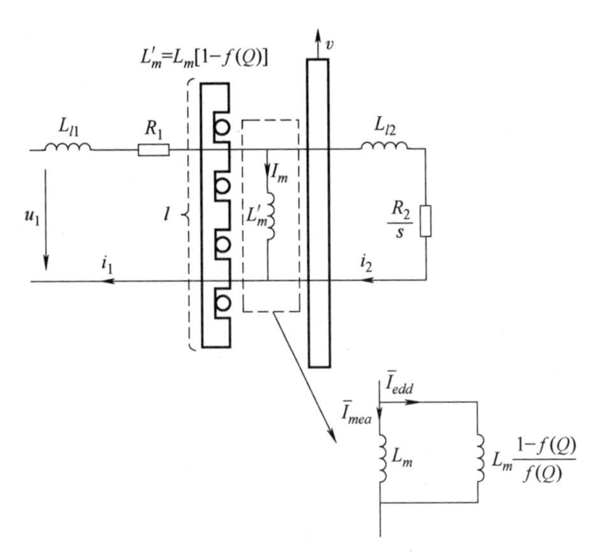

图 4-2　LIM 等效电路

$$
\begin{cases}
u_{\alpha1}=R_1 i_{\alpha1}+\dfrac{\mathrm{d}\psi_{\alpha1}}{\mathrm{d}t}\\
u_{\beta1}=R_1 i_{\beta1}+\dfrac{\mathrm{d}\psi_{\beta1}}{\mathrm{d}t}\\
0=R_2 i_{\alpha2}+\dfrac{\mathrm{d}\psi_{\alpha2}}{\mathrm{d}t}+\omega_2\psi_{\beta2}\\
0=R_2 i_{\beta2}+\dfrac{\mathrm{d}\psi_{\beta2}}{\mathrm{d}t}-\omega_2\psi_{\alpha2}
\end{cases}
\tag{4-9}
$$

$$
\begin{cases}
\psi_{\alpha1}=L_1 i_{\alpha1}+L'_m i_{\alpha2}\\
\psi_{\beta1}=L_1 i_{\beta1}+L'_m i_{\beta2}\\
\psi_{\alpha2}=L_2 i_{\alpha2}+L'_m i_{\alpha1}\\
\psi_{\beta2}=L_2 i_{\beta2}+L'_m i_{\beta1}
\end{cases}
\tag{4-10}
$$

式中，L_1 和 L_2 分别为初级和次级回路电感，且 $L_1=L'_m+L_{l1}$，$L_2=L'_m+L_{l2}$，其中 L_{l1} 和 L_{l2} 为初级和次级漏感；R_1 和 R_2 为初级和次级电阻；$u_{\alpha1}$ 和 $u_{\beta1}$ 为初级输入电压 $\alpha\beta$ 轴分量；$i_{\alpha1}$ 和 $i_{\beta1}$ 为初级电流 $\alpha\beta$ 轴分量；$i_{\alpha2}$ 和 $i_{\beta2}$ 为次级电流 $\alpha\beta$ 轴分量；$\psi_{\alpha1}$ 和 $\psi_{\beta1}$ 为初级磁链 $\alpha\beta$ 轴分量；$\psi_{\alpha2}$ 和 $\psi_{\beta2}$ 为次级磁链 $\alpha\beta$ 轴分量；ω_2 为次级运动角速度。

选取初级电流以及次级磁链作为状态变量，结合式（4-9）和式（4-10），可推出 LIM 状态方程为

$$\begin{cases}\dfrac{\mathrm{d}i_{\alpha1}}{\mathrm{d}t}=\dfrac{L_2}{L_1L_2-L'^2_m}\left(u_{\alpha1}-\left(R_1+\dfrac{R_2L'^2_m}{L_2^2}\right)i_{\alpha1}+\dfrac{R_2L'_m}{L_2^2}\psi_{\alpha2}+\dfrac{L'_m}{L_2}\omega_2\psi_{\beta2}\right)\\ \dfrac{\mathrm{d}i_{\beta1}}{\mathrm{d}t}=\dfrac{L_2}{L_1L_2-L'^2_m}\left(u_{\beta1}-\left(R_1+\dfrac{R_2L'^2_m}{L_2^2}\right)i_{\beta1}+\dfrac{R_2L'_m}{L_2^2}\psi_{\beta2}-\dfrac{L'_m}{L_2}\omega_2\psi_{\alpha2}\right)\\ \dfrac{\mathrm{d}\psi_{\alpha2}}{\mathrm{d}t}=\dfrac{R_2L'_m}{L_2}i_{\alpha1}-\dfrac{R_2}{L_2}\psi_{\alpha2}-\omega_2\psi_{\beta2}\\ \dfrac{\mathrm{d}\psi_{\beta2}}{\mathrm{d}t}=\dfrac{R_2L'_m}{L_2}i_{\beta1}-\dfrac{R_2}{L_2}\psi_{\beta2}+\omega_2\psi_{\alpha2}\end{cases}\tag{4-11}$$

采取一阶欧拉离散方式对式（4-11）进行处理，可得 LIM 电流预测模型如下：

$$\begin{cases}i_{\alpha1(k+1)}=\left[1-\dfrac{T_s(L_2^2R_1+L'^2_mR_2)}{L_2^2L_1-L_2L'^2_m}\right]i_{\alpha1(k)}+\dfrac{L_2T_s}{L_2L_1-L'^2_m}u_{\alpha1(k)}+\dfrac{L_2T_s}{L_2L_1-L'^2_m}\left(\dfrac{R_2L'_m}{L_2^2}\psi_{\alpha2(k)}+\dfrac{L'_m}{L_2}\omega_2\psi_{\beta2(k)}\right)\\ i_{\beta1(k+1)}=\left[1-\dfrac{T_s(L_2^2R_1+L'^2_mR_2)}{L_2^2L_1-L_2L'^2_m}\right]i_{\beta1(k)}+\dfrac{L_2T_s}{L_2L_1-L'^2_m}u_{\beta1(k)}+\dfrac{L_2T_s}{L_2L_1-L'^2_m}\left(\dfrac{R_2L'_m}{L_2^2}\psi_{\beta2(k)}-\dfrac{L'_m}{L_2}\omega_2\psi_{\alpha2(k)}\right)\end{cases}\tag{4-12}$$

式中，T_s为采样周期；下标 k 和 k+1 分别代表状态变量在 k 和 k+1 时刻的值。

4.2.2 传统单矢量模型预测电流控制

基于次级磁场定向方式，传统 MPCC 对电机 dq 轴电流进行控制。因此，需要采取坐标变换将式（4-12）在 $\alpha\beta$ 坐标系下的预测方程转换到 dq 坐标系下，其电流表达式为

$$\begin{cases}i_{d1(k+1)}=\\ \quad\left[1-\dfrac{T_s(L_2^2R_1+L'^2_mR_2)}{L_2^2L_1-L_2L'^2_m}\right]i_{d1(k)}+\dfrac{L_2T_s}{L_2L_1-L'^2_m}u_{d1(k)}+\dfrac{L_2T_s}{L_2L_1-L'^2_m}\left(\dfrac{R_2L'_m}{L_2^2}\psi_{d2(k)}+\dfrac{L'_m}{L_2}\omega_2\psi_{q2(k)}\right)+\omega_1T_si_{q1(k)}\\ i_{q1(k+1)}=\\ \quad\left[1-\dfrac{T_s(L_2^2R_1+L'^2_mR_2)}{L_2^2L_1-L_2L'^2_m}\right]i_{q1(k)}+\dfrac{L_2T_s}{L_2L_1-L'^2_m}u_{q1(k)}+\dfrac{L_2T_s}{L_2L_1-L'^2_m}\left(\dfrac{R_2L'_m}{L_2^2}\psi_{q2(k)}-\dfrac{L'_m}{L_2}\omega_2\psi_{d2(k)}\right)-\omega_1T_si_{d1(k)}\end{cases}\tag{4-13}$$

为获得较好的电流跟踪性能，其目标函数设定为

$$J=(i_{d1}^*-i_{d1(k+1)})^2+(i_{q1}^*-i_{q1(k+1)})^2\tag{4-14}$$

式中，i_{d1}^*和 i_{q1}^*为 dq 轴电流给定值。

对于两电平逆变器来说，共有 7 个不同的待选电压矢量，如图 4-3 所示。然

而，为能获得输入电压 u_{d1} 和 u_{q1}，需将这 7 个不同待选电压矢量通过坐标变换转换到 dq 坐标系。因此，将待选电压矢量代入到式（4-13）预测电流时，需进行 7 次坐标变换及计算，控制框图如图 4-4 所示。为避免重复坐标变换，采取式（4-12）的预测模型，本章对 $\alpha\beta$ 坐标系下的电流进行控制，如图 4-5 所示。相比 dq 轴下的 MPCC，该方法仅需对给定值进行坐标变换，节省了对所有待选电压矢量重复坐标变换的计算量及时间。同时，新方法中 $\alpha\beta$ 轴待选电压矢量为恒定值，可以储存在表格当中，方便后续直接查询。

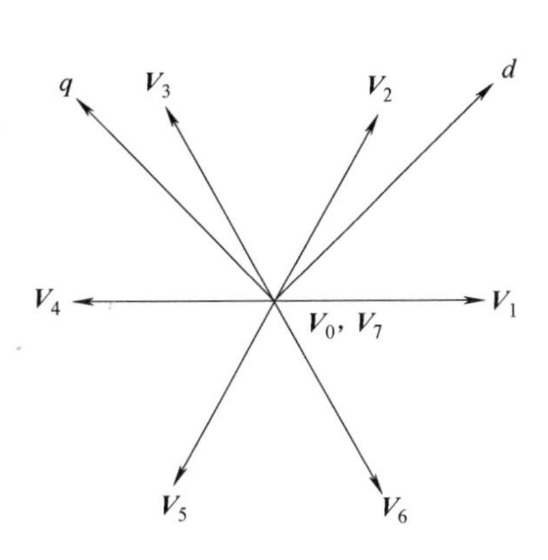

图 4-3　两电平逆变器输出电压矢量

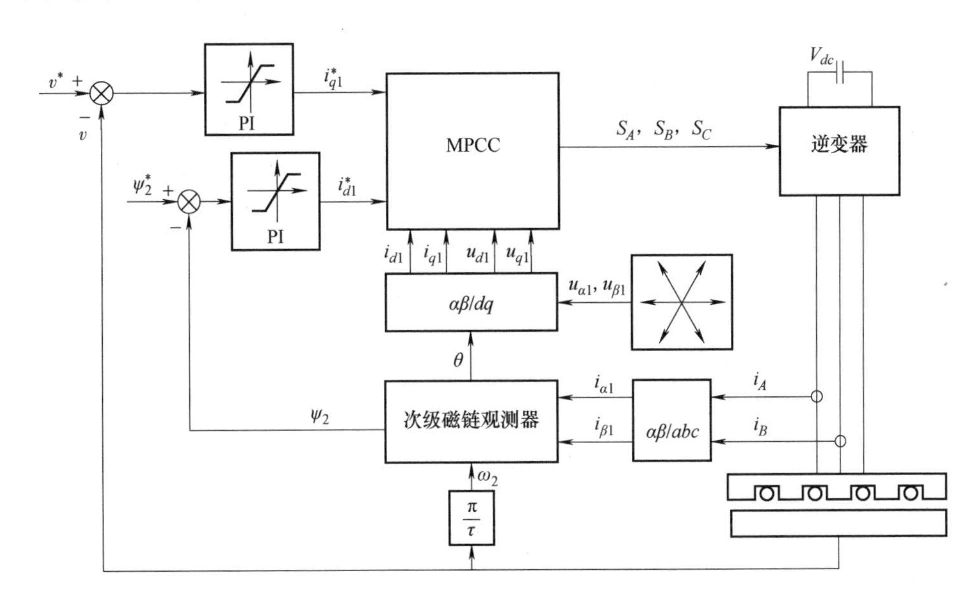

图 4-4　传统 MPCC 控制框图

为能弥补实际微处理器计算延迟带来的影响，将 k 时刻的采样电流值代入式（4-12）中，计算出 k+1 时刻的预测电流值，进一步得到 k+1 时刻的输入电压矢量，从而使电压矢量计算时刻和输出时刻同步，如图 4-6[344] 所示。整个过程中，目标函数设定为

$$J=(i_{\alpha1}^{*}-i_{\alpha1(k+2)})^{2}+(i_{\beta1}^{*}-i_{\beta1(k+2)})^{2} \tag{4-15}$$

式中，$i_{\alpha1}^{*}$ 和 $i_{\beta1}^{*}$ 为参考电流 $\alpha\beta$ 轴分量。

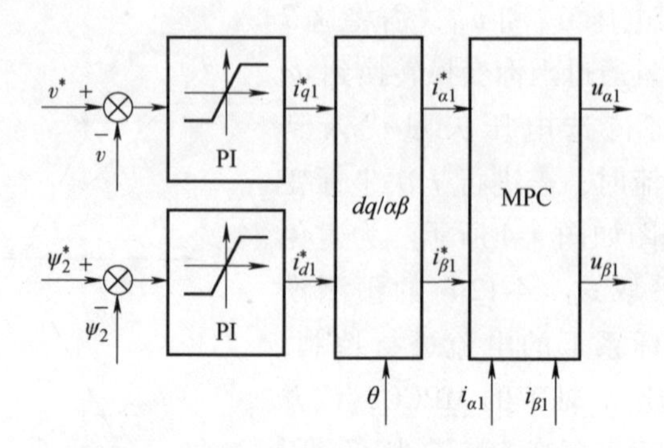

图 4-5　$\alpha\beta$ 坐标系下的 MPCC 控制框图

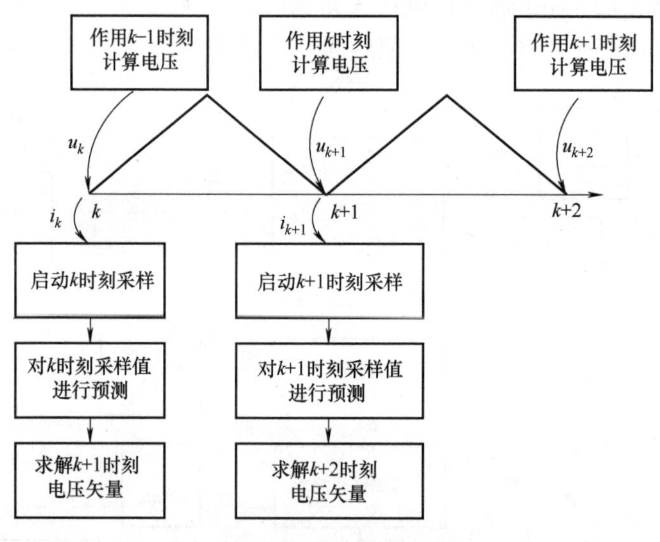

图 4-6　MPCC 计算延迟补偿

4.3　基于不同调制策略的模型预测电流控制

4.3.1　单矢量模型预测电流控制

4.2 节对 $\alpha\beta$ 坐标系下的电流进行控制，虽可减少坐标变换次数，但在评价每个待选电压矢量时需重复使用式（4-12）和式（4-15），因此 MPCC 寻优过程中面临大量的重复计算，迭代过程十分复杂。为进一步降低重复计算量，将式（4-12）代入式（4-15），得到目标函数的更新形式为

$$J=(u_{\alpha1(k+1)}^{*}-u_{\alpha1(k+1)})^2+(u_{\beta1(k+1)}^{*}-u_{\beta1(k+1)})^2 \tag{4-16}$$

式中，$u_{\alpha1(k+1)}$ 和 $u_{\beta1(k+1)}$ 为待选电压矢量 $\alpha\beta$ 轴分量；$u_{\alpha1(k+1)}^{*}$ 和 $u_{\beta1(k+1)}^{*}$ 为参考电压矢量 $\alpha\beta$ 轴分量，表达式如下：

$$\begin{cases} u_{\alpha1(k+1)}^{*}=\left(\dfrac{L_2^2R_1+R_2L_m'^2}{L_2^2}-\dfrac{L_1L_2-L_m'^2}{L_2T_s}\right)i_{\alpha1(k+1)}+\dfrac{L_1L_2-L_m'^2}{L_2T_s}i_{\alpha1(k+1)}^{*}-\dfrac{R_2L_m'}{L_2^2}\psi_{\alpha2(k+1)}-\dfrac{L_m'}{L_2}\omega_2\psi_{\beta2(k+1)} \\ u_{\beta1(k+1)}^{*}=\left(\dfrac{L_2^2R_1+R_2L_m'^2}{L_2^2}-\dfrac{L_1L_2-L_m'^2}{L_2T_s}\right)i_{\beta1(k+1)}+\dfrac{L_1L_2-L_m'^2}{L_2T_s}i_{\beta1(k+1)}^{*}-\dfrac{R_2L_m'}{L_2^2}\psi_{\beta2(k+1)}+\dfrac{L_m'}{L_2}\omega_2\psi_{\alpha2(k+1)} \end{cases} \tag{4-17}$$

根据式（4-16）可知，目标函数值与参考电压矢量和待选电压矢量之间的距离有关，即距离越近目标函数值越小。因此，不同于传统枚举比较方法，新搜索法只需找到离参考电压矢量最近的电压矢量，即为最优电压矢量。为方便进行距离比较，可将两电平逆变器输出电压范围划分为 7 个不同扇区，如图 4-7 所示。通过判断参考电压矢量的扇区位置，然后把该扇区内的待选电压矢量作为最优电压矢量：例如在图 4-7 中，首先判断出参考电压矢量处在第一扇区，此时最优电压矢量即为第一扇区的 $\boldsymbol{V}_1$。因此，本章提出的新型简化搜索法，可以通过判断参考电压矢量扇区的方式，有效避免了待选电压矢量的逐一比较和评价，从而极大地降低了在线计算量。

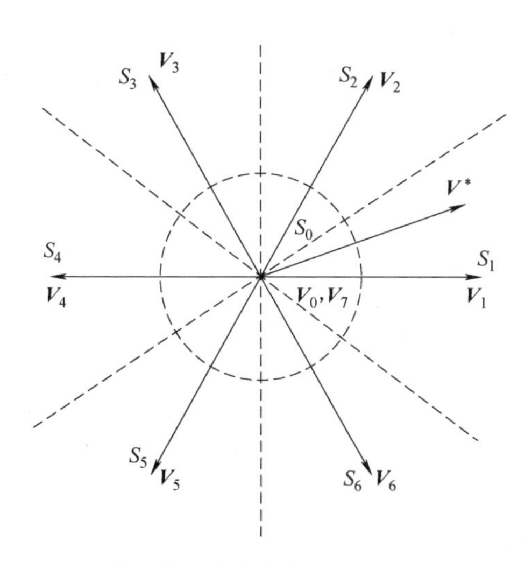

图 4-7　单矢量不含约束条件 MPCC 扇区分布

为防止电机运行过程中出现过流，传统矢量控制方法会对速度和磁链 PI 调节器的输出进行限幅，进而限制电流参考值的幅值。该方法只适合稳态工况，此时实际电流能及时跟上参考值，通过限制参考值有效限制实际电流幅值。然而，在 LIM 动态过程中，实际电流不能够实时跟踪上参考值，即会出现超调现象。为能确保 LIM 最大输出电流能力，同时不发生过流问题，本章将电流约束条件考虑到 MPCC 中。该方法直接对实际电流幅值进行控制，可选择较大的 dq 轴参考电流限幅值，保证其在任何情况下都具备最大的电流输出能力。在考虑电流约束前提下，目标函数可表示为

$$J=(i_{\alpha1}^{*}-i_{\alpha1(k+2)})^{2}+(i_{\beta1}^{*}-i_{\beta1(k+2)})^{2}+f(i) \tag{4-18}$$

式中，$f(i)$ 为过流惩罚项，其表达式为

$$f(i)=\begin{cases}\infty, \sqrt{i_{\alpha1(k+2)}^{2}+i_{\beta1(k+2)}^{2}}>I_{\max}\\0, \sqrt{i_{\alpha1(k+2)}^{2}+i_{\beta1(k+2)}^{2}}\leqslant I_{\max}\end{cases} \tag{4-19}$$

式中，$I_{\max}$ 为最大电流限幅值。

因此，当实际电流超过最大限幅值时，目标函数中过流惩罚项的数值为无穷大，使得导致过流的电压矢量被排除。然而，当满足电流限制条件时，过流惩罚项的数值为零，不影响前面两项对电流跟踪性能的评价。该方法采取硬条件约束，只选择满足约束条件的电压矢量，而不满足条件的矢量都将被直接排除，以保证 LIM 的安全运行。

为简化含约束条件下单矢量 MPCC 求解过程，将式（4-12）代入式（4-19），整理得到

$$f(i)=\begin{cases}\infty, \sqrt{(u_{\alpha1(k+1)}+o_{x})^{2}+(u_{\beta1(k+1)}+o_{y})^{2}}>r\\0, \sqrt{(u_{\alpha1(k+1)}+o_{x})^{2}+(u_{\beta1(k+1)}+o_{y})^{2}}\leqslant r\end{cases} \tag{4-20}$$

式中，$\begin{cases}o_{x}=\dfrac{ai_{\alpha1(k+1)}+c\psi_{\alpha2(k+1)}+d\omega_{2}\psi_{\beta2(k+1)}}{b}\\o_{y}=\dfrac{ai_{\beta1(k+1)}+c\psi_{\beta2(k+1)}-d\omega_{2}\psi_{\alpha2(k+1)}}{b}\\r=\dfrac{I_{\max}}{b}\end{cases}$；$\begin{cases}a=1-\dfrac{T_{s}(L_{2}^{2}R_{1}+L_{m}'^{2}R_{2})}{L_{2}^{2}L_{1}-L_{2}L_{m}'^{2}}\\b=\dfrac{L_{2}T_{s}}{L_{2}L_{1}-L_{m}'^{2}}\\c=\dfrac{R_{2}L_{m}'T_{s}}{L_{2}^{2}L_{1}-L_{2}L_{m}'^{2}}\\d=\dfrac{L_{m}'T_{s}}{L_{2}L_{1}-L_{m}'^{2}}\end{cases}$。

因此，式（4-20）将电流约束条件转换成为电压约束条件，只需判断待选电压矢量是否处在电压约束圆内，便可判断是否过流。电压约束圆的表达式为

$$(u_{\alpha1(k+1)}+o_{x})^{2}+(u_{\beta1(k+1)}+o_{y})^{2}\leqslant r^{2} \tag{4-21}$$

为简化搜索过程，结合之前求解的参考电压矢量和扇区划分情况，对每一个待选电压矢量按离参考电压矢量的距离大小进行排序。为增加区分度，进一

步将扇区细分为 12 个小扇区，如图 4-8 所示。当参考电压矢量处于第一扇区时，根据图 4-8 可知，待选电压矢量离参考电压矢量的顺序为（距离由近到远）$\boldsymbol{V}_1$，$\boldsymbol{V}_2$，$\boldsymbol{V}_6$，$\boldsymbol{V}_3$，$\boldsymbol{V}_5$，$\boldsymbol{V}_4$。如果参考电压矢量长度较短，落在了第一扇区与 S_0 扇区公共区域内时，此时零电压矢量离参考电压矢量最近，其顺序更新为 $\boldsymbol{V}_{07}$，$\boldsymbol{V}_2$，$\boldsymbol{V}_6$，$\boldsymbol{V}_3$，$\boldsymbol{V}_5$，$\boldsymbol{V}_4$。如果在第一扇区内 S_0 扇区以外，如图 4-8 所示，通过垂直平分线所包含的区域可知：此时 $\boldsymbol{V}_3$，$\boldsymbol{V}_5$，$\boldsymbol{V}_4$ 距离参考电压矢量的距离比 $\boldsymbol{V}_{07}$ 远，排列顺序为 $\boldsymbol{V}_1$，$\boldsymbol{V}_2$，$\boldsymbol{V}_6$，$\boldsymbol{V}_{07}$，$\boldsymbol{V}_3$，$\boldsymbol{V}_5$，$\boldsymbol{V}_4$。最后，结合其他扇区的分析，可获得表 4-1 所示的待选电压矢量搜索顺序。

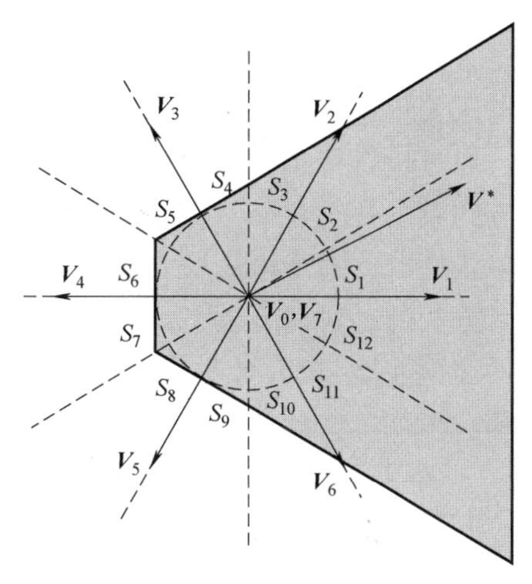

图 4-8　含电流约束条件下搜索顺序分析

表 4-1　含电流约束条件下单矢量 MPCC 搜索顺序

扇区	搜索顺序	扇区	搜索顺序
S_1	$\boldsymbol{V}_1$，$\boldsymbol{V}_2$，$\boldsymbol{V}_6$，$\boldsymbol{V}_{07}$，$\boldsymbol{V}_3$，$\boldsymbol{V}_5$，$\boldsymbol{V}_4$	$S_1 \cap S_0$	$\boldsymbol{V}_{07}$，$\boldsymbol{V}_1$，$\boldsymbol{V}_2$，$\boldsymbol{V}_6$，$\boldsymbol{V}_3$，$\boldsymbol{V}_5$，$\boldsymbol{V}_4$
S_2	$\boldsymbol{V}_2$，$\boldsymbol{V}_1$，$\boldsymbol{V}_3$，$\boldsymbol{V}_{07}$，$\boldsymbol{V}_3$，$\boldsymbol{V}_4$，$\boldsymbol{V}_5$	$S_2 \cap S_0$	$\boldsymbol{V}_{07}$，$\boldsymbol{V}_2$，$\boldsymbol{V}_1$，$\boldsymbol{V}_3$，$\boldsymbol{V}_3$，$\boldsymbol{V}_4$，$\boldsymbol{V}_5$
S_3	$\boldsymbol{V}_2$，$\boldsymbol{V}_3$，$\boldsymbol{V}_1$，$\boldsymbol{V}_{07}$，$\boldsymbol{V}_4$，$\boldsymbol{V}_6$，$\boldsymbol{V}_5$	$S_3 \cap S_0$	$\boldsymbol{V}_{07}$，$\boldsymbol{V}_2$，$\boldsymbol{V}_3$，$\boldsymbol{V}_1$，$\boldsymbol{V}_4$，$\boldsymbol{V}_6$，$\boldsymbol{V}_5$
S_4	$\boldsymbol{V}_3$，$\boldsymbol{V}_2$，$\boldsymbol{V}_4$，$\boldsymbol{V}_{07}$，$\boldsymbol{V}_1$，$\boldsymbol{V}_5$，$\boldsymbol{V}_6$	$S_4 \cap S_0$	$\boldsymbol{V}_{07}$，$\boldsymbol{V}_3$，$\boldsymbol{V}_2$，$\boldsymbol{V}_4$，$\boldsymbol{V}_1$，$\boldsymbol{V}_5$，$\boldsymbol{V}_6$
S_5	$\boldsymbol{V}_3$，$\boldsymbol{V}_4$，$\boldsymbol{V}_2$，$\boldsymbol{V}_{07}$，$\boldsymbol{V}_5$，$\boldsymbol{V}_1$，$\boldsymbol{V}_6$	$S_5 \cap S_0$	$\boldsymbol{V}_{07}$，$\boldsymbol{V}_3$，$\boldsymbol{V}_4$，$\boldsymbol{V}_2$，$\boldsymbol{V}_5$，$\boldsymbol{V}_1$，$\boldsymbol{V}_6$
S_6	$\boldsymbol{V}_4$，$\boldsymbol{V}_3$，$\boldsymbol{V}_5$，$\boldsymbol{V}_{07}$，$\boldsymbol{V}_2$，$\boldsymbol{V}_6$，$\boldsymbol{V}_1$	$S_6 \cap S_0$	$\boldsymbol{V}_{07}$，$\boldsymbol{V}_4$，$\boldsymbol{V}_3$，$\boldsymbol{V}_5$，$\boldsymbol{V}_2$，$\boldsymbol{V}_6$，$\boldsymbol{V}_1$
S_7	$\boldsymbol{V}_4$，$\boldsymbol{V}_5$，$\boldsymbol{V}_3$，$\boldsymbol{V}_{07}$，$\boldsymbol{V}_6$，$\boldsymbol{V}_2$，$\boldsymbol{V}_1$	$S_7 \cap S_0$	$\boldsymbol{V}_{07}$，$\boldsymbol{V}_4$，$\boldsymbol{V}_5$，$\boldsymbol{V}_3$，$\boldsymbol{V}_6$，$\boldsymbol{V}_2$，$\boldsymbol{V}_1$
S_8	$\boldsymbol{V}_5$，$\boldsymbol{V}_4$，$\boldsymbol{V}_6$，$\boldsymbol{V}_{07}$，$\boldsymbol{V}_3$，$\boldsymbol{V}_1$，$\boldsymbol{V}_2$	$S_8 \cap S_0$	$\boldsymbol{V}_{07}$，$\boldsymbol{V}_5$，$\boldsymbol{V}_4$，$\boldsymbol{V}_6$，$\boldsymbol{V}_3$，$\boldsymbol{V}_1$，$\boldsymbol{V}_2$
S_9	$\boldsymbol{V}_5$，$\boldsymbol{V}_6$，$\boldsymbol{V}_4$，$\boldsymbol{V}_{07}$，$\boldsymbol{V}_1$，$\boldsymbol{V}_3$，$\boldsymbol{V}_2$	$S_9 \cap S_0$	$\boldsymbol{V}_{07}$，$\boldsymbol{V}_5$，$\boldsymbol{V}_6$，$\boldsymbol{V}_4$，$\boldsymbol{V}_1$，$\boldsymbol{V}_3$，$\boldsymbol{V}_2$
S_{10}	$\boldsymbol{V}_6$，$\boldsymbol{V}_5$，$\boldsymbol{V}_1$，$\boldsymbol{V}_{07}$，$\boldsymbol{V}_4$，$\boldsymbol{V}_2$，$\boldsymbol{V}_3$	$S_{10} \cap S_0$	$\boldsymbol{V}_{07}$，$\boldsymbol{V}_6$，$\boldsymbol{V}_5$，$\boldsymbol{V}_1$，$\boldsymbol{V}_4$，$\boldsymbol{V}_2$，$\boldsymbol{V}_3$
S_{11}	$\boldsymbol{V}_6$，$\boldsymbol{V}_1$，$\boldsymbol{V}_5$，$\boldsymbol{V}_{07}$，$\boldsymbol{V}_2$，$\boldsymbol{V}_4$，$\boldsymbol{V}_3$	$S_{11} \cap S_0$	$\boldsymbol{V}_{07}$，$\boldsymbol{V}_6$，$\boldsymbol{V}_1$，$\boldsymbol{V}_5$，$\boldsymbol{V}_2$，$\boldsymbol{V}_4$，$\boldsymbol{V}_3$
S_{12}	$\boldsymbol{V}_1$，$\boldsymbol{V}_6$，$\boldsymbol{V}_2$，$\boldsymbol{V}_{07}$，$\boldsymbol{V}_5$，$\boldsymbol{V}_3$，$\boldsymbol{V}_4$	$S_{12} \cap S_0$	$\boldsymbol{V}_{07}$，$\boldsymbol{V}_1$，$\boldsymbol{V}_6$，$\boldsymbol{V}_2$，$\boldsymbol{V}_5$，$\boldsymbol{V}_3$，$\boldsymbol{V}_4$

注：S_i 表示参考电压矢量处在 S_i 扇区与 S_0 扇区非公共区域；$S_i \cap S_0$ 表示参考电压矢量处在 S_i 扇区与 S_0 扇区公共区域内。

因此，通过求解参考电压矢量并判断该电压矢量所属的扇区，结合表 4-1 便可获得电压矢量的搜索顺序。然后，根据该搜索顺序，逐一代入式（4-21），判断是否满足电流约束条件，直到搜索到满足条件的电压矢量为止。通过对待选电压矢量进行排序，新方法可对目标函数中的电流跟踪性能进行充分考虑，通过检查待选电压矢量是否处在电流约束圆内，判断相关矢量是否满足电流约束条件，从而达到电流约束和电流跟踪误差最小的目的。当不含电流约束条件时，最优电压矢量即为表 4-1 搜索序列中的第一个电压矢量，是该搜索方法的一种特殊情况。因此，该简化方法有效地避免了大量的重复计算，简化了含与不含电流约束条件下的求解过程，其执行流程如图 4-9 所示。

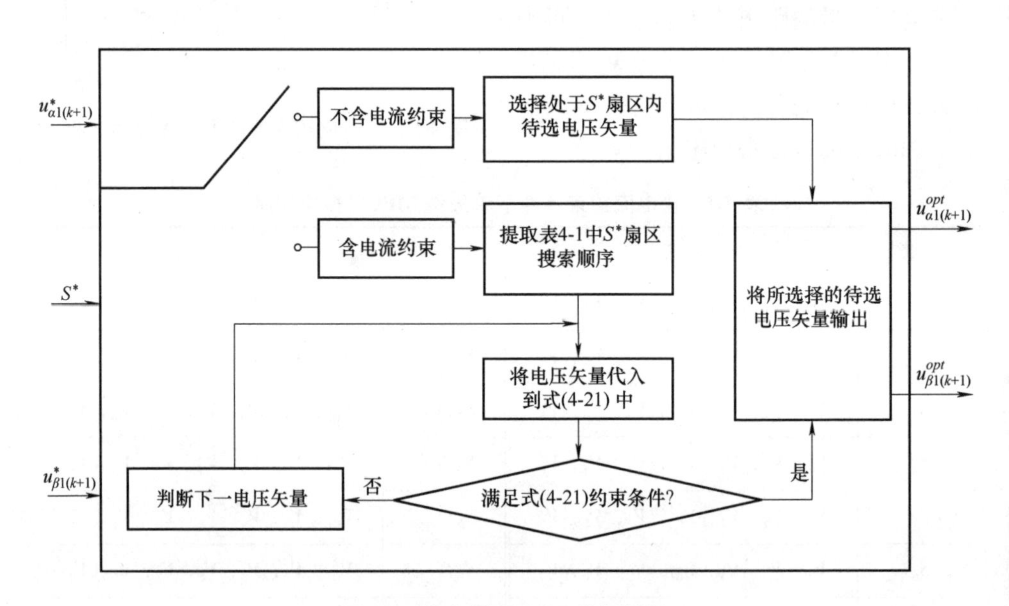

图 4-9　单矢量 MPCC 执行流程

4.3.2　双矢量模型预测电流控制

单矢量 MPCC 在一个开关周期内只作用一个电压矢量，会产生较大的电流波动。为克服相关问题，本章将双电压矢量调制与 MPCC 相结合，且电压矢量组合选择非零和零电压矢量：可在单矢量 MPCC 基础之上对矢量长度进行调制，使得最优电压矢量离参考电压矢量更加接近，进而减小电流跟踪误差。此时，该问题的求解表达式为

$$[\boldsymbol{V}_i \quad d_{opt}] = \min_{\boldsymbol{V}_i\, d}\{J=(u^*_{\alpha1(k+1)}-du_{\alpha1(k+1)})^2+(u^*_{\beta1(k+1)}-du_{\beta1(k+1)})^2\} \tag{4-22}$$

式中，$\boldsymbol{V}_i$为待选非零电压矢量；d 为电压矢量组合之间的占空比。

将非零电压矢量代入到式（4-22）中，可得电压矢量组合之间的最优占空比为

$$d_{opt}=\frac{u_{\alpha1(k+1)}u_{\alpha1(k+1)}^{*}+u_{\beta1(k+1)}u_{\beta1(k+1)}^{*}}{u_{\alpha1(k+1)}^{2}+u_{\beta1(k+1)}^{2}} \tag{4-23}$$

之后，需要求解每一个电压矢量组合的最优占空比，并代入到目标函数式（4-16）当中进行评价，选出目标函数值最小的电压矢量组合，并作为最优电压矢量输出。为避免对每个电压矢量组合进行逐一评价比较，可以通过判断参考电压矢量扇区的方式，找出离参考电压矢量最近的非零电压矢量，扇区划分如图 4-10a 所示。然后，通过式（4-23）求解出所选非零电压矢量与零电压矢量组合之间的最优占空比。该简化方法将电压矢量组合选择和最优占空比分开求解，虽可避免大量在线重复计算，但是需要进一步求证；分开求解的方式依然能够保证求解出的电压矢量为最优。根据图 4-10b，参考电压矢量与电压矢量组合之间的最短距离可以表示为

$$\begin{cases}d_1=\|\boldsymbol{V}^*\|\sin(\theta_1)\\ d_2=\|\boldsymbol{V}^*\|\sin(\theta_2)\\ d_3=\|\boldsymbol{V}^*\|\sin(\theta_3)\end{cases} \tag{4-24}$$

根据式（4-24）可知，离参考电压矢量的距离大小主要与参考电压矢量和非零电压矢量之间的角度相关：选择与参考电压矢量同一扇区内的非零电压矢量，可使两者间的角度最小；后续的占空比优化，并不会让其他扇区内的电压矢量组合优于同一扇区内的。因此，可先通过扇区判断，选择出与参考电压矢量夹角最小的电压矢量组合，通过求解占空比进一步缩短两者间的距离，进而获得最优的电压矢量。

当最优电压矢量超出逆变器输出范围时，逆变器无法输出该求解结果，如图 4-10a 第二扇区。为在求解过程中考虑该电压约束条件，需对占空比范围进行限定，如下所示：

$$C_U=\{d\,|\,0\leqslant d\leqslant 1\} \tag{4-25}$$

当所求解出的最优占空比属于式（4-25）集合时，即 $d_{opt}\in C_U$，此时满足电压约束条件，无需再修正；当不满足电压约束条件时，将占空比就近修正到满足条件即可。

为保证电机安全运行，需要将电流约束条件考虑进去。然而，双矢量 MPCC 由于结合了矢量调制策略，所产生的待选电压矢量为无穷多个。因此，与单矢

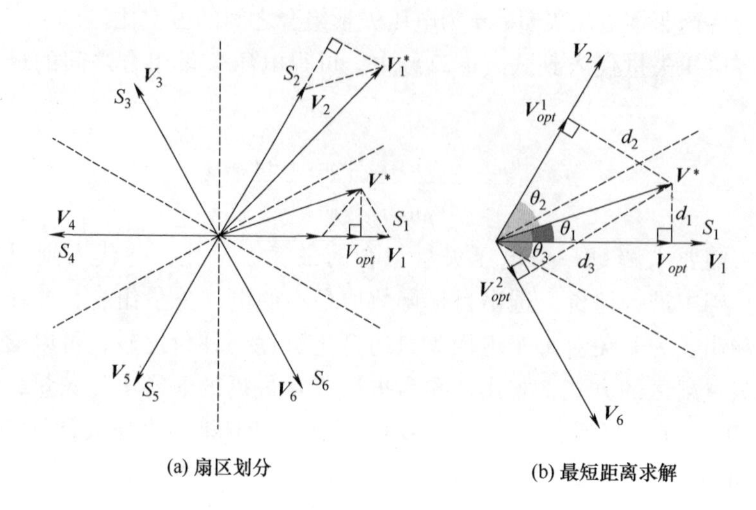

(a) 扇区划分　　(b) 最短距离求解

图 4-10　双矢量不含约束条件 MPCC 简化方法

量 MPCC 情形不同，此时不能将待选电压矢量逐一代入到式（4-21）中判断。另外，由于式（4-21）所表示的电流约束为非线性约束，二次规划（Quadratic Programming，QP）问题的求解方法只适用于线性约束条件的情形，因此需要找到一种更为简化的求解方法。

为使求解结果满足电流约束条件，需将无约束条件下的求解值代入式（4-21）中进行判断：若满足电流约束条件，则无需修正；若不满足，则需修正直到满足条件为止。为能满足电流跟踪性能要求，修正后的电压矢量应离参考电压矢量越近越好。将采取双电压矢量调制合成的电压矢量（$du_{\alpha1(k+1)}$，$du_{\beta1(k+1)}$）代入到式（4-21），可获得满足电流约束条件的占空比范围，其求解过程如下：

$$
\begin{aligned}
&(du_{\alpha1(k+1)}+o_x)^2+(du_{\beta1(k+1)}+o_y)^2\leqslant r^2\\
&\Rightarrow C_I=\left\{d\,\middle|\,\frac{-D_o-\sqrt{D_o^2-L_VL_o}}{L_V}\leqslant d\leqslant\frac{-D_o+\sqrt{D_o^2-L_VL_o}}{L_V}\right\}
\end{aligned}
\tag{4-26}
$$

式中，$L_V=u_{\alpha1(k+1)}^2+u_{\beta1(k+1)}^2$；$L_o=o_x^2+o_y^2-r^2$；$D_o=u_{\alpha1(k+1)}o_x+u_{\beta1(k+1)}o_y$。

式（4-25）和式（4-26）两个集合间的交集，即为同时满足电压约束和电流约束条件的占空比范围，其表达式为

$$C_d=C_U\cap C_I=\{d\,|\,d_{\min}\leqslant d\leqslant d_{\max}\}\tag{4-27}$$

当求解出的集合不为空集时（$C_d\neq\varnothing$），若式（4-23）求解出的最优占空比不属于集合 C_d（$d_{opt}\notin C_d$），此时只需将其修正直到满足约束条件的集合范围内，而无需更改所选择电压矢量组合。在此情形下，当 $d_{opt}>d_{max}$ 时，为满足约束条

件，将占空比修正为 $d_{opt}=d_{max}$；而当 $d_{opt}<d_{min}$ 时，将占空比修正为 $d_{opt}=d_{min}$。然而，当式（4-27）表示的集合为空集时（$C_d=\varnothing$），说明该电压矢量组合所合成的电压矢量均不满足约束条件，需要考虑其他电压矢量组合的情况。为能选择出合适的非零电压矢量，在满足约束条件前提下，使求解出的电压矢量离参考电压矢量距离最短，可将扇区划分为图 4-11 所示。根据之前的分析，可将非零电压矢量按照离参考电压矢量距离由近到远进行排序，见表 4-2。因此，当所选择的非零电压矢量组合使得 $C_d=\varnothing$ 时，可根据表 4-2 的搜索顺序，考虑接下来一个非零电压矢量，然后再重新计算式（4-23）和式（4-27），判断所求结果是否满足约束条件：若满足则停止搜索，否则继续搜索下一个电压矢量。

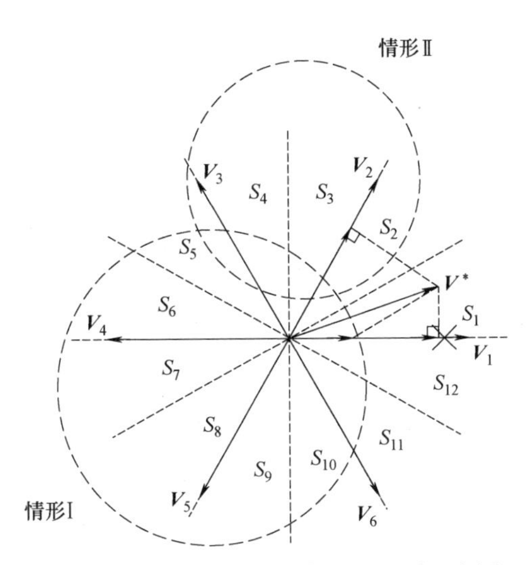

图 4-11　双矢量含电流约束 MPCC 扇区划分

表 4-2　含电流约束条件下双矢量 MPCC 搜索顺序

扇区	搜索顺序	扇区	搜索顺序
S_1	V_1，V_2，V_6，V_3，V_5，V_4	S_7	V_4，V_5，V_3，V_6，V_2，V_1
S_2	V_2，V_1，V_3，V_3，V_4，V_5	S_8	V_5，V_4，V_6，V_3，V_1，V_2
S_3	V_2，V_3，V_1，V_4，V_6，V_5	S_9	V_5，V_6，V_4，V_1，V_3，V_2
S_4	V_3，V_2，V_4，V_1，V_5，V_6	S_{10}	V_6，V_5，V_1，V_4，V_2，V_3
S_5	V_3，V_4，V_2，V_5，V_1，V_6	S_{11}	V_6，V_1，V_5，V_2，V_4，V_3
S_6	V_4，V_3，V_5，V_2，V_6，V_1	S_{12}	V_1，V_6，V_2，V_5，V_3，V_4

和前面单矢量 MPCC 简化方法类似，本小节所提的双矢量 MPCC 简化方法，依然通过对参考电压矢量的扇区进行判断，找出最优电压矢量组合，再对其最优占空比进行求解，从而有效避免对所有可能的电压矢量组合进行逐一评价。简化算法的 MPCC 执行流程如图 4-12 所示。

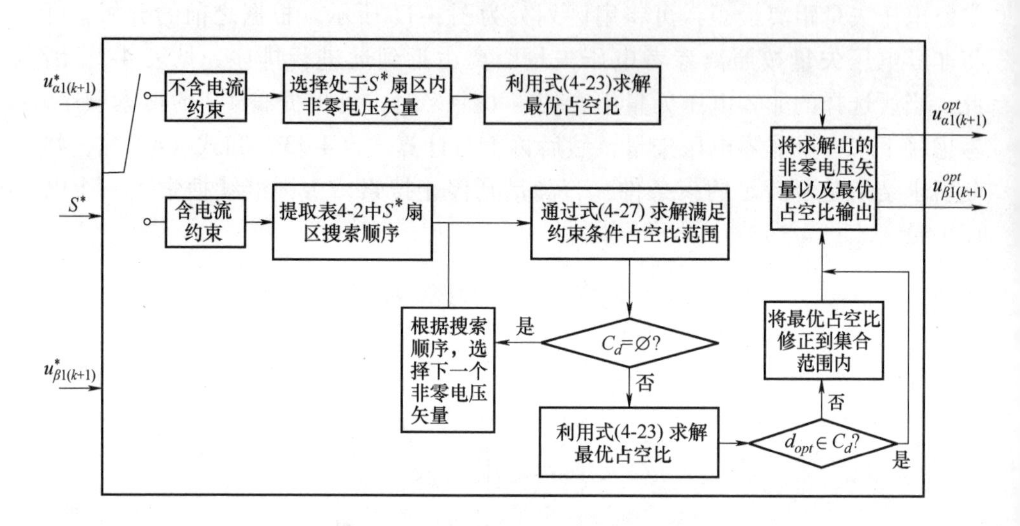

图 4-12 双矢量 MPCC 执行流程

4.3.3 三矢量模型预测电流控制

前面所述的双矢量调制策略，通过对占空比的调节只能改变电压矢量的长度，而无法合成任意方向的电压矢量。因此，为进一步提高电压矢量调制精度，可在双矢量调制基础之上再加入一个非零电压矢量，即三矢量调制策略。为简化求解过程，本文采用 SVM 对求解出的电压矢量进行调制，无需结合目标函数对电压矢量组合中每个电压矢量的作用时间进行求解。在此情形下，本小节可继续引入参考电压矢量的概念来帮助简化该算法的在线计算量。当采取三电压矢量调制策略时，在理想情况下，输出的电压矢量即为式（4-17）求解出的参考电压矢量。然而，由于逆变器输出电压范围有限，当参考电压矢量幅值较大时，为避免其超出逆变器的输出电压范围，亟需修正该参考电压矢量，直至满足电压约束条件为止。

当参考电压矢量超出逆变器调制范围时，为获得最佳的电流跟踪性能，将参考电压矢量向逆变器输出电压边界进行投影，此时所求解出的电压矢量离参考电压矢量的距离最近，如图 4-13a 所示。根据该图，以第一扇区为例，当求解出的参考电压矢量为 $\boldsymbol{V}_4^*$ 时，此时最优电压矢量即为参考电压矢量，无需对其进行修正。然而，当参考电压矢量为 $\boldsymbol{V}_2^*$ 时，可得到通过投影获得修正后的电压矢量，其表达式为

$$V_{opt}^{u}=\boldsymbol{V}_1+\frac{(\boldsymbol{V}_2-\boldsymbol{V}_1)\cdot(\boldsymbol{V}^*-\boldsymbol{V}_1)}{\|\boldsymbol{V}_2-\boldsymbol{V}_1\|^2}(\boldsymbol{V}_2-\boldsymbol{V}_1) \tag{4-28}$$

式中，· 表示两个电压矢量之间的点积；$\boldsymbol{V}^*$ 为参考电压矢量。

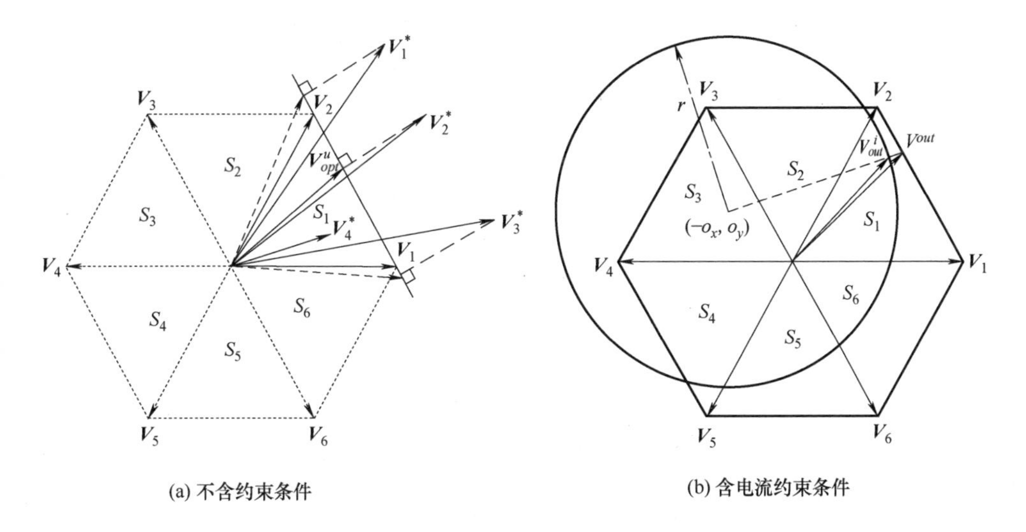

(a) 不含约束条件

(b) 含电流约束条件

图 4-13　三矢量 MPCC 矢量求解过程

特殊情况下，修正后的电压矢量仍然可能超出逆变器的输出范围，如图 4-13a 中 $\boldsymbol{V}_1^*$ 和 $\boldsymbol{V}_3^*$ 所示。此时，根据不同的情形可对该电压矢量进一步修正以满足电压约束，同时保证跟踪性能最佳。当参考电压矢量为 $\boldsymbol{V}_1^*$ 时，满足逆变器电压约束条件的 $\boldsymbol{V}_2$ 离参考电压矢量最近：因此，该情形下最优电压矢量为 $\boldsymbol{V}_2$。另外，当参考电压矢量为 $\boldsymbol{V}_3^*$ 时，最优电压矢量应选择为 $\boldsymbol{V}_1$。综上所述，三矢量 MPCC 最优电压矢量的表达式为

$$\boldsymbol{V}^{out}=\begin{cases}\boldsymbol{V}^* & 0.5\leqslant l_1\leqslant 1\\ \boldsymbol{V}_{opt}^{u} & l_1<0.5,0<l_2<1\\ \boldsymbol{V}_1 & l_1<0.5,l_2<0\\ \boldsymbol{V}_2 & l_1<0.5,l_2>1\end{cases} \tag{4-29}$$

式中，$l_1=\frac{(\boldsymbol{V}_1-\boldsymbol{V}^*)\cdot\boldsymbol{V}_1}{\|\boldsymbol{V}_1-\boldsymbol{V}^*\|\|\boldsymbol{V}_1\|}$；$l_2=\frac{(\boldsymbol{V}_2-\boldsymbol{V}_1)\cdot(\boldsymbol{V}_{opt}^{u}-\boldsymbol{V}_1)}{\|\boldsymbol{V}_2-\boldsymbol{V}_1\|^2}$。

根据式（4-28），可求解出满足电压约束条件的最优电压矢量，之后通过SVM确定逆变器三相桥臂的开关序列。当参考电压矢量处于其他扇区时，求解结果和式（4-29）类似，只需将第一扇区内的非零电压矢量 $\boldsymbol{V}_1$ 和 $\boldsymbol{V}_2$ 换成该扇区内的非零电压矢量：例如当参考电压矢量在第二扇区内时，只需将式（4-28）和式（4-29）的 $\boldsymbol{V}_1$ 和 $\boldsymbol{V}_2$ 变量分别用 $\boldsymbol{V}_2$ 和 $\boldsymbol{V}_3$ 替代。

当考虑电流约束条件时，需进一步判断式（4-29）所求解出的最优电压矢量是否满足式（4-21）的电流约束条件：若满足，则不需对求解结果进行修正；若不满足，则需修正直至满足为止。为减小对电流跟踪性能的影响，修正后的电压矢量应当离最优电压矢量的距离越近越好，如图 4-13b 所示。此时，考虑电流约束条件下的最优电压矢量表达式为

$$\boldsymbol{V}_{out}^{i}=\begin{cases}\boldsymbol{V}^{out}, \|\boldsymbol{V}^{out}-O_I\|\leqslant r\\ O_I+\dfrac{(\boldsymbol{V}^{out}-O_I)r}{\|\boldsymbol{V}^{out}-O_I\|}, \|\boldsymbol{V}^{out}-O_I\|>r\end{cases}\tag{4-30}$$

式中，$O_I=(-o_x,-o_y)$ 为电流约束圆的圆心。

当 MPCC 与三电压矢量调制策略相结合时，依然可以通过求解参考电压矢量的方式对该算法的执行过程进行简化，无需枚举所有可能的电压矢量组合。同时，该简化方法也可以扩展到含电流约束条件的情形，通过对式（4-29）中最优电压矢量进一步修正，来满足电流约束条件。由于修正后的电压矢量离最优电压矢量距离最近，可以获得较好的电流跟踪性能。最后，该简化求解算法的执行流程图如图 4-14 所示。

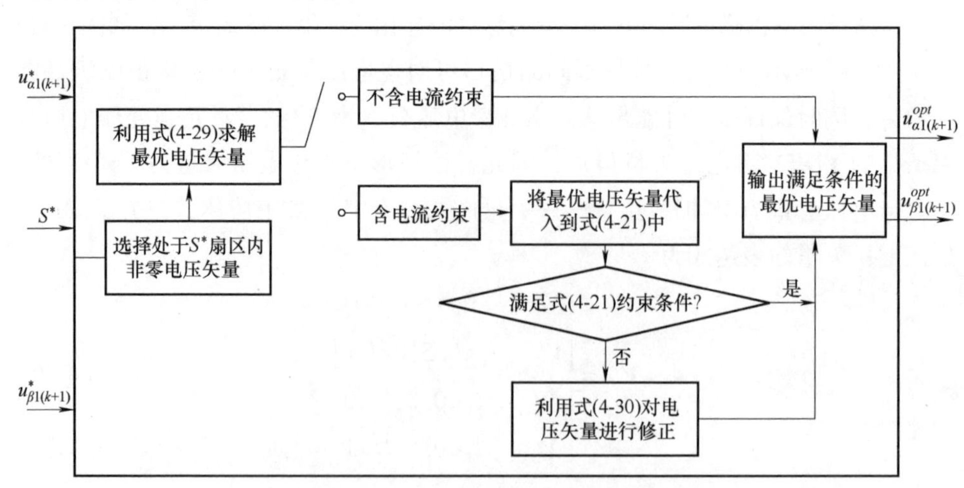

图 4-14　三矢量 MPCC 执行流程

4.3.4 实验结果

当参考电流幅值为20A，负载电机所加的电阻负载恒定时，不同控制方法的电流总谐波因数（Total Harmonic Distortion，THD）以及开关频率随着参考电流频率的变化的趋势，如图4-15所示。由于电机参数变化带来PI参数与实际电机模型不匹配的影响，相比MPCC，矢量控制方法的电流THD随着电流频率变化的范围较大。在参考电流频率较低的情形下，电流质量较差，远不如MPCC方法；但是，随着参考电流频率的提升，矢量控制的电流THD减小，逐渐优于单矢量MPCC和双矢量MPCC；在参考电流频率较高时，甚至和三矢量MPCC的电流质量相当，如图4-15a所示。另外，相比单矢量MPCC和双矢量MPCC，三矢量MPCC的电流THD最小，且随着电流频率的提升略微有所减小。随着参考电流频率的提升，单矢量MPCC和双矢量MPCC两者之间电流THD的差距会逐渐

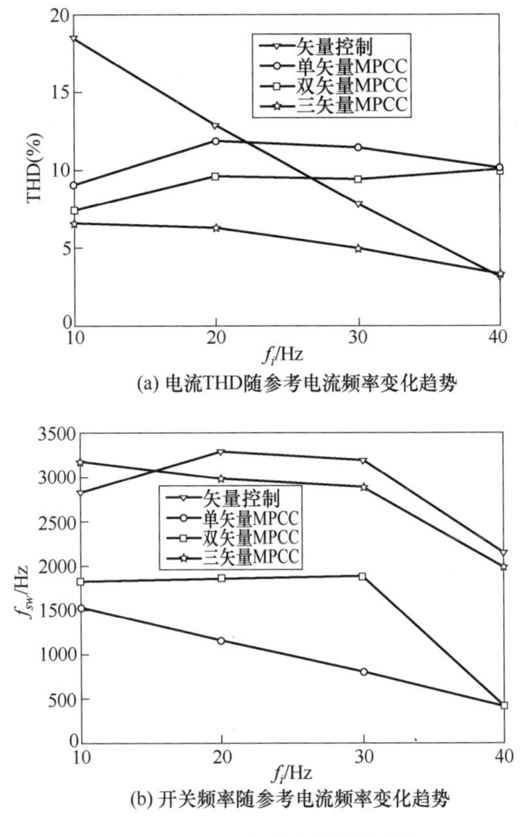

(a) 电流THD随参考电流频率变化趋势

(b) 开关频率随参考电流频率变化趋势

图4-15 不同方法稳态性能分析

减小。根据图 4-15b 可知，三矢量 MPCC 和矢量控制方法的开关频率大致相同，双矢量 MPCC 和单矢量 MPCC 的开关频率较低，且两者之间的差距会随着参考电流频率的提升逐渐减小。

为了测试含与不含电流约束条件下 MPCC 动态性能，在 0.3s 时突然增加参考电流的幅值，单矢量 MPCC、双矢量 MPCC 以及三矢量 MPCC 的电流动态响应过程，分别如图 4-16~图 4-18 所示。当不考虑电流约束条件时，实际电流能够很好地跟踪上参考电流，且电流动态过程响应迅速，如图 4-16a、图 4-17a 以及图 4-18a 所示。然而，当考虑电流约束条件时，且最大允许电流值 $I_{max}=20A$ 时，即便参考电流幅值超出了最大允许电流值，实际电流在动态及稳态过程中仍然能够满足电流约束条件，电流幅值被限定在 20A 以内，能够确保电机安全运行，如图 4-16b、图 4-17b 以及图 4-18b 所示。

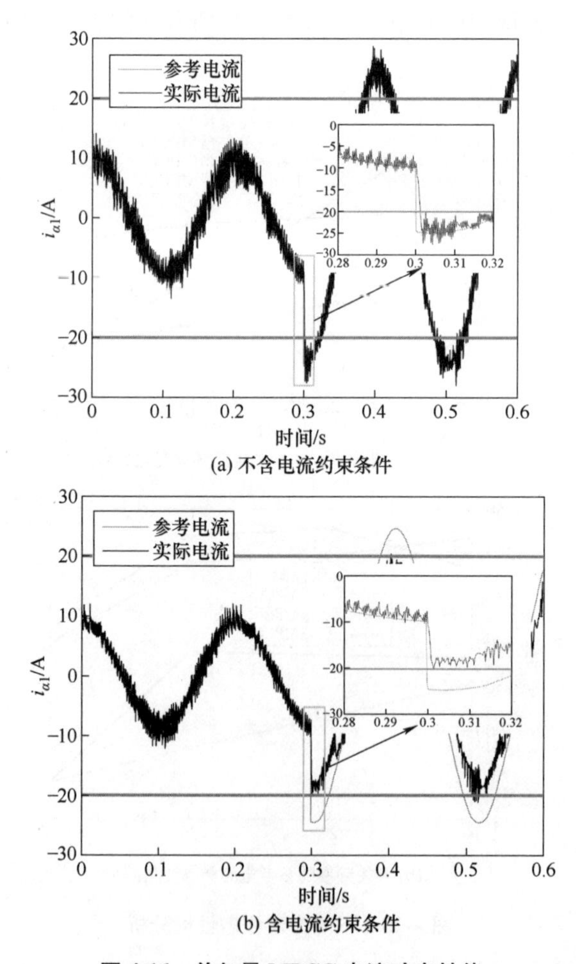

(a) 不含电流约束条件

(b) 含电流约束条件

图 4-16　单矢量 MPCC 电流动态性能

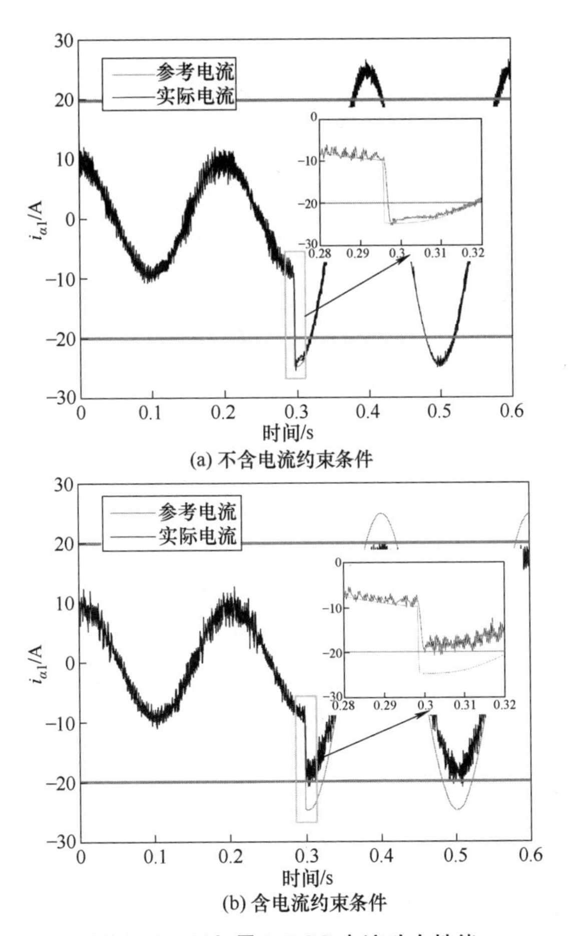

(a) 不含电流约束条件

(b) 含电流约束条件

图 4-17　双矢量 MPCC 电流动态性能

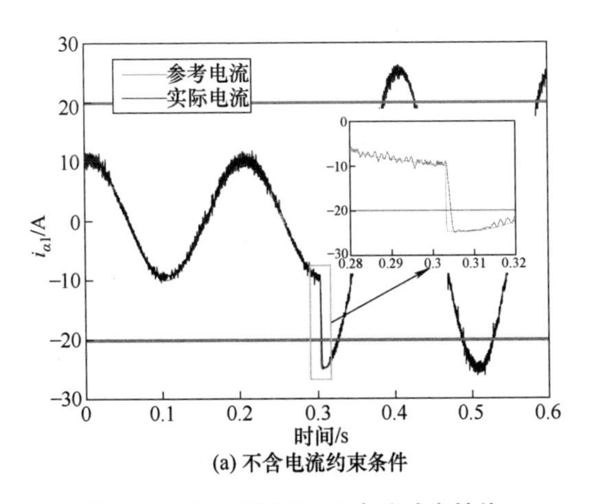

(a) 不含电流约束条件

图 4-18　三矢量 MPCC 电流动态性能

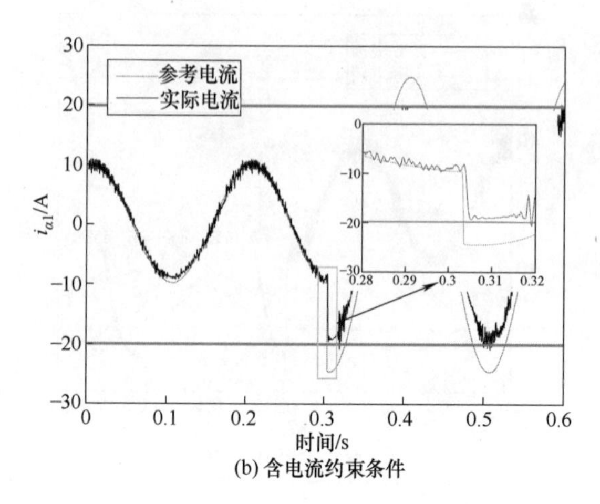

(b) 含电流约束条件

图 4-18 三矢量 MPCC 电流动态性能（续）

在相同的测试条件下，单矢量 MPCC，双矢量 MPCC 以及三矢量 MPCC 的启动和制动过程动态运行曲线，分别如图 4-19~图 4-21 所示。当不考虑电流约束条件时，在启动和制动过程中，电流会超出最大电流幅值 20A，出现过电流现象，如图 4-19a、图 4-20a 和图 4-21a 所示。为了保证电机的安全运行，可以将电流约束条件考虑进去使得电机在动态运行过程中，实际电流被限定在 20A 以内，满足电流约束条件，如图 4-19b、图 4-20b 和图 4-21b 所示。除此之外，根据图 4-19a 和图 4-20a 可知，当不考虑电流约束条件时，简化算法能够直接搜索得到最优解，无需重复枚举所有可能情况。然而，当考虑电流约束条件时，简化算法不能够直接获得满足约束条件的最优解，枚举电压矢量或者矢量组合的数量会随着电机运行工况的不同而发生变化；当实际电流满足约束条件时，与不含约束条件情形类似，搜索算法能够直接获得最优解，如图 4-19b 和图 4-20b 所示。

最后，为了验证简化搜索方法对计算量的简化效果，本文测试了不同控制方法的在线计算时间，见表 4-3。根据该表可知，当不考虑约束条件时，简化后 MPCC 算法的在线计算时间与传统矢量控制算法的在线计算时间相当。特别地，由于单矢量 MPCC 和双矢量 MPCC 省去了 SVM 的运算，因此算法的在线计算时间比矢量控制方法要短。然而，当考虑电流约束条件时，本文测试了最坏情形下的在线计算时间，即枚举计算所有可能的情形。此时，由于需要枚举更多可能的情况，计算时间比不含电流约束条件的情形要长。因此，通过采取简化搜索方法对 MPCC 的执行过程进行简化，可以使得 MPCC 的在线计算时间和传统矢量控制方法相当，有效地解决了 MPCC 在线计算量大的问题。

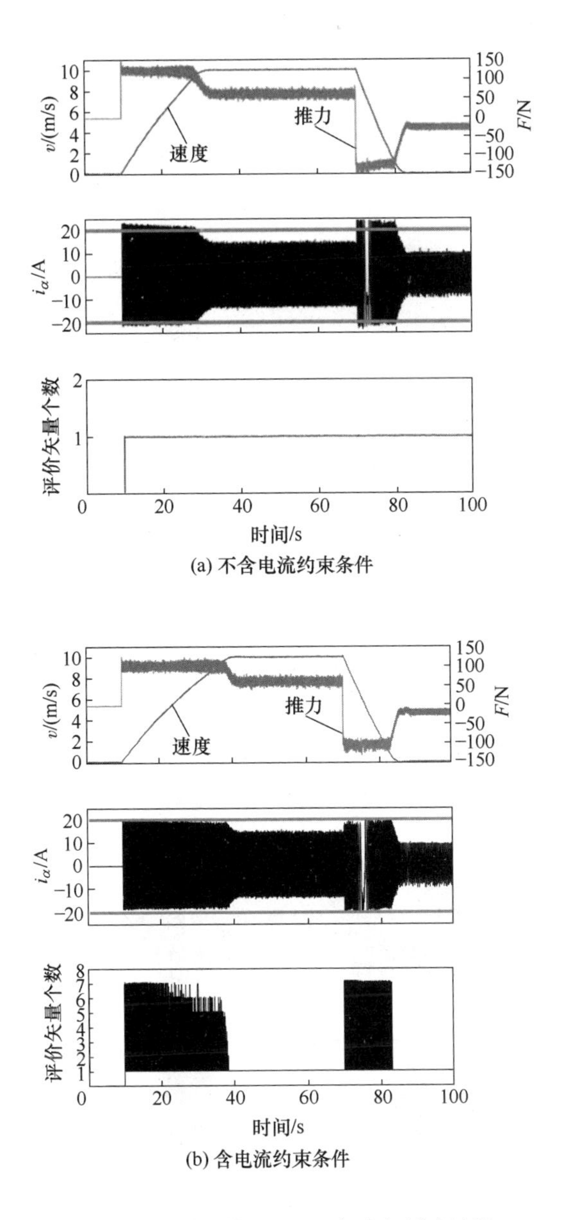

(a) 不含电流约束条件

(b) 含电流约束条件

图 4-19　单矢量 MPCC 启动和制动过程

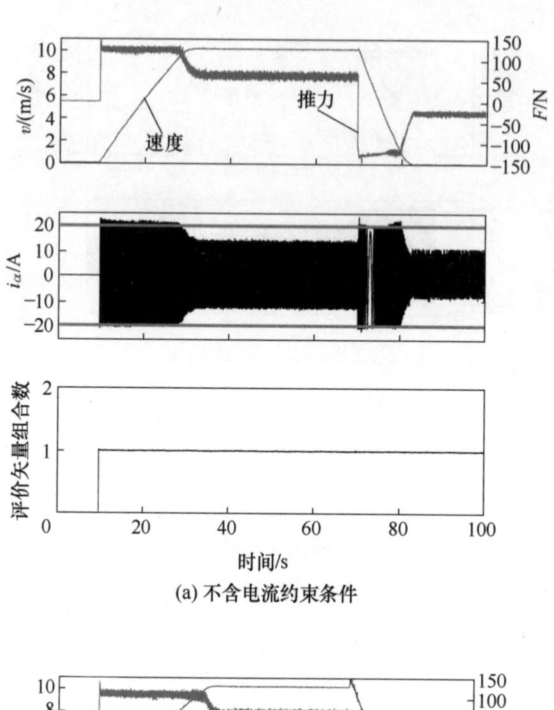

(a) 不含电流约束条件

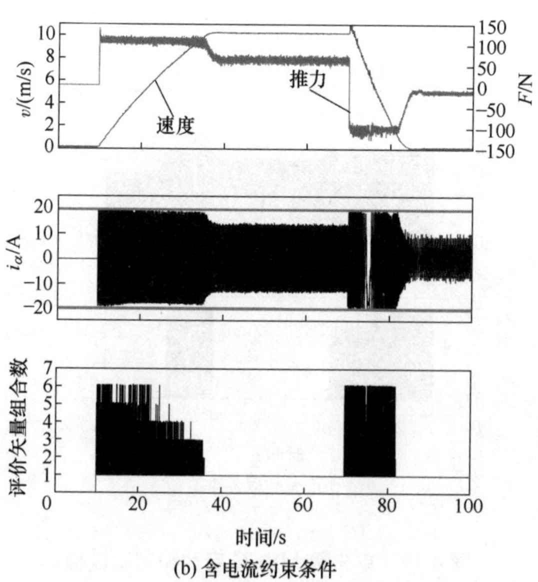

(b) 含电流约束条件

图 4-20　双矢量 MPCC 启动和制动过程

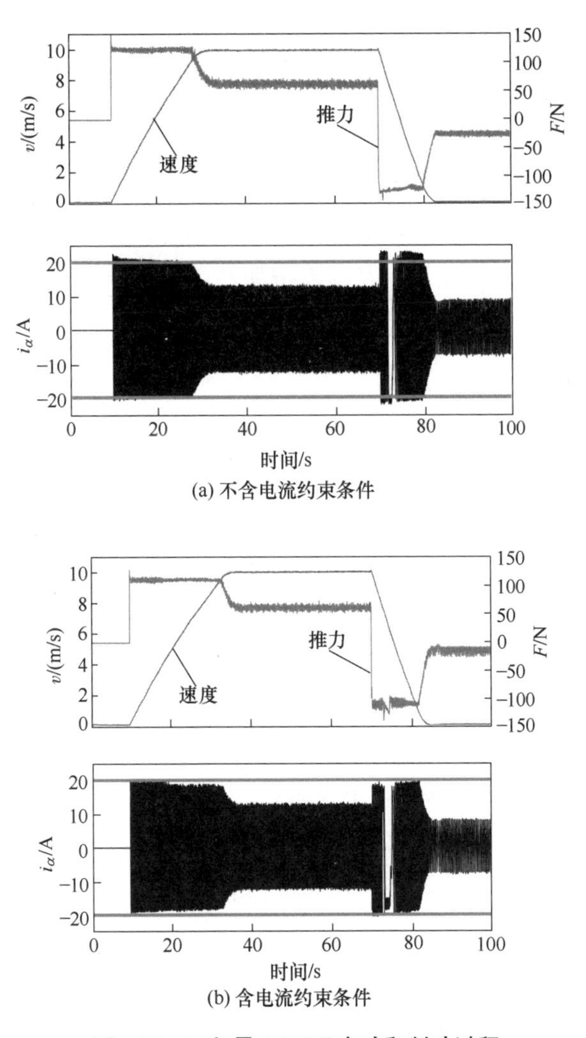

图 4-21 三矢量 MPCC 启动和制动过程

表 4-3 在线计算时间比较 （单位：μs）

控制方法	不含电流约束	含电流约束
矢量控制	95.7	--
单矢量 MPCC	75.6	147.6
双矢量 MPCC	84.3	157.6
三矢量 MPCC	97.6	108.4

4.4 多步长连续集模型预测电流控制

4.4.1 多步长连续集模型预测控制算法

当电压矢量调制与 MPCC 相结合时，提高调制精度可以减小电流脉动，然而开关频率会随之增加。因此，为避免增加开关频率，本节和下一节将进一步采取增加预测步长的方式来提升 MPCC 的控制性能。当采取多步长 MPC 时，优化目标是一段时间内的预测轨迹而不仅仅是某一时刻的预测点，如图 4-22 所示。根据该图可知，当采取单步预测时，MPC 将会选择下一时刻使得状态变量离给定值最近的控制变量 u_2，然而该控制变量在未来一段时间内会使得状态变量有较大的波动，并不是最优的选择。如果增加 MPC 的预测步长，多步长 MPC 通过对一段时间内的预测轨迹进行优化，此时会选择控制变量 u_1，该控制量虽然不会使得下一时刻状态变量离给定值最近，但是却能够使得状态变量在一段时间内能够紧跟给定值，减小其波动幅值。

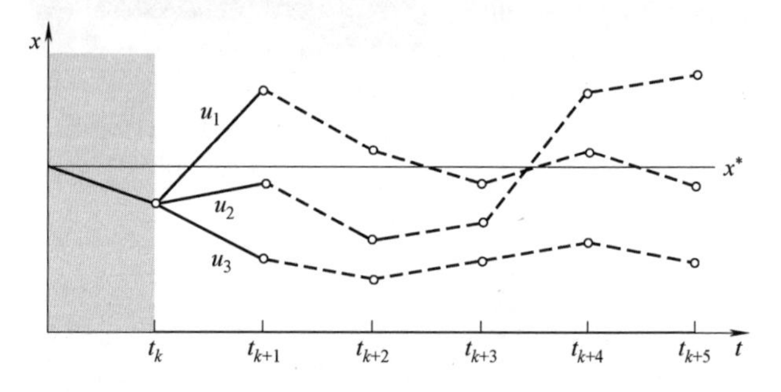

图 4-22　多步长 MPC 优化过程

为减少多步长 MPC 算法的在线计算量，当假定无任何约束条件时，本节首先推导出 CCS-MPC 在不同预测步长下解的表达式。之后，为让结果满足电压和电流约束条件，提出了一种简化求解方法，对其结果进行修正以满足约束条件。为推导出多步长 CCS-MPC 表达式，本节忽略逆变器输出电压范围和电流约束条件。为后续推导方便，式（4-12）电流预测方程可写成如下矩阵表达形式：

$$\boldsymbol{x}_{k+1}=\boldsymbol{A}x_k+\boldsymbol{B}u_k+\boldsymbol{C}\psi_k+\boldsymbol{D}d_k \tag{4-31}$$

式中，$\boldsymbol{x}=[i_{\alpha1}\quad i_{\beta1}]$；$\boldsymbol{u}=[u_{\alpha1}\quad u_{\beta1}]$；$\boldsymbol{\psi}=[\psi_{\alpha2}\quad \psi_{\beta2}]$；$\boldsymbol{d}=\omega_2\boldsymbol{\psi}$；

$$\boldsymbol{A}=\begin{bmatrix}1-\dfrac{T_s(L_2^2R_1+L_m'^2R_2)}{L_2^2L_1-L_2L_m'^2} & 0\\ 0 & 1-\dfrac{T_s(L_2^2R_1+L_m'^2R_2)}{L_2^2L_1-L_2L_m'^2}\end{bmatrix};\ \boldsymbol{B}=\begin{bmatrix}\dfrac{L_2T_s}{L_2L_1-L_m'^2} & 0\\ 0 & \dfrac{L_2T_s}{L_2L_1-L_m'^2}\end{bmatrix};$$

$\boldsymbol{C}=\begin{bmatrix}\dfrac{R_2L'_mT_s}{L_2^2L_1-L_2L'^2_m} & 0\\ 0 & \dfrac{R_2L'_mT_s}{L_2^2L_1-L_2L'^2_m}\end{bmatrix}$；$\boldsymbol{D}=\begin{bmatrix}0 & \dfrac{L'_mT_s}{L_2L_1-L'^2_m}\\ -\dfrac{L'_mT_s}{L_2L_1-L'^2_m} & 0\end{bmatrix}$；下标 k 和 $k+1$ 分别代表变量在 k 和 $k+1$ 时刻的值。

考虑计算延迟带来的影响，预测方程可以改写为

$$\boldsymbol{x}_{k+2}=\boldsymbol{A}\boldsymbol{x}^p_{k+1}+\boldsymbol{B}\boldsymbol{u}_{k+1}+\boldsymbol{C}\boldsymbol{\psi}^p_{k+1}+\boldsymbol{D}\boldsymbol{d}^p_{k+1} \tag{4-32}$$

式中，$\boldsymbol{x}^p_{k+1}$，$\boldsymbol{\psi}^p_{k+1}$，$\boldsymbol{d}^p_{k+1}$ 为通过式（4-31）获得的预测值。

由于电机的机械惯性较大，因此在预测时域内可以假定次级运行角速度基本不发生变化。同时，为了简化起见，近似认为次级磁链在预测时域内基本保持不变。通过以上假定条件，当预测步长为 N 时，可以推出

$$\begin{cases}\boldsymbol{\psi}_{k+N}=\boldsymbol{\psi}_{k+N-1}=\cdots=\boldsymbol{\psi}^p_{k+1}\\ \boldsymbol{d}_{k+N}=\boldsymbol{d}_{k+N-1}=\cdots=\boldsymbol{d}^p_{k+1}\end{cases} \tag{4-33}$$

根据式（4-33），通过反复迭代式（4-32），可对 $k+l$ 时刻的初级电流进行预测，其表达式为

$$\boldsymbol{x}_{k+l}=\boldsymbol{A}^{l-1}\boldsymbol{x}^p_{k+1}+\sum_{i=0}^{l-2}(\boldsymbol{A}^i\boldsymbol{B}\boldsymbol{u}_{k+i+1}+\boldsymbol{A}^i\boldsymbol{C}\boldsymbol{\psi}^p_{k+1}+\boldsymbol{A}^i\boldsymbol{D}\boldsymbol{d}^p_{k+1}) \tag{4-34}$$

当预测步长为 N 时，根据式（4-34）可写出在 $k+2$ 到 $k+N+1$ 时刻范围内的初级电流预测序列表达式为

$$\boldsymbol{X}^{k+N+1}_{k+2}=\boldsymbol{S}_x\boldsymbol{x}^p_{k+1}+\boldsymbol{S}_u\boldsymbol{U}^{k+N}_{k+1}+\boldsymbol{S}_\psi\boldsymbol{\psi}^p_{k+1}+\boldsymbol{S}_d\boldsymbol{d}^p_{k+1} \tag{4-35}$$

式中，$\boldsymbol{X}^{k+N+1}_{k+2}$ 为电流预测序列，且 $\boldsymbol{X}^{k+N+1}_{k+2}=[x_{k+2}\ \cdots\ x_{k+N+1}]^{\mathrm{T}}$；$\boldsymbol{U}^{k+N}_{k+1}$ 为电压控制序列，且 $\boldsymbol{U}^{k+N}_{k+1}=[u_{k+1}\ \cdots\ u_{k+N}]^{\mathrm{T}}$；$\boldsymbol{S}_x=\begin{bmatrix}\boldsymbol{A}\\ \vdots\\ \boldsymbol{A}^N\end{bmatrix}_{N\times1}$；$\boldsymbol{S}_u=\begin{bmatrix}\boldsymbol{B} & \boldsymbol{O} & \cdots & \boldsymbol{O}\\ \boldsymbol{AB} & \boldsymbol{B} & \boldsymbol{O} & \cdots\\ \vdots & \vdots & \vdots & \vdots\\ \boldsymbol{A}^{N-1}\boldsymbol{B} & \boldsymbol{A}^{N-2}\boldsymbol{B} & \cdots & \boldsymbol{B}\end{bmatrix}_{N\times N}$；$\boldsymbol{S}_\psi=\begin{bmatrix}\boldsymbol{C}\\ \vdots\\ \sum\limits_{i=0}^{N-1}\boldsymbol{A}^i\boldsymbol{C}\end{bmatrix}_{N\times1}$；$\boldsymbol{S}_d=\begin{bmatrix}\boldsymbol{D}\\ \vdots\\ \sum\limits_{i=0}^{N-1}\boldsymbol{A}^i\boldsymbol{D}\end{bmatrix}_{N\times1}$；$\boldsymbol{O}$ 为二阶零矩阵，即 $\boldsymbol{O}=\begin{bmatrix}0 & 0\\ 0 & 0\end{bmatrix}$。

此时，多步长 CCS-MPC 的目标函数可设计为

$$J=\|\boldsymbol{\Gamma}_x(\boldsymbol{X}^{k+N+1}_{k+2}-\boldsymbol{R})\|^2+\|\boldsymbol{\Gamma}_u\Delta\boldsymbol{U}^{k+N}_{k+1}\|^2 \tag{4-36}$$

式中，$\boldsymbol{\Gamma}_x$ 和 $\boldsymbol{\Gamma}_u$ 为权重系数对角矩阵，且 $\boldsymbol{\Gamma}_x=\mathrm{diag}(\Gamma_{x1},\ \cdots,\ \Gamma_{xN})$，$\boldsymbol{\Gamma}_u=\mathrm{diag}(\Gamma_{u1},\ \cdots,\ \Gamma_{uN})$；$\boldsymbol{R}$ 为初级电流给定值序列，本文假定给定值在每个预测

时刻都相等，即 $\boldsymbol{R}=\begin{bmatrix}x^* & \cdots & x^*\end{bmatrix}_{N\times1}^{\mathrm{T}}$；$\Delta\boldsymbol{U}_{k+1}^{k+N}$ 为输入电压变化量序列，其表达式为

$$\Delta\boldsymbol{U}_{k+1}^{k+N}=\begin{bmatrix}-\boldsymbol{I}\\ \boldsymbol{O}\\ \vdots\\ \boldsymbol{O}\end{bmatrix}_{N\times1}u_k+\begin{bmatrix}\boldsymbol{I} & \boldsymbol{O} & \cdots & \boldsymbol{O}\\ -\boldsymbol{I} & \boldsymbol{I} & \cdots & \boldsymbol{O}\\ \vdots & \vdots & \vdots & \vdots\\ \boldsymbol{O} & \cdots & -\boldsymbol{I} & \boldsymbol{I}\end{bmatrix}_{N\times N}\begin{bmatrix}u_{k+1}\\ u_{k+2}\\ \vdots\\ u_{k+N}\end{bmatrix}_{N\times1}$$

$$\Rightarrow\Delta\boldsymbol{U}_{k+1}^{k+N}=\boldsymbol{V}u_k+\boldsymbol{H}\boldsymbol{U}_{k+1}^{k+N}\tag{4-37}$$

式中，$\boldsymbol{I}$ 为二阶单位矩阵，即 $\boldsymbol{I}=\begin{bmatrix}1 & 0\\ 0 & 1\end{bmatrix}$。

最优输入电压序列可通过求解目标函数的最小值获得，其表达式为

$$\boldsymbol{U}^{opt}=\min_{\boldsymbol{U}_{k+1}^{k+N}}\boldsymbol{J}\tag{4-38}$$

为求解出最优输入电压序列表达式，可将式（4-36）改写为

$$\boldsymbol{J}=\boldsymbol{\rho}^{\mathrm{T}}\boldsymbol{\rho}\tag{4-39}$$

式中，$\boldsymbol{\rho}=\begin{bmatrix}\boldsymbol{\Gamma}_x\boldsymbol{S}_u\\ \boldsymbol{\Gamma}_u\boldsymbol{H}\end{bmatrix}\boldsymbol{U}_{k+1}^{k+N}-\begin{bmatrix}\boldsymbol{\Gamma}_x\ (\boldsymbol{R}-\boldsymbol{S}_x\boldsymbol{x}_{k+1}^p-\boldsymbol{S}_\psi\boldsymbol{\psi}_{k+1}^p-\boldsymbol{S}_d\boldsymbol{d}_{k+1}^p)\\ -\boldsymbol{\Gamma}_u\boldsymbol{V}u_k\end{bmatrix}=\boldsymbol{P}\boldsymbol{U}_{k+1}^{k+N}-\boldsymbol{\gamma}$，$\boldsymbol{P}=\begin{bmatrix}\boldsymbol{\Gamma}_x\boldsymbol{S}_u\\ \boldsymbol{\Gamma}_u H\end{bmatrix}$，

$\boldsymbol{\gamma}=\begin{bmatrix}\boldsymbol{\Gamma}_x(\boldsymbol{R}-\boldsymbol{S}_x\boldsymbol{x}_{k+1}^p-\boldsymbol{S}_\psi\boldsymbol{\psi}_{k+1}^p-\boldsymbol{S}_d\boldsymbol{d}_{k+1}^p)\\ -\boldsymbol{\Gamma}_u\boldsymbol{V}\boldsymbol{u}_k\end{bmatrix}$。

通过对目标函数求解二阶导数，可得

$$\frac{\mathrm{d}^2\boldsymbol{\rho}^{\mathrm{T}}\boldsymbol{\rho}}{\mathrm{d}(\boldsymbol{U}_{k+1}^{k+N})^2}=2\boldsymbol{P}^{\mathrm{T}}\boldsymbol{P}>0\tag{4-40}$$

根据式（4-40）可知，目标函数的二阶导数大于零，因此存在唯一最小值，可令目标函数一阶导数等于零而获得，其表达式为

$$\frac{\mathrm{d}\boldsymbol{\rho}^{\mathrm{T}}\boldsymbol{\rho}}{\mathrm{d}\boldsymbol{U}_{k+1}^{k+N}}=2\left(\frac{d\boldsymbol{\rho}}{d\boldsymbol{U}_{k+1}^{k+N}}\right)^{\mathrm{T}}\rho=2\boldsymbol{P}^{\mathrm{T}}(\boldsymbol{P}\boldsymbol{U}_{k+1}^{k+N}-\boldsymbol{\gamma})=0$$

$$\Rightarrow\boldsymbol{U}^{opt}=(\boldsymbol{P}^{\mathrm{T}}\boldsymbol{P})^{-1}\boldsymbol{P}^{\mathrm{T}}\gamma\tag{4-41}$$

由于多步长 MPC 采取滚动时域优化策略，因此只有 $k+1$ 时刻的最优输入电压作用到实际控制系统当中。式（4-41）所表示的最优输入电压序列中其他时刻的输入电压均被舍弃，在下一时刻又重复之前的求解过程，且只作用序列中第一个控制变量。最终，多步长 CCS-MPC 解的表达式为

$$\boldsymbol{u}_{k+1}^{opt}=[\boldsymbol{I}\quad\boldsymbol{O}\quad\cdots\quad\boldsymbol{O}]_{N\times1}(\boldsymbol{P}^{\mathrm{T}}\boldsymbol{P})^{-1}\boldsymbol{P}^{\mathrm{T}}\gamma\tag{4-42}$$

然而，式（4-42）所求解出的结果是在假定不含任何约束条件下推导出来的，当不满足逆变器最大输出电压限制时，此时求解出的结果将无任何实际意

义。如果考虑约束条件，多步长 CCS-MPC 的解将不会有类似于式（4-42）固定的表达式，需要采取一些在线求解方法，例如有效集法（Active Set Method，ASM）和原始对偶法（Primal Dual Method，PDM）等。这些求解方法需消耗大量的在线计算时间，尤其是当约束条件较多且为非线性时，求解过程会比较复杂。因此，亟需提出一种简化的求解方法，使得求解结果满足实际约束条件。

4.4.2 含约束条件的简化求解

当考虑电压约束条件时，可以获得 6 个输入电压线性约束条件，即正六边形六条边构成的边界条件。然而，当进一步考虑电流约束时，它不再是线性约束条件，而是类似圆的表达式，因此 QP 问题的求解方法无法对该问题进行求解。为求解该问题，只能够将电流约束条件线性化，采取多边形来替代实际圆的边界条件。此时，含约束条件下的多步长 CCS-MPC 求解问题可以表示为

$$
\begin{gathered}
\boldsymbol{U}^{opt}=\min_{U_{k+1}^{k+N}} J \\
\text{满足}:\begin{cases} M_u U_{k+1}^{k+N} \leqslant L_u \\ M_i X_{k+2}^{k+N+1} \leqslant L_i \end{cases}
\end{gathered}
\tag{4-43}
$$

式中，M_u和 L_u为输入电压六边形边界条件相关变量。

为了将电流约束圆用线性约束条件表示，可近似用八边形来代替电流约束圆，M_i和 L_i为该八边形边界条件的相关变量。因此，如果根据式（4-43）对该问题进行求解，因线性约束条件较多，传统求解方法会消耗大量的在线计算时间。为了简化该问题，本文提出一种迭代搜索方法，将式（4-42）求解出的无约束条件下的最优电压矢量进行修正以满足相关约束条件。

为简化电压约束条件表达式，近似认为逆变器线性调制区域为电压约束条件。此时，简化后的电压约束条件为

$$
u_{\alpha 1}^2+u_{\beta 1}^2 \leqslant R_u^2 \tag{4-44}
$$

式中，$R_u=\sqrt{3}V_{dc}/3$。

根据第 4.3.1 小节（式 4-21）的推导分析，电流约束条件可以用输入电压来表示

$$
(u_{\alpha 1}+o_x)^2+(u_{\beta 1}+o_y)^2 \leqslant r^2 \tag{4-45}
$$

因此，电压和电流约束范围边界均为圆，求解出的结果应当要同时满足式（4-44）和式（4-45），即两圆相交的可行区域部分，如图 4-23 所示。此时，含约束条件下的求解问题可表示为

$$
\boldsymbol{U}^{opt}=\min_{U_{k+1}^{k+N}} J
$$

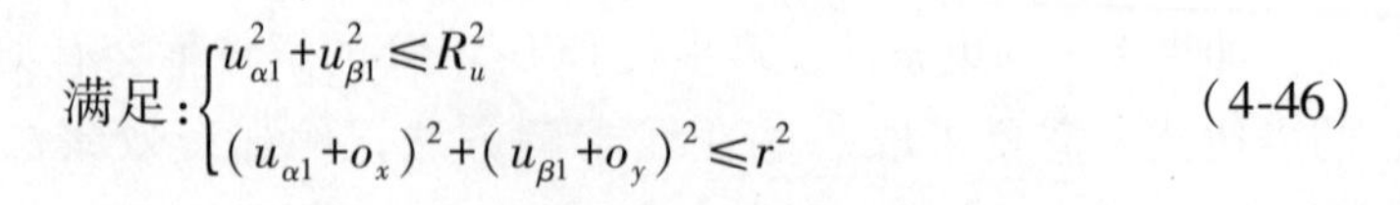

$$满足:\begin{cases} u_{\alpha1}^2+u_{\beta1}^2\leqslant R_u^2 \\ (u_{\alpha1}+o_x)^2+(u_{\beta1}+o_y)^2\leqslant r^2 \end{cases} \tag{4-46}$$

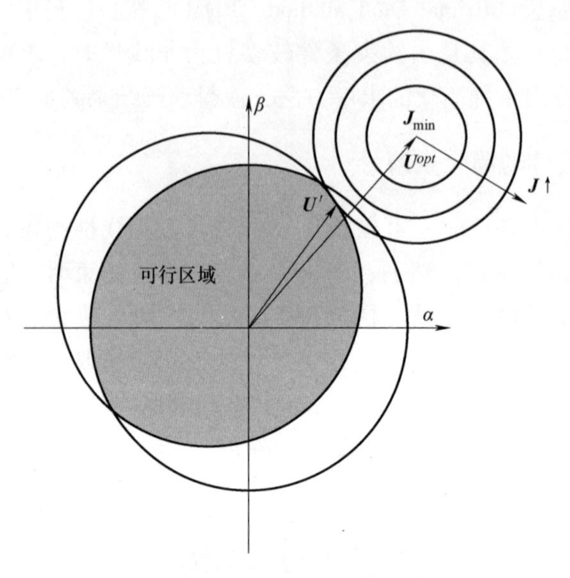

图 4-23 满足电压及电流约束条件的可行区域

为了使求解结果满足约束条件，需要对式（4-38）求解出的最优值进行修正，使得在满足条件的区域内目标函数值越小越好。假定修正后满足约束条件的最优输入电压序列为 U'，它与不考虑约束条件下的最优输入电压序列 $\boldsymbol{U}^{opt}$ 之间的差值定义为

$$\boldsymbol{\Delta}=\boldsymbol{U}'-\boldsymbol{U}^{opt} \tag{4-47}$$

为了分析目标函数值与序列误差间的联系，将式（4-47）代入目标函数式（4-39）可得

$$\boldsymbol{J}=(\boldsymbol{P}(\boldsymbol{U}^{opt}+\boldsymbol{\Delta})-\boldsymbol{\gamma})^{\mathrm{T}}(\boldsymbol{P}(\boldsymbol{U}^{opt}+\boldsymbol{\Delta})-\boldsymbol{\gamma}) \tag{4-48}$$

将式（4-41）代入到式（4-48），并进一步整理可得

$$\boldsymbol{J}=\boldsymbol{\Delta}^{\mathrm{T}}(\boldsymbol{P}^{\mathrm{T}}\boldsymbol{P})\boldsymbol{\Delta}+(\boldsymbol{P}\boldsymbol{U}^{opt}-\boldsymbol{\gamma})^{\mathrm{T}}(\boldsymbol{P}\boldsymbol{U}^{opt}-\boldsymbol{\gamma}) \tag{4-49}$$

根据式（4-49）可知，目标函数值与序列误差有关：当误差 $\boldsymbol{\Delta}=0$ 时，此时为不含约束条件下求解的最优值；当序列误差 $\boldsymbol{\Delta}$ 较大时，此时修正后的目标函数值与最优值之间的差距会增大。因此，为了使修正后满足约束条件的输入电压序列获得较好的电流跟踪性能，序列误差应该越小越好，如图 4-24 所示。

由于多步长 CCS-MPC 只作用输入电压序列中第一个电压矢量到实际控制系

统中，为了简化起见，本文只对序列中第一个电压矢量进行修正以满足约束条件。当式（4-42）所求解的最优电压矢量 $\boldsymbol{V}^{opt}$ 不满足式（4-44）电压约束条件时，此时需要在电压约束圆边界上找到离最优电压矢量距离最近的修正电压矢量 $\boldsymbol{V}_u'$，如图 4-24a 所示。修正后电压矢量表达式为

$$\begin{cases} u_{\alpha1}^{u}=\dfrac{R_u u_{\alpha1}^{opt}}{\sqrt{(u_{\alpha1}^{*})^2+(u_{\beta1}^{*})^2}} \\ u_{\beta1}^{u}=\dfrac{R_u u_{\beta1}^{opt}}{\sqrt{(u_{\alpha1}^{*})^2+(u_{\beta1}^{*})^2}} \end{cases} \tag{4-50}$$

式中，$u_{\alpha1}^{opt}$ 和 $u_{\beta1}^{opt}$ 为通过式（4-42）求解出的无约束条件下最优电压矢量 $\alpha\beta$ 轴分量；$u_{\alpha1}^{u}$ 和 $u_{\beta1}^{u}$ 为满足电压约束条件修正电压矢量 $\alpha\beta$ 轴分量。

当最优电压矢量 $\boldsymbol{V}^{opt}$ 不满足式（4-45）电流约束条件时，如图 4-24b 所示。同样地，在电流约束圆边界上找到离最优电压矢量最近的修正电压矢量 $\boldsymbol{V}_i'$，作为满足电流约束条件的最优解，其修正后的电压矢量表达式为

$$\begin{cases} u_{\alpha1}^{i}=\dfrac{r(u_{\alpha1}^{opt}+o_x)}{\sqrt{(u_{\alpha1}^{*}+o_x)^2+(u_{\beta1}^{*}+o_y)^2}}-o_x \\ u_{\beta1}^{i}=\dfrac{r(u_{\beta1}^{opt}+o_y)}{\sqrt{(u_{\alpha1}^{*}+o_x)^2+(u_{\beta1}^{*}+o_y)^2}}-o_y \end{cases} \tag{4-51}$$

式中，$u_{\alpha1}^{i}$ 和 $u_{\beta1}^{i}$ 为满足电流约束条件修正电压矢量 $\alpha\beta$ 轴分量。

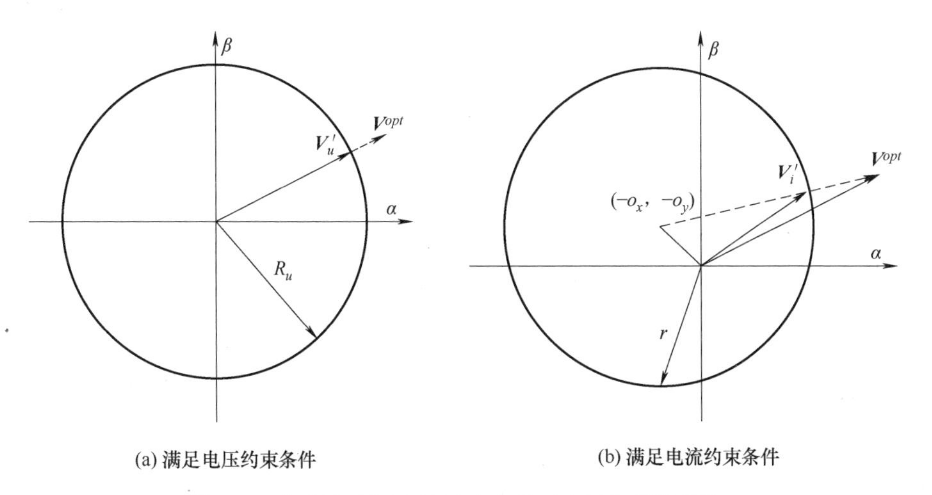

(a) 满足电压约束条件　　(b) 满足电流约束条件

图 4-24　根据电压及电流约束条件对电压矢量进行修正

然而，式（4-50）和式（4-51）表示满足约束条件的修正电压矢量，它们

是通过对电压和电流约束条件分别进行考虑求解出的。如果对电压和电流约束条件同时进行考虑，此时满足约束条件的区域并不是一个规则的图形，需要在不规则的边界上找到离最优电压矢量$\boldsymbol{V}^{opt}$最近的修正电压矢量$\boldsymbol{V}'$，如图 4-25 所示。由于在不规则边界上找到离最优电压矢量距离最近的点较为复杂，因此本文提出一种迭代搜索方法，对电压和电流约束条件分别进行考虑来找到满足约束条件的解。迭代搜索算法首先要判断最优电压矢量是否满足电压约束条件，如果不满足，则需要对该最优电压矢量进行修正，且认为该修正电压矢量为当前最优电压矢量。其次，将满足电压约束条件的最优电压矢量代入到电流约束条件上进行判断，如果不满足电流约束条件，需要对该最优电压矢量再次进行修正，并且继续判断是否满足电压约束条件。最后，上述迭代过程将会反复不断进行，直到找出同时满足电压和电流约束的最优电压矢量为止。

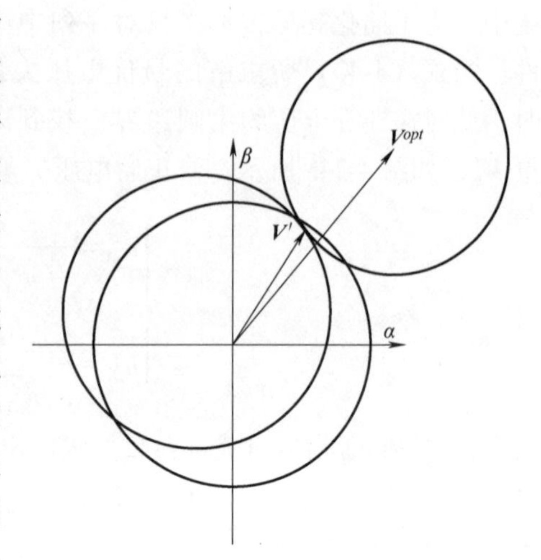

图 4-25　同时满足电压和电流约束条件修正电压矢量

为了求解出式（4-42）不含约束条件下的最优解，需要进行复杂的矩阵运算；尤其当预测步长数较多时，求解矩阵的阶数会很高，导致运算过程十分复杂。因此，本文采取离线方式对式（4-12）的矩阵进行求解，从而避免在微处理器中进行矩阵运算。通过将式（4-42）展开，可以推导出解的形式如下：

$$\boldsymbol{u}_{k+1}^{opt}=\begin{bmatrix} r & 0 \\ 0 & r \end{bmatrix}\begin{bmatrix} i_{\alpha 1}^{*} \\ i_{\beta 1}^{*} \end{bmatrix}+\begin{bmatrix} s & 0 \\ 0 & s \end{bmatrix}\begin{bmatrix} i_{\alpha 1(k+1)}^{p} \\ i_{\beta 1(k+1)}^{p} \end{bmatrix}+\begin{bmatrix} p & 0 \\ 0 & p \end{bmatrix}\begin{bmatrix} \psi_{\alpha 2(k+1)}^{p} \\ \psi_{\beta 2(k+1)}^{p} \end{bmatrix}+$$
$$\begin{bmatrix} 0 & -e \\ e & 0 \end{bmatrix}\begin{bmatrix} \omega_2 \psi_{\alpha 2(k+1)}^{p} \\ \omega_2 \psi_{\beta 2(k+1)}^{p} \end{bmatrix}+\begin{bmatrix} d & 0 \\ 0 & d \end{bmatrix}\begin{bmatrix} u_{\alpha 1(k)} \\ u_{\beta 1(k)} \end{bmatrix} \tag{4-52}$$

根据式（4-52）可知，只需要离线求解出不同预测步长下变量 r，s，p，e 和 d 的值，并且存储在微处理器的内存中，便可跳过矩阵运算，直接求解出不含约束条件的最优电压矢量，从而简化算法的在线计算时间。最后，多步长 CCS-MPC 简化算法的控制框图如图 4-26 所示。

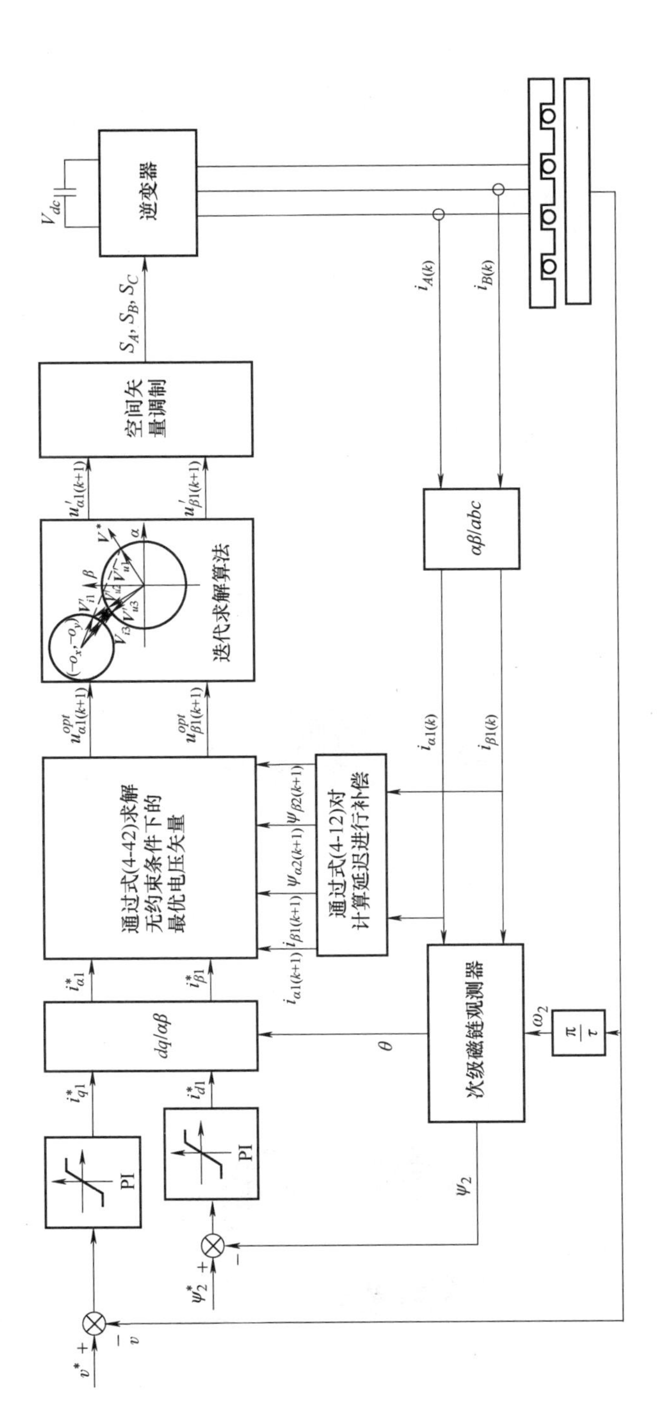

图 4-26　多步长 CCS-MPC 控制框图

4.4.3 实验结果

当预测步长选择为 10 步时，多步长 CCS-MPC 启动过程如图 4-27 所示。当不考虑电流约束条件时，电机在启动时会出现过电流，电流幅值超出最大允许电流值 20A，如图 4-27a 所示。然而，当考虑电流约束条件时，电机最大电流幅值被限定在 20A 以内，可以有效防止电机过电流，如图 4-27b 所示。同时，为了能够求解出满足电压和电流约束条件的解，相关算法的迭代次数会随着不同运行工况而发生改变，且算法的迭代次数被限定在 4 次以内，防止迭代算法陷入死循环。

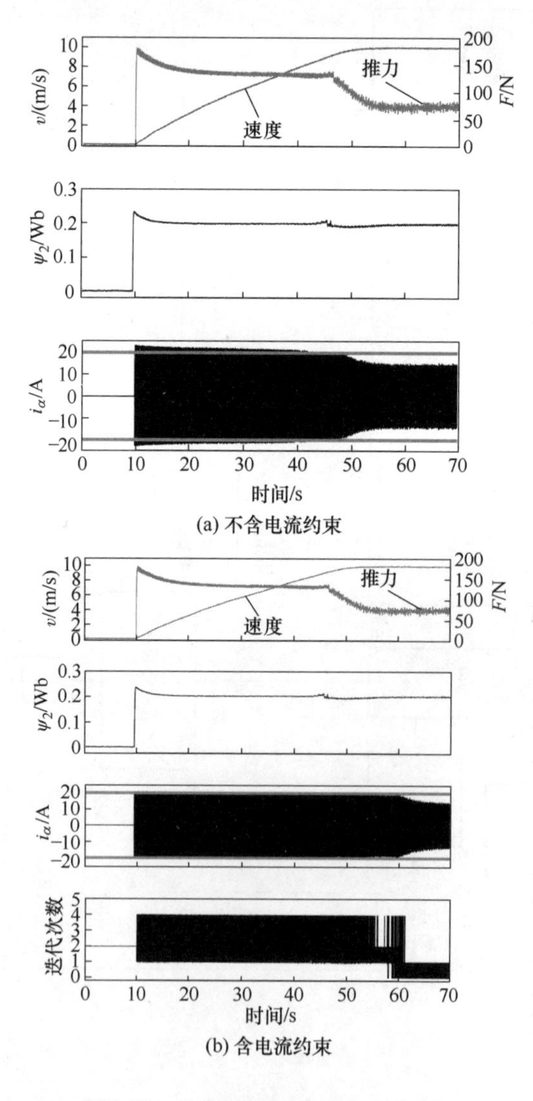

图 4-27 多步长 CCS-MPC 启动过程

进一步地，当设定不同最大允许电流值时，10 步预测 CCS-MPC 的电流跟踪性能如图 4-28 所示。当所设定的最大允许电流值大于参考电流幅值时，此时实际电流能够很好地跟踪上参考值，如图 4-28a 所示。然而，当最大允许电流值小于参考电流幅值时，多步长 CCS-MPC 会优先考虑电流约束条件，而忽略其电流跟踪性能。此时，实际电流将无法跟踪参考电流，且电流幅值被限定在最大允许值范围内，如图 4-28b～d 所示。因此，通过加入电流约束条件，可以灵活地将最大电流幅值限定在任意范围内，防止电机出现过电流。

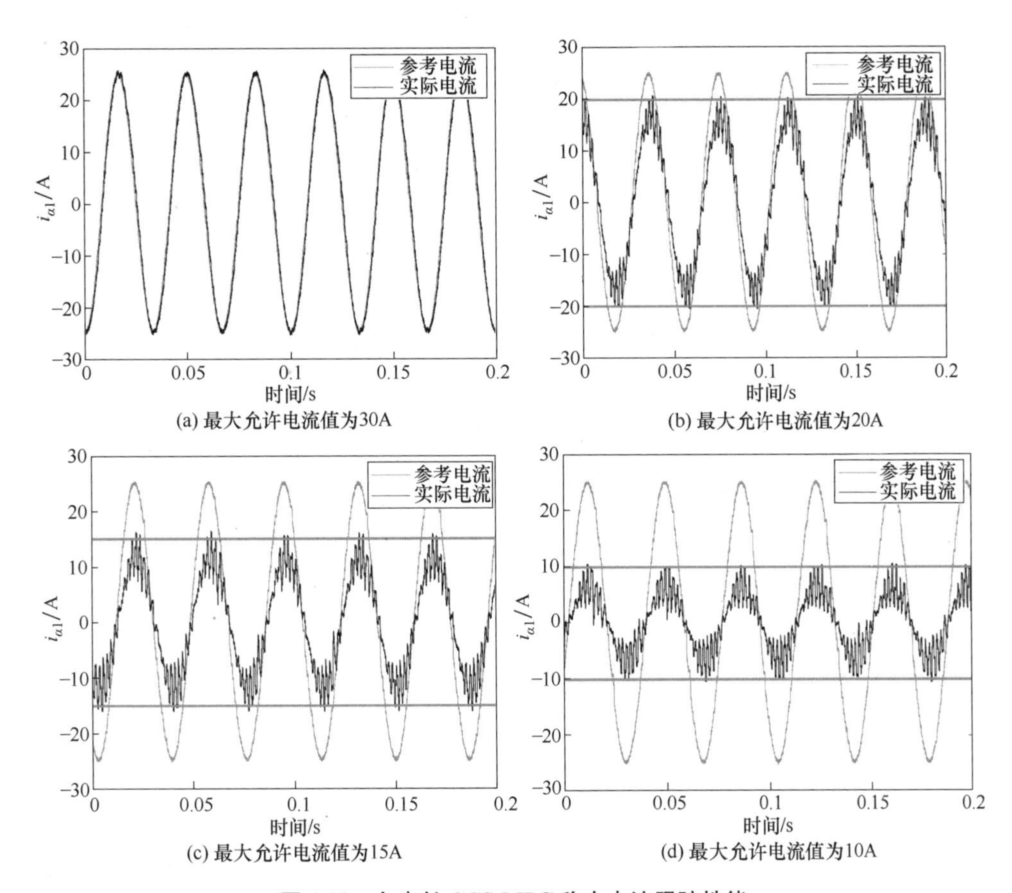

(a) 最大允许电流值为30A
(b) 最大允许电流值为20A
(c) 最大允许电流值为15A
(d) 最大允许电流值为10A

图 4-28　多步长 CCS-MPC 稳态电流跟踪性能

为了对比不同预测步长下 CCS-MPC 的电流跟踪性能，定义电流跟踪误差来定量分析电流跟踪性能，其表达式为

$$i_{error}=\frac{\sum_{i=1}^{N_s}(i_{\alpha1i}-i_{\alpha1i}^*)^2+\sum_{i=1}^{N_s}(i_{\beta1i}-i_{\beta1i}^*)^2}{2N_s} \tag{4-53}$$

当负载推力为100N，次级磁链为0.2Wb时，不同运行速度下CCS-MPC的电流跟踪性能如图4-29a所示。根据该图可知，在不同运行速度下，单步预测CCS-MPC电流跟踪误差最大，其次为5步预测CCS-MPC，而10步预测CCS-MPC电流跟踪误差最小。另外，随着速度的提升，不同预测步长CCS-MPC的电流跟踪误差会增加。当电机运行速度为10m/s时，相比单步预测CCS-MPC，5步预测电流跟踪误差降低了64.78%；10步预测电流跟踪误差降低了74.19%。不同预测步长CCS-MPC在不同运行速度下的开关频率如图4-29b所示，根据该图可知，由于CCS-MPC采取SVM，因此预测步长对CCS-MPC的开关频率影响较小，且随着速度变化开关频率基本保持不变，大致在3.35kHz附近波动。

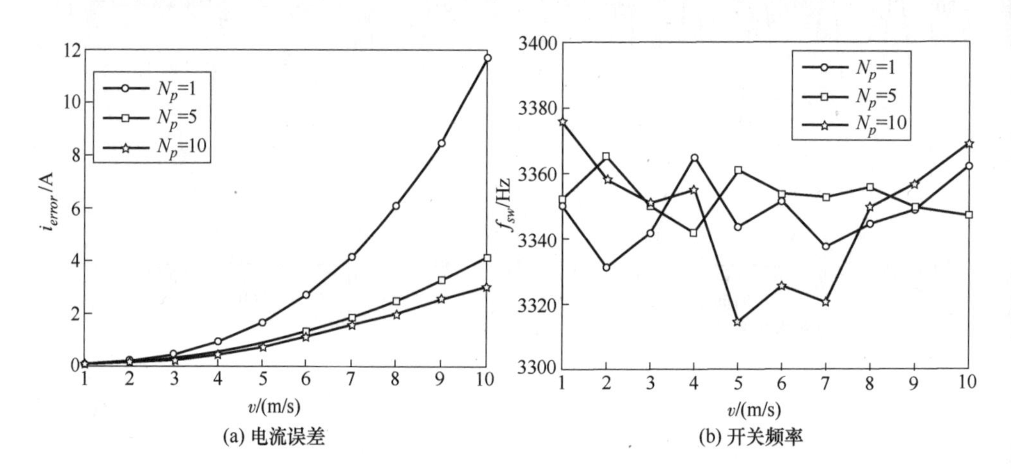

(a) 电流误差 (b) 开关频率

图4-29 不同预测步长下CCS-MPC控制性能

4.5 多步长有限集模型预测电流控制

4.5.1 预测步长为2的情况

多步长CCS-MPC通常采取SVM对求解结果进行调制，然后送给逆变器，因此其开关频率较高；为了获得较低的开关频率，本节对多步长FCS-MPC进行研究。然而，与CCS-MPC情形不同，多步长FCS-MPC需要通过在线枚举计算才能够找出最优电压矢量。因此，当增加FCS-MPC预测步长时，该算法的计算量会成指数倍增加。

为了探索预测步长与FCS-MPC性能之间的联系，本文将4.3节所提出的简化方法进一步拓展到多步长预测的情形，从而简化多步长FCS-MPC的求解过

程。为了方便后续简化方法的推导，LIM 初级电流预测方程的矢量形式为

$$\boldsymbol{I}_1^{k+1}=\left[1-\frac{T_s(L_2^2R_1+R_2L_m'^2)}{(L_2^2L_1-L_2L_m'^2)}\right]\boldsymbol{I}_1^k+\frac{L_2T_s}{(L_2L_1-L_m'^2)}\left(\boldsymbol{U}_1^k+\frac{R_2L_m'}{L_2^2}\boldsymbol{\psi}_2^k-\mathrm{j}\frac{L_m'}{L_2}\omega_2\boldsymbol{\psi}_2^k\right)$$

$$\Rightarrow\boldsymbol{I}_1^{k+1}=\boldsymbol{M}\boldsymbol{I}_1^k+\boldsymbol{H}\boldsymbol{U}_1^k+\boldsymbol{L}_\psi^k \tag{4-54}$$

式中，$\boldsymbol{I}_1$ 为初级电流矢量，且 $I_1=i_{\alpha1}+\mathrm{j}i_{\beta1}$；$\boldsymbol{\psi}_2$ 为次级磁链矢量，且 $\boldsymbol{\psi}_2=\psi_{\alpha2}+\mathrm{j}\psi_{\beta2}$；$\boldsymbol{U}_1$ 为输入电压矢量，且 $\boldsymbol{U}_1=u_{\alpha1}+\mathrm{j}u_{\beta1}$；上标 k 和 $k+1$ 分别代表在 k 和 $k+1$ 时刻的变量值。

同样地，为了能够弥补计算延迟，通过式（4-54）获得 $k+1$ 时刻的预测值，并基于该预测值求解 $k+1$ 时刻输入电压矢量 $\boldsymbol{U}_1^{k+1}$。此时，单步预测 FCS-MPC 的目标函数设计为

$$J=\|\boldsymbol{I}_1^*-\boldsymbol{I}_1^{k+2}\|^2+k_{sw}\|\boldsymbol{U}_1^{k+1}-\boldsymbol{U}_1^k\|^2 \tag{4-55}$$

式中，$\boldsymbol{I}_1^*$ 为参考电流矢量；k_{sw} 为权重系数，用来调节电流跟踪性能和逆变器开关次数之间的控制权重。

为了方便后续推导，将相邻时刻所选择的电压矢量差值 $\|\boldsymbol{U}_1^{k+1}-\boldsymbol{U}_1^k\|$ 作为逆变器开关次数的评价标准。该矢量差值越大，表明逆变器所需开关次数越多：例如对两电平逆变器来说，当 $\boldsymbol{U}_1^k=\boldsymbol{V}_1$，$\boldsymbol{U}_1^{k+1}=\boldsymbol{V}_2$ 时，$\|\boldsymbol{U}_1^{k+1}-\boldsymbol{U}_1^k\|=\frac{2}{3}V_{dc}$，开关一次；当 $\boldsymbol{U}_1^k=\boldsymbol{V}_1$，$\boldsymbol{U}_1^{k+1}=\boldsymbol{V}_3$ 时，$\|\boldsymbol{U}_1^{k+1}-\boldsymbol{U}_1^k\|=\frac{2\sqrt{3}}{3}V_{dc}$，开关两次；当 $\boldsymbol{U}_1^k=\boldsymbol{V}_1$，$\boldsymbol{U}_1^{k+1}=\boldsymbol{V}_4$ 时，$\|\boldsymbol{U}_1^{k+1}-\boldsymbol{U}_1^k\|=\frac{4}{3}V_{dc}$，开关三次。因此，所定义的矢量差值与开关次数相关，可以等效为对开关频率进行评价。

将式（4-54）代入到式（4-55）中，可以将目标函数改写为

$$J=\left(\frac{L_2T_s}{L_2L_1-L_m'^2}\right)^2J_1$$

$$\Rightarrow J_1=\|\boldsymbol{U}_1^{k+1}-\boldsymbol{V}_{k+1}^*\|^2+\frac{k_{sw}(L_2L_1-L_m'^2)^2}{(L_2T_s)^2}\|\boldsymbol{U}_1^{k+1}-\boldsymbol{U}_1^k\|^2$$

$$\Rightarrow J_1=\|\boldsymbol{U}_1^{k+1}-\boldsymbol{V}_{k+1}^*\|^2+\lambda\|\boldsymbol{U}_1^{k+1}-\boldsymbol{U}_1^k\|^2 \tag{4-56}$$

式中，$\boldsymbol{V}_{k+1}^*$ 为式（4-17）的矢量表达式，且 $\boldsymbol{V}_{k+1}^*=a_v\boldsymbol{I}_1^{k+1}+b_v\boldsymbol{I}_1^*+\boldsymbol{D}_\psi^{k+1}$，其中 $a_v=\frac{L_2^2R_1+R_2L_m'^2}{L_2^2}-\frac{L_1L_2-L_m'^2}{L_2T_s}$，$b_v=\frac{L_1L_2-L_m'^2}{L_2T_s}$，$\boldsymbol{D}_\psi^{k+1}=-\frac{R_2L_m'}{L_2^2}\psi_2^{k+1}+\mathrm{j}\frac{L_m'}{L_2}\omega_2\psi_2^{k+1}$。

进一步，可以推导出如下等式：

$$m_1\|\boldsymbol{X}-\boldsymbol{X}_1\|^2+m_2\|\boldsymbol{X}-\boldsymbol{X}_2\|^2=(m_1+m_2)\left\|\boldsymbol{X}-\frac{m_1\boldsymbol{X}_1+m_2\boldsymbol{X}_2}{m_1+m_2}\right\|^2+\frac{m_1 m_2}{m_1+m_2}\|\boldsymbol{X}_1-\boldsymbol{X}_2\|^2 \tag{4-57}$$

根据式（4-57），假定 $m_1=1$，$m_2=\lambda$，$\boldsymbol{X}=\boldsymbol{U}_1^{k+1}$，$\boldsymbol{X}_1=\boldsymbol{V}_{k+1}^*$，$\boldsymbol{X}_2=\boldsymbol{U}_1^k$，可将式（4-56）简化为

$$J_1=(1+\lambda)\left\|\boldsymbol{U}_1^{k+1}-\frac{\boldsymbol{V}_{k+1}^*+\lambda\boldsymbol{U}_1^k}{1+\lambda}\right\|^2+Z_{k+1}^1 \tag{4-58}$$

式中，$Z_{k+1}^1=\dfrac{\lambda}{1+\lambda}\|\boldsymbol{V}_{k+1}^*-\boldsymbol{U}_1^k\|^2$。

由于 Z_{k+1}^1 为常数项，因此可以忽略该项，其目标函数最终化简为

$$J_1'=\left\|\boldsymbol{U}_1^{k+1}-\frac{\boldsymbol{V}_{k+1}^*+\lambda\boldsymbol{U}_1^k}{1+\lambda}\right\|^2=\|\boldsymbol{U}_1^{k+1}-\boldsymbol{U}_{1(k+1)}^*\|^2 \tag{4-59}$$

根据式（4-59）可知，当需要对逆变器开关次数进行限制时，参考电压矢量 $\boldsymbol{U}_{1(k+1)}^*$ 为只考虑电流跟踪性能的电压矢量 $\boldsymbol{V}_{k+1}^*$ 与上一时刻所选择电压矢量 $\boldsymbol{U}_1^k$ 的合成矢量。当权重系数 $\lambda=0$ 时，参考电压矢量 $\boldsymbol{U}_{1(k+1)}^*$ 与式（4-17）相同，此时与第 2 章所讨论的情形类似。然而，当 λ 值较大时，参考电压矢量 $\boldsymbol{U}_{1(k+1)}^*$ 会更加偏向于 $\boldsymbol{U}_1^k$，使得下一时刻所选择的电压矢量 $\boldsymbol{U}_1^{k+1}$ 更接近于 $\boldsymbol{U}_1^k$，从而减小逆变器开关次数。与第 4.3 节所提出的简化方法类似，通过判断参考电压矢量 $\boldsymbol{U}_{1(k+1)}^*$ 的扇区，选择与参考电压矢量处在同一扇区内的电压矢量作为最优电压矢量，其扇区划分情况如图 4-30 所示。

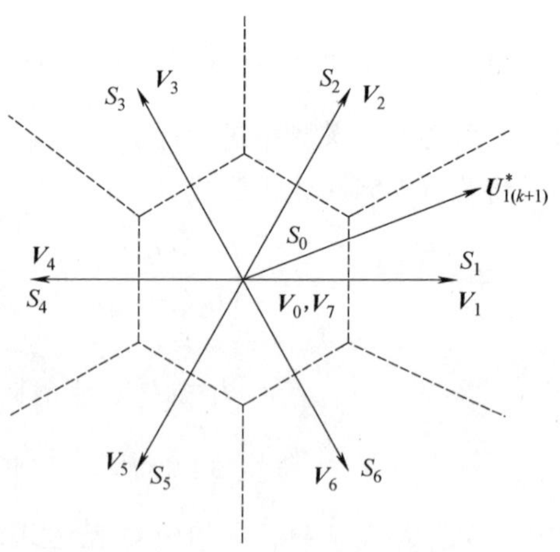

图 4-30　单步长 FCS-MPC 扇区划分

不同于图 4-7 扇区划分方式，图 4-30 所划分的零扇区是一个正六边形而不是圆。严格来说，零扇区应该为六个非零电压矢量垂直平分线构成的正六边形，即图 4-30 所划分的区域。然而，六边形边界条件的表达式较为复杂，需要采取六个线性不等式，因此为了便于对零扇区进行判断，将六边形的内接圆近似作为零扇区边界。多步长 FCS-MPC 每一步所选择的电压矢量都将会影响最终的求解结果，当预测步长较多时，不同时刻所选择的电压矢量会相互影响。因此，本节采取较为精确的扇区划分方式，确保求解

结果的准确性。

FCS-MPC 的复杂度与所需评价电压矢量数量相关：待选电压矢量的数量越多，算法在线计算量就会越大。当采取多步预测时，待选电压矢量数量与预测步长 N_p 之间的关系为 $N_p\times7^{Np}$，因此算法的计算量与预测步长呈指数关系增长。为在微处理器中实现多步长 FCS-MPC，需结合简化方法提前排除一些电压矢量序列，减少算法所需评价的电压矢量个数。

当预测步长为两步时，目标函数表达式为

$$J_2=\|\boldsymbol{U}_1^{k+1}-\boldsymbol{V}_{k+1}^*\|^2+\|\boldsymbol{U}_1^{k+2}-\boldsymbol{V}_{k+2}^*\|^2+\lambda(\|\boldsymbol{U}_1^{k+1}-\boldsymbol{U}_1^k\|^2+\|\boldsymbol{U}_1^{k+2}-\boldsymbol{U}_1^{k+1}\|^2) \tag{4-60}$$

根据式（4-58）的推导过程，可将上式改写为

$$J_2=\|\boldsymbol{U}_1^{k+1}-\boldsymbol{V}_{k+1}^*\|^2+\lambda\|\boldsymbol{U}_1^{k+1}-\boldsymbol{U}_1^k\|^2+(1+\lambda)\left\|\boldsymbol{U}_1^{k+2}-\frac{\boldsymbol{V}_{k+2}^*+\lambda\boldsymbol{U}_1^{k+1}}{1+\lambda}\right\|^2+\frac{\lambda}{1+\lambda}\|\boldsymbol{V}_{k+2}^*-\boldsymbol{U}_1^{k+1}\|^2 \tag{4-61}$$

根据式（4-33），同时假定在预测时域内参考电流矢量相同，即 $I_{k+2}^*=I_{k+1}^*=I_1^*$，可以推出

$$\begin{aligned}&\boldsymbol{V}_{k+2}^*=a_v\boldsymbol{I}_1^{k+2}+b_v\boldsymbol{I}_1^*+\boldsymbol{D}_\psi^{k+1}\\ \Rightarrow&\boldsymbol{V}_{k+2}^*=a_v(M\boldsymbol{I}_1^{k+1}+H\boldsymbol{U}_1^{k+1}+L_\psi^{k+1})+b_v\boldsymbol{I}_1^*+\boldsymbol{D}_\psi^{k+1}\\ \Rightarrow&\boldsymbol{V}_{k+2}^*=A_m\boldsymbol{I}_1^{k+1}+B_h\boldsymbol{U}_1^{k+1}+\boldsymbol{G}_{k+1}\end{aligned} \tag{4-62}$$

将式（4-62）代入到式（4-61）最后一项表达式中，可得

$$J_2=\|\boldsymbol{U}_1^{k+1}-\boldsymbol{V}_{k+1}^*\|^2+\lambda\|\boldsymbol{U}_1^{k+1}-\boldsymbol{U}_1^k\|^2+(1+\lambda)\left\|\boldsymbol{U}_1^{k+2}-\frac{\boldsymbol{V}_{k+2}^*+\lambda\boldsymbol{U}_1^{k+1}}{1+\lambda}\right\|^2+\frac{\lambda(1-B_h)^2}{1+\lambda}\left\|\boldsymbol{U}_1^{k+1}-\frac{A_m\boldsymbol{I}_1^{k+1}+\boldsymbol{G}_{k+1}}{1-B_h}\right\|^2 \tag{4-63}$$

为了能够对式（4-63）进行简化，在式（4-57）的基础之上，继续推导可得

$$m_1\|\boldsymbol{X}-\boldsymbol{X}_1\|^2+m_2\|\boldsymbol{X}-\boldsymbol{X}_2\|^2+m_3\|\boldsymbol{X}-\boldsymbol{X}_3\|^2=(m_1+m_2+m_3)\left\|\boldsymbol{X}-\frac{m_1\boldsymbol{X}_1+m_2\boldsymbol{X}_2+m_3\boldsymbol{X}_3}{m_1+m_2+m_3}\right\|^2+\frac{m_3(m_1+m_2)}{m_1+m_2+m_3}\left\|\frac{m_1\boldsymbol{X}_1+m_2\boldsymbol{X}_2}{m_1+m_2}-\boldsymbol{X}_3\right\|^2+\frac{m_1m_2}{m_1+m_2}\|\boldsymbol{X}_1-\boldsymbol{X}_2\|^2 \tag{4-64}$$

根据式（4-64），可将式（4-63）简化为

$$J_2=(1+\lambda+k_1)\|\boldsymbol{U}_1^{k+1}-\boldsymbol{U}_{2(k+1)}^*\|^2+(1+\lambda)\|\boldsymbol{U}_1^{k+2}-\boldsymbol{U}_{1(k+2)}^*\|^2+Z_{k+1}^2 \tag{4-65}$$

式中，$k_1=\dfrac{\lambda(1-B_h)^2}{1+\lambda}$；$\boldsymbol{U}_{2(k+1)}^*=\dfrac{\boldsymbol{V}_{k+1}^*+\lambda\boldsymbol{U}_1^k+k_1\boldsymbol{Y}_{k+1}^1}{1+\lambda+k_1}$；$\boldsymbol{Y}_{k+1}^1=\dfrac{A_m\boldsymbol{I}_1^{k+1}+\boldsymbol{G}_{k+1}}{1-B_h}$；$Z_{k+1}^2=\dfrac{\lambda}{1+\lambda}\|\boldsymbol{V}_{k+1}^*-\boldsymbol{U}_1^k\|^2+\dfrac{k_1(1+\lambda)}{1+\lambda+k_1}\left\|\dfrac{\boldsymbol{V}_{k+1}^*+\lambda\boldsymbol{U}_1^k}{1+\lambda}-\boldsymbol{Y}_{k+1}^1\right\|^2$。

同样地，Z_{k+1}^2为常数项，不会影响电压矢量序列的选择，可以忽略。因此，最优电压矢量序列应该要离参考电压矢量序列（$\boldsymbol{U}_{2(k+1)}^*$，$\boldsymbol{U}_{1(k+2)}^*$）的距离最近，这样才能使目标函数的值最小。然而，参考电压矢量$\boldsymbol{U}_{1(k+2)}^*$的值与$k+1$时刻所选择的电压矢量$\boldsymbol{U}_1^{k+1}$相关，因此需要枚举7个不同电压矢量$\boldsymbol{U}_1^{k+1}$。当$\boldsymbol{U}_1^{k+1}$确定之后，此时式（4-65）第一项的值以及$\boldsymbol{U}_{1(k+2)}^*$均可求解出。当式（4-65）第一项数值确定时，为使目标函数值最小，该式第二项的数值要最尽可能小，电压矢量$\boldsymbol{U}_1^{k+2}$应该离$\boldsymbol{U}_{1(k+2)}^*$距离最近，即选择与$\boldsymbol{U}_{1(k+2)}^*$相同扇区内的电压矢量。因此，在最后一步预测时，无需对所有电压矢量进行枚举，因此所需评价的电压矢量数量从2×7^2减少到2×7。

除此之外，进一步分析式（4-65）可知，公式中第一项的权重系数比第二项大。因此，在第一步预测时，可提前排除一些远离$\boldsymbol{U}_{2(k+1)}^*$的待选电压矢量$\boldsymbol{U}_1^{k+1}$。然而，提前排除过多的电压矢量，很有可能将最优解错误地排除掉，因此需要确定合适的排除范围。式（4-65）的第一项可以表示为

$$\|\boldsymbol{U}_1^{k+1}-\boldsymbol{U}_{2(k+1)}^*\|^2=\|\boldsymbol{U}_1^{k+1}\|^2+\|\boldsymbol{U}_{2(k+1)}^*\|^2-2\|\boldsymbol{U}_1^{k+1}\|\|\boldsymbol{U}_{2(k+1)}^*\|\cos<\boldsymbol{U}_1^{k+1},\boldsymbol{U}_{2(k+1)}^*> \tag{4-66}$$

根据式（4-66）可知，该表达式的值与$\boldsymbol{U}_1^{k+1}$和$\boldsymbol{U}_{2(k+1)}^*$之间的夹角有关。因此，在第一步预测时，与$\boldsymbol{U}_{2(k+1)}^*$同一扇区内的两个非零电压矢量和零电压矢量，可使式（4-66）的值较小，扇区划分如图4-31a所示。与$\boldsymbol{U}_{2(k+1)}^*$同一扇区内的电压矢量相比，其他扇区内的待选电压矢量会使式（4-65）第一项数值明显增加，但可能会使式（4-65）第二项数值减小。目标函数值的大小与这两项数值相关，其表达式为

$$J_2'=(1+\lambda+k_1)(d_i^1)^2+(1+\lambda)(d_i^2)^2 \tag{4-67}$$

在第一步预测时，当$\boldsymbol{U}_{2(k+1)}^*$处于第一扇区内时，选择同一扇区内的电压矢量$\boldsymbol{V}_1$和$\boldsymbol{V}_2$的距离为$d_1^1$和$d_2^1$，会比不在同一扇区内的待选矢量$\boldsymbol{V}_3$的距离$d_3^1$要小许多。在第二步预测时，根据图4-31b，扇区外的矢量$\boldsymbol{V}_3$可能会使得$\boldsymbol{U}_{1(k+2)}^*$离所选择的$\boldsymbol{U}_1^{k+2}$距离更近，即$d_3^2<(d_1^2,\ d_2^2)$。然而，由于选择的电压矢量$\boldsymbol{U}_1^{k+2}$与$\boldsymbol{U}_{1(k+2)}^*$均处于同一扇区内，两者之间的夹角变化范围不大，因此该距离减小的数值不会很大。除此之外，根据式（4-67）可知，第一项的权重系数要大于第二项，即便扇区外的电压矢量可使第二项数值略微减小，但是减小幅度无法弥补第一项增加的数值。所以，在第一步预测时，扇区外的待选电压矢量进入最优电压矢量序列的概率很小，故可提前舍弃。最后，在两步预测的情形下，该简化方法只对第一步预测中的3个电压矢量进行评价，第二步预测可以根据扇区判断直接选出最优电压矢量，因此所需评价的电压矢量数进一步从2×7减小到2×3。

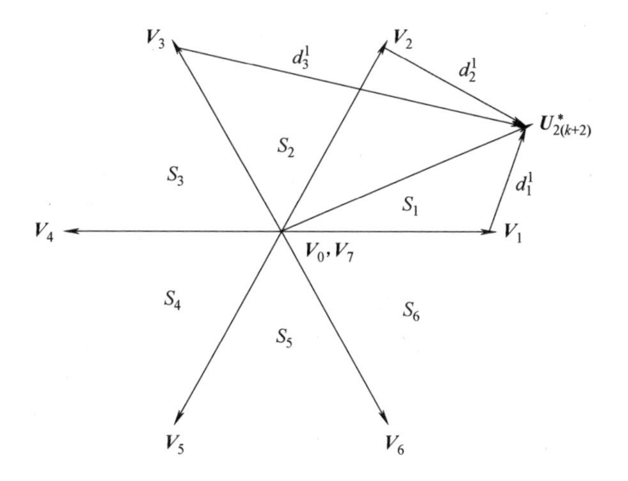

(a) 第一步预测时的扇区划分

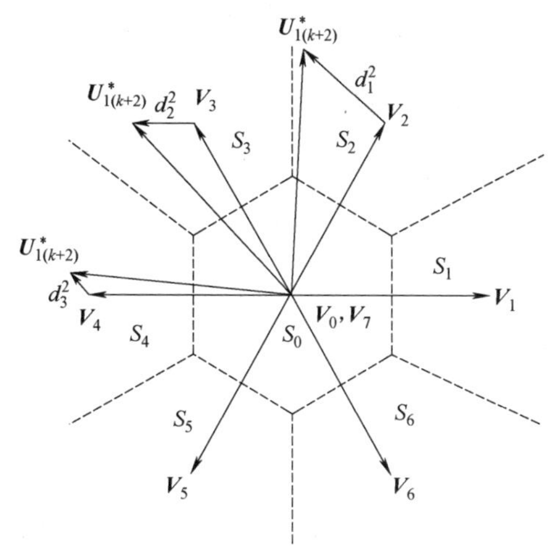

(b) 第二步预测时的扇区划分

图 4-31　两步长 FCS-MPC 扇区划分

4.5.2　预测步长为 N 的一般情况

当预测步长 $N_p = N$ 时，目标函数为

$$J_N = \sum_{i=1}^{N} \| \boldsymbol{U}_1^{k+i} - \boldsymbol{V}_{k+i}^* \|^2 + \lambda \sum_{i=1}^{N} \| \boldsymbol{U}_1^{k+i} - \boldsymbol{U}_1^{k+i-1} \|^2 \tag{4-68}$$

通过数学归纳的方法，同时结合式（4-57）和式（4-64），可进一步将该简化公式推广到任意数量的组合，其表达式为

$$m_1\|\boldsymbol{X}-\boldsymbol{X}_1\|^2+\cdots+m_n\|\boldsymbol{X}-\boldsymbol{X}_n\|^2=(m_1+\cdots+m_n)\left\|\boldsymbol{X}-\frac{m_1\boldsymbol{X}_1+\cdots+m_n\boldsymbol{X}_n}{m_1+\cdots+m_n}\right\|^2+$$

$$\frac{m_n(m_1+\cdots+m_{n-1})}{m_1+\cdots+m_n}\left\|\frac{m_1\boldsymbol{X}_1+\cdots+m_{n-1}\boldsymbol{X}_{n-1}}{m_1+\cdots+m_{n-1}}-\boldsymbol{X}_n\right\|^2+\cdots+\frac{m_1m_2}{m_1+m_2}\|\boldsymbol{X}_1-\boldsymbol{X}_2\|^2 \quad (4\text{-}69)$$

结合式（4-62）和式（4-69），可将式（4-68）简化为如下表达式：

$$J_N=\sum_{i=1}^{N}K_i\|\boldsymbol{U}_1^{k+i}-\boldsymbol{U}_{(N+1-i)(k+i)}^*\|^2+Z_{k+1}^N \quad (4\text{-}70)$$

式中，变量 K_i，$U_{(N+1-i)(k+i)}^*$ 和 Z_{k+1}^N 的递推关系如下：

$$\begin{cases}K_1=1+\lambda+k_1+\cdots+k_{N-1}\\ \vdots\\ K_{N-1}=1+\lambda+k_1\\ K_N=1+\lambda\end{cases} \quad (4\text{-}71)$$

$$\boldsymbol{U}_{(N+1-i)(k+i)}^*=\begin{cases}\dfrac{\boldsymbol{V}_{k+N}^*+\lambda\boldsymbol{U}_1^{k+N-1}}{1+\lambda}(i=N)\\ \dfrac{\boldsymbol{V}_{k+i}^*+\lambda\boldsymbol{U}_1^{k+i-1}+k_1\boldsymbol{Y}_{k+i}^1+\cdots+k_{N-i}\boldsymbol{Y}_{k+i}^{N-i}}{1+\lambda+k_1+\cdots+k_{N-i}}(i<N)\end{cases} \quad (4\text{-}72)$$

$$Z_{k+1}^1=\frac{\lambda}{1+\lambda}\|\boldsymbol{V}_{k+1}^*-\boldsymbol{U}_1^k\|^2$$

$$Z_{k+1}^2=\frac{\lambda}{1+\lambda}\|\boldsymbol{V}_{k+1}^*-\boldsymbol{U}_1^k\|^2+\frac{k_1(1+\lambda)}{1+\lambda+k_1}\left\|\frac{\boldsymbol{V}_{k+1}^*+\lambda\boldsymbol{U}_1^k}{1+\lambda}-\boldsymbol{Y}_{k+1}^1\right\|^2$$

$$Z_{k+1}^N=Z_{k+1}^2+\sum_{i=2}^{N-1}\frac{k_i(1+\lambda+k_1+\cdots+k_{i-1})}{1+\lambda+k_1+\cdots+k_i}\|\boldsymbol{U}_{i(k+1)}^*-\boldsymbol{Y}_{k+1}^i\|^2(N\geqslant 3) \quad (4\text{-}73)$$

式中，$\boldsymbol{Y}_{k+i}^h=\dfrac{K_{hI}\boldsymbol{I}_1^{k+i}+K_{hG}\boldsymbol{G}_{k+1}+K_{hL}\boldsymbol{L}_\psi^{k+1}}{K_{hV}}$。

其中变量 k_i，K_{hV}，K_{hI}，K_{hG}，K_{hL} 的表达式如下：

$$k_1=\frac{\lambda(1-B_h)^2}{1+\lambda},k_2=\frac{k_1(1+\lambda)}{1+\lambda+k_1}K_{2V}^2,k_i=\frac{k_{i-1}(1+\lambda+k_1+\cdots+k_{i-2})}{1+\lambda+k_1+\cdots+k_{i-1}}K_{iV}^2(i\geqslant 3) \quad (4\text{-}74)$$

$$\begin{cases}K_{1V}=1-B_h\\ K_{2V}=\dfrac{K_{1I}H}{K_{1V}}-\dfrac{B_h+\lambda}{1+\lambda}\\ \vdots\\ K_{hV}=\dfrac{K_{(h-1)I}H}{K_{(h-1)V}}-\dfrac{B_h+\lambda}{1+\lambda+k_1+\cdots+k_{h-2}}-\displaystyle\sum_{i=1}^{h-2}\frac{K_{iI}H}{K_{iV}}\frac{k_i}{1+\lambda+k_1+\cdots+k_{h-2}}\end{cases} \quad (4\text{-}75)$$

$$\begin{cases} K_{1I}=A_m \\ K_{2I}=\dfrac{A_m}{1+\lambda}-\dfrac{K_{1I}M}{K_{1V}} \\ \vdots \\ K_{hI}=\dfrac{A_m}{1+\lambda+k_1+\cdots+k_{h-2}}-\dfrac{K_{(h-1)I}M}{K_{(h-1)V}}+\sum_{i=1}^{h-2}\dfrac{K_{iI}M}{K_{iV}}\dfrac{k_i}{1+\lambda+k_1+\cdots+k_{h-2}} \end{cases} \tag{4-76}$$

$$\begin{cases} K_{1G}=1 \\ K_{2G}=\dfrac{1}{1+\lambda}-\dfrac{K_{1G}}{K_{1V}} \\ \vdots \\ K_{hG}=\dfrac{1}{1+\lambda+k_1+\cdots+k_{h-2}}-\dfrac{K_{(h-1)G}}{K_{(h-1)V}}+\sum_{i=1}^{h-2}\dfrac{K_{iG}}{K_{iV}}\dfrac{k_i}{k_1+\cdots+k_{n-2}} \end{cases} \tag{4-77}$$

$$\begin{cases} K_{1L}=0 \\ K_{2L}=-\dfrac{K_{1I}+K_{1L}}{K_{1V}} \\ \vdots \\ K_{hL}=\sum_{i=1}^{h-2}\dfrac{K_{iI}+K_{iL}}{K_{iV}}\dfrac{k_i}{1+\lambda+k_1+\cdots+k_{h-2}}-\dfrac{K_{(h-1)I}+K_{(h-1)L}}{K_{(h-1)V}} \end{cases} \tag{4-78}$$

同样地，Z_{k+1}^{N}为常数值，因此，待选电压矢量序列（$\boldsymbol{U}_1^{k+1}$，…，$\boldsymbol{U}_1^{k+N}$）与参考电压矢量序列（$\boldsymbol{U}_{N(k+1)}^{*}$，…，$\boldsymbol{U}_{1(k+N)}^{*}$）之间的距离决定了目标函数值，式（4-70）可简化为

$$J'_N=\sum_{i=1}^{N}K_i\|\boldsymbol{U}_1^{k+i}-\boldsymbol{U}_{(N+1-i)(k+i)}^{*}\|^2 \tag{4-79}$$

当电压矢量序列（$\boldsymbol{U}_1^{k+1}$，…，$\boldsymbol{U}_1^{k+N-1}$）被确定时，可求解出式（4-79）前（$N-1$）项的值，同时也可求解出最后一个预测时刻的参考电压矢量$\boldsymbol{U}_{1(k+N)}^{*}$。此时，为保证目标函数值最小，在第 N 步预测时，待选电压矢量应离$\boldsymbol{U}_{1(k+N)}^{*}$最近，即选择和$\boldsymbol{U}_{1(k+N)}^{*}$同一扇区内的电压矢量。因此，在多步预测时，待选电压矢量数量可从$N_p\times7^{N_p}$减少到$N_p\times7^{N_p-1}$。对参考电压矢量$\boldsymbol{U}_{(N+1-i)(k+i)}^{*}$来说，该矢量主要与前面所选电压矢量序列$\boldsymbol{U}_1^{k+1}$，…，$\boldsymbol{U}_1^{k+i-1}$相关。通过反复迭代，将式（4-62）和式（4-54）代入式（4-72）中，可推导出$\boldsymbol{U}_{(N+1-i)(k+i)}^{*}$的表达式如下：

$$\boldsymbol{U}_{(N+1-i)(k+i)}^{*}=\sum_{j=1}^{i-1}d_j\boldsymbol{U}_1^{k+j}+C_{k+1} \tag{4-80}$$

式中，C_{k+1}为常数值。

由于d_j和C_{k+1}的表达式较为复杂，在此省略具体的推导过程。由于变量$M<1$，求解出d_j的值会随着下标增加，即$d_{i-1}>\cdots>d_1$。因此，参考电压矢量$\boldsymbol{U}^*_{(N+1-i)(k+i)}$更依赖于前一步所选择的电压矢量$\boldsymbol{U}_1^{k+i-1}$，预测时刻越靠前，矢量序列中的电压矢量带来的影响将会越小。当只考虑带来主要影响的电压矢量$\boldsymbol{U}_1^{k+i-1}$而忽略矢量序列中其他电压矢量时，式（4-80）可简化为

$$\boldsymbol{U}^*_{(N+1-i)(k+i)}\approx d_{i-1}\boldsymbol{U}_1^{k+i-1}+C_{k+1} \tag{4-81}$$

此时，任意预测步长的分析就可以近似等效为预测步长为两步时的情形，即：当前预测时刻的参考电压矢量主要和前一时刻待选电压矢量的选择有关。另外，预测时刻越靠前，相应的权重系数也会越大，即：$K_1>\cdots>K_N$。因此，为了避免目标函数值过大，在较靠前的预测时刻，可将远离参考电压矢量的一些待选电压矢量提前排除掉。和两步预测情形类似，在前N步预测时，本文根据每个预测时刻所确定的参考电压矢量，通过扇区划分只选择相邻的3个电压矢量进行评价，即同一扇区内的两个非零电压矢量和零电压矢量，扇区划分如图4-32a所示。当第N步预测时，只选择与参考电压矢量处在同一扇区内的电压矢量，扇区划分如图4-32b所示。最后，待选电压矢量序列的选择过程如图4-32所示，需要评价的电压矢量数量减少到$N_p\times3^{N_p-1}$。

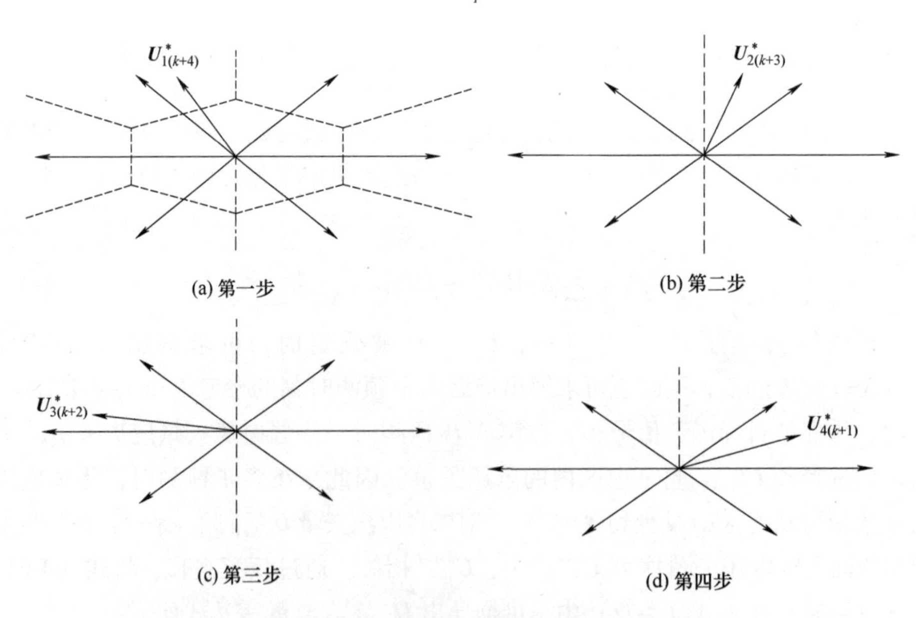

图4-32 多步长预测下电压矢量筛选过程（以四步为例）

为了避免考虑所有扇区内的判断条件，可首先将参考电压矢量变换到第一

扇区内。此时，只需要考虑第一扇区内的情形，通过继续判断第一扇区内的区域，可对所选择的电压矢量进行排序，如下所示：

$$
O_i=\begin{cases}\{\boldsymbol{V}_n,\boldsymbol{V}_{n+1},\boldsymbol{V}_0\} & X>0,Y>0\\ \{\boldsymbol{V}_n,\boldsymbol{V}_{n-1},\boldsymbol{V}_0\} & X>0,Y<0\\ \{\boldsymbol{V}_0,\boldsymbol{V}_n,\boldsymbol{V}_{n+1}\} & X<0,Y>0\\ \{\boldsymbol{V}_0,\boldsymbol{V}_n,\boldsymbol{V}_{n-1}\} & X<0,Y<0\end{cases} \tag{4-82}
$$

式中，$X=\mathrm{Re}(\overline{\boldsymbol{U}}^*_{(N+1-i)(k+i)})-V_{dc}\mid 3$；$Y=\mathrm{Im}(\overline{\boldsymbol{U}}^*_{(N+1-i)(k+i)})$；$\overline{\boldsymbol{U}}^*_{(N+1-i)(k+i)}$ 为变换后参考电压矢量。

若 $n=1$，$\boldsymbol{V}_{n-1}$ 为 $\boldsymbol{V}_6$；若 $n=6$，$\boldsymbol{V}_{n+1}$ 为 $\boldsymbol{V}_1$。

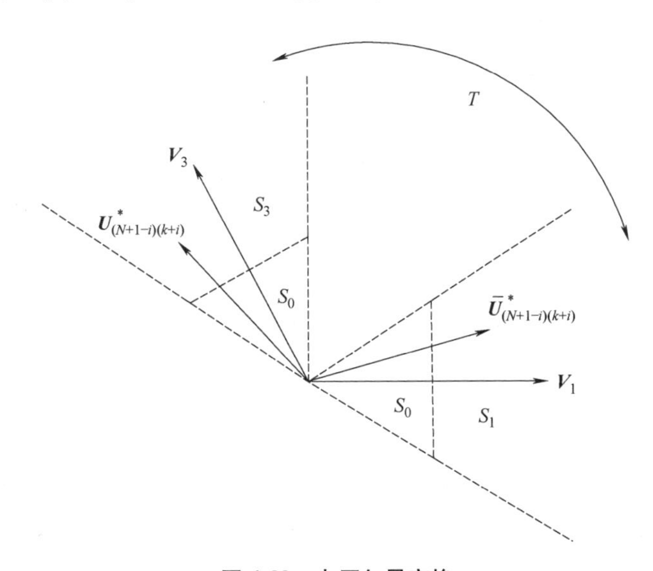

图 4-33　电压矢量变换

通过对扇区进一步划分，可对每个预测时刻下所选的 3 个待选电压矢量进行排序，让搜索算法优先考虑离参考电压矢量序列距离较近的待选电压矢量序列。当第 N 步预测时，只需选择式（4-82）矢量序列中的第一个电压矢量，即 $O_N(1)$。然而，在前 N 步预测时，会按式（4-82）排序结果对待选电压矢量逐一评价，即 $O_i(1, 2, 3)$。为进一步减小算法的在线计算量，本文将所提出的简化方法与 BAB[131] 结合。经过式（4-82）排序后，在搜索初期目标函数值较小，可有效地缩小 BAB 的限定范围，从而在线动态排除较多的电压矢量序列。同样地，多步长 FCS-MPC 不会将求解出的最优电压矢量序列全部作用到实际控制系统，只选择输出最优电压矢量序列中的第一个电压矢量。在下一个采样周期，则重复之前的求解过程，相当于一个不断滚动向前优化的过程。和 CCS-MPC 情形不同，多步长 FCS-MPC 求解结果可直接作用到逆变器上，无需调制策略，其控制框图如图 4-34 所示。

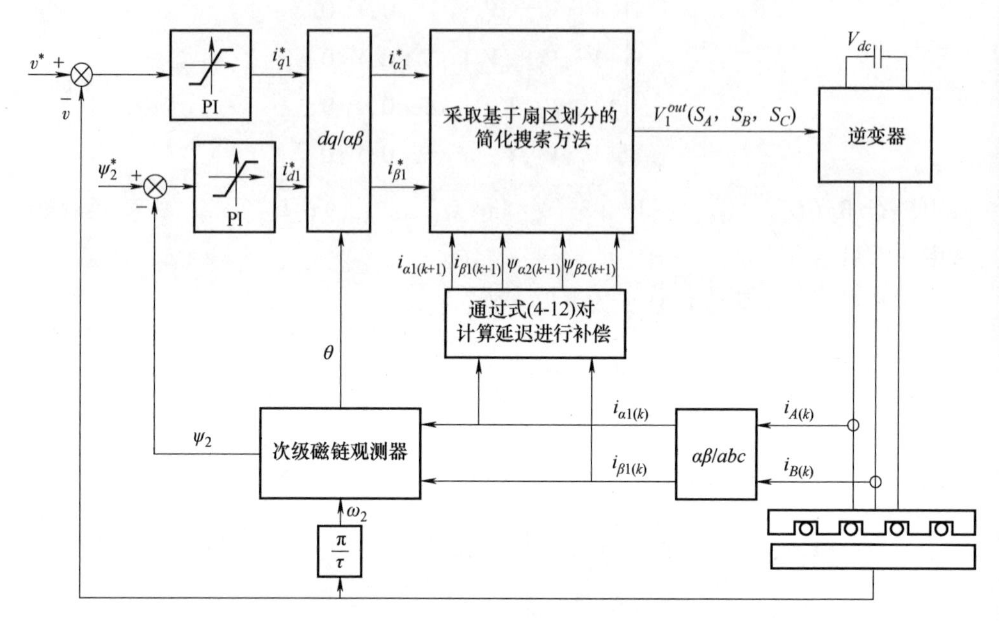

图 4-34　多步长 FCS-MPC 控制框图

4.5.3　实验结果

为了定量分析所提出多步长简化方法的效果，当预测步长分别为 3 步和 5 步时，简化方法所需评价电压矢量数量的概率分布曲线如图 4-35 所示。当预测步长为 3 时，简化方法通过扇区判断的方式，排除一部分与参考电压矢量序列不在同一扇区的电压矢量序列，可将原来 1029 个电压矢量减少到 27 个。进一步地，通过对剩余的电压矢量序列进行排序，结合 BAB，简化方法可将所需评价的电压矢量数量在最坏情形下减少到 18 个，最好情形下减少到 7 个，平均下来只需要对 9 个电压矢量进行评价，排除了大概 99.13%的待选电压矢量，评价电压矢量数量的概率分布如图 4-35a 所示。另一方面，当预测步长为 5 时，待选电压矢量数量增加到 84035 个，但简化方法最多只需要评价 78 个电压矢量，最少只需要评价 13 个电压矢量，平均下来该情形下只需要对 27 个电压矢量进行对比评价，排除了大概 99.97%的待选电压矢量，概率分布如图 4-35b 所示。因此，简化方法所评价电压矢量数量与预测步长不再呈指数增长趋势，预测步长数越多，所排除的电压矢量数量会越多。然而，如果对待选电压矢量不排序，BAB 的限定范围会变大，因此排除电压矢量的力度会减弱，如图 4-36 所示。对比

图 4-35 和图 4-36 可知，通过对电压矢量进行排序可使 BAB 更加有效，相比对电压矢量排序后的简化效果，未排序情形所评价的电压矢量数量会增多。但无论哪种情况下，所提出的简化搜索方法都能明显减少所需评价的电压矢量个数，并随着预测步长数的增多，简化效果更加明显。

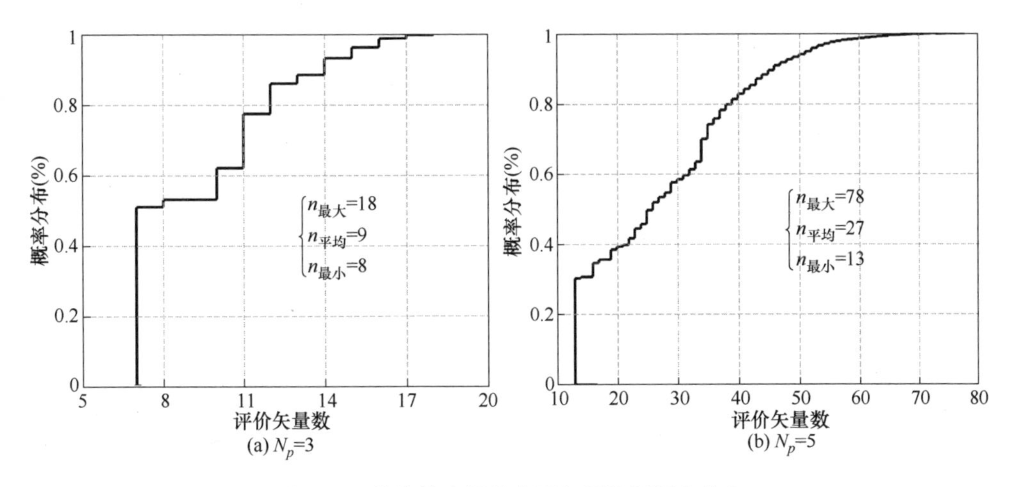

图 4-35　简化算法评价电压矢量数量概率分布

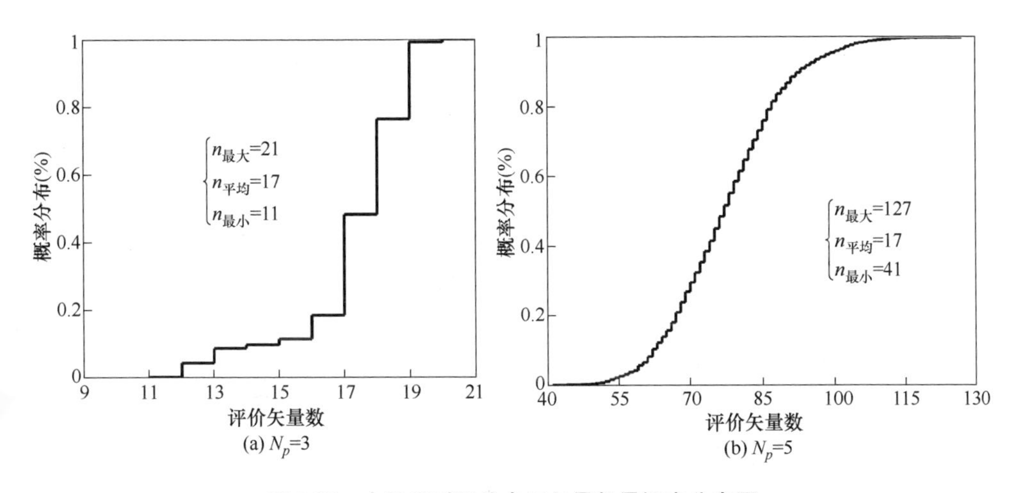

图 4-36　未排序时评价电压矢量数量概率分布图

当参考电流幅值和频率分别为 15A 和 30Hz 时，通过对控制开关频率的权重系数 λ 进行调节，可以改变不同预测步长 FCS-MPC 的开关频率以及电流跟踪误差，变化趋势分别如图 4-37 所示。根据该结果可知，随着权重系数的增加，不同预测步长 FCS-MPC 的开关频率会降低，但电流跟踪误差会增加。另外，预测步长数越多，权重系数的变化对 FCS-MPC 开关频率以及跟踪性能的影响越小，这一点与 CCS-MPC 情形下测试的结果类似。

根据上述分析可知，通过对权重系数 λ 进行调节，可以灵活地改变 FCS-MPC 的开关频率，因此，不同预测步长下电流 THD 与开关频率之间的关系，如图 4-38a 所示。根据该图可知，电流 THD 将会随着开关频率的降低而增加，而且预测步长数越多，相同条件下的电流 THD 越小。为进一步分析预测步长与 FCS-MPC 性能间的关系，在相同开关频率下对比基于不同预测步长的电流 THD，如图 4-38b 所示。该图表明，在相同开关频率下，通过增加预测步长，可进一步减小电流 THD。当开关频率为 1100Hz，权重系数 $\lambda=0$ 时，根据前面仿真分析，不同预测步长 FCS-MPC 求解出的最优电压矢量分布很相似，因此不同预测步长下的电流 THD 差别较小。在该情形下，相比单步预测情形，3 步预测 FCS-MPC 电流 THD 降低了 0.70%，5 步预测 FCS-MPC 降低了 1.59%。随着开关频率的降低，此时权重系数的值也逐渐变大，根据之前仿真分析可知不同预测步长 FCS-MPC 求解出的最优电压矢量分布会有差别。因此，不同预测步长下的电流 THD 会有不同，且预测步长数越多电流 THD 越小。当开关频率为 600Hz 时，相比单步预测情形，3 步预测 FCS-MPC 电流 THD 降低了 5.90%，5 步预测 FCS-MPC 降低了 10.31%；当开关频率进一步降低至 300Hz 时，相比单步预测情形，3 步预测 FCS-MPC 电流 THD 降低了 18.21%，5 步预测 FCS-MPC 降低了 24.77%。因此，开关频率越低，多步预测 FCS-MPC 的优势就越大。

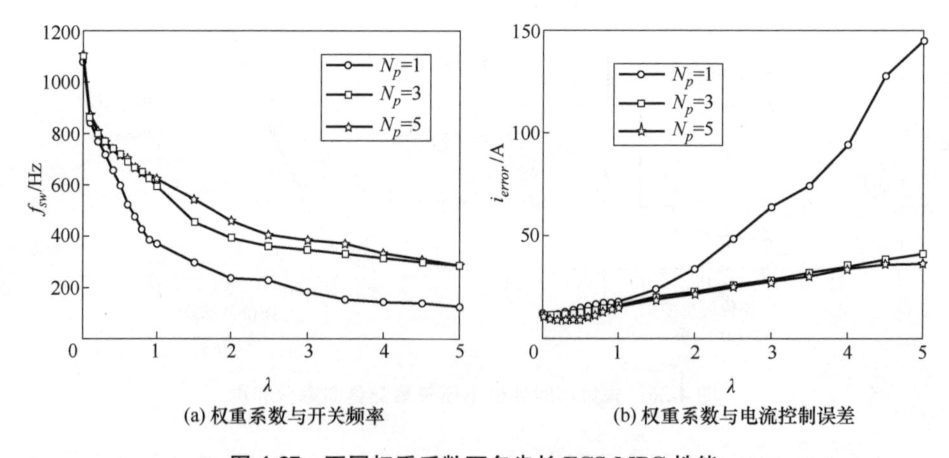

(a) 权重系数与开关频率　　(b) 权重系数与电流控制误差

图 4-37　不同权重系数下多步长 FCS-MPC 性能

最后，为验证本文所提出简化方法的效果，不同预测步长 FCS-MPC 的在线计算时间如表 4-4 所示。相比多步预测情形，单步预测 FCS-MPC 因能直接获得

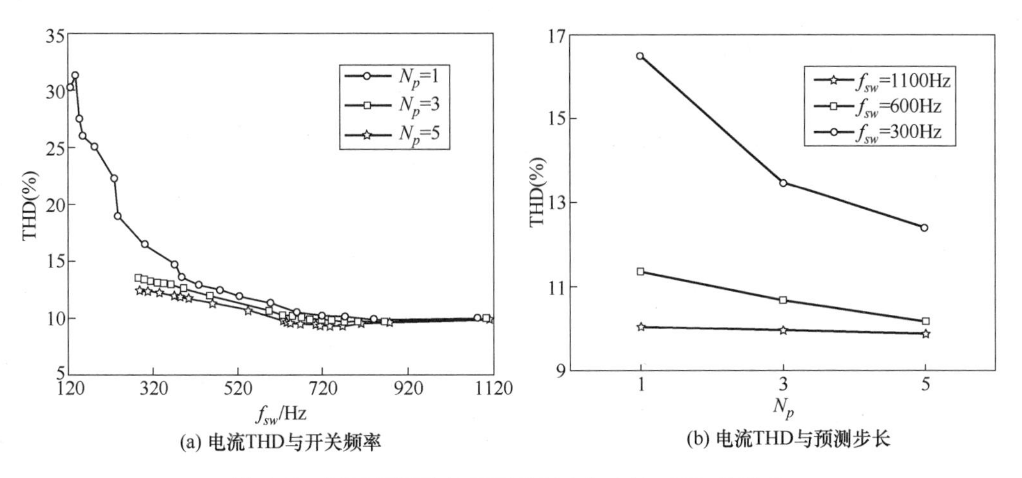

(a) 电流THD与开关频率

(b) 电流THD与预测步长

图 4-38　不同预测步长下开关频率与电流 THD 的关系

最优电压矢量，其在线计算时间较短。随着预测步长数的增加，所需评价的电压矢量数量也将随之增多，因此简化方法的在线计算时间会逐渐增大。本文所提出的简化搜索方法，可提前排除大部分待选电压矢量，使得 DSP 能在 200μs 内实现 5 步预测 FCS-MPC。然而，若不采取简化方法，待选电压矢量个数会随预测步长的增加而呈指数倍增加，进而导致多步长 FCS-MPC 难以在实际系统中得以实现。因此，简化后的多步长 FCS-MPC 具有较低的复杂度，有望在实际工程中得到应用。

表 4-4　不同预测步长 FCS-MPC 在线计算时间　　　（单位：μs）

预测步长	执行时间
1	75. 6
3	140. 8
5	194. 7

4. 6　小结

传统矢量控制方法难以考虑 LIM 边端效应带来的影响，互感参数的变化使得电流控制器 PI 参数无法与实际电机模型相匹配，其控制效果易受电机运行工况的影响。因此，为进一步提升 LIM 运行性能，本章首先将 MPCC 与等效电路模型相结合，可考虑 LIM 互感变化的影响，使得 MPCC 的控制性能受电机运行工况的影响较小，从而有效地补偿了 LIM 边端效应带来的负面影响。进一步地，为提升 MPCC 的控制性能，本章提出了三种基于电压矢量调制的 MPCC 策略，分别为单矢量 MPCC、双矢量 MPCC 和三矢量 MPCC。实验结果表明，调制精度越高，MPCC 的控制效果越好，但开关频率会有所增加。同时，为简化 MPCC 的复杂度，本章提出了一种基于参考电压矢量的简化搜索方法，通过对参考电压矢量扇区的判断，可以直接找到最优解，无需重复的枚举计算。同时，新方法也可以进一步拓展到含电流约束条件的情形，搜索出来的解能够在满足电流约束条件的前提下，具备较好的电流跟踪性能。实验结果表明，简化后的 MPCC 在线计算时间和传统矢量控制相近，明显降低了 MPCC 的硬件执行成本，有望在实际系统中得到广泛应用。

在此基础上，为提升 MPC 的电流跟踪性能，本章进一步增加了 CCS-MPC 和 FCS-MPC 预测步长。为降低约束条件下多步长 CCS-MPC 的求解难度，本章提出了一种迭代求解算法。同时，为降低多步长 FCS-MPC 的在线计算量，本章还提出了一种结合 BAB 的简化搜索方法，以减少所需评价的电压矢量数量。通常情况下，在 CCS-MPC 策略中，预测步长对开关频率和电流 THD 的影响较小，但步长的增加可减小电流跟踪误差。大量实验结果表明：当 LIM 运行速度为 10m/s 时，相比单步预测 CCS-MPC，5 步预测电流跟踪误差降低了 64.78%，10 步预测降低了 74.19%。然而，对于 FCS-MPC 而言，预测步长对开关频率、电流 THD 和电流跟踪性能均会产生一定的影响，且预测步长数越多，相同开关频率下的电流 THD 越小。特别地，当开关频率 300Hz 时，相比单步预测 FCS-MPC，3 步预测电流 THD 降低了 18.21%，5 步预测降低了 24.77%。综上所述，预测步长的增加均能减小权重系数变化对 CCS-MPC 和 FCS-MPC 的性能影响，但权重系数不再是影响 MPC 控制性能的唯一方式。

Chapter 5

第5章　直线感应电机模型预测推力控制

5.1 引言

为进一步提升模型预测推力控制（Model Predictive Thrust Control，MPTC）的控制性能，本章结合双矢量调制策略来提高电压矢量调制精度。相比第 4 章所分析的双电压矢量调制策略，本章所采用的双矢量调制方式不限制电压矢量的组合方式：既可以是非零和零电压矢量的组合，也可以是两个不同非零电压矢量的组合。当电压矢量组合为任意时，可选择的电压矢量组合数会进一步增加，使得输出的电压矢量范围更广，从而减小 MPTC 的跟踪误差。然而，由于电压矢量组合数量的增加，在线计算量也会相应地增大。为降低任意双矢量 MPTC 的复杂度，本章通过求解参考电压矢量来快速选出最优电压矢量组合，从而避免重复的枚举计算。此外，针对 MPTC 恒定励磁方式所导致的电机效率偏低和无法弱磁升速等问题，本章提出了基于参考初级磁链矢量的模型预测推力控制，实现了额定速度以下的最大推力电流比控制和额定速度以上的弱磁控制。

5.2 传统模型预测推力控制

受气隙大、初级开断、初次级不等宽等因素的影响，LIM 在数学模型、参数变化规律及辨识需求侧重点等方面相比传统 RIM 变化较大。若直接采用 RIM 的控制及辨识方法，将无法满足各项性能指标要求，如 LIM 推力、效率、响应速度等。因此，需要对 LIM 的参数机理进行深入分析，特别是边端效应对电机参数的影响。从参数变化出发，可有效分析出 LIM 控制性能难以充分发挥的深层次原因，进而提出优化和改进方案。

为预测初级磁链和推力，本章选取初级电流和初级磁链作为状态变量来建立数学模型。结合式（4-9）和式（4-10），将次级电流和次级磁链变量消除，只保留状态变量，可推导出电机数学模型如下：

$$\begin{cases}\dfrac{\mathrm{d}i_{\alpha1}}{\mathrm{d}t}=\varepsilon(R_2\psi_{\alpha1}-\gamma i_{\alpha1}+L_2u_{\alpha1}+L_2\omega_2\psi_{\beta1})-\omega_2 i_{\beta1}\\ \dfrac{\mathrm{d}i_{\beta1}}{\mathrm{d}t}=\varepsilon(R_2\psi_{\beta1}-\gamma i_{\beta1}+L_2u_{\beta1}-L_2\omega_2\psi_{\alpha1})+\omega_2 i_{\alpha1}\\ \dfrac{\mathrm{d}\psi_{\alpha1}}{\mathrm{d}t}=u_{\alpha1}-R_1 i_{\alpha1}\\ \dfrac{\mathrm{d}\psi_{\beta1}}{\mathrm{d}t}=u_{\beta1}-R_1 i_{\beta1}\end{cases}\tag{5-1}$$

式中，$\varepsilon=\dfrac{1}{L_1L_2-L'^2_m}$；$\gamma=L_1R_2+L_2R_1$。

在实际控制器当中，采取的是离散控制方式，需要把连续域下的数学模型进一步离散化。为简化起见，采取一阶欧拉离散方法对式（5-1）进行离散化处理，其预测方程为

$$\begin{cases}i_{\alpha1(k+1)}=\varepsilon T_s(R_2\psi_{\alpha1(k)}+L_2u_{\alpha1(k)}+L_2\omega_2\psi_{\beta1(k)})+(1-\varepsilon\gamma T_s)i_{\alpha1(k)}-\omega_2T_si_{\beta1(k)}\\ i_{\beta1(k+1)}=\varepsilon T_s(R_2\psi_{\beta1(k)}+L_2u_{\beta1(k)}-L_2\omega_2\psi_{\alpha1(k)})+(1-\varepsilon\gamma T_s)i_{\beta1(k)}+\omega_2T_si_{\alpha1(k)}\\ \psi_{\alpha1(k+1)}=\psi_{\alpha1(k)}+(u_{\alpha1(k)}-R_1i_{\alpha1(k)})T_s\\ \psi_{\beta1(k+1)}=\psi_{\beta1(k)}+(u_{\beta1(k)}-R_1i_{\beta1(k)})T_s\end{cases}\tag{5-2}$$

根据式（5-2）可进一步获得 k+1 时刻的推力表达式为

$$F_{(k+1)}=\frac{3\pi}{2\tau}(\psi_{\alpha1(k+1)}i_{\beta1(k+1)}-\psi_{\beta1(k+1)}i_{\alpha1(k+1)})\tag{5-3}$$

式中，τ 为电机极距。

同样地，在 k+1 时刻下的初级磁链表达式为

$$\|\boldsymbol{\psi}_1\|_{(k+1)}=\sqrt{\psi^2_{\alpha1(k+1)}+\psi^2_{\beta1(k+1)}}\tag{5-4}$$

然而，在实际控制系统当中，为消除计算延迟带来的影响，需要利用式（5-2）提前进行预测，具体执行过程如图 4-6 所示。此时，在 k 时刻，需要求解 k+1 时刻的最优电压矢量，即对 k+2 时刻初级磁链和推力的跟踪性能进行评价，其目标函数设计为

$$J=(F^*-F_{(k+2)})^2+k_\psi(\|\boldsymbol{\psi}_1\|^*-\|\boldsymbol{\psi}_1\|_{(k+2)})^2\tag{5-5}$$

式中，F^* 为转速环 PI 调节器输出的推力给定值；$\|\boldsymbol{\psi}_1\|^*$ 为初级磁链给定值；k_ψ 为平衡推力和初级磁链两个控制目标的权重系数。

MPCC 目标函数主要包含相同量纲的 $\alpha\beta$ 轴电流控制项，因此，权重系数通常选择为 1 来平衡两者之间的控制权重。然而，式（5-5）推力控制项与磁链控制项不属于同一量纲，因此需要选取合适的权重系数 k_ψ 来平衡两者的控制权重。当 k_ψ 值选取较小时，目标函数的值主要受推力控制项的影响，为此 MPTC 会主要考虑对电机输出推力进行控制。当 k_ψ 值选取较大时，由于磁链控制项的值被 k_ψ 放大，目标函数值受磁链控制项的影响较多，导致 MPTC 会更注重磁链的跟踪性能。因此，在实际运用中，MPTC 需要不断地枚举比较不同权重系数下的控制效果，综合考虑磁链和推力间的控制性能，选出合适的权重系数，控制框图如图 5-1 所示。

当整定好权重系数后，只需通过目标函数对每个待选电压矢量逐一进行评价，选取目标函数值最小的待选电压矢量，作为最优电压矢量输出给逆变器，

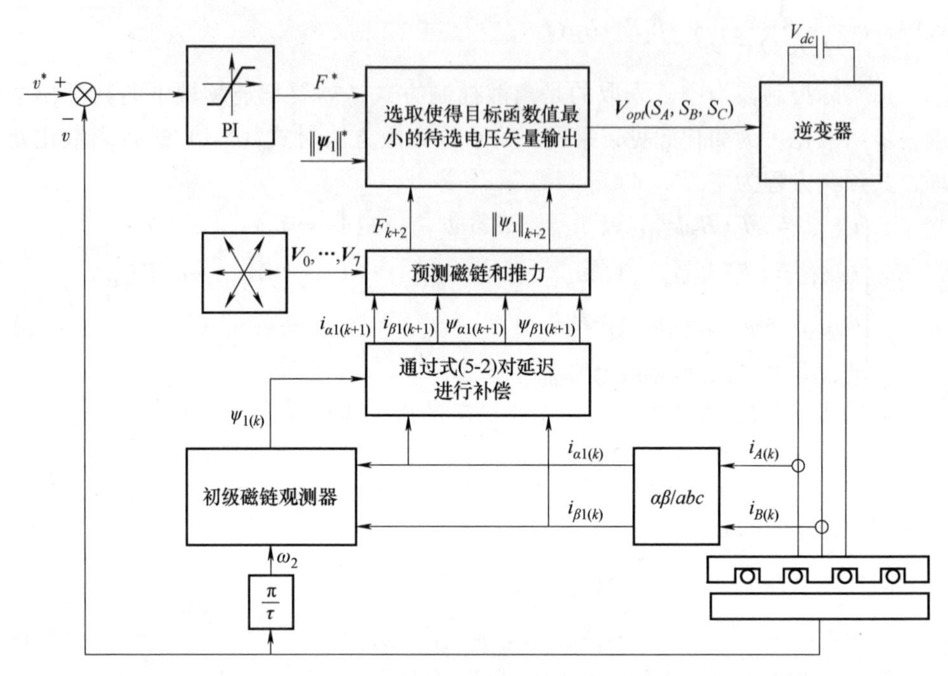

图 5-1　传统 MPTC 控制框图

其优化求解过程表示为

$$V_{opt} = \min_{\{V_0,\cdots,V_7\}} J(V_i) \tag{5-6}$$

式中，V_{opt}为最优电压矢量。

近年来，一些学者通过改进目标函数，使磁链和推力控制目标在同一量纲下，从而避免复杂的权重系数整定过程：例如磁链预测法（Model Predictive Flux Control，MPFC）[145]和模糊预测法（Fuzzy Decision Based MPTC，F-MPTC）[150]。为对比分析不同简化方法间的性能差异，本章将 MPFC 和 F-MPTC 均运用到 LIM 中，具体介绍如下。

LIM 输出推力除了利用初级磁链和初级电流之间的关系进行计算，还可用初级和次级磁链来表示为

$$F=\frac{3\pi}{2\tau}\varepsilon L_m \|\boldsymbol{\psi}_1\|\|\boldsymbol{\psi}_2\|\sin(\varphi_{12}) \tag{5-7}$$

式中，φ_{12}为初级和次级磁链间的夹角。

根据式（5-7），当初次级磁链幅值一定时，LIM 输出推力与初级和次级磁链间的角度有关。当已知次级磁链角度及幅值时，初级磁链和推力的控制可以转换为对初级磁链矢量的控制。因此，MPFC 可将目标函数改写为

$$J=(\psi_{\alpha1}^{*}-\psi_{\alpha1(k+2)})^2+(\psi_{\beta1}^{*}-\psi_{\beta1(k+2)})^2 \tag{5-8}$$

式中，$\psi_{\alpha1}^{*}$和$\psi_{\beta1}^{*}$为初级磁链 $\alpha\beta$ 轴给定值，其表达式分别为

$$\begin{cases}\psi_{\alpha1}^{*}=\|\boldsymbol{\psi}_1\|^{*}\cos(\varphi_2+\varphi^{*})\\ \psi_{\beta1}^{*}=\|\boldsymbol{\psi}_1\|^{*}\sin(\varphi_2+\varphi^{*})\end{cases} \tag{5-9}$$

式中，φ_2 为次级磁链位置角；$\varphi^{*}=\arcsin\left(\dfrac{2F^{*}\tau}{3\pi\varepsilon L_m\|\boldsymbol{\psi}_1\|^{*}\|\boldsymbol{\psi}_2\|}\right)$。

由于改写后的目标函数只含初级磁链项，因此 MPFC 可将权重系数选为 1，从而对初级磁链 $\alpha\beta$ 轴分量分配相同的控制权重，控制过程如图 5-2 所示。

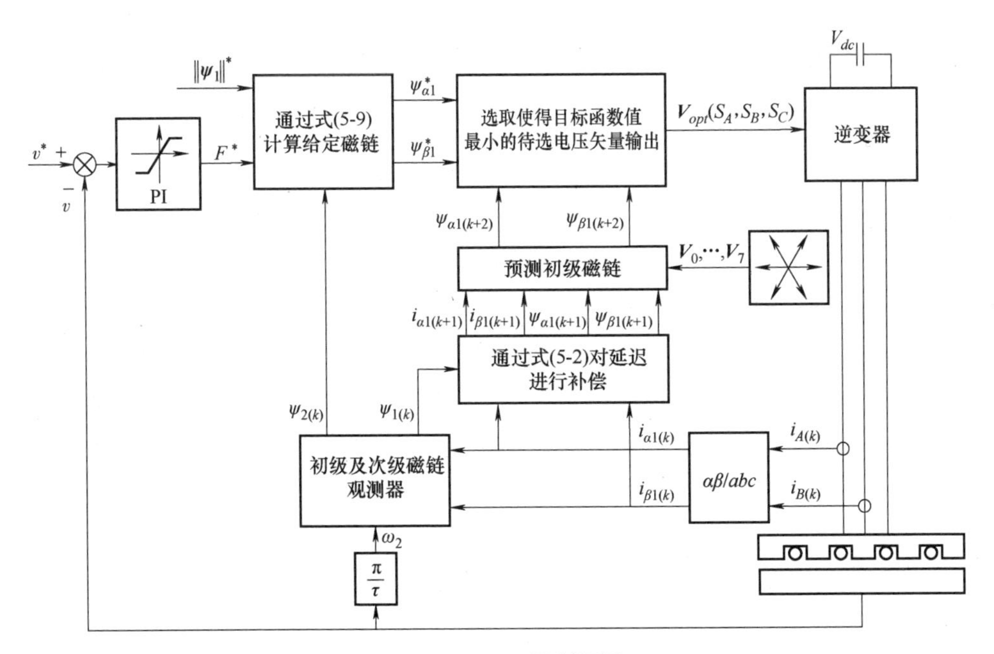

图 5-2　MPFC 控制框图

对于 F-MPTC 而言，可以首先将式（5-5）拆分为两个不同的控制目标，即

$$\begin{cases}g_1=(F^{*}-F_{(k+2)})^2\\ g_2=(\|\boldsymbol{\psi}_1\|^{*}-\|\boldsymbol{\psi}_1\|_{(k+2)})^2\end{cases} \tag{5-10}$$

通过模糊方法，可将式（5-10）改写为

$$\begin{cases}\mu_1(\boldsymbol{V}_i)=\dfrac{g_1^{\max}-g_1(\boldsymbol{V}_i)}{g_1^{\max}-g_1^{\min}}\\ \mu_2(\boldsymbol{V}_i)=\dfrac{g_2^{\max}-g_2(\boldsymbol{V}_i)}{g_2^{\max}-g_2^{\min}}\end{cases} \tag{5-11}$$

为同时对磁链和推力进行控制，可设计如下改进目标函数为

$$\mu_J(\boldsymbol{V}_i)=\mu_1\mu_2 \tag{5-12}$$

根据式（5-12）可知，F-MPTC 需要选择使得目标函数值 μ_J 较大的待选电压矢量作为最优电压矢量输出。F-MPTC 通过模糊方法去除目标函数中不同控制目标的量纲，进而省去权重系数；相比 MPTC 方法，除了目标函数不同以外，两者的控制框图大致相同，如图 5-1 所示。

5.3 无权重系数模型预测推力控制

5.3.1 初级磁链约束法

根据 5.2 节对传统 MPTC、MPFC 和 F-MPTC 的分析，当目标函数含有两个不同量纲的控制目标时，需采取权重系数对不同控制目标的权重进行调节。因此，为避免复杂的权重系数调节过程，目标函数只能存在同一个量纲，例如 MPCC 和 MPFC 均只有一个量纲，其权重系数为 1。然而，MPTC 含有磁链和推力两个不同量纲的控制目标，为去除权重系数，需将其中一个控制目标的量纲消除，让目标函数仅保留一个量纲。因此，本节将磁链控制目标看作一个硬约束条件，进而去除磁链控制项的量纲：类似于前面提到的电流约束条件，所设计的目标函数表达式为

$$J=(F^*-F_{(k+2)})^2+f(\boldsymbol{\psi}_1) \tag{5-13}$$

式中，$f(\boldsymbol{\psi}_1)=\begin{cases}\infty & 当\left|\|\boldsymbol{\psi}_1\|^*-\|\boldsymbol{\psi}_1\|_{(k+2)}\right|>\psi_{ripple}^{\max}\\ 0 & 当\left|\|\boldsymbol{\psi}_1\|^*-\|\boldsymbol{\psi}_1\|_{(k+2)}\right|\leqslant\psi_{ripple}^{\max}\end{cases}$，其中 $\psi_{ripple}^{\max}$ 为最大允许磁链波动范围。

根据式（5-13）可知，该简化方法将磁链波动作为硬约束条件，此时磁链控制项只能输出无穷大和零两个无量纲的数值，从而去除目标函数所含有的磁链量纲。改进后的目标函数只含有推力控制项量纲，因此无需权重系数来调节式（5-13）中两个不同控制目标项。当磁链波动在允许范围内时，$f(\boldsymbol{\psi}_1)=0$，此时目标函数主要考虑推力跟踪性能。当磁链波动超出允许范围时，$f(\boldsymbol{\psi}_1)=\infty$，此时目标函数将主要考虑磁链跟踪性能而忽略推力跟踪性能，直到磁链波动被控制在允许范围内。通过调节 $\psi_{ripple}^{\max}$ 的值，便可控制磁链波动的大小，同时也能够保证推力跟踪性能。类似地，也可以将推力波动看作为硬约束条件，目标函数只保留磁链控制项的量纲，如下所示：

$$J=(\|\boldsymbol{\psi}_1\|^*-\|\boldsymbol{\psi}_1\|_{(k+2)})^2+f(F) \tag{5-14}$$

式中，$f(F)=\begin{cases}\infty & \text{当}\,|F^*-F_{(k+2)}|>F_{ripple}^{\max}\\ 0 & \text{当}\,|F^*-F_{(k+2)}|\leqslant F_{ripple}^{\max}\end{cases}$，其中 $F_{ripple}^{\max}$ 为最大允许推力波动范围。

文献［345］将推力波动作为软约束条件，仍然需要调节权重系数。由于磁链给定值一般为固定值，变化范围不大，因此磁链波动幅值大致固定。然而，负载推力会随电机运行工况发生变化，推力波动幅值并不固定。为方便选择最大允许波动范围，本文将磁链波动作为硬约束条件，目标函数只保留推力控制项。该简化方法的控制框图和 MPTC 类似，只不过两种控制方法所设计的目标函数不同。另外，初级磁链约束法需对磁链最大允许波动范围 $\psi_{ripple}^{\max}$ 进行调节，选择出合适的值。如果 $\psi_{ripple}^{\max}$ 设定太大，会导致磁链波动较大；如果 $\psi_{ripple}^{\max}$ 设定太小，无法将推力控制目标考虑进去，从而削弱推力控制性能。但是，相比权重系数整定过程来说，调节 $\psi_{ripple}^{\max}$ 的值将会更加直观，也能够根据一些理论经验来提前做出预判。该算法的执行流程如图 5-3 所示，为方便后续分析，将上述方法简称为 MPTC-I。

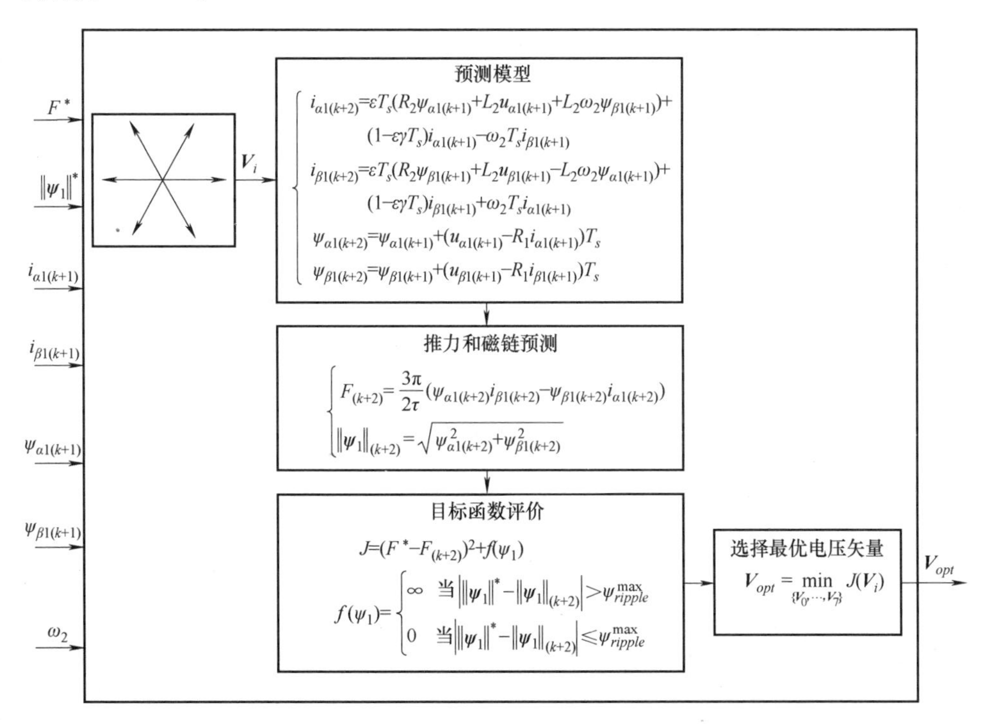

图 5-3　MPTC-I 执行流程图

5.3.2 统一量纲法

5.2 节所分析的 MPFC 通过将电机输出推力的控制转换到初级和次级磁链之间的角度控制，目标函数只考虑初级磁链的 $\alpha\beta$ 轴分量。因此，该方法采取统一量纲的方式，将推力控制目标转换到用磁链量纲表示的等效控制目标，从而使得目标函数中只含有磁链量纲，明显简化了权重系数整定过程。同样地，本文采取这一思路，尝试将磁链控制目标转换到用推力量纲表示的等效控制目标，进而统一了目标函数量纲，省去了权重系数。

式（5-3）所表示的推力为初级磁链向量和初级电流向量之间的叉积，因此，本文定义共轭推力为初级磁链向量和初级电流向量之间的点积，其表达式为

$$\overline{F_{(k+1)}}=\frac{3\pi}{2\tau}(\psi_{\alpha1(k+1)}i_{\alpha1(k+1)}+\psi_{\beta1(k+1)}i_{\beta1(k+1)}) \tag{5-15}$$

对比式（5-15）和式（5-3），推力和共轭推力具备相同量纲，均为磁链和电流乘积形式，类似于虚拟磁链定义的有功和无功表达式为[346]

$$\begin{cases}P=\omega_s(\psi_{s\alpha}i_{s\beta}-\psi_{s\beta}i_{s\alpha})\\Q=\omega_s(\psi_{s\alpha}i_{s\alpha}+\psi_{s\beta}i_{s\beta})\end{cases} \tag{5-16}$$

将式（5-16）和推力以及共轭推力的表达式进行对比，可知推力和有功的表达式类似，即均为磁链和电流的叉积。共轭推力和无功表达式类似，均为磁链和电流的点积。由于推力乘以电机速度便是电机输出有功功率，即可认为推力和电机输出有功密切相关。由此，可推断出共轭推力可能会与电机无功相关，即通过调节共轭推力可以控制电机磁链。为证明上述推断，可将式（4-9）和式（4-10）的电压和磁链方程改为如下的矢量表达形式：

$$\begin{cases}\boldsymbol{U}_1=R_1\boldsymbol{I}_1+\dfrac{\mathrm{d}\boldsymbol{\psi}_1}{\mathrm{d}t}\\0=R_2\boldsymbol{I}_2+\dfrac{\mathrm{d}\boldsymbol{\psi}_2}{\mathrm{d}t}-\mathrm{j}\omega_2\boldsymbol{\psi}_2\\\boldsymbol{\psi}_1=L_1\boldsymbol{I}_1+L_m'\boldsymbol{I}_2\\\boldsymbol{\psi}_2=L_2\boldsymbol{I}_2+L_m'\boldsymbol{I}_1\end{cases} \tag{5-17}$$

式中，$\boldsymbol{I}_2$为次级电流矢量，且 $I_2=i_{\alpha2}+\mathrm{j}i_{\beta2}$；$\boldsymbol{\psi}_1$为初级磁链矢量，且 $\boldsymbol{\psi}_1=\psi_{\alpha1}+\mathrm{j}\psi_{\beta1}$。

当电机运行在稳定状态时，可以假定：

$$\begin{cases}\boldsymbol{\psi}_1=\psi_{m1}\cos(\varphi_1)+\mathrm{j}\psi_{m1}\sin(\varphi_1)\\\boldsymbol{\psi}_2=\psi_{m2}\cos(\varphi_2)+\mathrm{j}\psi_{m2}\sin(\varphi_2)\end{cases} \tag{5-18}$$

式中，ψ_{m1}为初级磁链幅值；ψ_{m2}为次级磁链幅值；φ_1为初级磁链角度。

将式（5-18）代入式（5-17）中，可将电机的电压和磁链方程简化为

$$\begin{cases}\boldsymbol{U}_1=R_1\boldsymbol{I}_1+\mathrm{j}\omega_1\boldsymbol{\psi}_1\\0=R_2\boldsymbol{I}_2+\mathrm{j}\omega_{sl}\boldsymbol{\psi}_2\\\boldsymbol{\psi}_1=L_1\boldsymbol{I}_1+L_m'\boldsymbol{I}_2\\\boldsymbol{\psi}_2=L_2\boldsymbol{I}_2+L_m'\boldsymbol{I}_1\end{cases}\tag{5-19}$$

式中，ω_{sl}为电机转差角频率，且$\omega_{sl}=\omega_1-\omega_2$。

根据式（5-19），可推导出初级磁链矢量的表达式为

$$\begin{aligned}\boldsymbol{\psi}_1&=\left(L_1-\frac{\omega_{sl}^2L_2L'^2_m}{R_2^2+(\omega_{sl}L_2)^2}\right)\boldsymbol{I}_1-\frac{\mathrm{j}\omega_{sl}L'^2_mR_2}{R_2^2+(\omega_{sl}L_2)^2}\boldsymbol{I}_1\\&\Rightarrow\boldsymbol{\psi}_1=A_{sl}\boldsymbol{I}_1-\mathrm{j}B_{sl}\boldsymbol{I}_1\end{aligned}\tag{5-20}$$

进一步，可求解出初级电流和初级磁链间的关系为

$$\boldsymbol{I}_1=\frac{A_{sl}+\mathrm{j}B_{sl}}{A_{sl}^2+B_{sl}^2}\boldsymbol{\psi}_1\tag{5-21}$$

将式（5-21）代到式（5-15）和式（5-3）中，得到推力和共轭推力的表达式为

$$\begin{cases}F=\dfrac{3\pi}{2\tau}\dfrac{B_{sl}}{A_{sl}^2+B_{sl}^2}\boldsymbol{\psi}_1^2=\dfrac{3\pi}{2\tau}H(\omega_{sl})\boldsymbol{\psi}_1^2\\\overline{F}=\dfrac{3\pi}{2\tau}\dfrac{A_{sl}}{A_{sl}^2+B_{sl}^2}\boldsymbol{\psi}_1^2=\dfrac{3\pi}{2\tau}M(\omega_{sl})\boldsymbol{\psi}_1^2\end{cases}\tag{5-22}$$

根据式（5-22），可推导出推力和共轭推力之间的比值，其表达式为

$$G(\omega_{sl})=\frac{\overline{F}}{F}=\frac{M(\omega_{sl})}{H(\omega_{sl})}=\frac{A_{sl}}{B_{sl}}\tag{5-23}$$

为方便分析共轭推力和初级磁链幅值间的联系，绘制出变量$H(\omega_{sl})$和$G(\omega_{sl})$随转差频率ω_{sl}的变化趋势，如图5-4所示。假定输出推力不变，即推力$F=C_F$为常值，当共轭推力增加时，比值$G(\omega_{sl})$会上升。根据图5-4b可知，当$G(\omega_{sl})$变大时，会导致转差频率ω_{sl}减小。由于变量$H(\omega_{sl})$的值会随着ω_{sl}的减小而减小，如图5-4（a）所示，此时为维持推力不变，需增加初级磁链的幅值来弥补系数$H(\omega_{sl})$的减小。另一方面，当共轭推力减小时，比值$G(\omega_{sl})$会减小，导致转差频率ω_{sl}增大，使得$H(\omega_{sl})$值增大。同样地，为维持推力不变，需降低初级磁链的幅值来补偿系数$H(\omega_{sl})$的增加。上述的分析过程如下

所示：

$$\begin{cases}\overline{F}\uparrow \overset{式(5-23)}{\Rightarrow} G(\omega_{sl})\uparrow \overset{图5-4b}{\Rightarrow} \omega_{sl}\downarrow \overset{图5-4a}{\Rightarrow} H(\omega_{sl})\downarrow \overset{F=C_F}{\Rightarrow} \boldsymbol{\psi}_1\uparrow \\ \overline{F}\downarrow \overset{式(5-23)}{\Rightarrow} G(\omega_{sl})\downarrow \overset{图5-4b}{\Rightarrow} \omega_{sl}\uparrow \overset{图5-4a}{\Rightarrow} H(\omega_{sl})\uparrow \overset{F=C_F}{\Rightarrow} \boldsymbol{\psi}_1\downarrow \end{cases} \tag{5-24}$$

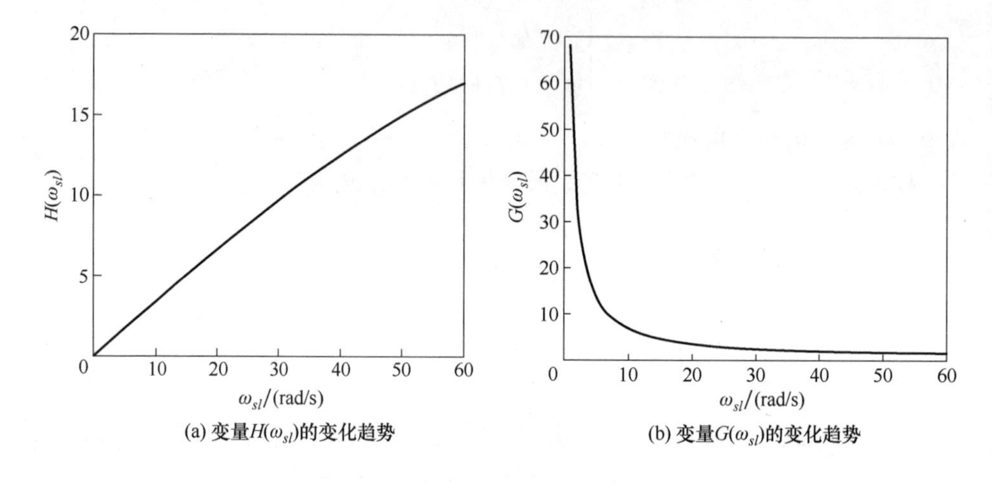

(a) 变量$H(\omega_{sl})$的变化趋势　　(b) 变量$G(\omega_{sl})$的变化趋势

图 5-4　共轭推力与初级磁链幅值的关系

因此，根据式（5-24）可知，可通过共轭推力来调节初级磁链幅值。当推力发生变化时，共轭推力也随推力的变化而变化：通过改变两者间的比值$G(\omega_{sl})$，可改变转差频率ω_{sl}，进而调节电机的励磁水平。因此，通过上述理论分析，可以推导出共轭推力与电机励磁水平之间的联系，其目标函数可设计为

$$J=(F^*-F_{(k+2)})^2+(\overline{F^*}-\overline{F_{(k+2)}})^2 \tag{5-25}$$

式中，$\overline{F^*}$为共轭推力给定值，由磁链环 PI 调节器输出。

根据式（5-25）可知，通过将初级磁链幅值的控制等效为共轭推力的控制，使得改进后的目标函数只包含与推力量纲相关的控制目标。因此，与 MPFC 情形类似，权重系数可选择为 1，来平衡两个不同控制目标的权重。同样地，该方法可分析转差频率与初级磁链幅值之间的关系：当转差频率升高时，在相同的输出推力下，初级磁链幅值会降低；反之，当转差频率降低时，磁链幅值会相应地增加。因此，该分析过程可合理解释高速阶段通过增加转差频率来对电机弱磁的原理。最终，该方法的控制框图和执行流程图分别如图 5-5 和图 5-6 所示。为方便后续分析，将该方法简称为 MPTC-Ⅱ。

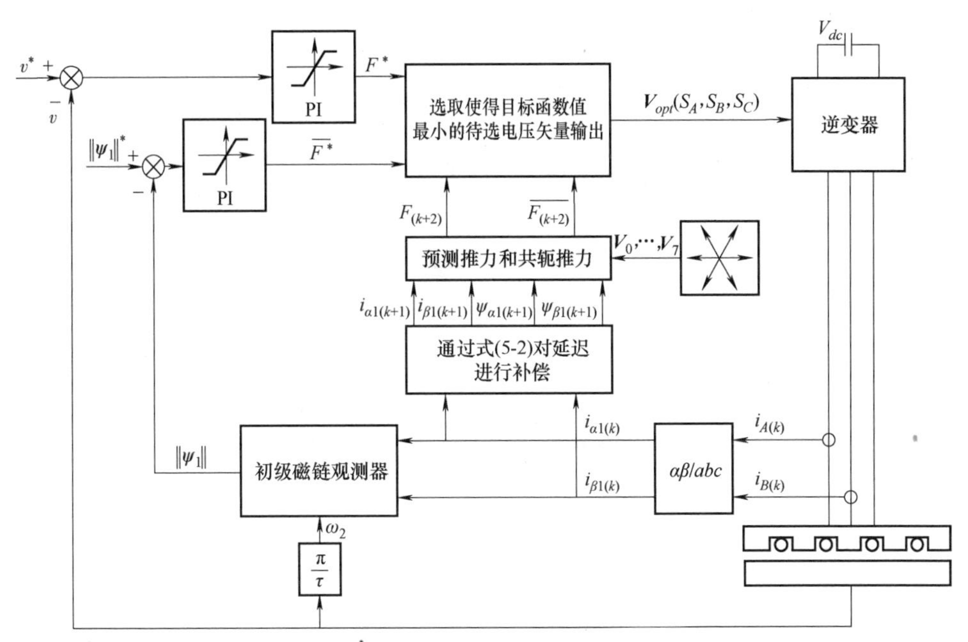

图 5-5　MPTC-Ⅱ控制框图

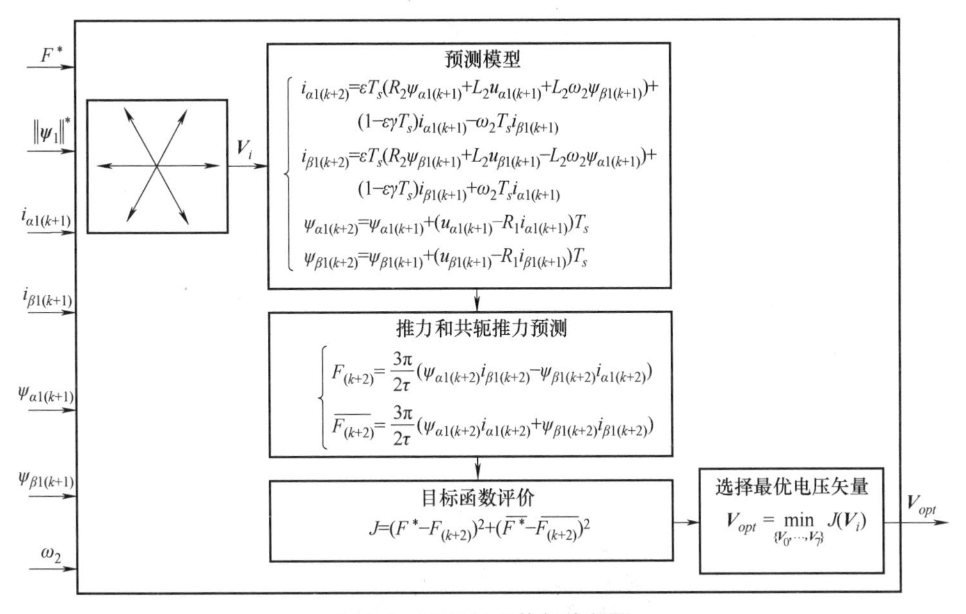

图 5-6　MPTC-Ⅱ执行流程图

5.3.3　实验结果

传统直接推力控制和 MPTC 启动制动过程的动态性能分别如图 5-7 和图 5-8

所示。对比该结果可知，由于 MPTC 通过在线寻优方式确定输入电压矢量，所选择的电压矢量比直接推力控制更加精确，因此，MPTC 的磁链和推力波动远小于直接推力控制。此外，由于未考虑电机边端效应和计算延迟等影响，直接推力控制下的 LIM 输出推力会随着速度增加而衰减，因此其加速时间比 MPTC 长。

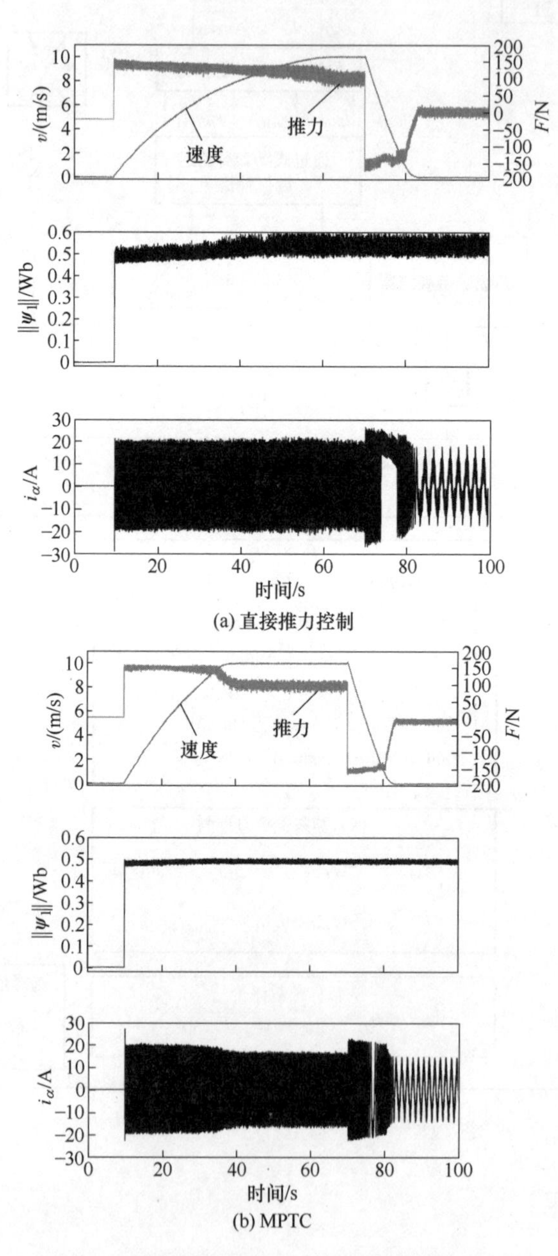

图 5-7　直接推力控制与 MPTC 启动制动过程对比

进一步，本节测试了 MPTC-Ⅰ和 MPTC-Ⅱ的启动制动过程，如图 5-8a 和图 5-8b 所示，以及之前学者所提出的无权重系数 MPFC 和 F-MPTC 的启动制动过程，如图 5-8c 和图 5-8d 所示。根据测试结果可知，上述方法具有相似的动态

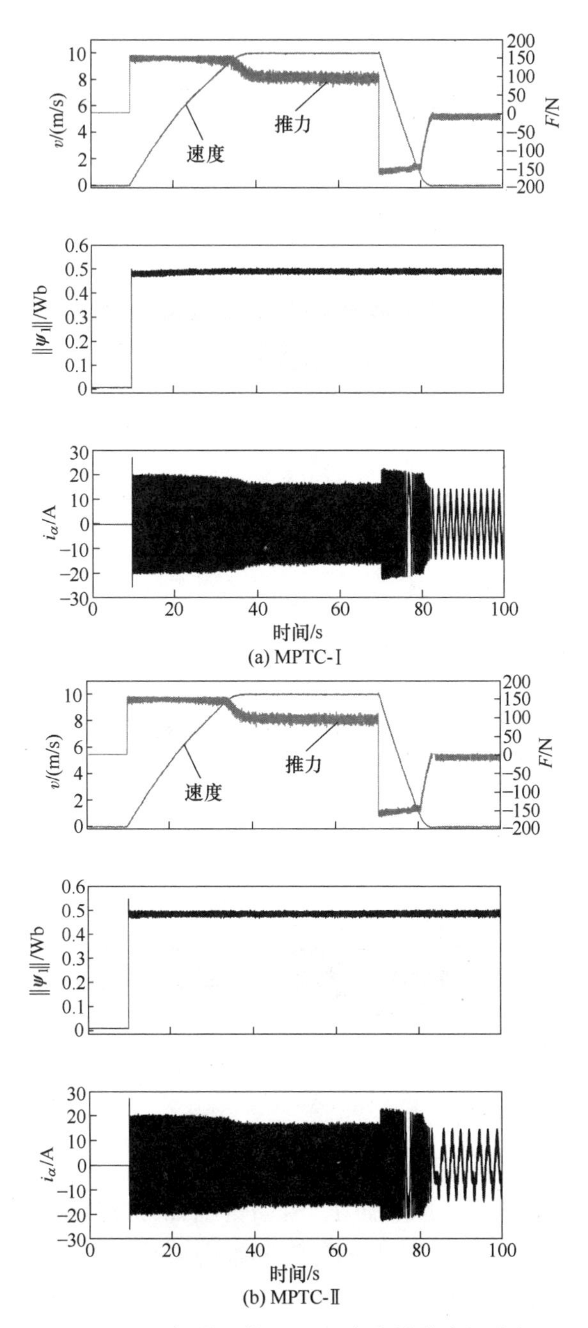

图 5-8　无权重系数 MPTC 启动制动过程对比

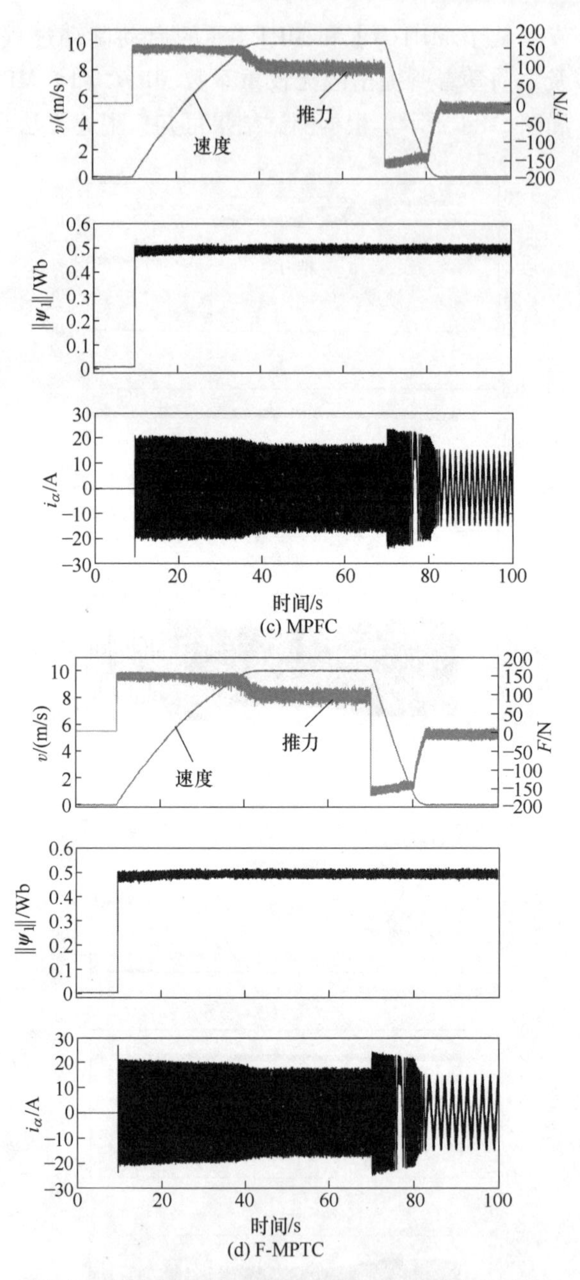

(c) MPFC

(d) F-MPTC

图 5-8　无权重系数 MPTC 启动制动过程对比（续）

响应性能，能很好地控制磁链和推力，且磁链和推力波动幅值远小于直接推力控制。此外，MPTC-Ⅰ和 MPTC-Ⅱ的磁链和推力波动要小于 MPFC 和 F-MPTC。因此，本文所提出的无权重系数简化方法 MPTC-Ⅰ和 MPTC-Ⅱ可有效地避免复杂的权重系数整定过程：在不对权重系数调节的前提下，能较好平衡不同量纲下的磁链和推力控制，有效减小磁链和推力波动。

当电机运行速度为 6m/s、负载推力为 60N、初级磁链给定值为 0.5Wb 时，本章对不同 MPTC 方法的参数鲁棒性进行了测试。根据式（5-2）的预测表达式可知，预测模型主要依赖电机互感 L_m、初级电阻 R_1 以及次级电阻 R_2，其参数准确性将决定不同 MPTC 的控制效果。因此，为测试所提出算法对上述参数变化的鲁棒性，本章将 LIM 互感、初级电阻以及次级电阻分别在 2.5s 时突然增加到原来的两倍，不同 MPTC 参数敏感性的测试结果如图 5-9～图 5-13 所示。从相关结果得知，初级和次级电阻的变化对不同 MPTC 控制性能影响较小，其电阻变化前后磁链和推力波动均未出现明显变化。然而，当互感参数变化时，所有 MPTC 推力波动将会增加，而磁链波动变化相对较小。因此，上述方法均对 LIM 互感参数变化较为敏感，而几乎不受初级电阻和次级电阻变化的影响。

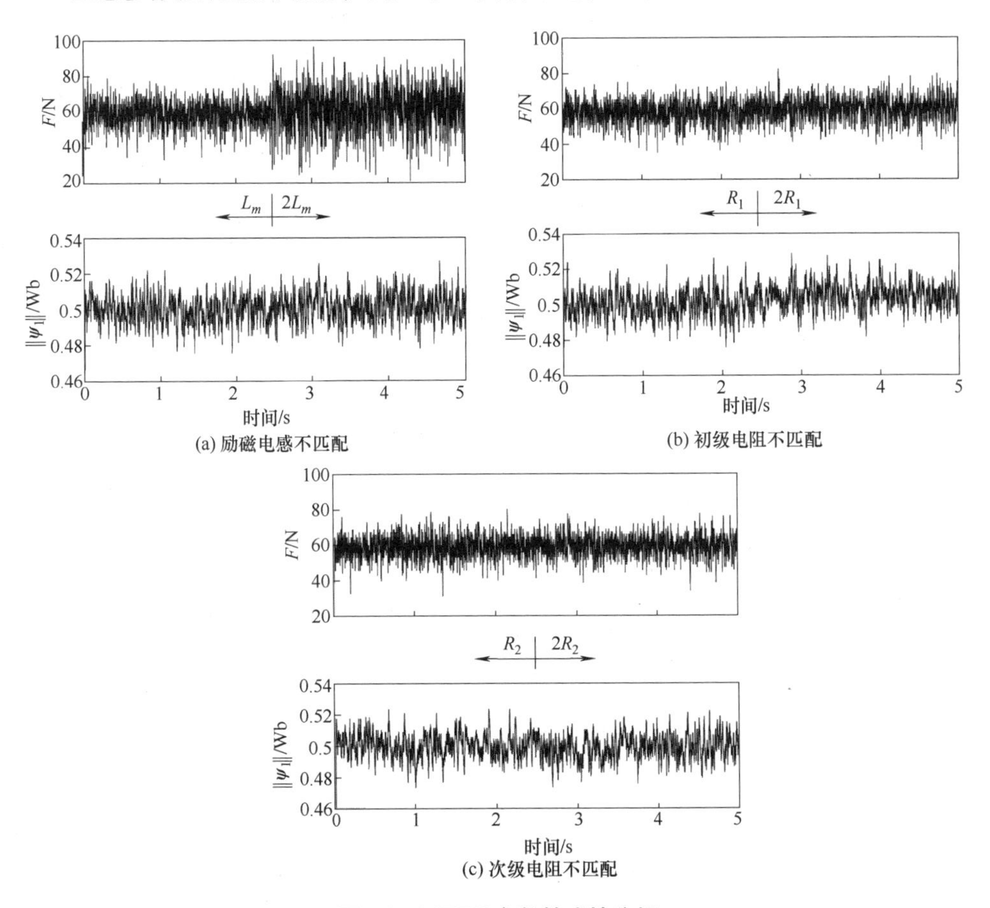

图 5-9　MPTC 参数敏感性分析

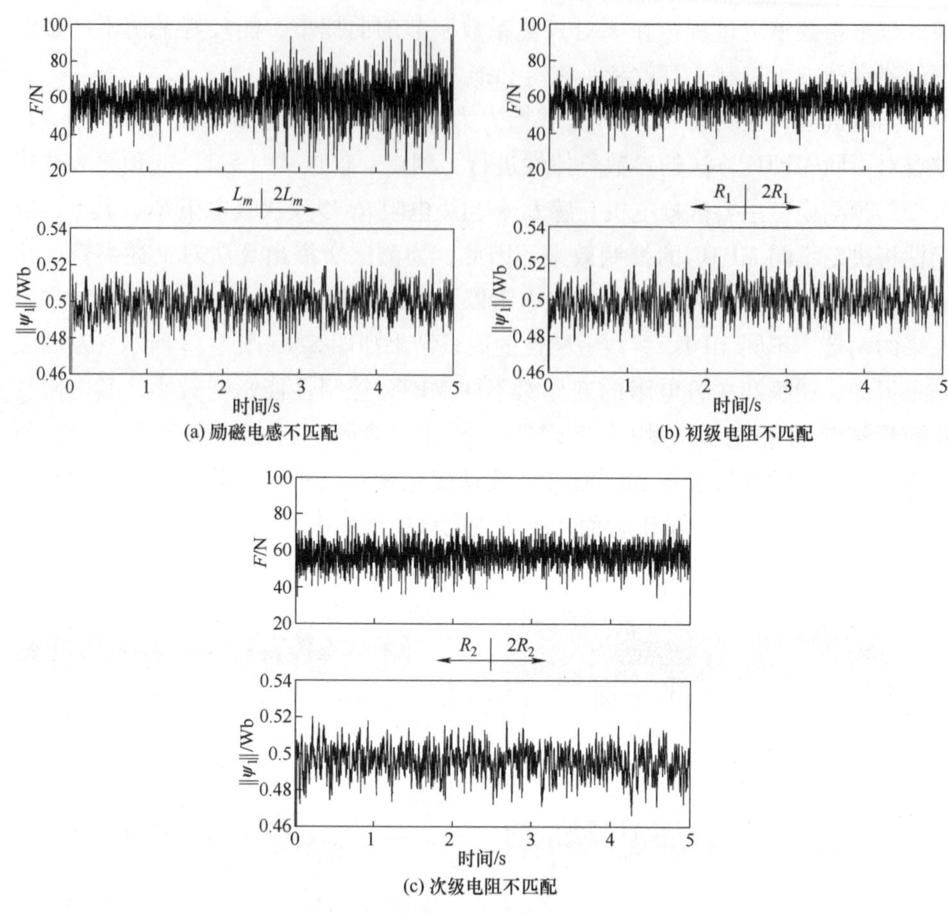

(a) 励磁电感不匹配

(b) 初级电阻不匹配

(c) 次级电阻不匹配

图 5-10　MPTC-Ⅰ参数敏感性分析

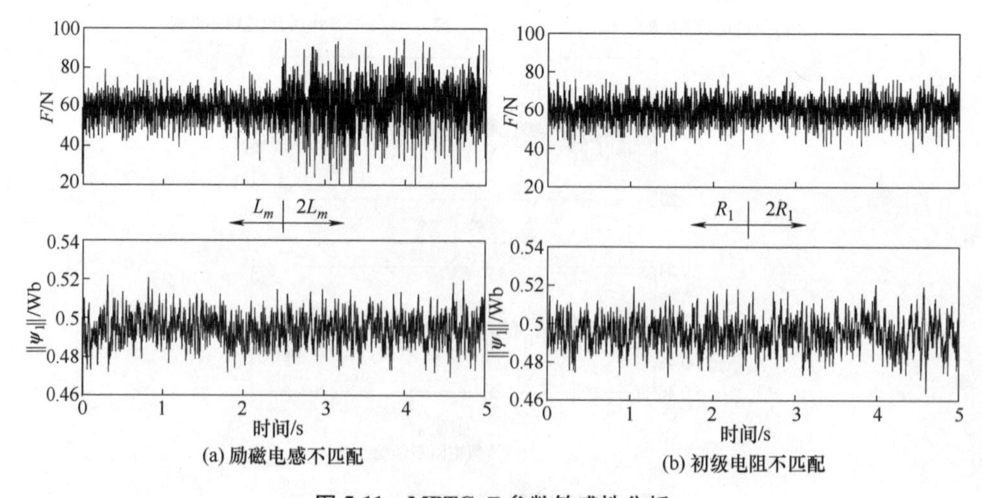

(a) 励磁电感不匹配

(b) 初级电阻不匹配

图 5-11　MPTC-Ⅱ参数敏感性分析

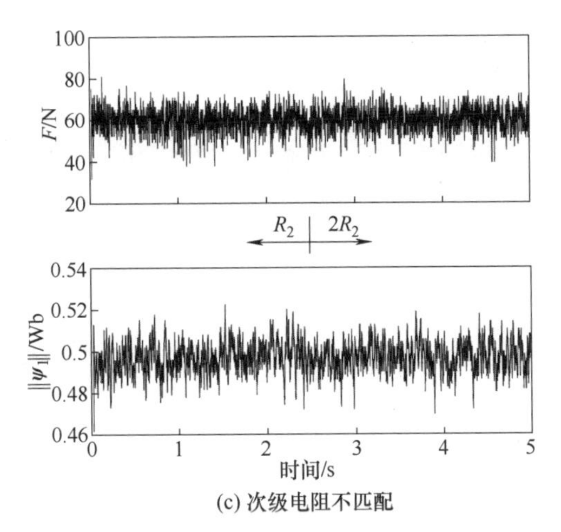

(c) 次级电阻不匹配

图 5-11　MPTC-Ⅱ参数敏感性分析（续）

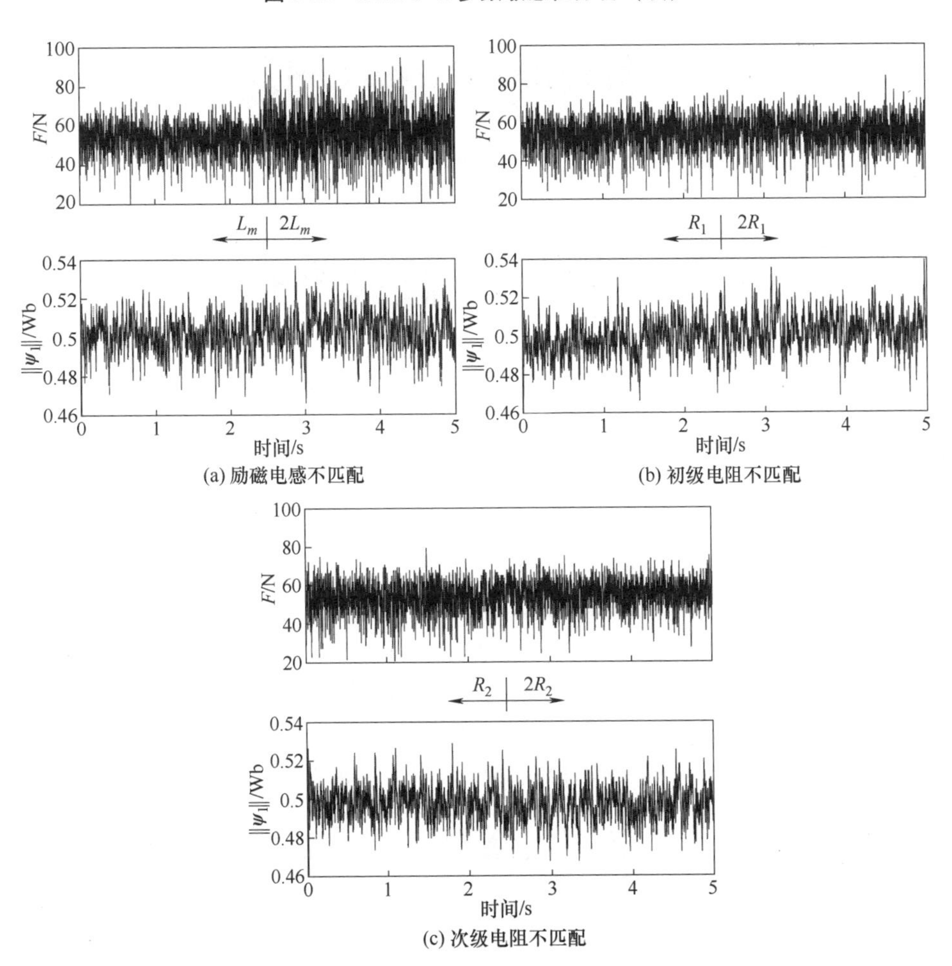

(c) 次级电阻不匹配

图 5-12　MPFC 参数敏感性分析

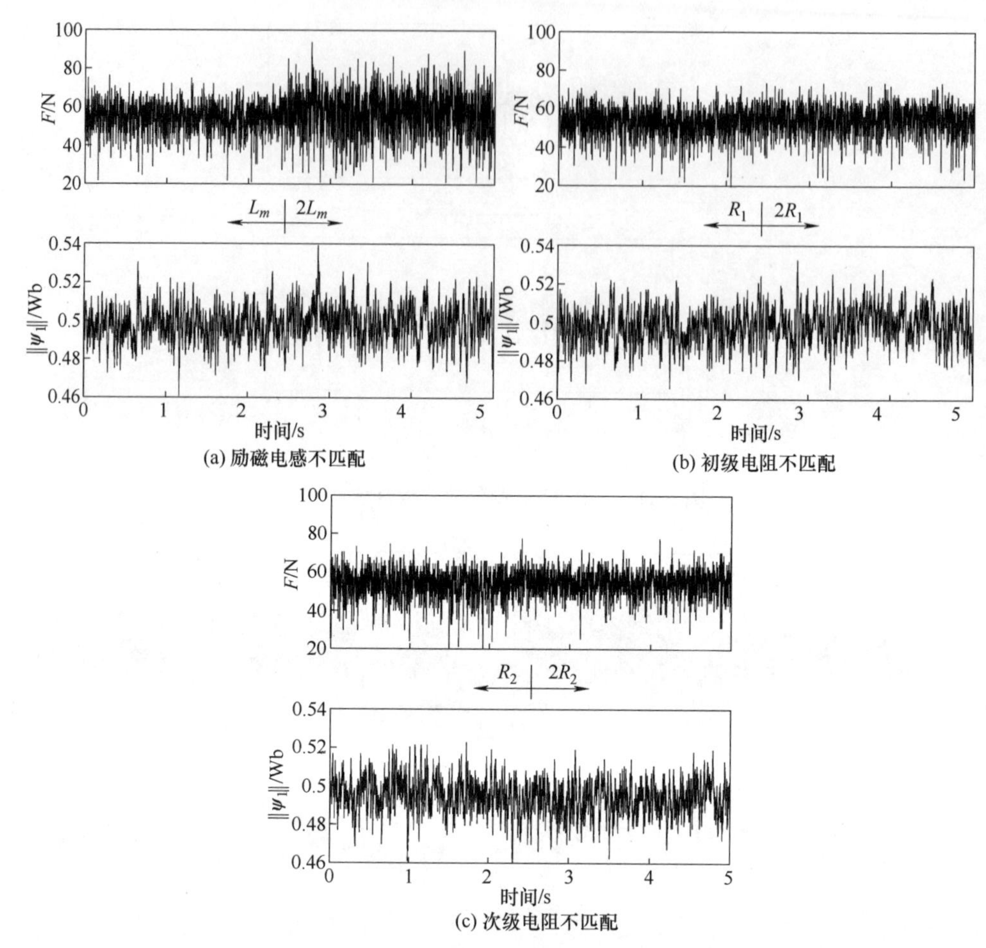

(a) 励磁电感不匹配

(b) 初级电阻不匹配

(c) 次级电阻不匹配

图 5-13 F-MPTC 参数敏感性分析

在相同的测试条件下，不同 MPTC 方法的磁链和推力阶跃响应分别如图 5-14 所示。根据该测试结果可知，不同 MPTC 方法的动态响应性能类似，磁链和推力到达给定值的上升时间大致相同，磁链阶跃响应上升时间大致为 3ms，如图 5-14a 所示；推力阶跃响应上升时间大致为 8ms，如图 5-14b 所示。因此，本节所提出的 MPTC-Ⅰ和 MPTC-Ⅱ可以获得较快的磁链和推力动态响应性能，与之前所提出的 MPTC，MPFC 和 F-MPTC 方法的动态性能类似。

为定量分析不同方法的稳态控制精度，定义磁链和推力跟踪误差如下：

$$\begin{cases} F_{error} = \dfrac{1}{N_s}\sum\limits_{i=1}^{N_s}(F_i - F_i^*)^2 \\ \psi_{error} = \dfrac{1}{N_s}\sum\limits_{i=1}^{N_s}(\psi_i - \psi_i^*)^2 \end{cases} \tag{5-26}$$

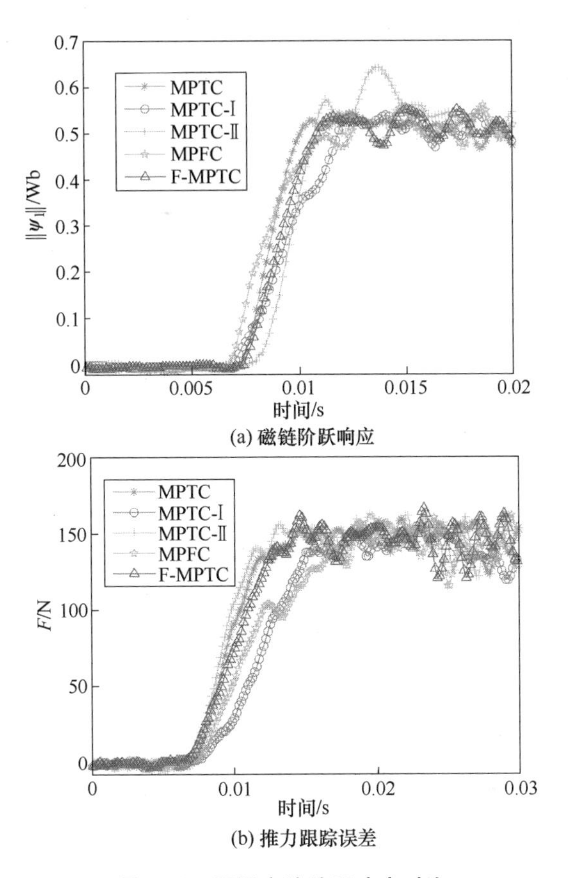

(a) 磁链阶跃响应

(b) 推力跟踪误差

图 5-14　不同方法阶跃响应对比

当电机负载推力为100N，初级磁链给定值为0.5Wb时，电机在不同运行速度下的磁链和推力跟踪误差如图5-15所示。根据该对比结果可知，不同MPTC方法的磁链和推力跟踪误差会随着电机运行速度的提升而增加。然而，相比MPFC和F-MPTC方法，MPTC-Ⅰ和MPTC-Ⅱ磁链和推力跟踪误差随着速度变化的范围较小，因此，本文所提出的方法受电机运行工况的影响较小。同时，MPTC-Ⅰ和MPTC-Ⅱ磁链和推力跟踪误差均小于MPFC和F-MPTC方法，与整定好权重系数的MPTC性能类似。

最后，在相同测试条件下，不同MPTC方法的开关频率如图5-16所示。根据该图可知，在保持磁链和推力不变的前提下，随着电机速度的上升，所有MPTC方法的开关频率会逐渐降低。另外，MPTC-Ⅰ和MPTC-Ⅱ的开关频率与MPTC类似，但是会高于MPFC和F-MPTC。因此，根据上述对不同MPTC方法的对比分析，可以将这些方法的特性在表5-1中进行总结。根据该表可知，本文所提出的 MPTC-Ⅰ和 MPTC-Ⅱ能够平衡好磁链和推力控制目标，且控制性能优于之前所提出的无权重系数方法，与调整好权重系数的 MPTC 类似。

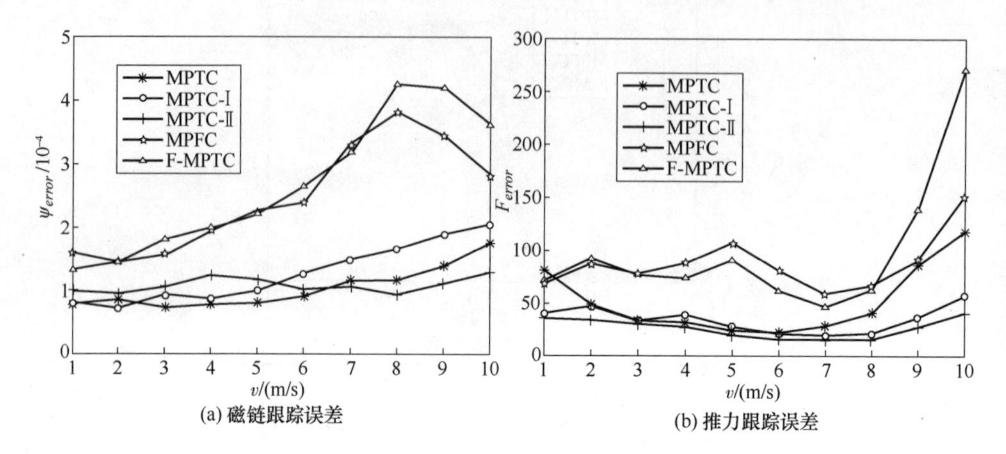

(a) 磁链跟踪误差　(b) 推力跟踪误差

图 5-15　不同速度下各方法稳态性能对比

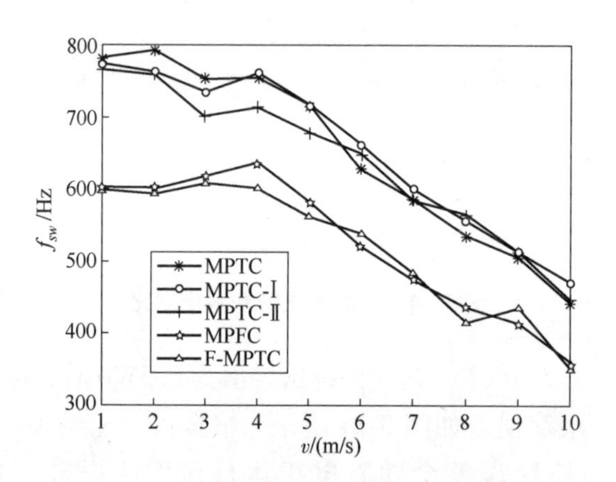

图 5-16　不同速度下各方法稳态性能对比

表 5-1　不同 **MPTC** 方法特性对比

控制方法	动态性能	磁链和推力跟踪误差	磁链和推力波动	开关频率
MPTC	响应迅速	较小	较小	适中
MPTC-Ⅰ	响应迅速	较小	较小	适中
MPTC-Ⅱ	响应迅速	较小	较小	适中
MPFC	响应迅速	较大	较大	低
F-MPTC	响应迅速	较大	较大	低

5.4 任意双矢量模型预测推力控制

5.4.1 最优电压矢量组合简化搜索方法

在 5.3 节的基础之上，首先采取统一量纲法来去除权重系数，即将 MPTC-Ⅱ与任意双矢量调制策略相结合。推力和共轭推力的表达式如下：

$$\begin{cases} F=\dfrac{3\pi}{2\tau}(\psi_{\alpha 1}i_{\beta 1}-\psi_{\beta 1}i_{\alpha 1}) \\ \overline{F}=\dfrac{3\pi}{2\tau}(\psi_{\alpha 1}i_{\alpha 1}+\psi_{\beta 1}i_{\beta 1}) \end{cases} \tag{5-27}$$

为了能够对下一时刻的推力和共轭推力进行预测，可以对式（5-27）求导，表达式如下：

$$\begin{cases} \dfrac{\mathrm{d}F}{\mathrm{d}t}=\dfrac{3\pi}{2\tau}\left(\dfrac{\mathrm{d}\psi_{\alpha 1}}{\mathrm{d}t}i_{\beta 1}+\psi_{\alpha 1}\dfrac{\mathrm{d}i_{\beta 1}}{\mathrm{d}t}-\dfrac{\mathrm{d}\psi_{\beta 1}}{\mathrm{d}t}i_{\alpha 1}-\psi_{\beta 1}\dfrac{\mathrm{d}i_{\alpha 1}}{\mathrm{d}t}\right) \\ \dfrac{\mathrm{d}\overline{F}}{\mathrm{d}t}=\dfrac{3\pi}{2\tau}\left(\dfrac{\mathrm{d}\psi_{\alpha 1}}{\mathrm{d}t}i_{\alpha 1}+\psi_{\alpha 1}\dfrac{\mathrm{d}i_{\alpha 1}}{\mathrm{d}t}+\dfrac{\mathrm{d}\psi_{\beta 1}}{\mathrm{d}t}i_{\beta 1}+\psi_{\beta 1}\dfrac{\mathrm{d}i_{\beta 1}}{\mathrm{d}t}\right) \end{cases} \tag{5-28}$$

式中，初级电流变化率$\dfrac{\mathrm{d}i_{\alpha 1}}{\mathrm{d}t}$和$\dfrac{\mathrm{d}i_{\beta 1}}{\mathrm{d}t}$，以及初级磁链变化率$\dfrac{\mathrm{d}\psi_{\alpha 1}}{\mathrm{d}t}$和$\dfrac{\mathrm{d}\psi_{\beta 1}}{\mathrm{d}t}$，可以通过式（5-1）求解获得。在 k 时刻，为了弥补计算延迟，需要根据 k 时刻的采样值对 k+1 时刻的电流和磁链进行预测，预测表达式如下：

$$\begin{cases} i_{\alpha 1(k+1)}=i_{\alpha 1(k)}+T_s\left.\dfrac{\mathrm{d}i_{\alpha 1}}{\mathrm{d}t}\right|_{t=k}^{V_k^{opt}} \\ i_{\beta 1(k+1)}=i_{\beta 1(k)}+T_s\left.\dfrac{\mathrm{d}i_{\beta 1}}{\mathrm{d}t}\right|_{t=k}^{V_k^{opt}} \\ \psi_{\alpha 1(k+1)}=\psi_{\alpha 1(k)}+T_s\left.\dfrac{\mathrm{d}\psi_{\alpha 1}}{\mathrm{d}t}\right|_{t=k}^{V_k^{opt}} \\ \psi_{\beta 1(k+1)}=\psi_{\beta 1(k)}+T_s\left.\dfrac{\mathrm{d}\psi_{\beta 1}}{\mathrm{d}t}\right|_{t=k}^{V_k^{opt}} \end{cases} \tag{5-29}$$

式中，$\boldsymbol{V}_k^{opt}$为在 $k-1$ 时刻求解的最优电压矢量，由于计算延迟，该求解结果在 k 时刻作用到逆变器。

根据式（5-29）的预测值，可以对 $k+2$ 时刻的电流和磁链进行预测，求解作用在 k+1 时刻的最优电压矢量，预测方程如下：

$$\begin{cases} F_{(k+2)} = F_{(k+1)} + dT_s \dfrac{\mathrm{d}F}{\mathrm{d}t}\Bigg|_{t=k+1}^{V_i} + (1-d)\,T_s \dfrac{\mathrm{d}F}{\mathrm{d}t}\Bigg|_{t=k+1}^{V_j} \\ \overline{F_{(k+2)}} = \overline{F_{(k+1)}} + dT_s \dfrac{\mathrm{d}\overline{F}}{\mathrm{d}t}\Bigg|_{t=k+1}^{V_i} + (1-d)\,T_s \dfrac{\mathrm{d}\overline{F}}{\mathrm{d}t}\Bigg|_{t=k+1}^{V_j} \end{cases} \tag{5-30}$$

式中，$\boldsymbol{V}_i$和$\boldsymbol{V}_j$为所选择的任意两个电压矢量组合；d 为两个电压矢量之间的占空比。

为了能够选择出最优电压矢量组合以及求解出两个电压矢量之间的最优占空比，可以将式（5-30）的预测值，代入到目标函数当中进行评价，寻找使得目标函数值最小的解，所设计目标函数为

$$J = (F^* - F_{(k+2)})^2 + (\overline{F^*} - \overline{F_{(k+2)}})^2 \tag{5-31}$$

然而，对于两电平逆变器来说，将存在 7×7 = 49 种不同的电压矢量组合方式，它们所能够合成出的电压矢量轨迹，如图 5-17 所示。如果对所有可能的电压矢量组合进行枚举并代入到式（5-31）中进行评价，将会增加算法的在线计算负担。对于 SVM 来说，可以实现三相桥臂在开关周期内的开通关断次数最多只有 2 次，如图 5-18 所示。如果任意双矢量调制策略的开通关断次数超过 SVM，那么应该选择调制精度更高的 SVM，此时采取双矢量调制策略将没有任何优势。因此，为了减少电压矢量组合数量，本文对开关周期内的开关次数进行限制，即三相桥臂在开关周期内最多只能开通关断 1 次。

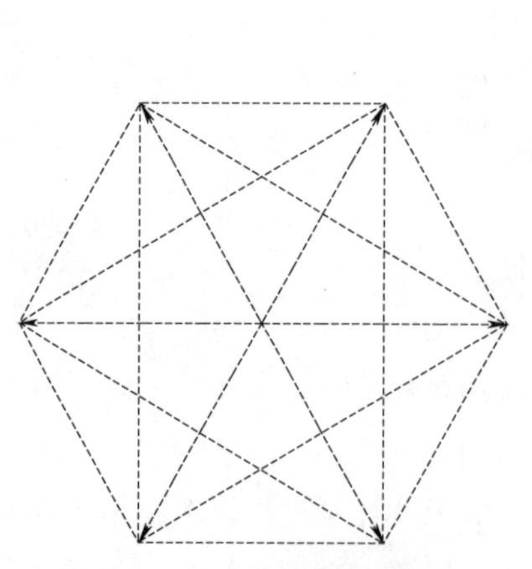

图 5-17　任意双矢量调制策略合成电压矢量轨迹

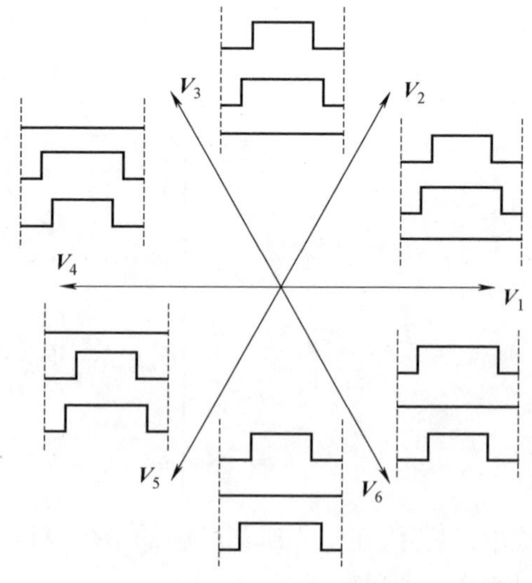

图 5-18　SVM 脉冲序列

当非零和零电压矢量组合时，此时可以选择合适的零电压矢量 $\boldsymbol{V}_0$ 或者 $\boldsymbol{V}_7$，保证该矢量组合在任意情形下开关周期内的开关次数不超过 1 次，共有 6 种不同电压矢量组合。然而，当两个非零电压矢量组合时，开关次数会随着矢量组合的不同而发生变化，如图 5-19 所示。根据该图可知，当非零电压矢量角度等于 $\pi/3$ 时，一个开关周期内的开关次数正好不超过 1 次。然而，当角度大于 $\pi/3$ 时，开关次数将会大于 1 次，例如：$\boldsymbol{V}_1$ 和 $\boldsymbol{V}_3$ 矢量组合的开关次数最多 2 次，两个电压矢量角度为 $2\pi/3$；$\boldsymbol{V}_1$ 和 $\boldsymbol{V}_4$ 矢量组合的开关次数最多 3 次，两个电压矢量角度为 π。因此，为了满足开关次数的限制，本文只选择相邻的非零电压矢量组合，即两个矢量之间的角度为 $\pi/3$，共有 6 种不同电压矢量组合形式。此时，所需要评价的电压矢量组合数将从 49 个减少到 12 个，所能够合成的电压矢量轨迹如图 5-20 所示。

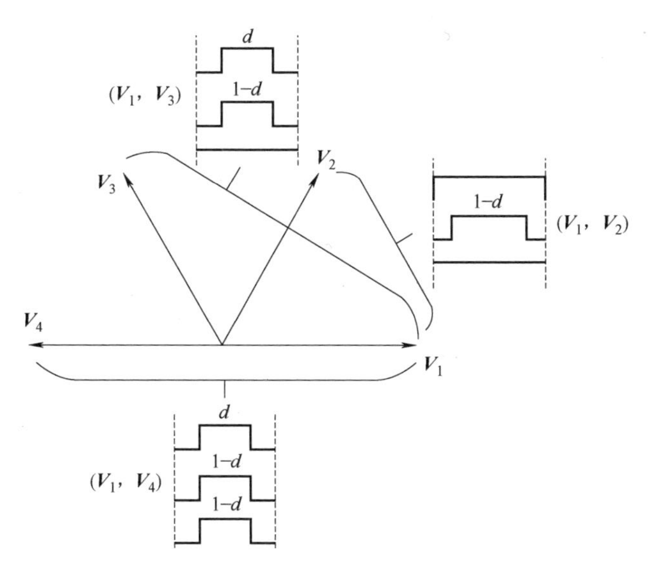

图 5-19　不同非零电压矢量组合下脉冲序列

对比图 5-20 和图 5-17 可知，当对开关次数限制时，虽然能够减小电压矢量组合数量，但是合成电压矢量轨迹减少了，即调制精度有一定程度的降低。然而，相比固定的非零和零电压矢量组合方式，任意双矢量调制策略不仅能够对矢量长度进行调整，还能够调节矢量角度。因此，在不增加开关频率的情形下，可以进一步提高

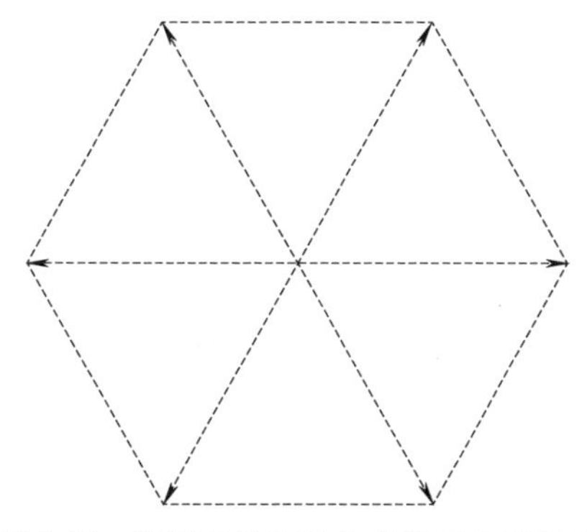

图 5-20　限制开关次数合成电压矢量轨迹

双矢量调制策略的调制精度，从而提高 MPTC 的控制性能。

为了能够找出最优电压矢量组合，该算法还需要对剩余的 12 个不同电压矢量组合进行评价。传统方法通过求解每个电压矢量组合的最优占空比来获得式（5-31）的最小值。之后，还需要比较不同电压矢量组合的最小值，选择目标函数值最小的电压矢量组合为最优解，因此，在线计算过程仍然较为复杂。为了能够进一步对该算法进行简化，采取第 2 章的简化思路，通过求解参考电压矢量的方式，来帮助搜索最优电压矢量组合。此时，定义使得目标函数值等于零的电压矢量为参考电压矢量，求解表达式如下：

$$\begin{cases} F_{(k+2)} = F_{(k+1)} + T_s \left.\dfrac{\mathrm{d}F}{\mathrm{d}t}\right|_{t=k+1}^{V_{k+1}^*} = F^* \\ \overline{F_{(k+2)}} = \overline{F_{(k+1)}} + T_s \left.\dfrac{\mathrm{d}\overline{F}}{\mathrm{d}t}\right|_{t=k+1}^{V_{k+1}^*} = \overline{F^*} \end{cases} \tag{5-32}$$

通过式（5-32）可以求解出参考电压矢量的表达式为

$$\begin{cases} u_{\alpha1(k+1)}^* = \dfrac{D_F(F^* - F_{(k+1)} - E_1 T_s) - B_F(\overline{F^*} - \overline{F_{(k+1)}} - E_2 T_s)}{(A_F D_F - B_F C_F) T_s} \\ u_{\beta1(k+1)}^* = \dfrac{A_F(\overline{F^*} - \overline{F_{(k+1)}} - E_2 T_s) - C_F(F^* - F_{(k+1)} - E_1 T_s)}{(A_F D_F - B_F C_F) T_s} \end{cases} \tag{5-33}$$

式中，变量 A_F，B_F，C_F，D_F，E_1 和 E_2 的定义如下：

$$\begin{cases} A_F = \dfrac{3\pi}{2\tau}(i_{\beta1(k+1)} - \varepsilon L_2 \psi_{\beta1(k+1)}) \\ B_F = -\dfrac{3\pi}{2\tau}(i_{\alpha1(k+1)} - \varepsilon L_2 \psi_{\alpha1(k+1)}) \\ C_F = \dfrac{3\pi}{2\tau}(i_{\alpha1(k+1)} + \varepsilon L_2 \psi_{\alpha1(k+1)}) \\ D_F = \dfrac{3\pi}{2\tau}(i_{\beta1(k+1)} + \varepsilon L_2 \psi_{\beta1(k+1)}) \end{cases} \tag{5-34}$$

$$\begin{cases} E_1 = -\dfrac{3\pi}{2\tau}\varepsilon L_2 \omega_2(\psi_{\alpha1(k+1)}^2 + \psi_{\beta1(k+1)}^2) - \varepsilon\gamma F_{(k+1)} + \omega_2 \overline{F_{(k+1)}} \\ E_2 = -\dfrac{3\pi}{2\tau}[R_1(i_{\alpha1(k+1)}^2 + i_{\beta1(k+1)}^2) + \varepsilon R_2(\psi_{\alpha1(k+1)}^2 + \psi_{\beta1(k+1)}^2)] - \varepsilon\gamma \overline{F_{(k+1)}} - \omega_2 F_{(k+1)} \end{cases} \tag{5-35}$$

在理想情形下，参考电压矢量能够使得磁链和推力的跟踪误差为零。因此，电压矢量组合所合成的电压矢量（$u_{\alpha1(k+1)}$，$u_{\beta1(k+1)}$）应该离参考电压矢量的距离

越近越好，这样才能够使得跟踪误差较小，其目标函数改写为

$$J=(u^*_{\alpha1(k+1)}-u_{\alpha1(k+1)})^2+(u^*_{\beta1(k+1)}-u_{\beta1(k+1)})^2 \tag{5-36}$$

根据式（5-36）可知，最优电压矢量组合以及占空比可通过优化合成电压矢量和参考电压矢量之间的距离求得。为方便比较不同矢量组合离参考电压矢量之间的距离，可将扇区划分如图 5-21 所示。因此，通过判断参考电压矢量所属的扇区，可将离参考电压矢量距离较远的其他扇区内电压矢量组合提前排除掉，只考虑对同一扇区内的矢量组合进行评价，此时所需评价的电压矢量组合数减少到 3 个。

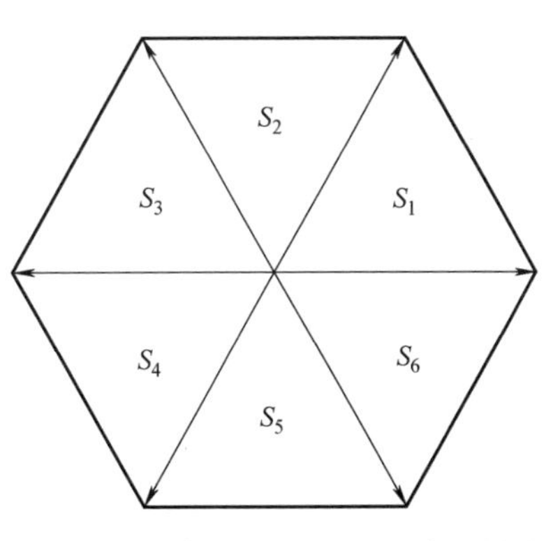

图 5-21　任意双矢量 MPTC 扇区划分

当参考电压矢量处于其他扇区时，首先通过矩阵变换将参考电压矢量变换到第一扇区，接下来仅分析第一扇区内的情形。当参考电压矢量处于第一扇区且未超过逆变器输出电压范围时，如图 5-6 所示，此时只需要对（$\boldsymbol{V}_1$，$\boldsymbol{V}_{07}$），（$\boldsymbol{V}_2$，$\boldsymbol{V}_{07}$）和（$\boldsymbol{V}_1$，$\boldsymbol{V}_2$）三个处于第一扇区内的矢量组合进行对比评价。此时，任意双矢量调制策略总共有两种不同的电压矢量组合方式：一类为非零和零电压矢量之间的组合，该组合只能改变非零电压矢量的长度，即（$\boldsymbol{V}_1$，$\boldsymbol{V}_{07}$）和（$\boldsymbol{V}_2$，$\boldsymbol{V}_{07}$），与 MPTC 结合简称为 MPTC-NZ；另一类为两个非零电压矢量组合，只能调节两个电压矢量之间的角度，即（$\boldsymbol{V}_1$，$\boldsymbol{V}_2$），与 MPTC 结合简称为 MPTC-NN。为选出最优电压矢量组合，需要比较这三个不同电压矢量组合离参考电压矢量之间的最短距离，即两者之间的垂直距离。在图 5-22 中，距离 d_1，d_2，d_3 分别代表参考电压矢量和电压矢量组合（$\boldsymbol{V}_1$，$\boldsymbol{V}_{07}$），（$\boldsymbol{V}_2$，$\boldsymbol{V}_{07}$），（$\boldsymbol{V}_1$，$\boldsymbol{V}_2$）所合成的电压矢量间的垂直距离，表达式为

$$\begin{cases} d_1=l_1\sin(\theta_1)=l_3\sin(\theta_6) \\ d_2=l_1\sin(\theta_2)=l_2\sin(\theta_3) \\ d_3=l_2\sin(\theta_4)=l_3\sin(\theta_5) \end{cases} \tag{5-37}$$

式中，长度 l_1，l_2，l_3 以及角度 θ_1，…，θ_6 的含义在图 5-22a 中进行了标注。

因此，根据式（5-37），矢量之间的垂直距离与图中所定义的角度 θ_1，…，θ_6 有关。当 $\theta_1>\theta_2$、$\theta_4>\theta_3$、$\theta_5>\theta_6$ 时，如图 5-22a 所示，通过式（5-37）进行分析比较，可对垂直距离 d_1，d_2，d_3 排序为：$d_3>d_1>d_2$。因此，在该情形下，最优电压矢量组合为离参考电压矢量垂直距离最短的（$\boldsymbol{V}_2$，$\boldsymbol{V}_{07}$）。在特殊情形下，

当 $\theta_1=\theta_2$、$\theta_4=\theta_3$、$\theta_5=\theta_6$ 时，不同电压矢量组合离参考电压矢量的垂直距离相等，其角平分线所构成的形状为不同最优电压矢量组合区域的边界。然而，当参考电压矢量超出逆变器输出电压范围时，如图 5-22b 所示，可判断该情形始终满足 $\theta_3>\theta_4$ 和 $\theta_6>\theta_5$ 的条件。根据式（5-37）分析推出：$d_3<d_2$ 和 $d_3<d_2$，因此其最优电压矢量组合始终为（$\boldsymbol{V}_1$，$\boldsymbol{V}_2$）。

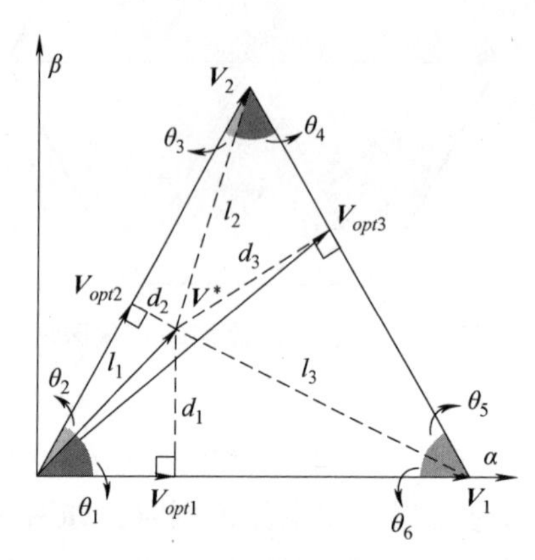

(a) 参考电压矢量满足电压约束条件

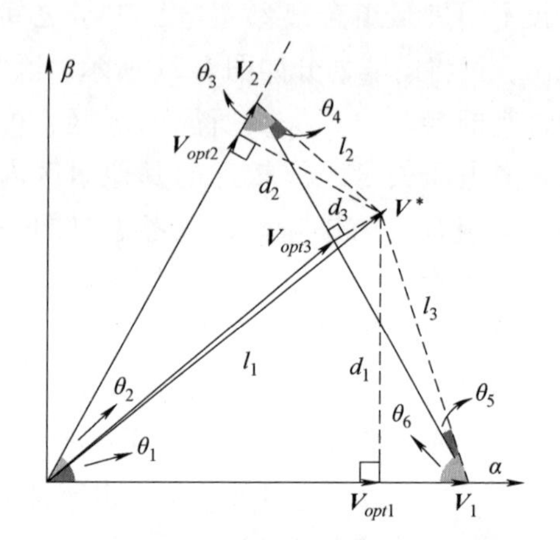

(b) 参考电压矢量超出逆变器输出电压范围

图 5-22　最优电压矢量组合分析

综上所述，可绘制出最优电压矢量的区域，如图 5-23 所示。根据该图，将第一扇区进一步划分为 3 个不同的区域 D_1、D_2、D_3，通过判断参考电压矢量所属的区域，可直接选出最优电压矢量。在此基础之上，为对第一扇区内的矢量组合进行排序，可将第一扇区内的 3 个区域细分为 6 个区域，即将 D_1 细分为 D_1^+ 和 D_1^-，将 D_2 细分为 D_2^+ 和 D_2^-，将 D_3 细分为 D_3^+ 和 D_3^-，如图 5-24 所示。根据参考电压矢量所处区域，可直接获得最优电压矢量组合和矢量组合的搜索顺序，见表 5-2。

表 5-2　不同区域下最优电压矢量组合及搜索顺序

区域	最优电压矢量组合	区域	矢量组合搜索顺序
D_1	（$\boldsymbol{V}_1$，$\boldsymbol{V}_{07}$）	D_1^+	（$\boldsymbol{V}_1$，$\boldsymbol{V}_{07}$），（$\boldsymbol{V}_1$，$\boldsymbol{V}_2$），（$\boldsymbol{V}_2$，$\boldsymbol{V}_{07}$）
		D_1^-	（$\boldsymbol{V}_1$，$\boldsymbol{V}_{07}$），（$\boldsymbol{V}_2$，$\boldsymbol{V}_{07}$），（$\boldsymbol{V}_1$，$\boldsymbol{V}_2$）
D_2	（$\boldsymbol{V}_2$，$\boldsymbol{V}_{07}$）	D_2^+	（$\boldsymbol{V}_2$，$\boldsymbol{V}_{07}$），（$\boldsymbol{V}_1$，$\boldsymbol{V}_2$），（$\boldsymbol{V}_1$，$\boldsymbol{V}_{07}$）
		D_2^-	（$\boldsymbol{V}_2$，$\boldsymbol{V}_{07}$），（$\boldsymbol{V}_1$，$\boldsymbol{V}_{07}$），（$\boldsymbol{V}_1$，$\boldsymbol{V}_2$）
D_3	（$\boldsymbol{V}_1$，$\boldsymbol{V}_2$）	D_3^+	（$\boldsymbol{V}_1$，$\boldsymbol{V}_2$），（$\boldsymbol{V}_2$，$\boldsymbol{V}_{07}$），（$\boldsymbol{V}_1$，$\boldsymbol{V}_{07}$）
		D_3^-	（$\boldsymbol{V}_1$，$\boldsymbol{V}_2$），（$\boldsymbol{V}_1$，$\boldsymbol{V}_{07}$），（$\boldsymbol{V}_2$，$\boldsymbol{V}_{07}$）

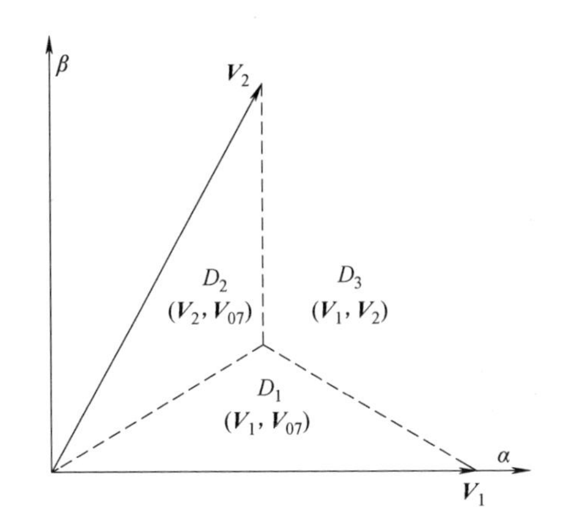

图 5-23 最优电压矢量区域分布

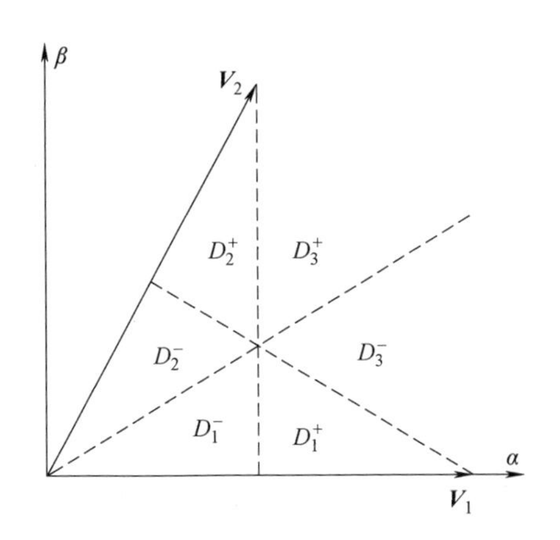

图 5-24 第一扇区内的区域划分

当最优电压矢量组合（$\boldsymbol{V}_i$，$\boldsymbol{V}_j$）通过简化方法搜索到时，下一步需要确定矢量组合间的最优占空比 d_{opt}，使得合成的电压矢量 $d\boldsymbol{V}_i+(1-d)\boldsymbol{V}_j$离参考电压矢量 $\boldsymbol{V}_{k+1}^*$的距离最近，其矢量形式的目标函数为

$$
\begin{aligned}
&J=\|\boldsymbol{V}_{k+1}^*-(d\boldsymbol{V}_i+(1-d)\boldsymbol{V}_j)\|^2\\
&\Rightarrow J=\|(\boldsymbol{V}_{k+1}^*-\boldsymbol{V}_j)-d(\boldsymbol{V}_i-\boldsymbol{V}_j)\|^2
\end{aligned}
\tag{5-38}
$$

根据式（5-38）可知，当占空比 d 为最优时，矢量 $\boldsymbol{V}_{k+1}^*-\boldsymbol{V}_j$与 $d(\boldsymbol{V}_i-\boldsymbol{V}_j)$ 之间的距离最近，如图 5-25 所示。根据该图可知，两个矢量之间的最短距离可采取矢量投影的方法获得，此时最优占空比表达式为

$$
d_{opt}=\frac{(\boldsymbol{V}_{k+1}^*-\boldsymbol{V}_j)\cdot(\boldsymbol{V}_i-\boldsymbol{V}_j)}{\|\boldsymbol{V}_i-\boldsymbol{V}_j\|^2}
\tag{5-39}
$$

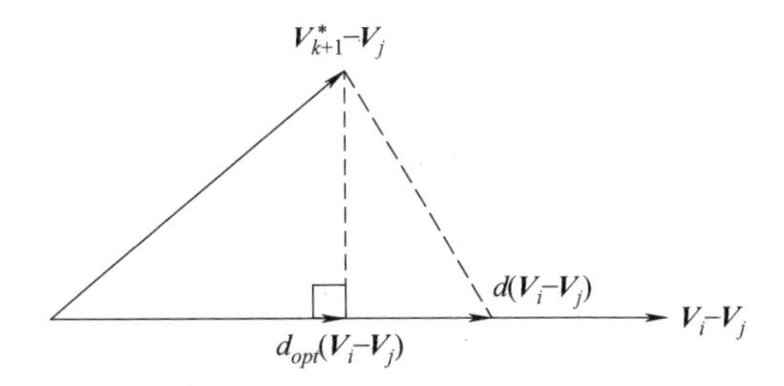

图 5-25 投影法求解最优占空比

为保证开关周期内三相桥臂最多只开通关断 1 次，对于 MPTC-NZ 来说，需根据不同的非零电压矢量，挑选出合适的零电压矢量（$\boldsymbol{V}_0$ 或 $\boldsymbol{V}_7$）与之组合，使

得开关次数较少。例如：对于非零电压矢量 $\boldsymbol{V}_0$ 来说，应选择与 $\boldsymbol{V}_0$ 电压矢量组合；如果选择 $\boldsymbol{V}_7$，开关次数最多 2 次，不满足开关次数的限制。然而，对于 MPTC-NN 来说，由于只选择相邻的非零电压矢量组合，开关次数可保证不超过 1 次。最后，得到不同区域下的最优电压矢量组合，如图 5-26 所示；同时，获得不同电压矢量组合下三相桥臂的开关脉冲，见表 5-3。

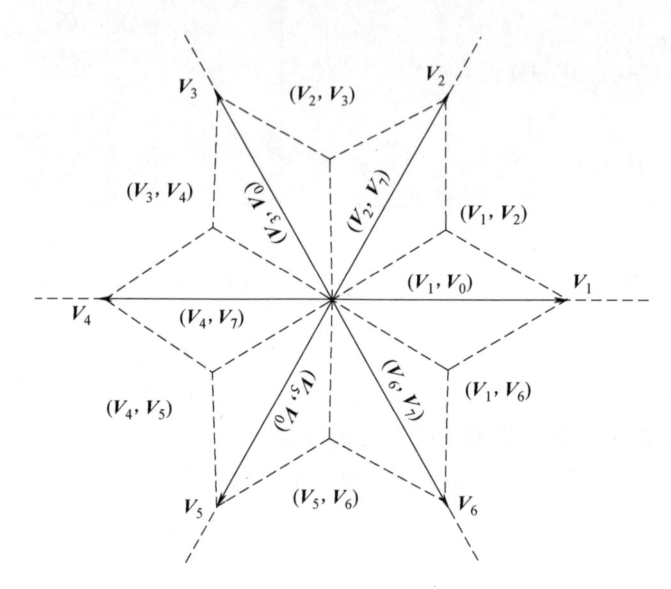

图 5-26　最优电压矢量组合区域

表 5-3　最优电压矢量组合开关脉冲

扇区	区域	矢量组合	开关脉冲
S_1	D_1	$(\boldsymbol{V}_1,\ \boldsymbol{V}_0)$	$\{d_{opt},\ 0,\ 0\}$
	D_2	$(\boldsymbol{V}_2,\ \boldsymbol{V}_7)$	$\{1,\ 1,\ (1-d_{opt})\}$
	D_3	$(\boldsymbol{V}_1,\ \boldsymbol{V}_2)$	$\{1,\ d_{opt},\ 0\}$
S_2	D_1	$(\boldsymbol{V}_2,\ \boldsymbol{V}_7)$	$\{1,\ 1,\ (1-d_{opt})\}$
	D_2	$(\boldsymbol{V}_3,\ \boldsymbol{V}_0)$	$\{0,\ d_{opt},\ 0\}$
	D_3	$(\boldsymbol{V}_2,\ \boldsymbol{V}_3)$	$\{(1-d_{opt}),\ 1,\ 0\}$
S_3	D_1	$(\boldsymbol{V}_3,\ \boldsymbol{V}_0)$	$\{0,\ d_{opt},\ 0\}$
	D_2	$(\boldsymbol{V}_4,\ \boldsymbol{V}_7)$	$\{(1-d_{opt}),\ 1,\ 1\}$
	D_3	$(\boldsymbol{V}_3,\ \boldsymbol{V}_4)$	$\{0,\ 1,\ d_{opt}\}$

（续）

扇区	区域	矢量组合	开关脉冲
S_4	D_1	$(\boldsymbol{V}_4, \boldsymbol{V}_7)$	$\{(1-d_{opt}), 1, 1\}$
	D_2	$(\boldsymbol{V}_5, \boldsymbol{V}_0)$	$\{0, 0, d_{opt}\}$
	D_3	$(\boldsymbol{V}_4, \boldsymbol{V}_5)$	$\{0, (1-d_{opt}), 1\}$
S_5	D_1	$(\boldsymbol{V}_5, \boldsymbol{V}_0)$	$\{0, 0, d_{opt}\}$
	D_2	$(\boldsymbol{V}_6, \boldsymbol{V}_7)$	$\{1, (1-d_{opt}), 1\}$
	D_3	$(\boldsymbol{V}_5, \boldsymbol{V}_6)$	$\{d_{opt}, 0, 1\}$
S_6	D_1	$(\boldsymbol{V}_6, \boldsymbol{V}_7)$	$\{1, (1-d_{opt}), 1\}$
	D_2	$(\boldsymbol{V}_1, \boldsymbol{V}_0)$	$\{d_{opt}, 0, 0\}$
	D_3	$(\boldsymbol{V}_1, \boldsymbol{V}_6)$	$\{1, 0, (1-d_{opt})\}$

5.4.2 含电流约束条件的简化求解方法

MPTC 主要对初级磁链和推力进行控制，无法控制电机初级电流；当 LIM 刚启动时，气隙磁场还未完全建立，需要输出较大推力，会导致输出电流幅值过大。为防止 LIM 过电流，一些文献讨论了预励磁方法：即先建立电机励磁磁场，然后再启动电机[347,348]。为保证安全运行前提下直接启动 LIM，本章将电流约束加入到 MPTC 目标函数中，其表达式为

$$\sqrt{i_{\alpha1(k+2)}^2+i_{\beta1(k+2)}^2}<I_{\max} \tag{5-40}$$

其中 $k+2$ 时刻预测电流 $i_{\alpha1(k+2)}$ 和 $i_{\beta1(k+2)}$ 的表达式为

$$\begin{cases} i_{\alpha1(k+2)}=i_{\alpha1(k+1)}+T_s\dfrac{\mathrm{d}i_{\alpha1}}{\mathrm{d}t}\Bigg|_{t=k+1}^{\boldsymbol{V}_{k+1}^{opt}} \\ i_{\beta1(k+2)}=i_{\beta1(k+1)}+T_s\dfrac{\mathrm{d}i_{\beta1}}{\mathrm{d}t}\Bigg|_{t=k+1}^{\boldsymbol{V}_{k+1}^{opt}} \end{cases} \tag{5-41}$$

式中，$\boldsymbol{V}_{k+1}^{opt}$ 为 $k+1$ 时刻的最优电压矢量。

将式（5-41）代入式（5-40），可获得矢量形式的电流约束条件为

$$\|\boldsymbol{O}_I^F-\boldsymbol{V}_{k+1}^{opt}\|<r_I \tag{5-42}$$

式中，$r_I=\dfrac{I_{\max}}{\varepsilon T_s L_2}$；$\boldsymbol{O}_I^F=(o_x^F, o_y^F)$，其中变量 o_x^F 和 o_y^F 定义为

$$o_x^F=-\frac{\varepsilon T_s(R_2\psi_{\alpha1(k+1)}+L_2\omega_2\psi_{\beta1(k+1)})+(1-\varepsilon\gamma T_s)i_{\alpha1(k+1)}-\omega_2T_si_{\beta1(k+1)}}{\varepsilon T_sL_2} \tag{5-43}$$

$$o_y^F=-\frac{\varepsilon T_s(R_2\psi_{\beta1(k+1)}-L_2\omega_2\psi_{\alpha1(k+1)})+(1-\varepsilon\gamma T_s)i_{\beta1(k+1)}+\omega_2T_si_{\alpha1(k+1)}}{\varepsilon T_sL_2} \tag{5-44}$$

为求解出满足电流约束条件的占空比范围，令 $\boldsymbol{V}_{k+1}^{opt}=d\boldsymbol{V}_i+(1-d)\boldsymbol{V}_j$，代入式（5-32），化简后的表达式为

$$\|(\boldsymbol{O}_I^F-\boldsymbol{V}_j)-d(\boldsymbol{V}_i-\boldsymbol{V}_j)\|<r_I \tag{5-45}$$

式（5-45）所表达的含义，如图 5-27 所示。根据该图，可求解出满足电流约束条件的占空比范围为

$$C_I^F=\left\{d\,\middle|\,\frac{M_I-\sqrt{r_I^2-H_I^2}}{\|\boldsymbol{V}_i-\boldsymbol{V}_j\|}<d<\frac{M_I+\sqrt{r_I^2-H_I^2}}{\|\boldsymbol{V}_i-\boldsymbol{V}_j\|}\right\} \tag{5-46}$$

式中，$M_I=\dfrac{(\boldsymbol{O}_I^F-\boldsymbol{V}_j)\cdot(\boldsymbol{V}_i-\boldsymbol{V}_j)}{\|\boldsymbol{V}_i-\boldsymbol{V}_j\|}$；$H_I=\dfrac{\|(\boldsymbol{O}_I^F-\boldsymbol{V}_j)\times(\boldsymbol{V}_i-\boldsymbol{V}_j)\|}{\|\boldsymbol{V}_i-\boldsymbol{V}_j\|}$，其中 $(\boldsymbol{O}_I^F-\boldsymbol{V}_j)\times(\boldsymbol{V}_i-\boldsymbol{V}_j)$ 表示矢量（$\boldsymbol{O}_I^F-\boldsymbol{V}_j$）和矢量（$\boldsymbol{V}_i-\boldsymbol{V}_j$）之间的叉积。

结合式（5-46），可求解出占空比范围和逆变器输出电压的限制条件，进而获得 LIM 安全运行的占空比范围为

$$C^F=C_I^F\cap C_U^F=\{d\,|\,d_{\min}<d<d_{\max}\} \tag{5-47}$$

式中，C_U^F为满足电压约束条件的占空比范围，且 $C_U^F=\{d\,|\,0<d<1\}$。

因此，为防止电机过流，需进一步判断式（5-39）的最优占空比是否属于集合 C^F。如果 $d_{opt}\in C^F$，则无需对求解结果进行修正。然而，当 $d_{opt}\notin C^F$时，则必须对结果进行修正直至满足约束条件。在该情形下，当 $C^F\neq\varnothing$时，只需将 d_{opt}就近修正到集合 C^F内，即：当 $d_{opt}<d_{\min}$时，$d_{opt}=d_{\min}$；当 $d_{opt}>d_{\max}$时，$d_{opt}=d_{\max}$。然而，当 $C^F=\varnothing$时，所选择的电压矢量组合无法满足约束条件，因此需要根据表 5-2 的搜索顺序，考虑下一个电压矢量组合，并且重复执行上述流程，直到找出满足约束条件的电压矢量组合为止。

为防止简化方法在线计算时间过长，本章只对和参考电压矢量处于同一扇区内的 3 个电压矢量组合进行评价。因此，在最恶劣的情形下，该简化算法最多只对 3 个电压矢量组合进行枚举评价，避免了对所有的电压矢量组合逐一评价。然而，当评价完扇区内的 3 个电压矢量组合时，搜索算法可能没有找出满足约束条件的电压矢量组合，该情形类似于第 2 章讨论的死锁现象。在该情形下，主要考虑电流约束条件，需要求解出使得电流幅值最小的最优电压矢量，其目标函数设计为

$$J=\|\boldsymbol{O}_I^F-\boldsymbol{V}_{k+1}\|^2 \tag{5-48}$$

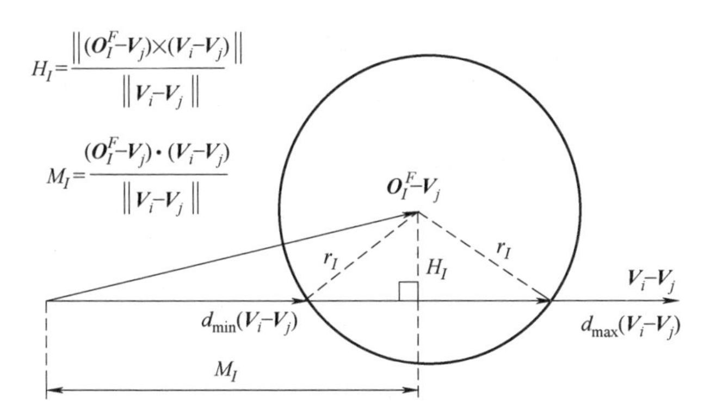

图 5-27　满足电流约束条件占空比范围求解

假定参考电压矢量 $\boldsymbol{V}_{k+1}^*=\boldsymbol{O}_I^F$，此时和第 5.4.1 节讨论的情形类似。根据矢量 $\boldsymbol{O}_I^F$ 所属的区域，可获得相应的最优电压矢量组合（$\boldsymbol{V}_i'$，$\boldsymbol{V}_j'$），然后将 $V_{k+1}=d\boldsymbol{V}_i'+(1-d)\boldsymbol{V}_j'$ 代入式（5-48），求解出最优占空比的表达式为

$$d_{opt}'=\frac{(\boldsymbol{O}_I^F-\boldsymbol{V}_j')\cdot(\boldsymbol{V}_i'-\boldsymbol{V}_j')}{\|\boldsymbol{V}_i'-\boldsymbol{V}_j'\|^2}\tag{5-49}$$

因此，在无解情况下，只需将电流约束圆的圆心矢量 $\boldsymbol{O}_I^F$ 作为参考电压矢量，后续的求解过程和不含约束条件情形的求解过程类似。

本节所提出的任意双矢量模型预测推力控制执行流程图如图 5-28 所示。当不考虑电流约束条件时，首先需要判断参考电压矢量所属扇区并且将其转换到第一扇区内；之后，根据图 5-23 判断转换后参考电压矢量在第一扇区内所属的区域 D_i，查询表 5-2 可直接获得最优电压矢量组合；最后，将所选择的电压矢量组合代入到式（5-13）求解出最优占空比，并根据参考电压矢量所处的扇区和区域，结合表 5-3 可直接得到开关管的驱动信号，从而确保开关周期内的开关次数最多为 1 次。然而，当考虑电流约束条件时，在前面基础上，需对第一扇区进行细分，即：将区域 D_i 等分为 D_i^+ 和 D_i^- 两个小区域。根据图 5-24 判断参考电压矢量所属区域，并查询表 5-2 获得电压矢量组合及搜索顺序，然后逐一判断是否满足约束条件，并结合表 5-3，获得三相桥臂的脉冲序列。

由于参考电压矢量和矢量 $\boldsymbol{O}_I^F$ 均被转换到第一扇区，因此该简化方法只需考虑该扇区内的情形。根据参考电压矢量所属区域，查询表 5-2 可直接获得最优电压矢量组合及矢量组合搜索顺序，无需对每个电压矢量组合逐一进行评价。为了后续的分析方便，将本章提出的任意双矢量 MPTC 方法简称为 MPTC-BPVV，其控制框图如图 5-29 所示。

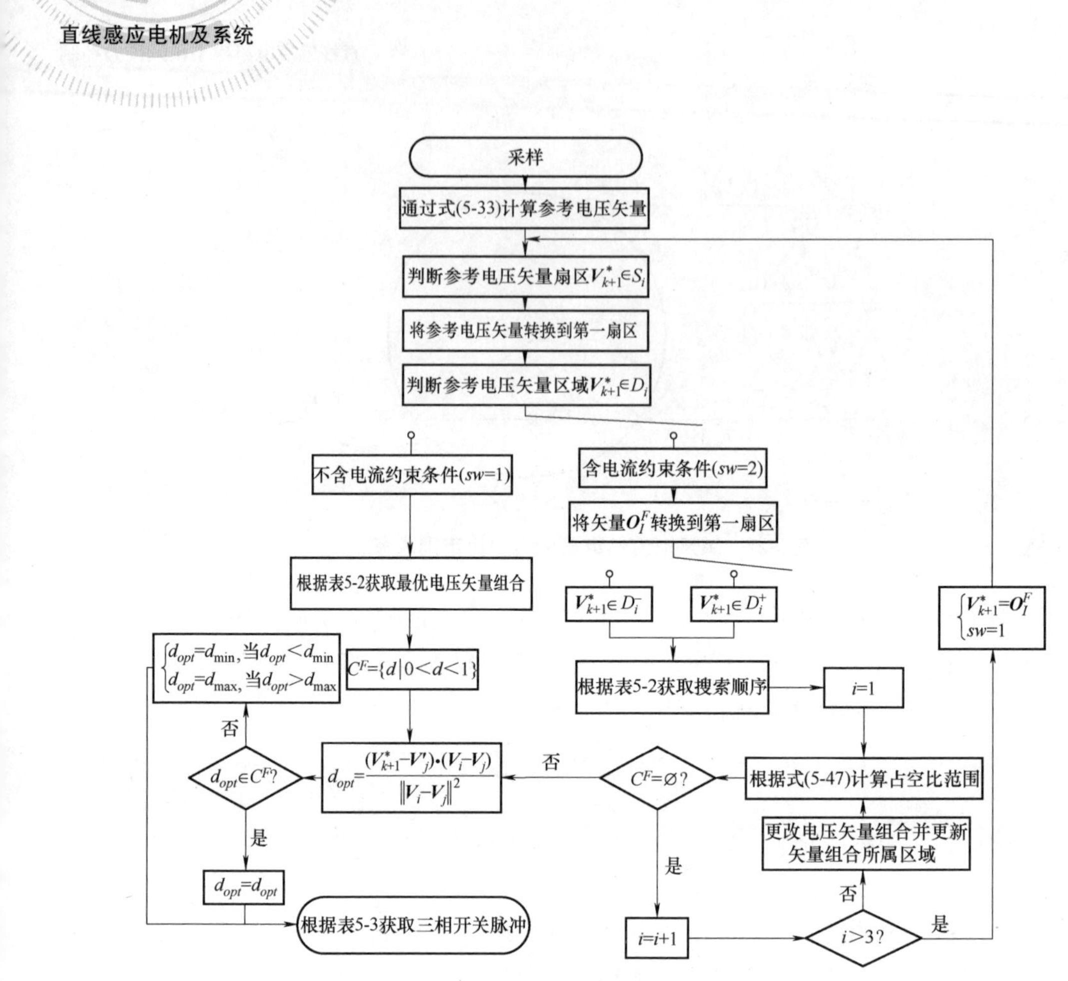

图 5-28　简化算法执行流程图

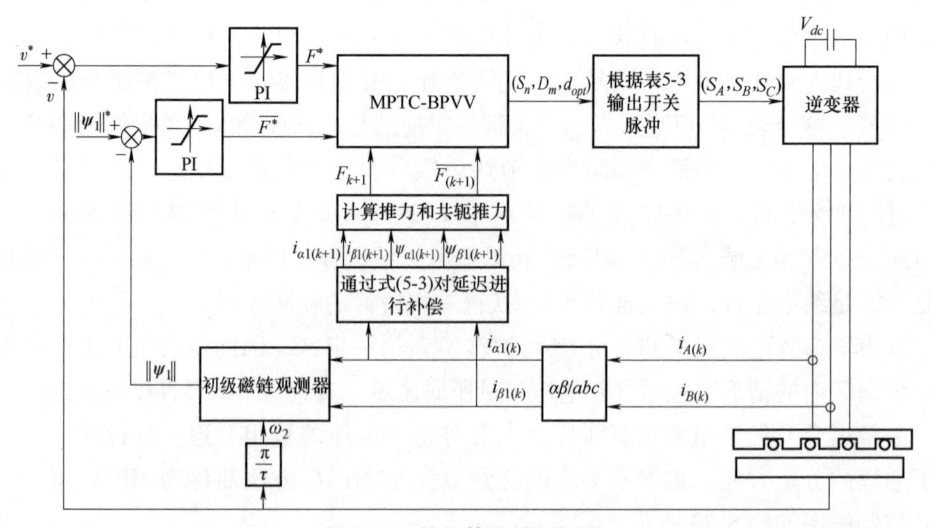

图 5-29　简化算法控制框图

5.4.3 实验结果

当 MPTC 与不同电压矢量调制结合时，LIM 的启动制动性能测试结果如图 5-30 所示。从该图可知：MPTC-NZ，MPTC-NN 和 MPTC-BPVV 的动态性能很相似，但 MPTC-BPVV 的磁链和推力波动要明显小于 MPTC-NZ 和 MPTC-NN。根据图 5-30a 可知，因为参考电压矢量的长度随着速度提升而变长，所以 MPTC-NZ

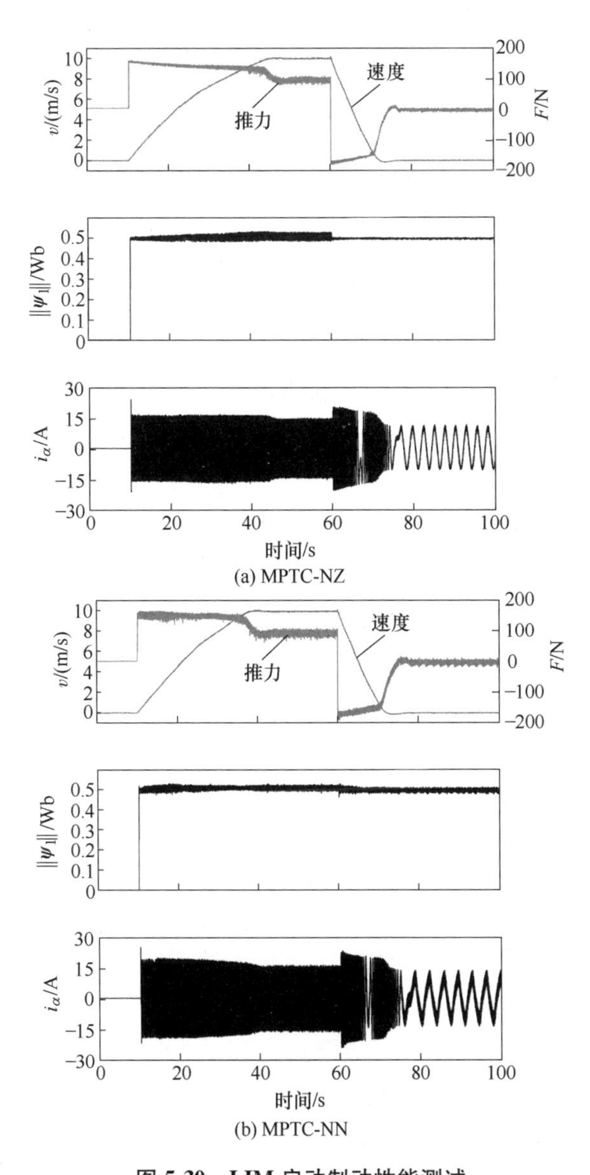

图 5-30　LIM 启动制动性能测试

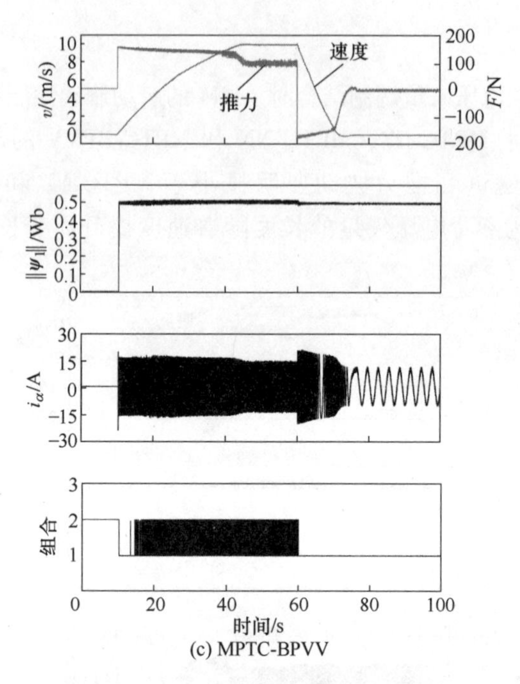

(c) MPTC-BPVV

图 5-30　LIM 启动制动性能测试（续）

的磁链和推力波动在低速下较小，高速阶段则随着速度上升而波动逐渐增大。然而，MPTC-NN 的变化趋势正好相反：低速下磁链和推力波动较大，随着速度的提升而波动逐渐减小。在图 5-30c 中，MPTC-BPVV 在低速下主要选择非零和零电压矢量组合，即组合“1”；随着速度上升，逐渐选择两个非零电压矢量组合，即组合“2”。由于 MPTC-BPVV 在不同速度范围内可选择磁链和推力波动较小的电压矢量组合，即低速下 MPTC-NZ 和高速下 MPTC-NN，因此，在不同运行工况下，采取任意电压矢量组合的方式可进一步减小 LIM 的磁链和推力波动。

在 LIM 刚启动时，MPTC 需要快速建立起气隙磁场和推力，导致其初级电流幅值增大，甚至出现过电流现象。为防止过电流损坏 LIM 及变频器，MPTC-BPVV 在求解最优电压矢量过程中考虑了电流约束条件：本章最大电流限幅值 I_{max}=20A，其结果如图 5-31 所示。当不考虑电流约束条件时，LIM 在启动时会出现过流，启动电流超出了最大电流限幅值 20A，如图 5-31a 所示。然而，当考虑电流约束条件时，其最大电流幅值被控制在 20A 以内，则启动时没有过流出现，且能同时建立磁场和推力，如图 5-31b 所示。当工作电流小于最大限定值 20A 时，含与不含约束条件的控制性能十分相似。由此可知：电流约束条件只会在 LIM 过流时发挥作用，而当满足约束条件时，则不会对控制性能产生影响。

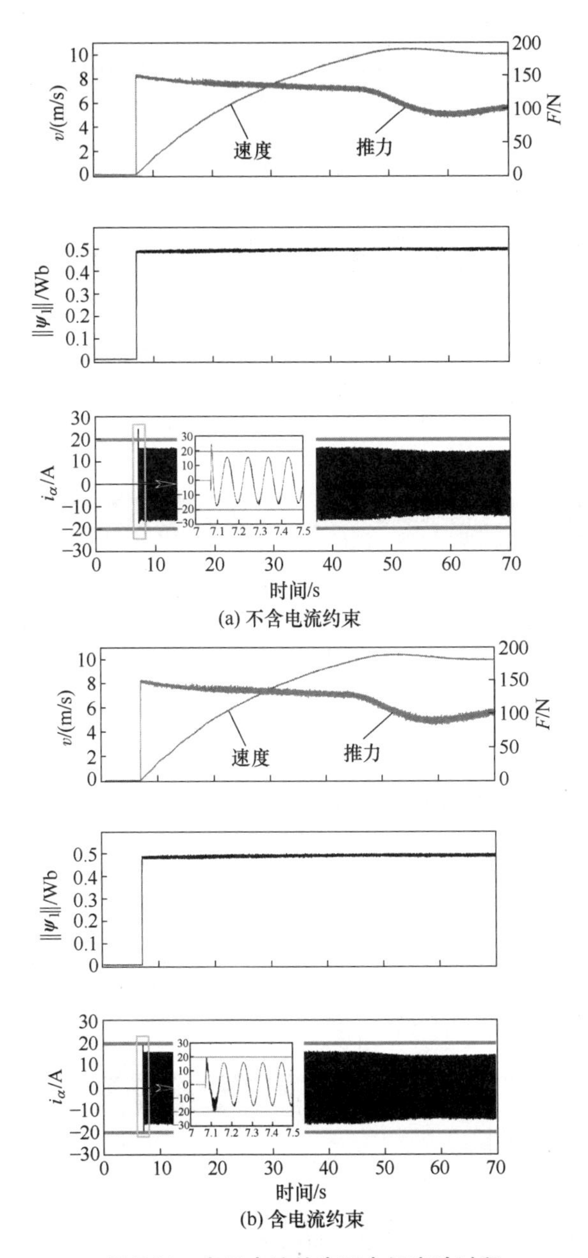

图 5-31　有无电流约束下电机启动过程

为了测试 MPTC-BPVV 的参数鲁棒性，在稳态情形下，本章分别测试了 LIM

互感，初级电阻和次级电阻的变化对 MPTC-BPVV 控制性能的影响，如图 5-32 所示。根据该图可知：当互感参数突然增加到原来 2 倍时，MPTC-BPVV 的磁链和推力波动均明显变大；然而，当初级电阻和次级电阻变化到原来两倍时，MPTC-BPVV 的磁链和推力波动几乎保持不变。因此，MPTC-BPVV 主要对互感参数的变化较为敏感，而对电阻则具有较强的鲁棒性。

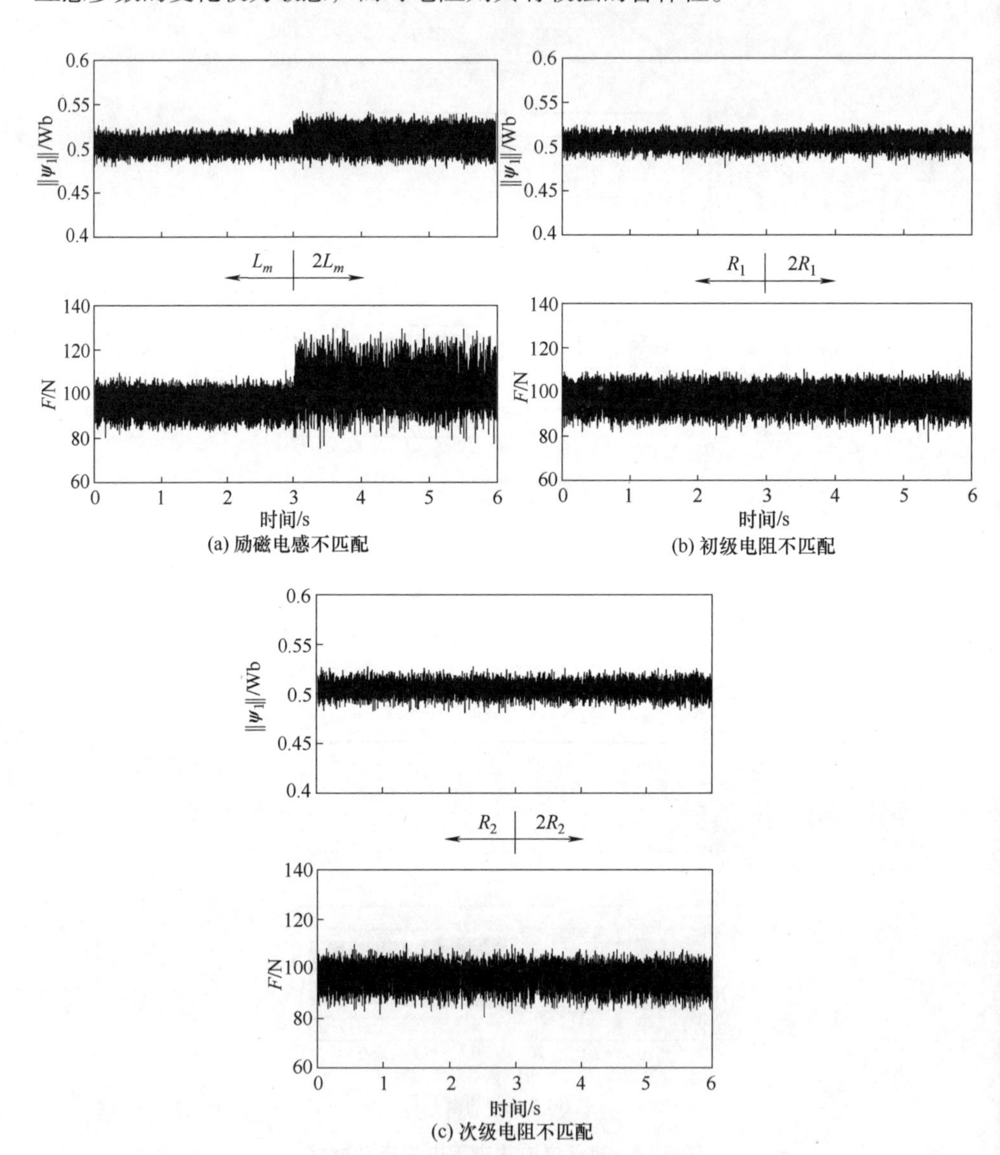

(a) 励磁电感不匹配

(b) 初级电阻不匹配

(c) 次级电阻不匹配

图 5-32　MPTC-BPVV 参数敏感性分析

为了能够定量比较 MPTC-NZ、MPTC-NN 和 MPTC-BPVV 的稳态性能，本文采取式（5-26）来计算磁链和推力的波动。同时，为了公平比较三种不同 MPTC 算法在电机不同运行速度下的稳态性能，电机负载设定为 100N，初级磁链给定值选择为 0.5Wb，电机运行速度从 1m/s 逐渐变化到 15m/s。图 5-33 比较了在不同运行速度下的磁链和推力波动，根据该实验结果可知：在不同运行速度下，MPTC-BPVV 的磁链和推力波动均小于 MPTC-NZ 和 MPTC-NN，同时波动幅值在不同运行速度下基本保持不变，随着运行速度变化范围较小。在低速运行工况下，MPTC-BPVV 的磁链和推力波动和 MPTC-NZ 相似，但随着速度的提升，MPTC-NZ 的波动幅值逐渐变大。然而，MPTC-NN 的磁链和推力波动会随着速度的提升逐渐减小，在较高的运行速度下，控制性能逐渐接近于 MPTC-BPVV。

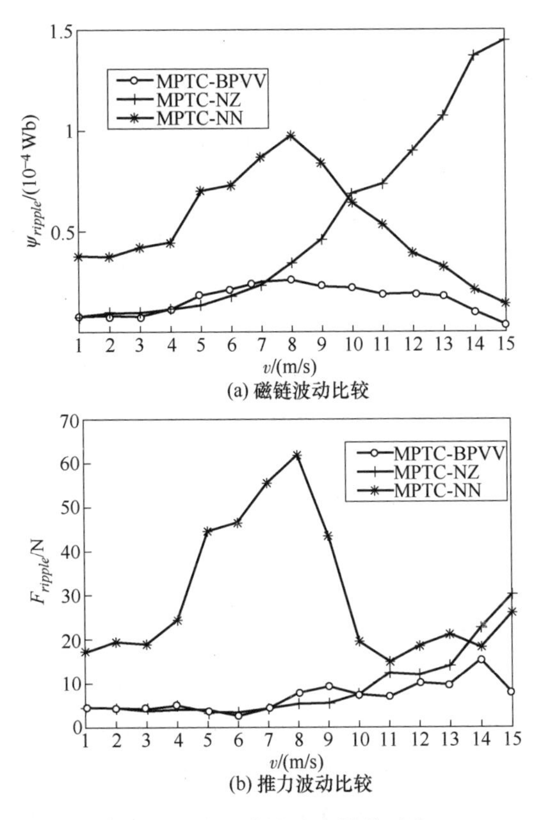

图 5-33　不同方法稳态性能对比

除此之外，图 5-34 对比了在不同运行速度下，MPTC-BPVV 选择 MPTC-NZ 和 MPTC-NN 的概率，其表达式为

$$\begin{cases} P_{\text{MPTC-NZ}} = \dfrac{T_{\text{NZ}}}{T} \\ P_{\text{MPTC-NN}} = \dfrac{T_{\text{NN}}}{T} \end{cases} \tag{5-50}$$

式中，T_{NZ}为选择非零和零电压矢量组合的作用时间，即 MPTC-NZ；T_{NN}为选择两个非零电压矢量组合的作用时间，即 MPTC-NN；总时间为 $T=T_{\text{NZ}}+T_{\text{NN}}$。

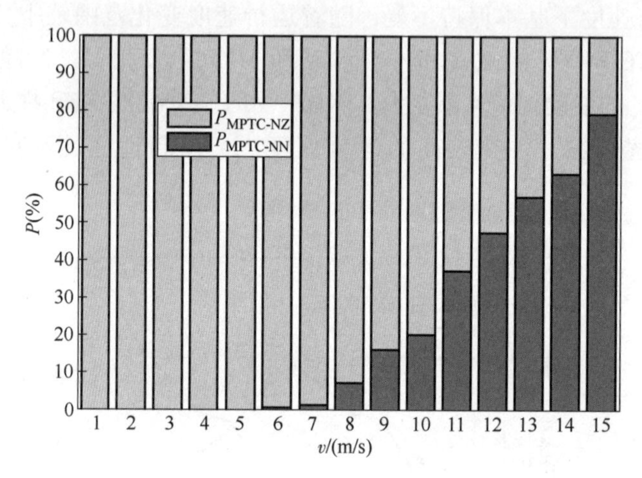

图 5-34　不同运行速度下选择 MPTC-NZ 和 MPTC-NN 的概率

根据图 5-34 可知，当速度小于 6m/s 时，由于参考电压矢量长度较短，MPTC-BPVV 只选择非零和零电压矢量组合，即 $P_{\text{MPTC-NZ}}=100\%$。然而，随着速度的逐渐上升，参考电压矢量的模长变长，逐渐进入到 MPTC-NN 区域内，此时选择两个非零电压矢量组合的概率逐渐上升，即 $P_{\text{MPTC-NN}}\uparrow$且 $P_{\text{MPTC-NZ}}\downarrow$。因此，MPTC-BPVV 将会根据不同的运行工况，选择出合适电压矢量组合：当在低速运行范围内时，MPTC-NZ 性能优于 MPTC-NN，因此选择 MPTC-NZ 的概率远大于 MPTC-NN。然而，当速度逐渐上升时，MPTC-NN 的性能将慢慢变好，MPTC-NZ 的性能将慢慢恶化，此时 MPTC-BPVV 选择 MPTC-NN 的概率逐渐上升。综上所述，MPTC-BPVV 有效结合了 MPTC-NZ 和 MPTC-NN 优点，低速下选择 MPTC-NZ，高速下选择 MPTC-NZ，使得 LIM 全速度范围内控制性能良好。

最后，为验证 MPTC-BPVV 对计算量的简化效果，表 5-4 对比了文献 [116] 简化算法 DB-MPTC 和 MPTC-BPVV 的在线计算时间。当不含电流约束条件时，MPTC-BPVV 可直接找出最优电压矢量组合，然而 DB-MPTC 需要比较评价两个电压矢量组合，然后才能选择出最优电压矢量组合；因此，MPTC-BPVV 的在线计算时间比 DB-MPTC 要短。因为 DB-MPTC 无法考虑电流约束条件，所以在含电流约束条件的情形下，该方法不参与比较。为了能够获得 MPTC-BPVV 在含电流约束条件下的最长在线计算时间，本章将电流最大允许值 I_{max} 设置为 0A，此时，MPTC-BPVV 需要枚举比较 3 个不同电压矢量组合。因此，相比不含电流约束条件的情形，该工况下的在线计算时间变长，超过了 DB-MPTC 的执行时间。

表 5-4　在线计算时间比较　（单位：μs）

控制方法	不含电流约束	含电流约束
MPTC-BPVV	115.7	158.9
DB-MPTC[116]	139.6	—

5.5　基于参考初级磁链矢量的模型预测推力控制

轨交用 LIM 由于大气隙和纵向端部效应，致使电机气隙磁场衰减，在同样的情况下需要更大的励磁电流才能产生所需的推力，从而导致 LIM 损耗上升、运行效率下降[349-351]。此外，当前轨交用 LIM 牵引系统多基于转差频率控制或磁场定向控制，在基速以下采用恒定励磁方式，以期获得较好的动态性能。然而在实际列车巡航区间，LIM 牵引系统长时间运行在轻载工况，此时恒定励磁电流将引起巨大的铜耗，致使电机运行效率远远低于额定效率[352-354]。最大推力电流比（Maximum Thrust Per Ampere，MTPA）控制能在稳态下有效降低 LIM 电流，进而减小电机的铜耗，并在动态过程中实现同样电流下的最大推力输出，因此该方法是提升 LIM 效率和推力输出的有效方式。然而，当模型预测推力控制直接引入 MTPA 时，传统方法不可避免地在目标函数中增加更多的权重系数。为进一步消除权重系数，同时提高 LIM 全速度范围的运行性能，本节提出了一种基于参考初级磁链矢量的模型预测推力控制：把 MTPA 条件下的初级磁链参考矢量作为目标函数中的唯一控制目标，有效消除了权重系数。进一步，本节在额定速度以上推导了参考初级磁链矢量，拓宽了模型预测推力控制的可运行区间，有效缓解了高速下的 LIM 推力衰减。最后，结合 5.4 节提出的任意双矢量调制策略，消除了电压矢量组合选择的限制，进而降低了 LIM 磁链和推力波动。

5.5.1　基于 MTPA 的模型预测推力控制

为推出 MTPA 下的 LIM 数学方程及矢量形式，将式（4-9）和式（4-10）变

换到 dq 坐标系下：

$$\begin{cases} \boldsymbol{u}_1 = R_1\boldsymbol{i}_1 + \dfrac{\mathrm{d}\boldsymbol{\psi}_1}{\mathrm{d}t} + \mathrm{j}\omega_1\boldsymbol{\psi}_1 \\ \boldsymbol{u}_2 = R_2\boldsymbol{i}_2 + \dfrac{\mathrm{d}\boldsymbol{\psi}_2}{\mathrm{d}t} + \mathrm{j}(\omega_1 - \omega_2)\boldsymbol{\psi}_2 \\ \boldsymbol{\psi}_1 = L_1\boldsymbol{i}_1 + L_m'\boldsymbol{i}_2 \\ \boldsymbol{\psi}_2 = L_m'\boldsymbol{i}_1 + L_2\boldsymbol{i}_2 \end{cases} \tag{5-51}$$

当采用次级磁场定向时，次级磁链的 dq 分量满足

$$\begin{cases} \psi_{d2} = |\boldsymbol{\psi}_2| \\ \psi_{q2} = 0 \end{cases} \tag{5-52}$$

将式（5-52）代入式（5-51），在稳态时忽略磁链随时间的变化，可将次级电流的 dq 分量进一步表示为

$$\begin{cases} i_{d2} = 0 \\ i_{q2} = -\dfrac{L_m'}{L_2} i_{q1} \end{cases} \tag{5-53}$$

利用式（5-53）中的次级电流，次级磁链的幅值和电机推力可进一步简化为

$$|\boldsymbol{\psi}_2| = \psi_{d2} = L_m' i_{d1} \tag{5-54}$$

$$F = \frac{3\pi}{2\tau}(\psi_{d1} i_{q1} - \psi_{q1} i_{d1}) = \frac{3\pi}{2\tau}\frac{L_m'^2}{L_2} i_{d1} i_{q1} = K i_{d1} i_{q1} \tag{5-55}$$

式中，$K = \dfrac{3\pi}{2\tau}\dfrac{L_m'}{L_2}$。

由式（5-55）可知，恒推力轨迹在 i_d-i_q 平面上表现为双曲线，对于任意一条恒推力轨迹，一定存在某一种 dq 电流组合使得初级电流的幅值最小，即该组合所对应的点即为 MTPA 曲线上的点，如图 5-35 所示。为求得 MTPA 轨迹，将其表示为如下约束问题：

$$\begin{cases} \text{maximum} \quad (F = K i_{d1} i_{q1}) \\ \text{subject to} \quad i_{d1}^2 + i_{q1}^2 = I^2 \end{cases} \tag{5-56}$$

式中，I 为初级电流幅值。

假设初级电流的相位角为 γ，则初级电流的 dq 分量可表示为

$$\begin{cases} i_{d1} = I\cos\gamma \\ i_{q1} = I\sin\gamma \end{cases} \tag{5-57}$$

将式（5-57）代入式（5-56），可获得 LIM 推力表达式为

$$F=\frac{1}{2}KI^2\sin 2\gamma \qquad (5\text{-}58)$$

为在同样电流幅值下获得最大推力，其电流相位角应满足

$$\gamma=\frac{k\pi}{4} \quad (k=1,3,5,7) \qquad (5\text{-}59)$$

从式（5-54）得知，为获得足够的次级磁链，i_{d1}应为正值。因此，为实现MTPA，式（5-59）中的γ可取$\pi/4$和$7\pi/4$，分别对应LIM第一象限和第四象限，其MTPA轨迹如图5-35所示。

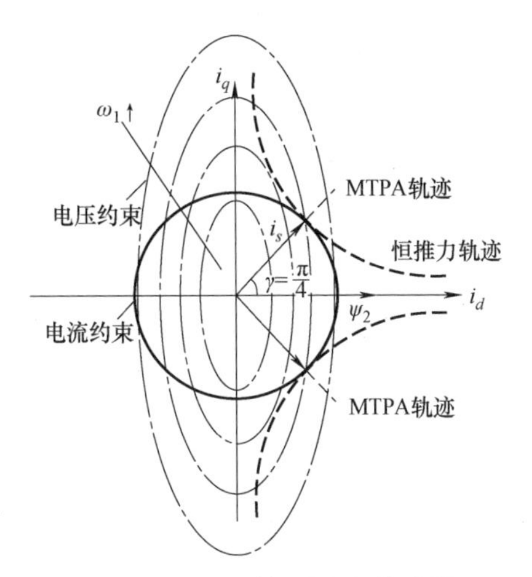

图5-35 LIM的MTPA轨迹及电压和电流约束关系

文献［355］将上述MTPA条件下的初级电流相位角作为约束条件引入到目标函数，其表达式为

$$J=(F^*-F_{(k+2)})^2+k_\alpha[\cos(\gamma_{(k+2)})-\cos(\pi/4)]^2 \qquad (5\text{-}60)$$

式中，k_α为推力控制和角度控制之间的权重系数。

目标函数中采用余弦函数（代替角度差运算），有效避免了周期性波动。但该方法存在如下问题：①没有直接对磁链进行控制，在动态过程中可能导致较大的磁链波动；②因为角度与推力量纲不同，额外引入了权重系数。为后续分析方便，本章将该方法简称为MPAC。

在推导初级电流满足的条件后，可进一步将初级磁链的幅值表示为

$$|\boldsymbol{\psi}_1|=\sqrt{\psi_{d1}^2+\psi_{q1}^2}=\sqrt{L_1^2i_{d1}^2+(L_1-L'^2_m/L_2)^2i_{q1}^2}=\sqrt{L_1^2(1+\sigma^2)}\,i_{d1}=Ci_{d1} \qquad (5\text{-}61)$$

式中，$C=\sqrt{L_1^2(1+\sigma^2)}$，其中$\sigma$为漏磁系数，且$\sigma=1-L'^2_m/L_1L_2$。

另外，MTPA条件下的推力表示为

$$F=Ki_{d1}i_{q1}=Ki_{d1}^2 \qquad (5\text{-}62)$$

结合式（5-61）和式（5-62）得知，推力与初级磁链的幅值具有确定关系：在通过速度控制器产生推力的参考值F^*后，初级磁链幅值的参考值可表示为

$$|\boldsymbol{\psi}_1^*|=C\sqrt{|F^*|/K} \qquad (5\text{-}63)$$

其中，绝对值用于保证制动工况下公式依然有效。文献［356］基于式（5-63）得到推力和初级磁链幅值间的关系，其目标函数设计为

$$J=(F^*-F_{(k+2)})^2+k_\psi(\|\boldsymbol{\psi}_1\|^*-\|\boldsymbol{\psi}_1\|_{(k+2)})^2 \qquad (5\text{-}64)$$

式中，k_ψ为推力控制和角度控制之间的权重系数。

相比 MPAC，该方法将 MTPA 的条件体现在初级磁链幅值的控制中，可对 LIM 磁链进行有效控制，但仍需对权重系数进行整定。由于该方法对应的目标函数与传统模型预测推力控制一致，因此将该方法简称为 MPTC。

5.5.2 参考初级磁链矢量推导

MTPA 控制仅适用于电机额定速度以下的情况，随着电机速度的进一步上升，电压约束将成为影响电机运行的重要因素。忽略高速时的电阻压降和动态因素，式（5-51）中的初级电压方程可简化为

$$\begin{cases} u_{d1} = -\omega_1\psi_{q1} = -\omega_1\sigma L_1 i_{q1} \\ u_{q1} = \omega_1\psi_{d1} = \omega_1 L_1 i_{d1} \end{cases} \tag{5-65}$$

初级电压需要满足直流母线电压的约束为

$$u_{d1}^2 + u_{q1}^2 \leqslant U_{max}^2 \Rightarrow i_{d1}^2 + \sigma^2 i_{q1}^2 \leqslant [\rho_v U_{max}/(\omega_1 L_1)]^2 \tag{5-66}$$

式中，$U_{max}=U_{dc}/\sqrt{3}$是线性调制区所能输出的最大电压；U_{dc}是直流母线电压；ρ_v是针对式（5-65）忽略电阻压降和其他动态因素时引入的修正系数。

式（5-66）表明，电压约束是 i_d-i_q平面上的一个椭圆，并随着速度的增加，不断向原点收缩，如图 5-35 所示。此时，电机将无法在 MTPA 轨迹上继续运行。因此，为了提升 LIM 运行速度，需在弱磁区域内进一步推导类似于式（5-63）的参考初级磁链表达式，具体介绍如下。

在额定速度以上，控制效果应使输出推力在逆变器电压约束下尽可能大，从而缓解边端效应引起的推力衰减。对于基于初级磁链的弱磁控制方法，当参考初级磁链随速度的倒数正比变化时，可在整个高速范围内实现近乎最佳的推力输出。需注意的是，虽然这种基于速度倒数的变化规律可能无法保证在整个高速区域产生最大推力，但此时参考初级磁链的计算不需要复杂的公式和精确的电机参数[357]，从而可极大地减轻计算负担，明显提升算法的可靠性。因此，额定速度以上的参考初级磁链幅值可以设计为

$$\psi^* = \psi_{rated} \times \frac{v_{rated}}{v_2} \tag{5-67}$$

同时，弱磁区域内 LIM 的最大推力也将随初级磁链变化，其表达式为

$$F_m = F_{rated} \times \frac{\psi^*}{\psi_{rated}} = F_{rated} \times \frac{v_{rated}}{v_2} \tag{5-68}$$

基于速度 PI 控制器的限幅值和式（5-68）计算的最大推力值，可获得弱磁区域速度控制器输出的推力参考值为

$$F^* = \text{minimum}\{F_{PI}, F_m\} \tag{5-69}$$

式（5-69）表明，当 LIM 进入弱磁区后，在速度未达到参考值时，速度 PI 控制未退饱和，此时速度控制器的实际输出参考值由 F_m 决定；在速度达到参考值后，速度 PI 控制器退饱和，此时速度控制器的输出参考值将再次由 PI 控制器决定。结合式（5-67）~式（5-69），可进一步将弱磁区初级磁链的参考值用推力参考值表示为

$$|\boldsymbol{\psi}_1^*| = \text{maximum}\left\{|F^*|\times\frac{\psi_{rated}}{F_{rated}}, \psi_{1m}\right\} \tag{5-70}$$

式中，ψ_{1m} 是人为设定的磁链最小值，用于防止电机空载时过低的磁链水平导致 LIM 无法运行，以及由空载突加大负载时所导致的过电流现象。基于本书的实验平台，ψ_{1m} 设定为 0.3Wb。

根据式（5-63）和式（5-70），MTPA 和弱磁区的运行条件中已包含了参考初级磁链幅值等参数。

为避免在目标函数中引入权重系数，本章在 LIM 推力方程的基础上，进一步推导参考初级磁链角度，从而将控制目标完全转化为对参考初级磁链矢量的控制。此时，LIM 的推力方程也可以表示为式（5-7）中的初次级磁链相位角形式；将其中的初级磁链幅值和推力分别用参考值表示，则参考初级磁链矢量的相位角为

$$\angle\boldsymbol{\psi}_1^* = \arcsin\left(\frac{\sigma L_m' L_1 F^*}{K|\boldsymbol{\psi}_1^*||\boldsymbol{\psi}_2|}\right) + \angle\boldsymbol{\psi}_2 \tag{5-71}$$

式中，$|\boldsymbol{\psi}_2|$ 和 $\angle\boldsymbol{\psi}_2$ 分别为次级磁链的幅值和相位角，可通过磁链观测器获得。

另外，初次级磁链矢量的相位差不能超过 π/4[358]，因此式（5-71）求得的相位角还应满足约束条件

$$|\angle\boldsymbol{\psi}_1^* - \angle\boldsymbol{\psi}_2| \leqslant \pi/4 \tag{5-72}$$

结合式（5-63）、式（5-70）和式（5-72），可获得 MTPA 和弱磁控制条件的参考初级磁链矢量为

$$\boldsymbol{\psi}_1^* = |\boldsymbol{\psi}_1^*|\angle\boldsymbol{\psi}_1^* = \psi_{\alpha1}^* + \mathrm{j}\psi_{\beta1}^* \tag{5-73}$$

式（5-73）中，MTPA 和弱磁控制条件体现在参考初级磁链矢量的幅值中，推力控制目标体现在参考初级磁链矢量的相位角中。因此，模型预测控制可实现初级磁链的精确控制，进而达到预定的控制目标。获得参考初级磁链后，可借鉴 5.4 节相关方法，进一步得到参考电压矢量表达式为

$$\begin{cases} u_{\alpha1}^* = \dfrac{\psi_{\alpha1}^* - \psi_{\alpha1(k+1)}}{T_s} + R_1 i_{\alpha1(k+1)} \\ u_{\beta1}^* = \dfrac{\psi_{\beta1}^* - \psi_{\beta1(k+1)}}{T_s} + R_1 i_{\beta1(k+1)} \end{cases} \tag{5-74}$$

在获得（$u_{\alpha1}^*$，$u_{\beta1}^*$）后，根据5.4节矢量搜索方法，可寻找到最优电压矢量组合，计算出最优占空比：为分析方便，将该方法简称为RPF-MPC，其控制流程如图5-36所示。

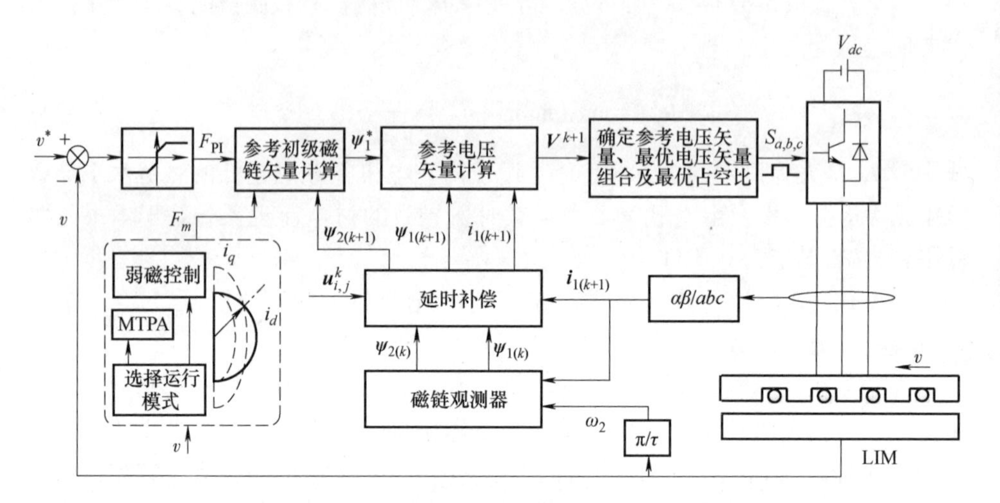

图5-36　基于参考初级磁链矢量的模型预测推力控制框图

5.5.3　实验结果

模型预测推力控制在启动电机时，需要同时建立磁场和产生推力：因缺乏电流控制，电机启动电流通常较大（特别是大负载启动工况），极易触发控制器的过电流保护。为减小启动电流并确保足够的推力，可先建立磁场，即预励磁，其基本原理为：用一个固定的电压矢量给电机励磁，当电流大于额定值时，切换到零矢量以减小电流。一旦初级磁链达到设定值，LIM就可以足够的推力安全启动。

上述MPAC，MPTC和RPF-MPC三种方法下的LIM启动和制动过程如图5-37所示。由图可知，三种方法在启动和制动过程中的响应类似，但RPF-MPC具有更小的推力和磁链脉动。在动态过程中，三种方法的初级磁链会随系统的运行情况而不断调整；进入稳态后，可根据负载水平调控系统运行于较低磁链水平，进而明显降低电机系统的损耗。

为进一步说明新方法在不同扰动下的有效性，图5-38比较了不同方法下的推力和磁链阶跃响应。为了能够产生推力和初级磁链的阶跃响应，参考速度从5m/s阶跃至11m/s，此时速度控制器将立即阶跃至最大参考推力，同时参考初级磁链将随参考推力发生变化。对于调整好权重系数的MPAC和MPTC，三种方

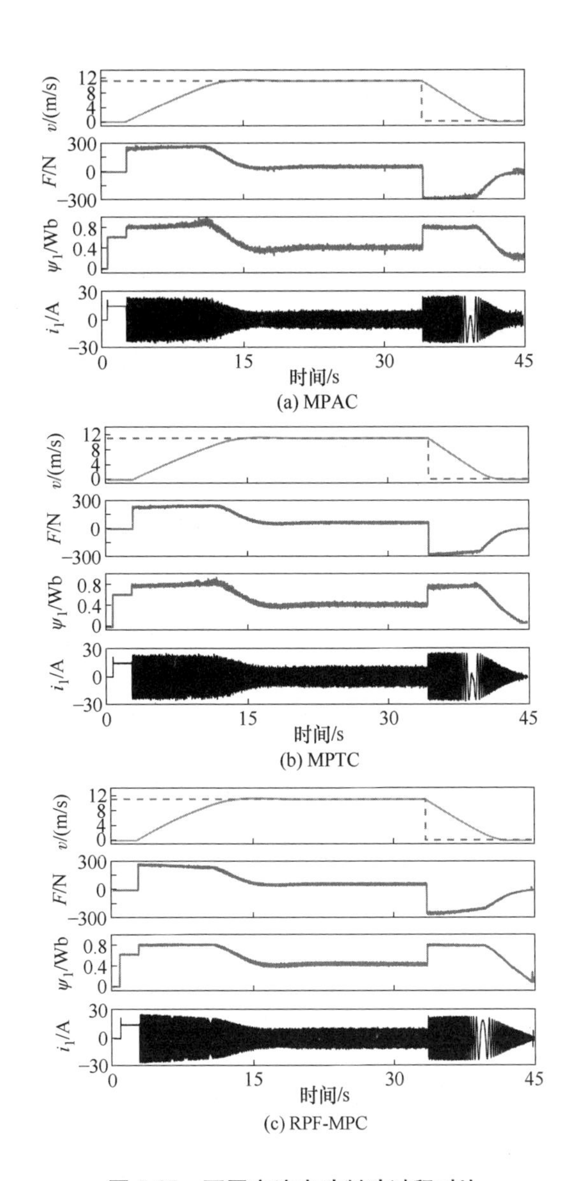

图 5-37　不同方法启动制动过程对比

法的速度和推力响应相似，如图 5-38a 和图 5-38b 所示。然而，由于 MPAC 中缺乏对初级磁链的控制，初级磁链在阶跃响应中存在较大的波动，如图 5-38c 所示，而 RPF-MPC 在整个过程中均能很好地调节推力和磁链。

此外，为了测试 RPF-MPC 的效率提升能力，本章在不同工作条件下测试了 LIM 的损耗和驱动系统效率，分别将所提出的基于最优参考初级磁链的方法与

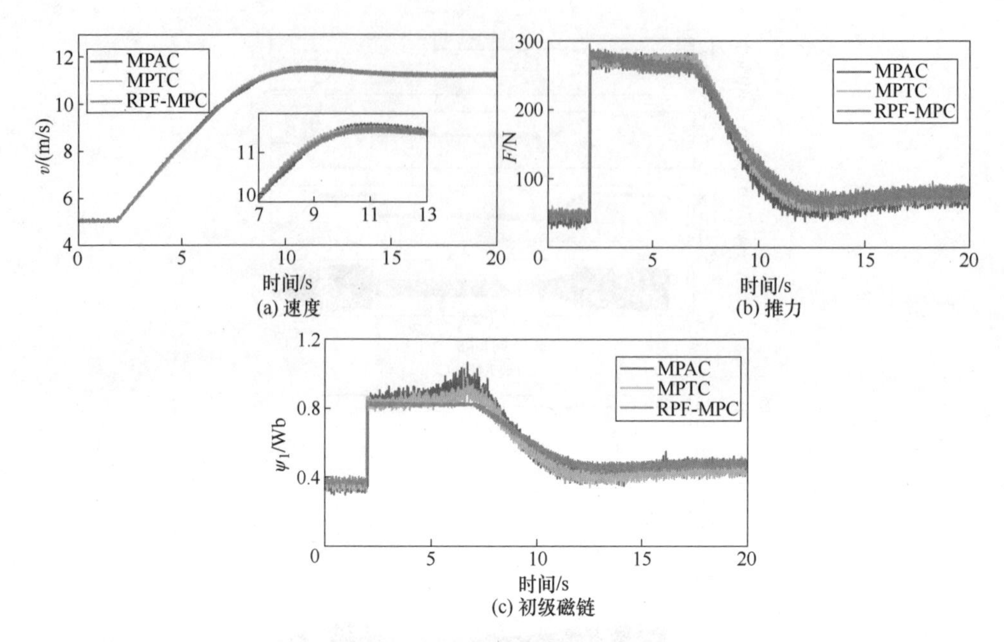

图 5-38　不同方法启动制动过程对比

传统的恒定激励方法进行了详细比较，如图 5-39 和图 5-40 所示。使用功率分析仪测量逆变器和 LIM 的输入功率，根据扭矩仪测量的速度和扭矩大小，获得输出机械功率，进而确定出电机损耗和系统效率。图 5-39 比较了 LIM 最优参考初级磁链和恒定励磁方式下的损耗情况。由于电机的机械损耗和铁损随着转速的升高而增加，因此在相同的负载条件下，两种方法的电机总损耗都随电机转速的升高而升高。采用 MTPA 降低电机电流可在很大程度上降低铜耗，如图 5-39 所示：在 40%额定负载以下，相对没有采用 MTPA 控制策略，新方法明显降低了电机损耗。随着负载的增加，恒定励磁方式下的工作点会不断逼近 MTPA 点，因此两种方式的电机损耗不再有明显差异。由图 5-40 得知，在传统的恒励方式下，LIM 所有转速和负载条件下的效率都较低，尤其是在轻载工况下；但效率仍随着转速和负载的增加而上升，额定工况下效率约为 52%。当采用 RPF-MPC 时，驱动系统的效率可得到提高，尤其轻载范围内的提升更为明显。从实验结果可以看出，在 40% 的额定负载以下，不同转速下 LIM 的效率可提高约 4%~8%。

为定量比较不同方法的稳态控制性能，除采用式（5-26）所定义的磁链和推力跟踪误差外，本章采用电流利用率（Thrust Per Ampere Ratio，TPAR）来评价 MTPA 的控制效果，其表达式为

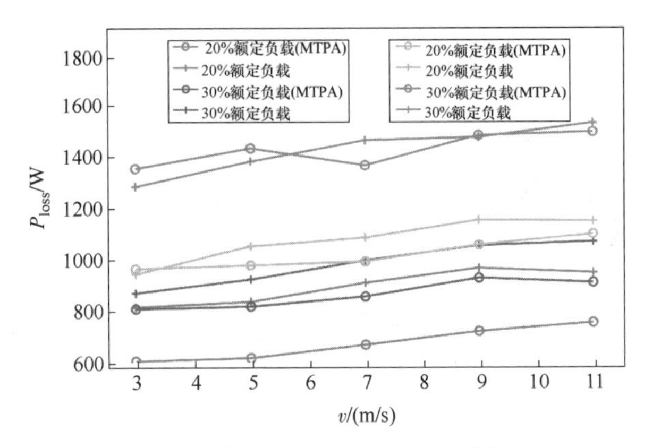

图 5-39　不同方法启动制动过程对比

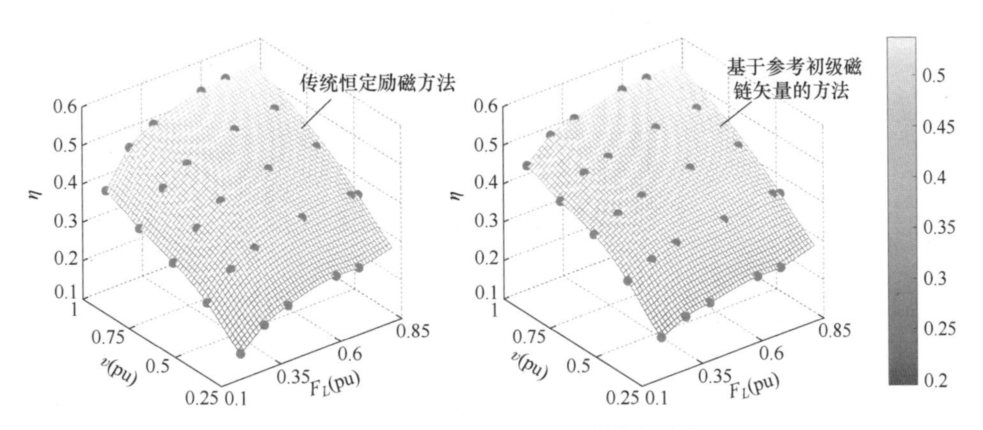

图 5-40　不同方法多工况下系统效率对比

$$\mathrm{TPAR}=\frac{\frac{1}{N_s}\sum_{i=1}^{N}F_i}{I_{rms}} \tag{5-75}$$

式中，I_{rms}为电机相电流有效值。

当负载推力为 80N 时，电机在不同运行速度下的电流利用率、推力跟踪误差、磁链跟踪误差和电流 THD 如图 5-41 所示。在图 5-41a 中，虽然定义的成本函数不同，但不同速度下的 TPAR 几乎相同，表明 RPF-MPC 可以通过引入最优参考初级磁链来实现相同的控制目标。不同方法的推力和初级磁链跟踪误差如图 5-41b 和图 5-41c 所示。与 MPAC 和 MPTC 相比，RPF-MPC 在整个速度区域的推力和初级磁链跟踪误差都更小，并且不同速度下跟踪误差的变化不大。相反，MPAC 和 MPTC 的推力和初级磁链跟踪误差则随速度变化很大，该现象表明：某种工况下已调整好的权重系数，有可能不适合其他工况，需要对权重系数进行重新调整，进而增加额外工作量。图 5-41d 比较了不同方法的电流 THD，可以看出 RPF-MPC 在不同速度下的电流 THD 最低。

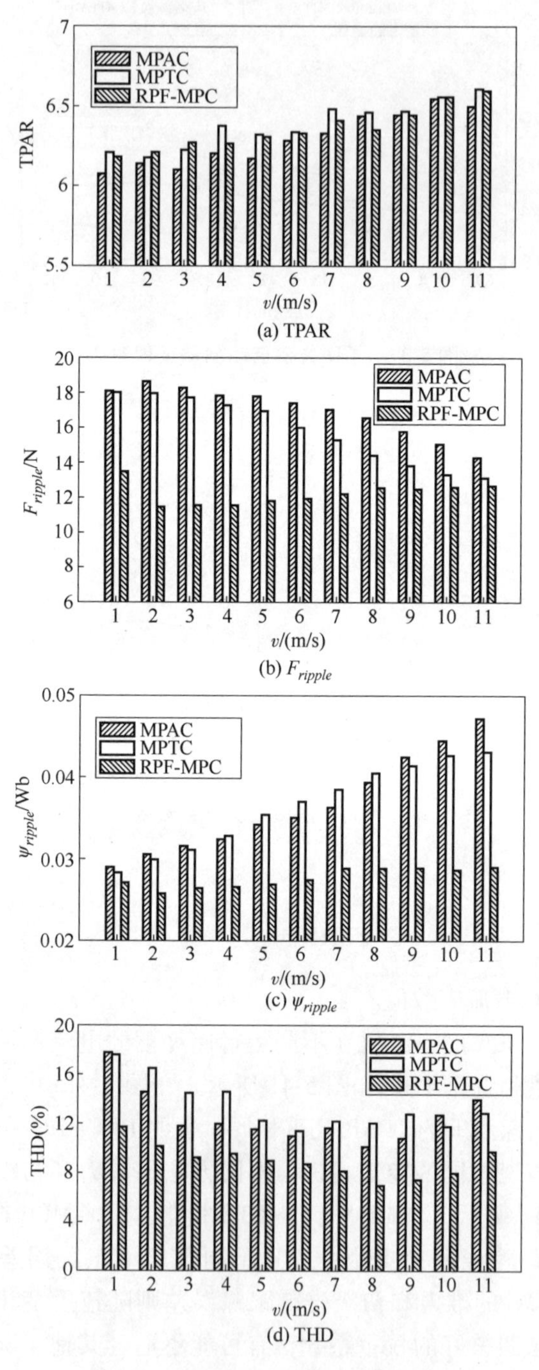

图 5-41 不同方法稳态控制性能对比

图 5-42 给出了电机从静止加速到 16m/s 的启动响应过程。为验证算法的有效性，将直流母线电压降至额定值的 75%，此时 16m/s 则为额定速度的 194%。整个速度曲线可分为三个区域：在区域Ⅰ中，电机以额定推力快速加速，然后进入弱磁区；在区域Ⅱ中，速度控制器仍处于饱和状态，而参考初级磁链将按照式（5-55）的规律变化，即随转速的升高而减小；在电机速度达到给定值后进入区域Ⅲ，速度控制器退饱和。整个过程中，初级磁链作为唯一的控制目标，系统根据参考初级磁链进行调整以获得最佳的输出推力。

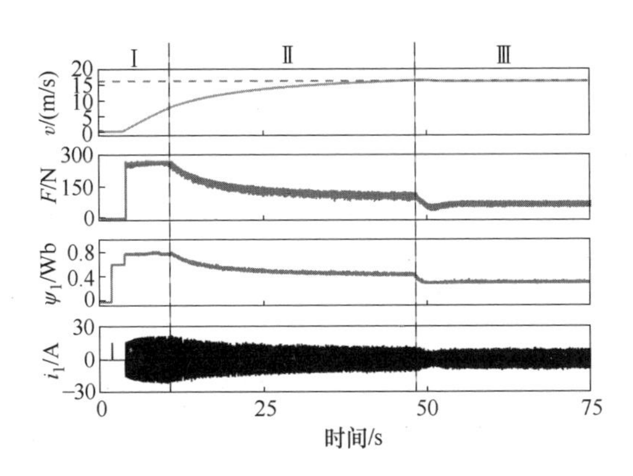

图 5-42 RPF-MPC 弱磁性能

5.6 小结

由于 MPTC 目标函数含有磁链和推力两个不同量纲的控制目标，因此需要采取权重系数来调节两者之间的控制权重。为消除权重系数对 MPTC 性能的影响，本章分别提出了两种无权重系数方法，使得目标函数只保留一个量纲，分别为：

（1）MPTC-Ⅰ将磁链波动看作硬约束条件，改进后的磁链控制项只输出两个无量纲的数值，目标函数只保留推力控制项的量纲。

（2）MPTC-Ⅱ通过共轭推力来控制初级磁链幅值，统一不同控制目标的量纲，目标函数只含有与推力相同的量纲。

大量实验结果表明：MPTC-Ⅰ和 MPTC-Ⅱ能够省去权重系数的整定过程，平衡好磁链和推力两个不同控制目标；同时，磁链和推力的跟踪误差以及波动与传统 MPTC 差不多，且控制性能优于之前学者所提出的无权重系数 MPFC 和 F-MPTC。

为进一步提升 MPTC 的控制性能，本章有机融合了任意双电压矢量调制策略，通过提升调制精度的方式来减小磁链和推力波动。与固定电压矢量组合的调制方式 MPTC-NZ 和 MPTC-NN 相比，MPTC-BPVV 能进一步降低磁链和推力波动，且波动大小基本恒定，不随电机运行工况发生变化；相对已有的简化方法，本章所提出的简化搜索方法能直接获得最优电压矢量组合，在线计算时间较短；并且能够拓展到含有电流约束条件的情形，有效防止电机启动时出现过流，确保电机安全运行。

本章所提出的 RPF-MPC，将 MTPA、弱磁以及推力控制目标有效融合在参考初级磁链矢量中，消除了权重系数，提升了推力和磁链的控制效果。相关实验表明：采用引入参考初级磁链矢量，在轻载工况下，LIM 系统效率可提高约 4%~8%，并可稳定运行至 194%的额定速度下。

Chapter 6

第6章 直线感应电机无速度传感器控制

6.1 引言

要实现 LIM 的高性能控制，有必要对速度进行闭环控制。LIM 速度传感器需要沿次级导轨铺设，其成本会随着铺设长度的增加而增加。同时，速度传感器的安装环境为开放式的，容易受到高温、潮湿等恶劣天气影响，加之安装相对困难，进而降低了 LIM 驱动系统的可靠性。综上所述，从实际应用出发，研究 LIM 的无速度传感器控制，对降低系统的成本、提高系统的可靠性、降低系统维护量等意义重大。

目前，LIM 的速度估计方法分为两类：①基于电机基波数学模型构建速度观测器的方法，它依赖于电机物理模型所描述的电压、电流、磁链和转速间的关系，对电机参数依赖性较高；②基于电机各向异性构建速度观测器的方法，它对电机参数不敏感，但迄今仅有少量的报道[162]。

本章首先介绍了基于全阶观测器和扩展状态观测器的速度估计方法，并分析了各自的优缺点；在此基础上，提出了一种改进型扩展状态观测器速度估计方法，实现了速度和负载阻力的同时估计。接着，分析了传统无速度传感器控制中存在的速度跟踪性能和负载抗扰性能耦合问题，提出了一种全解耦的二自由度控制方法。针对 LIM 无速度传感器控制的稳定性问题，在所提出的二自由度无速度传感器控制方法的基础上，深入分析了该方法的稳定性和阻尼特性等。最后，提出了一种基于逆系统的无速度传感器控制策略，有效提高了控制系统的稳定性，并提升了对负载扰动的抑制能力。

6.2 基于全阶观测器的速度估计方法

全阶状态观测器，又称龙贝格（Luenberger）观测器，与其对应的有降阶观测器和扩展状态观测器，其分类依据为重构状态向量和被控对象状态向量的维数之比。考虑到 LIM 数学模型维数为 4，而经典电压和电流模型观测器维数均为 2，因此属于降阶观测器。在两相静止坐标系下，以初级电流和次级磁链为观测量的全阶状态观测器方程为

$$\begin{cases}\dfrac{\mathrm{d}\hat{\boldsymbol{i}}_1}{\mathrm{d}t}=-\dfrac{R_1L_2^2+R_2L_{\mathrm{m}}^2}{\sigma L_1L_2^2}\hat{\boldsymbol{i}}_1+\dfrac{L_{\mathrm{m}}}{\sigma L_1L_2T_2}\hat{\boldsymbol{\psi}}_2-\dfrac{L_{\mathrm{m}}}{\sigma L_1L_2}\mathrm{j}\omega_2\hat{\boldsymbol{\psi}}_2+\dfrac{1}{\sigma L_1}\boldsymbol{u}_1+\boldsymbol{G}_{\mathrm{i}}\boldsymbol{e}_{\mathrm{i}}\\ \dfrac{\mathrm{d}\hat{\boldsymbol{\psi}}_2}{\mathrm{d}t}=\dfrac{L_{\mathrm{m}}}{T_2}\hat{\boldsymbol{i}}_1-\dfrac{1}{T_2}\hat{\boldsymbol{\psi}}_2+\mathrm{j}\omega_2\hat{\boldsymbol{\psi}}_2+\boldsymbol{G}_{\psi}\boldsymbol{e}_{\mathrm{i}}\end{cases}$$

$$\Rightarrow\frac{\mathrm{d}\hat{\boldsymbol{x}}}{\mathrm{d}t}=\boldsymbol{A}\hat{\boldsymbol{x}}+\boldsymbol{B}\boldsymbol{u}+\boldsymbol{G}\boldsymbol{e}_{\mathrm{i}} \tag{6-1}$$

式中，$\hat{\boldsymbol{i}}_1$ 为初级电流估计值，且 $\hat{\boldsymbol{i}}_1 = [\hat{i}_{1\alpha} \quad \hat{i}_{1\beta}]^{\mathrm{T}}$；$\boldsymbol{\psi}_2$ 为次级磁链估计值，且 $\boldsymbol{\psi}_2 = [\hat{\psi}_{2\alpha} \quad \hat{\psi}_{2\beta}]^{\mathrm{T}}$；$\boldsymbol{G}_{\mathrm{i}}$ 和 $\boldsymbol{G}_{\psi}$ 分别为电流微分方程和磁链微分方程的反馈增益矩阵，且 $\boldsymbol{G}_{\mathrm{i}} = \begin{bmatrix} g_1 & -g_2 \\ g_2 & g_1 \end{bmatrix}$ 和 $\boldsymbol{G}_{\psi} = \begin{bmatrix} g_3 & -g_4 \\ g_4 & g_3 \end{bmatrix}$；$\boldsymbol{e}_{\mathrm{i}}$ 为电流观测误差，且 $\boldsymbol{e}_{\mathrm{i}} = \boldsymbol{i}_1 - \hat{\boldsymbol{i}}_1$；$\boldsymbol{u} = [\boldsymbol{u}_1 \quad 0]^{\mathrm{T}}$；$\boldsymbol{G} = [\boldsymbol{G}_{\mathrm{i}} \quad \boldsymbol{G}_{\psi}]^{\mathrm{T}}$；$\hat{\boldsymbol{x}} = [\hat{\boldsymbol{i}}_1 \quad \hat{\boldsymbol{\psi}}_2]^{\mathrm{T}}$；$\boldsymbol{A}$ 和 $\boldsymbol{B}$ 分别为状态和输入矩阵，彼此关系满足：

$$\boldsymbol{A} = \begin{bmatrix} -\dfrac{R_1 L_2^2 + R_2 L_{\mathrm{m}}^2}{\sigma L_1 L_2^2} & 0 & \dfrac{L_{\mathrm{m}}}{\sigma L_1 L_2 T_2} & \dfrac{L_{\mathrm{m}}}{\sigma L_1 L_2}\omega_2 \\ 0 & -\dfrac{R_1 L_2^2 + R_2 L_{\mathrm{m}}^2}{\sigma L_1 L_2^2} & -\dfrac{L_{\mathrm{m}}}{\sigma L_1 L_2}\omega_2 & \dfrac{L_{\mathrm{m}}}{\sigma L_1 L_2 T_2} \\ \dfrac{L_{\mathrm{m}}}{T_2} & 0 & -\dfrac{1}{T_2} & -\omega_2 \\ 0 & \dfrac{L_{\mathrm{m}}}{T_2} & \omega_2 & -\dfrac{1}{T_2} \end{bmatrix} \tag{6-2}$$

$$\boldsymbol{B} = \frac{1}{\sigma L_1} \begin{bmatrix} \boldsymbol{I}^{2\times 2} & 0 \\ 0 & 0 \end{bmatrix} \tag{6-3}$$

式（6-1）中反馈增益矩阵的设计，将在较大程度上决定全阶状态观测器性能。若将反馈增益矩阵设计为零矩阵，此时全阶状态观测器的形式和电机状态方程完全相同，因此与电机极点分布一致。为提升观测器性能，可对反馈增益矩阵进行配置，确保观测器极点分布在电机极点的左侧。

6.2.1 全阶状态观测器

考虑到 LIM 全阶状态观测器是一个非线性强耦合的复杂系统，因而无法直接采用经典线性系统理论进行分析。但是，为研究该非线性系统的稳定性，可以首先将其线性化，然后再采用线性理论进行分析。下面将采取一种基于扰动法的线性化小信号模型构建方式[178]，来分析全阶状态观测器的性能。通过去除线性化方程中的稳态项和小信号高阶项，可整理得到全阶状态观测器的线性化小信号模型为

$$\frac{\mathrm{d}\Delta\hat{\boldsymbol{x}}}{\mathrm{d}t} = \boldsymbol{A}_{\mathrm{L}}\Delta\hat{\boldsymbol{x}} + \boldsymbol{B}_{\mathrm{L}}\Delta\boldsymbol{u}_{\mathrm{L}} + \Delta\boldsymbol{G}_{\mathrm{L}}\boldsymbol{e}_{\mathrm{iL}} \tag{6-4}$$

式中，$\Delta\hat{\boldsymbol{x}}$ 为状态变量小信号矩阵，且 $\Delta\hat{\boldsymbol{x}} = [\Delta\hat{i}_{1\alpha} \quad \Delta\hat{i}_{1\beta} \quad \Delta\hat{\psi}_{2\alpha} \quad \Delta\hat{\psi}_{2\beta}]^{\mathrm{T}}$；$\boldsymbol{e}_{\mathrm{iL}}$ 为初级电流的稳态值误差，且 $\boldsymbol{e}_{\mathrm{iL}} = [i_{1\alpha0} - \hat{i}_{1\alpha0} \quad i_{1\beta0} - \hat{i}_{1\beta0}]^{\mathrm{T}}$；$\Delta\boldsymbol{G}_{\mathrm{L}}$ 为反馈增益矩阵的小

信号项，$\Delta \boldsymbol{G}_{\mathrm{L}}=\begin{bmatrix}\Delta g_1 & \Delta g_2 & \Delta g_3 & \Delta g_4\\ -\Delta g_2 & \Delta g_1 & -\Delta g_4 & \Delta g_3\end{bmatrix}^{\mathrm{T}}$；$\boldsymbol{A}_{\mathrm{L}}$和$\boldsymbol{B}_{\mathrm{L}}$为小信号化后的状态矩阵和输入矩阵，其表达式为

$$\boldsymbol{A}_{\mathrm{L}}=\boldsymbol{A}-[\,\Delta \boldsymbol{G}_{\mathrm{L}}\quad \boldsymbol{0}_{4\times 2}\,] \tag{6-5}$$

$$\boldsymbol{B}_{\mathrm{L}}=\begin{bmatrix}\dfrac{\sigma L_1 L_2}{L_{\mathrm{m}}}\psi_{2\beta 0} & \dfrac{1}{\sigma L_1} & 0 & g_{10} & -g_{20}\\ -\dfrac{\sigma L_1 L_2}{L_{\mathrm{m}}}\psi_{2\alpha 0} & 0 & \dfrac{1}{\sigma L_1} & g_{20} & g_{10}\\ -\psi_{2\beta 0} & 0 & 0 & g_{30} & -g_{40}\\ \psi_{2\alpha 0} & 0 & 0 & g_{40} & g_{30}\end{bmatrix} \tag{6-6}$$

根据小信号模型中的状态矩阵$\boldsymbol{A}_{\mathrm{L}}$，可得到全阶状态观测器的特征方程为

$$|s\boldsymbol{I}-\boldsymbol{A}_{\mathrm{L}}|=0 \tag{6-7}$$

对式（6-7）进行求解，可得全阶状态观测器的4个极点分布情况，进而可判断系统的稳定性：当有极点分布在s域的右半平面时，说明系统不稳定，反之则稳定。当反馈增益矩阵为零矩阵时，若观测器所用电机参数、转速与实际电机一致，则该全阶状态观测器的特征方程和电机特征方程相同。为判断LIM的工作稳定性，需要对式（6-7）及零增益矩阵下的特征方程进行分析，并绘制极点随速度变化的分布曲线，如图6-1所示。

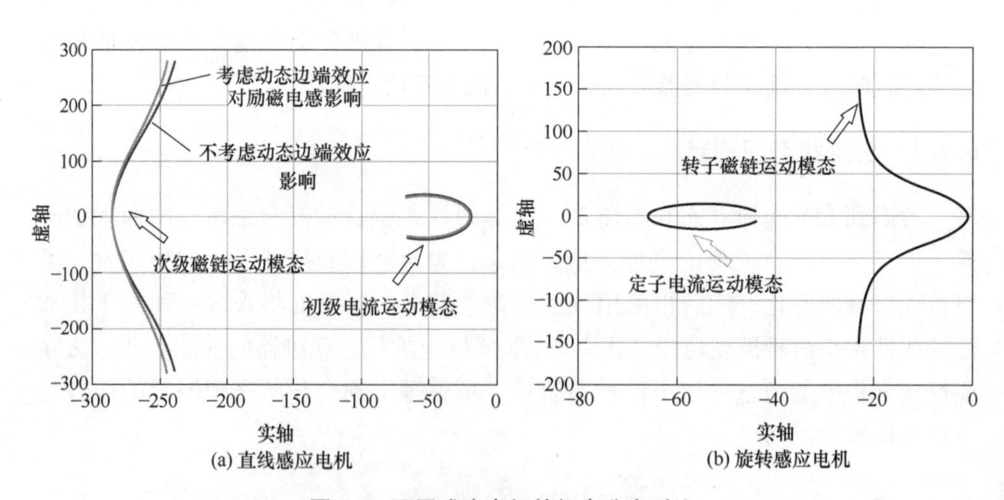

图6-1　不同感应电机的极点分布对比

为了反映边端效应对LIM极点的影响，图6-1a分别绘制了不考虑边端效应和考虑边端效应对励磁电感影响下的极点分布和走向，通过分析得出：在考虑

动态边端效应影响后，全阶状态观测器和电机的极点整体左移，表明电机的动态过程加快。相应地，图 6-1b 绘制了轨交用 RIM 的极点分布，对比发现：LIM 与 RIM 的极点分布存在明显差异。在 LIM 中，其左侧的两个共轭极点对应着次级磁链的运动模态，而右侧靠近虚轴的两个共轭极点对应着初级电流的运动模态：由于次级时间常数较小[359、361]，LIM 次级磁链动态响应快于初级电流，这一现象正好与 RIM 相反[184]。为此，尽管 LIM 模型结构与 RIM 类似，仍有必要进一步深入研究 LIM 的全阶状态观测器特性。

根据经典控制理论，极点中实部最小的可被称作主导极点，其实部可以描述一个系统的收敛特性：即当系统受到干扰时，逐步恢复到稳定状态下的速度大小。当主导极点实部越大，系统的收敛速度越快、稳定性能越好。由图 6-1a 得知，虽然 LIM 系统及零增益矩阵下的全阶状态观测器为稳定系统，但是主导极点距离虚轴较近，因而其观测器的收敛性和稳定性较差。

为了增强上述性能，可以对反馈增益矩阵进行特殊设计，主要包括极点倍数配置方法和极点左移配置方法。顾名思义，极点倍数配置方法可将全阶状态观测器极点变为原本的 k_{PP} 倍距离，而极点左移配置方法可将全阶状态观测器极点左移 k_{LP} 距离。考虑到极点倍数配置方法会放大观测器极点的虚部，进而导致观测器的不稳定性[362-363]。与之对应，左移增益矩阵通常可取得更优的观测器性能。另外，特别指出的是：提高 k_{PP} 和 k_{LP} 有助于加快全阶状态观测器的收敛速度，但是也将增加观测器的参数敏感性[178]，因此它们的取值并非越大越好，需要进行综合权衡。

6.2.2 全阶自适应速度观测器

为了和全阶状态观测器进行区分，文献［242］将全阶观测器加自适应机制（如速度自适应、参数自适应等）合称为全阶自适应观测器。类似于降阶观测器的模型参考自适应法，全阶自适应观测器的转速和参数辨识策略在本质上也是一种模型参考自适应方法：此时电机作为参考模型，相应的参考电流不考虑采样误差，避免了参考值不准所带来的影响。但是，由于无法获取电机参考磁链等信息，自适应率的设计将会面临一定困难，进而会导致系统局部不稳定。为解决上述问题，本章采用 Popov 超稳定性理论，重新推导自适应率。其中，在进行速度辨识时，状态矩阵 $\boldsymbol{A}$ 中的速度采用估计速度来代替，其表达式为

$$\begin{cases}\dfrac{\mathrm{d}\hat{\boldsymbol{i}}_1}{\mathrm{d}t}=-\dfrac{R_1L_2^2+R_2L_{\mathrm{m}}^2}{\sigma L_1L_2^2}\hat{\boldsymbol{i}}_1+\dfrac{L_{\mathrm{m}}}{\sigma L_1L_2T_2}\hat{\boldsymbol{\psi}}_2-\dfrac{L_{\mathrm{m}}}{\sigma L_1L_2}\mathrm{j}\hat{\omega}_2\hat{\boldsymbol{\psi}}_2+\dfrac{1}{\sigma L_1}\boldsymbol{u}_1+\boldsymbol{G}_{\mathrm{i}}\boldsymbol{e}_{\mathrm{i}}\\[2ex]\dfrac{\mathrm{d}\hat{\boldsymbol{\psi}}_2}{\mathrm{d}t}=\dfrac{L_{\mathrm{m}}}{T_2}\hat{\boldsymbol{i}}_1-\dfrac{1}{T_2}\hat{\boldsymbol{\psi}}_2+\mathrm{j}\hat{\omega}_2\hat{\boldsymbol{\psi}}_2+\boldsymbol{G}_{\psi}\boldsymbol{e}_{\mathrm{i}}\end{cases}$$

$$\Rightarrow \frac{\mathrm{d}\hat{\boldsymbol{x}}}{\mathrm{d}t} = \hat{\boldsymbol{A}}\hat{\boldsymbol{x}} + \boldsymbol{B}\boldsymbol{u} + \boldsymbol{G}\boldsymbol{e}_{\mathrm{i}} \tag{6-8}$$

由电机数学模型和式（6-8），可得误差方程为

$$\frac{\mathrm{d}}{\mathrm{d}t}\begin{bmatrix} \boldsymbol{e}_{\mathrm{i}} \\ \boldsymbol{e}_{\psi} \end{bmatrix} = (\boldsymbol{A}-\boldsymbol{G}\boldsymbol{C})\begin{bmatrix} \boldsymbol{e}_{\mathrm{i}} \\ \boldsymbol{e}_{\psi} \end{bmatrix} + \Delta\boldsymbol{A}\begin{bmatrix} \hat{\boldsymbol{i}}_1 \\ \hat{\boldsymbol{\psi}}_2 \end{bmatrix} = (\boldsymbol{A}-\boldsymbol{G}\boldsymbol{C})\begin{bmatrix} \boldsymbol{e}_{\mathrm{i}} \\ \boldsymbol{e}_{\psi} \end{bmatrix} - \boldsymbol{W} \tag{6-9}$$

式中，$\boldsymbol{e}_{\mathrm{i}}$为电流观测误差，且$\boldsymbol{e}_{\mathrm{i}} = \boldsymbol{i}_1 - \hat{\boldsymbol{i}}_1$；$\boldsymbol{e}_{\psi}$为次级磁链观测误差，且$\boldsymbol{e}_{\psi} = \boldsymbol{\psi}_2 - \hat{\boldsymbol{\psi}}_2$；$\boldsymbol{W} = -\Delta\boldsymbol{A}\hat{\boldsymbol{x}}$，$\boldsymbol{C} = [\boldsymbol{I}_{2\times2} \quad \boldsymbol{0}_{2\times2}]$。

定义误差矩阵 $\Delta\boldsymbol{A}$ 为

$$\Delta\boldsymbol{A} = \boldsymbol{A} - \hat{\boldsymbol{A}} = \begin{bmatrix} 0 & -\dfrac{L_{\mathrm{m}}}{\sigma L_1 L_2}\boldsymbol{J} \\ 0 & \boldsymbol{J} \end{bmatrix}(\omega_2 - \hat{\omega}_2) = \Delta\boldsymbol{A}_1 e_{\omega} \tag{6-10}$$

式中，e_{ω}为估计转速误差，且$e_{\omega} = \omega_2 - \hat{\omega}_2$；$\boldsymbol{J} = \begin{bmatrix} 0 & -1 \\ 1 & 0 \end{bmatrix}$。

根据 Popov 不等式，可设计自适应率为

$$\hat{\omega}_2 = \left(K_{\mathrm{p}} + \frac{1}{s}K_{\mathrm{i}}\right)\left(-\frac{L_{\mathrm{m}}}{\sigma L_1 L_2}\boldsymbol{e}_{\mathrm{i}}^{\mathrm{T}}\boldsymbol{J} + \boldsymbol{e}_{\psi}^{\mathrm{T}}\boldsymbol{J}\right)\hat{\boldsymbol{\psi}}_2 \tag{6-11}$$

由于$\boldsymbol{e}_{\psi}$中的电机参考磁链难以获取，实际无法通过式（6-11）对速度进行辨识。为此，通过改造，直接去除包含磁链误差项，可得更新后的自适应率为

$$\hat{\omega}_2 = -\left(K_{\mathrm{p}} + \frac{1}{s}K_{\mathrm{i}}\right)\boldsymbol{e}_{\mathrm{i}}^{\mathrm{T}}\boldsymbol{J}\hat{\boldsymbol{\psi}}_2 = \left(K_{\mathrm{p}} + \frac{1}{s}K_{\mathrm{i}}\right)(e_{\mathrm{i}\alpha}\hat{\psi}_{2\beta} - e_{\mathrm{i}\beta}\hat{\psi}_{2\alpha}) \tag{6-12}$$

式中，$e_{\mathrm{i}\alpha}$和$e_{\mathrm{i}\beta}$为$\boldsymbol{e}_{\mathrm{i}}$的$\alpha$和$\beta$分量；$\hat{\psi}_{2\alpha}$和$\hat{\psi}_{2\beta}$为$\hat{\boldsymbol{\psi}}_2$的$\alpha$和$\beta$分量。

在中高频段，这种简化对系统性能的影响很小；但是在低频段，采用式（6-12）会引入较大的速度辨识误差，并可能在低频发电状态下引起辨识系统不稳定[364]，进而威胁速度控制系统的安全运行。

6.3 基于扩展全阶状态观测器的速度估计方法

6.3.1 扩展状态观测器

上面构建了基于 LIM 电磁模型的速度估计方法，下面将介绍一种基于 LIM 机械模型的速度估计方法：将系统扰动扩展成一个新的状态变量，构建一个扩展状态观测器同时观测电机转速和负载阻力，实现对新状态变量的实时估计，

即获得扰动估计值。下面对二阶线性扩展状态观测器的一般形式进行说明。

设系统的状态方程为

$$\begin{cases}\dot{x}=bu+d\\ y=x\end{cases} \tag{6-13}$$

式中，x 为系统状态变量；y 为系统输出；u 为系统输入；d 为系统未知扰动；b 为系统输入增益。

针对式（6-13）所描述的系统，可建立如下扩展状态观测器为

$$\begin{cases}e=x-\hat{x}\\ \dot{\hat{x}}=bu+\hat{d}\\ \hat{d}=\left(\beta_1+\dfrac{\beta_2}{s}\right)e\end{cases} \tag{6-14}$$

式中，上标“^”表示对应的估计值。

根据式（6-13）与式（6-14），可得到估计状态与估计扰动的传递函数为

$$\begin{cases}\hat{x}=x+\dfrac{s}{s^2+\beta_1 s+\beta_2}d\\ \hat{d}=\dfrac{\beta_1 s+\beta_2}{s^2+\beta_1 s+\beta_2}d\end{cases} \tag{6-15}$$

由式（6-15）可知，只要保证 β_1 和 β_2 均大于 0，则系统特征根的实部均小于 0，因此上述观测器则一定稳定。若 d 为常值扰动，根据终值定理可得到

$$\begin{cases}\hat{x}(t=\infty)=\lim\limits_{s\to 0}\left(x+\dfrac{s}{s^2+\beta_1 s+\beta_2}d\right)=x\\ \hat{d}(t=\infty)=\lim\limits_{s\to 0}\left(\dfrac{\beta_1 s+\beta_2}{s^2+\beta_1 s+\beta_2}d\right)=d\end{cases} \tag{6-16}$$

因此，在稳态情况下，状态估计值 $\hat{x}$ 与扰动估计值 $\hat{d}$ 均将收敛到其实际值。为了有效观测 LIM 速度和负载阻力，基于机械方程和扩展状态观测器，本章建立了 LIM 速度观测器，其表达式为

$$\begin{cases}\dot{\hat{\omega}}_{\mathrm{r}}=\dfrac{\pi}{\tau\hat{M}}(F_{\mathrm{e}}-\hat{F}_{\mathrm{L}})\\ \hat{F}_{\mathrm{L}}=-\left(\beta_1+\dfrac{\beta_2}{s}\right)e_{\omega}\end{cases} \tag{6-17}$$

式中，β_1 和 β_2 为大于 0 的实数；$e_{\omega}=\omega_{\mathrm{r}}-\hat{\omega}_{\mathrm{r}}$。

根据式（6-17），可进一步获得速度观测器的结构框图，如图 6-2 所示。由该图得知，基于扩展状态观测器的速度观测器可根据输出与状态估计值的误差，

实时减小未知扰动量 F_L 的影响：通过 PI 调节器 $\beta_1+\beta_2/s$ 对扰动估计值 $\hat{F}_L$ 进行调整及负反馈，利用 PI 积分功能补偿负载阻力估计误差，有效消除转速估计误差，进而同时观测出电机的速度和负载阻力。

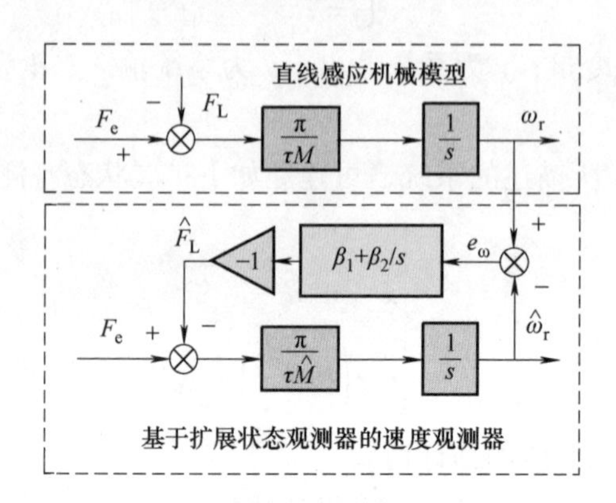

图 6-2 基于扩展状态观测器的速度观测器结构框图

6.3.2 扩展全阶自适应速度观测器

式（6-17）的速度观测器是基于 LIM 机械模型而建立，相比电磁模型速度观测器，它不仅可以观测出电机速度，还可实现负载阻力的估计。但是，由于该观测器需用实际速度来计算出速度估计误差，而在无速度传感器控制中，LIM 的实际速度只能通过观测方法间接获得，因此，该观测器难以直接应用在 LIM 无速度传感器控制系统中。为解决上述问题，本章结合电磁模型速度观测器，提出了一种间接获取速度估计误差的改进方法，具体阐述如下。

根据式（6-9）的误差动态方程和式（6-12）的转速自适应律，可得到静止两相坐标系下的速度观测器闭环原理框图，如图 6-3 所示。分析发现，实际转速作为参考值与转速估计结果进行比较，其误差作为前向通道的输入，并同时输出电流估计误差；根据当前的电流估计误差，转速自适应律可对估计转速进行实时调整，从而修正转速估计误差，最终实现转速的闭环估计。值得注意的是，由于 $\hat{\boldsymbol{\psi}}_r$ 为时变量（稳态条件下 $\hat{\boldsymbol{\psi}}_r$ 为正弦交流量），图 6-3 所示的速度估计闭环系统是一个磁链、电流和速度相互耦合的非线性系统。

在同步旋转坐标系下，观测器及电机中的各状态变量可视为慢变量；特别地，在稳态条件下，电机的电压、电流和磁链等分量为直流量。因此，在同步旋转坐标系下，可对上述非线性变量进行线性化处理。在次级磁链定向的同步旋转坐标系中，定义 $y_e=\hat{\boldsymbol{\psi}}_r^{rT}\boldsymbol{J}\boldsymbol{e}_i^r$，其中上标“r”表示同步坐标系中的参数或变

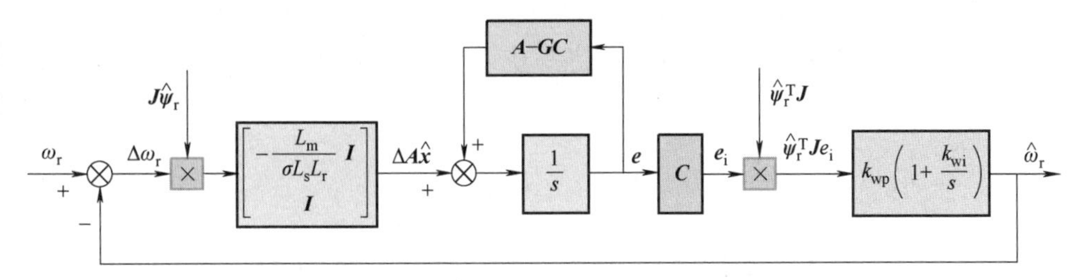

图 6-3　静止两相坐标系下的速度估计闭环原理框图

量，可得到

$$y_e = \hat{\boldsymbol{\psi}}_r^{rT} \boldsymbol{J} \boldsymbol{e}_i^r = \hat{\boldsymbol{\psi}}_r^T \boldsymbol{J} \boldsymbol{e}_i \tag{6-18}$$

根据式（6-9）和速度自适应律，进一步得到

$$\begin{cases} \dot{\boldsymbol{e}}^r = \boldsymbol{A}_e \boldsymbol{e}^r + \boldsymbol{B}_e u \\ y_e = \boldsymbol{C}_e \boldsymbol{e}^r \\ \hat{\omega}_r = k_{wp}\left(1+\dfrac{k_{wi}}{s}\right) y_e \end{cases} \tag{6-19}$$

式中，ω_1 为同步角速度；$\boldsymbol{C}_e = \boldsymbol{\psi}_r^{rT}\ [\boldsymbol{J}\quad \boldsymbol{O}]$；$u = \Delta\omega_r$；$\boldsymbol{B}_e = \begin{bmatrix} -\dfrac{L_m}{\sigma L_s L_r}\boldsymbol{J} \\ \boldsymbol{J} \end{bmatrix} \boldsymbol{\psi}_r^r$；$\boldsymbol{A}_e = \boldsymbol{A}^r - \boldsymbol{GC}$，其中 $\boldsymbol{A}^r = \begin{bmatrix} a_{r11}\boldsymbol{I} - \omega_1 \boldsymbol{J} & a_{r21}\boldsymbol{I} + a_{i21}\boldsymbol{J} \\ a_{r21}\boldsymbol{I} & a_{r22}\boldsymbol{I} + (a_{i22} - \omega_1)\boldsymbol{J} \end{bmatrix}$。

值得注意的是，次级磁链定向中的 q 轴磁链估计值为零，因此次级磁链向量可表示为

$$\hat{\boldsymbol{\psi}}_r^r = \begin{bmatrix} \hat{\psi}_r \\ 0 \end{bmatrix} \tag{6-20}$$

式中，$\hat{\psi}_r$表示次级磁链观测值的幅值。

根据式（6-20），在次级磁链定向同步旋转坐标系下，基于全阶自适应观测器的速度估计闭环原理如图 6-4 所示，其中 $\boldsymbol{I}_4$ 为四阶单位矩阵。

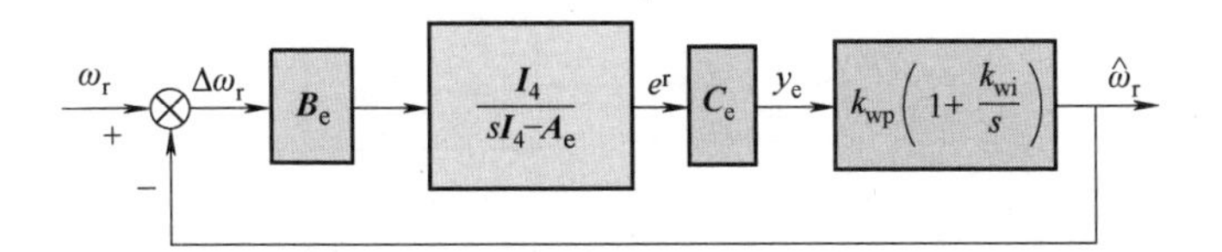

图 6-4　同步旋转坐标系下的速度估计闭环原理框图

由于稳态工况下 $\hat{\psi}_r=\psi_r^*$，矩阵 $\boldsymbol{B}_e$ 和 $\boldsymbol{C}_e$ 可近视为常数矩阵，于是 LIM 系统可简化为线性时不变系统，由图 6-4 可进一步得到 y_e 与转速估计误差 $\Delta\omega_r$ 间的传递函数为

$$\begin{aligned}G_M(s)&=\frac{y_e(s)}{\Delta\omega_r(s)}=\boldsymbol{C}_e(s\boldsymbol{I}_4-\boldsymbol{A}_e)^{-1}\boldsymbol{B}_e\\&=\frac{L_m\hat{\psi}_r^2[s^3+(x+a)s^2+s(\omega_1^2+m+ax)+(x-a)\omega_1^2+(n-ay)\omega_1+am]}{\sigma L_s L_r\{(s^2+xs+m-\omega_1^2-\omega_1 y)^2+[(y+2\omega_1)s+n+\omega_1 x]^2\}}\end{aligned} \tag{6-21}$$

式中，$\begin{cases}a=R_m/L_m,\ x=-a_{r11}-a_{r22}+g_1,\ y=-a_{i22}+g_2\\ m=a_{r11}a_{r22}-a_{r12}a_{r21}-a_{r22}g_1+a_{i22}g_2+a_{r12}g_3-a_{i12}g_4\text{。}\\ n=a_{i22}a_{r11}-a_{i12}a_{r21}-a_{i22}g_1-a_{r22}g_2+a_{i12}g_3+a_{r12}g_4\end{cases}$

进一步，图 6-4 可简化为图 6-5。结合图 6-5 和式（6-21）得知：在全阶观测器中，变量 y_e 是速度估计误差 $\Delta\hat{\omega}_r$ 的函数，低频情况下 $s\to0$，其关系可表示为

$$\frac{y_e}{\Delta\omega_r}\approx\frac{L_m\hat{\psi}_r^2[(x-a)\omega_1^2+(n-ay)\omega_1+am]}{\sigma L_s L_r[(m-\omega_1^2-\omega_1 y)^2+(n+\omega_1 x)^2]} \tag{6-22}$$

即 y_e 与速度估计误差 $\Delta\omega_r$ 近似成比例。因此，本章采用变量 y_e 作为转速估计误差近似值，并代入式（6-17）扩展状态观测器中，进而提出一种新型观测器为

$$\begin{cases}\dot{\hat{\boldsymbol{i}}}_s=-\dfrac{R_sL_r^2+R_mL_{lr}^2+R_rL_m^2}{\sigma L_s L_r^2}\hat{\boldsymbol{i}}_s+\dfrac{R_rL_m-R_mL_{lr}}{\sigma L_s L_r^2}\hat{\boldsymbol{\psi}}_r-\dfrac{L_m}{\sigma L_s L_r}\hat{\omega}_r\boldsymbol{J}\hat{\boldsymbol{\psi}}_r+\dfrac{1}{\sigma L_s}\boldsymbol{u}_s-\boldsymbol{G}_i\boldsymbol{e}_i\\ \dot{\hat{\boldsymbol{\psi}}}_r=\dfrac{R_rL_m-R_mL_{lr}}{L_r}\hat{\boldsymbol{i}}_s-\dfrac{R_r+R_m}{L_r}\hat{\boldsymbol{\psi}}_r+\hat{\omega}_r\boldsymbol{J}\hat{\boldsymbol{\psi}}_r-\boldsymbol{G}_\psi\boldsymbol{e}_i\\ \hat{F}_L=-\left(\beta_1+\dfrac{\beta_2}{s}\right)y_e=-k_{wp}\left(1+\dfrac{k_{wi}}{s}\right)y_e,\ y_e=\hat{\boldsymbol{\psi}}_r^{\mathrm{T}}\boldsymbol{J}\boldsymbol{e}_i\\ \dot{\hat{\omega}}_r=\dfrac{\pi}{\tau\hat{M}}(F_e-\hat{F}_L)\end{cases} \tag{6-23}$$

式中，$k_{wp}=\beta_1$；$\beta_2=k_{wp}k_{wi}$。

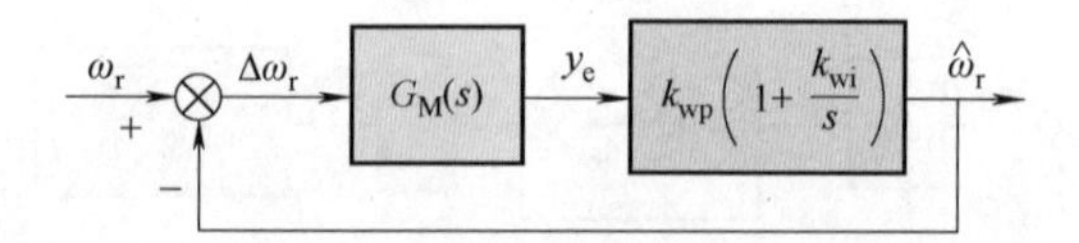

图 6-5　同步旋转坐标系下的速度估计闭环简化原理框图

基于上述分析，可得到式（6-23）的观测器结构框图，如图 6-6 所示。进一步分析得知：式（6-23）提出的观测器包括两部分：第一部分与传统全阶适应观测器类似，其电磁模型可观测出 LIM 初级电流和次级磁链；第二部分则与扩展状态观测器类似，其机械模型可观测出 LIM 转速和负载阻力。相比传统全阶自适应状态观测器的速度估计方法，新观测器的优势在于可以同时观测 LIM 转速和负载阻力；而相比传统扩展状态观测器的速度估计方法，新方法可直接应用于无速度传感器控制中。综上所述，新观测器同时融合了全阶适应观测器和扩展状态观测器的优点，因此本书中称其为“扩展全阶自适应观测器”。

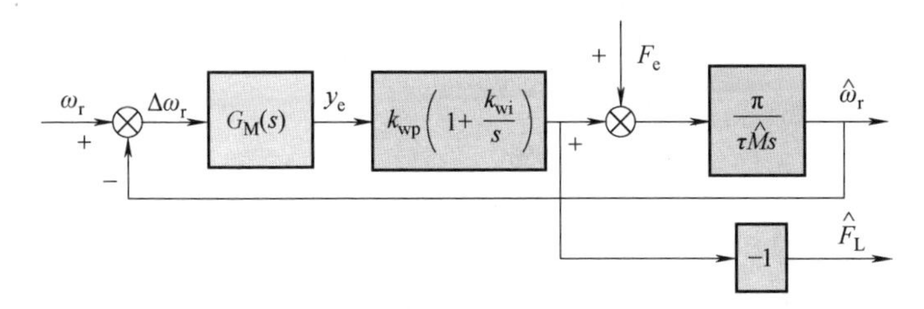

图 6-6　基于扩展自适应全阶状态观测器的速度观测器系统框图

根据 LIM 运动方程，可得到电磁推力、速度和负载阻力间的传递函数为

$$F_e = s\frac{M\tau}{\pi}\omega_r + F_L \tag{6-24}$$

为此，图 6-6 中改进速度观测器的结构框图可得到进一步简化，如图 6-7 所示。

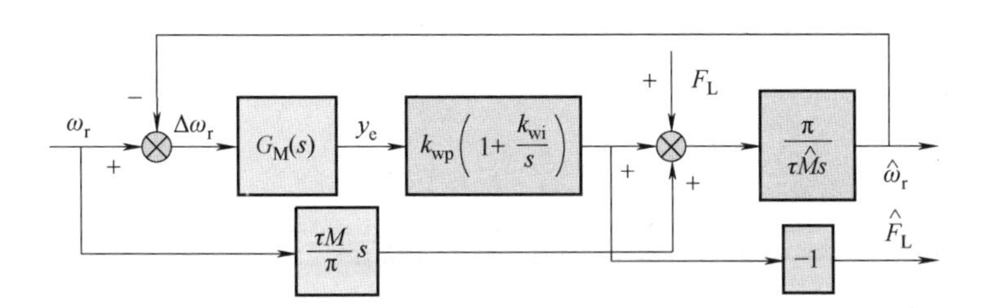

图 6-7　基于拓展自适应全阶状态观测器的速度观测器系统结构简化框图

由图 6-7 可以得到 LIM 转速和负载阻力的传递函数为

$$\begin{cases} \hat{\omega}_r = \dfrac{M\hat{M}^{-1} + G_{op}(s)}{1+G_{op}(s)}\omega_r + \dfrac{1}{1+G_{op}(s)}\dfrac{\pi}{\tau\hat{M}s}F_L \\ \hat{F}_L = \dfrac{\tau(M-\hat{M})}{\pi}\dfrac{G_{op}(s)}{1+G_{op}(s)}s\omega_r + \dfrac{G_{op}(s)}{1+G_{op}(s)}F_L \end{cases} \tag{6-25}$$

式中，$G_{op}(s)$ 为速度观测器的开环传递函数，且 $G_{op}(s)=k_{wp}\frac{\pi}{\tau\hat{M}}G_M(s)\frac{s+k_{wi}}{s^2}$。

根据式（6-25），可得到如下结论：

1）即使观测器中所使用的动子质量参数 $\hat{M}$ 与其实际质量不相等，根据终值定理，所估计的转速和负载阻力在稳态条件下仍将与其实际值相等，即动子质量误差不影响速度和负载阻力估计值的稳态精度。

2）若观测器中所使用的动子质量参数 $\hat{M}$ 与其实际质量相等时，其速度与负载阻力估计值的传递函数为

$$\begin{cases}\hat{\omega}_r=\omega_r+\dfrac{1}{1+G_{op}(s)}\dfrac{\pi}{\tau Ms}F_L\\ \hat{F}_L=\dfrac{G_{op}(s)}{1+G_{op}(s)}F_L\end{cases} \tag{6-26}$$

上式表明，速度估计的动态误差仅与负载变化有关，且负载的动态估计误差也只与负载本身相关。因此，新观测器可以获得较为理想的动态性能。

3）观测器中所使用的动子质量估计值 $\hat{M}$ 会对观测器动态性能产生影响，在其估计值与实际值相等时获得最佳动态性能；但对观测器稳定性的影响，可通过调节自适应参数 k_{wp} 和 k_{wi} 来减小甚至消除。

4）由于 $G_M(s)$ 中包含电机转速和同步转速，因此该速度观测器的性能受速度和负载的影响，即在不同速度范围和负载条件下，观测器的动态性能会有所不同。

5）相比传统全阶自适应观测器的开环传递函数，扩展全阶自适应观测器的开环传递函数增加了一个位于原点的极点，使得速度观测器阶数变高，系统更复杂。

6.4 全解耦二自由度无速度传感器控制

6.4.1 速度控制器与观测器对动态性能的影响

传统的无速度传感器控制系统中，转速观测器对转速和次级磁链角度进行了估计，在以次级磁链定向的同步旋转坐标轴上实现转速、电流的双闭环控制。由于电机的机械时间常数远大于电机的电磁时间常数，且根据估计的次级磁链所计算出的磁链角度几乎与速度估计的精度无关，并且足够准确[365-366]，因此在分析转速环的动态性能时，可作如下假设：①dq 轴反馈电流与给定值始终相

等；②次级磁链定向的角度误差为零。

基于上述假设，LIM 的电磁推力可以近似如下：

$$F_e = \frac{3\pi L_m^2}{2\tau L_r} i_d i_q = k_F i_q \tag{6-27}$$

式中，$k_F = \dfrac{3\pi L_m^2}{2\tau L_r} i_d$。

结合电机的运动方程（6-27），可以得到 LIM 的近似模型如图 6-8 所示。

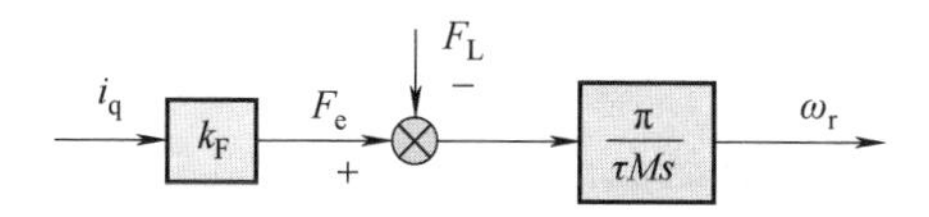

图 6-8　忽略电流环动态的 LIM 等效模型

若采用传统的全阶自适应状态观测器为速度观测器，并使用传统 PI 控制器作为速度环的控制器，则整个系统的简化结构如图 6-9 所示。根据图 6-9 可得到转速的传递函数为

$$\omega_r = G_{rA}(s)\omega_r^* - G_{dA}(s) F_L \tag{6-28}$$

式中，$G_{rA}(s)$ 为实际速度与给定速度之间的传递函数，且 $G_{rA}(s) = \dfrac{G_{c1}(s)G_F(s)G_{o1}(s)}{1+G_{c1}(s)G_F(s)G_{o1}(s)}$；$G_{dA}$ 为实际速度与负载扰动之间的传递函数，且 $G_{dA}(s) = \dfrac{G_F(s)G_{o1}(s)/k_F}{1+G_{c1}(s)G_F(s)G_{o1}(s)}$；$G_{c1}(s) = k_{cp}\dfrac{s+k_{ci}}{s}$ 为速度控制器的传递函数，$G_F(s)$ 和 $G_{o1}(s)$ 为转速观测器的闭环传递函数，且 $G_F(s) = \dfrac{k_F\pi}{\tau M s}$ 和 $G_{o1}(s) = \dfrac{G_M(s)k_{op}\left(1+\dfrac{k_{oi}}{s}\right)}{1+G_M(s)k_{op}\left(1+\dfrac{k_{oi}}{s}\right)}$。

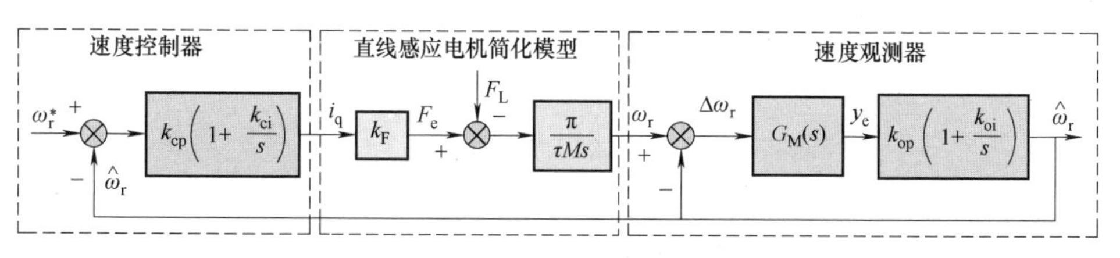

图 6-9　传统无速度传感器控制系统简化原理框图

由式（6-28）可知，传递函数 $G_{rA}(s)$ 决定了系统对速度指令的跟踪性能，传递函数 $G_{dA}(s)$ 则决定了系统对负载扰动的抑制性能。可以看到，对速度跟踪和负载扰动来说，$G_{rA}(s)$ 与 $G_{dA}(s)$ 具有相同的开环传递函数

$$G_{so1}(s)=G_{c1}(s)G_{M}(s)G_{o1}(s) \tag{6-29}$$

因为系统开环传递函数包含了速度观测器和速度控制器的传递函数，所以系统整体动态性能同时受速度观测器和速度控制器的影响。为此，要提高无速度传感器控制系统的动态性能，就必须对速度控制器和速度观测器同时进行优化。进一步，调整观测器和控制器的任何一个参数，都将同时改变系统的指令跟踪性能和负载扰动抑制能力，即跟踪性能和抗扰性能只能折衷而很难同时达到最优值。同时，由于系统开环传递函数包含速度控制器和速度观测器，所以必须充分考虑和保证两者的稳定性：在控制器和观测器的设计及参数选择上，需要进行深入的分析和全面的权衡，从而增加了系统稳定性的分析难度。

6.4.2 全解耦二自由度控制器设计

如前所述，传统的无速度传感器控制方法，其速度控制器和速度观测器的参数都会对系统的动态性能产生影响；同时，任一参数的改变都会影响系统的指令跟踪性能和负载扰动抑制能力，因此在参数设计时需对跟踪性能和抗扰性能进行合理的折衷。为了解决上述问题，相关学者提出了二自由度控制方法[367-371]，其核心思想是：采用适当方法将控制器分解成两个独立部分，并由两组独立的参数来控制系统的跟踪性能和抗扰性能。该方法已在有速度传感器的电机驱动系统中得到应用，但在无速度传感器控制系统面临一定问题：由于其速度闭环控制中增加了速度观测器的额外动态，因此有速度传感器二自由度控制方法不能被直接采用，否则会降低 LIM 系统的运行稳定性。此外，虽然二自由度控制器一定程度上提高了系统性能，但其跟踪性能和抗扰性能无法在控制器设计中得到完全解耦，因此很难同时获得两者的最优值。为解决上述问题，本节提出了一种全解耦的二自由度无速度传感器控制方法。

6.3 节提出的扩展全阶状态观测器不仅观测了转速，同时还观测了负载阻力，然后将观测到的负载阻力进行前馈，可提高控制系统对负载扰动的抑制能力。根据这种思路，可得到如下速度控制器：

$$i_q^*=k_{cp}(\omega_r^*-\hat{\omega}_r)+\hat{F}_L/k_F \tag{6-30}$$

根据式（6-23）的观测器和式（6-30）的速度控制器，可得到对应的 LIM 无速度传感器控制系统的控制框图，如图 6-10 所示。进一步，得到控制方法的简化框图，如图 6-11 所示。

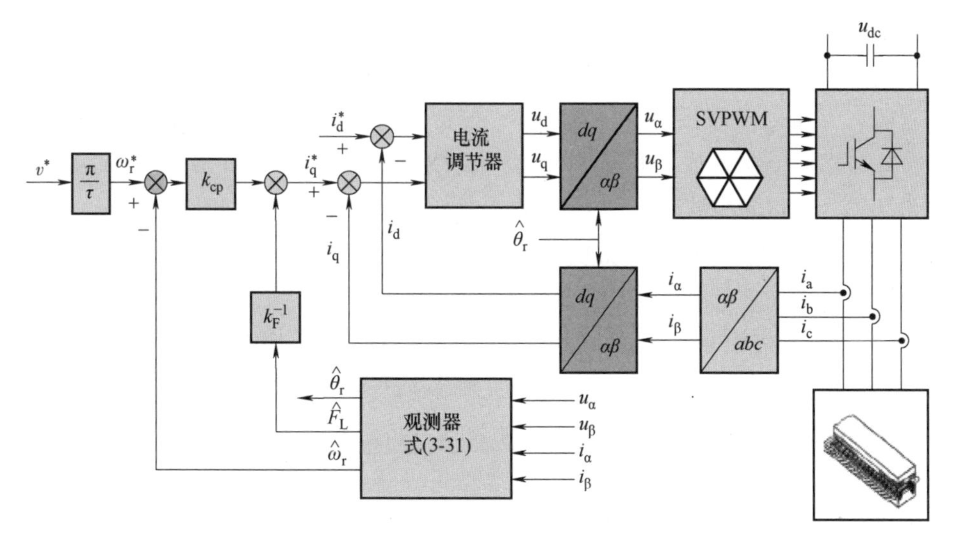

图 6-10 基于扩展全阶状态观测器和负载前馈控制器的无速度传感器控制系统框图

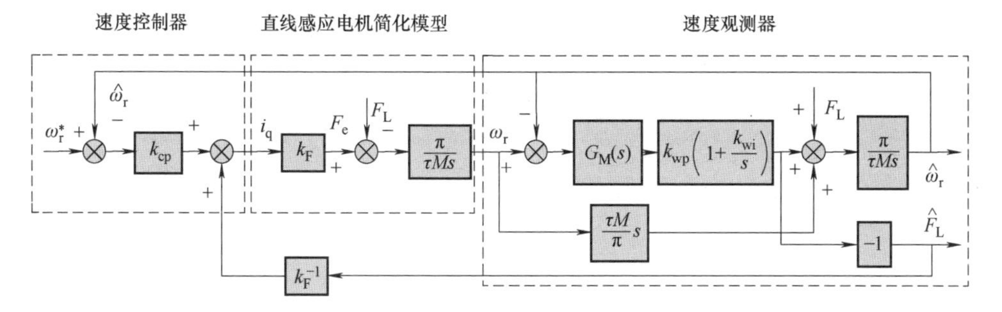

图 6-11 基于扩展全阶状态观测器和负载前馈控制器的无速度传感器控制简化原理框图

根据图 6-11 可得到速度响应表达式为

$$\omega_r=\frac{k_F k_{cp}}{\frac{\tau Ms}{\pi}+k_F k_{cp}}\omega_r^*-\frac{1}{1+G_{op}(s)}\frac{\pi}{\tau Ms}F_L \tag{6-31}$$

由式（6-31）可知，基于上述速度观测器和控制器，LIM 系统的速度闭环传递函数 $G_{rB}(s)$ 和扰动下的闭环传递函数 $G_{dB}(s)$ 可表示为

$$\begin{cases}G_{rB}(s)=\dfrac{k_F k_{cp}}{\dfrac{\tau Ms}{\pi}+k_F k_{cp}}\\[2ex] G_{dB}(s)=\dfrac{1}{1+G_{op}(s)}\dfrac{\pi}{\tau Ms}\end{cases} \tag{6-32}$$

根据式（6-32）可得

（1）系统对速度指令的跟踪性能，主要由速度控制器的参数 k_{cp} 决定，不受其他因素影响，如观测器参数和电机当前的运行状态等。

（2）系统对负载扰动的抗扰性能，主要受观测器开环传递函数 $G_{op}(s)$ 的影响，即与扩展全阶自适应状态观测器的反馈增益 g_i（$i=1,\cdots,4$）、自适应参数 k_{wp} 和 k_{wi}、电机运行状态 ω_1 和 ω_r 有关，而与速度控制器参数 k_{cp} 无关。

（3）提出的全解耦二自由度控制方法，其速度跟踪性能和负载抗扰性能可以分别由两组独立的参数进行调节。

（4）系统稳定性受 $G_{op}(s)$ 影响，仅与速度观测器的参数有关。

进一步，本节详细比较了二自由度无速度传感器控制和传统无速度传感器控制方法，其速度响应传递函数及稳定特性等信息见表 6-1。分析发现：传统控制方法下，系统的稳定性、速度跟踪性能和负载扰动抑制性能同时受速度控制器和速度观测器的影响；而在全解耦二自由度控制下，速度跟踪性能仅与速度控制器参数有关，并且其稳定性和负载扰动抑制能力仅与速度观测器参数有关，因此新方法极大简化了系统的稳定性分析、动态性能优化和参数设计等工作。

表 6-1　传统无速度传感器控制方法与二自由度无速度传感器的性能对比

	传统无速度传感器控制方法	二自由度无速度传感器控制方法
阶跃输入作用下的传递函数	$G_{rA}(s)=\dfrac{G_{c1}(s)G_F(s)G_{o1}(s)}{1+G_{c1}(s)G_F(s)G_{o1}(s)}$	$G_{rB}(s)=\dfrac{k_F k_{cp}}{\dfrac{\tau M}{\pi}s+k_F k_{cp}}$
扰动作用下的传递函数	$G_{dA}(s)=\dfrac{G_F(s)G_{o1}(s)/k_F}{1+G_F(s)G_{c1}(s)G_{o1}(s)}$	$G_{dB}(s)=\dfrac{1}{1+G_{op}(s)}\dfrac{\pi}{\tau Ms}$
稳定性分析	由 $G_{c1}(s)G_F(s)G_{o1}(s)$ 的特性决定	由 $G_{op}(s)$ 的特性决定

6.4.3　仿真及实验结果

首先，对本节所提出的无速度传感器控制方法的二自由度特性进行了仿真分析。图 6-12 给出了控制器参数 k_{cp} 为 0.2，0.4 和 0.6 时阶跃速度指令的响应波形。扩展全阶状态观测器的反馈增益 g_i（$i=1,\cdots,4$）全部设置为零，自适应参数 k_{wp} 和 k_{wi} 分别为 70 和 5，并且保持不变。在 8s 以前，LIM 速度给定值为 1m/s，可以看到采用不同的 k_{cp} 值时，LIM 速度均能保持在给定值 1m/s 附近；在第 8s 时，速度给定突然变化到 10m/s，可以看到在不同控制器参数下，LIM 速度仍在一段时间后达到了给定值；同理，在第 18s，给定速度又突然变到 1m/s，LIM 速度仍然能对给定速度进行有效的跟踪。该仿真结果充分证明了：新型无速度传感器控制方法能对 LIM 速度进行准确的控制。同时，若 k_{cp}发生变化，系统对速度指令的跟踪性能将有所不同：$k_{cp}=0.2$ 时，约 10s 转速才从 1m/s 上升到 10m/s；而当 $k_{cp}=0.4$ 时，从转速开始上升到稳定仅需约 7s；进一步增大 k_{cp}至 0.6 时，过渡时间减小到约 5s。整体而言，不同 k_{cp}值下整个过渡过程均没出现超调，这与式（6-32）的分析结论基本一致。

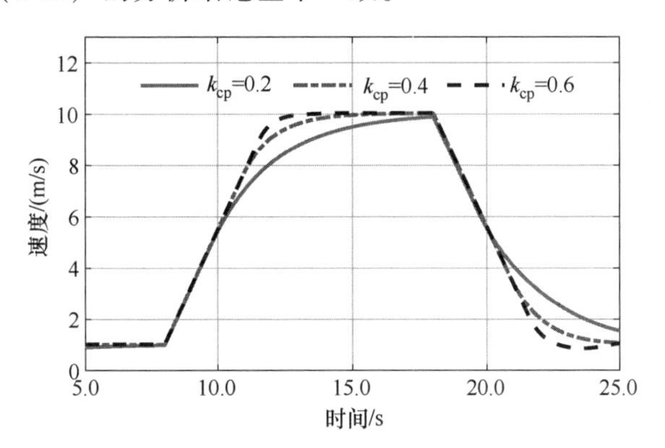

图 6-12　控制器参数 k_{cp}不同时的速度跟踪响应

图 6-13 给出了 k_{wp}不同时的速度跟踪响应曲线，控制器参数 k_{cp}保持 0.6 不变，扩展全阶状态观测器的反馈增益全部为 0，自适应参数 $k_{wi}=5$。由该图得知，虽然自适应参数 k_{wp}不同，但对速度指令的跟踪效果却基本一致。

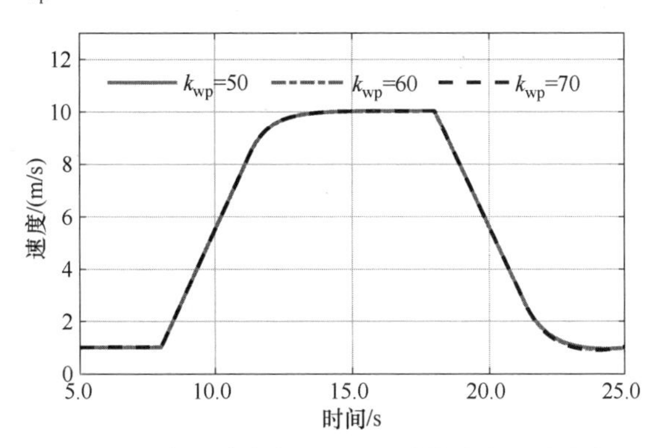

图 6-13　自适应参数 k_{wp}不同时的速度跟踪响应

图 6-14 给出了不同反馈增益下的速度跟踪响应结果，其反馈增益表达式为[43]

$$\begin{cases} g_1=(k_{pp}-1)(a_{r11}+a_{r22}) \\ g_2=(k_{pp}-1)a_{i22} \\ g_3=(k_{pp}^2-1)(a_{r11}c+a_{r21})-c(k_{pp}-1)(a_{r11}+a_{r22}) \\ g_4=-c(k_{pp}-1)a_{i22}, c=\sigma L_s L_r/L_m \end{cases} \tag{6-33}$$

式中，参数 $k_{pp}>0$。如图 6-14 所示，可知在不同反馈增益下，系统对速度指令的跟踪结果基本一致。结合图 6-12～图 6-14，可以看出系统的速度性能主要受控制器参数 k_{cp} 的影响，而与观测器的自适应参数和反馈增益关系不大。

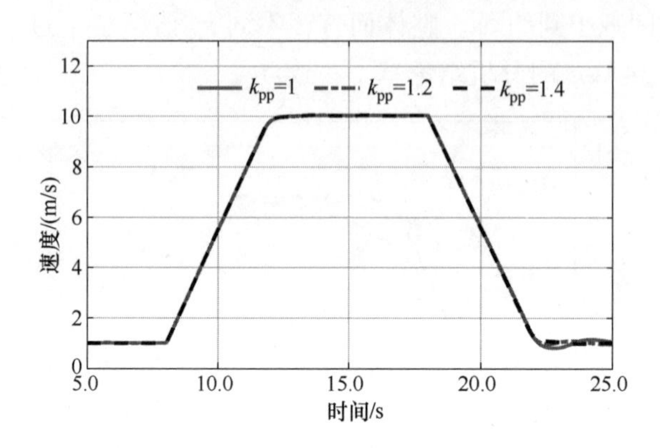

图 6-14　不同反馈增益下的速度跟踪响应

图 6-15 给出了在控制器参数 k_{cp} 不同时，系统对负载扰动的响应结果。仿真时，观测器的反馈增益全部为 0，自适应参数 k_{wp} 和 k_{wi} 分别为 70 和 5，并保持不变。在第 6s，负载突然增加 50%的额定负载，并在第 15s 卸去 50%的额定负载。由图 6-15 可以看出，虽然参数 k_{cp} 取值不一样，但速度的波动值基本一样，且恢复时间也基本一致，说明控制系统的负载扰动抑制性能与控制器参数 k_{cp} 无关。

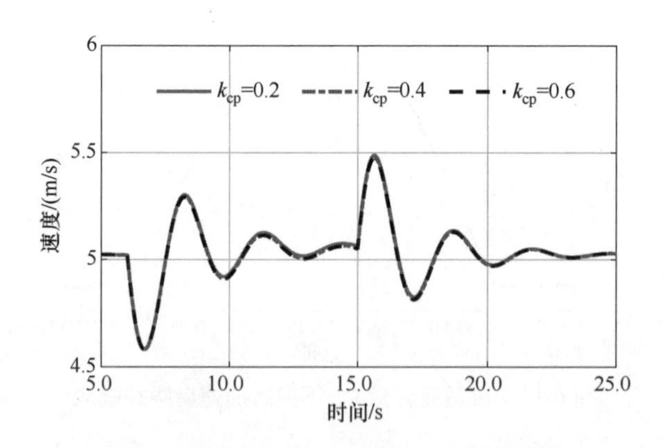

图 6-15　控制器参数 k_{cp} 不同时的负载扰动响应

图 6-16 给出了在观测器参数 k_{wp} 不一样时，系统对负载扰动的响应结果。在图 6-16 所示的仿真中，控制器参数 k_{cp} 为 0.6 保持不变，并且负载的变化也与图 6-15 的情况一致。根据图 6-16 所示的结果可以看出，k_{wp} 的值不一样时，系统对负载扰动响应的结果相比图 6-15 有较为明显的不同。在负载突然减小过程中，

$k_{wp}=50$ 时，转速波动的最大值约为 5.6m/s；而 $k_{wp}=70$ 时，转速波动的最大值减小到不超过 5.5m/s。由此可知：k_{wp}越大，转速波动值越小，并且收敛速度会越快。

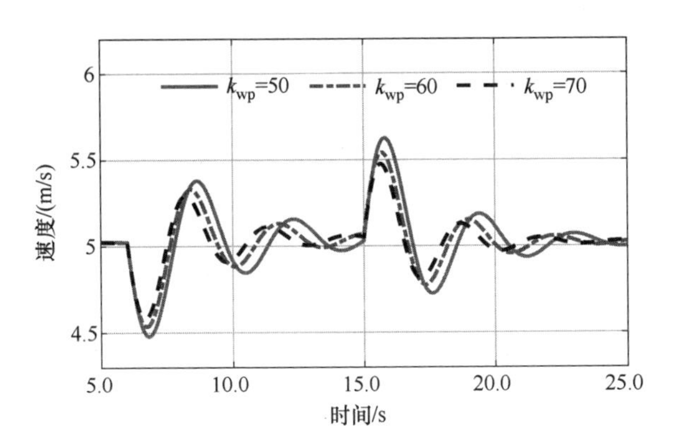

图 6-16　k_{wp}不同时的负载扰动响应

图 6-17 给出了不同反馈增益时的负载扰动响应曲线。各个仿真控制器参数和自适应参数均保持一致，仅反馈增益不同：即采用不同反馈增益时，负载扰动的响应发生了较为明显的变化。从图 6-15~图 6-17 可以证明，系统对负载扰动的抑制性能主要与观测器的反馈增益和自适应参数有关，而与控制器的参数无关。

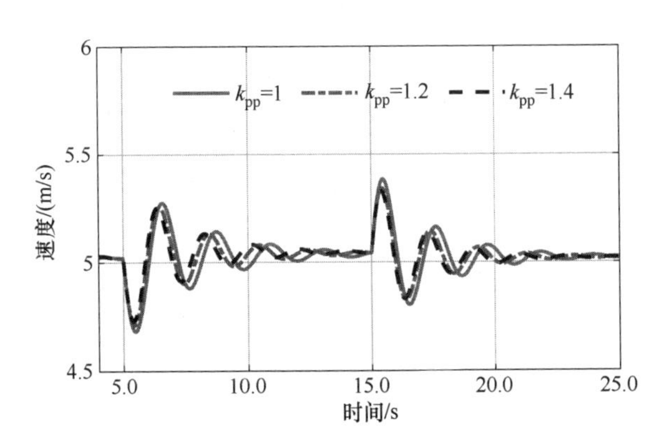

图 6-17　不同反馈增益下的负载扰动响应

综上，结合图 6-12~图 6-17 分析得知，本章所提出的无速度传感器控制方法，实现了速度跟踪性能和负载扰动抑制性能的有效解耦：其中速度跟踪性能主要由控制器参数决定，而与观测器参数无关；负载扰动抑制性能主要由观测器参数决定，而与控制器参数无关，即达到了完全解耦的二自由度控制效果。

为进一步验证无速度传感器控制算法的二自由度特性，本章进一步在弧形感应电机平台上进行了实验验证。图 6-18 给出了控制器参数 k_{cp}分别为 0.1，0.2 和 0.3 时，其速度指令跟踪的相关结果。每次实验过程中，观测器反馈增益均设置为零，且自适应参数 $k_{wp}=3$，$k_{wi}=20$ 均保持不变，而速度指令则在第 10s 从 1m/s 阶跃到 5m/s，并在第 30s 再次返回 1m/s。可以看到，k_{cp}的变化不影响实际速度最终稳定在给定值，但会影响系统的过渡时间和响应快慢：当 $k_{cp}=0.1$ 时，转速上升的过渡时间约为 20s；$k_{cp}=0.2$ 时，转速上升的过流时间约为 10s；而当 $k_{cp}=0.3$ 时，转速上升的过渡时间进一步减小到约 5s。

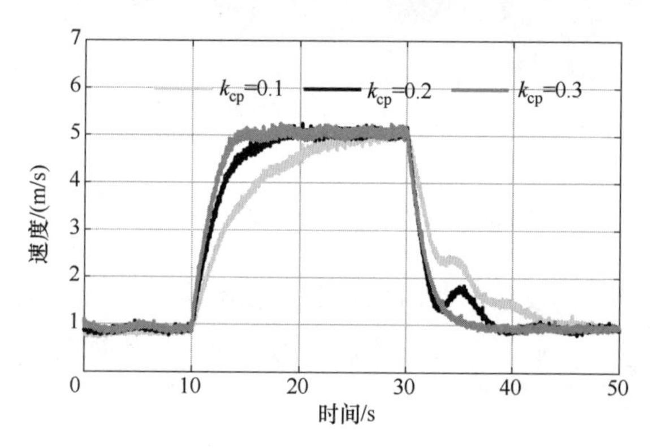

图 6-18　k_{cp}不同时的速度跟踪响应

图 6-19 给出了不同的 k_{wp}参数对阶跃速度给定的响应结果。每一次实验中，仅自适应参数 k_{wp}发生变化，而自适应参数 k_{wi}和观测器反馈增益与上一组实验相同，控制器参数 k_{cp}保持为 0.3。可以看到，虽然自适应参数 k_{wp}发生了变化，但系统的速度跟踪响应基本保持不变，这说明系统的速度跟踪性能与观测器的自适应参数无关。

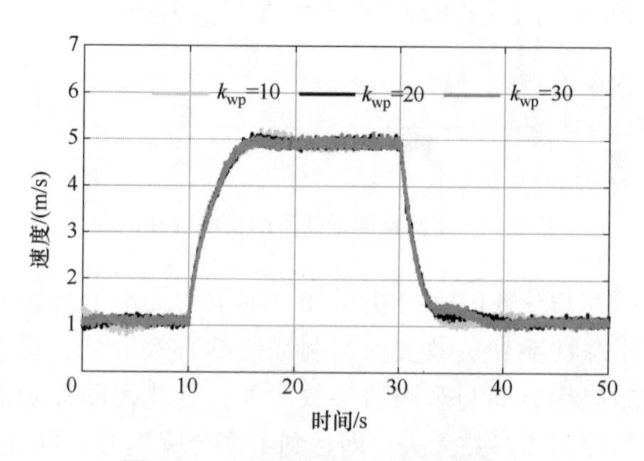

图 6-19　k_{wp}不同时的速度跟踪响应

同理，图 6-20 给出了不同反馈增益时的速度跟踪响应结果，其中每次实验仅反馈增益发生变化。可以看到，反馈增益发生变化时，系统的速度跟踪响应基本没有变化。因此，综合图 6-18~图 6-20，可得出结论：采用本章所提出的二自由度控制算法，系统的速度跟踪性能主要由控制器参数 k_{cp}决定，而与观测器的适应参数及反馈增益关系不大。

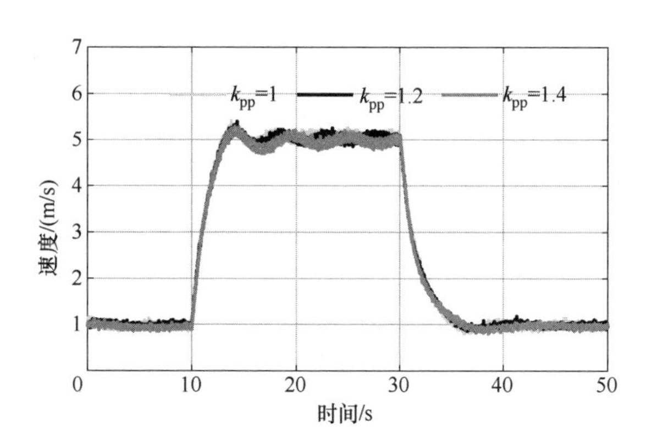

图 6-20　不同反馈增益时的速度跟踪响应

图 6-21 给出了控制器参数 k_{cp}分别为 0. 1，0. 2 和 0. 3 时，对负载扰动的响应结果，其中观测器参数与图 6-18 的参数一致。整个运行过程中，系统的给定速度保持为 5m/s，前 10s 负载阻力约为 20N，第 10s 的负载阻力增加到约 170N，第 30s 突然卸去 150N 负载阻力。可以看到，虽然 k_{cp}发生了变化，但速度变化基本保持一致。综上可知：采用本章提出的二自由度无速度传感器控制算法后，系统的负载抗扰性与速度控制器的参数 k_{cp}无关。

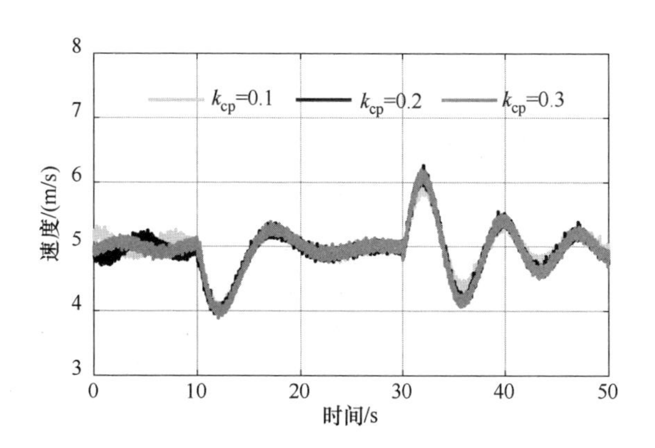

图 6-21　k_{cp}不同时的负载扰动响应

图 6-22 给出了仅观测器参数 k_{wp} 发生变化时，对负载扰动的响应结果。可以看到，面对同样的负载变化，当 $k_{wp}=30$ 时，转速波动相比 $k_{wp}=10$ 时减小了约 50%。因此，根据图 6-22 可以得出结论：采用本章所提出的二自由度无速度传感器控制算法后，系统的负载抗扰性将受速度观测器自适应参数 k_{wp} 的影响。

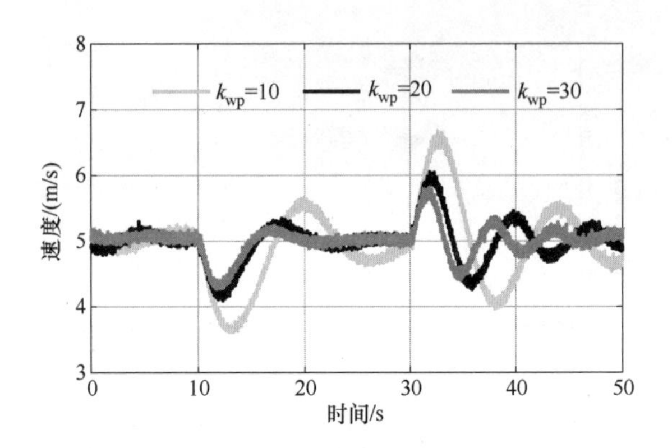

图 6-22　k_{wp} 不同时的负载扰动响应

图 6-23 给出了观测器反馈增益发生变化时，采用本章二自由度无速度传感器控制算法后，其系统对负载扰动的响应情况。观察后得知，在相同的负载变化下，采用不同的反馈增益时，速度的波动和收敛时间均不相同：特别是当负载减小时，系统的速度响应差别较为明显。因此，根据图 6-21～图 6-23 不难得出：本章提出的二自由度无速度传感器控制方法，其负载扰动抑制能力主要与观测器自适应参数和反馈增益有关，而与控制器参数 k_{cp} 关系不大。

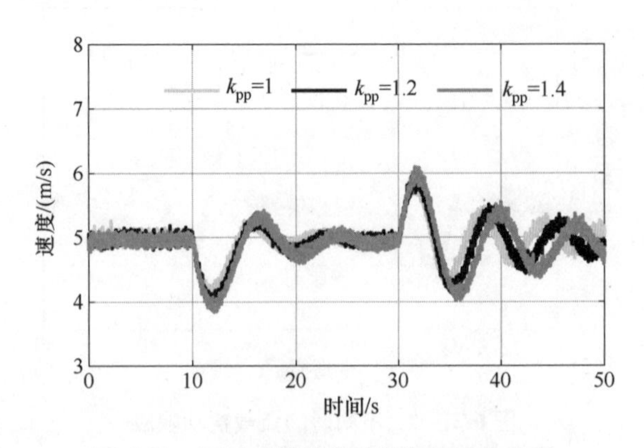

图 6-23　不同反馈增益时的负载扰动响应

综上所述，大量实验充分证明了新的二自由度无速度传感器控制算法，有效实现了速度跟踪性能和负载扰动性能的解耦：其中速度跟踪性能主要由控制器参数 k_{cp}决定，而与观测器的自适应参数和反馈增益无关；负载扰动抑制能力主要与观测器的自适应参数和反馈增益有关，而与控制器参数 k_{cp}无关。相关实验结果，与式（6-31）描述的二自由度特性完全吻合。

6.5 无速度传感器控制稳定性研究

6.5.1 稳定性与阻尼特性分析

前面谈到了二自由无速度传感器控制方法的速度响应传递函数，其表达式为

$$\omega_r=\frac{\frac{\pi}{\tau}k_{cp}k_F}{\frac{\pi}{\tau}k_{cp}k_F+Ms}\omega_r^*-\frac{1}{1+G_{op}(s)}\frac{\pi}{\tau Ms}F_L \tag{6-34}$$

式中，$G_{op}(s)=k_{wp}\frac{s+k_{wi}}{s^2}\frac{\pi}{\tau M}G_M(s)$

$$=k_{wp}\frac{\pi L_m\hat{\psi}_r^2(s+k_{wi})}{\tau M\sigma L_s L_r s^2}\frac{s^3+a_2s^2+a_1s+a_0}{s^4+b_3s^3+b_2s^2+b_1s+b_0}$$

$$\begin{cases}a_0=(x-a)\omega_1^2+(n-ay)\omega_1+am\\a_1=\omega_1^2+m+ax\\a_2=x+a\end{cases}$$

$$\begin{cases}b_0=(m-\omega_1^2-\omega_1y)^2+(n+\omega_1x)^2\\b_1=2x(m-\omega_1^2-\omega_1y)+2(y+2w_1)(n+\omega_1x)\\b_2=x^2+2(m-\omega_1^2-\omega_1y)+(y+2w_1)^2\\b_3=2x\end{cases}$$

由式（6-34）可以看出，系统的稳定性和抗扰性能均取决于扩展全阶状态自适应观测器的开环传递函数 $G_{op}(s)$。根据观测器的开环传递函数 $G_{op}(s)$ 得知，它有6个极点和4个零点，其中观测器的自适应环节提供了2个位于原点的极点和1个实数轴上的零点，其他4个极点和3个零点由传递函数 $G_M(s)$ 所决定。而 $G_M(s)$ 的零、极点由反馈增益 $g_i(i=1,\cdots,4)$ 和电机参数及运行状态决定。基于根轨迹原理，系统闭环稳定特性与系统开环传递函数的零极点的位置密切

相关。由于自适应环节提供的零极点位置已经确定，而传递函数 $G_M(s)$ 的零极点位置与电机运行状态有关：因此先分析传递函数 $G_M(s)$ 的零极点分布及变化趋势。

考虑到反馈增益为零时，即有

$$g_1=0,g_2=0,g_3=0,g_4=0 \tag{6-35}$$

为了保证电机在一定范围内稳定运行，并且各系数相对简单，为此需先对反馈增益为零时的情况进行分析。图 6-24 给出了转差频率保持不变时，同步角频率变化时的传递函数 $G_M(s)$ 零极点分布及变化趋势：图中箭头所指方向为同步转速由零开始逐渐变化时，其零极点位置变化的趋势，实心圆点表示零点，x 点表示极点，运行点为额定转差频率。

由图 6-24 可以看出，$G_M(s)$ 的极点为两对共轭极点，并且全部在 s 平面的左半平面内。而由图 6-24a 得知，当同步转速比较小时，系统左边的两个零点 z_1 和 z_2 均在实数轴上，但同步转速逐渐升高时，两个零点先向中间相向移动，汇合后又各自离开实数轴且其实部逐渐减小；同时，系统左边的一对共轭极点虚部绝对值逐渐增大，实部基本保持不变，而右边的一对共轭极点实部逐渐减小，虚部绝对值则不断增大。由图 6-24b 可以看出，当同步角速度接近于 0 时，其零点均在负实数轴上，但当同步转速逐渐减小时，零点 z_1 在实数轴上会先向右移动，并越过虚轴进入复域的右半平面；随着同步频率继续减小，零点 z_1 又会回到复域的左半平面，同时零点 z_2 和 z_3 则逐渐相向移动，相遇后则离开实数轴，成为一对共轭零点。

根据图 6-24，当反馈增益为零时，$G_M(s)$ 的零极点分布规律总结如下：

（1）在任何情况下，$G_M(s)$ 的极点都是两对共轭的极点，并且均在复域左半平面。

（2）$G_M(s)$ 的零点可分为三种情况：

1）三个零点均在负实数轴上，此时电机的同步频率非常接近 0。

2）两个零点在负实数轴上，一个零点在正实数轴上，此时电机的同步频率小于 0，处于再生发电状态。

3）两个零点为共轭零点，位于复域的左半平面，一个零点在负实数轴上，此时电机的同步频率绝对值较大。

根据开环系统的零极点位置，可以绘制出相应的根轨迹图。根轨迹反映了当系统的开环增益变化时，对应的闭环极点位置变化的趋势。而根据线性系统理论，如果闭环传递函数有极点落在了 s 域的右半平面，则系统不稳定；同时，闭环系统实部最大的极点为系统的主导极点，决定了系统的收敛速度。根据

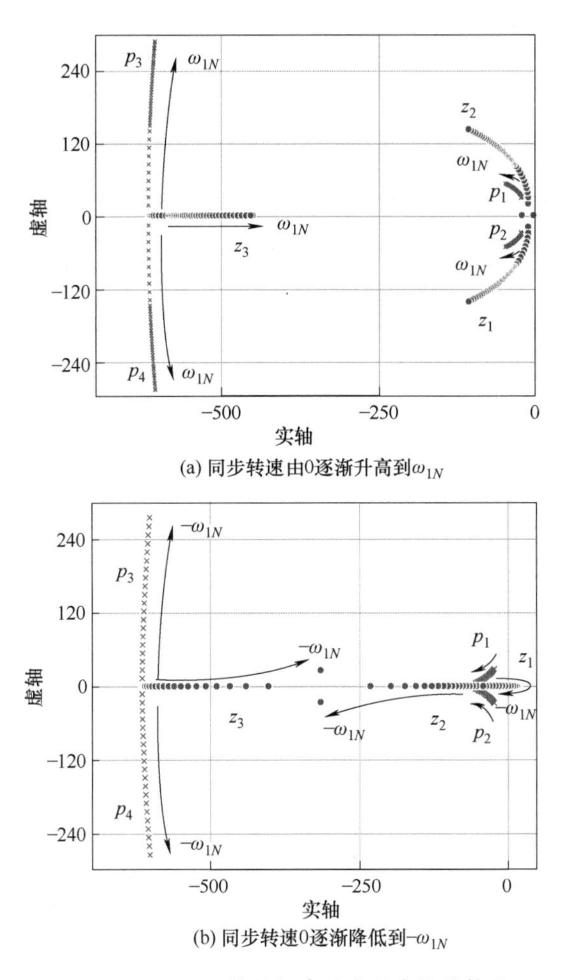

(a) 同步转速由0逐渐升高到ω_{1N}

(b) 同步转速0逐渐降低到$-\omega_{1N}$

图 6-24　$G_{M}(s)$ 的零极点分布及变化趋势图

$G_{M}(s)$ 零极点分布的不同情况，可以得到开环系统 $G_{op}(s)$ 的几种典型根轨迹图。如图 6-25～图 6-27 所示，左边为开环系统根轨迹图，右边则给出了相应条件下闭环系统主导极点的变化轨迹。

由图 6-25 得知，当开环系统 $G_{op}(s)$ 的零点均位于复域左半平面时，根轨迹始终在左半平面内，即能保证系统的稳定；由于 $G_{M}(s)$ 的一个零点非常靠近虚轴，为此系统的收敛性能不佳。图 6-26 中 $G_{M}(s)$ 有一个零点位于正实数轴，因此必然存在一条从原点出发，沿正实数轴到该零点的根轨迹，且系统的主导极点一定在这条根轨迹上。由于系统存在实部为正的闭环极点，因此系统一定不能稳定运行。

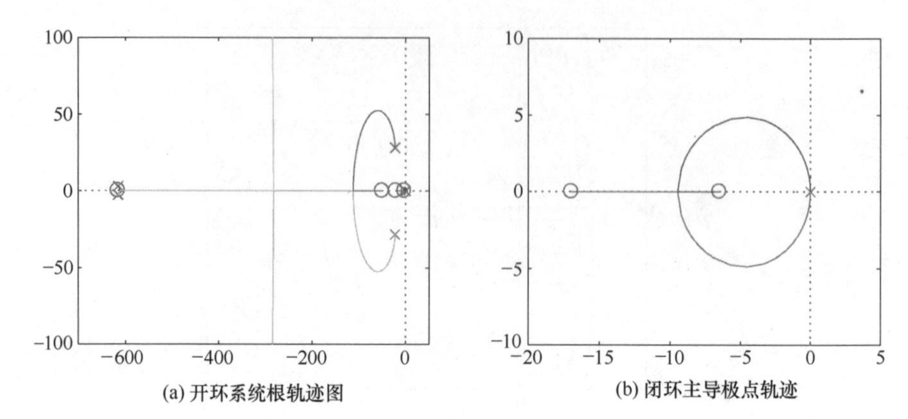

图 6-25　$G_M(s)$ 的三个零点均位于负实数轴时，开环系统 $G_{op}(s)$ 的根轨迹图和闭环主导极点的轨迹（$\omega_s=30\text{rad/s}$，$\omega_1=30\text{rad/s}$）

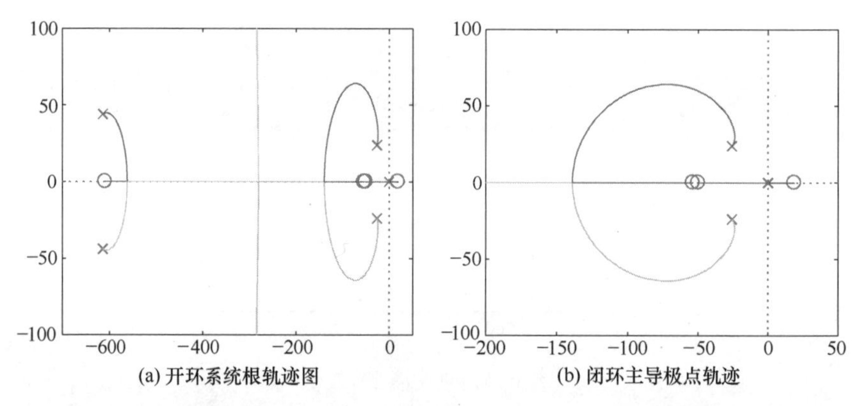

图 6-26　$G_M(s)$ 的两个零点均位于负实数轴，一个零点位于正实数轴时，开环系统 $G_{op}(s)$ 的根轨迹图和闭环主导极点的轨迹（$\omega_s=30\text{rad/s}$，$\omega_1=-50\text{rad/s}$）

图 6-27 中，$G_M(s)$ 的零点均位于复域的左半平面时，系统的根轨迹均在复域的左半平面，因此系统是稳定的。但应注意的是，系统的闭环主导极点在两条从原点出发到 $G_M(s)$ 的一对共轭零点的根轨迹上：两条根轨迹十分接近虚轴，同时距离实轴较远，因此系统阻尼特性较差。综上所述，根据开环系统零极点分布情况和变化趋势，可得到如下结论：

1）由于根轨迹一定从开环系统的极点出发到开环系统的零点，因此 $G_M(s)$ 的零点对系统的性能有决定性的影响。

2）在同步转速大于零，且较小的情况下，$G_M(s)$ 的一个零点距离虚轴较近，在这种情况下，会导致闭环系统的主导极点靠近虚轴，因此系统的收敛速

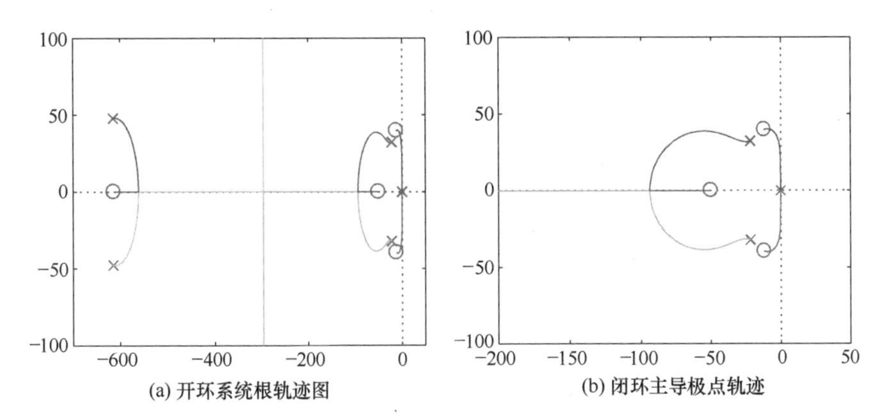

图 6-27 $G_M(s)$ 的两个零点均位于负实数轴，一个零点位于正实数轴时，开环系统 $G_{op}(s)$ 的根轨迹图和闭环主导极点的轨迹（$\omega_s=30\text{rad/s}$，$\omega_1=50\text{rad/s}$）

度较慢，动态性能欠佳。

3）在同步转速小于零，且绝对值较小的情况下，即电机工作在再生发电模式时，$G_M(s)$ 的一个零点会落在正实数轴上，此时必然存在一个闭环极点的实部大于 0，从而导致系统不稳定。

4）当同步转速的值较大时，$G_M(s)$ 会存在一对靠近虚轴但距实轴相对较远的共轭零点，会导致系统闭环主导极点靠近虚轴而远离实轴：系统虽然具有一度稳定裕度，但会呈现出欠阻尼特性，且动态性能欠佳。因此，在 6.4 节仿真和实验中，系统对负载扰动的响应均存在一定振荡。

通过上述分析，不难得出系统稳定的必要条件为：$G_M(s)$ 的零极点一定要全部落在复域的左半平面。其中，$G_M(s)$ 的零点在复域左半平面的充要条件为

$$\begin{cases} x+a>0 \\ \omega_1^2+m+ax>0 \\ (x-a)\omega_1^2+(n-ay)\omega_1+am>0 \end{cases} \tag{6-36}$$

$G_M(s)$ 的极点在复域左半平面的充要条件为

$$x-\frac{1}{\sqrt{2}}\sqrt{\sqrt{p^2+q^2}+p}>0 \tag{6-37}$$

式中，$p=x^2-(y+2\omega_1)^2-4(m-\omega_1^2-\omega_1 y)$；$q=2x(y+2\omega_1)-4(n+\omega_1 x)$。

相对来说，$G_M(s)$ 极点在复域左半平面的条件相对容易满足。文献 [180] 给出了“极点放大”型反馈增益式（6-33）满足式（6-37）的条件，同时文献 [181] 也给出了一种极点直接向左平移的反馈增益设计方法，可满足观测器开环极点复域左半平面的条件，其表达式为

$$
\begin{cases}
g_1 = k_{\mathrm{LP}} R_{\mathrm{s}} (1 + a_{\mathrm{r22}} / a_{\mathrm{r11}}) (1 - \sigma a_{\mathrm{r22}} f) \\
g_2 = k_{\mathrm{LP}} R_{\mathrm{s}} \hat{\omega}_{\mathrm{r}} (1 + a_{\mathrm{r22}} / a_{\mathrm{r11}}) f \\
g_3 = -k_{\mathrm{LP}} R_{\mathrm{s}} L_{\mathrm{r}} / L_{\mathrm{m}} (1 + a_{\mathrm{r22}} / a_{\mathrm{r11}}) (1 + \sigma a_{\mathrm{r22}} f) \\
g_4 = k_{\mathrm{LP}} R_{\mathrm{s}} \hat{\omega}_{\mathrm{r}} L_{\mathrm{r}} / L_{\mathrm{m}} (1 + a_{\mathrm{r22}} / a_{\mathrm{r11}}) \\
f = [\sigma a_{\mathrm{r22}} - (k_{\mathrm{LP}} + 1)(a_{\mathrm{r11}} + a_{\mathrm{r22}})] / [\omega_{\mathrm{r}}^2 + \sigma^2 a_{\mathrm{r22}}^2]
\end{cases}
\tag{6-38}
$$

式中，k_{LP}为左移的距离。

式（6-33）与式（6-38）所给出的反馈增益矩阵设计方法，虽然满足了$G_{\mathrm{M}}(s)$的极点在复域左半平面的条件，并通过减小极点实部提高了全阶状态观测器的收敛速度，但在再生发电运行时不满足其零点在复域左平面的条件。

根据式（6-36），若反馈增益不包括同步转速ω_1，则可继续对式（6-36）进行化简，其结果为

$$
\begin{cases}
x > a \\
n - a y = 0 \\
m > 0
\end{cases}
\tag{6-39}
$$

根据上式，可得到许多符合条件的反馈增益设计方法。为减少观测器的运算时间，反馈增益参数不宜太复杂，这里给出一种符合式（6-39）条件的反馈增益为

$$
g_1 = 0, g_2 = 0, g_3 = 0, g_4 = (a y - a_{\mathrm{i22}} a_{\mathrm{r11}} + a_{\mathrm{i12}} a_{\mathrm{r21}}) / a_{\mathrm{r12}}
\tag{6-40}
$$

上面三个反馈增益参数均为零，因此有利于减小观测器的计算量。

6.5.2 自适应参数设计

虽然通过调节系统的状态反馈增益$g_i(i=1,\cdots,4)$可以改变$G_{\mathrm{M}}(s)$的零极点位置，并使之始终位于复域的左半平面以保证系统稳定运行，但是反馈增益的设计通常较为复杂，并且系统在部分运行条件下，其$G_{\mathrm{M}}(s)$零点离虚轴较近，从而导致系统闭环主导极点的实部较大，系统收敛速度较慢。上述问题，不能通过调节自适应律参数k_{wp}和k_{wi}来解决，为此必须对提出的二自由度无速度传感器控制方法进行改造和优化。

根据图6-6，对扩展全阶状态观测器进一步分析，可得到类似于基于扩展状态观测器的速度观测器结构，如图6-28所示。

由图6-2与图6-28得知：相对传统扩展状态观测器，扩展全阶状态观测器在负载阻力估计的环路中增加了传递函数$G_{\mathrm{M}}(s)$，因其阶数提升而导致系统动态性能变差。为此，若构建一个传递函数$G_{\mathrm{N}}(s)$，将其插入自适应PI和$G_{\mathrm{M}}(s)$中间，则可得图6-29所示的新型速度观测器结构框图。

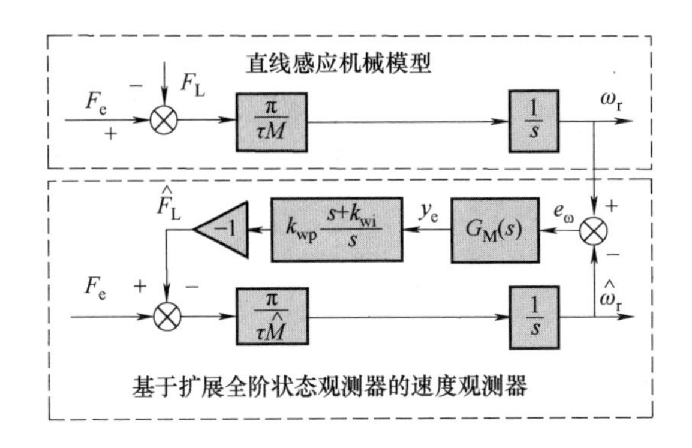

图 6-28　基于扩展全阶状态观测器的速度观测器结构框图

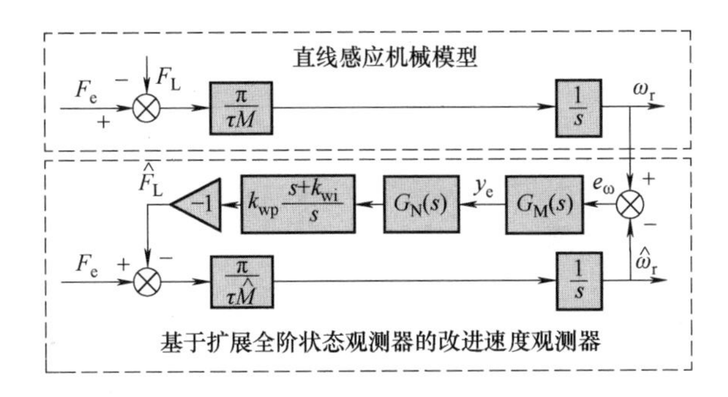

图 6-29　基于扩展全阶状态观测器的改进速度观测器结构框图

若使 $G_N(s)$ 满足

$$G_M(s)G_N(s)=1 \tag{6-41}$$

则新型速度观测器将具有传统扩展状态观测器相同的结构和传递函数表达式为

$$G_N(s)=G_M^{-1}(s)=\frac{\sigma L_s L_r(s^4+b_3s^3+b_2s^2+b_1s+b_0)}{L_m\hat{\psi}_r^2(s^3+a_2s^2+a_1s+a_0)} \tag{6-42}$$

针对式（6-42），可构建图 6-30 所示的串联系统。选取状态变量 $x_1=z$，$x_2=\dot{z}$，$x_3=\ddot{z}$，则状态方程为

$$\begin{cases}\dot{x}_1=x_2\\ \dot{x}_2=x_3\\ \dot{x}_3=-a_0x_1-a_2x_1-a_2x_3+u\sigma L_sL_r(L_m\hat{\psi}_r^2)^{-1}\\ y=b_0x_1+b_2x_1+b_2x_3+b_3\dot{x}_3+\ddot{x}_3\end{cases} \tag{6-43}$$

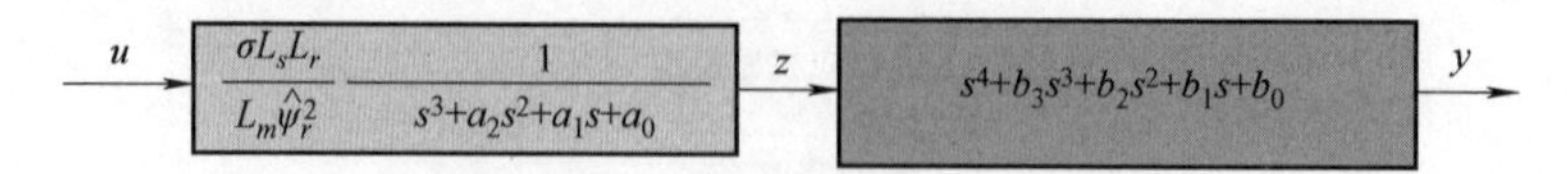

图 6-30 $G_M(s)$ 的逆系统 $G_N(s)$ 结构框图

式中输出 y 需要用到状态变量 x_3 的一阶和二阶导数，在实现时容易对系统噪声进行放大，因此可将其忽略，其新的表达式为

$$G_{NS}(s)=\frac{\sigma L_s L_r}{L_m \hat{\psi}_r^2}\frac{b_2s^2+b_1s+b_0}{s^3+a_2s^2+a_1s+a_0} \tag{6-44}$$

此时，新系统开环传递函数为

$$\begin{aligned}G_{opN}(s)&=\frac{\pi}{\tau M}k_{wp}\frac{s+k_{wi}}{s^2}G_A(s)G_{NS}(s)\\&=\frac{\pi}{\tau M}k_{wp}\frac{(s+k_{wi})}{s^2}\frac{b_2s^2+b_1s+b_0}{s^4+b_3s^3+b_2s^2+b_1s+b_0}\end{aligned} \tag{6-45}$$

式（6-45）中最右边的分子式与低通滤波器的表达式相同。考虑到机械系统的时间常数一般较大，因此可忽略其影响，此时扰动作用下的传递函数为

$$\begin{aligned}G_{dC}&=\frac{\pi}{\tau Ms}\frac{1}{1+G_{opN}(s)}=\frac{\pi}{\tau Ms}\frac{1}{1+\frac{\pi}{\tau M}k_{wp}\frac{(s+k_{wi})}{s^2}\frac{b_2s^2+b_1s+b_0}{s^4+b_3s^3+b_2s^2+b_1s+b_0}}\\&\approx\frac{\pi}{\tau Ms}\frac{1}{1+\frac{\pi}{\tau M}k_{wp}\frac{(s+k_{wi})}{s^2}}=\frac{\pi}{\tau M}\frac{s}{s^2+\frac{\pi}{\tau M}k_{wp}s+\frac{\pi}{\tau M}k_{wp}k_{wi}}\end{aligned} \tag{6-46}$$

进一步，设计自适应律为

$$\begin{cases}k_{wp}=2\dfrac{\tau M}{\pi}p_1\\k_{wi}=0.5p_1\end{cases} \tag{6-47}$$

此时，扰动作用下的传递函数为

$$G_{dC}\approx\frac{\pi}{\tau M}\frac{s}{s^2+\frac{\pi}{\tau M}k_{wp}s+\frac{\pi}{\tau M}k_{wp}k_{wi}}=\frac{\pi}{\tau M}\frac{s}{(s+p_1)^2} \tag{6-48}$$

综上所述，速度响应的传递函数表达式为

$$\omega_r=\frac{k_F k_{cp}}{\frac{\tau Ms}{\pi}+k_F k_{cp}}\omega_r^*-\frac{\pi}{\tau M}\frac{s}{(s+p_1)^2}F_L \tag{6-49}$$

由此可见，原二自由度无速度传感器控制方法不稳定和阻尼特性欠佳的原因，主要在于 $G_{\mathrm{M}}(s)$ 的零点靠近虚轴。通过在观测器中串入 $G_{\mathrm{M}}(s)$ 以后，可以减小 $G_{\mathrm{M}}(s)$ 的零点对系统性能的影响。最终系统的扰动响应仅受参数 p_1 的影响，从而有效解决了电机在不同运行状态下的动态响应性能变化的问题，并且改善了系统对负载扰动欠阻尼的特性。

6.5.3 仿真及实验结果

由式（6-34）可知，未改进的二自由度无速度传感器控制算法，系统的抗扰性能将受到观测器的反馈增益的影响。图 6-17 给出了未改进前的二自由度控制算法在不同的反馈增益时，对负载扰动的响应结果：其反馈增益不同时，速度会发生较为明显的变化。本节继续研究不同类型的反馈增益对系统抗扰性能的影响。图 6-31 给出了未改进的二自由度无速度传感器控制算法在不同类型反馈增益下的负载扰动响应结果，图中反馈增益 A，B 和 C 分别代表式（6-33）、式（6-38）和式（6-40）三种不同类型的增益。可以看出：当采用不同类型的反馈增益时，未改进的二自由度无速度传感器控制方法，其抗扰性能较差；当给定转速发生变化时，其实际速度不仅会发生较大的变化，还会出现一定的振荡。

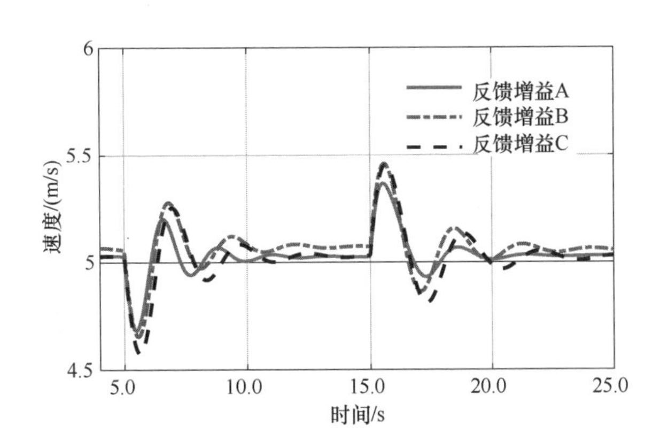

图 6-31　未改进二自由度无速度传感器控制的负载扰动响应

图 6-32 给出了改进后的二自由度无速度传感器控制算法在不同类型的反馈增益下对负载扰动的响应结果，可以看到：不同类型的反馈增益对负载扰动的响应结果基本一致，并且当负载发生同样变化时，转速会明显减小且不存在振荡，基本符合式（6-48）所示的阻尼特性。

采用改进的二自由度无速度传感器控制，实现了稳定性和负载抗扰性能

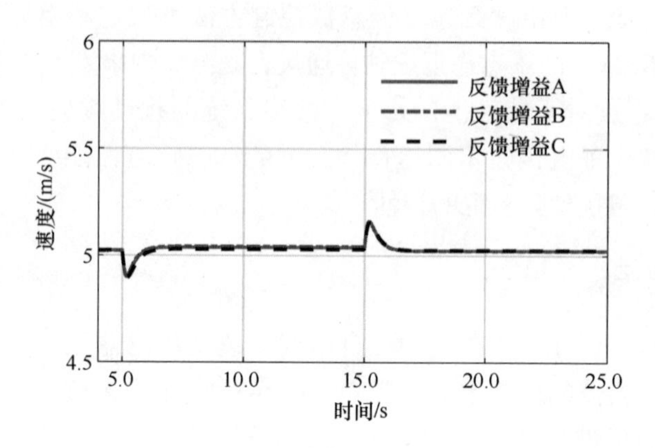

图 6-32　改进二自由度无速度传感器控制的负载扰动响应

的解耦，即在改进二自由度无速度传感器控制的参数设计时，可以通过调节观测器的反馈增益来保证整个系统的稳定性，同时在反馈增益改变时又不影响对负载扰动的抑制能力。新方法实现了系统的速度跟踪性能、负载抗扰性能和稳定性三者的解耦调节：即对速度跟踪性能可通过改变控制器参数 k_{ep} 来进行调节，负载扰动抑制能力可通过自适应参数 p_1 进行调节，而稳定性则通过观测器的反馈增益进行调节。上述反馈增益，可按式（6-40）进行设计。

为验证式（6-40）所示的反馈增益能保证系统低速再生发电运行稳定性，图 6-33 给出了采用不同反馈增益时，改进的二自由无速度传感器控制算法在 2m/s 给定速度，并以 $-0.05\mathrm{m/s^2}$ 的速率下降时的系统响应。图 6-33a 为零反馈增益时的情况，图 6-33b 为改进的反馈增益式（6-40）时的情况。根据前面的分析，当 LIM 的速度逐渐降低时，电机的运行状态将由电动运行状态变为再生制动状态，因此若采用零反馈增益时，观测器的开环零点随着转速的下降将从复域的左半平面进入右半平面，此时系统将出现不稳定情况；随着电机的速度继续下降，开环零点又会回到左半平面，此时系统会恢复稳定。从图 6-33a 可以看出，当电机的速度下降到 -1m/s 附近时，估计速度与实际速度之间的误差增大；而在其他速度时，速度估计误差则很小。从图 6-33b 得知，在整个速度运行范围内，转速估计误差均很小，且实际速度均匀下降，证明了按式（6-39）所设计的反馈增益式（6-40）具有更好的稳定性。

下面通过实验对改进二自由度无速度传感器控制方法的二自由度特性进行验证，特别是反馈增益对速度跟踪性能和负载扰动抑制性能的影响。

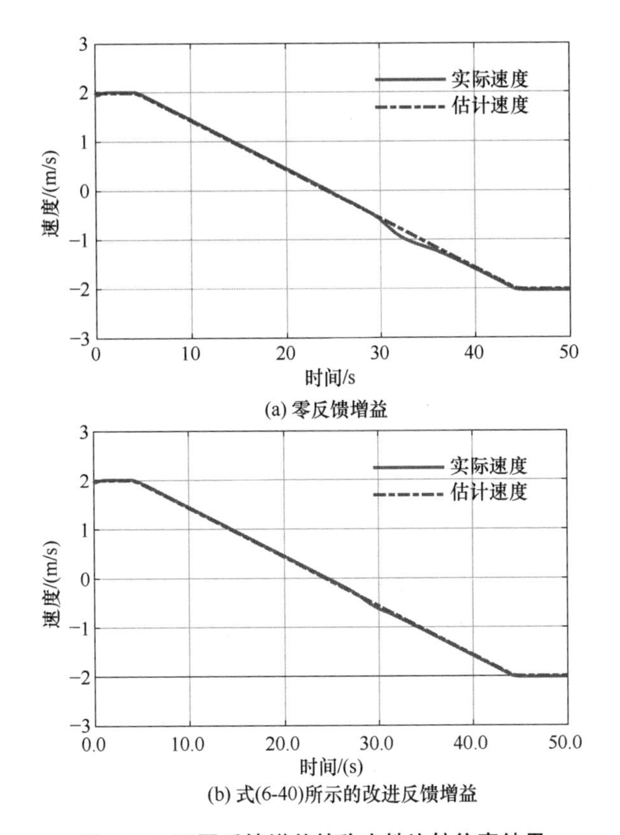

图 6-33　不同反馈增益的稳定性比较仿真结果

图6-34给出了控制器参数k_{cp}分别为0.1，0.2和0.3时，对速度指令跟踪的结果。每次实验过程中，观测器的反馈增益如式（6-40）所示，自适应参数设置如式（6-48）所示，其中$p_1=1$。速度指令每次在第10s从1m/s阶跃变化到5m/s，并在第30s再次返回为1m/s。可以看到，k_{cp}的变化不影响实际速度最终稳定在给定值，但会影响实际速度的响应速率和过渡时间；k_{cp}越大其响应越快，说明系统对速度指令的跟踪性能会受到控制器参数k_{cp}的影响。同时，电机实际速度在响应给定变化时不存在超调，符合一阶滤波器的响应特性，与前面的理论分析基本一致。此外，比较图6-18与图6-34的实验结果，可以发现改进后的二自由控制方法，在实际速度接近给定速度的过程中没有振荡，其主要原因在于：当电机速度变化时，由于黏滞阻力的存在，系统的负载阻力发生了轻微的改变；而改进后的二自由度控制，通过自适应参数的优化，解决了负载扰动导致的系统振荡，这在后面的结果中可得到进一步验证。

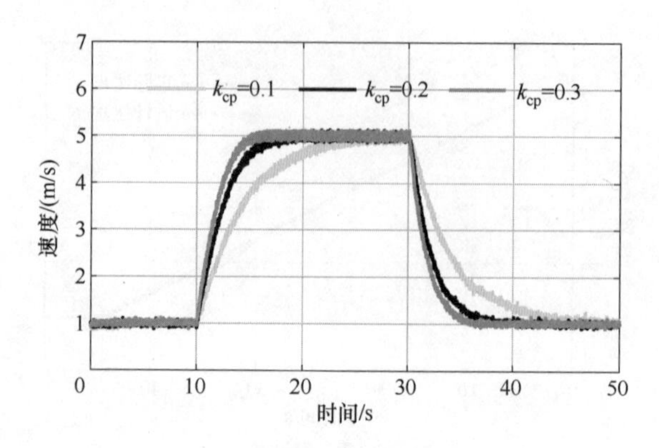

图 6-34　不同 k_{cp} 时的速度跟踪响应

图 6-35 给出了观测器自适应参数 p_1 不同时对速度阶跃给定响应的实验结果。每次实验控制器参数 $k_{cp}=0.3$，观测器的反馈增益和速度给定的设置与上一组实验相同。自适应参数 p_1 分别为 0. 50，0. 75 和 1. 00。从该图得知：当自适应参数 p_1 发生变化时，每次速度响应结果基本保持不变，因此可得出结论，系统的速度跟踪响应与观测器的自适应参数 p_1 无关。

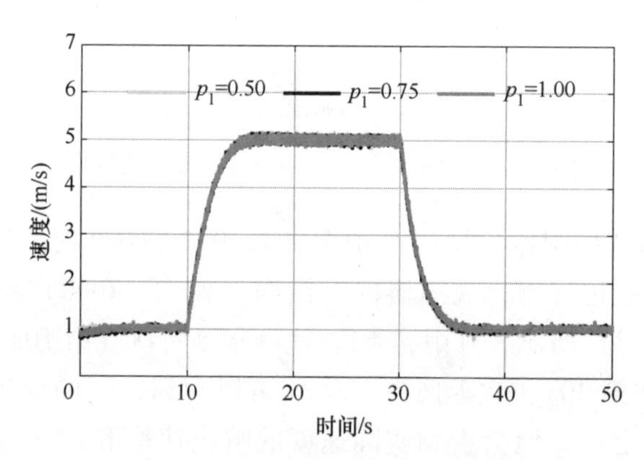

图 6-35　k_{wp} 不同时的速度跟踪响应

图 6-36 给出了不同的反馈增益参数下的二自由度无速度传感器控制算法对速度指令的跟踪结果。观测器的反馈增益如式（6-33）所示，但每次参数 k_{pp} 均不一样，分别为 1，1. 2 和 1. 4。自适应参数 p_1 和控制器参数 k_{cp} 均保持一致，分别为 1 和 0. 3。从实验结果得知：虽然每次反馈增益均不一样，但对速度指令的响应基本一致，说明采用改进二自由度无速度传感器控制算法后，其速度跟踪性能与观测器的反馈增益设置无关。

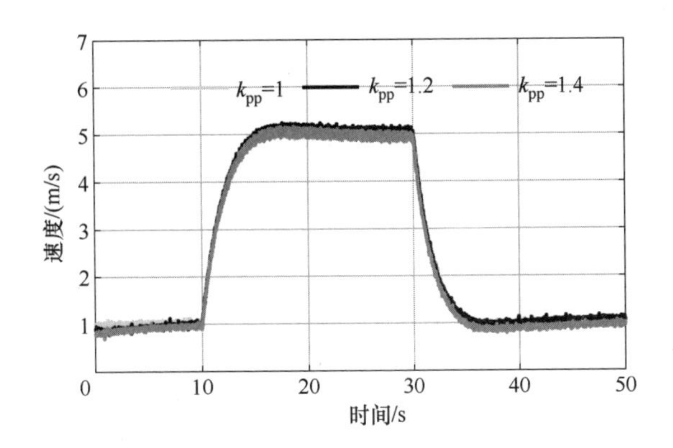

图 6-36　不同反馈增益设置时的速度跟踪响应

图 6-37 给出了控制器参数 k_{cp}分别为 0.1，0.2 和 0.3 时，改进的二自由度无速度传感器控制方法对负载扰动的响应结果。观测器参数与图 6-34 的实验参数一致。每次实验，系统的给定速度保持为 5m/s，在前 10s 负载阻力约为 20N，在第 10s 增加到约 170N，并在第 30s 突然卸去 150N。可以看到，虽然控制器参数 k_{cp}发生了变化，但速度变化曲线基本保持一致。实验结果说明：采用改进的二自由度无速度传感器控制方法后，控制器参数 k_{cp}不影响系统的负载扰动抑制性能。

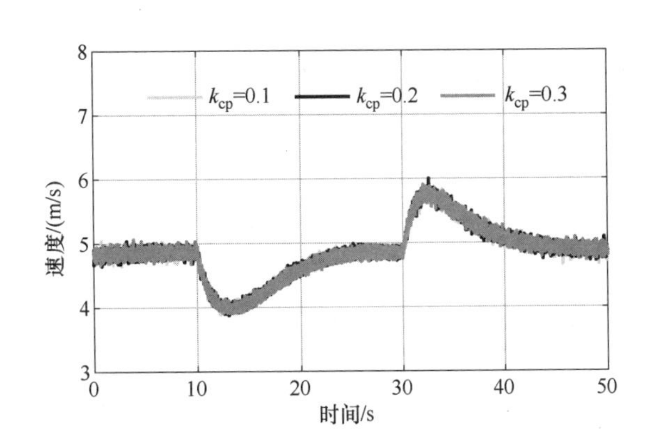

图 6-37　不同 k_{cp}时的负载扰动响应

图 6-38 给出了观测器自适应参数 p_1 发生变化时，提出的二自由度无速度传感器控制方法对负载扰动的响应结果。每次实验，速度和负载扰动的设定同图 6-37 的实验一致。可以看到，当 p_1 值越大时，同样的负载变化下转速波动越小，且速度稳定所需的时间也越短。实验结果证明了自适应参数对系统负载扰

动抑制性能的相关性。

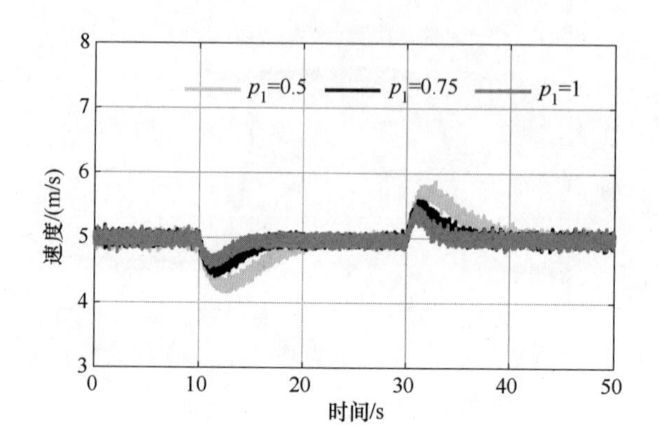

图 6-38　不同自适应参数 p_1 时的负载扰动响应

图 6-39 给出了采用本节所提出的无速度传感器控制算法时，不同反馈增益对负载扰动的响应结果。其中各次反馈增益设计与图 6-36 的实验参数一致，速度和负载扰动的设置与图 6-38 基本一致，自适应参数 p_1 和控制器参数 k_{cp} 保持不变。从图 6-39 可以看出，虽然反馈增益发生了变化，但是对相同负载扰动的响应却保持一致。结合图 6-37～图 6-39，不难得出结论：本章所提出的无速度传感器控制方法，其负载扰动抑制能力主要与观测器的自适应参数 p_1 有关，而与控制器参数 k_{cp} 和观测器的反馈增益设计无关。

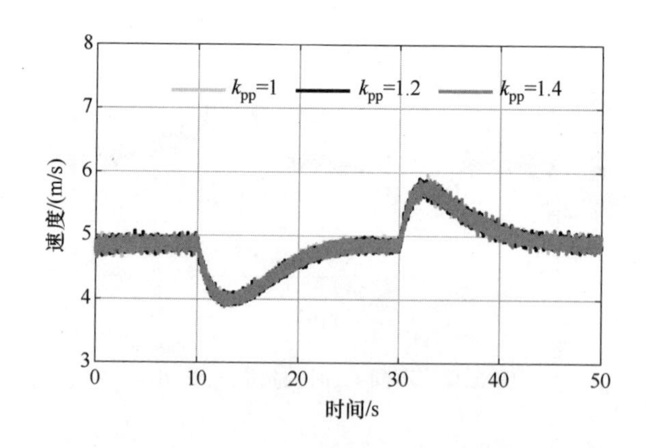

图 6-39　不同反馈增益时的负载扰动响应

综上，结合图 6-34～图 6-39 得知：本章所提出的无速度传感器控制算法，实现了速度跟踪性能和负载扰动性能的解耦，其中速度跟踪性能主要由控制器

参数 k_{cp}决定，而与观测器的自适应参数 p_1 和反馈增益无关；负载扰动抑制性能主要与观测器的自适应参数 k_{cp}有关，而与控制器参数 k_{cp}和观测器的反馈增益无关。实验结果验证了式（6-49）所描述的二自由度特性。

为了验证本书所提出的改进二自由度无速度传感器控制方法相比传统无速度传感器控制算法的特性，在 3kW 弧形感应电机上面进行了相应的实验。其中传统无速度传感器控制算法的速度观测器为传统的自适应全阶状态观测器，速度控制器采用如下式所示的二自由度 PI 控制器：

$$u=k_{\mathrm{p}}\left[(k_{\mathrm{b}}r-y)+\frac{k_{\mathrm{i}}}{s}(r-y)+k_{\mathrm{d}}s(k_{\mathrm{c}}r-y)\right] \tag{6-50}$$

由于传统的无速度传感器控制方法，在参数设计时既要考虑速度观测器对系统动态性能的影响，又要考虑速度控制器对系统性能的影响，并且速度跟踪性能和负载扰动抑制性能也无法用相互独立的参数进行调节，因此在与改进的二自由度控制算法进行比较时，首先保证两者的速度跟踪性能基本一致，然后再分别对两种方法的参数进行细调，以获得相同速度跟踪性能下的不同方法最优负载扰动性能。

图 6-40 给出了不同无速度传感器控制方法下的速度跟踪响应结果，可以看到：通过选择合适的参数，两种方法均可对实际转速进行准确估计，实现对给定转速的无静差跟踪，并达到基本一致的速度跟踪效果，这一点可从图 6-40c 的 q 轴电流响应看出；同时，两种控制方法下的 q 轴电流响应基本一致。进一步，比较图 6-40a 和 b，可发现一些细微的差别：图 6-40a 中，在速度指令从 5m/s 下降到 1m/s 时，出现了一定的速度估计误差；而图 6-40b 中，其估计速度始终与实际速度保持一致。

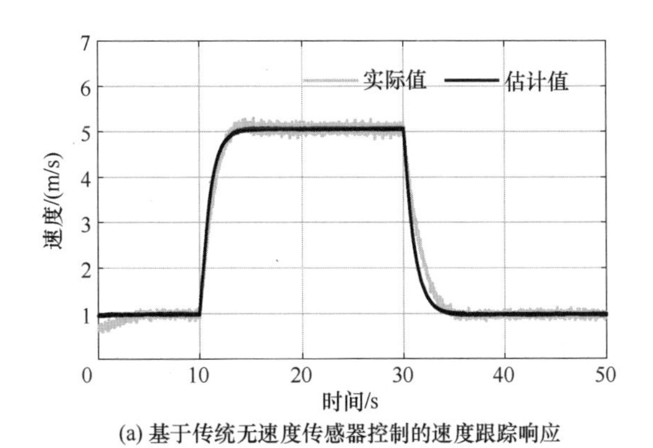

(a) 基于传统无速度传感器控制的速度跟踪响应

图 6-40　不同无速度传感器控制方法下的速度跟踪响应结果比较

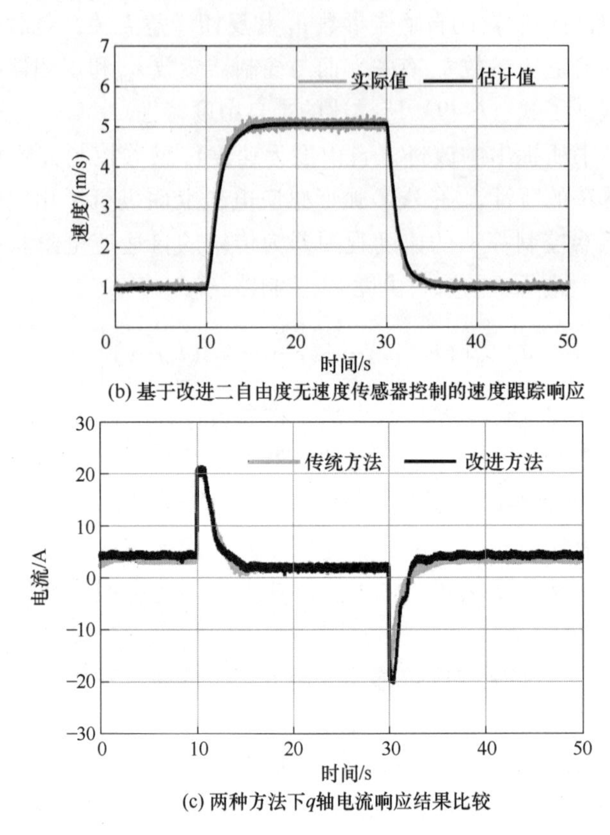

(b) 基于改进二自由度无速度传感器控制的速度跟踪响应

(c) 两种方法下q轴电流响应结果比较

图 6-40　不同无速度传感器控制方法下的速度跟踪响应结果比较（续）

图 6-41 给出了不同无速度传感器控制方法对相同负载扰动的响应结果。图 6-41a 显示，采用传统无速度传感器控制方法，突加负载后其转速下降了约 0.7m/s，恢复时间约为 3s，突减负载时其转速上升了约 0.9m/s，恢复时间约为 3s。图 6-41b 显示，采用改进的二自由度无速度传感器控制方法，突加负载时其转速约下降了 0.2m/s，突减负载时，其转速上升了约 0.1m/s。比较图 6-41a 和 b，可以看出：采用改进的二自由度无速度传感器控制方法后，系统在相同的负载扰动下，具有更小的速度波动和更短的速度恢复时间。图 6-41c 的结果显示，采用改进的二自由度无速度传感器控制方法，q 轴电流的响应速度更快。

综上所述，在相同的速度跟踪响应下，本章提出的改进二自由度无速度传感器控制方法具有更好的负载扰动性能，即具有更好的动态性能。其主要原因在于：传统的无速度传感器控制方法，无论速度控制器的参数还是速度观测器的参数均会对系统的速度跟踪性能和负载扰动性能产生影响，其参数的依赖性和耦合性，既会增加现场参数调试的工作量和难度，又会影响电机参数优化和

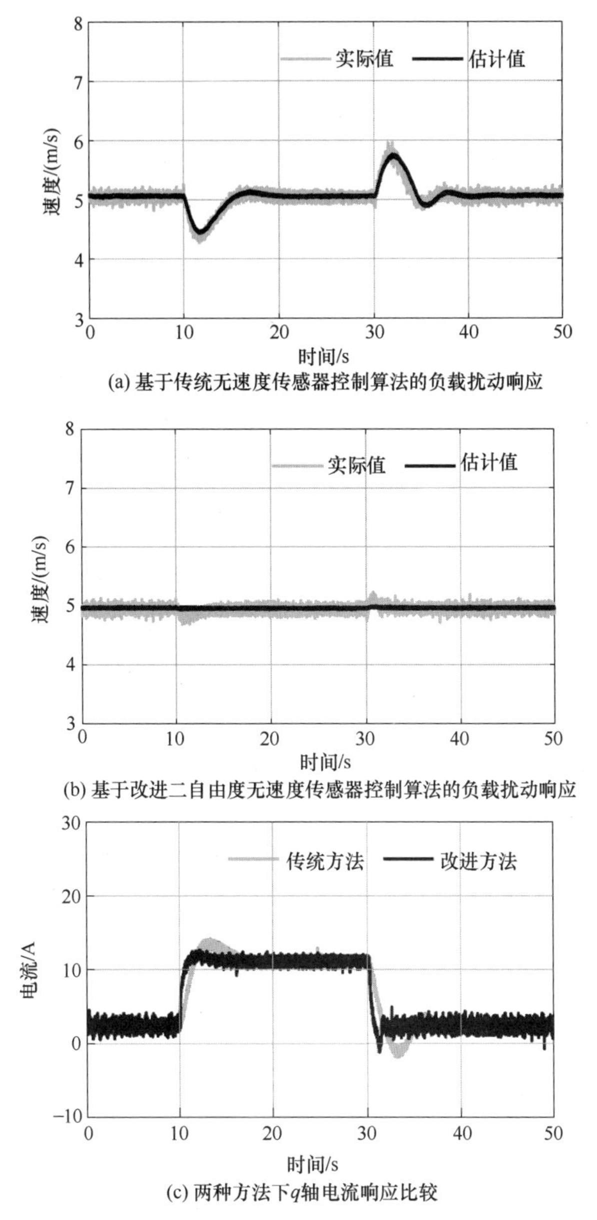

(a) 基于传统无速度传感器控制算法的负载扰动响应

(b) 基于改进二自由度无速度传感器控制算法的负载扰动响应

(c) 两种方法下q轴电流响应比较

图 6-41　不同无速度传感器控制下的负载扰动抑制结果比较

性能提升。而采用本章所提出的无速度传感器控制方法后，系统的稳定性、速度跟踪性能和负载扰动性能将分别由不同参数独立控制，并且参数与性能之间具有一定的单调性，从而减小系统参数调试的难度，提升了系统性能。

根据 6.2 节的分析，改进的二自由度无速度传感器控制方法的稳定性由观测器的反馈增益所决定。当初级电压频率较高时，可以采用零反馈增益；但当电机处于低速再生制动状态时，反馈增益的设计需要保证观测器的开环零极点均位于复域的左半平面。按照该原则，本章设计了式（6-40）所示的反馈增益。图 6-42 给出了分别采用零反馈增益和式（6-40）所示的反馈增益时，改进的二自由无速度传感器控制算法在电机给定速度从 2m/s 以-0.05m/s^2 的速率下降时的实验结果。由图 6-42a 可以看出，采用零反馈增益时，转速下降到-0.5m/s 时，估计误差会增大；由图 6-42b 可以看出，采用式（6-40）所示的反馈增益时，在整个速度变化的过程中，估计速度始终与实际速度基本保持一致。因此，相关结果充分证明了反馈增益式（6-40）具有更好的稳定性。

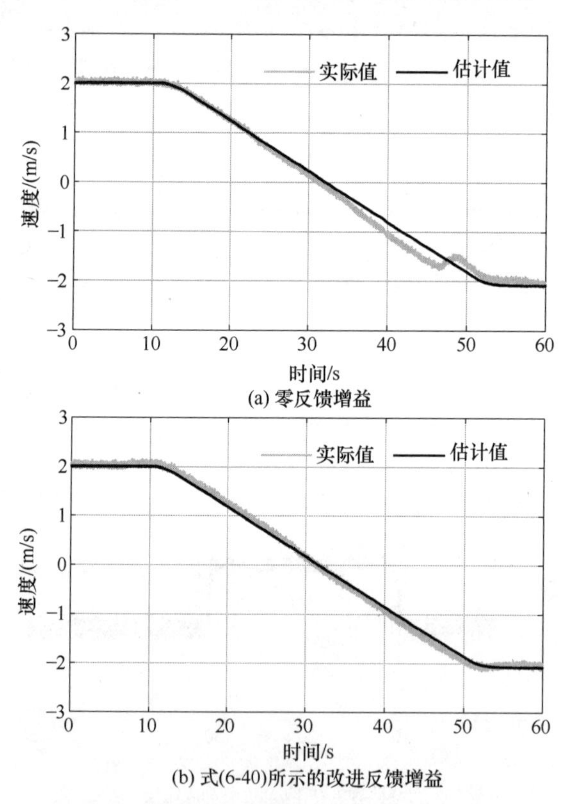

图 6-42　不同反馈增益的稳定性比较实验结果

6.6　小结

针对 LIM 无速度传感器控制系统的动态性能优化问题，本章提出了一种全解耦的二自由度无速度传感器控制方法。基于 LIM 的电磁模型和机械模型，分别分析了传统全阶自适应观测器速度估计方法和扩展状态观测器速度估计方法。在此基础上，本章提出了一种基于扩展全阶状态自适应观测器的速度估计方法，它有效结合了传统自适应全阶观测器和扩展状态观测器的优点，实现了速度和负载阻力的同时辨识。在对传统无速度传感器控制方法的分析基础上，提出了一种全解耦二自由度控制方法。该方法采用扩展全阶状态观测器速度估计方法和扰动估计补偿速度控制方法，实现了对速度跟踪性能和负载扰动性能的全解耦二自由度控制，即调节控制器参数仅改变系统的速度跟踪性能，调节观测器参数仅改变系统负载扰动能力。在此基础上，本章改进和完善了上述二自由度无速度传感器控制方法，提高了系统的扰动抑制能力和稳定性：

首先，分析了不同运行条件下扩展全阶自适应观测器开环传递函数的零极点分布，并通过对根轨迹和闭环主导极点变化趋势的分析，得到了二自由度无速度传感器控制系统稳定的必要条件，即速度观测器的开环零极点必须在复域的左半平面。

其次，揭示了改进前的二自由度无速度传感器控制在负载扰动发生时，其速度出现振荡的原因：即速度观测器的开环零点靠近虚轴，导致系统的闭环主导极点靠近虚轴而使系统欠阻尼。

再次，给出了观测器反馈增益的设计方法，以保证系统在低速再生制动时的稳定性；同时对扩展全阶状态观测器进行了改进，通过插入速度估计误差传递函数的近似逆，消除了观测器反馈增益对负载扰动抑制能力的影响，结合相应的自适应参数设计方法，改善了系统的阻尼特性。

然后，基于上述改进，提出了改进型二自由度无速度传感器控制算法，其速度跟踪性能、负载扰动抑制能力和稳定性分别由三类独立的参数进行调节，互不影响：速度跟踪性能由控制器参数 k_{cp} 决定，负载扰动控制能力由观测器自适应参数 p_1 决定，系统的稳定性则由观测器的反馈增益 g_i（i = 1，2，3，4）决定。

最后，大量仿真和实验验证了本章提出的无速度传感器控制方法的二自由度控制特性：可将其中一项性能调节至最佳状态后，再对另外一项性能进行调节，而无需考虑两者之间的相互影响，从而有利于实现系统整体动态性能的最优控制，并简化系统的参数设计，降低调试的难度。同时，本章还验证了上述二自由度控制方法在低速再生发电运行时的稳定性，相较传统方法具有更好的动态性能和更简便的参数整定过程。

Chapter 7
第7章　直线感应电机参数辨识

7.1 引言

相比 RIM，基于 LIM 的轨交牵引系统无需机械传动机构，实现了直驱式运行，在爬坡能力、转弯半径、噪声等方面具有突出优势。但是，由于结构上的特殊性，LIM 等效参数存在高阶非线性和强耦合变化。电机参数不准将对 LIM 牵引系统的运行效率提升、推力能力发挥和安全可靠性保障等造成很大的负面影响。基于电磁建模或离线辨识的补偿方法难以全面、精确地考虑所有因素，因此亟需对 LIM 在线参数辨识策略开展深入的研究。

本章首先阐述了 LIM 主要参数的变化规律，分析了参数不准对控制系统造成的影响，选取了适合于参数辨识研究的数学模型。在此基础上，提出了两种低复杂度高可靠性的 LIM 在线参数辨识方案。为增强参数辨识方法在低开关频率下的离散域稳定性并抑制系统谐波，提出了基于带开关项模型预测的高精度参数辨识和优化控制方案。而为消除参数辨识方法及牵引系统对速度传感器的依赖、提升调速控制精度和可靠性，提出了一种基于全阶观测器的励磁电感和速度并行辨识策略。综合相关研究，本章提出了一套适用于低开关频率下 LIM 牵引系统参数辨识方法。大量仿真和实验表明：新方法可以明显降低算法复杂度，降低谐波含量，进而提升 LIM 运行效率、牵引力等关键指标，保障系统安全可靠运行。

7.2 电机参数机理分析

受大气隙、初级开断、初次级不等宽等因素的影响，轨交用 LIM 在数学模型、参数变化规律及辨识需求侧重点等方面相比传统 RIM 均发生了明显变化。若直接采用 RIM 的控制及辨识方法，将无法达到各项性能指标的要求，如电机的推力、效率、响应速度等。因此，需要对 LIM 参数机理进行深入分析，特别是边端效应对电机参数的影响。从电机参数变化出发，可以有效分析出 LIM 控制性能难以充分发挥的深层次原因，进而提出相应的改进方案，对其牵引性能进行优化提升。

7.2.1 参数变化机制分析

文献［12］和文献［13］均给出了相应的参数修正公式来定量考虑 LIM 边端效应对参数的影响。但是，除了边端效应会引起参数波动外，LIM 在实际运行中还受其他一些因素影响，需要综合考虑。由于轨交用 LIM 一般工作在相对较低的频率下，因此基波激励下的数学模型可将漏感参数视为常数。下面将基于龙遐令教授提出的 LIM 模型，对初次级电阻和励磁电感的基本特点及变化规律进行定性分析，从而为后续的在线参数辨识研究奠定基础。

1. 初级电阻

和 RIM 类似，该参数主要受电机温升等因素影响，可在基于电压模型的初级磁链观测器中得到很好的体现。但是，由于以下几点原因，本书暂时不将其列入辨识参数：

1）LIM 的运行环境具有一定的散热优势。

2）由于其影响因素较为单一，变化规律较为简单，对于部分高性能场合，可以考虑增加温度传感器以利用温度系数或离线策略数据对其进行校正。

3）部分控制策略，如间接磁场定向，实现时并不依赖于初级电阻，且部分观测器方法也可以通过特殊设计来避免使用到初级电阻参数[372]。

2. 次级电阻

除了像初级电阻受温升影响之外，次级电阻还受次级侧电流频率（趋肤效应深度）影响。电流模型磁链观测器通常采用次级电阻参数，其低速轻载下性能较好，而在高速大转差下准确度相对电压模型差。而在无速度传感器控制中，次级时间常数不准会在全速范围内引起转速估计的稳态误差[373]。除此之外，LIM 次级电阻还受横向边端效应和纵向边端效应影响[246]，呈现出较强的非线性变化，需要结合场路耦合分析进行校正。

3. 励磁电感

对于 RIM 而言，其影响因素较为单一，主要为励磁状态的变化。但对于 LIM，边端效应会对励磁电感造成较大影响，使其成为磁饱和、速度、励磁频率、转差等诸多变量的非线性函数。此外，运行过程中的气隙变化，将对励磁电感动态值造成干扰，给参数的理论建模及补偿带来较大困难。

另外，因结构上的特殊性，如大气隙，LIM 励磁电感与漏感间的比值较小，尤其初级漏感的占比较大。表 7-1 给出了一种 120kW 轨交用 LIM[50] 和一种 180kW 轨交用 RIM[374] 的电感和电阻参数。可以看出，LIM 初次级漏感与励磁电感的比值分别为 16.8% 和 5.3%，而 RIM 的两项比值则仅为 3.2% 和 3.8%。上述差异将带来以下影响：

1）励磁电感较小比值会在一定程度上降低控制系统性能。

2）相对 RIM，LIM 励磁电感的辨识精度要求更高。

3）已有 RIM 励磁电感辨识方案，若直接移入 LIM 后，将面临精度低甚至失效等问题。

表 7-1　轨交用 LIM 与 RIM 主要参数对比

参数	LIM	RIM
初级（定子）电阻/Ω	0.138	0.0932
次级（转子）电阻/Ω	0.576	0.0517
励磁电感/mH	39.72	31.3
初级（定子）漏感/mH	6.688	1
次级（转子）漏感/mH	2.091	1.2

为了更清晰地反映上述参数的差异，将以上参数的特性和变化机理总结见表 7-2。

表 7-2　LIM 与 RIM 参数静态特性和动态变化机理对比

参数	静态特性	动态变化机理
初级电阻	与 RIM 类似	主要受温度影响
次级电阻	电阻率高，与初级电阻相比较大	主要受温度、趋肤效应（转差频率）和边端效应影响
励磁电感	与漏感比值较小， 尤其是初级漏感	主要受气隙大小、磁饱和 （励磁水平）和边端效应等影响

综上所述，因特殊结构和边端效应等影响，相比 RIM 系统，LIM 励磁电感和次级电阻的变化机理及规律更为复杂，其参数辨识的重点和难点也将发生较大变化。首先，辨识难度较高的励磁电感在 LIM 中更加复杂多变，若不实时在线校正，将对控制系统带来较大影响。迄今，一些文献给出了边端效应对励磁电感和次级电阻影响的理论计算公式，但是多数较为复杂且依赖电机结构参数；同时，上述方法主要考虑了边端效应对励磁电感的影响，而未综合考虑其他因素（如温度、电磁饱和程度、气隙变化等）的作用，因此难以准确反映相关参数在实际工况下的变化。同时，LIM 次级电阻的变化规律相比 RIM 更为复杂，亟需提出更加合理的在线辨识策略，以综合反映复杂因素下的变化趋势，进而消除观测不准对控制系统造成的不良影响。

7.2.2　控制系统参数需求分析

下面将以间接磁场定向为例，定量分析电机参数偏差对 LIM 控制系统中几个典型物理量的影响，从而获得普适性结论。此时，控制策略中直接用到了两个电机参数：励磁电感 L_m 和次级时间常数 T_2。次级时间常数不准将直接影响系统的定向精度，同时也会对磁链幅值控制精度造成影响[375]。在次级时间常数准确的情况下，励磁电感不准仅会对电机的磁链幅值控制产生影响，其原理和规律相对简单：当控制系统所用励磁电感小于实际值时，磁链幅值将偏大，反之偏小。因此，下面将以定向角度误差为例分析次级时间常数不准所造成的影响。

在上述间接磁场定向控制中，因为电流环 PI 控制器的存在，LIM 电流总能实现对指令值的无差跟随，其合成电流矢量是一定的。因此，当参数不准导致磁场定向出现偏差时，实际控制策略将对 dq 轴电流重新进行分配，如图 7-1 所示，从而形成两组 dq 轴分量：控制系统估计定向下的初级 dq 轴电流分量 I'_{dq}（即控制系统电流指令值 I^*_{dq}）和假想准确磁场定向下的初级 dq 轴电流分量 I_{dq}。可以看出，当真实磁链角度滞后估计角度时，假想 d 轴电流小于控制器 d 轴电流，假想 q 轴电流大于控制器 q 轴电流。

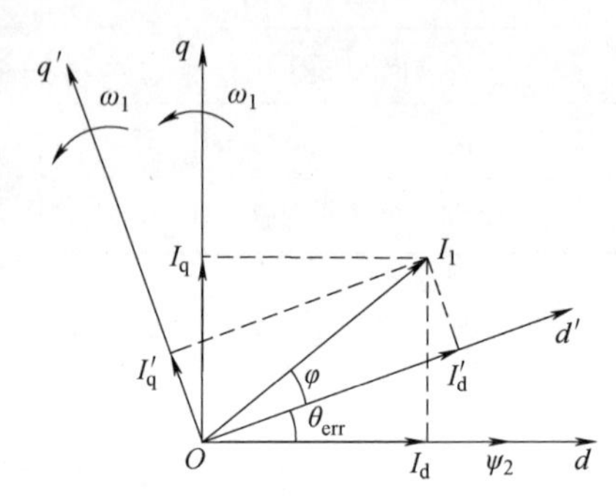

图 7-1　磁场定向不准时 dq 轴电流的再分配情况

考虑到电机同步频率是可准确获取的，当电机速度测量准确时，可通过不准确定向下的 dq 电流值计算得到真实的转差频率为

$$\omega_{sl}=\omega'_{sl}=\frac{I'_q}{\hat{T}_2 I'_d} \tag{7-1}$$

式中，I'_d 和 I'_q 分别代表估计定向下初级 dq 轴电流值；ω'_{sl} 为定向系统计算得到的转差频率；ω_{sl} 为电机真实转差频率；$\hat{T}_2$ 为控制系统次级时间常数估计值。

而真实转差频率与假想准确转子磁场定向下的 dq 轴电流的关系为

$$\omega_{sl}=\frac{I_q}{T_2 I_d} \tag{7-2}$$

式中，I_d 和 I_q 分别代表假想准确转子磁场定向下的初级 dq 轴电流值。

综合式（7-1）和式（7-2），可以得到

$$\omega_{sl}=\omega'_{sl}=\frac{I'_q}{\hat{T}_2 I'_d}=\frac{I_q}{T_2 I_d} \tag{7-3}$$

定义定向角度误差 θ_{err} 为

$$\theta_{err}=\arctan\left(\frac{I_q}{I_d}\right)-\arctan\left(\frac{I'_q}{I'_d}\right) \tag{7-4}$$

将式（7-3）代入式（7-4）可得

$$\theta_{err}=\arctan\left(\frac{I_q}{I_d}\right)-\arctan\left(\frac{\hat{T}_2}{T_2}\frac{I_q}{I_d}\right) \tag{7-5}$$

由此看出，定向角度误差同时受到 2 个比例值的影响，即 $\hat{T}_2/T_2$和 I_q/I_d：前面项代表定向所用次级时间常数与实际值的比值；后面项在 I_d 恒定时表示电机的负载情况。根据式（7-5）绘制出如图 7-2 所示的三维曲面，分析发现：线 1 代表 $I_q=0$ 状态下的定向角度误差，而线 2 代表着定向所用次级时间常数与实际值相等（$\hat{T}_2=T_2$）时的定向角度误差。由此看出，上述两种工况下的误差均为 0；以这两条线为分界线，整个曲面可分为四个大的区间。

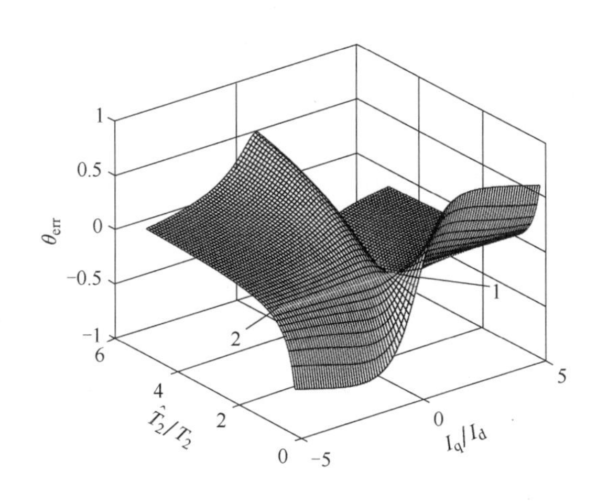

图 7-2　影响定向角度误差的两个因素的三维曲面示意图

结合上述两条辅助线，可知在不同负载情况下，定向角度误差受次级时间常数影响的程度和符号都会发生改变，具体表现为：若电机工作在正推力状态下，当控制所采用的 $\hat{T}_2$大于实际值时，定向角度误差值为负，而所采用的 $\hat{T}_2$小于实际值时，定向角度误差为正；反之，若电机工作在负推力状态下，当控制所采用的 $\hat{T}_2$大于实际值时，定向角度误差值为正，而所采用的 $\hat{T}_2$小于实际值时，定向角度误差为负。

另外，在相同次级时间常数误差比值下，定向角度误差与电机负载情况间不是单调函数的变化规律，而是每一个次级时间常数误差比值下，都存在特定的负载工况使定向角度误差最大。通过式（7-5）求解定向角度误差 θ_{err} 和电机负载状态间的偏导数，可计算得到极大值对应的负载工况，即

$$\frac{\partial\theta_{\text{err}}}{\partial\left(\dfrac{I_{\text{q}}}{I_{\text{d}}}\right)}=\frac{1}{1+\left(\dfrac{I_{\text{q}}}{I_{\text{d}}}\right)^{2}}-\frac{\hat{T}_2}{T_2}\frac{1}{1+\left(\dfrac{\hat{T}_2}{T_2}\dfrac{I_{\text{q}}}{I_{\text{d}}}\right)^{2}} \tag{7-6}$$

借助式（7-6）求解式$\dfrac{\partial\theta_{\text{err}}}{\partial\left(\dfrac{I_{\text{q}}}{I_{\text{d}}}\right)}=0$，可得

$$\left(\frac{I_{\text{q}}}{I_{\text{d}}}\right)\Bigg|\theta_{\text{err\_max}}=\pm\sqrt{\frac{T_2}{\hat{T}_2}} \tag{7-7}$$

将该极大值对应的负载工况代入式（7-5），可得定向角度误差极大值的绝对值为

$$|\theta_{\text{err\_max}}|=\left|\pm\arctan\sqrt{\frac{T_2}{\hat{T}_2}}\mp\arctan\sqrt{\frac{\hat{T}_2}{T_2}}\right| \tag{7-8}$$

可以看出，该极大值与所采用的次级时间常数的偏差相关，参数偏差越大，则定向角度误差越大。当参数误差趋向于极限时，即 $\hat{T}_2/T_2\to\infty$ 或者 $\hat{T}_2/T_2\to 0$ 时，可以得到角度误差的极限值为 0.5π。另外，也可以看到，当考虑次级时间常数的绝对误差时，若 $\hat{T}_2<T_2$，将更容易使得比值趋近于极限（0），因此该区间内角度误差的坡度明显较陡。进一步推导，可以得到：次级时间常数的反向绝对误差对定向控制的影响要大于正向绝对误差。

整体来说，参数偏差带来的影响与参数本身的偏离程度和电机运行状态密切相关。以定向角度误差为例，不同负载状态不仅会对误差大小造成影响，还可能会改变误差的符号。另外，对于直接磁场定向，虽然不是通过公式直接计算转差率，但所用到的磁链观测技术往往依赖于电机参数。因此，参数的准确获取对于 LIM 高性能控制策略及运行特性十分重要。

7.3 低复杂度在线参数辨识

在 7.2 节的基础上，下面将进一步分析 LIM 在线参数辨识方法。因为励磁电感和次级电阻对控制性能影响很大，同时受边端效应影响较重，本节将对这它们进行重点分析。整体而言，对精度需求较低的场合，可仅进行单参数在线辨识，从辨识模型上降低系统的复杂度；而对于高精度场合，将提出一种简易可行的双参数辨识方法，在实现精确辨识的同时，尽量降低辨识系统的耦合度和工作量，进而保障系统的稳定性。

7.3.1 单参数在线辨识

为降低控制复杂度，LIM 常仅考虑边端效应对励磁电感的影响[376-377]，即参数修正的主要目标便被放在励磁电感上。此时，LIM 数学模型可以看作是对 Duncan 模型的简化（忽略了边端效应对励磁支路电阻的影响），也可以是对龙遐令模型的简化（忽略了边端效应对次级电阻的影响），因此适用范围较广。尽管传统控制方法一般采取 $f(Q)$ 系数对励磁电感进行修正，但因未考虑速度以外的其他因素对励磁电感的影响，其修正存在一定偏差，故有必要对励磁电感进行在线辨识，从而提升不同工况下的参数精度。

根据 LIM 等效模型，可推出经典的电压模型方程为

$$\frac{\mathrm{d}\boldsymbol{\psi}_2}{\mathrm{d}t}=\frac{L_2}{L_\mathrm{m}}\left(\boldsymbol{u}_1-R_1\boldsymbol{i}_1-\sigma L_1\frac{\mathrm{d}\boldsymbol{i}_1}{\mathrm{d}t}\right) \tag{7-9}$$

而对应的电流模型为

$$\frac{\mathrm{d}\boldsymbol{\psi}_2}{\mathrm{d}t}=\frac{L_\mathrm{m}}{T_2}\boldsymbol{i}_1-\frac{1}{T_2}\boldsymbol{\psi}_2+\omega_2\boldsymbol{J}\boldsymbol{\psi}_2 \tag{7-10}$$

结合适当的自适应率，可得到图 7-3 所示的基于 MRAS 的励磁电感辨识策略框图。对于 RIM，考虑到励磁电感与漏感比值较大，可得到如下简化关系[378]：

$$\sigma=1-\frac{L_\mathrm{m}^2}{L_1L_2}\approx 0,\quad \sigma L_1=\left(1-\frac{L_\mathrm{m}^2}{L_1L_2}\right)L_1\approx L_{l1}+L_{l2},\quad \frac{L_2}{L_\mathrm{m}}\approx 1 \tag{7-11}$$

根据式（7-11）可知，电压模型式（7-9）近似不受励磁电感影响，可以作为励磁电感在线辨识中的参考模型；而电流模型（7-10）中右侧的第二项将明显受到励磁电感的影响，因此可以作为辨识系统的可调模型。下面将采用 Popov 超稳定性方法来推导辨识策略的自适应率。

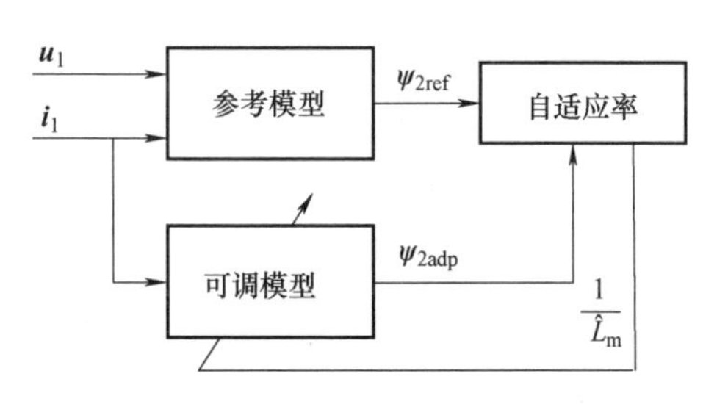

图 7-3 基于 MRAS 的基本励磁电感辨识策略结构框图

根据式（7-10）可得考虑励磁电感偏差时的电流模型误差方程为

$$\begin{aligned}\frac{\mathrm{d}\boldsymbol{\varepsilon}_\psi}{\mathrm{d}t}&=-\frac{1}{T_2}\boldsymbol{\varepsilon}_\psi+\omega_2\boldsymbol{J}\boldsymbol{\varepsilon}_\psi-\left(\frac{R_2}{L_2}-\frac{R_2}{\hat{L}_2}\right)\hat{\boldsymbol{\psi}}_2\\&=\boldsymbol{A}\boldsymbol{\varepsilon}_\psi-\boldsymbol{W}\end{aligned} \tag{7-12}$$

式中，$\boldsymbol{\varepsilon}_{\psi}$为磁链误差，且 $\boldsymbol{\varepsilon}_{\psi}=\boldsymbol{\psi}_2-\hat{\boldsymbol{\psi}}_2$；$\boldsymbol{A}=-\frac{1}{T_2}\boldsymbol{I}+\omega_2\boldsymbol{J}$；$\boldsymbol{W}=R_2\left(\frac{1}{L_2}-\frac{1}{\hat{L}_2}\right)\hat{\boldsymbol{\psi}}_2$。

对应的非线性反馈系统如图 7-4 所示。其中，前向传递矩阵（$s\boldsymbol{I}-\boldsymbol{A}$）$^{-1}$与文献［372］中的一致，具有严格正实性。而非线性反馈中包含自适应机构，需要满足 Popov 超稳定性准则，其表达式为

$$\int_0^{t_1}\boldsymbol{\varepsilon}_{\psi}^{\mathrm{T}}\boldsymbol{W}\mathrm{d}t=\int_0^{t_1}\left(\frac{R_2}{L_2}-\frac{R_2}{\hat{L}_2}\right)\boldsymbol{\varepsilon}_{\psi}^{\mathrm{T}}\hat{\boldsymbol{\psi}}_2\mathrm{d}t\geqslant-\gamma_0^2\qquad\forall\quad t_1\geqslant 0\tag{7-13}$$

式中，γ_0^2为正实常数。

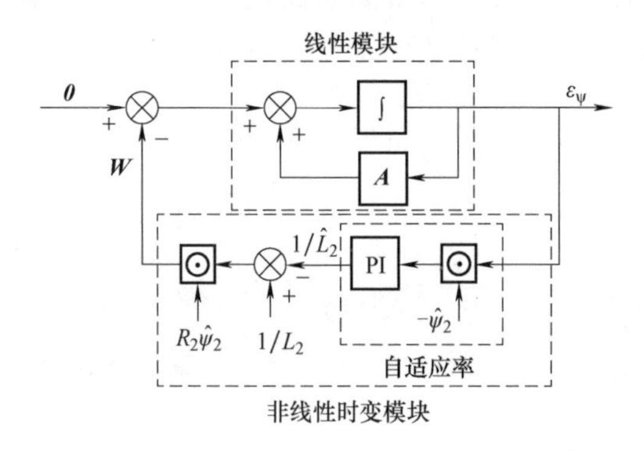

图 7-4　基于磁链的励磁电感辨识等效非线性反馈系统

为满足式（7-13），励磁电感的自适应率可被设计为

$$\frac{1}{\hat{L}_2}=-\left(K_{\mathrm{p}}+\frac{1}{s}K_{\mathrm{i}}\right)\boldsymbol{\varepsilon}_{\psi}^{\mathrm{T}}\hat{\boldsymbol{\psi}}_2\tag{7-14}$$

当 $\hat{L}_2$被辨识得到后，可利用已知的次级漏感参数信息，计算得到励磁电感的辨识值 $\hat{L}_{\mathrm{m}}$；具体实现中，上述过程可被视为一种前馈补偿方法，其自适应率为

$$\frac{1}{\hat{L}_{\mathrm{m}}}=-\left(K_{\mathrm{p}}+\frac{1}{s}K_{\mathrm{i}}\right)\boldsymbol{\varepsilon}_{\psi}^{\mathrm{T}}\hat{\boldsymbol{\psi}}_2\tag{7-15}$$

但是，该励磁电感在线辨识系统将面临如下问题：

1）电压模型中存在纯积分环节，将引入积分初值和直流偏置导致的饱和等问题，虽然纯积分器可以用低通滤波器[276]和自适应神经积分器[277]等方法解决，但相应的计算量会有所增加，还可能会出现幅值相位偏移等其他问题。

2）电压模型并非完全不受励磁电感影响，作为参考模型，需进行一定的简化。但对于 LIM，采取式（7-11）进行简化时辨识误差较大。而随着速度上升励

磁电感减小，会进一步增大误差，因此需要重新提出并设计简化方法。

为消除式（7-9）电压模型中的纯积分环节，同时尽量缩小参考模型简化引入的辨识误差，本章将提出一种基于反电动势的励磁电感辨识方案，并对简化方法进行优化。这里的观测量被选择为反电动势而非次级磁链，其表达式为

$$\boldsymbol{e}_{\mathrm{m}}=\frac{L_{\mathrm{m}}}{L_2}\frac{\mathrm{d}\boldsymbol{\psi}_2}{\mathrm{d}t} \tag{7-16}$$

相应的电压和电流模型分别为

$$\boldsymbol{e}_{\mathrm{m}}=\boldsymbol{u}_1-\left(R_1\boldsymbol{i}_1+\sigma L_1\frac{\mathrm{d}\boldsymbol{i}_1}{\mathrm{d}t}\right) \tag{7-17}$$

$$\boldsymbol{e}_{\mathrm{m}}=\frac{L_{\mathrm{m}}^2}{L_2}\frac{\mathrm{d}\boldsymbol{i}_{\mathrm{m}}}{\mathrm{d}t}=\frac{L_{\mathrm{m}}^2}{L_2}\left(\omega_2\boldsymbol{J}\boldsymbol{i}_{\mathrm{m}}-\frac{1}{T_2}\boldsymbol{i}_{\mathrm{m}}+\frac{1}{T_2}\boldsymbol{i}_1\right) \tag{7-18}$$

式中，$\boldsymbol{i}_{\mathrm{m}}$为励磁电流矢量，且$\boldsymbol{i}_{\mathrm{m}}=\boldsymbol{i}_1+(L_2/L_{\mathrm{m}})\boldsymbol{i}_2$。

这种模型本质上是基于反Γ型等效电路建立的，为了便于对比，绘制反Γ型动态等效电路如图7-5所示。式（7-17）和式（7-18）所示的电压和电流模型分别对应图中的电压环路和电流环路。

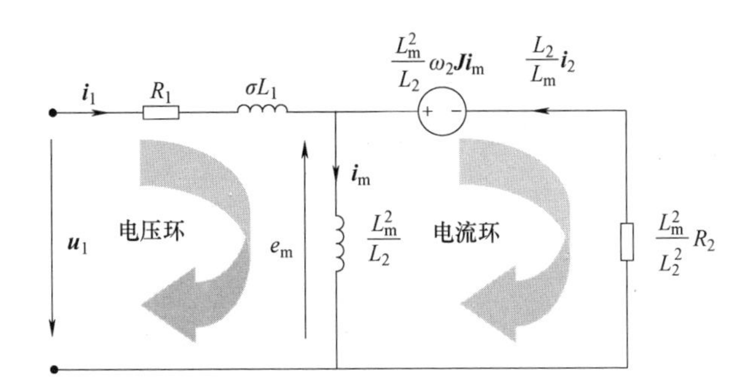

图7-5　LIM反Γ型动态等效电路

相比T型等效电路，反Γ型等效电路省去了一个漏感参数。此时，基于反电动势的电压模型也省去了一个需要简化的系数L_2/L_{m}，只需要对σL_1进行合理的简化即可。为阐明该方案的优势，有必要对式（7-15）自适应率进行分析，以判断参考次级磁链幅值和相位精度在励磁电感在线辨识中的重要性。参考磁链和自适应观测磁链之间仅存幅值误差或相位误差时的矢量关系如图7-6所示。

根据自适应率式（7-15）可知具体调节机制：通过修正励磁电感数值，使得磁链误差和自适应观测磁链之前的矢量积等于零。结合图7-6可以看出，单独存在幅值或相位偏差时，均不能满足上述结果，进而得到如下结论：基于式（7-15）的励磁电感在线辨识方案，会同时依赖于观测磁链间的相位和幅值

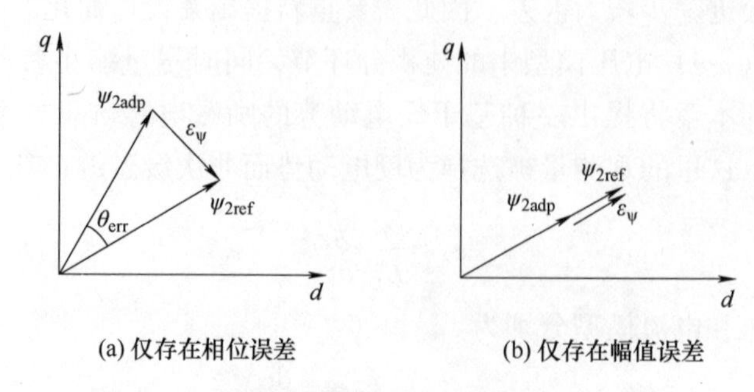

(a) 仅存在相位误差　　(b) 仅存在幅值误差

图 7-6　自适应率受参考次级磁链影响分析

关系，因此参考次级磁链的幅值和相位偏差均会影响到励磁电感辨识值的误差，即系数 L_2/L_m不准，会带来励磁电感辨识值的误差。因此，采取基于反电动势的励磁电感在线辨识方法，可提升参考模型电压方程的磁链观测幅值精度，进而减小励磁电感的辨识误差。

针对另一个系数 σL_1，为进一步提升励磁电感与次级漏感差距较小时引入的简化误差，下面提出一种改进的简化方法

$$\sigma L_1 = L_{l1} + \frac{L_{l2} L_m}{L_{l2} + L_m} \approx L_{l1} + \frac{L_{l2} L_{m0}}{L_{l2} + L_{m0}} \tag{7-19}$$

式中，L_{m0}为励磁电感的粗略值。

为了说明该方法的优势，绘制出式（7-11）和式（7-19）两种方法下的系数计算值，并和其真实值进行比较，如图 7-7 所示。

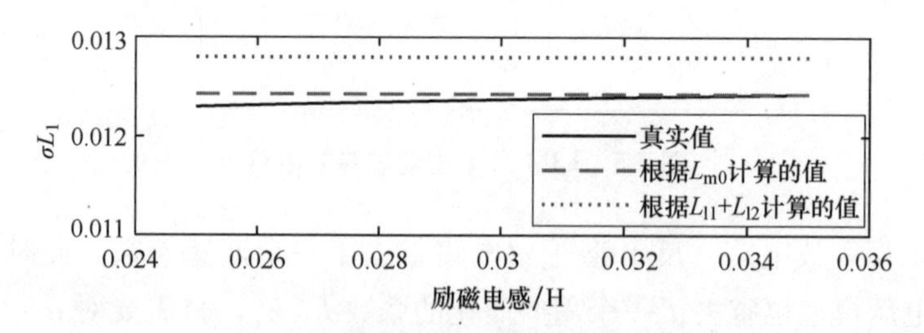

图 7-7　不同简化方法下的系数计算值对比

基于上述简化分析，与上一节类似，电压方程式（7-17）与励磁电感近似独立，可将其作为参考模型。相应地，由电流方程式（7-18）构造的反电动势观测器可被视为可调模型。分析发现，此时参考模型中不存在纯积分环节，以此避免了积分初值和直流偏置对观测辨识系统的不利影响，下面将对其自适应率进行推导。

首先将式（7-18）中的励磁电流项消除，得到只含有反电动势项的电流方程。为简化分析，特做如下假设：考虑到机械惯性影响，电磁分析中的速度被作为常值参数。根据 Duncan 模型，LIM 动态边端效应所引起的励磁电感变化主要受速度影响。相应地，也可对励磁电感进行类似的处理。考虑到励磁电流和反电动势间的微分关系，对式（7-18）两边进行微分运算，可以得到

$$\frac{\mathrm{d}\boldsymbol{e}_{\mathrm{m}}}{\mathrm{d}t}=\omega_2\boldsymbol{J}\boldsymbol{e}_{\mathrm{m}}-\frac{1}{T_2}\boldsymbol{e}_{\mathrm{m}}+\frac{L_{\mathrm{m}}^2}{L_2}\frac{1}{T_2}\frac{\mathrm{d}\boldsymbol{i}_1}{\mathrm{d}t} \tag{7-20}$$

由于 LIM 次级漏感相对励磁电感较小，可简化得到

$$\frac{L_{\mathrm{m}}^2}{L_2}\frac{1}{T_2}=\frac{L_{\mathrm{m}}^2}{L_2^2}R_2\approx R_2 \tag{7-21}$$

则反电动势的误差方程可表示为

$$\begin{aligned}\frac{\mathrm{d}\boldsymbol{\varepsilon}}{\mathrm{d}t}&=\omega_{\mathrm{r}}\boldsymbol{J}\boldsymbol{\varepsilon}-\frac{1}{T_2}\boldsymbol{\varepsilon}-\left(\frac{R_2}{L_2}-\frac{R_2}{\hat{L}_2}\right)\hat{\boldsymbol{e}}_{\mathrm{m}}\\&=\boldsymbol{A}\boldsymbol{\varepsilon}-\boldsymbol{W}\end{aligned} \tag{7-22}$$

式中，$\boldsymbol{\varepsilon}$ 为反电动势误差，且 $\boldsymbol{\varepsilon}=\boldsymbol{e}_{\mathrm{m}}-\hat{\boldsymbol{e}}_{\mathrm{m}}$；$\boldsymbol{W}=\left(\frac{R_2}{L_2}-\frac{R_2}{\hat{L}_2}\right)\hat{\boldsymbol{e}}_{\mathrm{m}}$。

采用上述类似方法，励磁电感的自适应率可被设计为

$$\frac{1}{\hat{L}_{\mathrm{m}}}=-\left(K_{\mathrm{p}}+\frac{1}{s}K_{\mathrm{i}}\right)\boldsymbol{\varepsilon}^{\mathrm{T}}\hat{\boldsymbol{e}}_{\mathrm{m}} \tag{7-23}$$

与式（7-15）相比，磁链误差和观测磁链变为了反电动势误差和观测反电动势。虽然所提出的反电动势方法消除了电压模型式（7-17）中的纯积分环节，但是，该模型需要对初级电流进行微分操作，进而将放大高频噪声，为辨识系统引入干扰。为解决该问题，本节将采用基于超螺旋算法（Super-Twisting Algorithm，STA）二阶滑模观测器方法，从而构建新的电压模型以获取反电动势参考值。该方法的主要优势为：在选用同种开关函数来保证动态性能时，其固有抖振相比传统滑模小很多[379-382]，可使观测结果更加平滑。假定存在如下微分方程：

$$\frac{\mathrm{d}x_1}{\mathrm{d}t}=f(x_1,x_2) \tag{7-24}$$

其中 x_1，x_2 均代表状态量。相应地，针对式（7-24）最简单的 STA 可表述为[383]

$$\begin{cases}\dfrac{\mathrm{d}\hat{x}_1}{\mathrm{d}t}=f(\hat{x}_1,\hat{x}_2)+\eta\,|x_1-\hat{x}_1|^{0.5}\mathrm{sgn}(x_1-\hat{x}_1)+\rho_1\\[2ex]\dfrac{\mathrm{d}\hat{x}_2}{\mathrm{d}t}=-\lambda\,\mathrm{sgn}(x_1-\hat{x}_1)+\rho_2\end{cases} \tag{7-25}$$

式中，$\hat{x}_1$和$\hat{x}_2$为两个状态变量观测值；η 和 λ 为开关增益；ρ_i为扰动项；sgn( )为符号函数。

下面将推导相应的滑模观测器方程。首先，重写电压模型式（7-17）为

$$\frac{\mathrm{d}\boldsymbol{i}_1}{\mathrm{d}t}=\frac{1}{\sigma L_1}(-R_1\boldsymbol{i}_1-\boldsymbol{e}_{\mathbf{m}}+\boldsymbol{u}_1) \tag{7-26}$$

选取初级电流 $\boldsymbol{i}_1$ 和反电动势 $\boldsymbol{e}_{\mathbf{m}}$ 作为状态变量 $\boldsymbol{x}_1$ 和 $\boldsymbol{x}_2$，式（7-26）可被表述为类似于式（7-24）的形式为

$$\frac{\mathrm{d}\boldsymbol{i}_1}{\mathrm{d}t}=f(\boldsymbol{i}_1,\boldsymbol{e}_{\mathbf{m}}) \tag{7-27}$$

将式（7-25）描述的方法应用于电机模型式（7-27），可得基于反电动势的滑模观测器为

$$\begin{cases}\dfrac{\mathrm{d}\hat{\boldsymbol{i}}_1}{\mathrm{d}t}=f(\hat{\boldsymbol{i}}_1,\hat{\boldsymbol{e}}_{\mathbf{m}})+\boldsymbol{\eta}\,|\boldsymbol{e}_1|^{0.5}\mathrm{sgn}(\boldsymbol{e}_1)\\[2mm] \qquad=\dfrac{1}{\sigma L_1}(-R_1\hat{\boldsymbol{i}}_1-\hat{\boldsymbol{e}}_{\mathbf{m}}+\boldsymbol{u}_1)+\boldsymbol{\eta}\,|\boldsymbol{e}_1|^{0.5}\mathrm{sgn}(\boldsymbol{e}_1)\\[2mm] \dfrac{\mathrm{d}\hat{\boldsymbol{e}}_{\mathbf{m}}}{\mathrm{d}t}=-\lambda\,\mathrm{sgn}(\boldsymbol{e}_1)\end{cases} \tag{7-28}$$

式中，$\boldsymbol{e}_1$为电流估计误差，$\boldsymbol{e}_1=\boldsymbol{i}_1-\hat{\boldsymbol{i}}_1$。

此时，微分项被消除，并可直接得到初级电流的微分估计值 $\mathrm{d}\hat{\boldsymbol{i}}_1/\mathrm{d}t$。相比文献［284］中的滑模观测器，定义反电动势而非磁链微分值为状态变量，可减少滑模观测器的系数个数，从而提高计算精度。最终，可得图 7-8 所示的改进型励磁电感辨识策略。

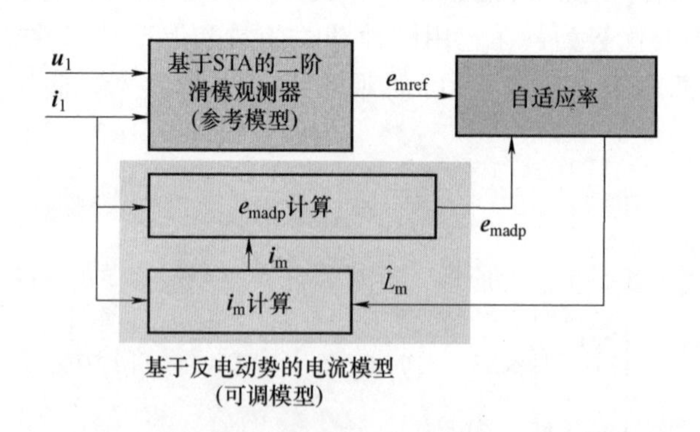

图 7-8　所提出的改进型励磁电感在线辨识方法结构框图

7.3.2 双参数在线辨识

为全面考虑边端效应对参数的影响，同时又不大幅增加辨识方法的难度，本小节将深入研究龙遐令教授提出的 LIM 数学模型。分析中，将同时考虑边端效应对励磁电感和次级电阻的影响，即同时对两个参数（或次级时间常数）进行在线辨识；而在辨识方法设计之前，需要选定待辨识对象，即集中在次级电阻与次级时间常数之间。考虑到电磁方程式中次级电阻和次级电感经常一起出现，因此较难实现两者分离，不利于并行辨识方案的设计。因此，可将次级时间常数视为一个整体进行辨识，待明确了次级时间常数和励磁电感后，可进一步获得次级电阻值。

根据式（7-10）和式（7-18）可知，励磁电感和次级时间常数耦合在这两种电流模型中，不利于自适应率的推导和分析，因此本章将不采用这些模型来构建并行辨识系统。为能实现方程解耦，需引入励磁电流为观测变量，进而分离出励磁电感和次级时间常数。首先定义：

$$\boldsymbol{i}_{\mathrm{m}}=\frac{\boldsymbol{\psi}_2}{L_{\mathrm{m}}} \tag{7-29}$$

基于式（7-29），相应的电压和电流模型方程分别为

$$\frac{\mathrm{d}\boldsymbol{i}_{\mathbf{m}}}{\mathrm{d}t}=\frac{L_2}{L_{\mathrm{m}}^2}\left[\boldsymbol{u}_1-\left(R_1\boldsymbol{i}_1+\sigma L_1\frac{\mathrm{d}\boldsymbol{i}_1}{\mathrm{d}t}\right)\right] \tag{7-30}$$

$$\frac{\mathrm{d}\boldsymbol{i}_{\mathbf{m}}}{\mathrm{d}t}=\omega_2\boldsymbol{J}\boldsymbol{i}_{\mathbf{m}}-\frac{1}{T_2}\boldsymbol{i}_{\mathbf{m}}+\frac{1}{T_2}\boldsymbol{i}_1 \tag{7-31}$$

可以看出，式（7-30）中不包含次级电阻，而式（7-31）中不包含孤立的励磁电感（即除次级时间常数外的励磁电感）。因此，在对次级时间常数进行辨识时，式（7-30）所代表的电压模型可被指定为参考模型，而式（7-31）所代表的电流模型可被视为可调模型。而当进行励磁电感在线辨识时，上述过程恰恰相反。与前文基于反电动势的方法类似，式（7-30）和式（7-31）所示的电压和电流模型方程，其本质上亦是反Γ型等效电路。

仍采用 Popov 超稳定方法来推导自适应率，此时假定励磁电感已知，次级时间常数可以通过构建相应的 MRAS 系统来进行辨识[261]。由式（7-31）可得到电流模型对应的估计方程为

$$\frac{\mathrm{d}\hat{\boldsymbol{i}}_{\mathbf{m}}}{\mathrm{d}t}=\omega_2\boldsymbol{J}\hat{\boldsymbol{i}}_{\mathbf{m}}-\frac{1}{\hat{T}_2}\hat{\boldsymbol{i}}_{\mathbf{m}}+\frac{1}{\hat{T}_2}\boldsymbol{i}_1 \tag{7-32}$$

进一步结合式（7-31）和式（7-32），可得基于励磁电流的状态误差方程为

$$\frac{\mathrm{d}\boldsymbol{\varepsilon}_{\mathrm{m}}}{\mathrm{d}t}=\omega_2\boldsymbol{J}\boldsymbol{\varepsilon}_{\mathrm{m}}-\frac{1}{T_2}\boldsymbol{\varepsilon}_{\mathrm{m}}-\left(\frac{1}{T_2}-\frac{1}{\hat{T}_2}\right)(\hat{\boldsymbol{i}}_{\mathrm{m}}-\boldsymbol{i}_1)$$
$$=\boldsymbol{A}\boldsymbol{\varepsilon}_{\mathrm{m}}-\boldsymbol{W} \tag{7-33}$$

式中，$\boldsymbol{\varepsilon}_{\mathrm{m}}$为励磁电流误差值，且 $\boldsymbol{\varepsilon}_{\mathrm{m}}=\boldsymbol{i}_{\mathrm{m}}-\hat{\boldsymbol{i}}_{\mathrm{m}}$；$\boldsymbol{W}=\left(\frac{1}{T_2}-\frac{1}{\hat{T}_2}\right)(\hat{\boldsymbol{i}}_{\mathrm{m}}-\boldsymbol{i}_1)$。

其前向传递函数与 7.3.1 节中一致，已被证明为严格正实。因此，只要下面的不等式（7-34）成立，则 Popov 超稳定性准则可被满足

$$\int_0^{t_1}\boldsymbol{\varepsilon}_{\mathrm{m}}^{\mathrm{T}}\boldsymbol{W}\mathrm{d}t=\int_0^{t_1}\left(\frac{1}{T_2}-\frac{1}{\hat{T}_2}\right)\boldsymbol{\varepsilon}_{\mathrm{m}}^{\mathrm{T}}(\hat{\boldsymbol{i}}_{\mathrm{m}}-\boldsymbol{i}_1)\mathrm{d}t\geqslant-\gamma_0^2\qquad\forall\ t_1\geqslant0 \tag{7-34}$$

相应的自适应机制可被设计为

$$\frac{1}{\hat{T}_2}=\left(K_{\mathrm{p}}+\frac{1}{s}K_{\mathrm{i}}\right)\Delta\eta=\left(K_{\mathrm{p}}+\frac{1}{s}K_{\mathrm{i}}\right)\boldsymbol{\varepsilon}_{\mathrm{m}}^{\mathrm{T}}(\boldsymbol{i}_1-\hat{\boldsymbol{i}}_{\mathrm{m}})$$
$$=\left(K_{\mathrm{p}}+\frac{1}{s}K_{\mathrm{i}}\right)(\boldsymbol{i}_{\mathrm{m}}-\hat{\boldsymbol{i}}_{\mathrm{m}})^{\mathrm{T}}(\boldsymbol{i}_1-\hat{\boldsymbol{i}}_{\mathrm{m}}) \tag{7-35}$$

采用和前文类似的推导过程，可证明自适应率式（7-35）能满足不等式（7-34）。值得注意的是，与式（7-15）及式（7-23）所描述的自适应率不同，推导得到的次级时间常数自适应率的物理意义不很清晰。除此之外，由于自适应率式（7-35）中所用到的励磁电流参考值需通过电压模型（式（7-30））得到，而励磁电感便包含在该式构建的观测器中；为此，励磁电感的偏差是否会影响到辨识的次级时间常数精确性亦不明确。因此，为阐明自适应率（式（7-35））的含义，需要对其物理意义进行深入分析，具体如下。

首先，需要研究并揭示（$\boldsymbol{i}_1-\hat{\boldsymbol{i}}_{\mathrm{m}}$）项的物理意义。联合式（7-32），可得

$$\hat{\boldsymbol{i}}_{\mathrm{m}}^{\mathrm{T}}(\boldsymbol{i}_1-\hat{\boldsymbol{i}}_{\mathrm{m}})=\hat{\boldsymbol{i}}_{\mathrm{m}}^{\mathrm{T}}\left(\hat{T}_2\frac{\mathrm{d}\hat{\boldsymbol{i}}_{\mathrm{m}}}{\mathrm{d}t}-\omega_2\hat{T}_2\boldsymbol{J}\hat{\boldsymbol{i}}_{\mathrm{m}}+\hat{\boldsymbol{i}}_{\mathrm{m}}-\hat{\boldsymbol{i}}_{\mathrm{m}}\right)$$
$$=\hat{T}_2\hat{\boldsymbol{i}}_{\mathrm{m}}^{\mathrm{T}}\frac{\mathrm{d}\hat{\boldsymbol{i}}_{\mathrm{m}}}{\mathrm{d}t}-\omega_2\hat{T}_2\hat{\boldsymbol{i}}_{\mathrm{m}}^{\mathrm{T}}\boldsymbol{J}\hat{\boldsymbol{i}}_{\mathrm{m}} \tag{7-36}$$

对式（7-36）分析可知：若观测器达到稳定，则第一项 $\hat{\boldsymbol{i}}_{\mathrm{m}}^{\mathrm{T}}\mathrm{d}\hat{\boldsymbol{i}}_{\mathrm{m}}/\mathrm{d}t$ 在稳态下总为 0，第二项 $\hat{\boldsymbol{i}}_{\mathrm{m}}^{\mathrm{T}}\boldsymbol{J}\hat{\boldsymbol{i}}_{\mathrm{m}}$ 在任何状态下总为 0。因此，式（7-36）在稳态下始终为 0。故而，次级时间常数的稳态辨识值与式（7-35）中的项 $\hat{\boldsymbol{i}}_{\mathrm{m}}^{\mathrm{T}}$（$\boldsymbol{i}_1-\hat{\boldsymbol{i}}_{\mathrm{m}}$）无关。除此之外，稳态下 $\hat{\boldsymbol{i}}_{\mathrm{m}}$ 与（$\boldsymbol{i}_1-\hat{\boldsymbol{i}}_{\mathrm{m}}$）保持正交，具体矢量关系如图 7-9 所示。

考虑到励磁电流和次级磁链间存在如式（7-29）所示的动态关系，进一步结合间接磁场定向中的磁链幅值控制稳态关系式

$$I_{\mathrm{d}}^*=\frac{\psi_2^*}{L_{\mathrm{m}}} \tag{7-37}$$

式中，I_d^* 为转子磁场定向下的 d 轴电流（即励磁分量）给定值；ψ_2^* 为磁链幅值给定。

由此可以推论：稳态下的 $\boldsymbol{i}_m$ 即对应于与转子磁场定向控制下的 I_d。定义 $\boldsymbol{i}_1-\hat{\boldsymbol{i}}_m$ 为初级电流 $\boldsymbol{i}_1$ 的估计推力分量 $\hat{\boldsymbol{i}}_t$，则其稳态值对应于转子磁场定向控制下的 I_q。但需注意的是，图 7-9 的变量均为两相静止坐标系下的交变旋转量，不同于两相同步坐标系下的直流量。当估计的次级时间常数收敛于真实值时，励磁电流的估计值将趋近于真实值。

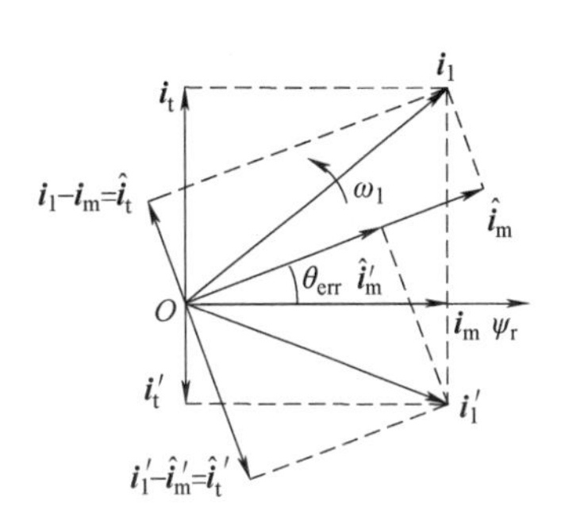

图 7-9 自适应率中各矢量稳态下的关系图

综上所述，当只考虑稳态时，自适应率式（7-35）可被简化为

$$\frac{1}{\hat{T}_2}=\left(K_p+\frac{1}{s}K_i\right)\boldsymbol{i}_m^T(\boldsymbol{i}_1-\hat{\boldsymbol{i}}_m) \tag{7-38}$$

此时，式（7-38）所对应的物理概念已经很明确了：真实励磁电流 $\boldsymbol{i}_m$ 和估计推力电流 $\boldsymbol{i}_1-\hat{\boldsymbol{i}}_m$ 的垂直角度关系被用来辨别次级时间常数估计值的误差。考虑到式（7-30）中受励磁电感严重影响的系数 L_2/L_m^2 不会改变励磁电流观测参考值的角度，因此该系数只会影响励磁电流幅值，不会影响次级时间常数的稳态值和精度。然而，漏磁系数 σL_1 中仍包含励磁电感，与 7.2.1 节类似，可采用式（7-19）对其进行简化。

不同于直接采用转子（次级）磁链参考值和估计值的相位关系来设计自适应率[269]，式（7-35）的稳定区域相对更宽，包括了 $I_q/I_d<0$ 的状态（如正转制动工况）。因此，其 PI 增益无需在不同运行模式下进行正负符号切换，从而增强了辨识系统的稳定性和可靠性。下面将根据误差调节方向进行深入的理论分析。

类似于 7.2.2 节中的分析方法，根据图 7-9，可以采用励磁电流实际值 $\boldsymbol{i}_m$ 和估计值 $\hat{\boldsymbol{i}}_m$ 来定义相位误差 θ_{err}，其表达式为

$$\theta_{err}=\arctan(\|\boldsymbol{i}_t\|/\|\boldsymbol{i}_m\|)-\arctan(\|\hat{\boldsymbol{i}}_t\|/\|\hat{\boldsymbol{i}}_m\|) \tag{7-39}$$

式中，$\|\boldsymbol{i}_t\|$ 和 $\|\boldsymbol{i}_m\|$ 分别为参考模型观测的推力电流和励磁电流的带符号模长；$\|\hat{\boldsymbol{i}}_t\|$ 和 $\|\hat{\boldsymbol{i}}_m\|$ 分别为可调模型观测的推力电流和励磁电流的带符号模长。

需指出的是，此时分析的不再是控制系统，而是整个观测辨识系统。

考虑到前文的分析结论，$\boldsymbol{i}_t$ 和 $\boldsymbol{i}_m$ 又分别对应着初级电流在转子磁场定向同步坐标系的 q 轴 I_q 和 d 轴分量 I_d。因此，式（7-39）对相位误差的定义与

式（7-4）类似。这样，也就可以得到相似的分析结论，但是相应的符号和含义发生了变化。根据图 7-2 可知，该观测误差角度同时受到辨识次级时间常数和负载情况的影响。将基于实际磁链和观测磁链叉乘的自适应率改写为励磁电流叉乘的形式，并结合图 7-9 可得

$$\varepsilon = i_{m\beta}\hat{i}_{m\alpha} - \hat{i}_{m\beta}i_{m\alpha} = -|\boldsymbol{i}_{\mathbf{m}}||\hat{\boldsymbol{i}}_{\mathbf{m}}|\sin\theta_{err} \tag{7-40}$$

根据图 7-2 可以看出，在 $I_q/I_d>0$ 且次级时间常数辨识值大于真实值时，角度误差 θ_{err} 为负；结合式（7-40）可知，此时误差调节量 ε 为正，通过 PI 控制器将使 $1/\hat{T}_2$ 增大，进而导致 $\hat{T}_2$ 减小，该工况下调整方向正确。反之，在 $I_q/I_d<0$ 且次级时间常数辨识值大于真实值时，角度误差 θ_{err} 为正，误差调节量 ε 为负；通过 PI 控制器将使 $1/\hat{T}_2$ 减小，进而导致 $\hat{T}_2$ 增大，该工况下调整方向错误。故而，可以得到如下推论：利用式（7-40）描述的误差调节量来设计的次级时间常数辨识系统，将在 $I_q/I_d<0$ 的工况下失效，此时需要改变 PI 控制器增益的正负号，才能保持对次级时间常数辨识值的正确调节方向。

对于式（7-38）稳态下的辨识策略，同样结合图 7-9，可得

$$\varepsilon' = \boldsymbol{i}_{\mathbf{m}}\hat{\boldsymbol{i}}_{t} = |\boldsymbol{i}_{\mathbf{m}}||\hat{\boldsymbol{i}}_{t}|\cos\left(\frac{\pi}{2}\pm\theta_{err}\right) = \mp|\boldsymbol{i}_{\mathbf{m}}||\hat{\boldsymbol{i}}_{t}|\sin\theta_{err} \tag{7-41}$$

式中“±”取决于估计推力电流 $\boldsymbol{i}_{\mathbf{t}}$ 的方向。对式（7-41）进行类似分析可知，此时次级时间常数辨识值的调节方向，在不同运行工况下始终正确。因此，基于式（7-35）的自适应机制，可在全运行区间内维持辨识系统稳定，将其分为两部分：①消除稳态误差服务；②动态项，其表达式为

$$\frac{1}{\hat{T}_2} = \left(K_p + \frac{1}{s}K_i\right)[\underbrace{\boldsymbol{i}_{\mathbf{m}}(\boldsymbol{i}_1 - \hat{\boldsymbol{i}}_{\mathbf{m}})}_{\text{稳态}} - \underbrace{\hat{\boldsymbol{i}}_{\mathbf{m}}(\boldsymbol{i}_1 - \hat{\boldsymbol{i}}_{\mathbf{m}})}_{\text{动态}}] \tag{7-42}$$

由于式（7-31）中不存在孤立的励磁电感，而根据前述分析可知：即使未知励磁电感的精确数值，仍可将次级时间常数作为一个整体进行在线辨识，且结果具有较高精度。因此，可选取电流模型式（7-31）作为励磁电感在线辨识中的参考模型，而电压模型式（7-30）作为可调模型，恰好与次级时间常数在线辨识时相反。通过再次引入反电动势，式（7-30）的估计方程形式可被改写为

$$\boldsymbol{e}_{\mathbf{m}} = \frac{\hat{L}_m^2}{\hat{L}_2}\frac{d\boldsymbol{i}_{\mathbf{m}}}{dt} = \boldsymbol{u}_1 - \left(R_1\boldsymbol{i}_1 + \sigma L_1\frac{d\boldsymbol{i}_1}{dt}\right) \tag{7-43}$$

结合系数 σL_1 的简化公式和励磁电感值，可以获得反电动势大小。进一步，以式（7-31）得到的励磁电流微分值为参考，则励磁电感辨识值为

$$\frac{\hat{L}_{\mathrm{m}}^{2}}{\hat{L}_{2}}=|\boldsymbol{e}_{\mathbf{m}}|\Big/\left|\frac{\mathrm{d}\hat{\boldsymbol{i}}_{\mathrm{m}}}{\mathrm{d}t}\right| \tag{7-44}$$

式中，$\boldsymbol{e}_{\mathbf{m}}$由式（7-43）计算得到，$\frac{\mathrm{d}\hat{\boldsymbol{i}}_{\mathbf{m}}}{\mathrm{d}t}$由式（7-31）计算得到。

然而需注意的是：上述励磁电感辨识方案只能建立在已知次级时间常数的基础上，即需要和相应次级时间常数辨识方法配合使用。相比基于双自适应率的并行辨识方法[269-270]，它具有控制器整定参数较少、复杂度较低等优势。另外，通过采用式（7-44）中反电动势和励磁电流微分值，可以有效避免纯积分问题。因而，次级时间常数自适应策略需修改为

$$\frac{1}{\hat{T}_{2}}=\left(K_{\mathrm{p}}+\frac{1}{s}K_{\mathrm{i}}\right)\frac{\mathrm{d}\boldsymbol{\varepsilon}_{\mathbf{m}}^{\mathrm{T}}}{\mathrm{d}t}\left(\frac{\mathrm{d}\boldsymbol{i}_{1}}{\mathrm{d}t}-\frac{\mathrm{d}\hat{\boldsymbol{i}}_{\mathbf{m}}}{\mathrm{d}t}\right) \tag{7-45}$$

由上式可得知：为提高辨识效果，双参数在线辨识策略最终采用励磁电流微分值而非励磁电流大小，其稳定性分析、物理意义和前面类似。除此之外，考虑到系数 L_2/L_{m}^2不会对次级时间常数的稳态辨识值产生影响，仅对其动态过程产生一定作用；因此为避免估计的励磁电感动态过程对次级时间常数在线辨识造成影响，式（7-45）中的励磁电流微分值的参考值可以通过励磁电感粗略值L_{m0}计算得到，其表达式为

$$\frac{\mathrm{d}\boldsymbol{i}_{\mathbf{m}}}{\mathrm{d}t}=\frac{L_{20}}{L_{\mathrm{m0}}^{2}}\boldsymbol{e}_{\mathbf{m}} \tag{7-46}$$

这样便可优先保障次级时间常数辨识的稳定性，进而维持整个辨识系统的可靠运行。综上所述，所提出的 LIM 双参数在线辨识系统结构如图 7-10 所示。需指出的是，上述方法均在静止参考坐标系下进行分析和设计，相对同步旋转坐标系方法[270]，具有适用范围广、耦合程度低、计算量小、分析简单等优势。

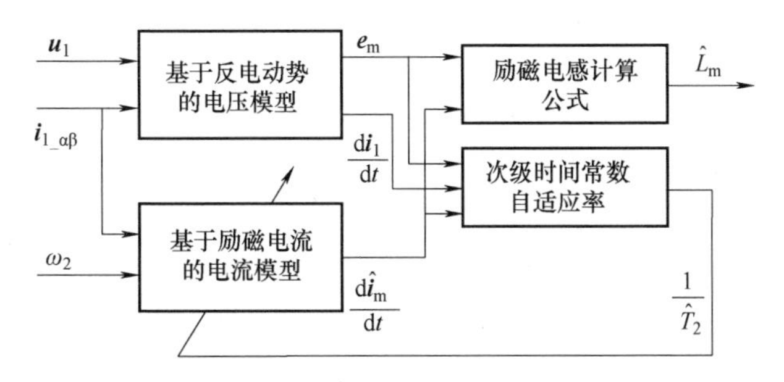

图 7-10　所提出双参数辨识系统结构框图

根据选用的电压模型式（7-43）和电流模型式（7-31）得知：前者主要受漏磁系数和初级电阻的影响，而后者的观测误差仅由次级时间常数决定。而根据式（7-19），在已知漏感参数的前提下，漏磁系数主要受励磁电感的影响，且影响幅度很小。下面对新双参数辨识方法的低耦合特点进行定性描述：仅需励磁电感的粗略值（可用离线辨识值），便可完成相当准确的次级时间常数在线辨识。其收敛特性将由 Popov 超稳定理论来分析，进而保障自适应系统在各种工况下的运行可靠性。在次级时间常数收敛后，结合电流模型（式（7-32））（仅受次级时间常数影响）提供的励磁电流微分值，并依据式（7-44）可得励磁电感的计算值：由于后者未使用 PI 控制器，其计算过程具有收敛速度快、稳定性好等特点。

7.3.3 仿真及实验结果

首先仅考虑励磁电感变化，为加快仿真速度，电机模型采用小惯量分析，相应的开环运行结果如图 7-11 所示。此时，采用恒定励磁电感来实现次级磁场定向和间接磁链幅值控制，辨识系统对主控制回路无影响。分析中，将仿真模型计算的准确参数值称为“真实值”，可以看出：即使实际控制系统中所用的励磁电感不准，也并不影响辨识方案中的励磁电感准确跟踪。在不同工况下，辨识估计值和仿真模型值间存在微小误差，主要来源于控制系统的离散化处理和式（7-19）的简化运算等因素。同时，将辨识励磁电感反馈至可调模型，观测得到的反电动势可以迅速准确地跟踪上参考模型反电动势。另外，为模拟实际 LIM 摩擦力，本章在电机仿真模型中考虑了摩擦系数的影响，最终电磁推力与所施加负载有所不同。

尽管图 7-11 中转速和推力可以得到控制，但其磁场定向和磁链幅值控制效果会受励磁电感误差影响。为测定该影响程度，从所搭建的电机模型中引出了真实电机磁链，然后采用控制程序中的定向角度进行跟踪，并计算其幅值变化，如图 7-12 所示。

可以看出，此时虽然采用了恒定磁链控制，但实际磁链幅值受到了影响，会随着运行工况发生变化；若采用了基于磁链调节的最小损耗控制，则实际磁链将无法准确跟踪目标磁链，进而造成优化效果不理想。同时，由于 q 轴磁链不为 0，即磁场定向出现了偏差，这将导致磁链和推力控制解耦效果不理想，进而影响电机控制的动态性能。相关影响会随励磁电感误差的增大而增大，如图 7-12 中的 4~8s 时间段：此时电机运行在 13m/s 的高速下，其给定励磁电感与实际励磁电感偏差较大。

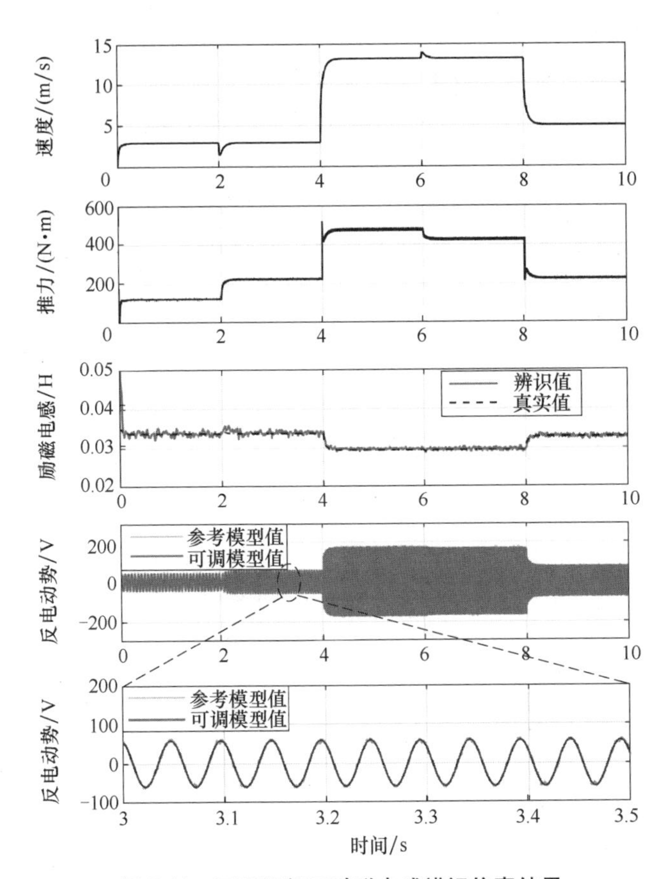

图 7-11 开环运行下励磁电感辨识仿真结果

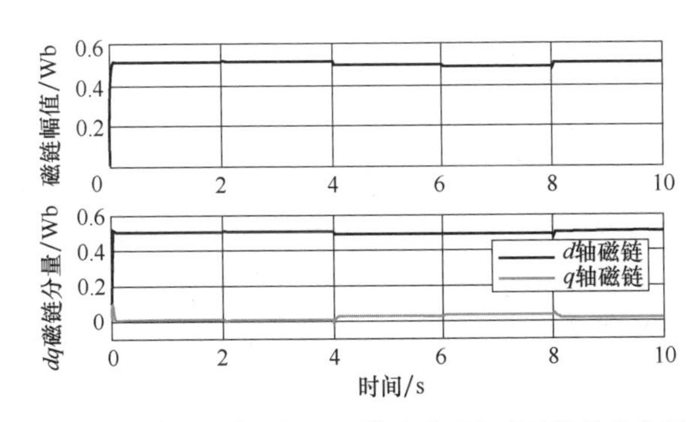

图 7-12 控制系统采用了不精确励磁电感时的性能分析

为解决上述问题，本章将参数辨识与控制策略相结合，通过闭环调节校正，如图 7-13 所示。此时，将辨识得到的励磁电感反馈至控制系统，以校正转子磁场定向和磁链幅值控制中的励磁电感值。可以看出，此时速度仍可快速跟踪指令值，与控制系统使用恒定励磁电感值时具有相似的动静态性能，并未因辨识系统的加入而引起系统振荡或失稳。并且，所估计的励磁电感值仍能以较小误差跟踪仿真得到的实际值。此外，各种工况下的转子磁链 q 轴分量几乎降为 0，即定位精度得到了提高；同时，各种工况下的转子磁链幅值也几乎不变，磁链恒幅值控制能力得到了加强。因此，在对控制性能无负面影响的前提下，所提出的励磁电感在线辨识补偿系统可有效提高磁场定向和磁链幅值控制精度，从而为高性能控制策略打下了坚实基础。

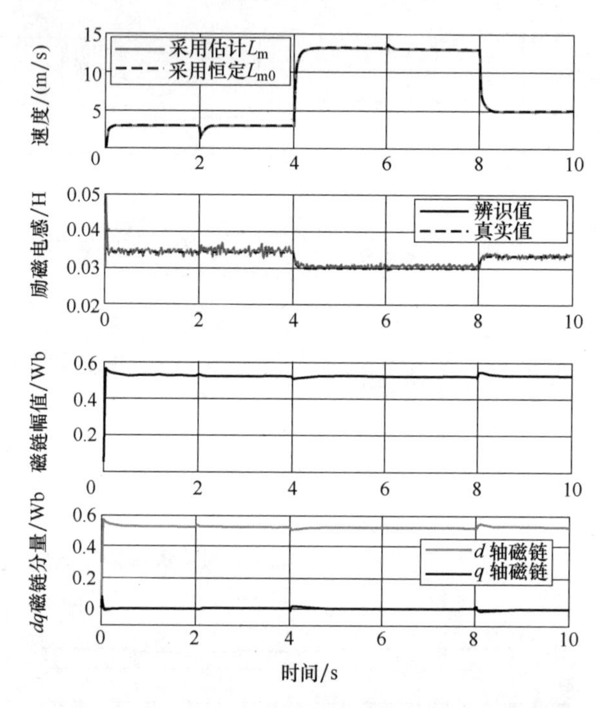

图 7-13　闭环运行下励磁电感辨识及控制仿真结果

为使结果更具说服力，下面将采用实际城轨交通广泛使用的 12000 型 LIM（电机 A）进行仿真验证。相应的开环辨识结果如图 7-14 所示。由于边端效应的影响，在电流限幅下电机的最大输出推力随速度上升而下降，体现了参数变化对电机推力的影响，此时若希望电机推力能充分发挥，可根据需要动态调节励磁电流。从辨识结果得知：当电流模型所用的次级电阻参数准确时，励磁电感辨识值可快速而准确地跟踪仿真实际值。

为测试参数不准的影响，调整观测器所用次级电阻参数值为真实值的 1.5 和 0.5 倍，相应的励磁电感辨识结果如图 7-14 所示。可以看出，稳态辨识值出现了一定偏差，且偏差量与运行工况相关；同时动态性能也受到了明显的影响，

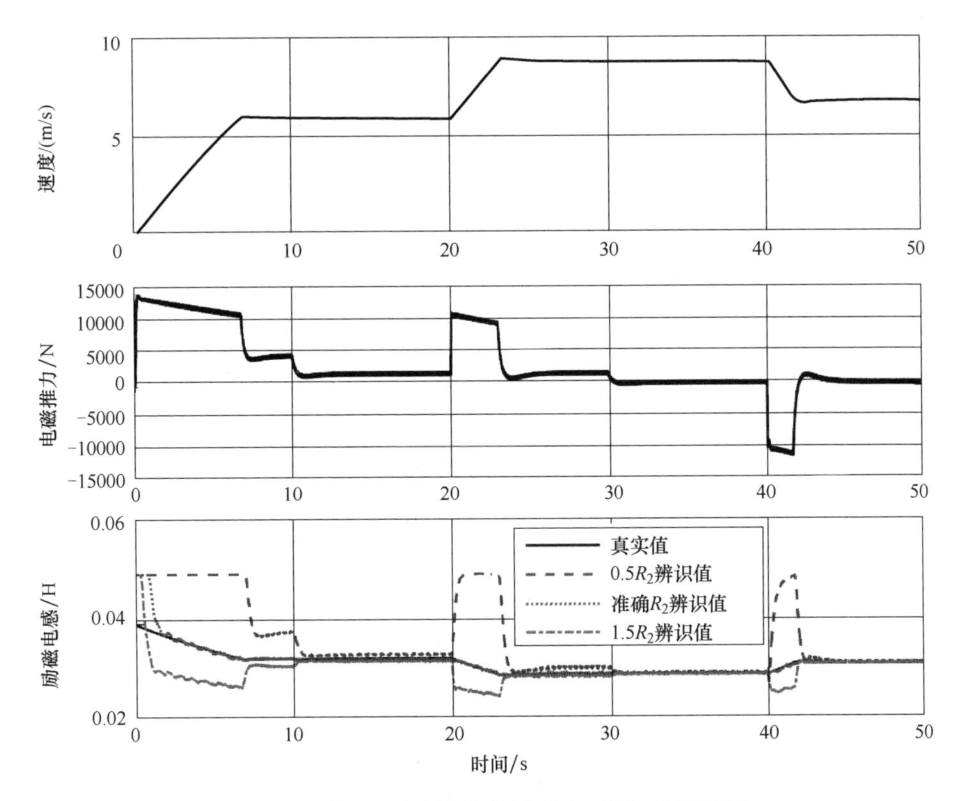

图 7-14　电机 A 开环运行下励磁电感辨识仿真结果

无法在动态过程中实现精确跟踪。因此，在部分高性能要求的场合，有必要研究 LIM 的次级电阻和励磁电感并行辨识方法，从而提高系统性能。

为进一步凸显 7.3.2 节提出的双参数辨识方案的有效性和优越性，下面在进行双参数在线辨识的仿真和实验时，同时给出了文献［269］提出的次级磁链参考值与估计值之间叉乘模值的次级时间常数辨识方案（后续称作“传统方案”）的相关结果，并开展了详细的对比分析。此外，对忽略了式（7-45）中动态补偿项的简化自适应方案（后续称作“简化方案”）也进行了相应的仿真和实验，以说明相关物理意义分析的正确性。为增强不同自适应率之间的可比性，传统方法被调整为励磁电流微分的参考值与估计值之间叉积的形式。修改后的传统方案和简化方案的自适应率可表示为

$$\begin{cases}\varepsilon_{\mathrm{Con}}=\dfrac{\mathrm{d}i_{\mathrm{m}\beta}}{\mathrm{d}t}\dfrac{\mathrm{d}\hat{i}_{\mathrm{m}\alpha}}{\mathrm{d}t}-\dfrac{\mathrm{d}i_{\mathrm{m}\alpha}}{\mathrm{d}t}\dfrac{\mathrm{d}\hat{i}_{\mathrm{m}\beta}}{\mathrm{d}t}\\ \varepsilon_{\mathrm{Sim}}=\dfrac{\mathrm{d}i_{\mathrm{m}\alpha}}{\mathrm{d}t}\left(\dfrac{\mathrm{d}i_{1\alpha}}{\mathrm{d}t}-\dfrac{\mathrm{d}\hat{i}_{\mathrm{m}\alpha}}{\mathrm{d}t}\right)+\dfrac{\mathrm{d}i_{\mathrm{m}\beta}}{\mathrm{d}t}\left(\dfrac{\mathrm{d}i_{1\beta}}{\mathrm{d}t}-\dfrac{\mathrm{d}\hat{i}_{\mathrm{m}\beta}}{\mathrm{d}t}\right)\end{cases} \tag{7-47}$$

将电机模型中励磁电感和次级电阻设置为随运行工况变化模式，对所提出的励磁电感和次级时间常数并行辨识方法进行开环测试，相应结果如图 7-15 所示。为增强不同辨识方法间的可比性，通过式（7-47）将其转换为同一变量描述，设置三种结构类似、PI 控制器参数相近的次级时间常数辨识系统。

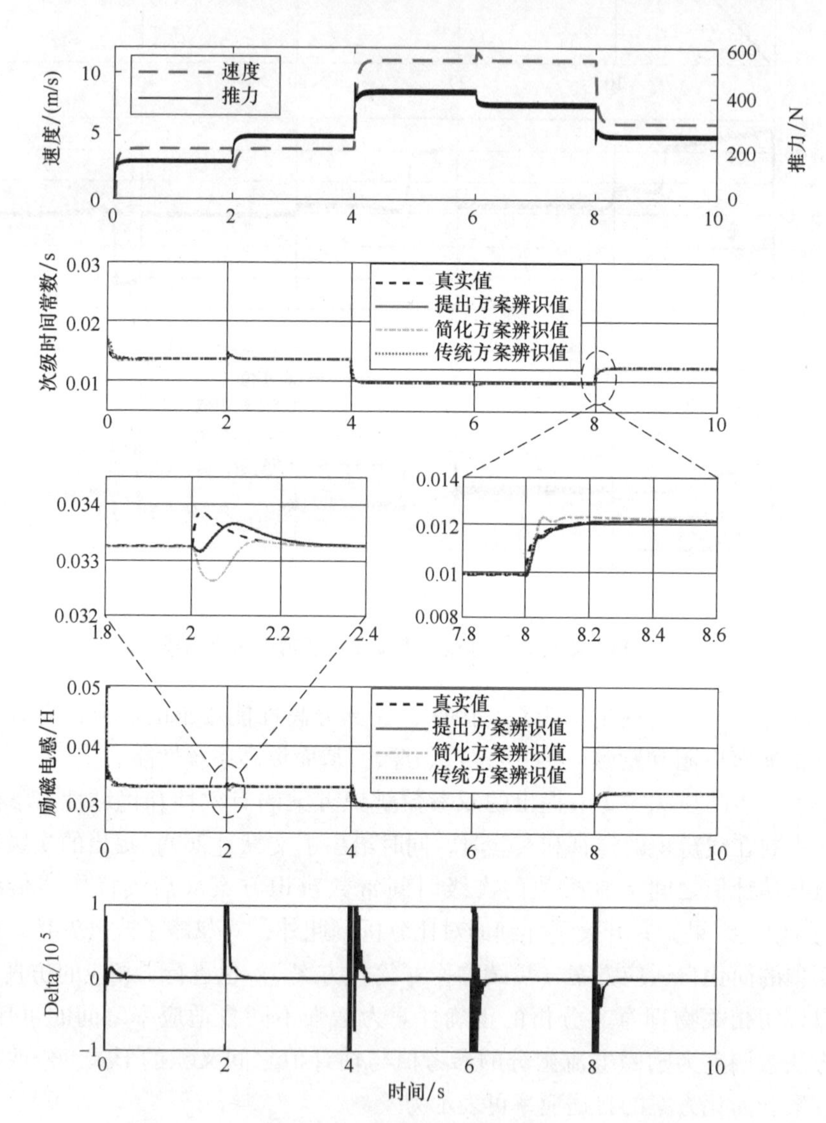

图 7-15　励磁电感与次级时间常数并行在线辨识仿真结果

可以看出，所提出方案、简化方案和传统方案估计得到的次级时间常数和励磁电感均可以跟踪真实值，具有较好的动静态性能，且两个参数的辨识几乎同时到达稳态。为更清楚地展示动态过程，给出了相应的细部图，由此可知：①所提出方案与传统方案的动态响应相似；②所提出方案与简化方案之间的差异主要在于动态响应，简化并不会导致稳态辨识值出现偏差，这与理论分析一致。为进一步说明该问题，图 7-15 还给出了简化方案进行次级时间常数辨识时的简化项波形，用 Delta 表示为

$$\text{Delta}=\frac{\mathrm{d}\hat{\boldsymbol{i}}_{\mathrm{m}}}{\mathrm{d}t}\left(\frac{\mathrm{d}\boldsymbol{i}_{1}}{\mathrm{d}t}-\frac{\mathrm{d}\hat{\boldsymbol{i}}_{\mathrm{m}}}{\mathrm{d}t}\right) \tag{7-48}$$

此时，尽管该项没有被用在简化方案的自适应率中，其稳态始终为 0：再一次印证了新方法对稳态辨识值没有影响的推论。

虽然在前面仿真分析中，传统方案与所提方案的动态和稳态特性均差异很小，但仍然存在区别：上述工况未包含传统方案的不稳定运行区间，即 $I_q/I_d<0$ 时的状态。为实现这一工况，以验证所采用的次级时间常数自适应率在稳定性上的优势，让 LIM 切换至正速负电磁推力的再生制动工况运行，结果如图 7-16 所示。

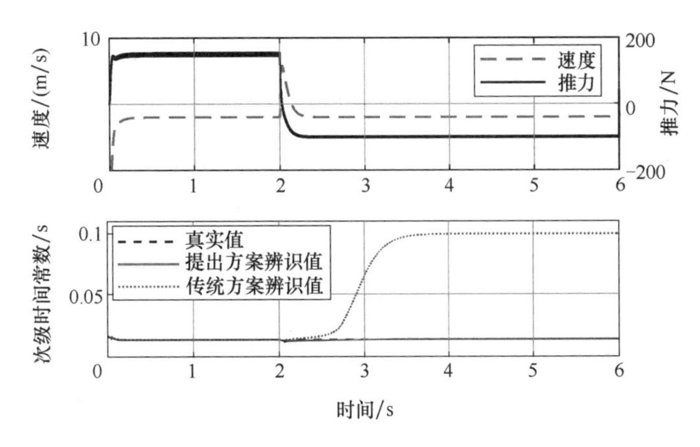

图 7-16　稳定性测试下的仿真结果对比

可以看出，此时由传统方案辨识得到的次级时间常数在 2s 后出现失稳且最终被限幅为 0. 1H，明显偏离真实值。而经由所提出的并行辨识方案得到的次级时间常数，可以保证该状态下的稳定运行，且未出现明显的动态波动。虽然如文献［269］所介绍，可以通过识别电机运行工况，实时调整 PI 控制器参数的正负符号来保证全工作区间的稳定运行，但该方法的实现需要附加额外的控制环节，过程较为繁琐，并且在运行状态频繁且快速切换时（如轨交列车的频繁启停和加减速），可能会降低辨识值的动态性能，进而影响闭环系统的可靠性。

为使仿真更具说服力，再次采用电机 A 参数进行验证，所提方案、简化方案和传统方案下的相应结果如图 7-17 所示。可以看出，三种方案的稳态性能近

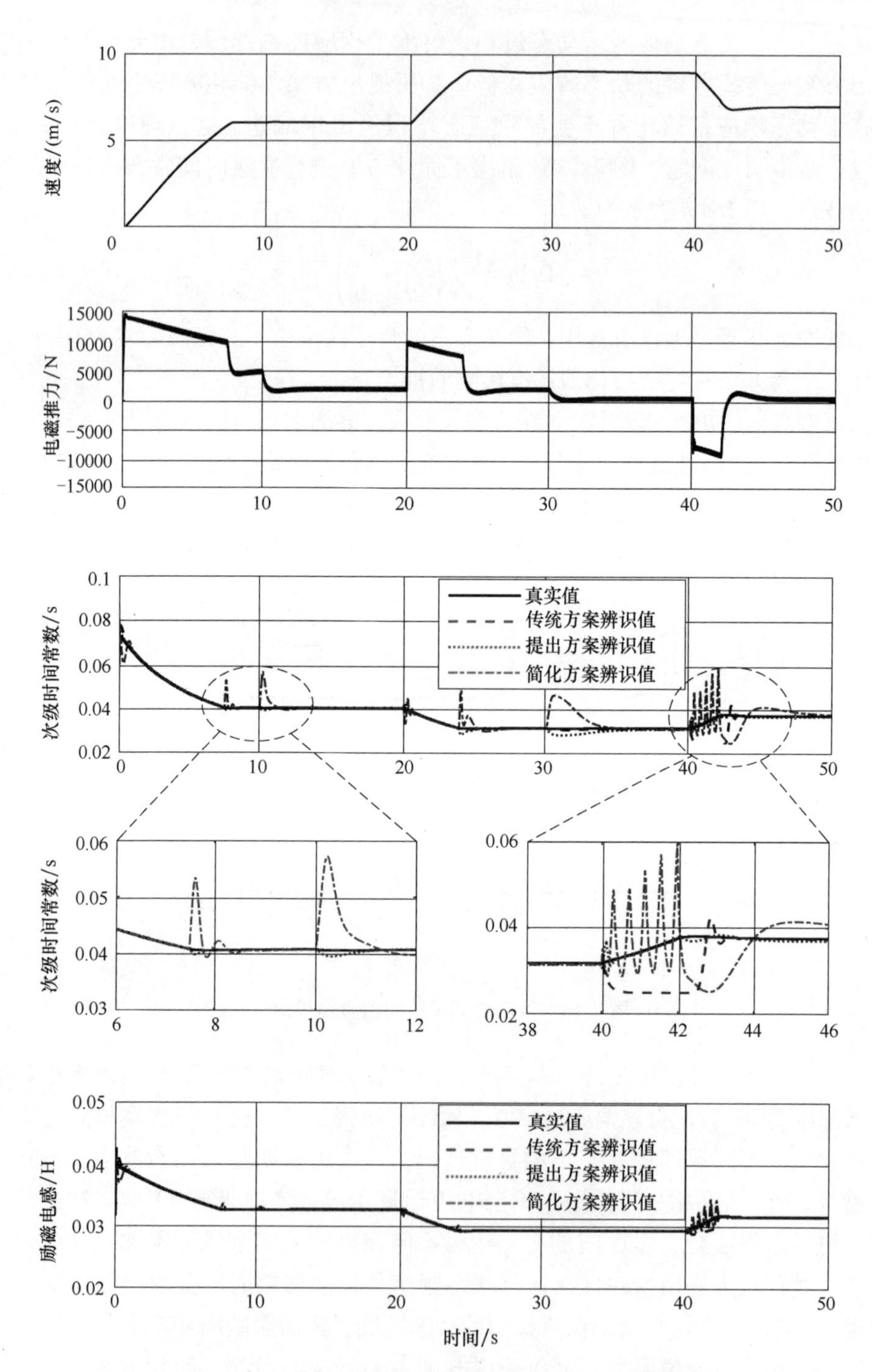

图 7-17　电机 A 励磁电感与次级时间常数在线辨识仿真结果

乎相同，但动态性能存在明显差异，这与基于弧形感应电机参数的结果有所不同。具体而言，传统方案在稳定区间内表现出了较好的动态性能，而所提出的方案在进行变载以及变速开始和完成时存在一定的过渡过程。根据对自适应率物理意义的分析可知：所提方案依赖于推力电流和励磁电流，而传统方案仅依赖于励磁电流。结合图 7-17 中的电磁推力曲线得知：变速和变载时电机推力电流会出现较为剧烈的变化，容易对所提辨识系统产生一定影响；而励磁电流给定不会大幅快速变化，传统方法在运行工况变化时动态性能会相对较好。但是，所提方法的辨识结果整体上波动不大，且能较快收敛，未出现明显振荡，可通过增加滤波器或优化推力的动态过程等方法来提升 LIM 牵引性能。而对于简化方案，其动态过程变化较明显，甚至部分工况下会出现一定振荡，但仍可在稳态下收敛：这与本节理论分析相吻合，即简化方法会影响动态性能。

为进一步验证本节所提出的两种辨识方案，下面对其分别进行实验验证。图 7-18 给出了单一励磁电感辨识方案在动态过程中的辨识效果，包括零速启动、加速和减速工况的测试。可以看出，励磁电感辨识值可在较短时间内达到稳态，仅在电机启动时存在较明显的动态超调。为避免辨识暂态过

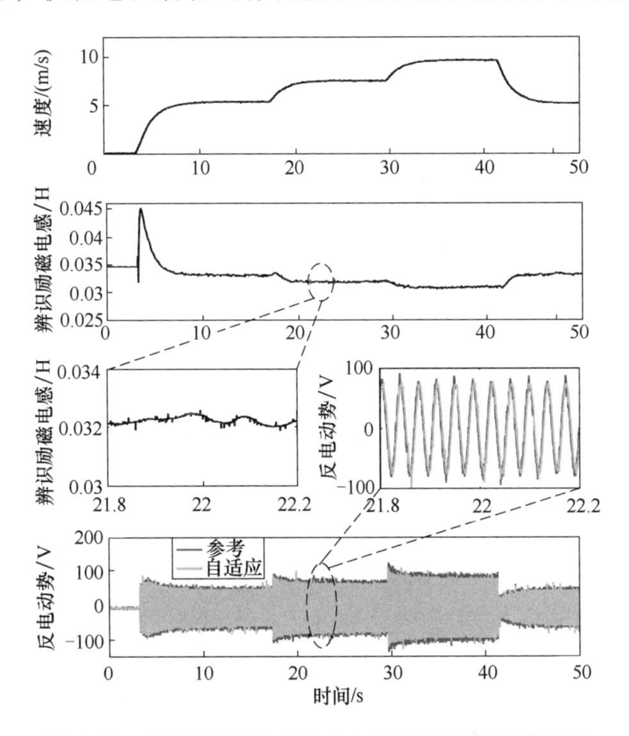

图 7-18　所提出的励磁电感在线辨识方法实验结果

程对参数馈入系统造成不良影响，可加入低通滤波器，以滤除其中的高频成分。随着电机速度提升，励磁电感辨识值减小且动态响应较快；相反，随着电机减速，辨识值增大。这一变化规律与文献［13］的理论表达式趋势一致。此外，图 7-18 还给出了辨识励磁电感的细部图和观测反电动势的参考值和自适应值。结果表明：经过该方法辨识的励磁电感稳态值波动较小，有利于控制性能的提升；而经过可调模型自适应得到的反电动势也能很好地跟踪参考模型的反电动势。

通过更多速度工况的测试，将 1~10m/s 下辨识的励磁电感稳态值绘制成趋势曲线，如图 7-19 所示。可以看出，即使是在低速下，所提出的辨识系统仍可保持稳定，且辨识值未出现明显的不合理。为定量验证本章所提励磁电感辨识方法的合理性，图 7-19 给出了 $f(Q)$ 模型的励磁电感理论计算值，可以看出：励磁电感辨识值与理论值十分接近，主要在低速区域产生了较大误差，可能是参考模型在低速下受初级电阻误差的影响较大。但是，本章所提的辨识方法可以综合考虑饱和、负载、速度等多方面因素；而基于 $f(Q)$ 模型的计算值仅考虑速度影响，从而造成了两条曲线间的差异，且随工况的变化其差距可能会被进一步扩大。此外，其他等效电路参数（如次级电阻）的变化，都会在一定程度上影响辨识结果的准确性。

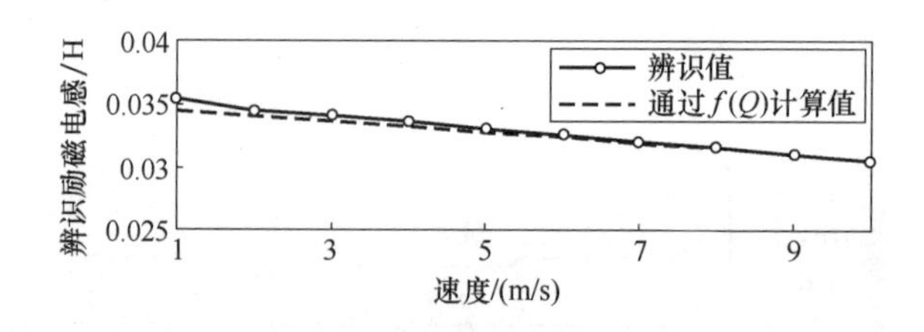

图 7-19　不同速度下励磁电感稳态辨识值

为解决上述问题，本节进一步提出了励磁电感和次级时间常数双参数在线辨识方法，其启动、加速和加减载工况下的辨识效果如图 7-20 所示。可以看出，电机由零速启动，在启动和变速时出现了较为明显的暂态过程。为避免参数在线更新对电机动态性能产生不利影响，本章在参数输出至控制系统时加入一个低通滤波器：既不会改变辨识系统本身的动静态性能，也可使辨识曲线更加平滑。

图 7-20 中，辨识参数随运行工况的变化趋势与理论分析基本吻合：对于励磁电感，虽然动态过程中出现了短暂波动，但没有出现失稳现象；对于次级电阻，在负载发生变化时出现了较明显的变化，是由边端效应和趋肤效应等影响

因素共同造成的。整体而言，三种不同自适应率方案得到的励磁电感和次级电阻的稳态辨识值，在不同速度和负载下几乎相同，并且动态过程的差异也很小：这表明动态部分式（7-48）对整体控制性能影响很小，尤其是稳态性能。为进一步验证三种方法的稳态相似性，图7-21给出了三种方法在11m/s下的动态切换实验结果。可以看出，三种方法没有明显的暂态过程，且稳态值非常接近，特别是励磁电感辨识效果较好，因此三种方法可以成功实现动态切换的平滑过渡。

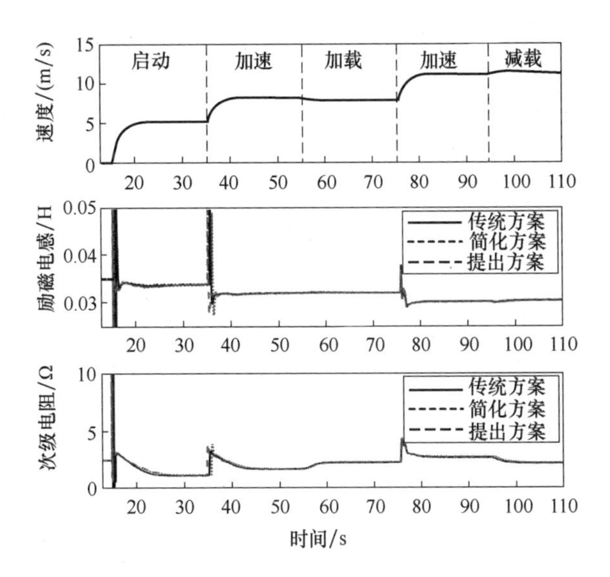

图7-20　三种参数辨识方案下的变速变载实验结果对比

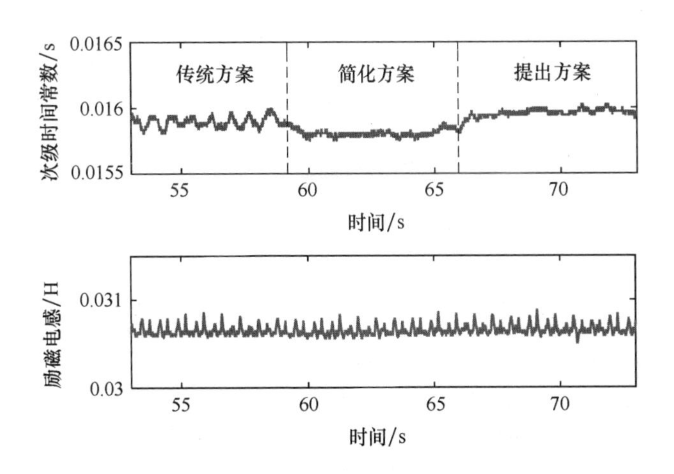

图7-21　三种方案的动态切换实验结果

图 7-20 和图 7-21 中的三种方法辨识结果几乎相同，反映了它们之间的统一性，可用一个统一框架来进行描述。为对比提出的辨识方案和传统方案的稳定性，与前面仿真不同，下面采用较长时间的动态减速工况来实现 $I_q/I_d<0$ 的状态，其实验结果如图 7-22 所示。当速度从 5m/s 加速至 11m/s 时，两种辨识方案都是稳定的。然而，在电机从 11m/s 减速至 5m/s 的动态过程中，传统方案出现了失稳，辨识得到的次级时间常数剧烈震荡，最终被限幅，直至系统重新进入 $I_q/I_d>0$ 的状态，进而再次收敛。而对于所提方案，尽管动态响应较慢，但在整个过程中始终能保持稳定运行。

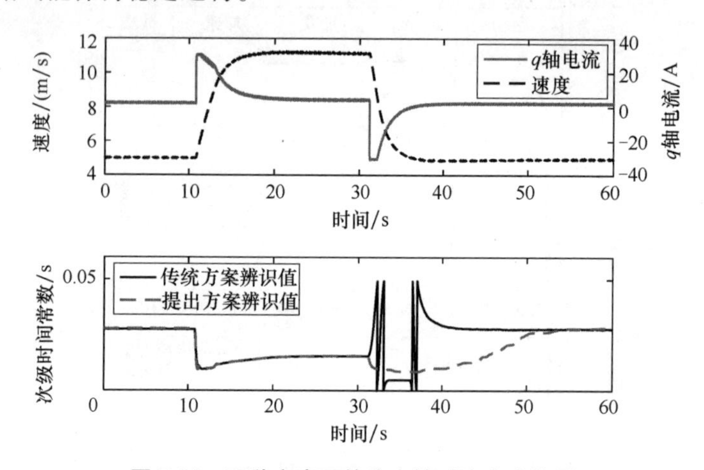

图 7-22　两种方案下的稳定性对比实验结果

通过对更宽速度范围下的参数辨识结果进行记录，得到不同负载下新方法辨识参数随电机速度的变化趋势，如图 7-23 所示。可以看出，辨识参数的总体趋势、变化范围和变化速度与相关理论研究基本一致：辨识值都随着速度增大

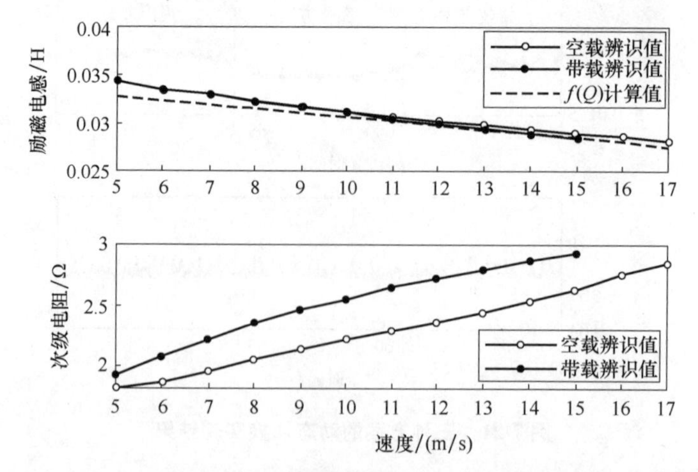

图 7-23　不同负载下辨识参数随电机速度变化趋势的实验结果

而出现了较为明显的变化。具体而言，以励磁电感为例，空载下电机速度由5m/s增加至17m/s（超1.5倍额定速）时，其变化幅度约为0.0061H（约为静态值的17%）；考虑到此时采用了恒定磁链幅值控制，该变化主要是速度的增加所造成的。当负载条件和磁饱和程度发生较大变化时，参数的变化范围可进一步扩大。因此，LIM励磁电感和次级时间常数在线参数辨识十分重要，是高性能控制策略的前提和基础，如模型预测控制、最小损耗控制等。

7.4 低开关频率下在线参数辨识

受损耗及散热等方面的限制，轨交用大功率LIM牵引系统通常需运行在低开关频率模式下[383-384]。但是，经典控制方法在实现低开关频率时会引入较为严重的谐波电流和推力波动，同时还将放大微处理器离散化影响，导致观测器精度降低甚至失稳。针对该问题，可采取一些特殊化离散方案代替经典的前向欧拉法来解决，如双图斯汀离散化方法[385]，状态矩阵拆分重组方法[386]，同步坐标系下的半隐式欧拉法[387]等。上述方法可改变离散域下的极点分布，使其处在稳定区间内，但是大多面临实现较复杂、在线运算量较大等问题。文献［362］在不同坐标系下对电流和磁链公式进行离散化处理，改变了观测器的极点轨迹，实现了离散全阶状态观测器的稳定运行，并降低了计算量；但是该方法缺乏系统性和普适性。

为提升离散域稳定性，本节将提出一种通用性广、辨识度高的的低开关频率下在线参数辨识方法。结合4.5节带开关项多步长模型预测控制，本节将合理设计目标函数来保证LIM低开关频率下的高效运行：一方面，增强该模式下在线辨识系统的稳定性和辨识结果的可靠性；另一方面，在参数敏感性分析的基础上，结合参数实时校正来提升预测精度和削弱系统谐波，以降低损耗和扰动。

7.4.1 低开关频率下辨识特性对比

低开关频率运行控制的经典方法包括两种（后续简称为传统方法1和2）：①在改变调制频率的同时改变采样频率，此时受处理器控制时序的影响，观测器的迭代频率也相对较低[388]；②将采样频率和调制频率分开设计，采用固定的较高采样频率和可变的较低调制频率[389]。经典方法会引起系统谐波含量上升、降低辨识精度和系统稳定性等；针对谐波问题，可采用优化同步调制策略等方式来抑制；而针对观测辨识的可靠性问题，可采用改进离散化方法来解决。

与上述经典方法有所不同，本章将提出基于模型预测的低开关频率控制方法，为抑制谐波和提升辨识可靠性等提供了新的思路。由于调制策略被纳入了有限集模型预测电流控制中，逆变器将直接作用其获得的最优电压矢量；因此，难以通过优化调制策略来有效抑制谐波含量。但是，通过引入多步长算法，采用滚动时域优化，可以评估并预测未来一段时间内的优化结果，而不仅限于下一时刻点的优化，进而可降低电流波动，明显抑制谐波。同时，结合高精度的数学模型和参数实时补偿策略，可提升预测精度，降低谐波含量。进一步，针对低开关频率下参数辨识性能差的问题，下面将从电压和电流两个方面进行分析。

1. 电压角度

上述三种低开关频率实现方法均会降低电压变化频率，但具有不同的特点，这里以 SVPWM 为例进行分析，如图 7-24 所示。两种传统低开关频率方法均会以调制周期改变作用的电压矢量，当开关频率较低时，单个电压矢量的作用时间也会相应延长；与之对应，观测器算法中所使用的重构电压更新频率也会降低。相比参考电压矢量，实际 PWM 波作用体现出一种平均效应。此时，以调制周期为单位，对电压进行积分操作，可保证积分周期内的数值相对准确，即

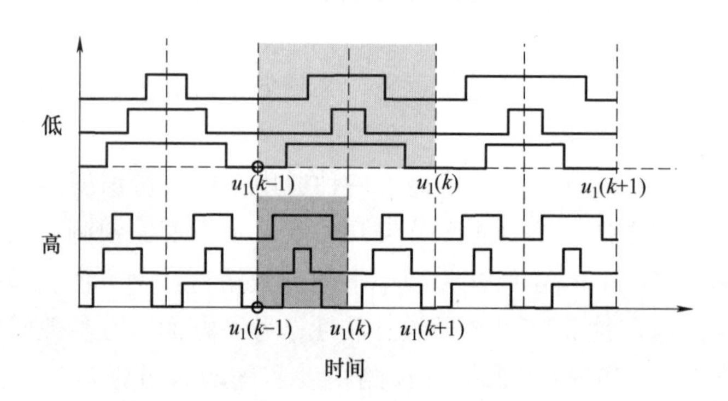

图 7-24　传统方法下开关频率对 SVPWM 的影响

$$\int u_{\mathrm{PWM}}\mathrm{d}t = u_1(k+j)T_{\mathrm{s}} \tag{7-49}$$

式中，u_{PWM}为调制得到的实际 PWM 电压波形；j 为自然数；$u_1(k+j)$ 为相应的 PWM 前一控制周期计算得到的参考电压矢量。

但是，当计算具体时刻点的变量时，如反电动势，因时间延迟等因素而难以确定真实值，且该影响会随调制频率的降低而增大。如图 7-24 中的 $k-1$ 时刻，若以 $u_1(k-1)$ 代替该时刻电压值，当调制频率较高时，对观测器的影响一般可忽略，或采用一些方式进行补偿。然而当开关频率较低时，即调制频率较低，

其误差会明显增大，进而难以实现高精度补偿。

反观本章提出的低开关频率运行方案，其单相 PWM 电压分布结构如图 7-25 所示。由于没有采用调制策略，模型预测控制直接把最优基本电压矢量对应的开关序列送入逆变器。通过增大开关项权重系数，尽量减少开关状态切换，连续作用相同的基本电压矢量，进而实现低开关频率运行。此时整体开关频率虽然降低，但是采样及控制频率仍然保持为较高值，送入观测器的重构电压矢量也始终以较高频率进行更新，能够较准确地获得某一时刻的实际电压值，其表达式为

$$u_1(k+(0\sim1)T_s)=u_1(k) \tag{7-50}$$

式中，$u_1(k+(0\sim1)T_s)$ 为 k 时刻至 $k+1$ 时刻间的电机作用电压矢量。

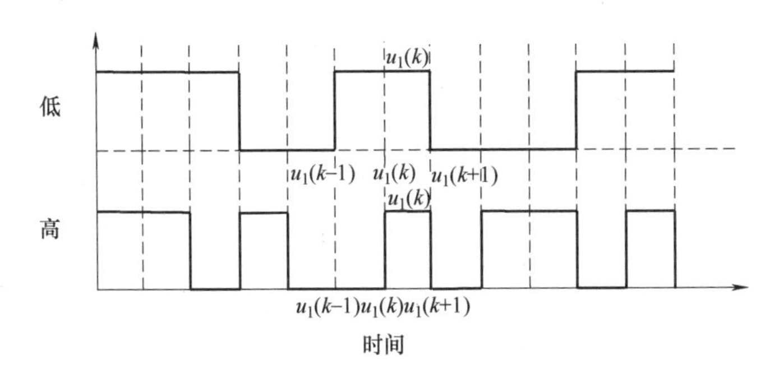

图 7-25　模型预测方法下开关频率对 PWM 的影响

2. 电流角度

不同实现方法在低开关频率下的电流采样波形如图 7-26 所示。其中，低采样率对应着传统方法 1，而高采样率对应着传统方法 2 和本章提出的模型预测控制方法。可以看出，由于后者可在不改变采样频率的基础上实现开关频率的控制，因此电流采样可始终保持高精度，在传统离散化积分、微分和取中间值等操作时均具有显著优势，可表示为

$$\begin{cases}\int i\mathrm{d}t \Rightarrow \sum i(k+j)T_s \\ \dfrac{\mathrm{d}i}{\mathrm{d}t} \Rightarrow \dfrac{i(k+j)-i(k+j-1)}{T_s} \\ i\left(k+j+\dfrac{1}{2}\right)=\dfrac{i(k+j)+i(k+j+1)}{2}\end{cases} \tag{7-51}$$

由式（7-51）可知，T_s 的大小将在较大程度上影响离散化的效果，特别是常用简易方法，如一阶欧拉法，其离散化精度将难以满足实际应用需求。

另外，虽然传统方法 2 送至观测器的电流更新较快、精度较高，但其观测

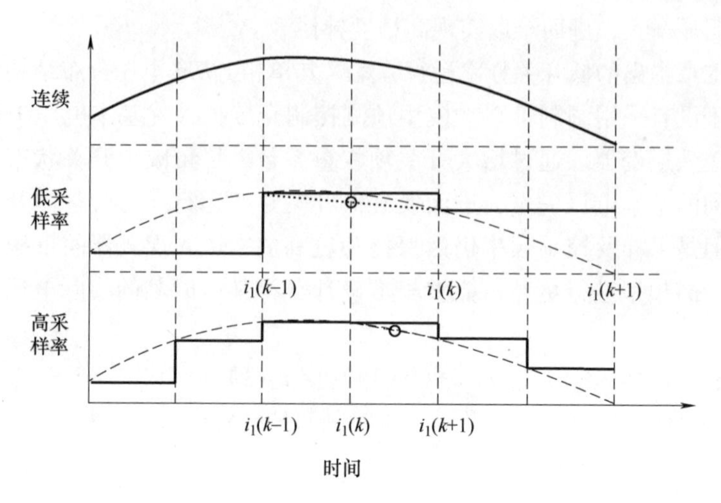

图 7-26　连续和两种离散情况下的对比

辨识的效果将受信号的同步处理过程[388]影响。因电压更新较慢、精度不高，加之单电压矢量在更新周期内可能有多个采样电流，依赖于电压信号的观测器和辨识方法，如电压模型观测器、全阶自适应观测器等，将面临较大的计算误差，进而造成性能恶化；反之，依赖于电流信号的观测器和辨识方法，如电流模型观测器，则可获得较高的计算精度。

综上所述，相比两种传统方法，本章提出的模型预测控制低开关频率实现方法具有如下优势：①可以通过优化模型预测控制来实现谐波抑制，省去了调制算法；②可以在观测器中获取高更新频率和精度的电压信号，减小重构误差；③可以在降低开关频率的同时不降低采样控制频率，减小离散化采样和处理器迭代计算误差（与传统方法 2 一致）。但是，新方法对 LIM 模型参数依赖较高，下面将详细分析参数敏感性，并提出解决方案。

7.4.2　参数敏感性与谐波抑制策略

为便于研究带开关项模型预测控制的参数敏感性，选取参考电压的计算结果误差作为评估量，即定义

$$\boldsymbol{\varepsilon}=\boldsymbol{U}_{k+i}^{*}-\hat{\boldsymbol{U}}_{k+i}^{*} \tag{7-52}$$

式中，$\boldsymbol{\varepsilon}$ 为参考电压计算误差；$\boldsymbol{U}_{k+i}^{*}$ 和 $\hat{\boldsymbol{U}}_{k+i}^{*}$ 分别为参数无偏差和有偏差时的参考电压。

当参数误差影响到参考电压计算结果时，可能会改变选取的电压矢量，进而影响控制效果。另外，为分析计算简便，将参考电压计算变换到 dq 坐标系下进行，且主要考虑基于转子磁场定向下的稳态工况，初步得出参数敏感性规律，

而动态下的计算分析将在仿真和实验中实现。另外，考虑到 LIM 励磁电感动态变化的特殊性，这里重点研究励磁电感参数的影响。

首先，将 LIM 数学模型变换到 dq 坐标系下，可得

$$\begin{cases}\dfrac{\mathrm{d}\boldsymbol{i}_1}{\mathrm{d}t}=-\dfrac{R_1L_2^2+R_2L_\mathrm{m}^2}{\sigma L_1L_2^2}\boldsymbol{i}_1-\mathrm{j}\omega_1\boldsymbol{i}_1+\dfrac{L_\mathrm{m}}{\sigma L_1L_2T_2}\boldsymbol{\psi}_2-\dfrac{L_\mathrm{m}}{\sigma L_1L_2}\mathrm{j}\omega_2\boldsymbol{\psi}_2+\dfrac{1}{\sigma L_1}\boldsymbol{u}_1\\ \dfrac{\mathrm{d}\boldsymbol{\psi}_2}{\mathrm{d}t}=\dfrac{L_\mathrm{m}}{T_2}\boldsymbol{i}_1-\dfrac{1}{T_2}\boldsymbol{\psi}_2-\mathrm{j}(\omega_1-\omega_2)\boldsymbol{\psi}_2\end{cases} \tag{7-53}$$

对应的离散化电流预测方程为

$$\begin{aligned}\boldsymbol{i}_1^{k+1}&=\left[1-\frac{T_\mathrm{s}(L_2^2R_1+R_2L_\mathrm{m}^2)}{\sigma L_1L_2^2}-\mathrm{j}\omega_1T_\mathrm{s}\right]\boldsymbol{i}_1^k+\frac{T_\mathrm{s}}{\sigma L_1}\left(\boldsymbol{u}_1^k+\frac{R_2L_\mathrm{m}}{L_2^2}\boldsymbol{\psi}_2^k-\mathrm{j}\frac{L_\mathrm{m}}{L_2}\omega_2\boldsymbol{\psi}_2^k\right)\\&=\boldsymbol{M}'\boldsymbol{i}_1^k+H\boldsymbol{u}_1^k+\boldsymbol{L}_\psi^k\end{aligned} \tag{7-54}$$

式中，$\boldsymbol{M}'=\left[1-\dfrac{T_\mathrm{s}(L_2^2R_1+R_2L_\mathrm{m}^2)}{\sigma L_1L_2^2}-\mathrm{j}\omega_1T_\mathrm{s}\right]=M'_\mathrm{d}+\mathrm{j}M'_\mathrm{q}$；$\boldsymbol{L}_\psi^k=K\boldsymbol{\psi}_2^k+\mathrm{j}L\boldsymbol{\psi}_2^k$。

此时，磁链预测方程也发生了变化，可表示为

$$\begin{aligned}\boldsymbol{\psi}_2^{k+1}&=\frac{L_\mathrm{m}T_\mathrm{s}}{T_2}\boldsymbol{i}_1^k+\left(1-\frac{T_\mathrm{s}}{T_2}\right)\boldsymbol{\psi}_2^k-\mathrm{j}(\omega_1-\omega_2)T_\mathrm{s}\boldsymbol{\psi}_2^k\\&=P\boldsymbol{i}_1^k+\boldsymbol{Q}_\psi^k\end{aligned} \tag{7-55}$$

式中，$P=\dfrac{L_\mathrm{m}T_\mathrm{s}}{T_2}$；$\boldsymbol{Q}_\psi^k=\boldsymbol{B}\boldsymbol{\psi}_2^k+\mathrm{j}N\boldsymbol{\psi}_2^k$。

为简化推导和分析，下面仅以单步长为例。考虑到采样频率较高，假设前后两步基本电压矢量 dq 分量形式几乎不变，因此目标函数可保持不变。基于同步坐标系的参考电压推导与静止坐标系类似，这里不再赘述。将参考电压计算公式展开为 k 时刻电压、电流、磁链及参考电流的表达式为

$$\begin{aligned}\boldsymbol{U}_{k+1}^*&=\frac{\boldsymbol{u}_{k+1}^*+\lambda\boldsymbol{u}_1^k}{1+\lambda}\\&=\frac{1}{1+\lambda}\left(-\frac{\boldsymbol{M}'}{H}\boldsymbol{i}_1^{k+1}+\frac{1}{H}\boldsymbol{i}_1^*-\frac{1}{H}\boldsymbol{L}_\psi^{k+1}+\lambda\boldsymbol{u}_1^k\right)\\&=\frac{1}{1+\lambda}\left(\lambda\boldsymbol{u}_1^k-\frac{\boldsymbol{M}'}{H}(\boldsymbol{M}'\boldsymbol{i}_1^k+H\boldsymbol{u}_1^k+\boldsymbol{L}_\psi^k)+\frac{1}{H}\boldsymbol{i}_1^*-\frac{1}{H}(K+\mathrm{j}L)(P\boldsymbol{i}_1^k+\boldsymbol{Q}_\psi^k)\right]\\&=\frac{(\boldsymbol{\lambda}-\boldsymbol{M}')\boldsymbol{u}_1^k-\dfrac{\boldsymbol{M}'^2+(K+\mathrm{j}L)P}{H}\boldsymbol{i}_1^k-\dfrac{1}{H}(\boldsymbol{M}'\boldsymbol{L}_\psi^k+(K+\mathrm{j}L)\boldsymbol{Q}_\psi^k)+\dfrac{1}{\boldsymbol{H}}\boldsymbol{i}_1^*}{1+\lambda}\end{aligned} \tag{7-56}$$

至此，参考电压的计算完全由 k 时刻的电压、电流、磁链及电流参考值决

定，其电压、电流及参考值均可通过采样测量得到。假设 k 时刻观测的磁链值准确，根据式（7-56）可计算出 $k+1$ 时刻的参考电压，进而测试参数不准确所带来的影响：分析过程中，充分考虑了延迟补偿、磁链预测和一步预测中的参数误差。为便于分析，进一步将其展开为 dq 分量形式，并考虑次级磁场定向中有 $\psi_{2d}=|\psi_2|$ 和 $\psi_{2q}=0$，可得

$$\begin{cases} U_{d\_k+1}^*=\dfrac{1}{1+\lambda}\left[-(M_d'u_{1d}^k-M_q'u_{1q}^k)-\dfrac{(M_d'^2-M_q'^2+KP)i_{1d}^k-(2M_d'M_q'+LP)i_{1q}^k}{H}-\right.\\ \left.\qquad\dfrac{1}{H}(M_d'K-M_q'L+KB-LN)\psi_{2d}^k+\dfrac{1}{H}i_{1d}^*+\lambda u_{1d}^k\right] \\ U_{q\_k+1}^*=\dfrac{1}{1+\lambda}\left[-(M_d'u_{1q}^k+M_q'u_{1d}^k)-\dfrac{(M_d'^2-M_q'^2+KP)i_{1q}^k+(2M_d'M_q'+LP)i_{1d}^k}{H}-\right.\\ \left.\qquad\dfrac{1}{H}(M_d'L+M_q'K+KN+BL)\psi_{2d}^k+\dfrac{1}{H}i_{1q}^*+\lambda u_{1q}^k\right] \end{cases} \tag{7-57}$$

稳态工况下，转子磁链与 d 轴电流满足

$$\psi_{2d}=|\psi_2|=L_m i_d \tag{7-58}$$

将式（7-58）代入式（7-57），可得

$$\begin{cases} U_{d\_k+1}^*=\dfrac{1}{1+\lambda}\left[-(M_d'u_{1d}^k-M_q'u_{1q}^k)-\dfrac{(M_d'^2-M_q'^2+KP)i_{1d}^k-(2M_d'M_q'+LP)i_{1q}^k}{H}-\right.\\ \left.\qquad\dfrac{1}{H}(M_d'K-M_q'L+KB-LN)L_m i_{1d}^k+\dfrac{1}{H}i_{1d}^*+\lambda u_{1d}^k\right] \\ U_{q\_k+1}^*=\dfrac{1}{1+\lambda}\left[-(M_d'u_{1q}^k+M_q'u_{1d}^k)-\dfrac{(M_d'^2-M_q'^2+KP)i_{1q}^k+(2M_d'M_q'+LP)i_{1d}^k}{H}-\right.\\ \left.\qquad\dfrac{1}{H}(M_d'L+M_q'K+KN+BL)L_m i_{1d}^k+\dfrac{1}{H}i_{1q}^*+\lambda u_{1q}^k\right] \end{cases} \tag{7-59}$$

由式（7-59）得知，所有系数均被变换到电流和电压项下，为方便参数敏感性评估分析，可对相关系数做类似 7.3 节的简化。因此，后续分析中，电压系数可重点考虑主要影响因素，但是需要注意的是：$1/H$ 中除了 σL_1 之外，还存在采样时间 T_s。本章提出的新方法中：因 LIM 边端效应和高采样频率等因素，LIM 中的 σL_1 受励磁电感的影响程度大于 RIM，因此 $1/H$ 的误差不能忽略；同时，部分相关系数的误差也相继被放大，如 $M_d'^2/H$。除此之外，系数 L 中不仅存在 L_m/L_2，还存在次级角频率项 ω_2，即当 LIM 工作在高速时，该项误差也不能被忽略。而对于系数 B，尽管带有参数敏感性较强的 $1/T_2$，但因其分子包含 T_s，同时存在常数 1，所以其参数敏感性不强。综上所述，可得简化的误差方程为

$$
\begin{cases}
\varepsilon_{\mathrm{d}}=\dfrac{1}{1+\lambda}\left[-\left(\dfrac{M_{\mathrm{d}}'^{2}}{H}-\dfrac{\hat{M}_{\mathrm{d}}'^{2}}{\hat{H}}\right)i_{1\mathrm{d}}^{k}-\left(\dfrac{M_{\mathrm{d}}'K+KB}{H}-\dfrac{\hat{M}_{\mathrm{d}}'\hat{K}+\hat{K}\hat{B}}{\hat{H}}\right)L_{\mathrm{m}}i_{1\mathrm{d}}^{k}+\left(\dfrac{1}{H}-\dfrac{1}{\hat{H}}\right)i_{1\mathrm{d}}^{*}\right] \\
\Rightarrow\varepsilon_{\mathrm{d}}=\dfrac{1}{1+\lambda}(h_{1\mathrm{d}}i_{1\mathrm{d}}^{k}+h_{2\mathrm{d}}i_{1\mathrm{d}}^{k}+h_{3\mathrm{d}}i_{1\mathrm{d}}^{*}) \\
\varepsilon_{\mathrm{q}}=\dfrac{1}{1+\lambda}\left[-\left(\dfrac{M_{\mathrm{d}}'^{2}}{H}-\dfrac{\hat{M}_{\mathrm{d}}'^{2}}{\hat{H}}\right)i_{1\mathrm{q}}^{k}-\left(\dfrac{M_{\mathrm{d}}'L+BL}{H}-\dfrac{\hat{M}_{\mathrm{d}}'\hat{L}+\hat{B}\hat{L}}{\hat{H}}\right)L_{\mathrm{m}}i_{1\mathrm{d}}^{k}+\left(\dfrac{1}{H}-\dfrac{1}{\hat{H}}\right)i_{1\mathrm{q}}^{*}\right] \\
\Rightarrow\varepsilon_{\mathrm{q}}=\dfrac{1}{1+\lambda}(h_{1\mathrm{q}}i_{1\mathrm{q}}^{k}+h_{2\mathrm{q}}i_{1\mathrm{d}}^{k}+h_{3\mathrm{q}}i_{1\mathrm{q}}^{*})
\end{cases}
\tag{7-60}
$$

为定量评估参数变化的影响，本章定义励磁电感的参数误差为

$$
\Delta_{L_{\mathrm{m}}}=\frac{\hat{L}_{\mathrm{m}}-L_{\mathrm{m}}}{L_{\mathrm{m}}} \tag{7-61}
$$

结合式（7-60）和式（7-61），可绘制出权重系数为 0 时的 6 个系数（$h_{1\sim3\mathrm{dq}}$）随励磁电感误差变化的曲线，如图 7-27 所示。综合分析，可得如下结论：

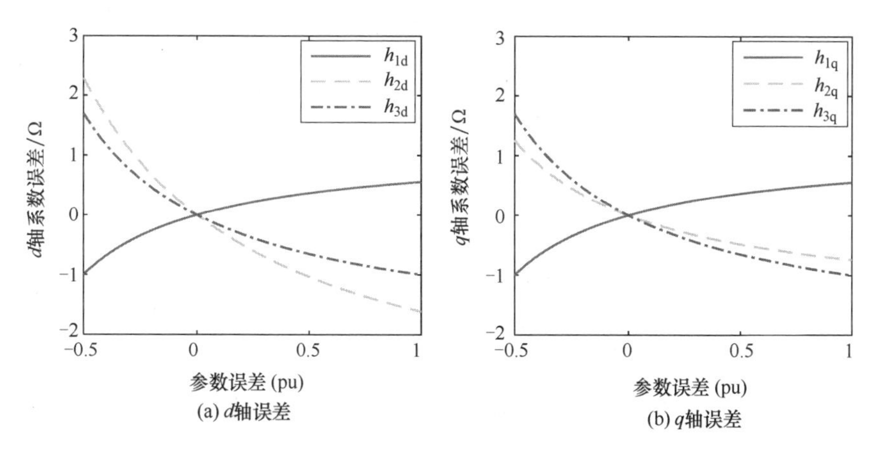

(a) d轴误差　(b) q轴误差

图 7-27　参考电压计算中关键系数变化趋势

1）参考电压的计算对励磁电感误差较为敏感，且电压误差的上下限基本不受当前电压值影响，而主要与电流值相关，因此参数误差在参考电压本身较低时影响较大。

2）d 轴参考电压误差主要取决于 d 轴电流和 d 轴参考电流，即 LIM 励磁大小。

3）q 轴参考电压误差和 dq 轴电流以及 q 轴参考电流相关，即受励磁和负载

情况影响。

4）LIM 速度也会对参数敏感性产生影响，体现在对 L 参数敏感性上：速度越高，L 受励磁电感影响越大，进而导致 q 轴参考电压误差加大。

5）权重系数的增加会降低参数敏感性，其参考电压更趋近于当前时刻作用的电压矢量，而与计算出的电压矢量关系不大。

6）尽管 h_{2dq} 与参数误差的关系与其他系数相反，但因其数值较小，整体 d 轴误差在不同工况下均保持符号不变，而整体 q 轴误差则取决于励磁和负载的对比值。

结合式（7-52）和式（7-56），可绘制出预测参考电压误差（ε_d 和 ε_q）与励磁电感误差之间的关系曲线，如图 7-28 所示。由图可知：参考电压在励磁电感误差较大时，会出现较大程度偏离，且偏离值会随权重系数增大而缩小。另外，通过对比不同负载工况下的偏离程度大小，可进一步验证前面分析的 dq 轴参考电压误差与负载情况的关系，即 d 轴误差基本保持不变，q 轴误差则会随负载加重而明显增大。

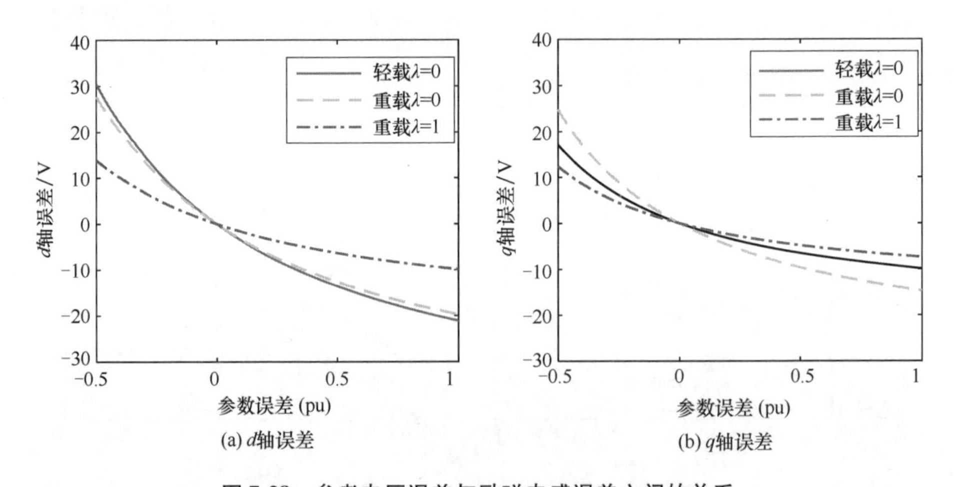

图 7-28　参考电压误差与励磁电感误差之间的关系

根据上述分析可知：LIM 参数变化将影响参考电压计算，改变所选最优基本电压矢量，造成电机控制失当，进而影响电流性能。因此，亟需对模型预测控制中的相关参数进行在线校正，避免因参数变化造成的 LIM 性能恶化。另外，考虑到 LIM 励磁电感主要受转速等因素影响，可假设其在预测步长内基本不变：因此在校正过程时，各步预测均统一采用当前辨识值进行补偿。

为提升模型预测控制的参数鲁棒性，将带开关项的模型预测方法同 7. 3. 1 节中所提出的励磁电感在线辨识方法相结合，从而提出低开关频率下励磁电感自适应模型预测控制策略，如图 7-29 所示。这里结合励磁电感在线辨识方法，主要因为：①验证该模型预测控制实现的低开关频率几乎不会影响参数辨识精度；②检验励磁电感在线修正对所采用模型预测控制的增强效果，以及本章所采用的低采样频率下低谐波控制的提升能力。因此，结合不同参数辨识方法，并不影响控制效果和结论。需指出的是：模型预测控制不仅可和本章参数辨识算法相结合，还可与其他参数鲁棒性增强策略联合，如扰动观测器，进而提升在线补偿效果。

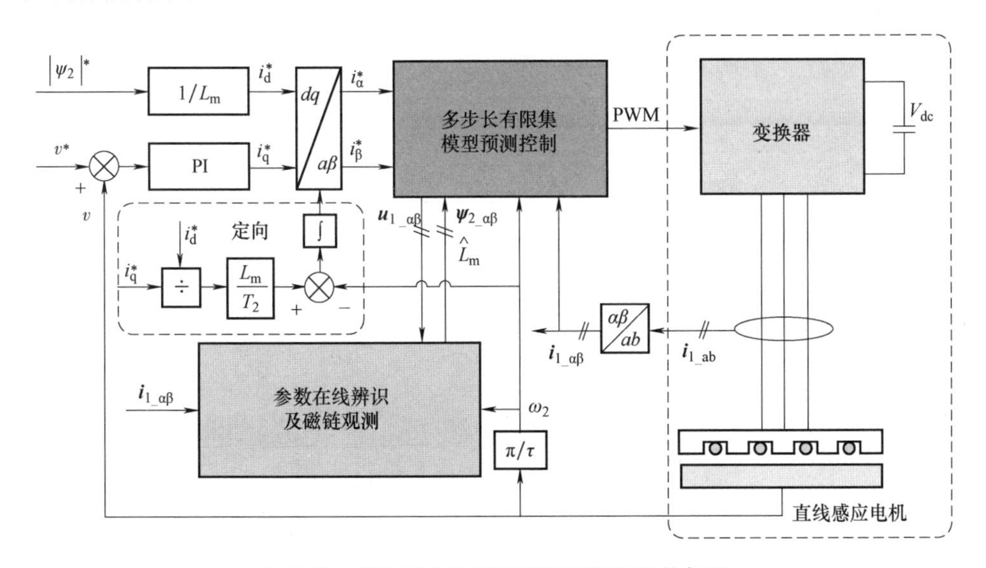

图 7-29　所提出自适应模型预测控制结构框图

7.4.3　仿真及实验结果

为了较全面地进行测试，仿真设置了启动、加速、减速、加载等环节，传统方法 1 下的转速、推力及电流波形如图 7-30 所示。为验证上面三种不同低开关频率实现方法对观测器的影响及差异，图 7-31～图 7-33 分别给出了不同开关频率下三种方法的参数辨识结果，可以看出：三种方法均可在高开关频率下实现较为准确的参数辨识，但随开关频率的降低，传统方法 1 的估计准确性将明显降低，尤其是在高速区，这也与文献［362］的理论分析相符；而传统方法 2 的动态性能较差，呈现出失稳现象，表明仅降低调制频率而不降低控制频率将无法充分保障辨识能力；对于模型预测控制方案，不同开关频率下的各个测试转速、负载工况中均能获得准确的参数辨识效果。综上所述，后续将主要围绕传统方法 1（简称为“传统方法”）进行对比分析。具体而言，以 500Hz 下的辨识结果为例，此时采用传统方法已无法在额定速度、150N负载工况中对励磁电感进行正确估计；然而对于所采用的模型预测控制方案，此时励磁电感辨识误差仅为约0.1mH（约占静态值的0.28%），且无明显波动，动态性能优良。需要注意的是，减速区域内的三种参数辨识方案均出现短时偏离，这主要是由于初级频率经历了由正过零变负的剧烈动态变化。

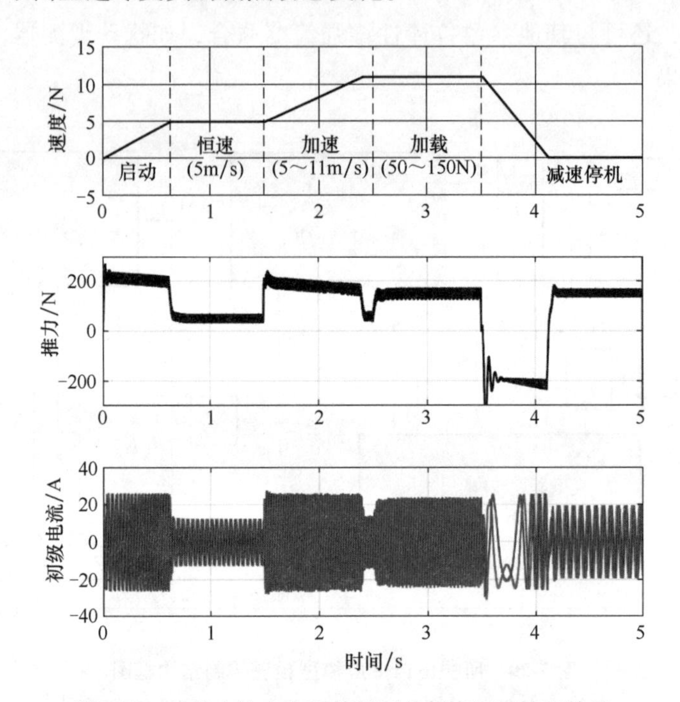

图7-30　传统方法1实现的低开关频率运行控制效果

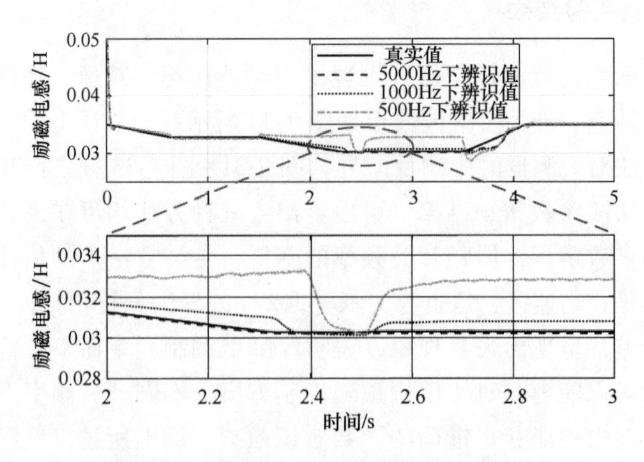

图7-31　传统方法1下励磁电感辨识结果

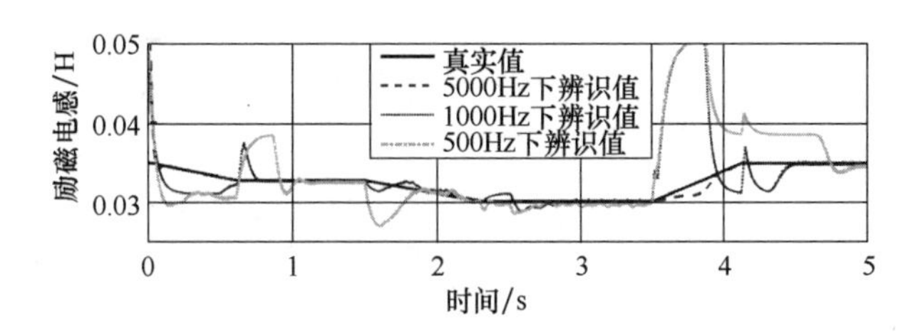

图 7-32　传统方法 2 下励磁电感辨识结果

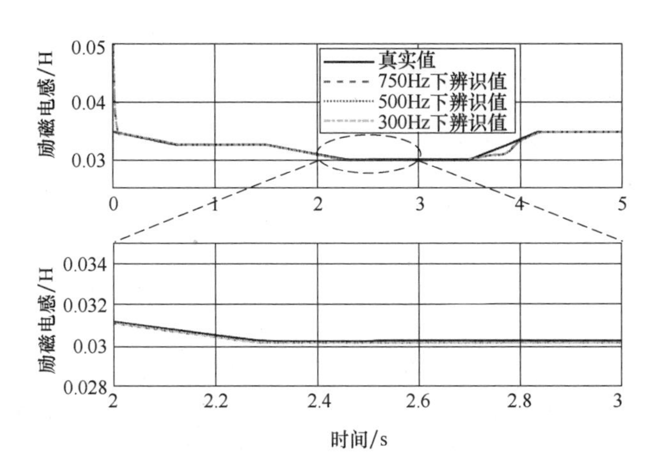

图 7-33　模型预测方法下励磁电感辨识结果

对电机 A 进行类似的辨识性能研究，其结果分别如图 7-34 和图 7-35 所示。与上述分析类似，在低开关频率下的高速工况，传统方法辨识性能受到了较为明显的影响，不仅部分动态过程无法跟踪，还出现了较为明显的稳态误差；而

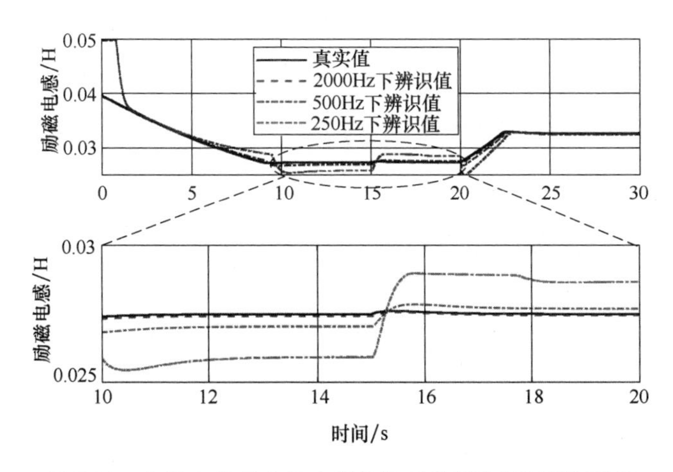

图 7-34　电机 A 传统方法实现的低开关频率运行辨识性能

模型预测控制则可始终保持非常优良的动静态性能。需要注意的是，由于电机 B 的额定频率比电机 A 低，因此，为增强对比效果，图 7-34 的最低开关频率从原来的 500Hz 变为了 250Hz。

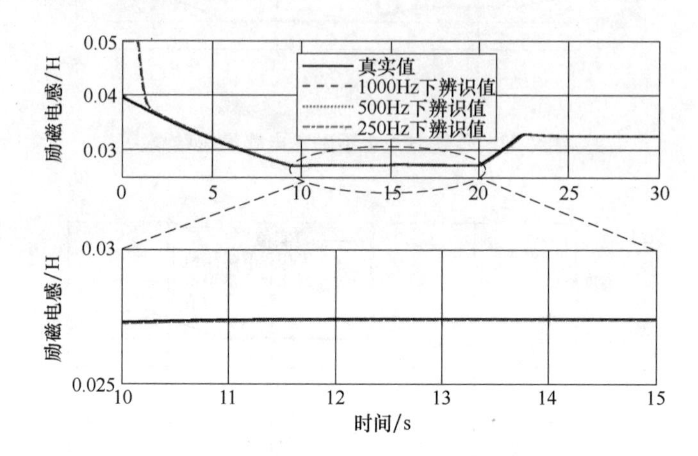

图 7-35　电机 A 模型预测控制实现的低开关频率运行辨识性能

下面介绍不同方法的实验结果及分析。图 7-36 给出了传统方法下三种不同开关频率的励磁电感辨识结果，同时绘制出了 Duncan 模型离线计算的励磁电感变化曲线。可以看出，在 5000Hz 开关频率下，励磁电感辨识结果比较接近电机

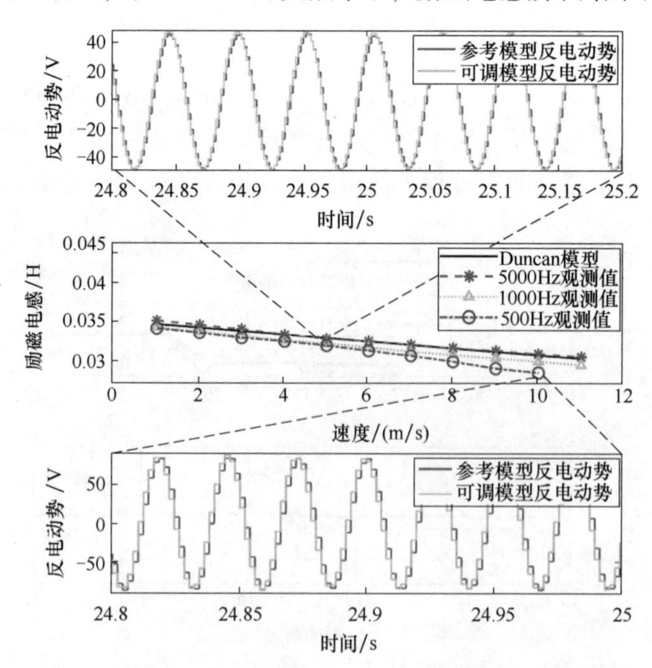

图 7-36　不同开关频率下传统方案励磁电感辨识实验结果

参数离线计算值，其参数辨识较为准确。但是，随着开关频率降低至 1000Hz，辨识结果开始出现一定偏离，主要受到离散化、延时和谐波等因素影响，但是辨识值仍然可在 1～11m/s 的运行范围内保持稳定，且偏离程度不严重。然而，当开关频率进一步降低至 500Hz，在 1～10m/s 下励磁电感辨识值偏离程度进一步加剧，且随转速上升而增加。

而本章所提出的多步长模型预测控制方法，可在目标函数中增加开关项来灵活实现开关频率控制，从而灵活地切换开关频率。图 7-37 给出了两种典型速度（8m/s 和 11m/s）下，采用单步长和两步长开关项调节模式下的励磁电感辨识结果。为增强对比性，此处所采用的参数辨识算法与前面矢量控制完全一致。可以看出，励磁电感辨识结果的整体趋势随着开关频率降低而增大，但其变化范围非常小。以额定速度 11m/s 下的辨识结果为例：从 650～150Hz 的开关频率范围内，励磁电感的辨识结果仅从 29. 8mH 上升至 30. 9mH。

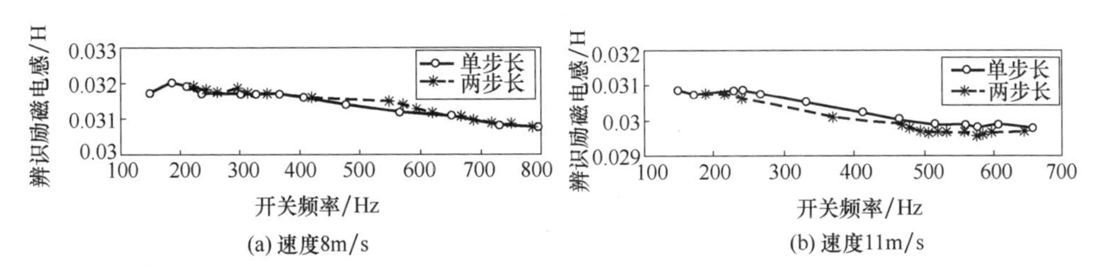

图 7-37　不同开关频率不同步长下励磁电感辨识结果

而由图 7-36 可知，在传统方法中，当开关频率从 1000Hz 降低至 500Hz 时，在速度为 10m/s 下所辨识的励磁电感已经从 29. 9mH 变化至 28. 5mH。当开关频率进一步降低且速度进一步上升时，其辨识误差将进一步扩大。因此，当采用模型预测控制来实现低开关频率运行时，可较容易地完成 LIM 励磁电感的稳定辨识，进而提高牵引系统的运行可靠性。另外，两步长和单步长辨识结果在部分工况下存在差异，说明谐波对参数辨识系统会造成一定影响。

下面将对模型预测低开关频率方法的电流 THD 进行研究。这里以 500Hz 开关频率为例，对电流 THD 的抑制效果进行对比分析。图 7-38 分别给出了参数准确时两步长、励磁电感为标准值 1/2 时两步长和参数准确时单步长模型预测控制下的电流谐波仿真分析结果。因低开关频率会引入高频段谐波，可以通过优化方案进行改进，后续 THD 分析及对比将集中于此频段范围。由此可知：多步长控制可将电流 THD 降低为单步长的 80. 9%，而当参数出现偏差时，电流 THD 会呈现一定上升趋势。整体而言，采用本节提出的带参数辨识低开关频率优化控制，可在系统开关频率较低的前提下，有效提升参数鲁棒性，明显降低参数变化对电流谐波和运行效率带来的影响。

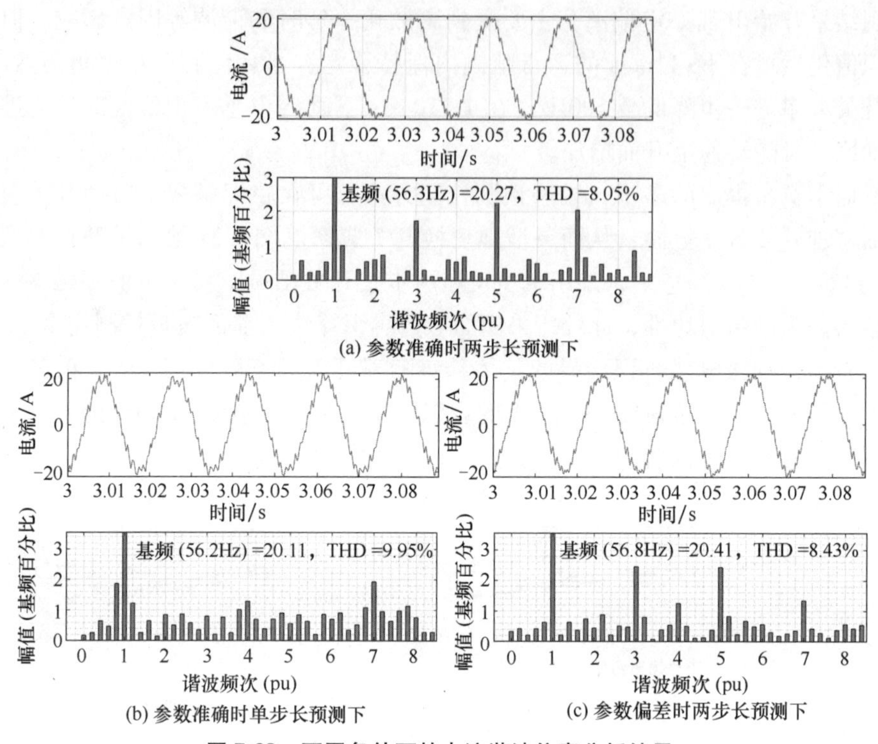

图 7-38　不同条件下的电流谐波仿真分析结果

进一步，通过实验分析模型预测控制算法对 LIM 参数的依赖性。图 7-39 给出了 500Hz 开关频率下，基于单步长控制的不同励磁电感下的电流和谐波结果。可以看出，当励磁电感参数发生变化时，电流 THD 会不同程度地上升。类似于前面的仿真结果及理论分析，当励磁电感变为额定值的一半和两倍时，THD 的恶化程度分别为 8.6%和 12.1%。

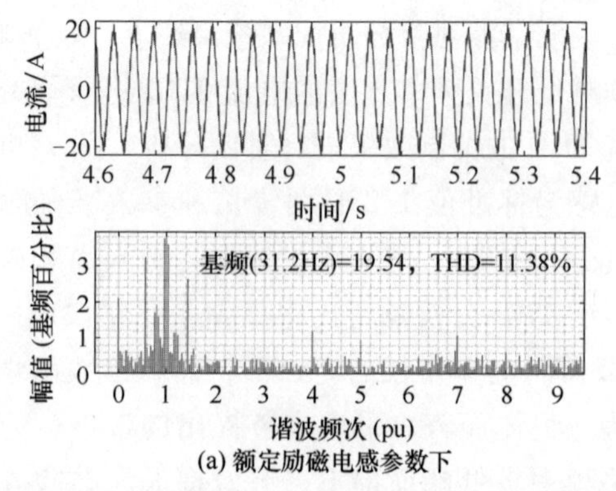

图 7-39　不同励磁电感参数下电流谐波实验结果

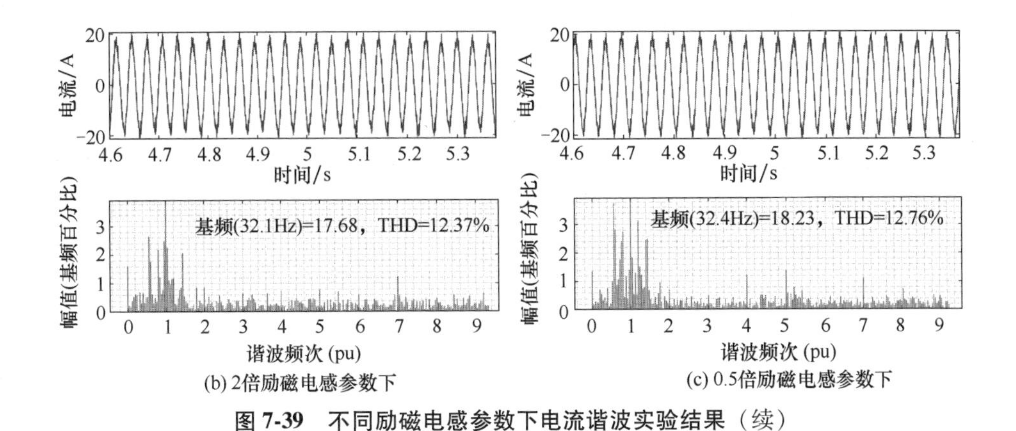

图 7-39　不同励磁电感参数下电流谐波实验结果（续）

7.5　带参数辨识补偿的无速度传感器控制

前文所研究的在线参数辨识方法，均建立在速度测量的前提下；当采用无速度传感器控制时，相关条件不再成立，需重新进行推导设计。此外，由于众多速度估计方法依赖于 LIM 的数学模型和参数精度，若不对电机参数的剧烈变化加以考虑和补偿，其 LIM 牵引性能将受到较大限制。当参数不准时，LIM 系统容易引入转速估计误差，严重时系统可能失稳。因此，亟需研究 LIM 参数和速度的并行辨识策略，以消除驱动系统和前文参数辨识方法对速度传感器的依赖，增强系统鲁棒性和稳定性。本章将以全阶自适应观测器速度估计方法为基础，充分考虑 LIM 参数的特殊性，有机融合励磁电感辨识方法，解决连续域和离散域稳定性问题，进而提升宽速度范围内的 LIM 运行可靠性。

7.5.1　全阶观测器参数敏感性分析

第 6 章已对全阶观测器的基本理论进行了介绍，下面将对其参数敏感性进行深入分析。全阶观测器得到的次级磁链观测值通常会被用于磁场定向和磁链幅值控制，后面将选取次级磁链来分析参数不准所造成的影响。同时，由于反馈矩阵也会对系统的参数敏感性产生影响，因此后面从闭环和开环两个角度来分析：其中开环为零反馈矩阵状态，而闭环则为反馈增益矩阵经过设计后的状态。首先定义估计次级磁链与真实磁链的比值函数为

$$\boldsymbol{\varphi}=\frac{\hat{\boldsymbol{\psi}}_2}{\boldsymbol{\psi}_2}=\frac{|\hat{\boldsymbol{\psi}}_2|}{|\boldsymbol{\psi}_2|}\angle(\hat{\theta}_2-\theta_2) \tag{7-62}$$

式中，$\boldsymbol{\psi}_2$和$\hat{\boldsymbol{\psi}}_2$均为复数形式；$\hat{\theta}_2$为估计次级磁链相角；$\theta_2$为实际次级磁链相角。

通过绘制不同参数下 φ 的幅频特性和相频特性曲线，即可描述参数对估计次级磁链幅值和相位的影响程度。此时，幅频特性和相频特性所受影响因素有：负载情况（在磁链幅值一定时，反映为转差频率的差异）、速度（在转差频率一定时，反映为速度的差异）和参数误差。另外，考虑到频率特性分析属于系统稳态响应分析方法，因此本节的研究前提是全阶状态观测器处于稳定状态。将电机数学模型列写为初级电流和次级磁链两项，且用微分算子 s 替代微分运算，可得

$$s\boldsymbol{i}_1=-\frac{R_1L_2^2+R_2L_m^2}{\sigma L_1L_2^2}\boldsymbol{i}_1+\frac{L_m}{\sigma L_1L_2T_2}\boldsymbol{\psi}_2-\frac{L_m}{\sigma L_1L_2}\mathrm{j}\omega_2\boldsymbol{\psi}_2+\frac{1}{\sigma L_1}\boldsymbol{u}_1 \tag{7-63}$$

$$s\boldsymbol{\psi}_2=\frac{L_m}{T_2}\boldsymbol{i}_1-\frac{1}{T_2}\boldsymbol{\psi}_2+\mathrm{j}\omega_2\boldsymbol{\psi}_2 \tag{7-64}$$

将式（7-63）和式（7-64）中的 s 替换为 $\mathrm{j}\omega_1$ 便可以得到稳态下的频域方程，此时存在两组方程，共有三组矢量：初级电流矢量 $\boldsymbol{i}_1$、次级磁链矢量 $\boldsymbol{\psi}_2$、输入电压矢量 $\boldsymbol{u}_1$。因此可得任意两个矢量间的稳态关系式为

$$\frac{\boldsymbol{\psi}_2}{\boldsymbol{i}_1}=\frac{L_m}{1+\mathrm{j}\omega_s T_2} \tag{7-65}$$

$$\frac{\boldsymbol{\psi}_2}{\boldsymbol{u}_1}=\frac{L_m}{R_1}\frac{1}{1-\omega_1\omega_s\sigma T_1T_2+\mathrm{j}\omega_1T_1+\mathrm{j}\omega_sT_2} \tag{7-66}$$

$$\frac{\boldsymbol{i}_1}{\boldsymbol{u}_1}=\frac{1}{R_1}\frac{1+\mathrm{j}\omega_sT_2}{1-\omega_1\omega_s\sigma T_1T_2+\mathrm{j}\omega_1T_1+\mathrm{j}\omega_sT_2} \tag{7-67}$$

式中，T_1 为初级时间常数，且 $T_1=L_1/R_1$。

相应地，将观测量和参数全部用估计值替代，便可得考虑参数误差时的全阶状态观测器为

$$s\hat{\boldsymbol{i}}_1=-\frac{\hat{R}_1\hat{L}_2^2+\hat{R}_2\hat{L}_m^2}{\hat{\sigma}\hat{L}_1\hat{L}_2^2}\hat{\boldsymbol{i}}_1+\frac{\hat{L}_m}{\hat{\sigma}\hat{L}_1\hat{L}_2\hat{T}_2}\hat{\boldsymbol{\psi}}_2-\frac{\hat{L}_m}{\hat{\sigma}\hat{L}_1\hat{L}_2}\mathrm{j}\omega_2\hat{\boldsymbol{\psi}}_2+\frac{1}{\hat{\sigma}\hat{L}_1}\boldsymbol{u}_1 \tag{7-68}$$

$$s\hat{\boldsymbol{\psi}}_2=\frac{\hat{L}_m}{\hat{T}_2}\hat{\boldsymbol{i}}_1-\frac{1}{\hat{T}_2}\hat{\boldsymbol{\psi}}_2+\mathrm{j}\omega_2\hat{\boldsymbol{\psi}}_2 \tag{7-69}$$

相应地，可得到估计次级磁链和输入初级电压间的稳态关系为

$$\frac{\hat{\boldsymbol{\psi}}_2}{\boldsymbol{u}_1}=\frac{\hat{L}_m}{\hat{R}_1}\frac{1}{1-\omega_1\omega_s\hat{\sigma}\hat{T}_1\hat{T}_2+\mathrm{j}\omega_1\hat{T}_1+\mathrm{j}\omega_s\hat{T}_2} \tag{7-70}$$

根据式（7-66）和式（7-70），可得估计次级磁链和实际次级磁链间的关系为

$$\boldsymbol{\varphi}=\frac{\hat{\boldsymbol{\psi}}_2}{\boldsymbol{\psi}_2}=\frac{\hat{L}_{\mathrm{m}}R_1}{L_{\mathrm{m}}\hat{R}_1}\frac{1-\omega_1\omega_{\mathrm{s}}\sigma T_1T_2+\mathrm{j}\omega_1T_1+\mathrm{j}\omega_{\mathrm{s}}T_2}{1-\omega_1\omega_{\mathrm{s}}\hat{\sigma}\hat{T}_1\hat{T}_2+\mathrm{j}\omega_1\hat{T}_1+\mathrm{j}\omega_{\mathrm{s}}\hat{T}_2} \tag{7-71}$$

随后，将误差参数与实际参数代入，即可求得 $\boldsymbol{\varphi}$ 函数的幅频和相频特性曲线，这里以励磁电感为例进行分析。由于该磁链比值函数与同步频率和转差频率均相关，为充分反应各个工况下的特性，下面将选取轻载和重载两种模式进行分析，分别对应一小一大两种转差频率工况。图 7-40 和图 7-41 分别给出轻载和重载下，励磁电感为 1.5 倍和 0.5 倍额定值时开环全阶状态观测器的伯德图。

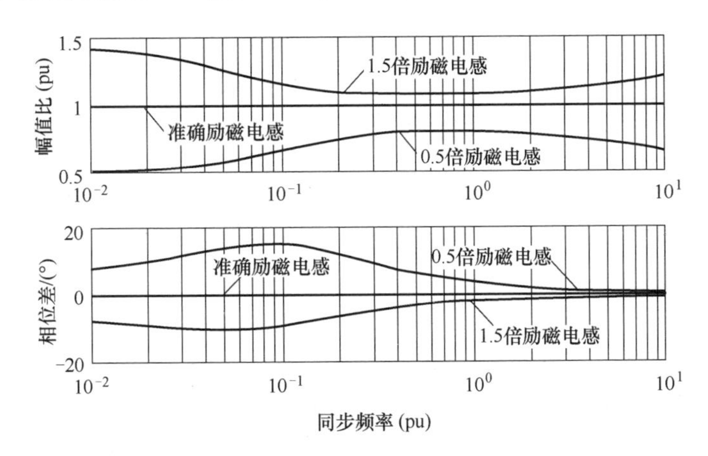

图 7-40　轻载状态下取不同励磁电感值时开环全阶状态观测器伯德图

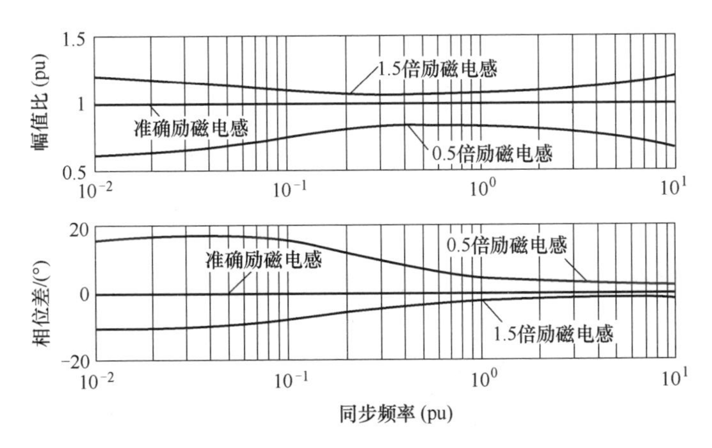

图 7-41　重载状态下取不同励磁电感值时开环全阶状态观测器伯德图

可以看出，在轻载下，低速段（同步频率<0.1pu）和高速段的次级磁链幅值偏差较大，而中低速段的次级磁链相位偏差较大。因而，在整个运行区间内，励磁电感误差对估计次级磁链的精度将产生较大影响。而在重载工况下，其低

速段估计次级磁链幅值误差明显变小，但低速段的相频误差会显著增大；同时，励磁电感偏差方向的不同也会对误差幅度产生较明显影响。整体而言，当所用励磁电感小于真实值时，分析误差相对较大，即在整个调速范围内的误差波动也较大。

为方便后续推导及分析，将反馈增益矩阵写为复数形式

$$\boldsymbol{G}=[k_1 \quad k_2] \tag{7-72}$$

式中，$k_1=g_1+\mathrm{j}g_2$，$k_2=g_3+\mathrm{j}g_4$。

类似地，将闭环全阶自适应观测器展开，且用微分算子 s 替代微分运算，可得

$$s\hat{\boldsymbol{i}}_1=-\frac{\hat{R}_1\hat{L}_2^2+\hat{R}_2\hat{L}_\mathrm{m}^2}{\hat{\sigma}\hat{L}_1\hat{L}_2^2}\hat{\boldsymbol{i}}_1+\frac{\hat{L}_\mathrm{m}}{\hat{\sigma}\hat{L}_1\hat{L}_2\hat{T}_2}\hat{\boldsymbol{\psi}}_2-\frac{\hat{L}_\mathrm{m}}{\hat{\sigma}\hat{L}_1\hat{L}_2}\mathrm{j}\omega_2\hat{\boldsymbol{\psi}}_2+\frac{1}{\hat{\sigma}\hat{L}_1}\boldsymbol{u}_1+k_1(\boldsymbol{i}_1-\hat{\boldsymbol{i}}_1) \tag{7-73}$$

$$s\hat{\boldsymbol{\psi}}_2=\frac{\hat{L}_\mathrm{m}}{\hat{T}_2}\hat{\boldsymbol{i}}_1-\frac{1}{\hat{T}_2}\hat{\boldsymbol{\psi}}_2+\mathrm{j}\omega_2\hat{\boldsymbol{\psi}}_2+k_2(\boldsymbol{i}_1-\hat{\boldsymbol{i}}_1) \tag{7-74}$$

将 $s=\mathrm{j}\omega_1$ 代入稳态下的频域方程，根据式（7-74）可得估计初级电流与估计次级磁链和实际初级电流间的关系式为

$$\hat{\boldsymbol{i}}_1=\frac{\mathrm{j}\omega_\mathrm{s}\hat{T}_2\hat{\boldsymbol{\psi}}_2+\hat{\boldsymbol{\psi}}_2-k_2\hat{T}_2\boldsymbol{i}_1}{\hat{L}_\mathrm{m}-k_2\hat{T}_2} \tag{7-75}$$

将式（7-75）代入式（7-73），可得估计次级磁链和实际初级电流和电压间的关系式为

$$\hat{\boldsymbol{\psi}}_2=\frac{[(\hat{R}_1\hat{L}_2^2+\hat{R}_2\hat{L}_\mathrm{m}^2+\mathrm{j}\omega_1\hat{\sigma}\hat{L}_1\hat{L}_2^2)k_2\hat{T}_2+k_1\hat{\sigma}\hat{L}_1\hat{L}_2^2\hat{L}_\mathrm{m}]\boldsymbol{i}_1+\hat{L}_2^2(\hat{L}_\mathrm{m}-k_2\hat{T}_2)\boldsymbol{u}_1}{\hat{L}_\mathrm{m}\hat{L}_2\left(\mathrm{j}\omega_2-\frac{1}{\hat{T}_2}\right)(\hat{L}_\mathrm{m}-k_2\hat{T}_2)+(\hat{R}_1\hat{L}_2^2+\hat{R}_2\hat{L}_\mathrm{m}^2+\mathrm{j}\omega_1\hat{\sigma}\hat{L}_1\hat{L}_2^2+k_1\hat{\sigma}\hat{L}_1\hat{L}_2^2)(\mathrm{j}\omega_\mathrm{s}\hat{T}_2+1)} \tag{7-76}$$

将式（7-67）代入式（7-76），可得估计次级磁链和输入初级电压间的关系式为

$$\hat{\boldsymbol{\psi}}_2=\frac{\dfrac{1+\mathrm{j}\omega_\mathrm{s}T_2}{R_1}\dfrac{[(\hat{R}_1\hat{L}_2^2+\hat{R}_2\hat{L}_\mathrm{m}^2+\mathrm{j}\omega_1\hat{\sigma}\hat{L}_1\hat{L}_2^2)k_2\hat{T}_2+k_1\hat{\sigma}\hat{L}_1\hat{L}_2^2\hat{L}_\mathrm{m}]}{1-\omega_1\omega_\mathrm{s}\sigma T_1T_2+\mathrm{j}\omega_1T_1+\mathrm{j}\omega_\mathrm{s}T_2}\boldsymbol{u}_1+\hat{L}_2^2(\hat{L}_\mathrm{m}-k_2\hat{T}_2)\boldsymbol{u}_1}{\hat{L}_\mathrm{m}\hat{L}_2(\mathrm{j}\omega_2-\frac{1}{\hat{T}_2})(\hat{L}_\mathrm{m}-k_2\hat{T}_2)+(\hat{R}_1\hat{L}_2^2+\hat{R}_2\hat{L}_\mathrm{m}^2+\mathrm{j}\omega_1\hat{\sigma}\hat{L}_1\hat{L}_2^2+k_1\hat{\sigma}\hat{L}_1\hat{L}_2^2)(\mathrm{j}\omega_\mathrm{s}\hat{T}_2+1)} \tag{7-77}$$

将式（7-66）代入式（7-77），可得估计次级磁链和实际次级磁链间的关系式为

$$\frac{\hat{\boldsymbol{\psi}}_2}{\boldsymbol{\psi}_2}=\frac{\dfrac{1+\mathrm{j}\omega_s T_2}{R_1}\dfrac{[(\hat{R}_1\hat{L}_2^2+\hat{R}_2\hat{L}_m^2+\mathrm{j}\omega_1\hat{\sigma}\hat{L}_1\hat{L}_2^2)k_2\hat{T}_2+k_1\hat{\sigma}\hat{L}_1\hat{L}_2^2\hat{L}_m]}{1-\omega_1\omega_s\sigma T_1T_2+\mathrm{j}\omega_1T_1+\mathrm{j}\omega_sT_2}+\hat{L}_2^2(\hat{L}_m-k_2\hat{T}_2)}{\hat{L}_m\hat{L}_2\left(\mathrm{j}\omega_2-\dfrac{1}{\hat{T}_2}\right)(\hat{L}_m-k_2\hat{T}_2)+(\hat{R}_1\hat{L}_2^2+\hat{R}_2\hat{L}_m^2+\mathrm{j}\omega_1\hat{\sigma}\hat{L}_1\hat{L}_2^2+k_1\hat{\sigma}\hat{L}_1\hat{L}_2^2)(\mathrm{j}\omega_s\hat{T}_2+1)}\cdot$$

$$\frac{R_1}{L_m}(1-\omega_1\omega_s\sigma T_1T_2+\mathrm{j}\omega_1T_1+\mathrm{j}\omega_sT_2) \tag{7-78}$$

类似地，将误差参数与实际参数代入，即可求得闭环全阶状态观测器对应的 $\boldsymbol{\varphi}$ 函数幅频和相频特性曲线。此处提出了一种转速辨识全阶自适应观测器，通过设计合理的反馈增益矩阵，保证 LIM 全速度范围下能稳定运行，其表达式为

$$\begin{cases} g_1=g_3=g_4=0 \\ g_2=\dfrac{T_2R_1}{\sigma L_1}\hat{\omega}_2 \end{cases} \tag{7-79}$$

图 7-42 和图 7-43 分别给出了轻载和重载下励磁电感为 1.5 倍和 0.5 倍额定值时的闭环全阶状态观测器波特图。可以看出，估计次级磁链的误差随运行工况的整体变化规律与开环状态下类似。但是，因反馈增益矩阵的加入，轻载下的中高速段次级磁链幅值误差均明显增大，而中速段次级磁链相位误差则有所降低；重载下中高速段的次级磁链幅值误差亦明显增大，且低速和高速段次级磁链相位误差亦增大。因此，可以得出结论：式（7-79）反馈增益矩阵虽然可使 LIM 稳定运行范围得到扩大，但一定程度上改变了全阶状态观测器系统的参数敏感性，并在整体上增大了观测误差。

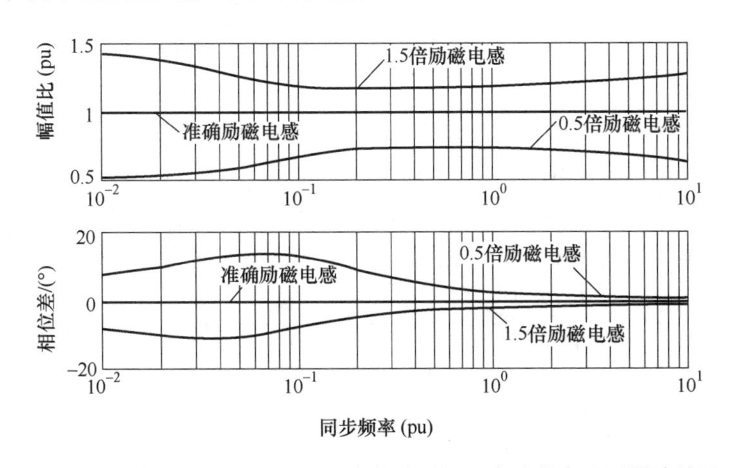

图 7-42　轻载状态下取不同励磁电感值时闭环全阶状态观测器波特图

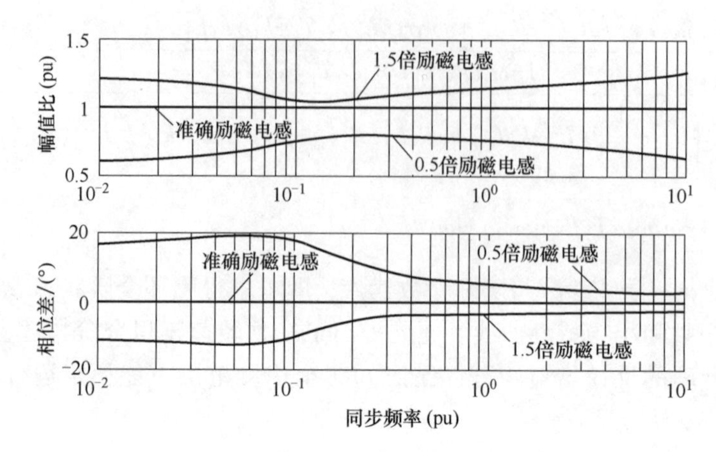

图 7-43　重载状态下取不同励磁电感值时闭环全阶状态观测器波特图

通过对开环和闭环全阶状态观测器的励磁电感参数敏感性进行分析，可以发现：在轻载或重载工况下，无论采取零反馈增益矩阵或全稳定型反馈增益矩阵，励磁电感的误差均会对估计次级磁链的准确性产生一定影响，从而对磁场定向控制性能产生影响，导致估计速度偏差，进而引起速度控制误差。同时，因 LIM 励磁电感易随运行工况的改变而变化，所以亟需在全阶观测器速度辨识系统中引入励磁电感的并行辨识算法，以增强参数鲁棒性和运行可靠性。

7.5.2　励磁电感与速度并行辨识

考虑到 LIM 速度辨识依赖于电机参数，有必要在速度估计系统中加入参数自适应辨识机制，以对观测器所用参数进行在线修正，增强参数鲁棒性，减小速度辨识误差。结合 LIM 的特殊性和参数敏感性分析结果，这里把励磁电感选为待辨识参数。

仍采用 Popov 超稳定理论来推导励磁电感和速度的并行自适应率。在列写全阶状态观测器方程时，励磁电感和速度均不被视为参数；为降低非线性耦合和自适应率复杂度，后面推导过程中采用与 7.3.1 节类似的简化方法。据此，可列写出考虑速度和励磁电感变化的全阶状态观测器方程为

$$\begin{cases}\dfrac{\mathrm{d}\hat{\boldsymbol{i}}_1}{\mathrm{d}t}=-\dfrac{R_1L_2^2+R_2L_{\mathrm{m}}^2}{\sigma L_1L_2^2}\hat{\boldsymbol{i}}_1+\dfrac{L_{\mathrm{m}}}{\sigma L_1L_2}\dfrac{R_2}{\hat{L}_2}\hat{\boldsymbol{\psi}}_2-\dfrac{L_{\mathrm{m}}}{\sigma L_1L_2}\mathrm{j}\hat{\omega}_2\hat{\boldsymbol{\psi}}_2+\dfrac{1}{\sigma L_1}\boldsymbol{u}_1+\boldsymbol{G}_{\mathrm{i}}\boldsymbol{e}_{\mathrm{i}}\\ \dfrac{\mathrm{d}\hat{\boldsymbol{\psi}}_2}{\mathrm{d}t}=\dfrac{L_{\mathrm{m}}}{T_2}\hat{\boldsymbol{i}}_1-\dfrac{R_2}{\hat{L}_2}\hat{\boldsymbol{\psi}}_2+\mathrm{j}\hat{\omega}_2\hat{\boldsymbol{\psi}}_2+\boldsymbol{G}_{\psi}\boldsymbol{e}_{\mathrm{i}}\end{cases} \tag{7-80}$$

$$\Rightarrow\frac{\mathrm{d}\hat{\boldsymbol{x}}}{\mathrm{d}t}=\hat{\boldsymbol{A}}_{\mathrm{p}}\hat{\boldsymbol{x}}+\boldsymbol{B}\boldsymbol{u}+\boldsymbol{G}\boldsymbol{e}_{\mathrm{i}}$$

可以看出，式（7-80）将励磁电感估计值表述为对观测器中次级电感的部分影响：这不仅有利于自适应率的顺利推导，还为后续稳定性分析提供便利。在得到次级电感倒数的估计值后，结合已知的次级漏感参数值，便可计算出励磁电感辨识值。由电机数学模型和观测方程式（7-80），可得误差方程为

$$\frac{\mathrm{d}}{\mathrm{d}t}\begin{bmatrix}\boldsymbol{e}_{\mathrm{i}}\\ \boldsymbol{e}_{\psi}\end{bmatrix}=(\boldsymbol{A}-\boldsymbol{GC})\begin{bmatrix}\boldsymbol{e}_{\mathrm{i}}\\ \boldsymbol{e}_{\psi}\end{bmatrix}+\Delta\boldsymbol{A}\begin{bmatrix}\hat{\boldsymbol{i}}_1\\ \hat{\boldsymbol{\psi}}_2\end{bmatrix}=(\boldsymbol{A}-\boldsymbol{GC})\begin{bmatrix}\boldsymbol{e}_{\mathrm{i}}\\ \boldsymbol{e}_{\psi}\end{bmatrix}-\boldsymbol{W} \tag{7-81}$$

式中，$\boldsymbol{e}_{\mathrm{i}}$为电流观测误差，$\boldsymbol{e}_{\mathrm{i}}=\boldsymbol{i}_1-\hat{\boldsymbol{i}}_1$；$\boldsymbol{e}_{\psi}$为次级磁链观测误差，且$\boldsymbol{e}_{\psi}=\boldsymbol{\psi}_2-\hat{\boldsymbol{\psi}}_2$；$\boldsymbol{W}=-\Delta\boldsymbol{A}\hat{\boldsymbol{x}}$，其中误差矩阵$\Delta\boldsymbol{A}$定义为

$$\Delta\boldsymbol{A}=\boldsymbol{A}-\hat{\boldsymbol{A}}_{\mathrm{p}}=\Delta\boldsymbol{A}_1e_{\omega}+\begin{bmatrix}0 & \dfrac{L_{\mathrm{m}}}{\sigma L_1L_2}R_2\boldsymbol{I}\\ 0 & -R_2\boldsymbol{I}\end{bmatrix}\left(\frac{1}{L_2}-\frac{1}{\hat{L}_2}\right)=\Delta\boldsymbol{A}_1e_{\omega}+\Delta\boldsymbol{A}_2e_{\mathrm{L}} \tag{7-82}$$

式中，e_{L}为估计励磁电感误差引起的次级电感误差，$e_{\mathrm{L}}=\dfrac{1}{L_2}-\dfrac{1}{\hat{L}_2}$。

其中，非线性反馈部分必须满足 Popov 不等式条件

$$\int_0^{t1}[\boldsymbol{e}_{\mathrm{i}}^{\mathrm{T}}\quad \boldsymbol{e}_{\psi}^{\mathrm{T}}]\boldsymbol{W}\mathrm{d}t=\int_0^{t1}-[\boldsymbol{e}_{\mathrm{i}}^{\mathrm{T}}\quad \boldsymbol{e}_{\psi}^{\mathrm{T}}](\Delta\boldsymbol{A}_1e_{\omega}+\Delta\boldsymbol{A}_2e_{\mathrm{L}})\begin{bmatrix}\hat{\boldsymbol{i}}_1\\ \hat{\boldsymbol{\psi}}_2\end{bmatrix}\mathrm{d}t\geqslant-\gamma_0^2 \tag{7-83}$$

可将式（7-83）拆为两部分，使其分别满足下列不等式：

$$\begin{cases}\displaystyle\int_0^{t1}-[\boldsymbol{e}_{\mathrm{i}}^{\mathrm{T}}\quad \boldsymbol{e}_{\psi}^{\mathrm{T}}]\,\Delta\boldsymbol{A}_1e_{\omega}\begin{bmatrix}\hat{\boldsymbol{i}}_1\\ \hat{\boldsymbol{\psi}}_2\end{bmatrix}\mathrm{d}t\geqslant-\gamma_0^2\\ \displaystyle\int_0^{t1}-[\boldsymbol{e}_{\mathrm{i}}^{\mathrm{T}}\quad \boldsymbol{e}_{\psi}^{\mathrm{T}}]\,\Delta\boldsymbol{A}_2e_{\mathrm{L}}\begin{bmatrix}\hat{\boldsymbol{i}}_1\\ \hat{\boldsymbol{\psi}}_2\end{bmatrix}\mathrm{d}t\geqslant-\gamma_0^2\end{cases} \tag{7-84}$$

根据式（7-84）第一项推导出速度自适应率，第二项推导出励磁电感自适应率，由此发现：推导的速度自适应率与式（6-11）相同。类似地，可设计励磁电感自适应率为

$$\frac{1}{\hat{L}_2}=\left(K_{\mathrm{p}}+\frac{1}{s}K_{\mathrm{i}}\right)\left(\frac{L_{\mathrm{m}}}{\sigma L_1L_2}R_2\boldsymbol{e}_{\mathrm{i}}^{\mathrm{T}}-R_2\boldsymbol{e}_{\psi}^{\mathrm{T}}\right)\hat{\boldsymbol{\psi}}_2 \tag{7-85}$$

具体证明过程与前文类似，这里不再赘述。与速度自适应率式（6-11）类似，励磁电感自适应率中包含磁链误差项，若将其忽略，可得并行自适应率为

$$\begin{cases}\hat{\omega}_2=-\left(K_{\mathrm{p}1}+\dfrac{1}{s}K_{\mathrm{i}1}\right)\boldsymbol{e}_{\mathrm{i}}^{\mathrm{T}}\boldsymbol{J}\hat{\boldsymbol{\psi}}_2\\ \dfrac{1}{\hat{L}_2}=\left(K_{\mathrm{p}2}+\dfrac{1}{s}K_{\mathrm{i}2}\right)\boldsymbol{e}_{\mathrm{i}}^{\mathrm{T}}\hat{\boldsymbol{\psi}}_2\end{cases}\tag{7-86}$$

简单运算后，可由次级时间常数辨识值求得励磁电感辨识值为

$$\hat{L}_{\mathrm{m}}=\hat{L}_2-L_{12}\tag{7-87}$$

进一步，可以构成图 7-44 所示的双通路非线性反馈系统。必须指出的是：虽然在推导并行自适应率的过程中，对观测器方程进行了多重简化，但在辨识得到励磁电感后，对观测器方程中的所有励磁电感参数均进行了更新，从而有效减小了简化操作带来的稳态误差。

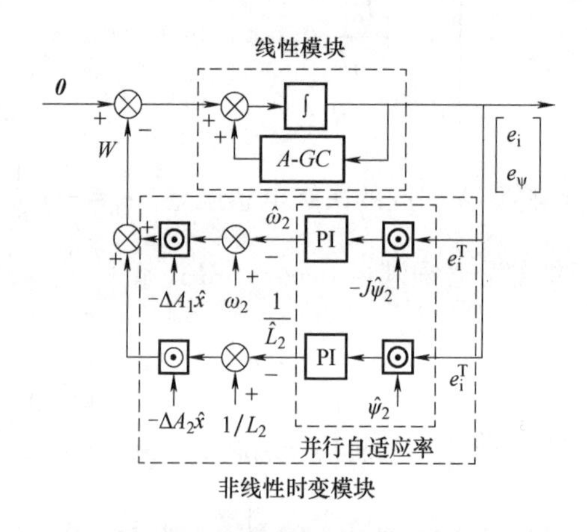

图 7-44　励磁电感和速度并行辨识的非线性反馈系统

由于上述推导中忽略了磁链误差项，得到的并行辨识方案会对全阶自适应系统的稳定性造成影响。针对本节所提出的励磁电感和速度并行自适应率，有必要对其稳定性重新进行分析。仍通过反馈增益矩阵设计来保证系统的全范围稳定，下面推导其反馈增益矩阵的设计原则。首先，将式（7-81）描述的全阶状态观测器误差方程分解为电流和磁链两部分，并采用微分算子来替代微分运算

$$s\boldsymbol{e}_{\mathrm{i}}=(\boldsymbol{A}_{11}-\boldsymbol{G})\boldsymbol{e}_{\mathrm{i}}+\boldsymbol{A}_{12}\boldsymbol{e}_{\psi}-\frac{L_{\mathrm{m}}}{\sigma L_1L_2}(\omega_2-\hat{\omega}_2)\boldsymbol{J}\hat{\boldsymbol{\psi}}_2+\frac{L_{\mathrm{m}}}{\sigma L_1L_2}\left(\frac{1}{L_2}-\frac{1}{\hat{L}_2}\right)R_2\hat{\boldsymbol{\psi}}_2\tag{7-88}$$

$$s\boldsymbol{e}_{\psi}=(\boldsymbol{A}_{21}-\boldsymbol{G})\boldsymbol{e}_{\mathrm{i}}+\boldsymbol{A}_{22}\boldsymbol{e}_{\psi}+(\omega_2-\hat{\omega}_2)\boldsymbol{J}\hat{\boldsymbol{\psi}}_2-\left(\frac{1}{L_2}-\frac{1}{\hat{L}_2}\right)R_2\hat{\boldsymbol{\psi}}_2\tag{7-89}$$

将 $(\omega_2-\hat{\omega}_2)\boldsymbol{J}\hat{\boldsymbol{\psi}}_2-\left(\dfrac{1}{L_2}-\dfrac{1}{\hat{L}_2}\right)R_2\hat{\boldsymbol{\psi}}_2$ 看作一个整体，消去磁链误差项 $\boldsymbol{e}_{\psi}$，可得电

流误差 $\boldsymbol{e}_{\rm i}$ 和速度及励磁电感误差间的关系式为

$$\boldsymbol{e}_{\rm i}=-\boldsymbol{G}(s)\left[(\omega_2-\hat{\omega}_2)\boldsymbol{J}\hat{\boldsymbol{\psi}}_2-\left(\frac{1}{L_2}-\frac{1}{\hat{L}_2}\right)R_2\hat{\boldsymbol{\psi}}_2\right] \tag{7-90}$$

式中，$\boldsymbol{G}(s)=\dfrac{L_{\rm m}}{\sigma L_1 L_2}s[s^2\boldsymbol{I}+(x\boldsymbol{I}+y\boldsymbol{J})s+m\boldsymbol{I}+n\boldsymbol{J}]^{-1}$，其中 $x=\dfrac{1}{T_2}+\dfrac{R_1L_2^2+R_2L_{\rm m}^2}{\sigma L_1 L_2^2}+g_1$；$y=g_2-\omega_2$；$m=\left(\dfrac{R_1}{\sigma L_1}+g_1+\dfrac{L_{\rm m}}{\sigma L_1 L_2}g_3\right)\dfrac{1}{T_2}+\left(g_2+\dfrac{L_{\rm m}}{\sigma L_1 L_2}g_4\right)\omega_2$；$n=-\left(\dfrac{R_1}{\sigma L_1}+g_1+\dfrac{L_{\rm m}}{\sigma L_1 L_2}g_3\right)\omega_2+\left(g_2+\dfrac{L_{\rm m}}{\sigma L_1 L_2}g_4\right)\dfrac{1}{T_2}$。

将式（7-90）转换为 Popov 超稳定理论所适用的形式为

$$\boldsymbol{e}_{\rm i}^{\rm T}=\left[(\hat{\omega}_2-\omega_2)(\boldsymbol{J}\hat{\boldsymbol{\psi}}_2)^{\rm T}-\left(\frac{1}{\hat{L}_2}-\frac{1}{L_2}\right)R_2(\hat{\boldsymbol{\psi}}_2)^{\rm T}\right][\boldsymbol{G}(s)]^{\rm T} \tag{7-91}$$

根据式（7-91），可构建图 7-45 所示的等效非线性反馈系统。与图 7-44 不同，此时的线性前向通路和负反馈通路均发生了较大变化。通过对负反馈通路 $\boldsymbol{W}=(\omega_2-\hat{\omega}_2)(\boldsymbol{J}\hat{\boldsymbol{\psi}}_2)^{\rm T}-\left(\dfrac{1}{L_2}-\dfrac{1}{\hat{L}_2}\right)R_2(\hat{\boldsymbol{\psi}}_2)^{\rm T}$ 相应的 Popov 不等式进行分析，得知其自适应率与式（7-86）完全一致，但推导过程中不再需要简化。因此，为保证系统全速范围稳定运行，仅需设计反馈增益矩阵并确保前向通道正实。根据相关研究[390-391]，当且仅当 $\boldsymbol{G}(s)$ 为正实时，$[\boldsymbol{G}(s)]^{\rm T}$ 才为正实，其充要条件为

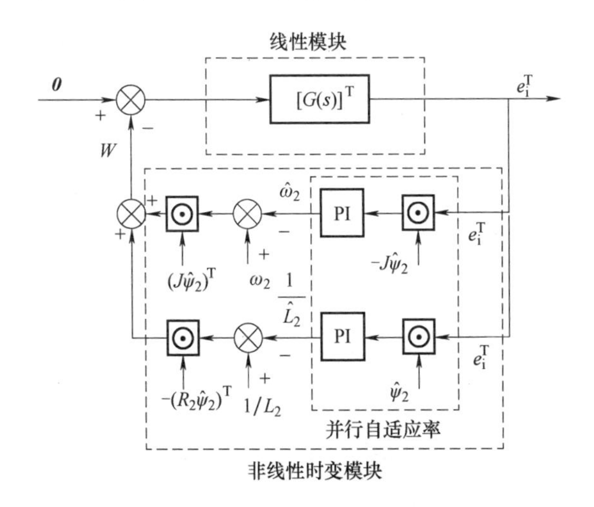

图 7-45　自适应率无简化时并行辨识等效非线性反馈系统

$$n=0,\quad x>0,\quad m>0 \tag{7-92}$$

因此，实现了对经典全阶自适应观测器速度估计方法的推广，采用反馈增益矩阵式（7-79）便可保证本节所提出的并行辨识方案在全速度范围下的稳定运行。

下面将推导励磁电感和速度并行辨识下的特征方程，然后借助数值计算求取全阶自适应观测器的极点分布情况，进而验证上述理论分析的有效性。为便于计算交变量，仍选用次级磁场定向坐标系对自适应全阶状态观测器进行分析。考虑到该坐标系下存在$\hat{\psi}_{2d}=\hat{\psi}_2,\hat{\psi}_{2q}=0$，首先对并行自适应率分别进行变换，可得

$$\begin{cases} s\hat{\omega}_2=(sK_{p1}+K_{i1})(\hat{i}_{1q}-i_{1q})\hat{\psi}_{2d} \\ s\dfrac{1}{\hat{L}_2}=(sK_{p2}+K_{i2})(i_{1d}-\hat{i}_{1d})\hat{\psi}_{2d} \end{cases} \tag{7-93}$$

由此看出，此时初级电流 q 轴误差被用来辨识速度，d 轴误差被用来辨识次级电感，将自适应率式（7-93）线性化，可得其小信号模型为

$$\begin{cases} s(\omega_{20}+\Delta\omega_2)=(sK_{p1}+K_{i1})[(\hat{i}_{1q0}-i_{1q0})\Delta\hat{\psi}_{2d}+(\Delta\hat{i}_{1q}-\Delta i_{1q})\hat{\psi}_{2d0}] \\ s\left(\dfrac{1}{\hat{L}_{20}}+\Delta\dfrac{1}{\hat{L}_2}\right)=(sK_{p2}+K_{i2})[(i_{1d0}-\hat{i}_{1d0})\Delta\hat{\psi}_{2d}+(\Delta i_{1d}-\Delta\hat{i}_{1d})\hat{\psi}_{2d0}] \end{cases} \tag{7-94}$$

LIM 稳态工况下，其速度和次级电感的微分项均为 0。由于 PI 控制器的误差调节，dq 轴估计电流和采样电流间的误差亦为 0。另外，由于转速环和磁链环作用，估计磁链和辨识速度与给定值存在如下关系：

$$\begin{cases} \hat{\psi}_{2d0}=\psi_2^* \\ \hat{\omega}_{20}=\omega_2^* \end{cases} \tag{7-95}$$

结合上述关系，小信号模型式（7-94）可被简化为

$$\begin{cases} s\Delta\omega_2=(sK_p+K_i)(\Delta\hat{i}_{1q}-\Delta i_{1q})\hat{\psi}_2^* \\ s\Delta\dfrac{1}{\hat{L}_2}=(sK_{p2}+K_{i2})(\Delta i_{1d}-\Delta\hat{i}_{1d})\hat{\psi}_2^* \end{cases} \tag{7-96}$$

根据式（7-96）和系数简化方法，可得到全阶自适应观测器的线性化小信号模型为

$$\frac{\mathrm{d}\Delta\hat{\boldsymbol{x}}'_{AFO}}{\mathrm{d}t}=\boldsymbol{A}'_{AFO}\Delta\hat{\boldsymbol{x}}_{AFO}+\boldsymbol{B}'_{AFO}\Delta\boldsymbol{u}_{AFO}+\Delta\boldsymbol{G}'_{AFO}\boldsymbol{e}'_{iAFO} \tag{7-97}$$

式中，$\Delta\hat{\boldsymbol{x}}'_{AFO}$为并行辨识下的全阶自适应观测器的状态变量矩阵，且$\Delta\hat{\boldsymbol{x}}'_{AFO}=\begin{bmatrix}\Delta\hat{i}_{1d} & \Delta\hat{i}_{1q} & \Delta\hat{\psi}_{2d} & \Delta\hat{\psi}_{2q} & \Delta\hat{\omega}_2 & \Delta\dfrac{1}{\hat{L}_2}\end{bmatrix}^{\mathrm{T}}$；$\boldsymbol{e}'_{iAFO}$为初级电流的稳态值误差，且

$\boldsymbol{e}'_{\mathrm{iAFO}}=[i_{1\mathrm{d}0}-\hat{i}_{1\mathrm{d}0}\quad i_{1\mathrm{q}0}-\hat{i}_{1\mathrm{q}0}]^{\mathrm{T}}$；$\Delta\boldsymbol{G}'_{\mathrm{AFO}}$为反馈增益矩阵的小信号项，且$\Delta\boldsymbol{G}'_{\mathrm{AFO}}=\begin{bmatrix}\Delta g_1 & \Delta g_2 & \Delta g_3 & \Delta g_4 & K_{\mathrm{p1}}\psi_2^*\Delta g_2 & -K_{\mathrm{p2}}\psi_2^*\Delta g_1\\ -\Delta g_2 & \Delta g_1 & -\Delta g_4 & \Delta g_3 & K_{\mathrm{p1}}\psi_2^*\Delta g_1 & K_{\mathrm{p2}}\psi_2^*\Delta g_2\end{bmatrix}^{\mathrm{T}}$；$\Delta\boldsymbol{u}_{\mathrm{AFO}}$为系统输入中的扰动，且$\Delta\boldsymbol{u}_{\mathrm{AFO}}=[\Delta\omega_1\quad \Delta u_{1\mathrm{d}}\quad \Delta u_{1\mathrm{q}}\quad \Delta i_{1\mathrm{d}}\quad \Delta i_{1\mathrm{q}}]^{\mathrm{T}}$；$\boldsymbol{A}'_{\mathrm{AFO}}$和$\boldsymbol{B}'_{\mathrm{AFO}}$为小信号化后的全阶自适应观测器状态矩阵和输入矩阵，其表达式分别为

$$\boldsymbol{A}'_{\mathrm{AFO}}=\begin{bmatrix} A_{11} & A_{12} & A_{13} & A_{14} & 0 & \dfrac{L_{\mathrm{m}}}{\sigma L_1 L_2}\psi_2^* \\ A_{21} & A_{22} & A_{23} & A_{24} & -\dfrac{L_{\mathrm{m}}}{\sigma L_1 L_2}\psi_2^* & 0 \\ A_{31} & A_{32} & A_{33} & A_{34} & 0 & -\psi_2^* \\ A_{41} & A_{42} & A_{43} & A_{44} & \psi_2^* & 0 \\ A_{21}K_{\mathrm{p1}}\psi_2^* & K_{\mathrm{i1}}\psi_2^*+A_{22}K_{\mathrm{p1}}\psi_2^* & A_{23}K_{\mathrm{p1}}\psi_2^* & A_{24}K_{\mathrm{p1}}\psi_2^* & A_{25}K_{\mathrm{p1}}\psi_2^* & 0 \\ -K_{\mathrm{i2}}\psi_2^*-A_{11}K_{\mathrm{p2}}\psi_2^* & -A_{12}K_{\mathrm{p2}}\psi_2^* & -A_{13}K_{\mathrm{p2}}\psi_2^* & -A_{14}K_{\mathrm{p2}}\psi_2^* & 0 & -A_{16}K_{\mathrm{p2}}\psi_2^* \end{bmatrix} \tag{7-98}$$

$$\boldsymbol{B}'_{\mathrm{AFO}}=\begin{bmatrix} \hat{i}_{1\mathrm{q}0} & \dfrac{1}{\sigma L_1} & 0 & g_{10} & -g_{20} \\ -\hat{i}_{1\mathrm{d}0} & 0 & \dfrac{1}{\sigma L_1} & g_{20} & g_{10} \\ 0 & 0 & 0 & g_{30} & -g_{40} \\ -\psi_2^* & 0 & 0 & g_{40} & g_{30} \\ -\hat{i}_{1\mathrm{d}0}K_{\mathrm{p1}}\psi_2^* & 0 & \dfrac{1}{\sigma L_1}K_{\mathrm{p1}}\psi_2^* & g_{20}K_{\mathrm{p1}}\psi_2^* & g_{10}K_{\mathrm{p1}}\psi_2^* \\ -\hat{i}_{1\mathrm{q}0}K_{\mathrm{p2}}\psi_2^* & -\dfrac{1}{\sigma L_1}K_{\mathrm{p2}}\psi_2^* & 0 & -g_{10}K_{\mathrm{p2}}\psi_2^* & g_{20}K_{\mathrm{p2}}\psi_2^* \end{bmatrix} \tag{7-99}$$

式中，$\boldsymbol{A}_{11}\sim\boldsymbol{A}_{44}$和$\boldsymbol{A}_{\mathrm{AFO}}$相同，不过需要用估计次级电感替代部分位置的次级电感，为了清晰表达，这里采用了简写形式。

考虑到估计 dq 轴电流和采样 dq 轴电流间的误差为 0，可将上述线性化小信号模型式（7-97）简化为

$$\frac{\mathrm{d}\Delta\hat{\boldsymbol{x}}'_{\mathrm{AFO}}}{\mathrm{d}t}=\boldsymbol{A}'_{\mathrm{AFO}}\Delta\hat{\boldsymbol{x}}_{\mathrm{AFO}}+\boldsymbol{B}'_{\mathrm{AFO}}\Delta\boldsymbol{u}_{\mathrm{AFO}} \tag{7-100}$$

进一步，全阶自适应观测器特征方程可表述为

$$|s\boldsymbol{I}-\boldsymbol{A}'_{\mathrm{AFO}}|=0 \tag{7-101}$$

当其他参数和采样信号准确时，辨识得到的励磁电感将收敛至真实值。因此，统一将状态矩阵中的励磁电感用真实值代替，则并行辨识状态矩阵 $\boldsymbol{A}'_{\mathrm{AFO}}$ 的影响因素与单速度辨识下的状态矩阵类似。采用数值计算方式，代入运行工况、反馈增益矩阵和自适应矩阵等参数方程，求出特征方程式（7-101）对应的解，即为此时全阶自适应观测器系统的极点。

为验证上述反馈增益矩阵的有效性，下面选取零反馈矩阵和式（7-79）设计的全范围稳定增益矩阵作为参考，并进行对比分析。图 7-46 给出了两种反馈增益矩阵下的主导极点等高线图，可以看出：零反馈增益矩阵无法满足全范围稳定运行要求，仍在低速再生制动工况下存在不稳定区间，即图 7-46a 中的 f_1 和 f_2 所夹的三角形范围。在选用了式（7-79）全范围稳定反馈增益矩阵后，可以看到图 7-46b 中的不稳定区间消失，且稳定区间内的收敛性能得到了明显提升。

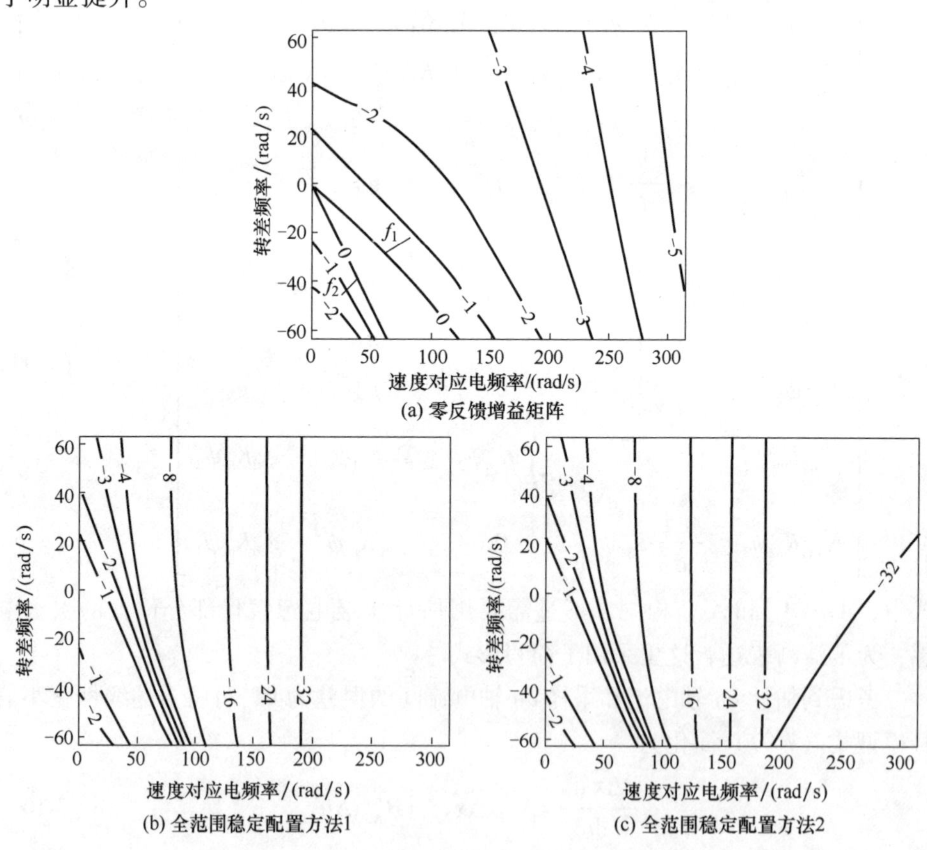

图 7-46　并行辨识系统三种反馈增益矩阵下的主导极点等高线图

7.5.3 仿真及实验结果

通过设计和前文类似的变速变载仿真工况，在全阶观测器中引入准确的励磁电感实时值，并设置不同的倍数来模拟参数变化情况，得到相应的开环估计速度波形，如图 7-47 所示。为模拟相应的负载变化，绘制了 LIM 电磁推力波形。其中，由于观测器直接使用的是电角速度，以此绘制出相关的仿真波形。可以看出，当励磁电感准确时，辨识电角速度可以快速地跟踪上实际值，具有较好的动静态性能。而当励磁电感存在误差时，除了一定的稳态误差外，还会对动态性能产生较为明显的影响。其中，稳态误差的大小不仅与励磁电感误差方向和大小有关，还会随着速度、负载等运行工况而变化。为更清楚地观察负载切换和变速时的辨识值，图 7-47 给出了相应的细部图。在电机从 11m/s 减速至 6m/s 时，参数误差将严重影响速度辨识值的动态跟踪能力，尤其是当励磁电感为 0.5 倍额定值时。此时，若将辨识速度反馈至控制系统进行无速度传感器控制，将会造成系统震荡甚至失稳，进而影响 LIM 运行的可靠性和安全性。

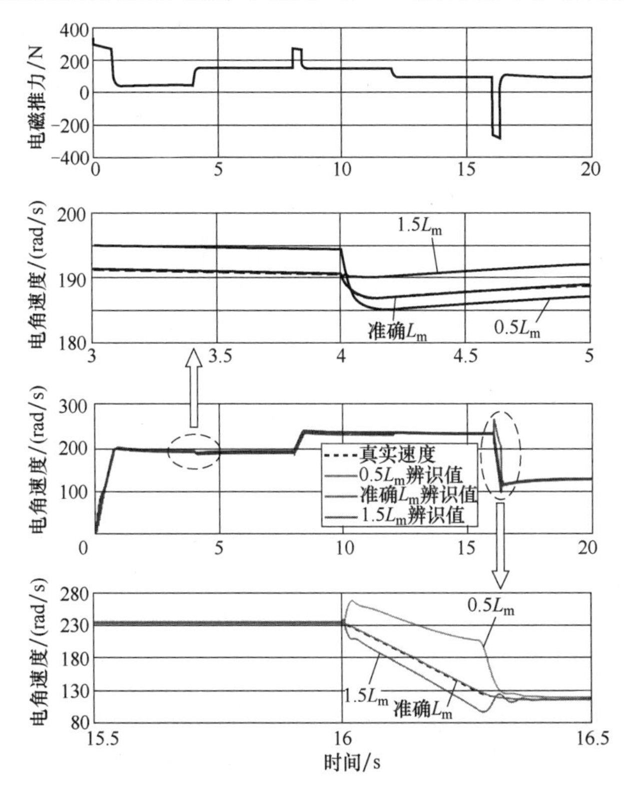

图 7-47 不同励磁电感下的估计速度仿真波形

励磁电感的误差除了对估计转速的动静态性能产生影响外，还会导致电流、磁链的估计值出现偏差。图 7-48 和图 7-49 分别给出了不同励磁电感下的电流误差和估计次级磁链仿真波形。为便于对比，本节从电机仿真模型中引出了实际磁链，用虚线表示。可以看出，在准确的参数下，估计电流和磁链均可以快速、准确地跟踪真实值。而当励磁电感出现偏差时，即使进入了稳态，电流估计误差仍不为 0，且估计磁链的相位、幅值均与实际磁链存在差距，并在部分工况下可能会进一步增大。当把估计磁链用于直接定向和幅值控制时，将给系统定向角度和磁链幅值控制带来误差，从而影响解耦控制性能、效率及推力的充分发挥。

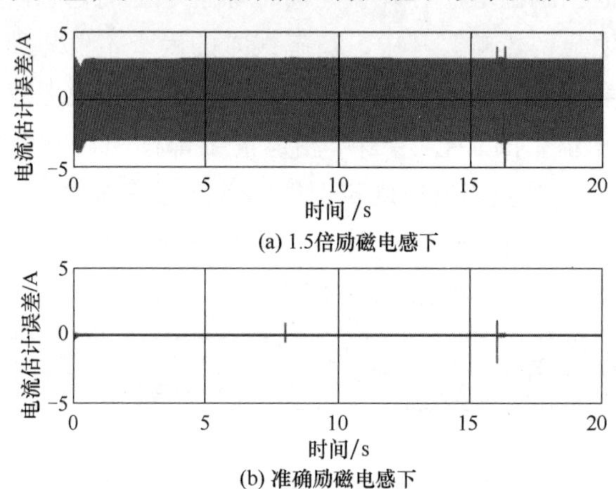

图 7-48　不同励磁电感下的电流估计误差仿真波形

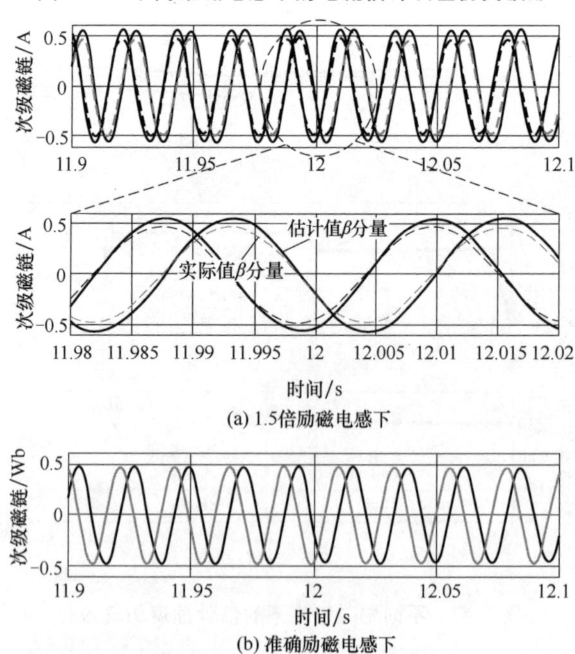

图 7-49　不同励磁电感下的估计次级磁链仿真波形

为进一步测试励磁电感不准带来的影响，将辨识速度代替真实速度反馈入速度环，构成无速度传感器闭环运行：相应的估计速度、真实速度和速度指令值如图7-50所示。对比图7-47，在辨识系统开环运行时，即使出现±0.5倍励磁电感误差，稳态辨识值也未出现振荡，仅数值上存在一定偏差和部分动态过程出现较明显的过渡过程。但是，当辨识系统接入控制系统并实现闭环运行时，在0.5倍励磁电感参数下，实际速度和估计速度均出现了较严重的振荡，系统稳定性受到了严重影响；在1.5倍励磁电感下，系统也在部分工况下出现了振荡。此外，根据细部图可以看出：估计速度在启动阶段亦有短时的振荡过程，在进入稳态后系统实际速度也无法跟随指令值；而当励磁电感准确时，估计速度可以较快地跟踪上实际速度，其动静态性能与有速度传感器时基本接近。

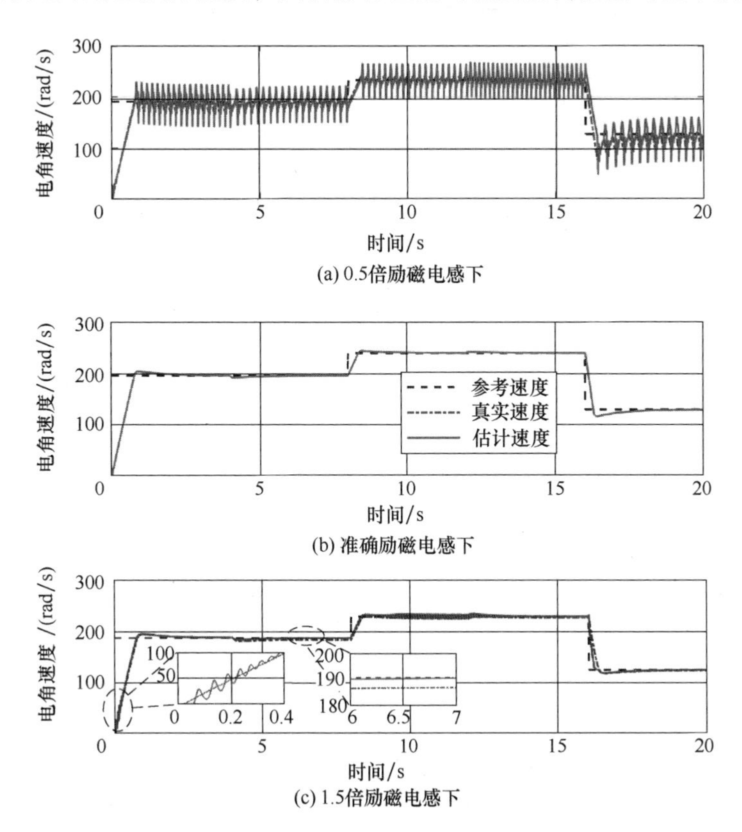

图7-50　不同励磁电感下的无速度传感器控制性能仿真波形

进一步，在电机A上进行类似仿真分析，其结果如图7-51所示。可以看出，与上述分析结果相似，参数不准不仅会对辨识速度的动态跟踪性能产生影响，还会造成一定的静态误差，且误差大小与负载情况相关。但是，相比之下，电机 A 的估计速度动静态偏差比弧形感应电机稍小一些，表明其对于励磁电感的参数敏感性有所降低，即参数敏感性会受电机参数的影响。尽管如此，研究励磁电感与速度的并行辨识仍具有重要意义：可以摆脱原本励磁电感辨识方法对速度传感器的依赖，增强观测器电流、磁链的观测性能等。

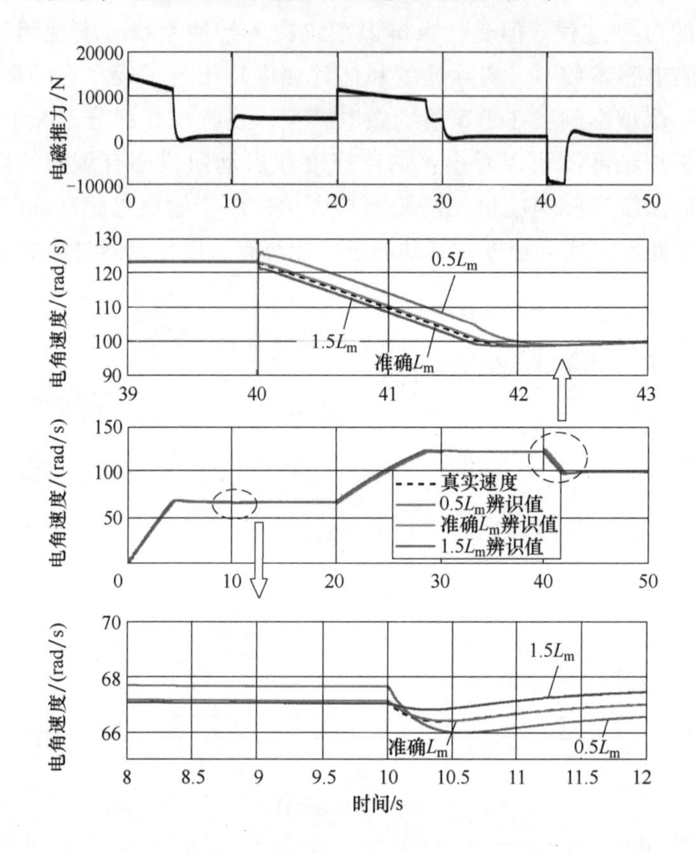

图 7-51　电机 A 不同励磁电感下的估计速度仿真波形

下面基于搭建的电机 B 实验平台，对全阶观测器的经典转速辨识方法进行参数敏感性分析。根据本章的分析，次级电阻也会随着运行速度和负载的改变而变化。此时，为了避免次级电阻不准对估计值误差造成影响，本节通过手动调节观测器所用的次级电阻值来保证励磁电感基本准确，使其估计速度接近于真实速度。分别对 3m/s、7m/s、11m/s（分别对应低速、中速和高速）下的轻载和带载工况进行测试，得到相应的真实速度、估计速度、观测电流误差和估计次级磁链波形，分别如图 7-52 ~ 图 7-54 所示。通过实验结果的深入分析，可以得到如下结论：

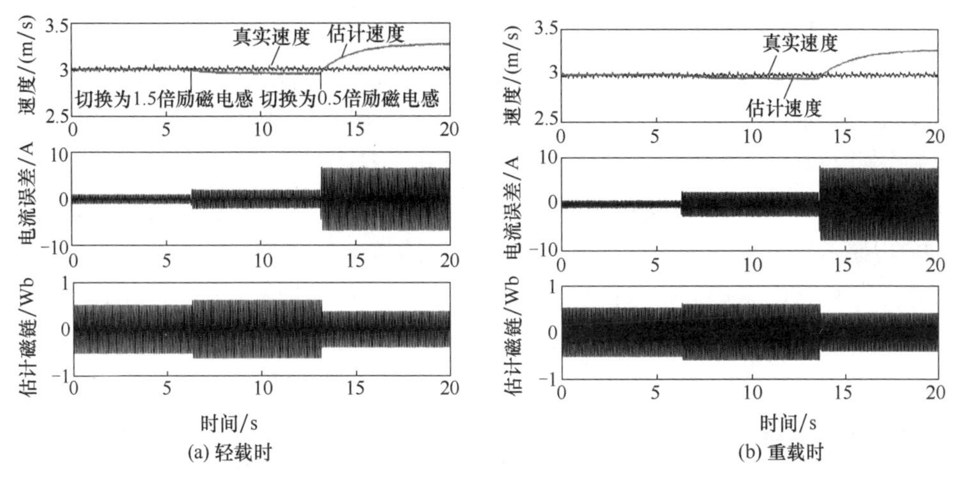

图7-52 3m/s下的速度辨识参数敏感性实验结果

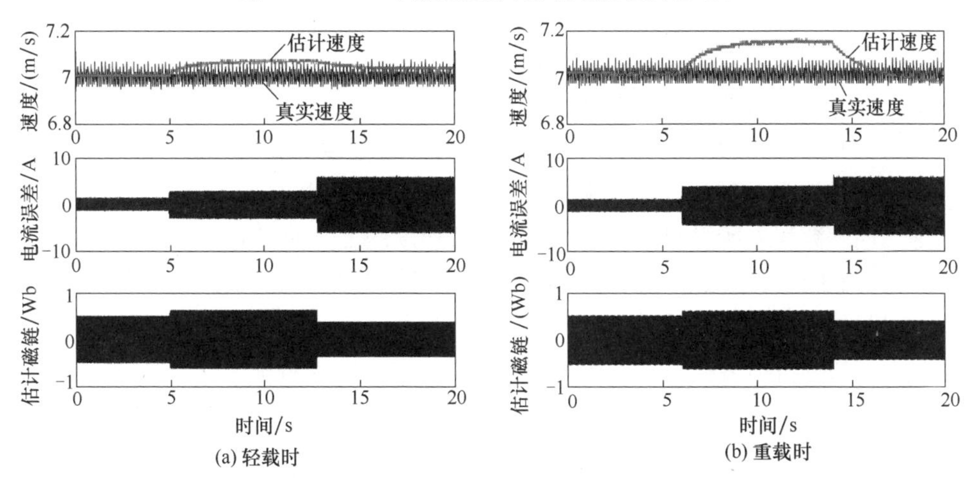

图7-53 7m/s下的速度辨识参数敏感性实验

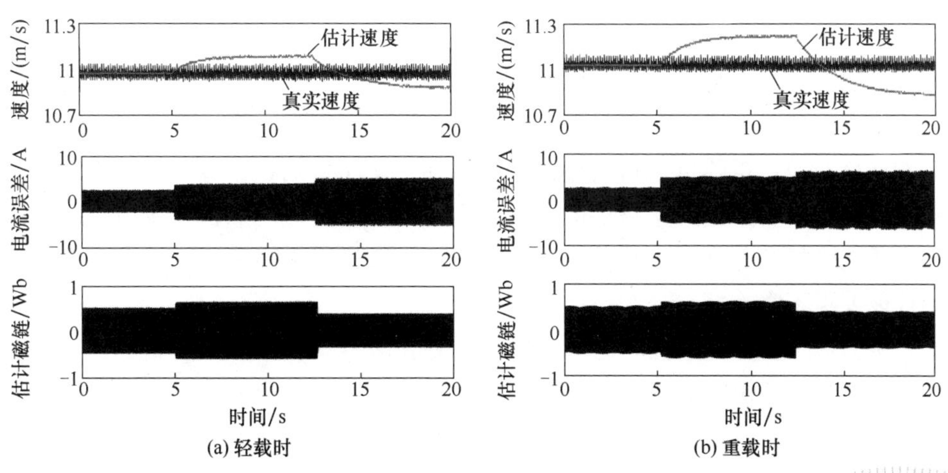

图7-54 11m/s下的速度辨识参数敏感性实验结果

1）对比同等速度下不同负载工况时的波形，可以发现：在 7m/s 和 11m/s 下，励磁电感造成的估计速度误差均随着负载的加重（即转差频率的增大）而明显上升；而在 3m/s 下，励磁电感造成的估计速度误差基本不随负载变化而变化。因此负载增大的影响主要体现在中高速段，且会扩大参数不准引起的误差。

2）对比同等负载工况时不同速度下的波形，可以发现：在低速段，观测器励磁电感偏小带来的影响要明显大于励磁电感偏大的影响；在中速段，尤其是重载下，励磁电感偏大带来的误差要明显增加；在高速段，无论是轻载还是重载，励磁电感±50%的变化引入的估计速度误差大致相同。同时，速度发生变化后，参数误差的方向所引起的速度误差方向也会发生变化，整体呈现出：在低速下，励磁电感偏小会引起估计速度偏大；而随着速度上升，这一规律逐渐反向且偏离程度变大。结合前面的分析结果，可以发现：上述现象可能是由于磁链相位和幅值误差同参数误差的相对方向不一致所导致的，即在不同的速度下，观测量的不同误差对辨识的影响程度也在发生变化。因此，速度的变化会影响参数误差对辨识误差的作用规律和程度。

3）对于估计电流误差而言，无论是何种运行速度和负载工况，观测器所用的励磁电感偏小对估计电流误差的影响更大；随着负载加大，电流误差会逐渐增加，而参数误差所引起的电流误差会随着速度的上升而降低。

4）对于估计次级磁链而言，无论是何种运行速度和负载工况，励磁电感误差方向与估计磁链幅值误差方向一致，即励磁电感偏大会导致估计幅值偏大，这与本节的分析结果相符，且估计磁链幅值的变化较为明显。以 3m/s 时的轻载运行为例，磁链幅值的变化范围约为-25.8%～+21%，因此励磁电感误差不仅会对速度估计精度造成影响，还会对磁链观测造成不小影响。

考虑到反馈增益矩阵对辨识性能的影响，这里选取了零反馈增益矩阵、极点左移反馈增益矩阵和全范围稳定反馈增益矩阵式（7-79），绘制出相应的估计速度和励磁电感的仿真波形，如图 7-55 所示。可以看出，三种反馈增益矩阵均可保证系统的稳定运行，且具有相似的稳态性能。但是，在启动阶段，采用极点左移反馈增益矩阵可获得更好的动态性能，无明显的振荡过程：该方法可通过左移极点来增强全阶状态观测器的稳定性能，同时还能加快全阶自适应观测器在稳定区间低速域下的收敛性能。但是，在电机进入高速后，三者对应的辨识性能差距不大。

类似地，为了反映此时的电流估计误差和磁链观测性能，绘制了全速度范围稳定反馈增益矩阵下的仿真波形，如图 7-56 所示。可以看出，此时的估计电流仅在运行状态发生切换的动态下存在短时的偏差，很快就能收敛为零；而估计的次级磁链可很好跟踪仿真模型引出的真实值，相位和幅值误差均非常小。对比图 7-49，当采用本章提出的并行辨识算法得到的磁链信息进行定向和磁链幅值控制时，可以明显消除这两个控制目标对励磁电感的参数敏感性，进而保障磁场定向解耦、效率优化及推力提升。

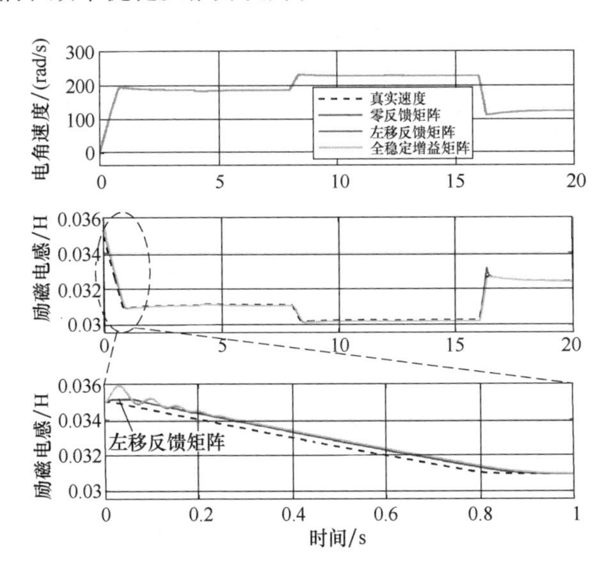

图 7-55　不同反馈增益矩阵下的速度和励磁电感并行辨识仿真波形

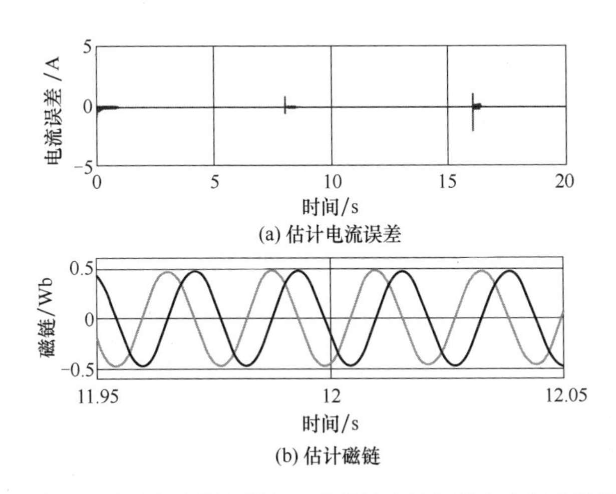

图 7-56　速度和励磁电感并行辨识下的估计电流误差和次级磁链仿真波形

在上述运行工况下，虽然三种反馈增益矩阵均可实现系统的稳定运行，但在低速再生制动工况下存在一个不稳定的运行区间：通过控制电机运行在此区间，进一步对系统的稳定性进行测试。这里设计新的运行工况：①0s 时电机带

200N 负载启动升速至 3m/s；②2s 时负载切换为-200N，电机运行在转差频率为负的发电工况下。此时得到三种反馈增益矩阵下的估计速度和励磁电感仿真波形，如图 7-57 所示。可以看出，此时零反馈增益矩阵和极点左移反馈增益矩阵已无法保证系统在 2s 后的稳定性，辨识速度和励磁电感均出现发散，并最终被限幅。而基于式（7-79）的全范围稳定反馈增益矩阵仍可实现较为精确的速度和励磁电感辨识，成功实现了全速度范围下的稳定运行，从而验证了本节理论分析的正确性。

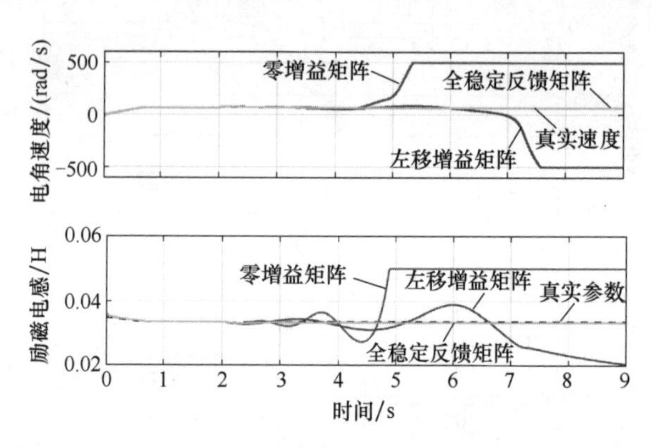

图 7-57　不同反馈增益矩阵下的速度和励磁电感并行辨识稳定性仿真分析

图 7-58 给出了电机 A 采用不同反馈增益矩阵时的励磁电感和速度并行辨识仿真波形，可以看出：在稳定工况下，三种反馈增益矩阵的辨识速度均可快速跟踪真实速度。根据启动阶段的细部图分析可知：与图 7-55 类似，左移反馈矩阵具有最好的低速性能，而全稳定反馈增益矩阵和零反馈增益矩阵下的性能相似。为了对全稳定反馈增益矩阵的稳定区间优势进行测试，设置了 LIM 在 1m/s 速度下由 6000N 制动负载切换至-9000N 的拖动负载运行的工况，相应的仿真结果如图 7-59 所示。可以看出，此时仅有全稳定反馈增益矩阵能维持系统切换后的稳定性，而零反馈增益矩阵快速地振荡并失稳，左移反馈增益矩阵也出现了振荡失稳的趋势。相比图 7-57 所示的弧形感应电机仿真结果，该失稳过程相对较慢：考虑到观测器系统的稳定性与电机自身参数有关，一定程度上反映出电机 A 的稳定性相对较好。

图 7-60 和图 7-61 分别给出了所提出的励磁电感和速度并行辨识方法在变速和变载下的动静态实验结果，此时采用了式（7-79）全速度范围稳定反馈增益矩阵。可以看出，引入励磁电感在线辨识方法后，转速估计的动态性能并未受到不良影响，即无论是变速还是变载过程都能对真实速度进行较快跟踪，且未出现振荡过程。

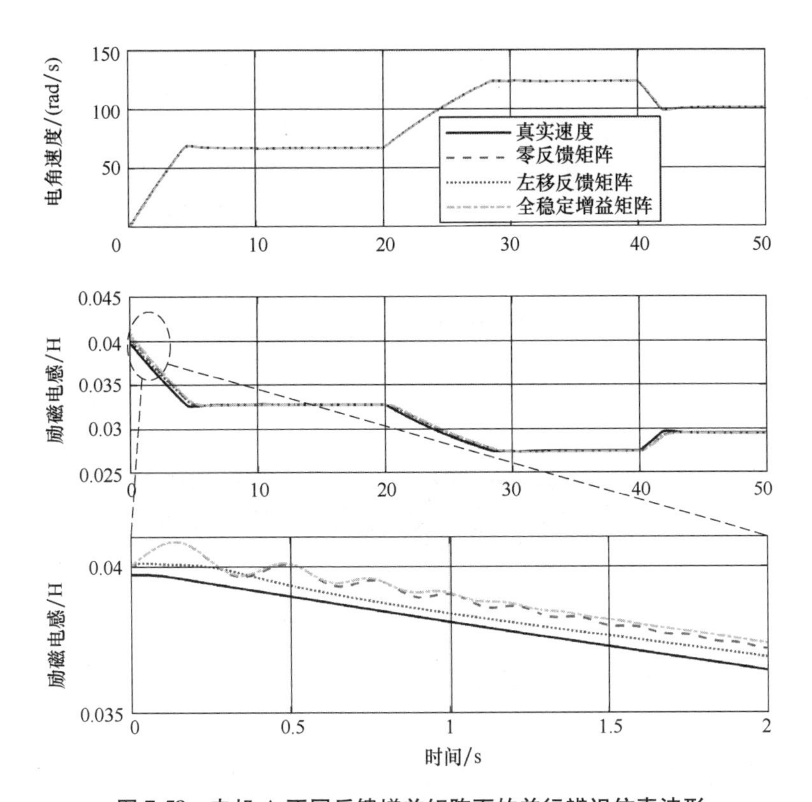

图 7-58　电机 A 不同反馈增益矩阵下的并行辨识仿真波形

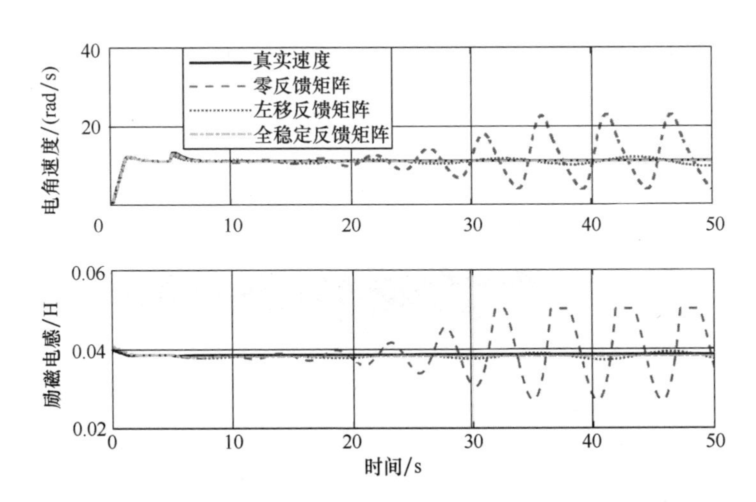

图 7-59　电机 A 不同反馈增益矩阵下的并行辨识稳定性仿真分析

另外，通过图 7-61 中变载过程的速度估计曲线，可以清楚地观察到：此时

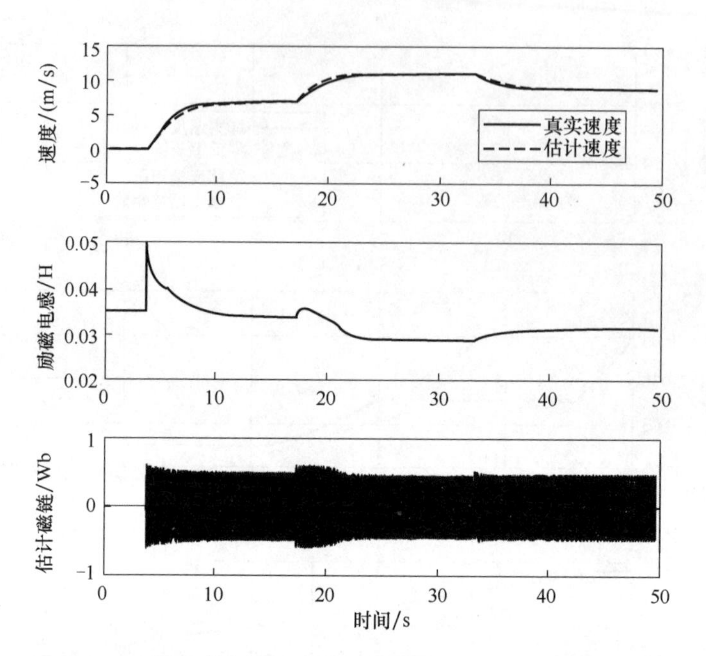

图 7-60 所提出的并行辨识方案在变速过程下的实验结果

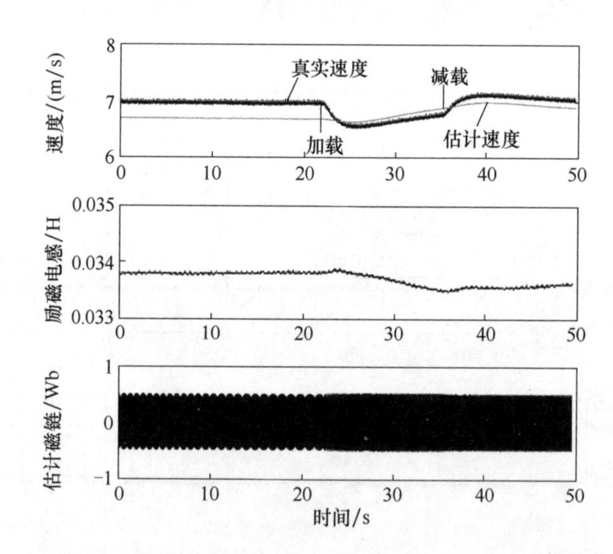

图 7-61 所提出的并行辨识方案在变载过程下的实验结果

估计速度和实际速度间存在一定偏差，主要采用了附录 2 给出的电机参数，而未根据工况变化对次级电阻参数进行手动调节。这也反映了实际运行中，除了需要对励磁电感进行辨识修正外，次级电阻参数的精度也将对辨识系统产生较大的影响。由于次级电阻和速度之间存在深度耦合，可以考虑引入基于非基波模型的方法对次级电阻进行在线辨识。此时，次级电阻辨识系统与本章的辨识方案耦合程度较低，可以相对独立地进行设计，因此这里不再进行深入探讨。而对于励磁电感的在线辨识，和图 7-20 类似，其在启动过程中存在较为明显的动态过程，可考虑在辨识结果输出时外接低通滤波器予以解决；而在后续的加减速和变载过程中，其动态过程相对较好。由于引入了励磁电感的在线辨识，估计次级磁链稳态值较为稳定，其微小的变化可能是由于控制系统中采用了恒定励磁电感，而运行工况的变化会导致其偏离实际值，进而引起了电机的励磁变化。

在上述开环辨识测试的基础上，将估计速度反馈至速度控制器，构成无速度传感器运行，得到相应的实验结果如图 7-62 所示。其中，设置了启动、加速、加载、减速、减载等多种典型工况以测试其综合性能，可以发现：整个过程中调速控制动静态性能良好，与有速度传感器下性能相近，未出现振荡过程；仅稳态下真实速度与给定速度间存在一定的稳态误差，主要是由于未对除励磁电感外其他参数进行在线修正以及难以避免的建模误差等因素所导致的。而励磁电感辨识值仅在启动过程中出现短时的振荡超调过程，然后快速进入稳态，在后续的变速变载过程中均保持较好的动态性能。

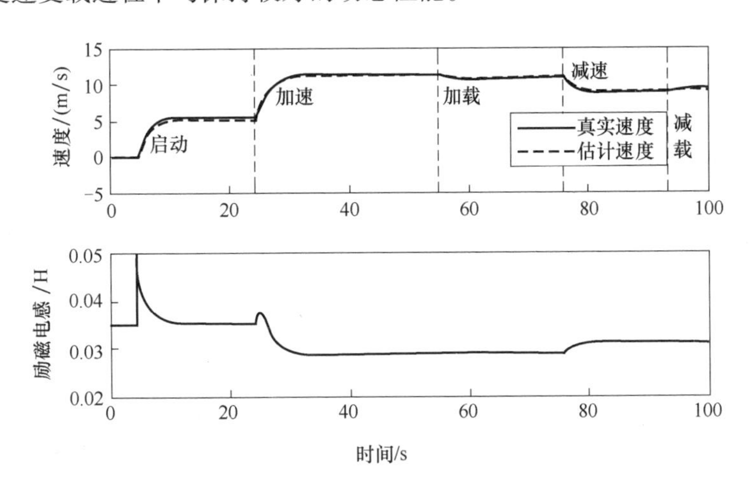

图 7-62　所提出的并行辨识方案在无速度传感器控制下的实验结果

7.6　小结

考虑到参数不准会限制 LIM 推力、效率等性能指标的充分发挥和提升，甚至威胁系统的安全可靠运行，本章针对轨交用 LIM 牵引系统面临的参数非线性强耦合变化、影响因素复杂等问题，对电机参数辨识方法及改进型高性能控制策略开展了深入的研究。根据面临的问题、研究内容及解决措施等，本章采用递进的思路先后研究了 LIM 低复杂度高精度在线参数辨识方法、低开关频率下模型预测控制参数辨识方案和无速度传感器下励磁电感并行辨识方案等。针对相关问题及难点，本章提出了一种低开关频率下带参数辨识补偿的无速度传感器多步长模型预测控制方法，有效解决了传统轨交用 LIM 牵引系统面临的参数变化剧烈、控制精度低、电流谐波大、可靠性差、建设维护成本高等问题，进而全面提升 LIM 及系统的推力、效率等关键指标。基于 120kW 轨交用 LIM 和 3kW 弧形感应电机，本章开展了大量的仿真和实验，充分验证了相关方法的有效性。相关方法亦可拓展至大功率 RIM 及驱动系统，并可进一步提升其牵引能力。

Chapter 8

第8章　直线感应电机多目标优化

8.1 引言

随着变频调速技术的广泛使用，LIM 启动过程中的过压过流现象得到了有效的控制，其电磁设计的重点为如何提升稳态工况下的牵引能力[392-394]。考虑到轨交 LIM 的速度范围广，为提升不同速度下的牵引能力，即广域高效，本章将同时选取恒推力区和恒功率区的效率和功率因数为优化目标，对 LIM 驱动性能进行深入分析。

传统的单目标优化算法容易获得某方面性能的提升，但往往造成其他性能指标下降甚至恶化。为全面提升电机性能，本章将选取不易陷入局部最优的多目标优化算法[320-322]；由于优化变量较多，为降低优化模型复杂度，提升优化效率，本章将提出多层次多目标优化算法。首先，基于参数敏感性分析，将分析参数对目标函数的影响趋势及规律，得到两者间的内在联系，从而筛选出主要优化变量，并明确其取值范围。接下来，利用提出的 LIM 时间谐波模型，得到优化目标的正交实验表，并通过相关性分析将单层次多目标优化问题转化为多层次多目标优化问题。最后，以 LIM 恒推力区与恒功率区的效率和功率因数为目标，基于合适的取点原则得到最终的电磁优化方案。

与传统器件级优化方法不同，本章从电机和控制系统层面提出了一种适用于 LIM 系统级优化方法，并结合 3.5.1 节考虑逆变器损耗的最小损耗控制策略，获得 LIM 系统最优的稳态和动态性能，并得到了大量的仿真及实验结果验证。

8.2 参数敏感性分析

图 8-1 为轨交用 LIM 的拓扑结构示意图，图中标注了 LIM 主要的结构参数，其中 h_t 为初级槽高，b_s 为初级槽宽，b_t 为初级齿宽，h_a 为初级轭高，d 为导板厚度，h_j 为次级轭厚，a_1 为初级宽度，c_1 为次级宽度，g_1 为气隙长度。

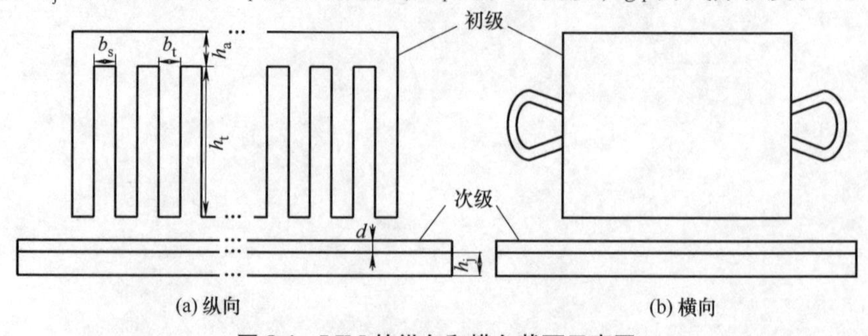

图 8-1　LIM 的纵向和横向截面示意图

为了确定优化设计中的变量及取值范围，基于第 2 章推导的 LIM 时间谐波分析模型，本章将分析不同参数对电机效率和功率因数的影响。为确定优化变量及取值范围，选取恒推力区的效率、功率因数（速度为 5km/h，20km/h 和 40km/h 时的平均值）和恒压区的效率、功率因数（速度为 60km/h，70km/h 和 80km/h 时的平均值）为优化目标来进行参数敏感性分析。

图 8-2 和图 8-3 分别展示了 LIM 在恒推力区和恒功率区的效率、功率因数随初级宽度、滑差频率的变化情况。随着初级宽度的增加，LIM 绕组端部长度降低，进而初级电阻降低，电机效率上升。随着滑差频率增加，效率呈现出先增加后降低的趋势，其原因是：随着滑差频率的增加，铜耗和铁耗的降低速度首先快于输出功率，待达到最大效率后，输出功率降低幅度大大增加。由此可以看出：在初级宽度尽量大的前提下，需要选择适当的滑差频率。

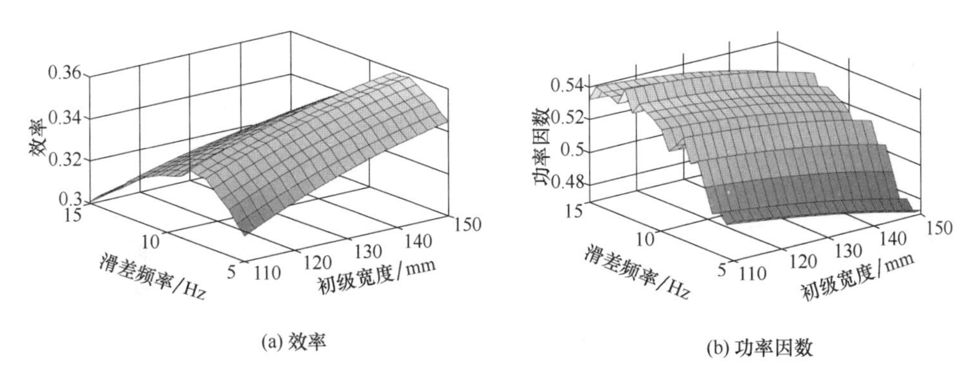

(a) 效率　　(b) 功率因数

图 8-2　初级宽度和滑差频率对电机恒推力区性能影响

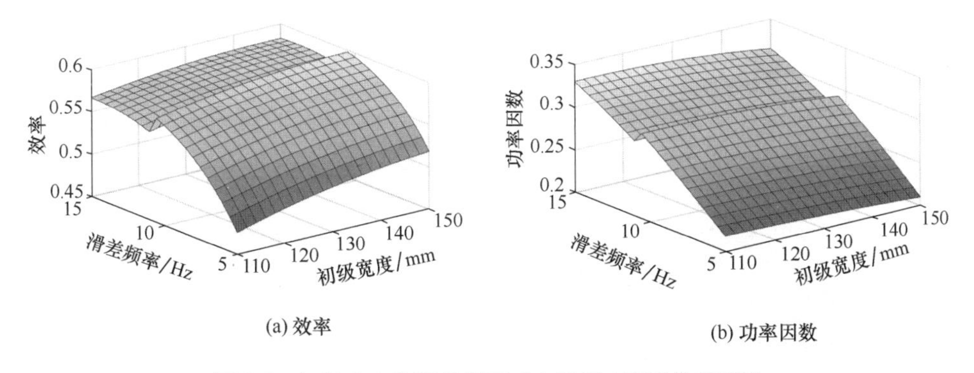

(a) 效率　　(b) 功率因数

图 8-3　初级宽度和滑差频率对电机恒功率区性能影响

图 8-4 和图 8-5 分别展示了 LIM 在恒推力区和恒功率区的效率、功率因数随初级齿宽和槽宽的变化情况。随着初级槽宽或齿宽的增加，初级线圈节距将增

大，其相应的端部长度和初级电阻增加，进而导致电机损耗增加、效率降低。同时，随着初级齿宽或槽宽增加，电机极距增加，初级频率降低，滑差率降低（滑差频率不变）。结合表达式（2-200）可以看出：LIM 次级漏抗与极距成反比，与滑差率成正比，从而电机的次级漏抗降低、功率因数增加。因此，在确定槽宽和齿宽时，需要平衡效率和功率因数的取值。

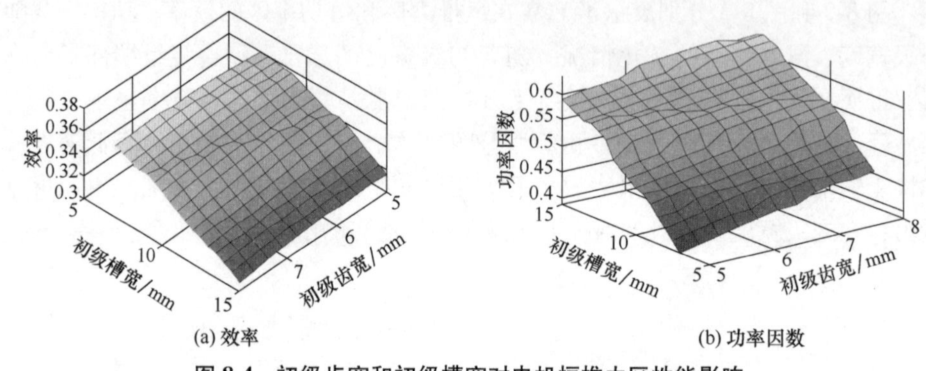

(a) 效率　　(b) 功率因数

图 8-4　初级齿宽和初级槽宽对电机恒推力区性能影响

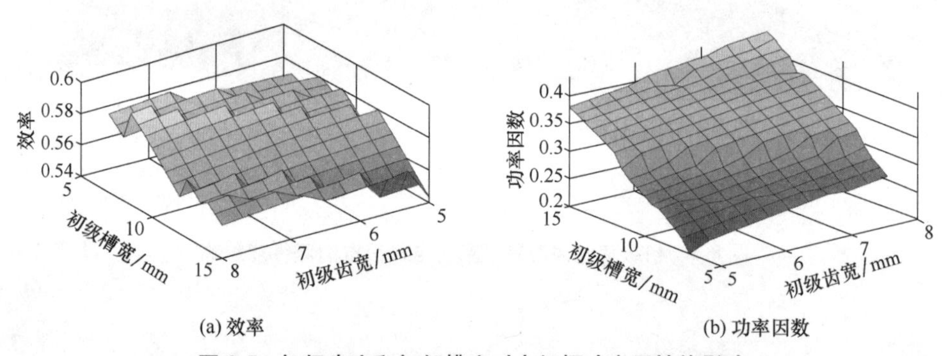

(a) 效率　　(b) 功率因数

图 8-5　初级齿宽和初级槽宽对电机恒功率区性能影响

图 8-6 和图 8-7 分别展示了 LIM 恒推力区和恒功率区的效率、功率因数随次

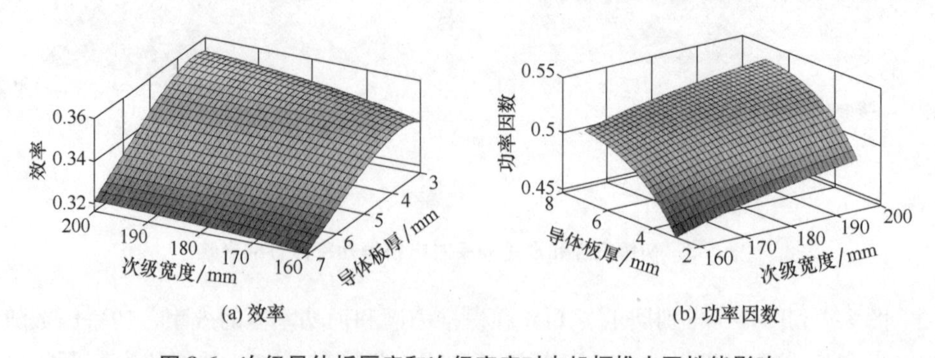

(a) 效率　　(b) 功率因数

图 8-6　次级导体板厚度和次级宽度对电机恒推力区性能影响

级宽度、导体板厚度的变化情况。随着导体板厚度增加，次级等效电阻增加，输出功率增加幅度大于损耗增加幅度，进而电机效率增加；在导体板厚度增加到一定值后，LIM 等效气隙长度明显增加，使电机损耗明显加大，其效率急剧降低。随着次级宽度增加，横向端部效应逐渐被削弱，次级电流分布更加均匀，从而提高了 LIM 效率和功率因数。综上可以看出：在可能优选较大的次级宽度的前提下，需要选取适度的导体板厚度。

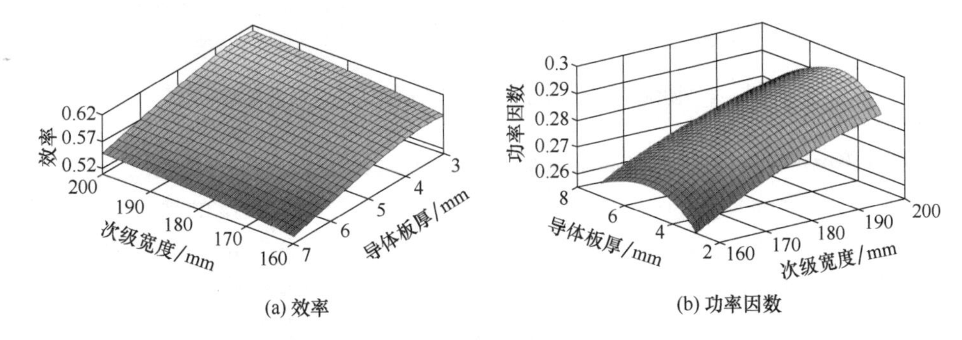

(a) 效率　　(b) 功率因数

图 8-7　次级导体板厚度和次级宽度对电机恒功率区性能影响

图 8-8 和图 8-9 分别展示了 LIM 在恒推力区和恒功率区的效率、功率因数随初级轭高和初级槽高的变化情况，可以得知：在槽满率一定的情况下，初级槽高增加，绕组横截面积将增加，从而初级电阻降低、铜耗降低、电机效率升高；而整个电路中电阻对电感比值降低，无功占比增加，从而降低了电机功率因数。同时，随着初级轭高增加，初级轭部磁通密度降低，电机初级铁耗降低，效率增加；初级轭高增加基本不影响初次级电阻和电感的取值，因此 LIM 功率因数基本不变。虽然增大初级轭高能小幅提升 LIM 效率，但初级质量会显著增加，进而降低列车载客容量，因此需要适当选取。

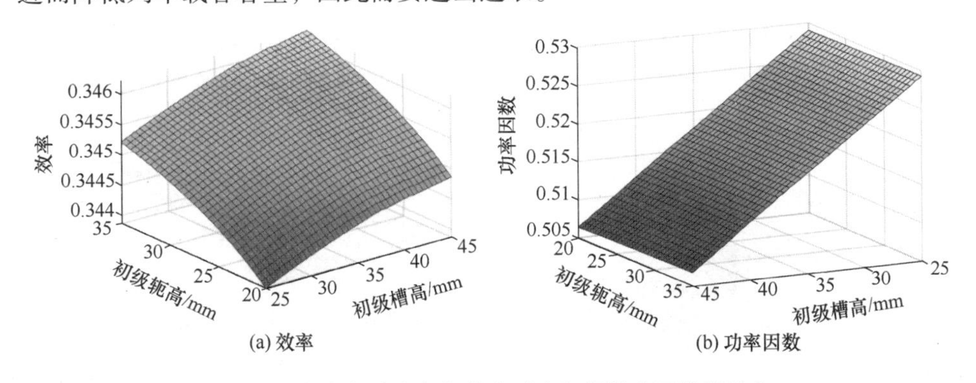

(a) 效率　　(b) 功率因数

图 8-8　初级轭高和初级槽高对电机恒推力区性能影响

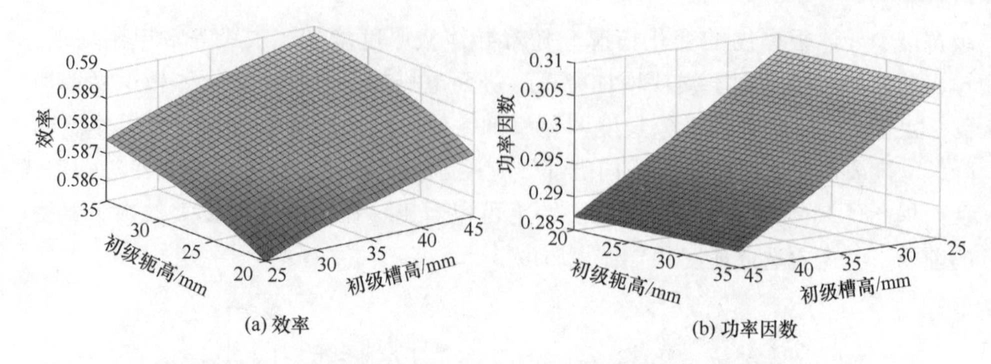

(a) 效率　　(b) 功率因数

图 8-9　初级轭高和初级槽高对电机恒功率区性能影响

图 8-10 和图 8-11 分别展示了 LIM 在恒推力区和恒功率区的效率、功率因数随次级轭厚和气隙长度的变化情况。可以看出，随着气隙长度的增加，LIM 漏感增加，励磁电流分量增加，相应的铁耗也会增加，进而降低了 LIM 效率和功率因数。实际中，LIM 次级电阻由次级导板电阻和次级背铁电阻并联而成，因后者相比前者小，所以背铁厚度的变化对次级电阻的影响较小，对 LIM 性能影响不明显。与初级轭高的情况类似，LIM 次级轭厚的增加可以降低次级铁耗，使电机效率获得小幅度增加。

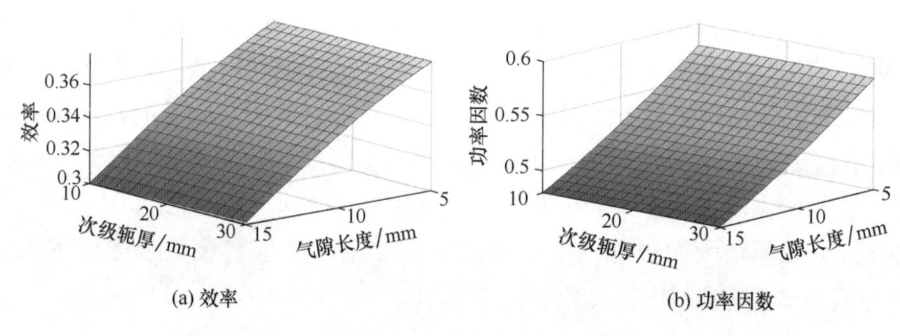

(a) 效率　　(b) 功率因数

图 8-10　次级轭厚和气隙长度对电机恒推力区性能影响

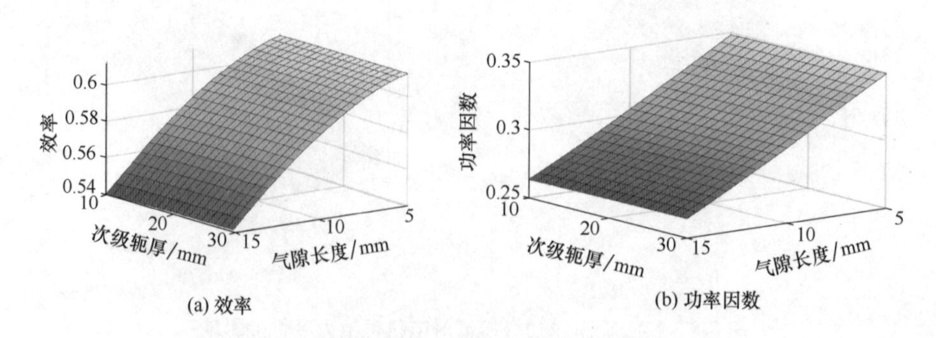

(a) 效率　　(b) 功率因数

图 8-11　次级轭厚和气隙长度对电机恒功率区性能影响

基于上述参数敏感性分析和轨交相关要求，LIM 初次级宽度和气隙长度不能轻易改变。因此，本章从 10 个电机参数中选出 7 个主要结构参数进行分析及优化，明确了相关取值范围，见表 8-1。

表 8-1 LIM 主要参数及取值范围

参数	最小值	最大值
初级槽高 h_t/mm	20	45
初级槽宽 b_s/mm	7	16
初级齿宽 b_t/mm	3	9
初级轭高 h_a/mm	15	35
导体板厚 d/mm	3	7
次级轭厚 h_j/mm	10	30
转差频率 sf/Hz	5	15

8.3 直线感应电机多层次优化模型

8.3.1 正交实验表

针对轨交需求，本节将选取恒推力区和恒功率区的效率和功率因数为优化目标。根据三水平七因素实验设计原则，首先建立目标函数的正交试验表，并基于式（2-210）和式（2-221）得到 LIM 在各个试验点下的性能，见表 8-2。表中的每个组合为 7 维矢量，值 1、2 和 3 分别代表该变量取较小、适中和较大值情况。仔细分析表 8-2 后得知：采用传统的单参数扫描法需 $3^7=2187$ 次试验，而采用正交实验设计后，仅需知道 18 个点下的响应值即可充分反映出 LIM 整体性能，进而显著减少优化时间。

表 8-2 正交试验矩阵及试验结果

序号	组合	恒推力区		恒功率区	
		效率	功率因数	效率	功率因数
1	(1,1,1,1,1,1,1)	0.3249	0.3501	0.5305	0.1486
2	(1,2,2,2,2,2,2)	0.3445	0.5291	0.5900	0.2969
3	(1,3,3,3,3,3,3)	0.2380	0.6527	0.5118	0.4447
4	(2,1,1,2,2,3,3)	0.3565	0.4241	0.6026	0.2249

（续）

序号	组合	恒推力区		恒功率区	
		效率	功率因数	效率	功率因数
5	(2,2,2,3,3,1,1)	0.3209	0.5205	0.4752	0.2248
6	(2,3,3,1,1,2,2)	0.3242	0.6009	0.5870	0.3814
7	(3,1,2,1,3,2,3)	0.3287	0.3764	0.5590	0.1829
8	(3,2,3,2,1,3,1)	0.3594	0.4752	0.5619	0.2379
9	(3,3,1,3,2,1,2)	0.3181	0.5896	0.5543	0.3344
10	(1,1,3,3,2,2,1)	0.3556	0.4339	0.5320	0.1863
11	(1,2,1,1,3,3,2)	0.3212	0.5348	0.5462	0.2825
12	(1,3,2,2,1,1,3)	0.2973	0.6232	0.5779	0.4265
13	(2,1,2,3,1,3,2)	0.3761	0.3757	0.6222	0.2016
14	(2,2,3,1,2,1,3)	0.2911	0.5985	0.5797	0.4020
15	(2,3,1,2,3,2,1)	0.3059	0.5806	0.4450	0.2677
16	(3,1,3,2,3,1,2)	0.3431	0.4368	0.5589	0.2013
17	(3,2,1,3,1,2,3)	0.3317	0.4975	0.6079	0.3216
18	(3,3,2,1,2,3,1)	0.3260	0.5468	0.5019	0.2609

8.3.2 相关性分析

8.3.2.1 Pearson 相关分析

在确定好优化变量和优化目标后，可以深入研究每个优化变量对不同优化目标的影响。采用传统的单参数扫描法来进行敏感性分析时，其优化时间会随优化变量或目标数量增加而急剧增长，同时还受初始方案的影响。为克服上述缺点，本文引入 Pearson 相关系数 r 来衡量优化变量对优化目标的影响，其表达式为

$$r=\frac{\sum(X-\overline{X})(X-\overline{Y})}{nS_{\mathrm{X}}S_{\mathrm{Y}}} \tag{8-1}$$

式中，$\overline{X}$ 和 S_{X} 为变量 X 的样本平均值和标准差；$\overline{Y}$ 和 S_{Y} 为变量 Y 的样本平均值和标准差；n 为样本数量。

图 8-12 为基于表 8-2 的样本点和式（8-1）得到的 LIM 结构参数与性能指标间的 Pearson 系数。由该图分析得知：相关系数的变化范围为 [−1,1]，其绝对值越大，表明两者关联性越大（其中正值为正相关，负值为负相关）。进一步可

得出如下结论：

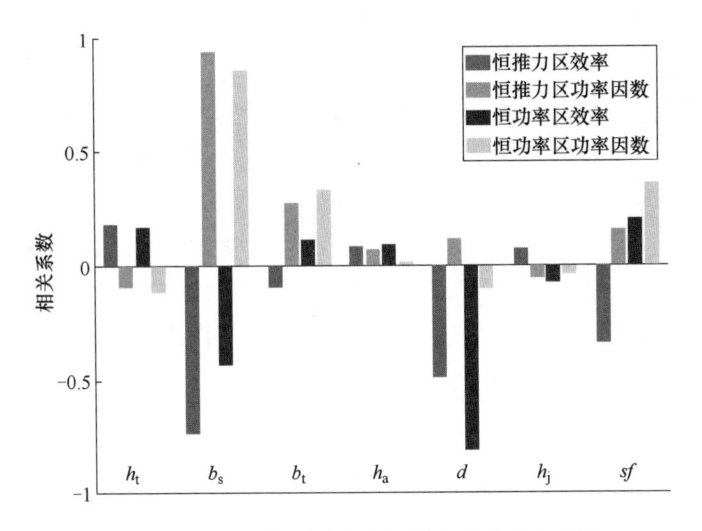

图 8-12　LIM 结构参数与性能指标间的相关系数

1）初级槽宽和齿宽对 LIM 铜损电阻和铁损电阻影响较大，进而影响 LIM 驱动性能。

2）次级轭厚与次级电阻影响较小，不会明显影响 LIM 驱动性能。

3）滑差频率的取值影响 LIM 电磁负荷的比重，进而影响电机效率和功率因数。

综上所述，相关分析能够评估每个参数对不同目标函数是否有影响，可用相关系数来衡量影响程度及大小。不足之处在于，相关分析无法考虑不同变量间的交互作用：比如变量 A 与优化目标的相关系数较大，而变量 B 相关系数较小，但 A 和 B 合为一个整体后对目标函数的影响又较大。针对上述问题，后续在进行不同层级分析时，必须将 A 和 B 变量分到同一层进行研究。

8.3.2.2　方差分析

为考虑变量间的交互作用，需要进行方差分析。首先基于表 8-2 的样本点，得到衡量样本间显著性差异水平的 F 值，其计算公式为

$$MS_{\mathrm{b}} = \sum_{j=1}^{k} \sum_{i=1}^{n} \frac{Z_{ij}^{2}}{k-1} - \frac{\sum_{j=1}^{k} \left(\sum_{i=1}^{n} Z_{ij} \right)^{2}}{n(k-1)} \tag{8-2}$$

$$MS_{\mathrm{w}} = \frac{\sum_{j=1}^{k} \left(\sum_{i=1}^{n} Z_{ij} \right)^{2}}{n(n-1)k} - \frac{\left(\sum_{j=1}^{k} \sum_{i=1}^{n} Z_{ij} \right)^{2}}{n(n-1)k^{2}} \tag{8-3}$$

$$F = MS_b / MS_w \tag{8-4}$$

式中，MS_b 为组间方差；MS_w 为组内方差；k 为变量数；n 为含有某个变量的数据个数；Z 为目标函数值。

进一步，将得到的结果与 F 的临界值进行对比：若计算得到的 F 值大于临界值，则表明组间差异显著，即相应交叉因子对目标函数影响较大。通过方差分析，可以筛选出对优化目标影响较大的交叉因子，见表 8-3。分析后得知：初次级参数中没有影响较大的交叉因子，也即后续优化时，可将初次级参数放在不同层进行优化。进一步分析后发现：虽然 LIM 初级槽高与优化目标的相关系数较小，但与初级槽宽和初级齿宽交叉因子的相互作用较强，为此将初级槽高与后两个参数放在同一层来进行优化。

表 8-3　对优化目标影响较大的交叉因子

优化目标	恒推力区效率	恒推力区功率因数	恒功率区效率	恒功率区功率因数
交叉因子	$(h_t \times b_s)$ $(h_t \times b_t)$	$(d \times sf)$	$(h_t \times b_s)$ $(h_t \times b_t)$	$(d \times sf)$

8.3.3　优化模型

通常情况下，若使多目标优化中的一个目标最优，往往会恶化另外的优化目标，即不同优化目标很难同时达到最优，甚至相互制约。以本章待优化的 LIM 系统为例，仅以恒推力区电机性能为主要优化目标，优化后的电机在恒功率区牵引能力降低；而若以恒功率区的电机牵引能力为主要优化目标，则电机在恒推力区的性能有可能不能达到预期指标，即 LIM 在恒推力区和恒功率区的性能指标存在矛盾。此外，从前面参数敏感性分析中得知：电机效率和功率因数同样相互制约，即很难通过优化同时提升两个指标。

因此，多目标优化与单目标优化存在很大不同，即不一定存在使所有优化目标都达最优的理想解，而往往仅存在相对最优解：通常而言，相对最优解一般有多个，它们构成的解集称为帕累托（Pareto）最优解集。通过多目标优化算法得到优化问题的 Pareto 最优解集后，决策者需要把对优化目标的主观和客观要求与优化算法的计算过程深度融合，从 Pareto 最优解集中挑选出最符合实际要求的解[293,306]。

多目标优化设计时，选择的优化目标越多，优化的综合效果越好，但优化维度急剧增加，从而大大降低了优化求解的效率，甚至难以获得解集。为简化优化目标表达式，并同时优化 LIM 在恒推力和恒功率区的牵引性能，本章将选取 LIM

整个区间内的平均效率和功率因数为优化目标（速度为 20km/h，40km/h，60km/h 和 80km/h 时的平均值），具体介绍如下。

一般而言，优化算法是求优化目标的最小值，而 LIM 的优化目标是获得最大效率和功率因数，因此需在优化指标前添加负号，其表达式为

$$\min:\begin{cases}f_1(x)=-\sum\cos\varphi\\f_2(x)=-\sum\eta\end{cases}\tag{8-5}$$

根据轨交的实际需求，经过初始电磁分析，LIM 系统各优化变量的取值范围如表 8-1 所示，其相关不等式约束条件为

$$\begin{cases}|P_2-3000|\leqslant 50\\\tau\leqslant 2\lambda_s\\l_s\leqslant 1.4\\J_s\leqslant 5.5\\F_n\leqslant 4F_p\\|f_c-0.575|\leqslant 0.075\end{cases}\tag{8-6}$$

式中，P_2 为电机输出功率；λ_s为初级宽度；l_s为初级长度；J_s为初级电枢绕组电流密度，F_n为法向力；F_p为电磁推力；f_c为槽满率。

采用 Pearson 相关系数和方差完成优化变量参数敏感性分析后，可将优化变量分为三层：影响较大的初级参数（包括 h_t、b_s 和 b_t）、影响较大的次级参数（包括 d 和 sf）、其他敏感性较低的参数（包括 h_a 和 h_j）。LIM 多目标多层次优化流程如图 8-13 所示，其多层次优化步骤包括：

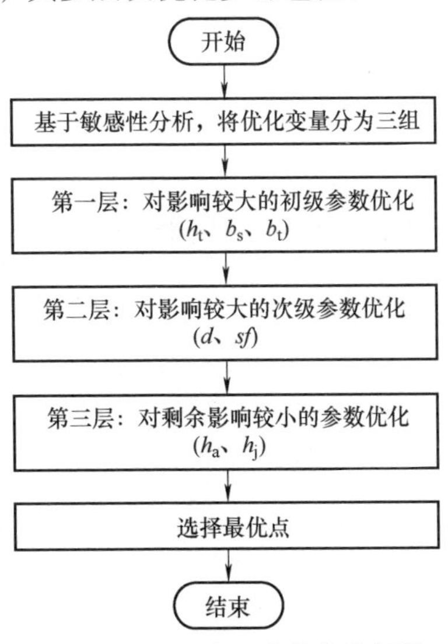

图 8-13　LIM 多层次优化流程图

1）当第一层优化完成后，从得到的 Pareto 前沿选取三个间隔点，作为下一层多目标优化的初始点。

2）对三个点采用和第一层类似的优化方法，得到三个 Pareto 前沿，进一步从每个 Pareto 前沿选取一个点作为下一层优化的初始点。

3）第三层优化采用和第二层优化相同的步骤，得到三个点。

4）综合考虑优化目标，从第三层得到的三个点选出最终优化方案。

在多目标优化问题中，因各目标间相互制约，即一个目标性能改善往往会牺牲其他目标性能，于是很难找到所有目标都达最优的完美解。为此，所谓最优解，通常是对多个优化目标的折中解，可用 Pareto 解集来表示。多目标问题有几种常用的优化算法，如多目标粒子群算法、多目标进化算法、非支配排序遗传算法（Nondominated Sorting Genetic Algorithm，NSGA）及其改进版 NSGA Ⅱ。其中，NSGA Ⅱ是一种快速非支配的排序算法，可明显降低 NSGA 算法的复杂度，通过引入精英策略和拥挤度比较算子，能够保证非劣最优解的均匀分布，因而其优化效果很好，近年来得到了广泛应用[395]。为此，本文选取 NSGA Ⅱ算法，对后续的 LIM 多目标优化问题进行求解。

8.4 多层次优化

8.4.1 直线感应电机优化模型及结果

图 8-14 为第一层优化后的结果，其初始方案的效率和功率因数分别为 0.5255 和 0.3949；同时，Pareto 曲线的中段存在两者数值都优于初始值的点集：效率范围为 0.5255~0.5431，功率因数范围为 0.3955~0.4339。为让选取点比初始点有优势，并能较好地代表 Pareto 解集，根据功率因数大小，将较优的解集范围划为三个区间（0.390~0.405，0.405~0.420，0.420~0.435），同时选取的三个点保持一定距离，从而能覆盖较宽范围。表 8-4 为第一层优化后选取的三个代表点，它们将被作为第二层优化的初始点。

表 8-4 第一层优化结果

	参数	点 a_1	点 b_1	点 c_1
第一层优化变量	h_t/mm	42.4	31.5	25.1
	b_s/mm	8.6	8.9	12.1
	b_t/mm	8.9	8.6	5.5

（续）

	参数	点 a_1	点 b_1	点 c_1
优化变量	η	0.5431	0.5407	0.5255
	$\cos\varphi$	0.3955	0.4140	0.4339

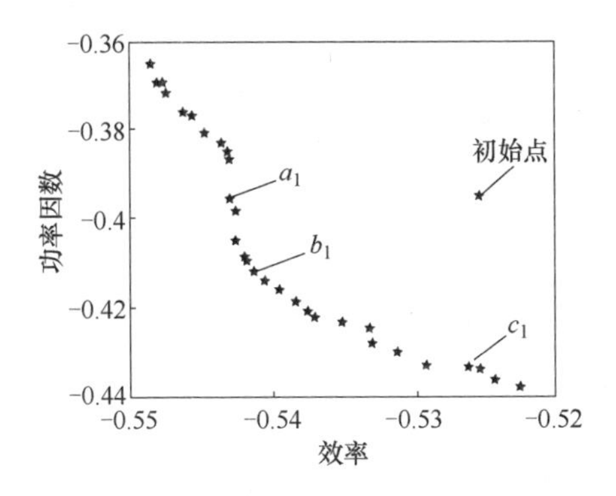

图 8-14　第一层优化后的 Pareto 前沿

通常情况下，LIM 滑差频率在恒推力区保持恒定值，在恒功率区线性增加。因此在第二层优化时，将对滑差频率 sf 的优化等效为如何优化恒推力区的转差频率 sf_1 和恒功率区滑差频率的增长率 k_{sf}。

图 8-15 为第二层优化后的结果，其中图 8-15a～c 分别为每个点的 Pareto 解集。由图可以看出：LIM 的功效最优值可从第一层 0.2291 提高到 0.2406，即通过第二层优化后，LIM 的功效水平获得了进一步提升。与第一层优化类似，分别从三个 Pareto 前沿上各选一个性能较优的点，进而作为第三层优化的初始点，其取值见表 8-5。

表 8-5　第二层优化结果

	参数	点 a_1	点 b_1	点 c_1
第一层优化变量	与表 8-4 相同			
第二层优化变量	d/mm	3.9	4.0	4.1
	sf_1	10.82	10.80	11.01
	k_{sf}	0.39	0.39	0.41
优化变量	η	0.5446	0.5417	0.5242
	$\cos\varphi$	0.4137	0.4322	0.4589

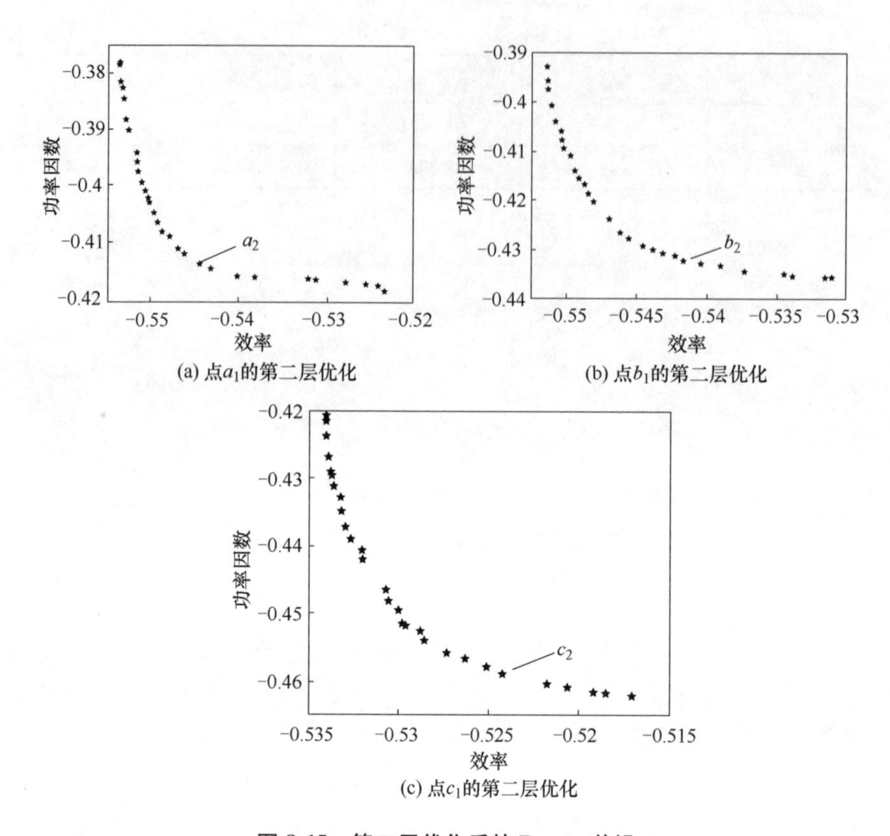

(a) 点a_1的第二层优化

(b) 点b_1的第二层优化

(c) 点c_1的第二层优化

图 8-15　第二层优化后的 Pareto 前沿

图 8-16 为第三层优化后的结果，可以看到参数对目标函数的影响很小，这与之前参数敏感性分析结果相符。但随着初级轭厚 h_a 和次级轭高 h_j 的增加，LIM 初级轭部磁通密度降低，铁耗减小，导致电机效率和功率因数同时单调增加：即在没有其他条件的约束下，初级轭部越厚，LIM 性能越好。因此，在这一层优化时，本章选取 LIM 质量 M 作为优化目标，从而约束变量 h_a 和 h_j 的取值大小：优化目标变为在 LIM 质量变化不大的前提下，获得最优的效率和功率因数。

考虑到三维 Pareto 前沿去评估最优点不直观，本章引入功效来同时评估效率和功率因数，得到的二维 Pareto 前沿分布情况如图 8-17 所示。由该图可知，因 LIM 效率和功率因数的变化较小，因而功效的变化也较小。此外，三个点变化趋势基本相同，即随着 LIM 质量的增加，功效的增加逐渐变缓；当 LIM 质量提升到一定程度后，优化方案对电机性能的提升效果将会较小。在此情况下，本章选取变化趋势开始变缓的三个点作为第三层的优化结果，具体见表 8-6。分

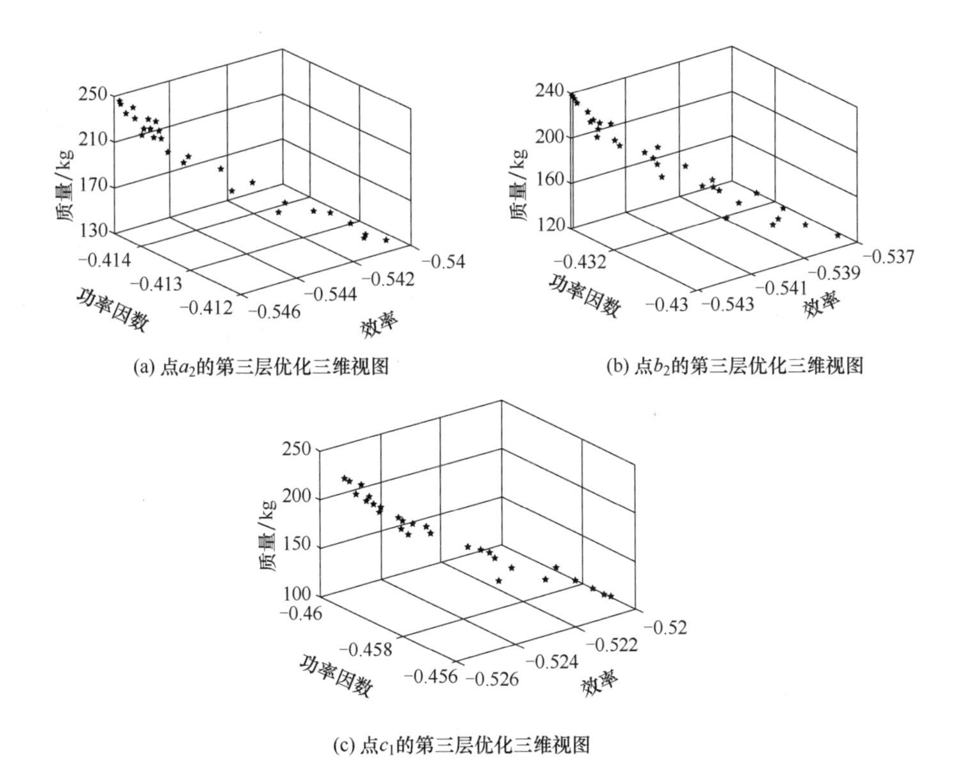

(a) 点a_2的第三层优化三维视图

(b) 点b_2的第三层优化三维视图

(c) 点c_1的第三层优化三维视图

图 8-16　第三层优化后的 Pareto 前沿三维视图

析发现，三个点的质量都与初始方案接近，并且功效都优于初始方案：点 a_3 和 c_3 方案质量提升幅度较大，点 a_3 和 b_3 方案效率提升幅度较大，点 b_3 和 c_3 方案功率因数提升幅度较大。综合考虑，为保证在质量基本不变的前提下，效率和功率因数均获得一定提升，本章选择 b_3 点作为最终优化方案。

表 8-6　第三层优化结果

	参数	点 a_3	点 b_3	点 c_3	初始点
第一层优化变量	与表 8-4 相同				
第二层优化变量	与表 8-5 相同				
第三层优化变量	h_a/mm	24.4	25.1	27.9	
	h_j/mm	16.5	17.1	19.1	
优化目标	η	0.5439	0.5413	0.5247	0.5255
	$\cos\varphi$	0.4134	0.4320	0.4588	0.3949
	$\eta\cos\varphi$	0.2248	0.2338	0.2407	0.2075
	M/kg	176.8	172.3	176.4	170.9

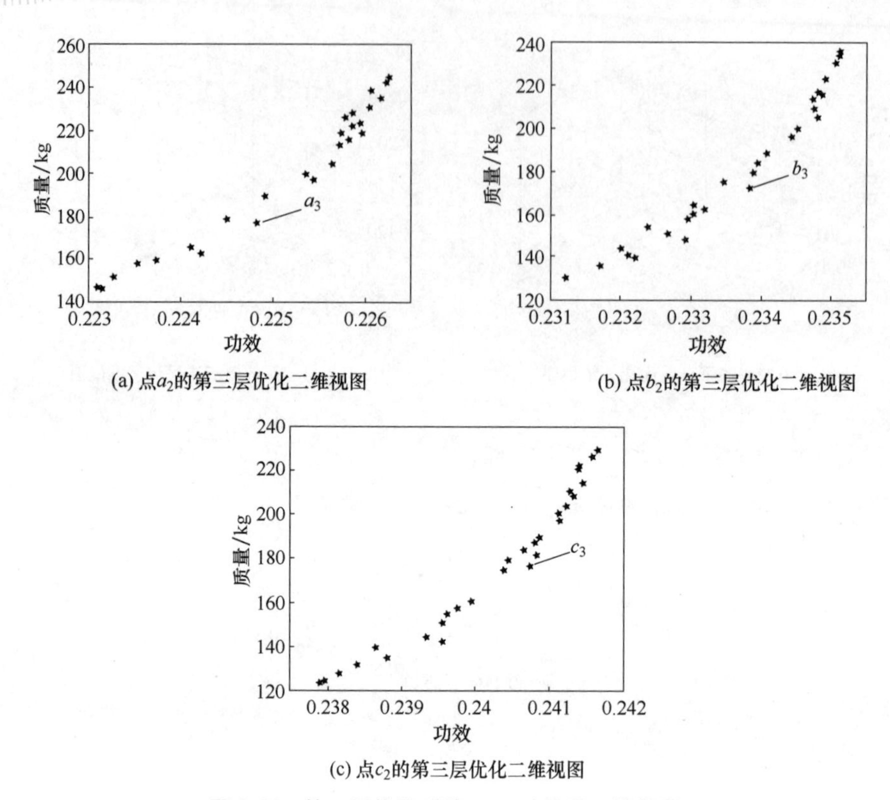

(a) 点a_2的第三层优化二维视图

(b) 点b_2的第三层优化二维视图

(c) 点c_2的第三层优化二维视图

图 8-17　第三层优化后的 Pareto 前沿二维视图

由图 8-18 所示的电机优化前后的特性曲线，分析发现：电机推力在整个运行区间基本不变，仅在高速区略微提升，初级电流 THD 略有降低，效率和功率因数在恒推力区和恒功率区得到明显提升。优化方案质量增加 0.8%，平均效率和功率因数分别提升 3.0%和 9.4%。

表 8-7 为 LIM 优化前后的主要尺寸，可以看出：优化后，电机初级槽高增加，初次级轭部厚度降低，磁通密度分布更加均匀，从而提升了铁心材料利用率，提高了电机功率因数。此外，由于 LIM 齿槽尺寸的调整，电磁负荷的配比更加均匀，功率因数得到了提升；优化后的初次级漏感相比初次级电阻比值增大，较好地抑制了逆变器谐波电压和谐波电流，明显提升了 LIM 牵引性能。

表 8-7　优化前后主要尺寸

参数	初始值	全区间优化	恒推力区优化	恒功率区优化
初级槽高 h_t/mm	27.4	31.5	35	21.3
初级槽宽 b_s/mm	11.3	8.9	8.3	9.5

（续）

参数	初始值	全区间优化	恒推力区优化	恒功率区优化
初级齿宽 b_t/mm	5.2	8.6	6.7	8.8
初级轭高 h_a/mm	25.0	25.1	28.5	24.8
导体板厚 d/mm	5.0	4.0	3.4	3.6
次级轭厚 h_j/mm	20.0	17.1	24.1	17.3
转差频率 sf/Hz	9.5	10.8	9.7	14.0
转差频率增长率 k_{sf}	0.18	0.39	0.22	0.37

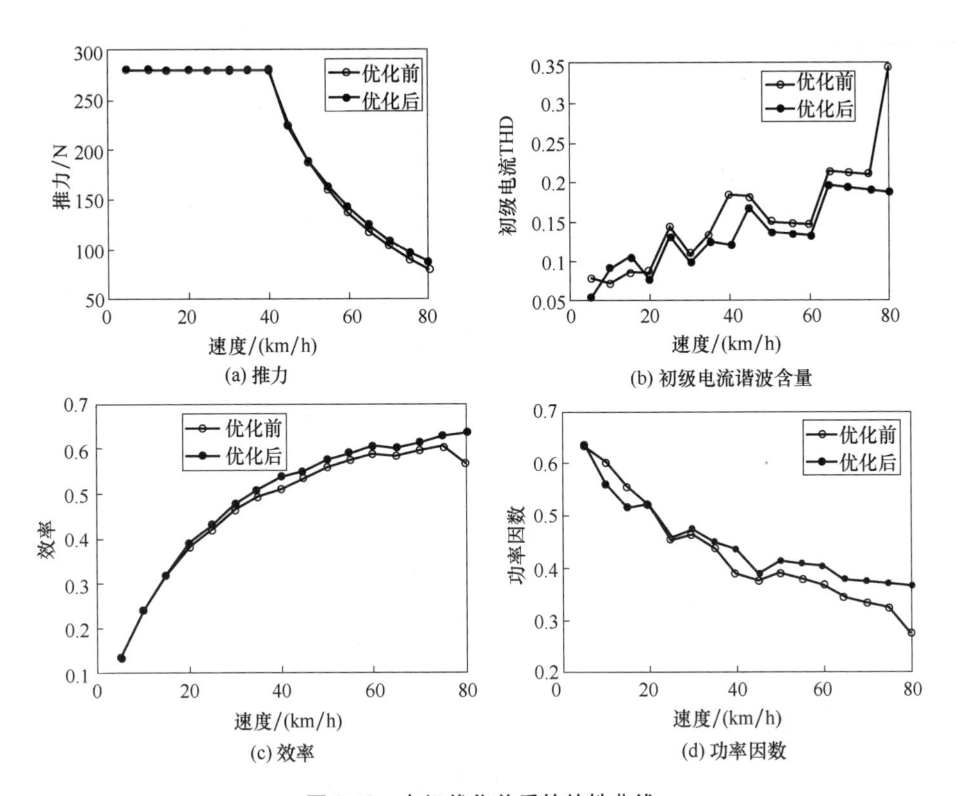

图 8-18　电机优化前后的特性曲线

同时表 8-7 中还给出了分别以恒推力区、恒功率区和整个运行区间的电机效率和功率因数为优化目标而获得的电机方案，其对应的电机推力、效率和功率因数特性曲线如图 8-19 所示。对比分析后发现：由于低速时 LIM 效率较低，若以恒推力区电机性能为优化目标，则优化过程中效率权重偏大，进而导致功率因数偏小（特别高速区），同时还会降低高速区牵引力；同样地，由于 LIM 高速区功率因数较低，若以恒功率区性能为优化目标，则优化过程中功率因数权重偏大，进而导致效率偏低（特别低速区）。因此，综合考虑各种影响，本章将整个区间效率和功率因数的平均值作为优化目标，并结合实际需求对两者取值和权重进行了权衡。

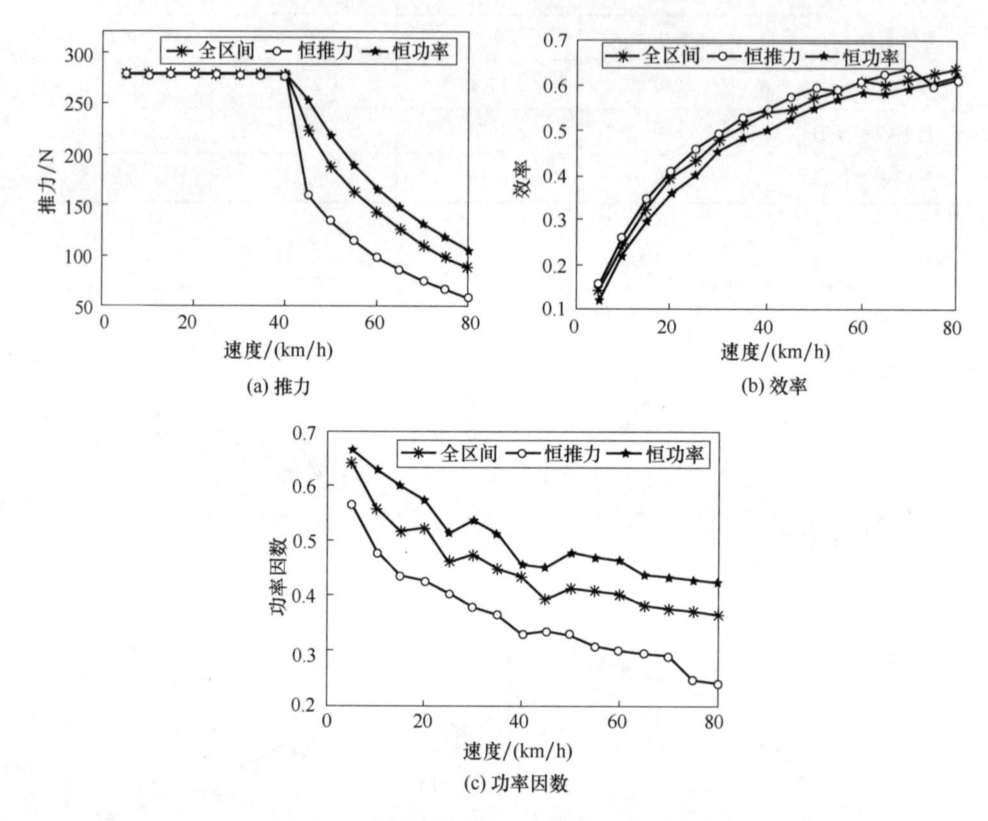

图 8-19 选取不同优化目标的电机牵引性能

8.4.2 优化方案验证

图 8-20 为 LIM 有限元分析模型，采用三相两电平电压型逆变器供电，其输

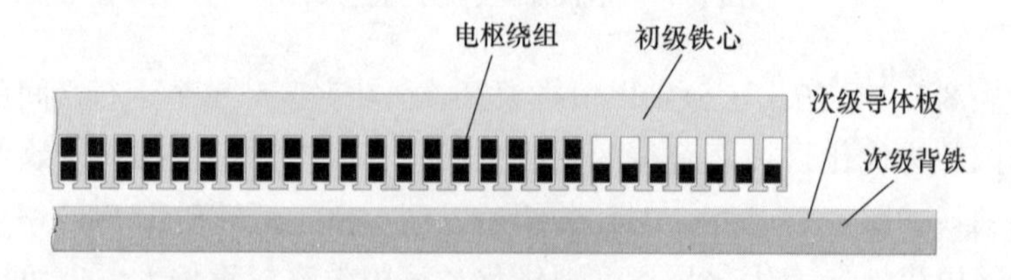

图 8-20 LIM 有限元模型（部分结构）

出电压和电流中含有一定的谐波成分。该仿真模型和解析模型均采用相同的电机结构参数，并在电机推力、次级速度和初级频率等指标上保持一致。

图 8-21 为优化前后 LIM 额定工作点一对极下的铁心磁通密度分布图。对比分析后得知：优化后的 LIM 初次级铁心磁通密度分布更均匀，同时电机磁负荷适当增加，铁心利用率有所提高，进而提升了 LIM 牵引能力。

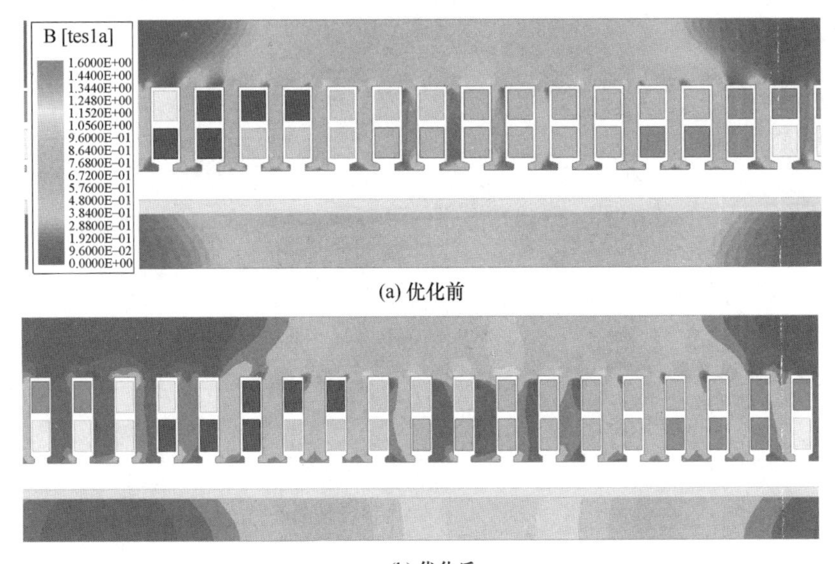

(a) 优化前

(b) 优化后

图 8-21　优化前后 LIM 一对极铁心磁通密度分布对比

图 8-22 为解析法和有限元法获得的 LIM 性能曲线，表 8-8 为 LIM 整个运行过程中的性能误差分析。综合对比分析后得知：LIM 推力、效率和内功率因数（反电动势和电枢相电流夹角的余弦）的平均误差小于 4.6%，特别是额定点的误差小于 2.9%，说明解析模型可满足工程应用要求。进一步，由 LIM 高速和低速工况下的误差分析得知：

1）高速运行时，有限元模型计算的 LIM 反电动势比解析模型略大；而在输出功率一定时，有限元计算的电流偏低。相关原因在于：二维有限元模型没有考虑横向端部效应对 LIM 气隙磁场的削弱作用。

2）低速运行时，解析法得到的电流比有限元小；而在有功功率不变的情况下，内功率因数和效率比有限元大。相关原因在于：二维有限元模型中增加了槽靴，电机初级漏抗增加，即在同样气隙磁场的前提下需要更大的励磁电流。

在上述优化分析的前后，其解析法均基于 LIM 时间谐波等效电路，其有效性得到了大量的仿真和实验验证，因而相关优化方案及分析结果具有较高的可信度。

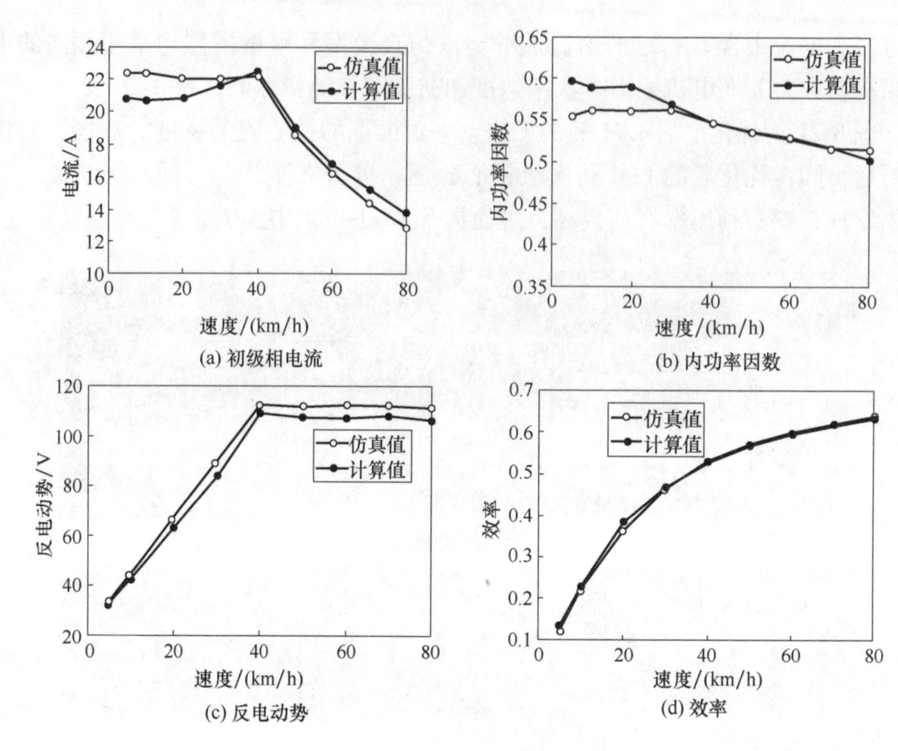

图 8-22 LIM 优化后特性曲线

表 8-8 性能参数误差

	初级相电流	内功率因数	反电动势	效率
最大误差（%）	7.6	7.3	4.6	9.1
平均误差（%）	4.6	2.3	4.1	1.0
额定点误差（%）	1.4	0.0	2.9	0.5

8.5 直线感应电机系统级优化

前面从 LIM 本体角度对电机结构参数进行了优化，但仅优化了电机稳态性能。本小节将从系统级角度出发，以 LIM 的稳态性能（包括效率和功率因数）和动态响应为目标，同时优化电机结构参数及控制器参数，从而进一步提升 LIM 驱动性能。本小节的系统级优化模型共有 14 个优化变量，包括滑差频率、7 个电机结构参数（见图 8-23）和 6 个控制器参数（图 3.4 中的 6 个 PI 控制器参数）。

表 8-9 列出了部分电机参数及变化范围，其中 SCPW 和 SCPT 分别代表次级导体板宽度和次级导体板厚度。根据前面的参数敏感性分析可知，这些参数与 LIM 系统的性能密切相关：如滑差频率直接影响电机等效电路的次级支路，导

致效率、功率因数和推力发生较大变化；初级宽度对初级电阻、漏电抗和励磁电抗有显著影响，且会改变横向端部效应系数等。

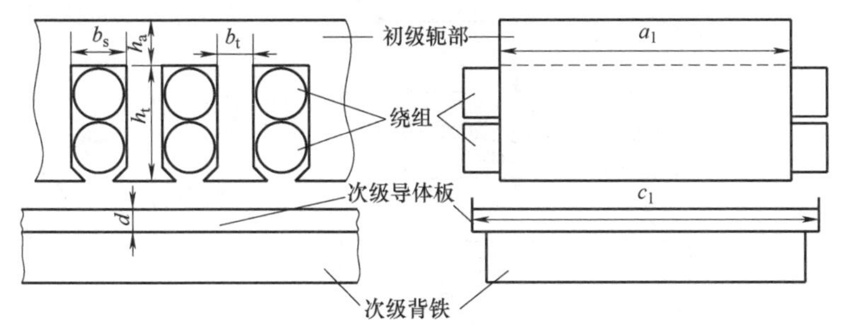

图 8-23　LIM 的优化参数

表 8-9　LIM 部分电机参数及取值范围

参数	最小值	最大值
初级槽高 h_t/mm	25	35
初级槽宽 b_s/mm	10	20
初级齿宽 b_t/mm	5	15
初级轭高 h_a/mm	25	55
初级宽度 a_1/mm	80	150
转差频率 sf_1/Hz	2	20
SCPWc_1/mm	100	180
SCPTd/mm	3	7

8.5.1　优化模型

迄今，电机系统级优化问题有两种解决途径，即单层优化方法和多层优化方法，具体如下。基于电机等效电路，单层优化方法可以同时优化所有的电机参数和控制器参数，但优化过程十分繁琐，调用变量次数很多，耗时巨大。例如，若采用遗传算法（GA）或差分进化算法（DEA），则单层次优化方法需要大约 14000(14×5×200) 次仿真调用。加之电机参数高阶非线、时变强耦合等影响，该方法很难应用于 LIM 系统级优化中。为此，本章将采用多层次优化策略来提高 LIM 系统级优化效率[396-398]。图 8-24 给出了 LIM 系统级多层次优化方法流程图，其优化模型包括电机层、控制层和系统层，具体阐述如下。

层次 1：电机层。该层的目标是优化 LIM 稳态性能。根据直线地铁的实际需求，可以得到表 8-10 所示的初步设计方案。其中，样机的整体拓扑结构与直线地铁 LIM 基本相同（8 极 79 槽，初级铁心两端有半填充槽），同时样机的机械

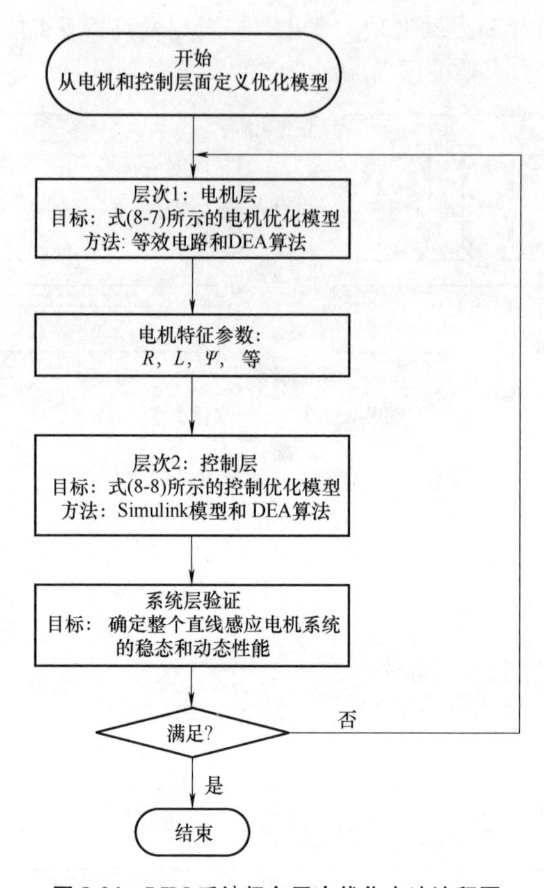

图 8-24　LIM 系统级多层次优化方法流程图

气隙固定为 10mm，电机总长度限制在 1.3m；初级宽度和次级宽度限制在 150~180mm 之间；极距小于初级铁心宽度的两倍。根据相关限制及规范，LIM 优化模型定义为

$$
\begin{aligned}
\max:\ & f(\boldsymbol{x}_{\mathrm{m}})=\eta_{\mathrm{m}}\times\cos\varphi \\
\text{s.t.}:\ & g_1(\boldsymbol{x}_{\mathrm{m}})=|P_2-3000|\leqslant 50, \\
& g_2(\boldsymbol{x}_{\mathrm{m}})=J_{\mathrm{c}}-5.50\leqslant 0, \\
& g_3(\boldsymbol{x}_{\mathrm{m}})=1.05-c_1/a_1\leqslant 0, \\
& g_4(\boldsymbol{x}_{\mathrm{m}})=c_1/a_1-1.50\leqslant 0, \\
& g_5(\boldsymbol{x}_{\mathrm{m}})=\tau-2a_1\leqslant 0, \\
& g_6(\boldsymbol{x}_{\mathrm{m}})=|f_{\mathrm{c}}-0.575|\leqslant 0.075, \\
& \boldsymbol{x}_{\mathrm{ml}}\leqslant\boldsymbol{x}_{\mathrm{m}}\leqslant\boldsymbol{x}_{\mathrm{mu}}
\end{aligned}
\tag{8-7}
$$

式中，$\boldsymbol{x}_{\mathrm{m}}$ 为电机设计参数，η_{m} 为电机效率；$\cos\varphi$ 为功率因数；P_2 为输出功率；J_{c} 为初级电流密度（散热约束，其值不大于 $5.50\mathrm{A/mm^2}$）；f_{c} 为槽满率（范围为 0.5~0.65）。

相关性能参数的估算依据是每相等效电路中的阻抗和复功率[10]。以单相等效电路为基础，采用 DEA 优化算法，对 LIM 多个结构参数进行优化，在满足相关限制条件下获得电机的最大效率和功率因数。

层次 2：控制层。这一层的目标是优化控制系统的稳态和动态性能。首先，研究并优化启动过程（采用磁场定向 FOC）和控制策略切换过程（从 FOC 到改进最小损耗控制 LMC），在保持驱动系统动态性能的前提下，优化稳态下 LIM 驱动系统的平均效率。其中，动态性能指标主要包括启动过程和变化过程中的速度超调。相关的优化模型定义为

$$\begin{aligned} \max: &\quad f_{\mathrm{c}}(\boldsymbol{x}_{\mathrm{c}})=\eta_{\mathrm{system}} \\ \text{s.t.}: &\quad g_{\mathrm{c1}}(\boldsymbol{x}_{\mathrm{c}})=\sigma(\eta_{\mathrm{system}})-0.005\leqslant 0, \\ &\quad g_{\mathrm{c2}}(\boldsymbol{x}_{\mathrm{c}})=\omega_{\mathrm{os}}-0.01\leqslant 0, \\ &\quad \boldsymbol{x}_{\mathrm{cl}}\leqslant \boldsymbol{x}_{\mathrm{c}}\leqslant \boldsymbol{x}_{\mathrm{cu}} \end{aligned} \tag{8-8}$$

式中，σ 为标准偏差；ω_{os} 为速度超调。

基于图 3-4 所示的 LMC 最小损耗控制策略整体框图，采用 DEA 算法对 6 个 PI 控制器参数变量进行迭代优化。

层次 3：系统层。这一层的目标是评估系统性能并输出优化结果。如果最优方案满足要求，则结束优化并输出结果，否则返回到层次 1，重新执行优化过程。

8.5.2 仿真及实验结果

图 8-25 显示了优化后的 LIM 驱动系统动态性能，包括效率和速度。结果表

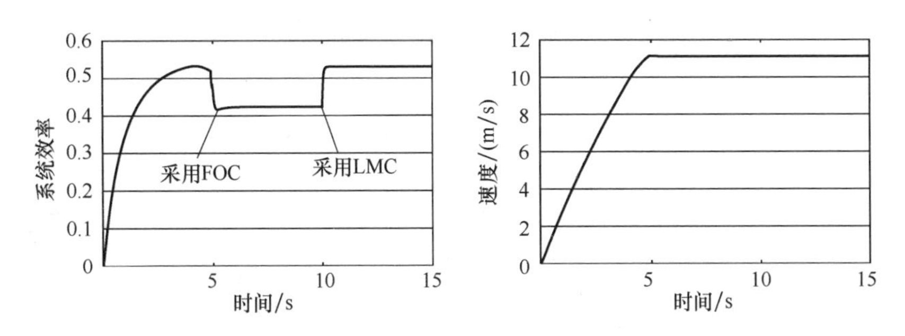

图 8-25　LIM 系统优化后的动态响应

明，采用改进的 LMC 策略，LIM 系统效率得到了很大提高；而对于启动和控制切换过程，LIM 速度超调量都很低。表 8-10 列出了 LIM 优化结果，可以看出：相对初始设计方案，LIM 效率和功率因数等指标都得到了明显提高。

表 8-10　LIM 优化方案

参数	初始值	优化值
初级槽高 h_t/mm	30.5	26.0
初级槽宽 b_s/mm	10.5	11.2
初级齿宽 b_t/mm	5.3	4.4
初级轭高 h_a/mm	35.0	45.0
初级宽度 a_1/mm	130.0	130.0
转差频率 sf/Hz	10.0	9.8
SCPWc_1/mm	180.0	180.0
SCPTd/mm	6.0	5.2
电流密度 J_c/(A/mm^2)	5.63	5.50
推力 F/N	284	277
效率 η/(%)	48.53	48.74
功率因数 $\cos\varphi$	0.4822	0.5172
目标 Obj.	0.2340	0.2521

图 8-26 给出了不同负载下采用 FOC 和改进型 LMC 的损耗和效率。由于实验平台限制（主要是直流侧电压限制），LIM 不能在重载下高速（即 11m/s 以上）运行。因此，电机运行速度固定为 5m/s，以获得各种负载下的测试数据。大量结果表明：对于电机、逆变器和控制器（驱动系统），采用改进型 LMC 后的损耗均小于 FOC。因此，改进型 LMC 可以明显提升驱动系统效率，同时系统损耗降低的比例随着推力的增加而减小。例如，当推力为 67N 时，系统损耗可降低 41.04%（275/670），而当推力为 267N 时，系统损耗仅降低 2.83%（43/1521）。

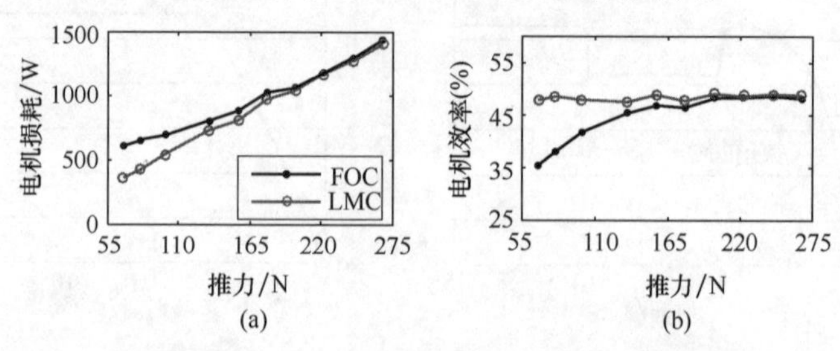

图 8-26　不同负载下 LIM 系统的损耗和效率

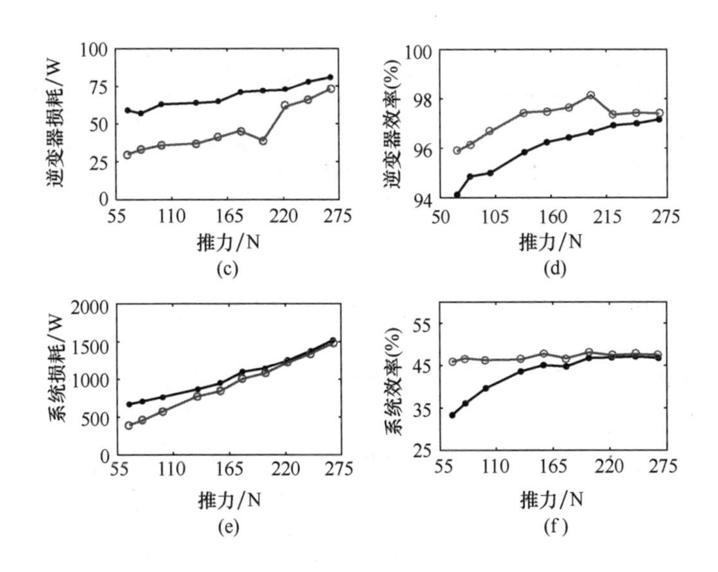

图 8-26　不同负载下 LIM 系统的损耗和效率（续）

图 8-27 给出了不同运行速度（1~10m/s）下，采用 FOC 和改进型 LMC 后的损耗和效率。在实验中，对 LIM 系统施加 80N 负载（约占额定负载 30%），结果表明：改进 LMC 能有效降低损耗，提高效率（平均 9.96%），即对于 LIM 损耗模型，可证明其存在唯一的最优解。换言之，改进型 LMC 方法迭代获得的最优解，对应于 LIM 系统运行的最小损耗点。

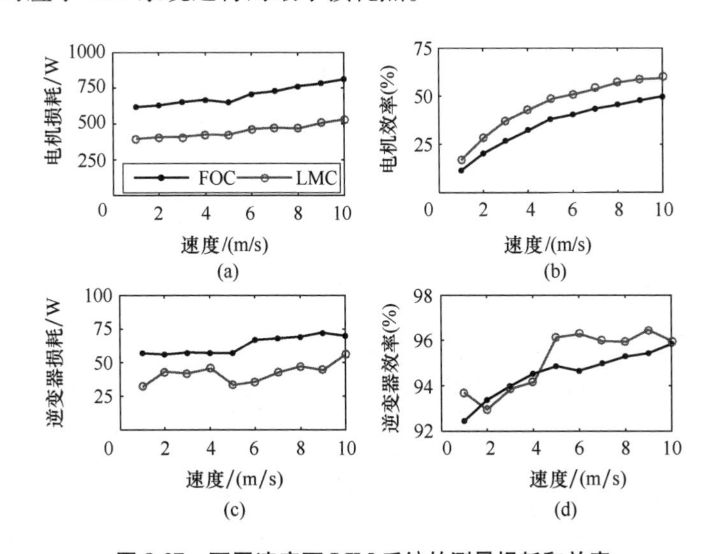

图 8-27　不同速度下 LIM 系统的测量损耗和效率

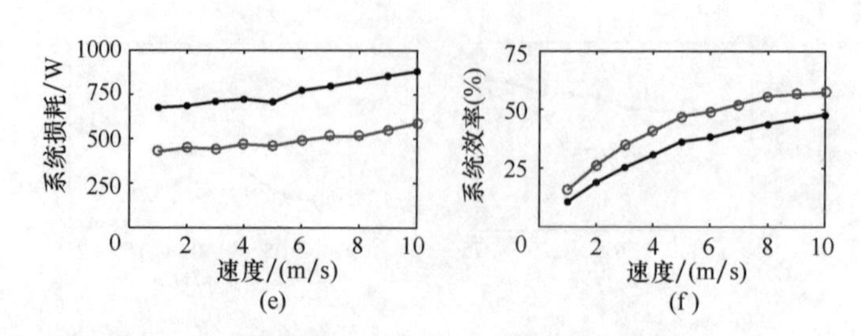

图 8-27　不同速度下 LIM 系统的测量损耗和效率（续）

图 8-28 给出了不同控制策略下 LIM 速度与推力的动态响应曲线。由图可知，5s 时采用 FOC 策略启动 LIM，在 25%额定负载下运行，直到 20s 时切换为 LMC 控制策略。分析发现：整个过程及控制策略切换中，LIM 速度超调较低，即电机动态性能良好。图 8-29 为不同控制策略下电机和逆变器的损耗情况，通过分析发现：改进型 LMC 策略可明显降低电机和逆变器损耗，进而提升 LIM 牵引能力。

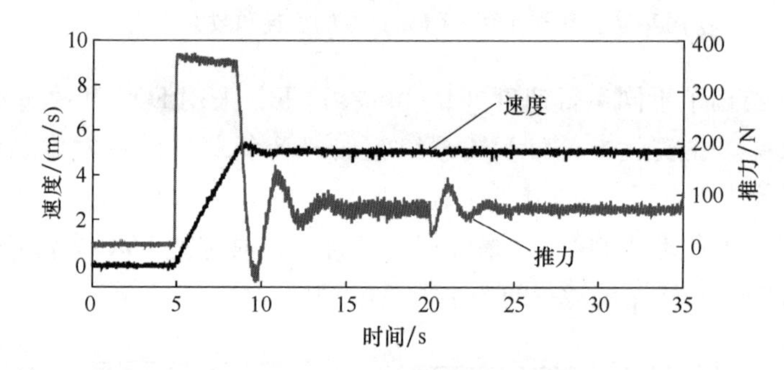

图 8-28　不同策略下 LIM 速度与推力动态响应（在 20s 时采用改进的 LMC 算法）

表 8-11 定量列出了电机和逆变器在一个稳态周期内的平均损耗情况。可以看出，电机损耗降低了 42.62%（从 657W 降到 377W），逆变器损耗降低了 38.04%（从 92W 降到 57W）。在此基础上，采用改进型 LMC 策略，进一步将电机效率提高到 47.05%，逆变器效率提高到 92.59%。系统效率提高到 43.56%，相对 FOC 策略（30.90%）的提升幅度较大。

表 8-11　优化前后 LIM 系统的平均损耗和效率

控制策略	损耗/W		效率（%）	
	电机	逆变器	电机	逆变器
FOC	657	92	33.77	91.51
LMC	377	57	47.05	92.59

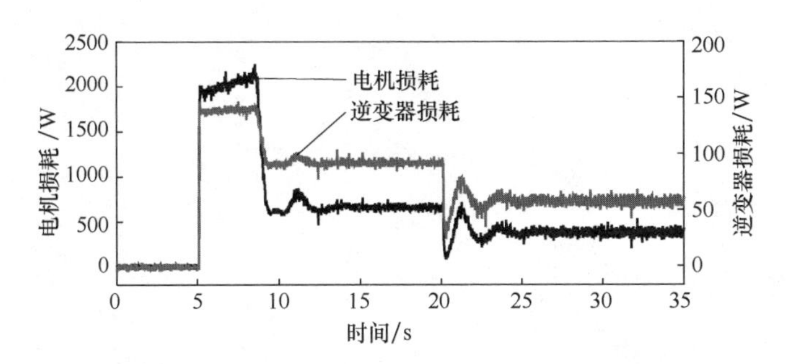

图 8-29　不同策略下 LIM 和逆变器的损耗（在 20s 时采用改进的 LMC 算法）

8.6　小结

为提升轨交用 LIM 在整个运行区间的性能，本章首先提出了多层次多目标优化算法：在优化电机性能的同时，明显降低了优化模型的复杂度，提升了算法的优化效率。主要工作总结如下：

1）通过参数敏感性分析，得到电机参数和优化目标之间的内在联系，从而筛选出主要优化变量，明确了取值范围。

2）基于 LIM 时间谐波模型，通过相关性分析将单层次多目标优化问题转化为多层次多目标优化问题，从而降低了优化模型复杂度，提升了优化效率。进一步，以电机恒推力区与恒功率区功效为目标，采用 NSGA Ⅱ 优化算法得到 Pareto 最优解集，并基于合适的取点原则得到 LIM 最终电磁优化方案。

3）结合 LIM 解析模型和控制策略，建立了 LIM 系统级优化模型，以电机结构参数和控制器参数为优化变量，进一步优化提升了 LIM 系统稳态和动态性能。

Chapter 9
第9章　总结与展望

9.1 全书总结

本书以轨交应用为背景，深入研究了适用于 LIM 等效模型、高效高性能控制策略和系统级多目标优化方法，从而有效降低牵引系统损耗、抑制电流谐波和推力波动、提高安全性和可靠性等，主要研究工作总结如下：

（1）从 LIM 气隙磁通密度方程出发，推导了考虑端部效应、半填充槽影响的 LIM 绕组函数电路模型，可用于电机稳态和动态特性分析。总结了空间和时间谐波作用规律，并基于功率平衡原理，推导了时间谐波激励下的端部效应、趋肤效应等修正系数，提出了 LIM 时间谐波等效电路，进一步推导了电机特性计算公式。

（2）建立了包含初次级铜耗及逆变器损耗的 LIM 时间谐波损耗模型，选用合理的迭代初值和算法，得到了电机总损耗最小的最优控制量，进而提出了相应的最小损耗控制。相对仅考虑基波损耗的传统最小损耗控制，该方法可适用于不同运行工况，在低速下能有效降低电机谐波损耗约 30%、电机总损耗约 2%。

（3）针对 LIM 边端效应导致互感剧烈变化的难题，基于电机等效模型，本书分别将矢量控制和直接推力控制与模型预测控制相结合，提出了基于参考电压矢量的简化搜索方法，有效降低了模型预测控制的实施复杂度；进一步，简化方法被拓展运用到含电流约束条件等工况，有效防止了电机动态过流问题。通过改写模型预测推力控制的目标函数，本书提出了两种无权重系数简化方法，有效避免了复杂的权重系数整定过程。

（4）为了改善 LIM 无速度传感器控制系统的动态性能，本书提出了一种速度跟踪性能和负载扰动抑制性能完全解耦的二自由度无速度传感器控制方法。该方法采用扩展全阶状态观测器同时观测电机速度和负载阻力，并根据观测的负载阻力，在速度控制器设计时进行前馈补偿，提高了系统的动态性能，实现了无速度传感器控制的二自由度控制特性。在此基础上提出了一种逆系统的观测器改进方法，给出了相应的自适应参数设计方法。改进后的二自由度无速度传感器控制方法，不仅通过设计的反馈增益确保了系统在低速再生制动工况下的稳定性，还实现了速度跟踪性能、负载抗扰性能和稳定性的解耦，即：稳定性由速度观测器的反馈增益决定，速度跟踪性能由速度控制器参数调节，负载抗扰性能由速度观测器的自适应参数调节。

（5）针对不同的应用需求，本书提出了两种 LIM 在线参数辨识方案，分别以反电动势和励磁电流微分作为观测状态量，消除了纯积分环节。对于励磁电感在线辨识方法，结合二阶超螺旋滑模观测器消除了微分环节，并显著增强了抗扰能力；对于励磁电感和次级时间常数双参数在线辨识方法，本书对其物理意义、稳定性、解耦性等进行了深入分析，其设计方案中仅需一个 PI 控制器，降低了整定复杂度。此外，针对轨道交通用 LIM 牵引系统的低开关频率运行特点和无速度传感器控制需求，本书进一步将在线辨识方法引入到模型预测控制和无速度传感器控制，有效提升了参数鲁棒性。

（6）为了提升轨交用 LIM 整个运行区间的牵引性能，本书提出了多层次多目标优化算法。通过参数敏感性分析筛选出主要优化参数，明确了相关取值范围。进一步，利用时间谐波模型得到优化目标的正交实验表，采用相关性分析将单层次多目标优化问题转化为多层次多目标优化问题，从而降低了优化模型复杂度。优化结果表明：本书提出的多层次多目标优化方法，能将 LIM 整个运行区间的效率和功率因数分别提升 3.0%和 9.4%。

9.2 展望

因时间和精力有限，本书涉及的 LIM 及驱动系统的诸多问题，仍待进一步深入和完善，主要包括：

（1）本书提出的 LIM 稳态最小损耗控制方法在极端工况下会导致电机动态性能恶化，虽然可借助现有文献中的一些快响应控制方法得到缓解，但均需对 LIM 运行状态进行实时监测，且在动态响应过程中存在较大冲击电流。为此，亟需进一步研究 LIM 快响应最小损耗控制策略，在不牺牲稳态损耗优化效果的前提下，尽量提升最小损耗控制下 LIM 动态性能。

（2）模型预测控制依赖电机参数，而不同工况下 LIM 参数极易变化，因此亟需开展少参数模型预测控制或无模型预测控制方法：根据采样获得的电机运行状态，对未来可能的运行状况提前进行预测，不依赖或少依赖电机数学模型。目前，上述方法多适用于有限集模型预测控制，后续可进一步优化，扩展运用到连续集模型预测控制中。

（3）深入分析初级开断、结构非对称下的空间谐波和 PWM 激励下的时间谐波影响，明确时间谐波和空间谐波的交互规律，阐明不同成分气隙磁通密度行波的变化趋势，建立更准确的 LIM 谐波等效模型，深入研究高速、大转差、重载等工况下的 LIM 边端效应、谐波成分等对电机特性的影响规律。进一步，综合考虑复杂气候和电磁环境的影响，结合轨交的特殊工况，如带速重投等，深入研究高阶非线性谐波激励下的 LIM 高精度参数辨识策略，为无速度传感器控制等高性能策略奠定基础。

（4）LIM 系统由电机、变流器、控制器等单元组合而成，它们之间彼此影响，相互制约；而传统器件级建模和控制优化方法很难准确考虑谐波作用下 LIM 系统的交叉耦合和相互影响，进而影响系统整体性能的充分发挥。下一步工作，应结合牵引变流器特点，研究变流器的建模理论和分析方法，并结合 LIM 本体和控制策略，深入分析不同单元之间的交叉影响与耦合机理。进一步，从系统角度出发，建立场路耦合下的系统级多目标多层次优化模型，采用合理的优化算法，综合寻优并提升 LIM 系统的整体性能。

参考文献

[1] XU W, ISLAM M R, PUCCI M. Advanced linear machines and drive systems [M]. Berlin: Springer, 2019.

[2] 吕刚. 直线电机在轨道交通中的应用与关键技术综述 [J]. 中国电机工程学报, 2020, 40 (17): 5665-5675.

[3] 徐伟, 肖新宇, 董定昊, 等. LIM 效率优化控制技术综述 [J]. 电工技术学报, 2021, 36 (5): 902-915, 934.

[4] 李庆来, 方晓春, 杨中平, 等. LIM 在轨道交通中的应用与控制技术综述 [J]. 微特电机, 2021, 49 (08): 39-47.

[5] 黄书荣, 徐伟, 胡冬. 轨道交通用 LIM 发展状况综述 [J]. 新型工业化, 2015, 5 (1): 15-21.

[6] BOLDEA I, TUTELEA L, XU W, et al. Linear electric machines, drives and MAGLEVs: an overview [J]. IEEE Transaction on Industrial Electronics, 2018, 6 (9): 7504-7515.

[7] NASAR S, BOLDEA I. 直线电机 [M]. 龙遐令, 朱维衡, 徐善纲, 译. 北京: 科学出版社, 1982.

[8] 山田一. 工业用直线电动机 [M]. 薄荣志, 译. 北京: 新时代出版社, 1986.

[9] XU W, Sun G, Wen G, et al. Equivalent circuit derivation and performance analysis of a single-sided linear induction motor based on the winding function theory [J]. IEEE Transactions on Vehicular Technology, 2012, 61 (4): 1515-1525.

[10] XU W, ZHU J G, ZHANG Y, et al. An improved equivalent circuit model of a single-sided linear induction motor [J]. IEEE Transactions on Vehicular Technology, 2010, 59 (5): 2277-2289.

[11] LV G, ZHOU T, ZENG D, et al. Design of ladder-slit secondaries and performance improvement of linear induction motors for urban rail transit [J]. IEEE Transaction on Industrial Electronics, 2018, 65 (2): 1187-1195.

[12] XU W, ZHU J G, ZHANG Y, et al. Equivalent circuits for single-sided linear induction motors [J]. IEEE Transactions on Industry Applications, 2010, 46 (6): 2410-2423.

[13] DUNCAN J. Linear induction motor-equivalent-circuit model [J]. IEE Proceedings (Part B)-Electric Power Applications, 1983, 130 (1): 51-57.

[14] GIERAS J F. Experimental investigations of a shaded-pole flat linear induction motor [C]. IEEE 3D Africon Conference, 1992: 404-408.

[15] ZHANG Z, EASTHAM R T, DAWSON G E. LIM dynamic performance assessment from parameter identification [C]. IEEE Conference on Industry Applications Society, 1993, 1: 295-300.

[16] 贾宏新. 电梯用 LIM 的优化设计及其控制系统的研究 [D]. 杭州：浙江大学，2002.
[17] 卢琴芬. 直线同步电机的特性研究 [D]. 杭州：浙江大学，2005.
[18] YAMAMURA S. Theory of linear induction motors [M]. New York：John Wiley&Sons，1978.
[19] POLOUJADOFF A. The theory of linear induction machinery [M]. Oxford：Oxford University Press，1980.
[20] WILKINSON K J R. End effects in series-wound linear induction motors [J]. IEE Proceedings (Part B)-Electric Power Applications，1982，129 (1)：35-42.
[21] GIERAS J F，DAWSON G E，EASTHAM A R. A new longitudinal end effect factor for linear induction motors [J]. IEEE Transactions on Energy Conversion，1987，22 (1)：152-159.
[22] GIERAS J F. Linear induction drives [M]. Oxford：Clarendon Press，1994.
[23] LDIR K，DAWSON G E，EASTHAM A R. Modeling and performance of linear induction motor with saturable primary [J]. IEEE Transactions on Industry Applications，1993，29 (6)：1123-1128.
[24] KIM D K，KWON B. A novel equivalent circuit model of linear induction motor based on finite element analysis and its coupling with external circuits [J]. IEEE Transactions On Magnetcis，2006，42 (10)：3407-3409.
[25] 龙遐令. 直线异步电动机等值电路的通用推导方法 [J]. 电工技术学报，1993，8 (4)：55-60.
[26] ELLIOTT D G. Linear induction motor experiments in comparison with mesh/matrix analysis [J]. IEEE Transactions On Power Apparatus and Systems，1974：1624-1633.
[27] OOI B T. A generalized machine theory of the linear induction motor [J]. IEEE Transactions on Power Apparatus and Systems，1973：1252-1259.
[28] NORTH G G. Harmonic analysis of a short stator linear induction machine using a transformation technique [J]. IEEE Transactions on Power Apparatus and Systems，1973：1733-1743.
[29] LIPO T A，NONDAHL T A. Pole-by-pole d-q model of a linear induction machine [J]. IEEE Transactions on Power Apparatus and System，1979，98 (2)：629-642.
[30] LU C. A new coupled-circuit model of a linear induction motor and its application to steady-state，transient，dynamic and control studies [D]. Kingston：Queen University，1993.
[31] LU C，EASTHAM A R，DAWSON G E. Transient and dynamic performance of a linear induction motor [C]. IEEE Industry Applications Society Annual Meeting，1993：266-273.
[32] 张榴晨，徐松. 有限元法在电磁场计算中的应用 [M]. 北京：中国铁道出版社，1996.
[33] RODGER D，PICKERING S，EASTHAM J F. A comparison of results from 1，2 and 3 dimensional models of a simple linear induction motor [C]. International Conference on Electrical Machines，1986：285-288.
[34] EASTHAM A R，ANATHASIVAM G E，DAWSON G E. Linear induction motor design and performance evaluation by complex frequency and time stepping finite element methods [C]. International Conference on Evaluation and Modern Aspects of Induction Machines，1986：

42-48.

[35] IM D H, KIM C E. Finite element force calculation of a Linear induction motor taking account of the movement [J]. IEEE Transactions on Magnetics, 1994, 30 (5): 3495-3498.

[36] RODGER D, EASTHAM J F. Finite element solution of 3D eddy currents in magnetically linear conductors at power frequencies [J]. IEEE Transactions on Magnetics, 1982, 18 (2): 481-485.

[37] EASTHAM J F, HILL-COTTINGHAM R J, LEONARD P J. Comparison of the use of simple space transient and finite element analysis for linear induction motor calculation [J]. IEEE Transactions on Magnetics, 1994, 30 (5): 3687-3689.

[38] YAMAGUCHI T. 3-D finite element analysis of a linear induction motor [J]. IEEE Transactions on Magnetics, 2001, 37 (5): 3668-3671.

[39] NONAKA S, OGAWA K. Boundary element analysis of linear induction motor for maglev vehicle [C]. International Conference on MAGLEV and Linear Drives, 1986: 171-177.

[40] ONUKI T. Hybrid finite element and boundary element method applied to electromagnetic problems [J]. IEEE Transactions on Magnetics, 1990, 26 (2): 582-587.

[41] LAPORTE B, HUANG E. Optimization of a linear induction motor with the boundary integral method [C]. International Conference on Electrical Machines, 1986: 278-280.

[42] FUJIWARA K, NAKATA T, OHASHI H. Improvement of convergence characteristic of ICCG method for the A-ϕ method using edge elements [J]. IEEE Transactions on Magnetics, 1996, 32 (3): 804-807.

[43] KANG G, KIM J, NAM K. Parameter estimation scheme for low speed linear induction motors having different leakage inductances [J]. IEEE Transactions on Industrial Electronics, 2003, 50 (4): 708-716.

[44] NONAKA S. Investigation of equations for calculation of secondary resistance and secondary leakage reactance of single sided linear induction motors [J]. IEEJ Transactions on Industry Applications, 1997, 117 (5): 616-621.

[45] LI D, LI W, ZHANG X, et al. A new approach to evaluate influence of transverse edge effect of a single-sided HTS linear induction motor used for linear metro [J]. IEEE Transactions on Magnetics, 2015, 51 (3): 1-4.

[46] 上海工业大学，上海电机厂. 直线异步电动机 [M]. 北京：机械工业出版社，1979：18-39.

[47] WALLACE A, PARKER J, DAWSON G. Slip control for LIM propelled transit vehicles [J]. IEEE Transactions on Magnetics, 1980, 16 (5): 710-712.

[48] HU D, XU W, DIAN R, et al. Loss minimization control of linear induction motor drive for linear metros [J]. IEEE Transactions on Industrial Electronics, 2018, 65 (9): 6870-6880.

[49] HU D, XU W, DIAN R, et al. Loss minimization control strategy for linear induction machine in urban transit considering normal force [J]. IEEE Transactions on Industrial Applications, 2019, 55 (2): 1536-1549.

[50] 胡冬. 城轨交通用 LIM 最小损耗控制研究 [D]. 武汉：华中科技大学，2019.

[51] WANG L，CHAI S，YOO D，et al. PID and predictive control of electrical drives and power converters using Matlab/Simulink [M]. New Jersey：Wiley，2015：41-83.

[52] KARIMI H，VAEZ-ZADEH S，SALMASI F R. Combined vector and direct thrust control of linear induction motors with end effect compensation [J]. IEEE Transaction on Energy Conversion，2016，31 (1)：196-205.

[53] 王珂. 城轨交通 LIM 特性分析与直接牵引力控制策略研究 [D]. 北京：中国科学院电工研究所，2009.

[54] BAZZI A，KREIN P. Review of methods for real-time loss minimization in induction machines [J]. IEEE Transactions on Industry Applications，2010，46 (6)：2319-2328.

[55] BAZZI A，KREIN P. A survey of real-time power-loss minimizers for induction motors [C]. IEEE Electric Ship Technologies Symposium，2009：98-106.

[56] AZEVEDO F，UDDIN M. Recent advances in loss minimization algorithms for IPMSM drives [C]. IEEE Industry Application Society Annual Meeting，2014：1-9.

[57] NOLA F. Power factor control system for AC induction motor：US4052648 [P]. 1977-10-04.

[58] JIAN T，SCHMITZ N，NOVOTNY D. Characteristic induction motor slip values for variable voltage part load performance optimization [J]. IEEE Transactions on Power Apparatus and Systems，1983，102 (1)：38-46.

[59] KUSKO A，GALLER D. Control means for minimization of losses in AC and DC motor drives [J]. IEEE Transactions on Industry Applications，1983，IA-19 (4)：561-570.

[60] KIM H，SUL S，PARK M. Optimal efficiency drive of a current source inverter fed induction motor by flux control [J]. IEEE Transactions on Industry Applications，1984，20 (6)：1453-1459.

[61] FAMOURI P，CATHEY J. Loss minimization control of an induction motor drive [J]. IEEE Transactions on Industry Applications，1991，27 (1)：32-37.

[62] SUJITJORN S，AREERAK K. Numerical approach to loss minimization in an induction motor [J]. Applied Energy，2004，79 (1)：87-96.

[63] BOLDEA I，NASAR S. Unified treatment of core losses and saturation in the orthogonal-axis model of electric machines [J]. IEE Proceedings-Electric Power Applications，1987，134 (6)：355-363.

[64] MANNAN A，MURATA T，TAMURAJ，et al. Efficiency optimized speed control of field oriented induction motor including core loss [C]. The Power Conversion Conference-Osaka，2002：1316-1321.

[65] KIOSKERIDIS I，MARGARIS N. Loss minimization in induction motor adjustable-speed drives [J]. IEEE Transactions on Industrial Electronics，1996，43 (1)：226-231.

[66] BOGLIETTI A，CAVAGNINO A，FERRAIS L，et al. Induction motor equivalent circuit including the stray load losses in the machine power balance [J]. IEEE Transactions on Energy

Conversion, 2008, 23 (3): 796-803.
[67] GAREIA G, LUIS J, STEPHAN R, et al. An efficient controller for an adjustable speed induction motor drive [J]. IEEE Transactions on Industrial Electronics, 1994, 41 (5): 533-539.
[68] LIM S, NAM K. Loss-minimising control scheme for induction motors [J]. IEE Proceedings-Electric Power Applications, 2004, 151 (4): 385-397.
[69] UDDIN M, NAM S. New online loss-minimization-based control of an induction motor drive [J]. IEEE Transactions on Power Electronics, 2008, 23 (2): 926-933.
[70] QU Z, RANTA M, HINKKANEN M, et al. Loss-minimizing flux level control of induction motor drives [J]. IEEE Transactions on Industry Applications, 2012, 48 (3): 952-961.
[71] SOUSA G, BOSE B, CLELAND J, et al. Loss modeling of converter induction machine system for variable speed drive [C]. 1992 IEEE International Conference on Industrial Electronics, Control, Instrumentation, and Automation, 2002: 114-120.
[72] ACCETTA A, PIAZZA M, LUNA M, et al. Electrical losses minimization of linear induction motors considering the dynamic end-effects [J]. IEEE Transactions on Industry Applications, 2019, 55 (2): 1561-1573.
[73] YANG Z, GU Y, LIU J, et al. Efficiency-optimized control of a linear induction motor for railway traction [C]. IEEE International Conference on Electrical Machines and Systems, Seoul, 2007: 604-609.
[74] LIU J , LIN F, YANG Z, et al. Optimal efficiency control of linear induction motor drive for linear metro [C]. IEEE Conference on Industrial Electronics and Applications, 2007: 1981-1985.
[75] LIU J, YOU X, ZHENG T. Efficiency optimal control in braking process for linear metro [C]. IEEE Conference on Industrial Electronics and Applications, 2010: 1363-1367.
[76] HAJJI M, KHOIDJA M, BARHOUMI E, et al. Vector control for linear induction machine with minimization of the end effects [C]. IEEE International Conference on Renewable Energies and Vehicular Technology, 2012: 466-471.
[77] 任晋旗，李耀华，王珂. 直线异步电动机的损耗模型与效率优化控制 [J]. 电工技术学报, 2009, 24 (12): 68-73.
[78] 龙遐令. 直线感应电动机的理论和电磁设计方法 [M]. 北京：科学出版社，2006.
[79] LV G, SUN S, MA S. Efficiency optimal control of linear induction motor for urban rail transit [J]. Electric Machines and Control, 2009, 13 (4): 490-495.
[80] RAMESH L, CHOWDHURY S, CHOWDHURY S, et al. Efficiency optimization of induction motor using a fuzzy logic based optimum flux search controller [C]. IEEE International Conference on Power Electronic, Drives and Energy Systems, 2007: 1-6.
[81] HU D, XU W, DIAN R, et al. Dynamic loss minimization control of linear induction machine [C]. IEEE Energy Conversion Congress and Exposition, 2017: 3598-3603.

[82] RICHALET J, RAULT A, TESTUD J L, et al. Model predictive heuristic control: application to industrial process [J]. Automatica, 1978, 14 (5): 413-428.

[83] RODRIGUEZ J, CORTES P. Predictive control of power converters and electrical drives [M]. New York: Wiley, 2012: 43-143.

[84] SHADMAND M B, BALOG R S, ABU-RUB H. Model predictive control of PV sources in a smart dc distribution system: maximum power point tracking and droop control [J]. IEEE Transactions on Energy Conversion, 2014, 29 (4): 913-921.

[85] VARGAS R, AMMANN U, RODRIGUEZ J. Predictive approach to increase efficiency and reduce switching losses onmatrix converters [J]. IEEE Transactions on Power Electronics, 2009, 24 (4): 894-902.

[86] QIN J, SAEEDIFARD M. Predictive control of a modular multilevel converter for a back-to-back HVDC system [J]. IEEE Transactions on Power Delivery, 2012, 27 (3): 1538-1547.

[87] TOWNSEND C D, SUMMERS T J, BETZ R E. Multigoal heuristic model predictive control technique applied to a cascaded h-bridge statcom [J]. IEEE Transactions on Power Electronics, 2012, 27 (3): 1191-1200.

[88] SCOLTOCK J, GEYER T, MADAWALA U K. Model predictive direct power control for grid-connected NPC converters [J]. IEEE Transactions on Industrial Electronics, 2015, 62 (9): 5319-5328.

[89] QUEVEDO D E, AGUILERA R P, PEREZ M A, et al. Model predictive control of an AFE rectifier with dynamic references [J]. IEEE Transactions on Power Electronics, 2012, 27 (7): 3128-3136.

[90] MIRANDA H, CORTES P, YUZ J I, et al. Predictive torque control of induction machines based on state-space models [J]. IEEE Transactions on Industrial Electronics, 2009, 56 (6): 1916-1924.

[91] XIE W, WANG X, WANG F, et al. Finite-control-set model predictive torque control with a deadbeat solution for PMSM drives [J]. IEEE Transactions on Industrial Electronics, 2015, 62 (9): 5402-5410.

[92] VAZQUEZ S, RODRIGUEZ J, RIVERA M, et al. Model predictive control for power converters and drives: advances and trends [J]. IEEE Transactions on Industrial Electronics, 2017, 64 (2): 935-947.

[93] AHMED A A, KOH B K, PARK H S, et al. Finite control set model predictive control method for torque control of induction motors using a state tracking cost index [J]. IEEE Transactions on Industrial Electronics, 2017, 64 (3): 1916-1928.

[94] HABIBULLAH M, LU D D C, XIAO D, et al. A simplified finite-state predictive direct torque control for induction motor drive [J]. IEEE Transactions on Industrial Electronics, 2016, 63 (6): 3964-3975.

[95] YOUNG H, PEREZ M, RODRIGUEZ J, et al. Assessing finite control-set model predictive

control: a comparison with a linear current controller in two-level voltage source inverters [J]. IEEE Industrial Electronics Magazine, 2014, 8 (1): 44-52.

[96] VAZQUEZ S, MARQUEZ A, AGUILERA R, et al. Predictive optimal switching sequence direct power control for grid-connected power converters [J]. IEEE Transactions on Industrial Electronics, 2015, 62 (4): 2010-2020.

[97] BLASKO V. A novel method for selective harmonic elimination in power electronic equipment [J]. IEEE Transactions on Power Electronics, 2007, 22 (1): 223-8.

[98] GEYER T, OIKONOMOU N, PAPAFOTIOU G, et al. Model predictive pulse pattern control [J]. IEEE Transactions on Industrial Application, 2012, 48 (2): 663-676.

[99] GEYER T. Low complexity model redictive control in power electronics and power systems [D]. Switzerland: Swiss Federal Institute of Technology Zurich, 2005.

[100] ZHANG Z, FANG H, GAO F, et al. Multiple-vector model predictive power control for grid-tied wind turbine system with enhanced steady state control performances [J]. IEEE Transactions on Industrial Electronics, 2017, 64 (8): 6287-6298.

[101] JUDEWICZ M G, GONZALEZ S A, ECHEVERRIA N I, et al. Generalized predictive current control (GPCC) for gridtie three-phase inverters [J]. IEEE Transactions on Industrial Electronics, 2016, 63 (7): 4475-4484.

[102] ZOU J, XU W, YE C. Improved deadbeat control strategy for linear induction machine [J]. IEEE Transactions on Magnetics, 2017, 53 (6): 1-4.

[103] MARIETHOZ S, MORARI M. Explicit model-predictive control of a PWM inverter with an LCL filter [J]. IEEE Transactions on Industrial Electronics, 2009, 56 (2): 389-399.

[104] ZHANG Y, XIE W, LI Z, et al. Low complexity model predictive power control: double-vector-based approach [J]. IEEE Transactions on Industrial Electronics, 2014, 61 (11): 5871-5880.

[105] ZHANG Y, XU D, LIU J, et al. Performance improvement of model-predictive current control of permanent magnet synchronous motor drives [J]. IEEE Transactions on Industrial Application, 2017, 53 (4): 3683-3695.

[106] YAN S, CHEN J, YANG T, et al. Improving the performance of direct power control using duty cycle optimization [J]. IEEE Transactions on Power Electronics, 2019, 34 (9): 9213-9223.

[107] ZHANG Y, XIE W, LI Z, et al. Model predictive direct power control of a PWM rectifier with duty cycle optimization [J]. IEEE Transactions on Power Electronics, 2013, 28 (11): 5343-5351.

[108] ZHANG Y, YANG H. Model predictive torque control of induction motor drives with optimal duty cycle control [J]. IEEE Transactions on Power Electronics, 2014, 29 (12): 6593-6603.

[109] PACAS M, WEBER J. Predictive direct torque control for the PM synchronous machine [J].

IEEE Transactions on Industrial Electronics, 2005, 52 (5): 1350-1356.

[110] NIU F, WANG B, BABEL S A, et al. Comparative evaluation of direct torque control strategies for permanent magnet synchronous machines [J]. IEEE Transactions on Power Electronics, 2016, 31 (2): 1408-1424.

[111] MOHAN D, ZHANG X, FOO H B G. A simple duty cycle control strategy to reduce torque ripples and improve low-speed performance of a three-level inverter fed DTC IPMSM drive [J]. IEEE Transactions on Power Electronics, 2017, 64 (4): 2709-2721.

[112] NIKZAD M R, ASAEI B, AHMADI S O. Discrete duty-cycle-control method for direct torque control of induction motor drives with model predictive solution [J]. IEEE Transactions on Power Electronics, 2018, 33 (3): 2317-2329.

[113] ZHOU Z, XIA C, YAN Y, et al. Torque ripple minimization of predictive torque control for PMSM with extended control set [J]. IEEE Transactions on Industrial Electronics, 2017, 64 (9): 6930-6939.

[114] WANG T, LIU C, LEI G, et al. Model predictive direct torque control of permanent magnet synchronous motors with extended set of voltage space vectors [J]. IET Electric Power Applications, 2017, 11 (8): 1376-1382.

[115] ZHANG Y, YANG H. Generalized two-vector-based model-predictive torque control of induction motor drives [J]. IEEE Transactions on Power Electronics, 2015, 30 (7): 3818-3829.

[116] ZHANG X, HOU B. Double vectors model predictive torque control without weighting factor based on voltage tracking error [J]. IEEE Transactions on Power Electronics, 2018, 33 (3): 2368-2380.

[117] ZHANG X, HE Y. Direct voltage-selection based model predictive direct speed control for PMSM drives without weighting factor [J]. IEEE Transactions on Power Electronics, 2019, 34 (8): 7838-7851.

[118] ZHANG Y, XU D, HUANG L. Generalized multiple-vector-based model predictive control for PMSM drives [J]. IEEE Transactions on Industrial Electronics, 2018, 65 (12): 9356-9366.

[119] WANG X, SUN D. Three-vector-based low-complexity model predictive direct power control strategy for doubly fed induction generators [J]. IEEE Transactions on Power Electronics, 2017, 32 (1): 773-782.

[120] LI H, LIN M, YIN M, et al. Three-vector-based low-complexity model predictive direct power control strategy for PWM rectifier without voltage sensors [J]. IEEE Journal of Emerging and Selected Topics in Power Electronics, 7 (1): 240-251.

[121] ZHANG Y, HU J, ZHU J. Three-vectors-based predictive direct power control of the doubly fed induction generator for wind energy applications [J]. IEEE Transactions on Power Electronics, 2014, 29 (7): 3485-3500.

[122] KANG S W, SOH J H, KIM R Y. Symmetrical three-vector-based model predictive control with deadbeat solution for IPMSM in rotating reference frame [J]. IEEE Transactions on Industrial Electronics, 2020, 67 (1): 159-168.

[123] ZHANG X, HOU B, MEI Y. Deadbeat predictive current control of permanent-magnet synchronous motors with stator current and disturbance observer [J]. IEEE Transactions on Power Electronics, 2017, 32 (5): 3818-3834.

[124] ALEXANDROU A D, ADAMOPOULOS N K, KLADAS A G. Development of a constant switching frequency deadbeat predictive control technique for field oriented synchronous permanent magnet motor drive [J]. IEEE Transactions on Industrial Electronics, 2016, 63 (8): 5167-5175.

[125] 陈虹. 模型预测控制 [M]. 北京：科学出版社，2013.

[126] SHAO M, DENG Y, LI H, et al. Robust speed control for permanent magnet synchronous motors using a generalized predictive controller with a high-order terminal sliding-mode observer [J]. IEEE Access, 2019, 7: 121540-121551.

[127] ZOU J, XU W, LIU Y, et al. Multistep model predictive control with current and voltage constraints for linear induction machine based urban transportation [J]. IEEE Transactions on Vehicle Technology, 2017, 66: 10817-10829.

[128] GEYER T, QUEVEDO D E. Multistep finite control set model predictive control for power electronics [J]. IEEE Transactions on Power Electronics, 2014, 29 (12): 6836-6846.

[129] KARAMANAKOS P, GEYER T, AGUILERA R P. Long-horizon direct model predictive control: modified sphere decoding for transient operation [J]. IEEE Transactions on Industrial Application, 2018, 54 (6): 6060-6070.

[130] BAIDYA R, AGUILERA R, ACUNA P, et al. Multistep model predictive control for cascaded H-bridge inverters: formulation and analysis [J]. IEEE Transactions on Power Electronics, 2018, 33 (1): 876-886.

[131] GEYER T. Computationally efficient model predictive direct torque control [J]. IEEE Transactions on Power Electronics, 2011, 26 (10): 2804-2816.

[132] DURAN M, PRIETO J, BARRERO F, et al. Predictive current control of dual three-phase drives using restrained search techniques [J]. IEEE Transactions on Industrial Electronics, 2011, 58 (8): 3253-3263.

[133] HABIBULLAH M, LU D D C, XIAO D, et al. Selected prediction vectors based FS-PTC for 3L-NPC inverter fed motor drives [J]. IEEE Transactions on Industrial Application, 2017, 53 (4): 3588-3597.

[134] ZOU J, XU W, ZHU J, et al. Low-complexity finite control set model predictive control with current limit for linear induction machines [J]. IEEE Transactions on Industrial Electronics, 2018, 65 (12): 9243-9254.

[135] LUO Y, LIU C. Elimination of harmonic currents using a reference voltage vector based-model

predictive control for a six-phase PMSM motor [J]. IEEE Transactions on Power Electronics, 2019, 34 (7): 6960-6972.

[136] XIA C, LIU T, SHI T, et al. A simplified finite control set model predictive control for power converters [J]. IEEE Transactions on Industrial Informatics, 2014, 10 (2): 991-1002.

[137] ZHANG Z, HACKL C, KENNEL R. Computationally efficient DMPC for three-level npc back-to-back converters in wind turbine systems with PMSG [J]. IEEE Transactions on Power Electronics, 2017, 32 (10): 8018-8034.

[138] ZHANG J Z, SUN T, WANG F, et al. A computationally-efficient quasi-centralized DMPC for back-to-back converter PMSG wind turbine systems without DC-link tracking errors [J]. IEEE Transactions on Industrial Electronics, 2016, 63 (10): 6160-6171.

[139] ACUNA P, ROJAS C A, BAIDYA R, et al. On the impact of transients on multistep model predictive control for medium-voltage drives [J]. IEEE Transactions on Power Electronics, 2019, 34 (9): 8342-8355.

[140] XIA C, ZHOU Z, WANG Z, et al. Computationally efficient multi-step direct predictive torque control for surface-mounted permanent magnet synchronous motor [J]. IET Electric Power Applications, 2017, 11 (5): 805-814.

[141] VOTAVA M, GLASBERGER T, SMIDL V, et al. Improved model predictive control with extended horizon for dual inverter with real-time minimization of converter power losses [C] IEEE International Symposium on Predictive Control of Electrical Drives and Power Electronics, 2017: 48-53.

[142] MORA A, ORELLANA A, JULIET J, et al. Model predictive torque control for torque ripple compensation in variable speed PMSMs [J]. IEEE Transactions on Industrial Electronics, 2016, 63 (7): 4584-4592.

[143] CORTES P, KOURO S, ROCCA B L, et al. Guidelines for weighting factors design in model predictive control of power converters and drives [C]. IEEE International Conference on Industrial Technology, 2009: 1-7.

[144] RODRIGUEZ J, KENNEL R M, ESPINOZA J R, et al. High-performance control strategies for electrical drives: An experimental assessment [J]. IEEE Transactions on Industrial Electronics, 2012, 59 (2): 812-820.

[145] ZHANG Y, YANG H, XIA B. Model predictive control of induction motor drives: torque control versus flux control [J]. IEEE Transactions on Industrial Application, 2016, 52 (5): 4050-4060.

[146] DAVARI S A, KHABURI D A, KENNEL R. An improved FCS-MPC algorithm for an induction motor with an imposed optimized weighting factor [J]. IEEE Transactions on Power Electronics, 2012, 27 (3): 1540-1551.

[147] JOHN J, JUSTO J, MWASILU F, et al. Fuzzy model predictive direct torque control of IPMSMs for electric vehicle applications [J]. IEEE/ASME Transactions on Mechatronics,

2017, 22 (4): 1542-1553.

[148] NORAMBUENA M, RODRIGUEZ J, ZHANG Z, et al. A very simple strategy for high quality performance of AC machines using model predictive control [J]. IEEE Transactions on Power Electronics, 2019, 34 (1): 794-800.

[149] ROJAS C A, RODRIGUEZ J, VILLARROEL F, et al. Predictive torque and flux control without weighting factors [J]. IEEE Transactions on Industrial Electronics, 2013, 60 (2): 681-690.

[150] VILLARROEL F, ESPINOZA J, ROJAS C, et al. Multiobjective switching state selector for finite-states model predictive control based on fuzzy decision making in a matrix converter [J]. IEEE Transactions on Industrial Electronics, 2013, 60 (2): 589-599.

[151] CASEIRO L M A, A. MENDES M S, CRUZ S M A. Dynamically weighted optimal switching vector model predictive control of power converters [J]. IEEE Transactions on Industrial Electronics, 2019, 66 (2): 1235-1245.

[152] ZHANG X, ZHANG L. Model predictive current control for PMSM drives with parameter robustness improvement [J]. IEEE Transactions on Power Electronics, 2019, 34 (2): 1645-1657.

[153] YOUNG H A, PEREZ M A, RODRIGUEZ J. Analysis of finite-control-set model predictive current control with model parameter mismatch in a three-phase inverter [J]. IEEE Transactions on Industrial Electronics, 2016, 63 (5): 3100-3107.

[154] LIN C K, LIU T H, YU J, et al. Model-free predictive current control for interior permanent-magnet synchronous motor drives based on current difference detection technique [J]. IEEE Transactions on Industrial Electronics, 2014, 61 (2): 667-681.

[155] LIN C K, YU J T, LAI Y S, et al. Improved model-free predictive current control for synchronous reluctance motor drives [J]. IEEE Transactions on Industrial Electronics, 2016, 63 (6): 3942-3953.

[156] SIAMI M, KHABURI D A, ABBASZADEH A, et al. Robustness improvement of predictive current control using prediction error correction for permanent-magnet synchronous machines [J]. IEEE Transactions on Industrial Electronics, 2016, 63 (6): 3458-3466.

[157] LEE K J, PARK B G, KIM R Y, et al. Robust predictive current control based on a disturbance estimator in a three-phase gridconnected inverter [J]. IEEE Transactions on Power Electronics, 2012, 27 (1): 276-283.

[158] ZHANG Z, LI Z, KAZMIERKOWSKI M, et al. Robust predictive control of three-level NPC back-to-back converter PMSG wind turbine systems with revised predictions [J]. IEEE Transactions on Power Electronics, 2018, 33 (11): 9588-9598.

[159] ZHANG Y, JIAO J, LIU J. Direct power control of PWM rectifiers with online inductance identification under unbalanced and distorted network conditions [J]. IEEE Transactions on Power Electronics, 2019, 34 (12): 12524-12537.

[160] YANG H, ZHANG Y, LIANG J, et al. Robust deadbeat predictive power control with a discrete-time disturbance observer for PWM rectifiers under unbalanced grid conditions [J]. IEEE Transactions on Power Electronics, 2019, 34 (1): 287-300.

[161] KWAK S, MOON U C, PARK J C. Predictive-control-based direct power control with an adaptive parameter identification technique for improved AFE performance [J]. IEEE Transactions on Power Electronics, 2014, 29 (11): 6178-6187.

[162] RYU H, HA J, SUL S. A new sensorless thrust control of linear induction motor [C]. IEEE Industry Applications Conference, 2000: 1655-1661.

[163] LEPPANEN V, LUOMI J. Observer using low-frequency injection for sensorless induction motor control-parameter sensitivity analysis [J]. IEEE Transactions on Industrial Electronics, 2005, 53 (1): 216-224.

[164] YOON Y, SUL S. Sensorless control for induction machines based on square-wave voltage injection [J]. IEEE Transactions on Power Electronics, 2014, 29 (7): 3637-3645.

[165] LEPPANEN V, LUOMI J. Speed-sensorless induction machine control for zero speed and frequency [J]. IEEE Transactions on Industrial Electronics, 2004, 51 (5): 1041-1047.

[166] BASIC D, MALRAIT F, ROUCHON P. Current controller for low-frequency signal injection and rotor flux position tracking at low speeds [J]. IEEE Transactions on Industrial Electronics, 2011, 58 (9): 4010-4022.

[167] YOON Y, SUL S, MORIMOTO S, et al. High-bandwidth sensorless algorithm for AC machines based on square-wave-type voltage injection [J]. IEEE Transactions on Industry Applications, 2011, 47 (3): 1361-1370.

[168] LEPPANEN V, LUOMI J. Observer using low-frequency injection for sensorless induction motor control-parameter sensitivity analysis [J]. IEEE Transactions on Industrial Electronics, 2006, 53 (1): 216-224.

[169] JANSEN P, LORENZ R. Transducerless position and velocity estimation in induction and salient AC machines [J]. IEEE Transactions on Industry Applications, 1995, 31 (2): 240-247.

[170] VOGELSBERGER M, GRUBIC S, HABETLER T, et al. Using PWM-induced transient excitation and advanced signal processing for zero-speed sensorless control of AC machines [J]. IEEE Transactions on Industrial Electronics, 2010, 57 (1): 365-374.

[171] 李永东，李明才. 感应电机高性能无速度传感器控制系统——回顾、现状与展望 [J]. 电气传动，2004 (01): 4-10.

[172] SAIFI R, NAIT-SAID N, MAKOUFA, et al. A new flux rotor based mras for sensorless control of induction motor [C]. IEEE International Conference on Systems and Control, 2016: 365-370.

[173] ZBEDE Y, GADOUE S, ATKINSON D. Model predictive MRAS estimator for sensorless induction motor drives [J]. IEEE Transactions on Industrial Electronics, 2016, 63 (6):

3511-3521.

[174] GADOUE S, GIAOURIS D, FINCH J. MRAS sensorless vector control of an induction motor using new sliding-mode and fuzzy-logic adaptation mechanisms [J]. IEEE Transactions on Energy Conversion, 2010, 25 (2): 394-402.

[175] KUMAR T, MATANI S, DATKHILE G. Sensorless control of im using mras strategy and its closed loop stability analysis [C]. IEEE International Conference on Power Electronics, Intelligent Control and Energy Systems, 2016: 1-6.

[176] CIRRINCIONE M, ACCETTA A, PUCCI M, et al. MRAS speed observer for high-performance linear induction motor drives based on linear neural networks [J]. IEEE Transactions on Power Electronics, 2013, 28 (1): 123-134.

[177] HUNG C Y, LIU P, LIAN K Y. Fuzzy virtual reference model sensorless tracking control for linear induction motors [J]. IEEE Transactions on Cybernetics, 2013, 43 (3): 970-981.

[178] 陈斌. 感应电机无速度传感器控制的若干关键技术研究 [D]. 杭州：浙江大学，2015.

[179] YANG G, CHIN T. Adaptive-speed identification scheme for a vector-controlled speed sensorless inverter-induction motor drive [J]. IEEE Transactions on Industry Applications, 1993, 29 (4): 820-825.

[180] KUBOTA H, MATSUSE K, NAKANO T. DSP-based speed adaptive flux observer of induction motor [J]. IEEE Transactions on Industry Applications, 1993, 29 (2): 344-348.

[181] MAES J, MELKEBEEK J. Speed-sensorless direct torque control of induction motors using an adaptive flux observer [J]. IEEE Transactions on Industry Applications, 2000, 36 (3): 778-785.

[182] SUWANKAWIN S, SANGWONGWANICH S. Design strategy of an adaptive full-order observer for speed-sensorless induction-motor drives-tracking performance and stabilization [J]. IEEE Transactions on Industrial Electronics, 2005, 53 (1): 96-119.

[183] CHEN B, YAO W, WANG K, et al. Comparative analysis of feedback gains for adaptive full-order observers in sensorless induction motor drives [C]. IEEE Energy Conversion Congress and Exposition, 2013: 3481-3487.

[184] CHEN B, WANG T, YAO W, et al. Speed convergence rate-based feedback gains design of adaptive full-order observer in sensorless induction motor drives [J]. IET Electric Power Applications, 2014, 8 (1): 13-22.

[185] ACCETTA A, CIRRINCIONE M, PUCCI M, et al. Closed-loop mras speed observer for linear induction motor drives [J]. IEEE Transactions on Industry Applications, 2015, 51 (3): 2279-2290.

[186] JANSEN P, LORENZ R. Accuracy limitations of velocity and flux estimation in direct field oriented induction machines [C]. European Conference on Power Electronics and Applications, 1993: 312-318.

[187] BLASCO-GIMENEZ R, ASHER G, SUMNER M, et al. Dynamic performance limitations for MRAS based sensorless induction motor drives stability analysis for the closed loop drive [J]. IEE Proceedings-Electric Power Applications, 1996, 143 (2): 113-122.

[188] TURSINI M, PETRELLA R, PARASILITI F. Adaptive sliding-mode observer for speed-sensorless control of induction motors [J]. IEEE Transactions on Industry Applications, 2000, 36 (5): 1380-1387.

[189] LIU P, HUNG C Y, CHIU C, et al. Sensorless linear induction motor speed tracking using fuzzy observers [J]. IET Electric Power Applications, 2011, 5 (4): 325-334.

[190] CIRRINCIONE M, PUCCI M, CIRRINCIONE G, et al. Sensorless control of induction machines by a new neural algorithm: the TLS exin neuron [J]. IEEE Transactions on Industrial Electronics, 2007, 54 (1): 127-149.

[191] CIRRINCIONE M, PUCCI M, CIRRINCIONE G, et al. Sensorless control of induction motors by reduced order observer with MCA EXIN based adaptive speed estimation [J]. IEEE Transactions on Industrial Electronics, 2007, 54 (1): 150-166.

[192] LI S, YANG J, CHEN W, et al. Disturbance observer-based control: methods and applications [M]. Boca Raton, FL, USA: CRC Press, 2014.

[193] PAR H, CHO G. A DC-DC converter for a fully integrated pid compensator with a single capacitor [J]. IEEE Transactions on Circuits and Systems II: Express Briefs, 2014, 61 (8): 629-633.

[194] SEKARA T, MATAUSEK M. Optimization of PID controller based on maximization of the proportional gain under constraints on robustness and sensitivity to measurement noise [J]. IEEE Transactions on Automatic Control, 2009, 54 (1): 184-189.

[195] KIAM H A, CHONG G, LI Y. PID control system analysis, design, and technology [J]. IEEE Transactions on Control Systems Technology, 2005, 13 (4): 559-576.

[196] CHOI Y. PID state estimator for lagrangian systems [J]. IET Control Theory Applications, 2007, 1 (4): 937-945.

[197] LEE J, JIN M, CHANG P. Variable PID gain tuning method using backstepping control with time-delay estimation and nonlinear damping [J]. IEEE Transactions on Industrial Electronics, 2014, 61 (12): 6975-6985.

[198] 阮毅，陈伯时. 电力拖动自动控制系统——运动控制系统 [M]. 4 版. 北京：机械工业出版社，2009.

[199] 王莉娜，朱鸿悦，杨宗军. 永磁同步电动机调速系统 PI 控制器参数整定方法 [J]. 电工技术学报，2014，29 (05): 104-117.

[200] CHAN C, LEUNG W, NG C. Adaptive decoupling control of induction motor drives [J]. IEEE Transactions on Industrial Electronics, 1990, 37 (1): 41-47.

[201] BAL G, BEKIROGLU E. A highly effective load adaptive servo drive system for speed control of travelling wave ultrasonic motor [J]. IEEE Transactions on Power Electronics, 2005,

20 (5): 1143-1149.

[202] LIN F J, LIN Y S. A robust pm synchronous motor drive with adaptive uncertainty observer [J]. IEEE Transactions on Energy Conversion, 1999, 14 (4): 989-995.

[203] SZABAT K, ORLOWSKA-KOWALSKA T, DYBKOWSKI M. Indirect adaptive control of induction motor drive system with an elastic coupling [J]. IEEE Transactions on Industrial Electronics, 2009, 56 (10): 4038-4042.

[204] LIN F, SHIEH P, CHOU P. Robust adaptive backstepping motion control of linear ultrasonic motors using fuzzy neural network [J]. IEEE Transactions on Fuzzy Systems, 2008, 16 (3): 676-692.

[205] MELKOTE H, KHORRAMI F, JAIN S, et al. Robust adaptive control of variable reluctance stepper motors [J]. IEEE Transactions on Control Systems Technology, 1999, 7 (2): 212-221.

[206] WANG W, SHEN H, HOU L, et al. H_∞ robust control of permanent magnet synchronous motor based on PCHD [J]. IEEE Access, 2019, 1 (7): 49150-49156.

[207] KRISHNAMURTHY P, LU W, KHORRAMI F, et al. Robust force control of an SRM-based electromechanical brake and experimental results [J]. IEEE Transactions on Control Systems Technology, 2009, 17 (6): 1306-1317.

[208] BOTTURA C, NETO M, FILHO S. Robust speed control of an induction motor: an H_∞ control theory approach with field orientation and μ-analysis [J]. IEEE Transactions on Power Electronics, 2000, 15 (5): 908-915.

[209] PUPADUBSIN R, CHAYOPITAK N, TAYLOR D, et al. Adaptive integral sliding-mode position control of a coupled-phase linear variable reluctance motor for high-precision applications [J]. IEEE Transactions on Industry Applications, 2012, 48 (4): 1353-1363.

[210] SHIENH H J, SHYU K K. Nonlinear sliding-mode torque control with adaptive backstepping approach for induction motor drive [J]. IEEE Transactions on Industrial Electronics, 1999, 46 (2): 380-389.

[211] LI Z, ZHOU S, XIAO Y, et al. Sensorless vector control of permanent magnet synchronous linear motor based on self-adaptive super-twisting sliding mode controller [J]. IEEE Access, 2019, 1 (7): 44998-45011.

[212] LIN F, CHANG C, HUANG P. FPGA-based adaptive backstepping sliding-mode control for linear induction motor drive [J]. IEEE Transactions on Power Electronics, 2007, 22 (4): 1222-1231.

[213] HAN J. From PID to active disturbance rejection control [J]. IEEE Transactions on Industrial Electronics, 2009, 56 (3): 900-906.

[214] CHEN W, YANG J, GUO L, et al. Disturbance-observer-based control and related methods—an overview [J]. IEEE Transactions on Industrial Electronics, 2016, 63 (2): 1083-1095.

[215] YANG J, CHEN W, LI S, et al. Disturbance/uncertainty estimation and attenuation tech-

niques in pmsm drives—a survey [J]. IEEE Transactions on Industrial Electronics, 2017, 64 (4): 3273-3285.

[216] LI S, HARNEFORS L, IWASAKI M. Modeling, analysis, and advanced control in motion control systems: part I [J]. IEEE Transactions on Industrial Electronics, 2016, 63 (9): 5709-5711.

[217] LI S, HARNEFORS L, IWASAKI M. Modeling, analysis, and advanced control in motion control systems: part II [J]. IEEE Transactions on Industrial Electronics, 2016, 63 (10): 6371-6374.

[218] LI S, HARNEFORS L, IWASAKI M. Modeling, analysis, and advanced control in motion control systems: part III [J]. IEEE Transactions on Industrial Electronics, 2017, 64 (4): 3268-3272.

[219] 张井岗. 二自由度控制 [M]. 北京: 电子工业出版社, 2012.

[220] ARAKI M, TAGUCHI H. Two-degree-of-freedom PID controllers [J]. International Journal of Control, 2003, 1 (4): 11.

[221] LIAW C. Design of a two-degree-of-freedom controller for motor drives [J]. IEEE Transactions on Automatic Control, 1992, 37 (8): 1215-1220.

[222] UMENO T, HORI Y. Generalized robust servosystem design based on the parametrization of two degrees of freedom controllers [C]. IEEE Power Electronics Specialists Conference. 1989: 945-951.

[223] UMENO T, HORI Y. Robust speed control of dc servomotors using modern two degrees-of-freedom controller design [J]. IEEE Transactions on Industrial Electronics, 1991, 38 (5): 363-368.

[224] PADULA F, VISIOLI A. Set-point filter design for a two-degree-of-freedom fractional control system [J]. IEEE/CAA Journal of Automatica Sinica, 2016, 3 (4): 451-462.

[225] FUJIMOTO Y, KAWAMURA A. Robust servo-system based on two-degree-of-freedom control with sliding mode [J]. IEEE Transactions on Industrial Electronics, 1995, 42 (3): 272-280.

[226] ZHU Q, YIN Z, ZHANG Y, et al. Research on two-degree-of-freedom internal model control strategy for induction motor based on immune algorithm [J]. IEEE Transactions on Industrial Electronics, 2016, 63 (3): 1981-1992.

[227] SEILMEIER M, EBERSBERGER S, PIEPENBREIER B. HF test current injection-based self-sensing control of pmsm for low-and zero-speed range using two-degree-of-freedom current control [J]. IEEE Transactions on Industry Applications, 2015, 51 (3): 2268-2278.

[228] SEILMEIER M, PIEPENBREIER B. Sensorless control of pmsm for the whole speed range using two-degree-of-freedom current control and hf test current injection for low-speed range [J]. IEEE Transactions on Power Electronics, 2015, 30 (8): 4394-4403.

[229] MENDOZA-MONDRAGON F, HERNANDEZ-GUZMAN V, RODRIGUEZ-RESENDIZ

J. Robust speed control of permanent magnet synchronous motors using two-degrees-of-freedom control [J]. IEEE Transactions on Industrial Electronics, 2018, 65 (8): 6099-6108.

[230] XIA C, JI B, SHI T, et al. Two-degree-of-freedom proportional integral speed control of electrical drives with kalman-filter-based speed estimation [J]. IET Electric Power Applications, 2016, 10 (1): 18-24.

[231] HOLTZ J. Sensorless control of induction machines—with or without signal injection? [J]. IEEE Transactions on Industrial Electronics, 2006, 53 (1): 7-30.

[232] GAO Q, ASHER G, SUMNER M. Sensorless position and speed control of induction motors using high-frequency injection and without offline precommissioning [J]. IEEE Transactions on Industrial Electronics, 2007, 54 (5): 2474-2481.

[233] DEGNER M, LORENZ R. Position estimation in induction machines utilizing rotor bar slot harmonics and carrier-frequency signal injection [J]. IEEE Transactions on Industry Applications, 2000, 36 (3): 736-742.

[234] ZHAO L, HUANG J, HOU Z, et al. Induction motor speed estimation based on rotor slot effects [C]. Energy Conversion Congress and Exposition, 2014: 3578-3583.

[235] VACLAVEK P, BLAHA P, HERMAN I. AC drive observability analysis [J]. IEEE Transactions on Industrial Electronics, 2013, 60 (8): 3047-3059.

[236] LEFEBVRE G, GAUTHIER J, HIJAZI A, et al. Observability-index-based control strategy for induction machine sensorless drive at low speed [J]. IEEE Transactions on Industrial Electronics, 2017, 64 (3): 1929-1938.

[237] HARNEFORS L, HINKKANEN M. Stabilization methods for sensorless induction motor drives—A survey [J]. IEEE Journal of Emerging and Selected Topics in Power Electronics, 2014, 2 (2): 132-142.

[238] IBARRA-ROJAS S, MORENO J, ESPINOSA-PERE G. Global observability analysis of sensorless induction motors [J]. Automatica, 2004, 40 (6): 1079-1085.

[239] CHEN J, HUANG J. Globally stable speed-adaptive observer with auxiliary states for sensorless induction motor drives [J]. IEEE Transactions on Power Electronics, 2019, 34 (1): 33-39.

[240] HINKKANEN M, HARNEFORS L, LUOMI J. Reduced-order flux observers with stator-resistance adaptation for speed-sensorless induction motor drives [J]. IEEE Transactions on Power Electronics, 2010, 25 (5): 1173-1183.

[241] SAEJIA M, SANGWONGWANICH S. Averaging analysis approach for stability analysis of speed-sensorless induction motor drives with stator resistance estimation [J]. IEEE Transactions on Industrial Electronics, 2005, 53 (1): 162-177.

[242] SUWANKAWIN S, SANGWONGWANICH S. A speed-sensorless im drive with decoupling control and stability analysis of speed estimation [J]. IEEE Transactions on Industrial Electronics, 2002, 49 (2): 444-455.

[243] KUBOTA H, SATO I, TAMURA Y, et al. Regenerating-mode low-speed operation of sensorless induction motor drive with adaptive observer [J]. IEEE Transactions on Industry Applications, 2002, 38 (4): 1081-1086.

[244] DI J, FAN Y, LIU Y J. Equivalent parameter estimation of a single-sided linear induction motor based on electromagnetic field induced by current FFT-wave [C]. IEEE International Conference on Applied Superconductivity and Electromagnetic Devices, 2015: 89-91.

[245] 邢程程. 直线感应牵引电机的参数自整定方法 [D]. 北京: 北京交通大学, 2018.

[246] 杨琛. 静止状态下直线感应牵引电机的参数辨识研究 [D]. 北京: 北京交通大学, 2019.

[247] YANG C, YANG J. Off-line parameter identification of linear induction motor based on PWM inverter [C]. 5th IEEE International Conference on Control, Automation and Robotics, 2019: 477-481.

[248] KANG G, KIM J, NAM K. Parameter estimation scheme for low-speed linear induction motors having different leakage inductances [J]. IEEE Transactions on Industrial Electronics, 2003, 50 (4): 708-716.

[249] 何晋伟, 史黎明. 一种基于静态特性的 LIM 参数辨识方法 [J]. 电工电能新技术, 2009, 28 (04): 50-53, 70.

[250] 佃仁俊. LIM 全解耦二自由度无速度传感器控制研究 [D]. 武汉: 华中科技大学, 2019.

[251] ALONGE F, CIRRINCIONE M, D'IPPOLITO F, et al. Parameter identification of linear induction motor model in extended range of operation by means of input-output data [J]. IEEE Transactions on Industry Applications, 2014, 50 (2): 959-972.

[252] LEVI E, WANG M. Online identification of the mutual inductance for vector controlled induction motor drives [J]. IEEE Power Engineering Review, 2007, 22 (7): 52-52.

[253] LIU L, GUO Y, WANG J. Online identification of mutual inductance of induction motor without magnetizing curve [C]. IEEE Annual American Control Conference, 2018: 3293-3297.

[254] RANTA M, HINKKANEN M. Online identification of parameters defining the saturation characteristics of induction machines [J]. IEEE Transactions on Industry Applications, 2013, 49 (5): 2136-2145.

[255] REN J, LI Y. MRAS based online magnetizing inductance estimation of linear induction motor [C]. IEEE International Conference on Electrical Machines and Systems, 2007: 1580-1583.

[256] 王惠民, 张颖, 葛兴来. 基于全阶状态观测器的直线牵引电机励磁电感在线参数辨识 [J]. 中国电机工程学报, 2017, 37 (20): 6101-6108.

[257] ROWAN T M, KERKMAN R J, LEGGATE D. A simple on-line adaption for indirect field orientation of an induction machine [J]. IEEE Transactions on Industry Applications, 1991, 27 (4): 720-727.

[258] ZHAO L, HUANG J, CHEN J, et al. A parallel speed and rotor time constant identification

scheme for indirect field oriented induction motor drives [J]. IEEE Transactions on Power Electronics, 2016, 31 (9): 6494-6503.

[259] MAPELLI F L, BEZZOLATO A, TARITANO D. A rotor resistance MRAS estimator for induction motor traction drive for electrical vehicles [C]. IEEE Xxth International Conference on Electrical Machines, 2012: 823-829.

[260] YU X, DUNNIGAN M W, WILLIAMS B W. A novel rotor resistance identification method for an indirect rotor flux-orientated controlled induction machine system [J]. IEEE Transactions on Power Electronics, 2002, 17 (3): 353-364.

[261] LIN F J, SU H M, CHEN H P. Induction motor servo drive with adaptive rotor time-constant estimation [J]. IEEE Transactions on Aerospace and Electronic Systems, 1998, 34 (1): 224-234.

[262] CAO P, ZHANG X, YANG S , et al. Reactive-power-based MRAS for online rotor time constant estimation in induction motor drives [J]. IEEE Transactions on Power Electronics, 2018, 33 (12): 10835-10845.

[263] MAITI S, CHAKRABORTY C, HORI Y, et al. Model reference adaptive controller-based rotor resistance and speed estimation techniques for vector controlled inductionmotor drive utilizing reactive power. [J] IEEE Transactions on Industrial Electronics, 2008, 55 (2): 594-601.

[264] 张兴，张雨薇，曹朋朋，等. 基于定子电流和转子磁链点乘的异步电机转子时间常数在线辨识算法稳定性分析 [J]. 中国电机工程学报，2018，38 (16)：4863-4872，4992.

[265] 王高林，杨荣峰，张家皖，等. 一种感应电机转子时间常数 MRAS 的在线辨识方法 [J]. 电工技术学报，2012，27 (4)：48-53.

[266] CAO P, ZHANG X, YANG S. A unified-model-based analysis of MRAS for online rotor time constant estimation in an induction motor drive [J]. IEEE Transactions on Industrial Electronics, 2017, 64 (6): 4361-4371.

[267] WANG K, CHEN B, SHEN G, et al. Online updating of rotor time constant based on combined voltage and current mode flux observer for speed-sensorless AC drives [J]. IEEE Transactions on Industrial Electronics, 2014, 61 (9): 4583-4593.

[268] MARCETIC D P, VUKOSAVIC S N. Speed-sensorless AC drives with the rotor time constant parameter update [J]. IEEE Transactions on Industrial Electronics, 2007, 54 (5): 2618-2625.

[269] YANG S, DING D, LI X, et al. A novel online parameter estimation method for indirect field oriented induction motor drives [J]. IEEE Transactions on Energy Conversion, 2017, 32 (4): 1562-1573.

[270] 曹朋朋. 基于间接矢量控制的异步电机转子时间常数在线辨识算法研究 [D]. 合肥：合肥工业大学，2018.

[271] PROCA A B, KEYHANI A. Sliding-mode flux observer with online rotor parameter estimation for induction motors [J]. IEEE Transactions on Industrial Electronics, 2007, 54 (2): 716-723.

[272] ZHANG Z, EASTHAM T R, DAWSON G E. Peak thrust operation of linear induction machines from parameter identification [C]. IEEE Industry Applications Conference Thirtieth IAS Annual Meeting, 1995: 375-379.

[273] SHI L, WANG K, LI Y. On-line parameter identification of linear induction motor based on adaptive observer [C]. IEEE International Conference on Electrical Machines and Systems, 2007: 1606-1609.

[274] CHEN J, HUANG J. Online decoupled stator and rotor resistances adaptation for speed sensorless induction motor drives by a time-division approach [J]. IEEE Transactions on Power Electronics, 2017, 32 (6): 4587-4599.

[275] BAI M, VUKADIN D, GRGI I, et al. Speed-sensorless vector control of an induction generator including stray load and iron losses and online parameter tuning [J]. IEEE Transactions on Energy Conversion, 2020, 35 (2): 724-732.

[276] KARANAYIL B, RAHMAN M F, GRANTHAM C. An implementation of a programmable cascaded low-pass filter for a rotor flux synthesizer for an induction motor drive [J]. IEEE Transactions on Power Electronics, 2004, 19 (2): 257-263.

[277] RAFIQ A, SARWER M G, DATTA M, et al. Fast speed response field-orientation control induction motor drive with adaptive neural integrator [C]. IEEE International Conference on Industrial Technology, 2005: 610-614.

[278] KUBOTA H, MATSUSE K. Speed sensorless field-oriented control of induction motor with rotor resistance adaptation [J]. IEEE Transactions on Industry Applications, 1994, 30 (5): 1219-1224.

[279] 郭山. 永磁同步电机最小损耗控制策略研究 [D]. 西安: 西安科技大学, 2021.

[280] 邓国发. 基于损耗模型观测器的永磁同步电机效率优化控制 [D]. 长沙: 湖南大学, 2020.

[281] 崔纳新. 变频驱动异步电动机最小损耗快速响应控制研究 [D]. 济南: 山东大学, 2005.

[282] 张亮. 永磁同步电机强鲁棒性预测控制研究 [D]. 北京: 北方工业大学, 2018.

[283] YUAN X, ZUO Y, FAN Y, et al. Model-free predictive current control of spmsm drives using extended state observer [J]. IEEE Transactions on Industrial Electronics, 2022, 69 (7): 6540-6550.

[284] ZHAO L, HUANG J, LIU H, et al. Second-order sliding-mode observer with online parameter identification for sensorless induction motor drives [J]. IEEE Transactions on Industrial Electronics, 2014, 61 (10): 5280-5289.

[285] AKATSU K, KAWAMURA A. Online rotor resistance estimation using the transient state

under the speed sensorless control of induction motor [J]. IEEE ransactions on Power Electronics, 2000, 15 (3): 553-560.

[286] ZHEN L, XU L. Sensorless field orientation control of induction machines based on a mutual MRAS scheme [J]. IEEE Transactions on Industrial Electronics, 1998, 45 (5): 824-831.

[287] 凌强，徐文立，陈峰. 关于感位电机转速观测和转子电阻辨识的研究 [J]. 中国电机工程学报，2001，21 (9): 58-62.

[288] 罗慧. 感应电机全阶磁链观测器和转速估算方法研究 [D]. 武汉：华中科技大学，2009.

[289] ORLOWSKA-KOWALSKA T, KORZONEK M, TARCHALA G. Stability improvement methods of the adaptive full-order observer for sensorless induction motor drive—comparative study [J]. IEEE Transactions on Industrial Informatics, 2019, 15 (11): 6114-6126.

[290] KOWALSKA T O, KORZONEK M, TARHALA G. Stability analysis of selected speed estimators for induction motor drive in regenerating mode—a comparative study [J]. IEEE Transactions on Industrial Electronics, 2017, 64 (10): 7721-7730.

[291] 赵力航. 感应电机状态观测与参数在线辨识技术 [D]. 杭州：浙江大学，2016.

[292] MA Q, CHEN H, EL-REFAIE A, et al. A review of electrical machine optimization medthods with emphasis on computational time [C]. IEEE International Electric Machines & Drives Conference, 2019: 1895-1902.

[293] 孔令星. 基于 Kriging 算法的 LIM 多目标优化设计研究 [D]. 成都：西南交通大学，2018.

[294] 叶云岳，林友抑. 计算机辅助电机优化设计与制作 [M]. 杭州：浙江大学出版社，1998.

[295] BRAMERDORFER G, TAPIA J, PYRHONEN J, et al. Modern electrical machine design optimization: techniques, trends, and best practices [J]. IEEE Transactions on Industrial Electronics, 2018, 65 (10): 7672-7684.

[296] BOLDEA I, NASAR S. Linear electromagnetic device [M]. New York: Taylor & Francis, 2001.

[297] ISFAHANI A, EBRAHIMI B, LESANI H. Design optimization of a low-speed single-sided linear induction motor for improved efficiency and power factor [J]. IEEE Transactions on Magnetics, 2008, 44 (2): 266-272.

[298] SHIRI A, SHOULAIE A. Design optimization and analysis of single-sided linear induction motor, considering all phenomena [J]. IEEE Transactions on Energy Conversion, 2012, 27 (2): 516-525.

[299] RAVANJI M, NASIRI-GHEIDARI Z. Design optimization of a ladder secondary single-sided linear induction motor for improved performance [J]. IEEE Transactions on Energy Conversion, 2015, 30 (4): 1595-1603.

[300] LU Q, LI L, ZHAN J, et al. Design optimization and performance investigation of novel linear induction motors with two kinds of secondaries [J]. IEEE Transactions on Industry Applications, 2019, 55 (6): 5830-5842.

[301] 罗俊，寇宝泉，杨小宝. 双交替极横向磁通直线电机的优化与设计 [J]. 电工技术学报，2020，35 (5)：991-1000.

[302] ULLAH W, KHAN F, UMAIR M. Multi-objective optimization of high torque density segmented PM consequent pole flux switching machine with flux bridge [J]. CES Transactions on Electrical Machines and Systems, 2021, 5 (1): 30-40.

[303] XU W, XIAO X, Du G, et al. Comprehensive efficiency optimization of linear induction motors for urban transit [J]. IEEE Transactions on Vehicular Technology, 2020, 69 (1): 131-139.

[304] FORRESTER A, KEANE A. Recent advances in surrogate-based optimization [J]. Progress in Aerospace Sciences, 2009, 45 (1-3): 50-79.

[305] 孔令星，肖嵩，郭小舟. 基于 Kriging 代理模型的 LIM 多目标优化设计 [J]. 微电机，2018，51 (7)：12-15.

[306] 张邦富，程明，王飒飒，等. 基于改进型代理模型优化算法的磁通切换永磁直线电机优化设计 [J]. 电工技术学报，2020，35 (5)：1013-1021.

[307] 张建侠. 基于 Kriging 模型的全局代理优化算法研究 [D]. 南京：南京理工大学，2018.

[308] WANG G, SHAN S. Review of meta-modeling techniques in support of engineering design optimization [J]. Journal of Mechanical Design, 2007, 129 (4): 370-380.

[309] 林景亮. 基于深度代理模型的复杂机电产品仿真优化方法及应用 [D]. 广州：广东工业大学，2021.

[310] IBRAHIM I, SILVA R, MOHAMMADI M, et al. Surrogate models for design and optimization of inverter-fed synchronous motor drives [J]. IEEE Transactions on Magnetics, 2021, 57 (6): 1-5.

[311] AHMED S, GRABHER C, KIM H, et al. Multifidelity surrogate assisted rapid design of transverse-flux permanent magnet linear synchronous motor [J]. IEEE Transactions on Industrial Electronics, 2020, 67 (9): 7280-7289.

[312] SCHONLAU M. Computer experiments and global optimization [D]. Waterloo: University of Waterloo, 1997.

[313] KREUAWAN S. Modelling and optimal design in railway applications [D]. Lille: Ecole Centrale de Lille, 2008.

[314] 宫金林，王秀和. 基于多目标有效全局优化算法的直线感应电动机优化设计 [J]. 电工技术学报，2015，30 (24)：32-37.

[315] LEE B, KIM K, HONG J, et al. Optimum shape design of single-sided linear induction motors using response surface methodology and finite-element method [J]. IEEE Transactions

on Magnetics, 2011, 47 (10): 3657-3660.

[316] ZHANG S, ZHANG W, WANG R, et al. Optimization design of halbach permanent magnet motor based on multi-objective sensitivity [J]. CES Transactions on Electrical Machines and Systems, 2020, 4 (1): 20-26.

[317] 李祥林，李金阳，杨光勇，等. 电励磁双定子场调制电机的多目标优化设计分析 [J]. 电工技术学报，2020，35 (5): 972-982.

[318] 李雄松，崔鹤松，胡纯福，等. 平板型永磁直线同步电机推力特性的优化设计 [J]. 电工技术学报，2021，36 (5): 916-923.

[319] 赵玫，于帅，邹海林，等. 聚磁式横向磁通永磁直线电机的多目标优化 [J]. 电工技术学报，2021，36 (17): 3730-3740.

[320] 刘国海，王艳阳，陈前. 非对称 V 型内置式永磁同步电机的多目标优化设计 [J]. 电工技术学报，2018，33 (S2): 385-393.

[321] ZHU X, XIANG Z, QUAN L, et al. Multimode optimization design methodology for a flux-controllable stator permanent magnet memory motor considering driving cycles [J]. IEEE Transactions on Industrial Electronics, 2018, 65 (7): 5353-5366.

[322] SUN X, SHI Z, LEI G, et al. Multi-objective design optimization of an IPMSM based on multilevel strategy [J]. IEEE Transactions on Industrial Electronics, 2021, 68 (1): 139-148.

[323] 徐伟. 单边 LIM 特性研究 [D]. 北京：中国科学院电工研究所，2008.

[324] 王凤翔. 交流电机的非正弦供电 [M]. 北京：机械工业出版社，1997.

[325] NONDAHL T A. Steady state and transient analysis of a short primary linear induction motor using a d, q axis pole-by-pole model [D]. Madison: University of Wisconsin-Madison, 1977.

[326] 周庆端，金峰. 新型城市轨道交通 [M]. 北京：中国铁道出版社，2005.

[327] 陈世坤. 电机设计 [M]. 2 版. 北京：机械工业出版社，2000.

[328] BAZZI A, BUYUKDEGIRMENCI V, KREIN P. System-level power loss sensitivity to various control variables in vector-controlled induction motor drives [J]. IEEE Transactions on Industry Applications, 2013, 49 (3): 1367-1373.

[329] LI Y, PANDE M, ZARGARI N, et al. DC-link current minimization for high-power current-source motor drives [J]. IEEE Transactions on Power Electronics, 2009, 24 (1): 232-240.

[330] SRIDHARAN S, KREIN P. Minimization of system-level losses in VSI-based induction motor drives: offline strategies [J]. IEEE Transactions on Industry Applications, 2017, 53 (2): 1096-1105.

[331] 魏庆朝，蔡昌俊，龙许友. 直线电机轮轨交通概述 [M]. 北京：中国科学技术出版社，2010.

[332] 郑琼林，赵佳，樊嘉峰. 直线电机轮轨交通牵引传动系统 [M]. 北京：中国科学技术

出版社，2010.

[333] BLAABJERG F，JAEGER U，MUNK-NIELSEN S，et al. Power losses in PWM-VSI inverter using NPT or PT IGBT devices [J]. IEEE Transactions on Power Electronics，1995，10 (3)：358-367.

[334] 洪峰，单任仲，王慧贞，等. 一种逆变器损耗分析与计算的新方法 [J]. 中国电机工程学报，2008，28 (15)：72-78.

[335] WU Y，SHAFI M，KNIGHT A，et al. Comparison of the effects of continuous and discontinuous PWM schemes on power losses of voltage-sourced inverters for induction motor drives [J]. IEEE Transactions on Power Electronics，2011，26 (1)：182-191.

[336] CHUNG D W，SUL S K. Minimum-loss strategy for three-phase PWM rectifier [J]. IEEE Transactions on Industrial Electronics，1999，46 (3)：517-526.

[337] AARNIOVUORI L，LAURILA L，NIEMELA M，et al. Measurements and simulations of DTC voltage source converter and induction motor losses [J]. IEEE Transactions on Industrial Electronics，2012，59 (5)：2277-2287.

[338] 汪江其，王群京，李国丽，等. 基于SPWM/SVPWM调制策略的逆变器效率研究 [J]. 电气传动，2013，43 (1)：39-43.

[339] TRZYNADLOWSKI A，LEGOWSKI S. Minimum-loss vector PWM strategy for three-phase inverters [J]. IEEE Transactions on Power Electronics，1994，9 (1)：26-34.

[340] SHU Z，TANG J，GUO Y，et al. An efficient SVPWM algorithm with low computational overhead for three-phase inverters [J]. IEEE Transactions on Power Electronics，2007，22 (5)：1797-1805.

[341] WANG Y，ITO T，LORENZ R. Loss manipulation capabilities of deadbeat direct torque and flux control induction machine drives [J]. IEEE Transactions on Industry Applications，2015，51 (6)：4554-4566.

[342] LIU Y，BAZZI A. A comprehensive analytical power loss model of an induction motor drive system with loss minimization control [C]. IEEE International Electric Machines & Drives Conference，2015：1638-1643.

[343] GEYER T. Model predictive control of high power converters and industrtial drives [M]. New Jersey：Wiley，2017：195-251.

[344] CORTES P，RODRIGUEZ J，SILVA C，et al. Delay compensation in model predictive current control of a three-phase inverter [J]. IEEE Transactions on Industrial Electronics，2012，59 (2)：1323-1325.

[345] WANG F，CHEN Z，STOLZE P，et al. Encoderless finite-state predictive torque control for induction machine with a compensated MRAS [J]. IEEE Transactions on Industrial Informatics，2014，10 (2)：1097-1106.

[346] CHO Y，LEE K B. Virtual-flux-based predictive direct power control of three-phase PWM rectifiers with fast dynamic response [J]. IEEE Transactions on Power Electronics，2016，

31 (4): 3348-3359.

[347] ZHANG Y, ZHU J, ZHAO Z, et al. An improved direct torque control for three-level inverter-fed induction motor sensorless drive [J]. IEEE Transactions on Power Electronics, 2012, 27 (3): 1502-1513.

[348] ZHANG Y, YANG H, XIA B. Model predictive torque control of induction motor drives with reduced torque ripple [J]. IET Electric Power Applications, 2015, 9 (9): 595-604.

[349] SELCUK A, KURUM H. Investigation of end effects in linear induction motors by using the finite-element method [J]. IEEE Transactions on Magnetics, 2008, 44 (7): 1791-1795.

[350] ZARE-BAZGHALEH A, MESHKATODDINI M, FALLAH-CHOOLABI E. Force study of single-sided linear induction motor [J]. IEEE Transactions on Plasma Science, 2016, 44 (5): 849-856.

[351] 任晋旗，李耀华，王珂. 动态边端效应补偿的 LIM 磁场定向控制 [J]. 电工技术学报，2007，22 (7): 61-65.

[352] ABRAHAMSEN F, BLAABJERRG F, PEDERSEN J. Efficiency-optimized control of medium-size induction motor drives [J]. IEEE Transactions on Industry Applications, 2001, 37 (6): 1761-1767.

[353] 邓江明，陈特放，唐建湘，等. 单边 LIM 动态最大推力输出的转差频率优化控制 [J]. 中国电机工程学报，2013，33 (12): 123-131.

[354] 崔纳新. 变频驱动异步电机最小损耗快速响应控制研究 [D]. 济南：山东大学，2005.

[355] XU W, ELMORSHEDY M F, ISLAM M, et al. Finite-set model predictive control based thrust maximization of linear induction motors used in linear metros [J]. IEEE Transactions on Vehicle Technology, 2019, 68 (6): 5443-5458.

[356] XU W, ELMORSHEDY M F, LIU Y, et al. Maximum thrust per ampere of linear induction machine based on finite-set model predictive direct thrust control [J]. IEEE Transactions on Power Electronics, 2020, 35 (7): 7366-7378.

[357] XU X, NOVOTNY D W. Selection of the flux reference for induction machine drives in the field weakening region [J]. IEEE Transactions on Industry Applications, 1992, 28 (6): 1353-1358.

[358] ZARRI L, MENGONI M, TANI A, et al. Control schemes for field weakening of induction machines: a review [C]. IEEE Workshop on Electrical Machines Design, Control and Diagnosis, 2015: 146-155.

[359] ALONGE F, CIRRINCIONE M, IPPOLITO F, et al. Descriptor-type Kalman filter and tls exin speed estimate for sensorless control of a linear induction motor [J]. IEEE Transactions on Industry Applications, 2014, 50 (6): 3754-3766.

[360] ACCETTA A, CIRRINCIONE M, PUCCI M, et al. Neural sensorless control of linear induction motors by a full-order luenberger observer considering the end effects [J]. IEEE Transactions on Industry Applications, 2014, 50 (3): 1891-1904.

[361] PUCCI M. State space-vector model of linear induction motors [J]. IEEE Transactions on Industry Applications, 2014, 50 (1): 195-207.

[362] YIN S, HUANG Y, XUE Y, et al. Improved full-order adaptive observer for sensorless induction motor control in railway traction systems under low-switching frequency [J]. IEEE Journal of Emerging and Selected Topics in Power Electronics, 2019, 7 (4): 2333-2345.

[363] 张永昌，张虎，李正熙. 异步电机无速度传感器高性能控制技术 [M]. 北京：机械工业出版社，2015.

[364] 陈伟，于泳，杨荣峰，等. 异步电机自适应全阶观测器算法低速稳定性研究 [J]. 中国电机工程学报，2010，30 (36)：33-40.

[365] GIMENEZ R, ASHER G, SUMNER M, et al. Dynamic performance limitations for mras based sensorless induction motor drives online parameter tuning and dynamic performance studies [J]. IEE Proceeding-Electric Power Applications, 1996, 143 (2): 123-134.

[366] JANSEN P, LORENZ R. A physically insightful approach to the design and accuracy assessment of flux observers for field oriented induction machine drives [J]. IEEE Transactions on Industry Applications, 1994, 30 (1): 101-110.

[367] SUGIE T, YOSHIKAWA T. General solution of robust tracking problem in two-degree-of-freedom control systems [J]. IEEE Transactions on Automatic Control, 1986, 31 (6): 552-554.

[368] 秦娜娜，张井岗. 二自由度控制方法研究 [J]. 控制工程，2017，24 (04)：895-900.

[369] 王卫红，张井岗. 二自由度控制方法研究综述 [J]. 电气自动化，2001，23 (6)：4-7.

[370] 左月飞，符慧，刘闯，等. 永磁同步电机调速系统的一种新型二自由度控制器 [J]. 电工技术学报，2016，31 (17)：140-146.

[371] HUI F, CHUANG L, ZUO Y. A completely decoupling two-degree-of-freedom controller for permanent magnetic synchronous motor speed-regulation system [C]. International Conference on Ecological Vehicles and Renewable Energies, 2016: 1-6.

[372] PENG F Z, FUKAO T. Robust speed identification for speed-sensorless vector control of induction motors [J]. IEEE Transactions on Industry Applications, 1994, 30 (5): 1234-1240.

[373] 张艳存. 异步电机矢量控制系统的参数辨识研究 [D]. 长沙：中南大学，2008.

[374] 苟立峰. 用于地铁车辆的无速度传感器矢量控制策略研究 [D]. 北京：北京交通大学，2015.

[375] 周明磊. 电力机车牵引电机在全速度范围的控制策略研究 [D]. 北京：北京交通大学，2013.

[376] XU W, DIAN R, LIU Y, et al. Robust flux estimation method for LIMs based on improved extended state observers [J]. IEEE Transactions on Power Electronics, 2019, 34 (5): 4628-4640.

[377] ZOU J, XU W, ZHU J, et al. Simplified model predictive thrust control based arbitrary two voltage vectors for linear induction machines in metro transportation [J]. IEEE Transactions on Vehicle Technology, 2020, 69 (7): 7092-7103.

[378] CHATTERJEE D. A simple leakage inductance identification technique for three-phase induction machines under variable flux condition [J]. IEEE Transactions on Industrial Electronics, 2012, 59 (11): 4041-4048.

[379] SOLVAR S, LE V, GHANES M, et al. Sensorless second order sliding mode observer for induction motor [C]. IEEE International Conference on Control Applications, 2010: 1933-1938.

[380] SALGADO I, KAMAL S, CHAIREZ I, et al. Super-twisting-like algorithm in discrete time nonlinear systems [C]. IEEE International Conference on Advanced Mechatronic Systems, 2011: 497-502.

[381] LEVANT A. Principles of 2-sliding mode design [J]. Automatica, 2007, 43 (4): 576-586.

[382] MORENO J A, OSORIO M. Strict lyapunov functions for the super-twisting algorithm [J]. IEEE Transactions on Automatic Control, 2012, 57 (4): 1035-1040.

[383] 周明磊，游小杰，王琛琛. 电力机车牵引传动系统矢量控制 [J]. 电工技术学报，2011，26 (9): 110-115，129.

[384] 陈杰，李军，邱瑞昌，等. 轨道交通牵引系统空间矢量脉宽调制同步过调制策略研究 [J]. 电工技术学报，2020，35 (S1): 91-100.

[385] XIN Z, CHIANG L P, WANG X, et al. Highly accurate derivatives for LCL-filtered grid converter with capacitor voltage active damping [J]. IEEE Transactions on Power Electronics, 2015, 31 (5): 3612-3625.

[386] BOTTURA C P, SILVINO J L. A flux observer for induction machines based on a time-variant discrete model [J]. IEEE Transactions on Industry Applications, 1993, 29 (2): 349-354.

[387] QU Z, HINKKANEN M, HARNEFORS L. Gain scheduling of a full-order observer for sensorless induction motor drives [J]. IEEE Transactions on Industry Applications, 2014, 50 (6): 3834-3845.

[388] 尹少博. 轨道列车牵引感应电机无速度传感器控制策略研究 [D]. 北京：北京交通大学，2020.

[389] 王琛琛，王堃，游小杰，等. 低开关频率下双三相感应电机矢量控制策略 [J]. 电工技术学报，2018，33 (8): 1732-1741.

[390] SANGWONGWANICH S, SUWANKAWIN S, PO-NGAM S, et al. A unified speed estimation design framework for sensorless AC motor drives based on positive-real property [C]. IEEE Power Conversion Conference-Nagoya, 2007: 1111-1118.

[391] NGAM S P, SANGWONGWANICH S. Stability and dynamic performance improvement of adaptive full-order observers for sensorless pmsm drive [J]. IEEE Transactions on Power

Electronics, 2012, 27 (2): 588-600.

[392] ZHAO Z, XU L, EL-ANTABLY A. Strategies and a computer aided package for design and analysis of induction machines for inverter-driven variable speed systems [C]. IEEE Industry Applications Conference Thirtieth IAS Annual Meeting, 2002: 523-529.

[393] ZHAO Z, MENG S, CHAN C, et al. A novel induction machine design suitable for inverter-driven variable speed systems [J]. IEEE Transactions on Energy Conversion, 2000, 15 (4): 413-420.

[394] 关慧, 赵争鸣, 孟朔, 等. 变频调速异步电机的优化设计 [J]. 中国电机工程学报, 2004, 24 (7): 198-203.

[395] DEB K, PRATAP A, AGARWAL S, et al. A fast and elitist multiobjective genetic algorithm: NSGA-II [J]. IEEE Transactions on Evolutionary Computation, 2002, 6 (2): 182-197.

[396] LEI G, ZHU J G, GUO Y G. Multidisciplinary design optimization methods for electrical machines and drive systems [M]. Berlin: Springer, 2016.

[397] LEI G, WANG T S, GUO Y G, et al. System level design optimization methods for electrical drive systems: deterministic approach [J]. IEEE Transactions on Industrial Electronics, 2014, 61 (12): 6591-6602.

[398] LEI G, LIU C C, ZHU J G, et al. Techniques for multilevel design optimization of permanent magnet motors [J]. IEEE Transactions on Energy Conversion, 2015, 30 (4): 1574-1584.

Appendix
附　　录

附录 A

电机 A 为日本 12000 型直线感应电机，该电机由三菱公司于 20 世纪 90 年代研制，结构成熟、性能可靠，大量应用于日本直线地铁中，为我国广州地铁四号线牵引电机的原型。电机 A 的主要参数见表 A-1。

表 A-1　电机 A 主要参数

类别	设计参数	数值	类别	设计参数	数值
初级参数	相数	3	次级参数	导体板厚度/mm	5
	极数	8		导体板宽度/mm	360
	极距/mm	280.8（9 槽）		导体板材料	Cu/Al
	跨距/mm	218.4（7 槽）		背铁宽度/mm	360
	每极每相槽数	3		背铁厚度/mm	22
	每相匝数	216	性能参数	额定功率/kW	120
	电机槽数	79		额定推力/kN	10.8
	槽深/mm	79.5		额定相电流/A	167
	槽距/ mm	31.2		初级电阻/Ω	0.138
	槽宽/ mm	20		铁损电阻/Ω	164
	槽口高/ mm	4		初级漏感/mH	6.688
	铁轭高/mm	44.5		额定速度/(km/h)	40
	每槽导体数	18		额定线电压/V	1100
	并联导体数	1		次级电阻/Ω	0.576
	铁心长度/mm	2476		励磁电感/mH	26.477
	机械气隙/mm	12		次级漏感/mH	2.091

附录 B

电机 B 为 3kW 直线感应电机实验样机，用以实现仿真、实验验证，其主要参数见表 B-1。

表 B-1　电机 B 主要参数

类别	设计参数	数值	类别	设计参数	数值
初级参数	相数	3	次级参数	导体板厚度/mm	5
	极数	8		导体板宽度/mm	180
	极距/mm	148.5（9 槽）		导体板材料	Cu/Al
	跨距/mm	115.5（7 槽）		背铁宽度/mm	180
	每极每相槽数	3		背铁厚度/mm	20
	每相匝数	384	性能参数	额定功率/kW	3
	电机槽数	79		额定推力/N	270
	槽深/mm	27.4		额定相电流/A	22
	槽距/mm	16.5		初级电阻/Ω	1.2
	槽宽/mm	11.3		铁损电阻/Ω	120
	槽口高/mm	2		初级漏感/mH	17.4
	铁轭高/mm	25		额定速度/(km/h)	40
	每槽导体数	32		额定线电压/ V	310
	并联导体数	1		次级电阻/Ω	2.353
	铁心长度/mm	1308.7		励磁电感/mH	34.21
	机械气隙/mm	10		次级漏感/mH	4.26

电机 B 的实物和实验平台结构分别如图 B-1 和图 B-2 所示。电机 B 由电压源型逆变器驱动，后者则由直流电源供电并由基于 DSP（TMS320F28335）的控制板控制；电机 B 通过固定齿比（10∶1）变速箱与一台永磁同步电机相连，并在电机 B 与变速箱之间设有转矩转速传感器；在电机 B 的带动下，永磁同步电机作为发电机运行，并连接至调压器，而后进一步连接至电阻箱。永磁同步电机、调压器、电阻箱组成整个实验平台的负载部分，其工作原理为：通过调节调压器的输出电压，从而改变电阻箱所消耗的功率，即改变永磁同步电机的发电功率，进而相当于改变电机 B 的负载功率。

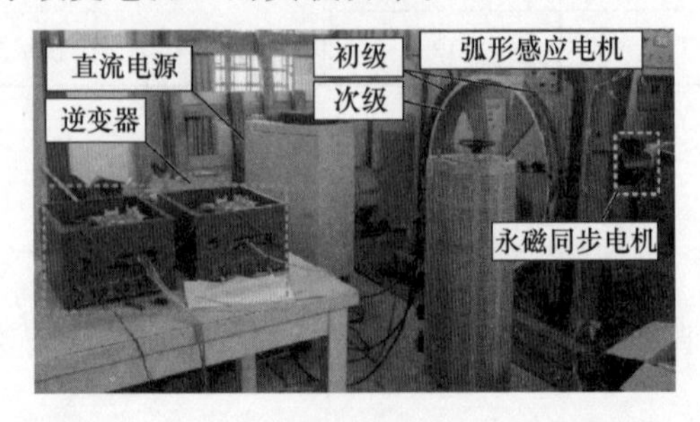

图 B-1　弧形感应电机（电机 B）实验平台

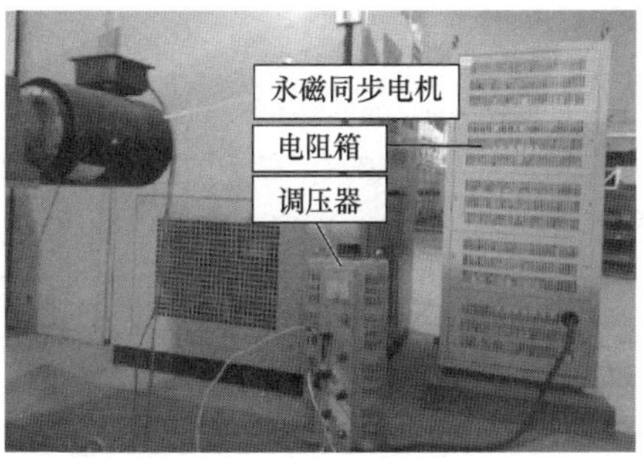

图 B-1　弧形感应电机（电机 B）实验平台（续）

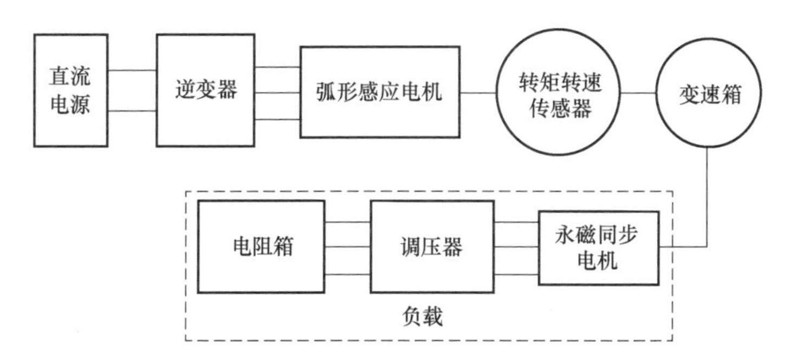

图 B-2　弧形感应电机（电机 B）实验平台结构示意图

附录 C

作者及团队在直线感应电机方向部分学术成果总结如下：

英文著作

[1] XU W, ISLAM M R, PUCCI M. Advanced linear machines and drive systems [M]. Berlin: Springer, 2019.

IEEE 期刊论文

[1] XU W, HAMAD S, DIAB A, et al. Thrust ripple suppression for linear induction machines based on improved finite control set-model predictive voltage control [J]. IEEE Transactions on Industry Applications, 2022, early access.

[2] TANG Y, XU W, DONG D, et al. Low-complexity multistep sequential model predictive current control for three-level inverter-fed linear induction machines [J]. IEEE Transactions on Industrial

Electronics, 2022, early access.

[3] DONG D, XU W, XIAO X, et al. Online identification strategy of secondary time constant and magnetizing inductance for linear induction motors [J]. IEEE Transactions on Power Electronics, 2022, 37 (10): 12450-12462.

[4] XU W, TANG Y, DONG D, et al. Optimal reference primary flux based model predictive control of linear induction machine with MTPA and field-weakening operations for urban transit [J]. IEEE Transactions on Industry Applications, 2022, early access.

[5] ALI M, XU W, JUNEJO A, et al. One new super-twisting sliding mode direct thrust control for linear induction machine based on linear metro [J]. IEEE Transactions on Power Electronics, 2022, 37 (1): 795-805.

[6] GE J, XU W, LIU Y, et al. Investigation on winding theory for short primary linear machines [J]. IEEE Transactions on Vehicular Technology, 2021, 70 (8): 7400 -7412.

[7] XU W, DONG D , ZOu J, et al. Low-complexity multistep model predictive current control for linear induction machines [J]. IEEE Transactions on Power Electronics, 2021, 36 (7): 8388-8398.

[8] XU W, ALI M, ALLAM S, et al. One improved sliding mode DTC for linear induction machines based on linear metro [J]. IEEE Transactions on Power Electronics, 2021, 36 (4): 4560-4571.

[9] ELMORSHEDY M, XU W, AHMED A, et al. Recent achievements in model predictive control techniques for industrial motor: a comprehensive state-of-the-art [J]. IEEE Access, 2021, 9: 58170-58191.

[10] ELMORSHEDY M, XU W, AL-LAM S, et al. MTPA-based finite-set model predictive control without weighting factors for linear induction machine [J] IEEE Transactions on Industrial E-lectronics, 2021, 68 (3): 2034-2047.

[11] ZOU J, XU W, ZHU J, et al. Simplified model predictive thrust control based arbitrary two voltage vectors for linear induction machines in metro transportation [J]. IEEE Transactions on Vehicular Technology, 2020, 69 (7): 7092-7103.

[12] JUNEJO A, XU W, MU C, et al. Adaptive speed control of PMSM drive system based a new sliding-mode reaching law [J]. IEEE Transactions on Power Electronics, 2020, 35 (11): 12110-12121.

[13] XU W, ELMORSHEDY M, LIU Y, et al. Maximum thrust per ampere of linear induction machine based on finite-set model predictive direct thrust control [J]. IEEE Transactions on Power Electronics, 2020, 35 (7): 7366-7378.

[14] XU W, XIAO X, DU G, et al. Comprehensive efficiency optimization of linear induction motors for urban transit [J]. IEEE Transactions on Vehicular Technology, 2020, 69 (1): 131-139.

[15] XU W, ZOU J, LIU Y, et al. Weighting factorless model predictive thrust control for linear

induction machine [J]. IEEE Transactions on Power Electronics, 2019, 34 (10): 9916-9928.

[16] XU W, ELMORSHEDY M, et al. Finite-set model predictive control based thrust maximization of linear induction motors used in linear metros [J]. IEEE Transactions on Vehicular Technology, 2019, 68 (6): 5443-5458.

[17] XU W, DIAN R, LIU Y, et al. Robust flux estimation method for linear induction motors based on improved extended state observers [J]. IEEE Transactions on Power Electronics, 2019, 34 (5): 4628-4640.

[18] HU D, XU W, DIAN R, et al. Loss minimization control strategy for linear induction machine in urban transit considering normal force [J]. IEEE Transactions on Industry Applications, 2019, 55 (2): 1536-1549.

[19] ZHAO Y, X XIAO, XU W. Accelerating optimal shape design of linear machines by transient simulation using mesh deformation and mesh connection techniques [J]. IEEE Transactions on Industrial Electronics, 2018, 65 (12): 9825-9833.

[20] ZOU J, XU W, ZHU J, ET AL. Low-complexity finite control set model predictive control with current limit for linear induction machines [J]. IEEE Transactions on Industrial Electronics, 2018, 65 (12): 9243-9254.

[21] DIAN R, XU W, ZHU J, et al. An improved speed sensorless control strategy for linear induction machines based on extended state observer for linear metro drives [J]. IEEE Transactions on Vehicular Technology, 2018, 67 (10): 9198-9210.

[22] HU D, XU W, DIAN R, et al. Loss minimization control of linear induction motor drive for linear metros [J]. IEEE Transactions on Industrial Electronics, 2018, 65 (9): 6870-6880.

[23] BOLDEA I, TUTELEA L, XU W, et al. Linear electric machines, drives and MAGLEVs: an overview [J]. IEEE Transactions on Industrial Electronics, 2018, 65 (9): 7504-7515.

[24] ZOU J, XU W, YU X, et al. Multistep model predictive control with current and voltage constraints for linear induction machine based urban transportation [J]. IEEE Transactions on Vehicular Technology, 2017, 66 (12): 10817-10829.

[25] ZOU J, XU W, YE C. Improved deadbeat control strategy for linear induction machine [J]. IEEE Transactions on Magnetics, 2017, 53 (6): 1-4.

[26] XU W, SUN G, WEN L. Equivalent circuit derivation and performance analysis of a single-sided linear induction motor based on the winding function theory [J]. IEEE Transactions on Vehicular Technology, 2012, 61 (4): 1515-1525.

[27] XU W, ZHU J, ZHANG Y. Equivalent circuits for single-sided linear induction motors [J]. IEEE Transactions on Industry Applications, 2010, 46 (6): 2410-2423.

[28] XU W, ZHU J, ZHANG Y, et al. An improved equivalent circuit model of a single-sided linear induction motor [J]. IEEE Transactions on Vehicular Technology, 2010, 59 (5): 2277-2289.

博士生毕业论文

[1] 胡冬．城轨交通用直线感应电机最小损耗控制研究［D］．武汉：华中科技大学，2019.
[2] 佃仁俊．直线感应电机二自由度无速度传感器控制研究［D］．武汉：华中科技大学，2019.
[3] 邹剑桥．轨道交通用直线感应电机低复杂度模型预测控制研［D］．武汉：华中科技大学，2020.
[4] 董定昊．城轨交通用直线感应电机参数辨识及牵引性能提升策略研究［D］．武汉：华中科技大学，2022.
[5] 肖新宇．变频驱动下城轨交通用直线感应电机牵引特性分析与优化［D］．武汉：华中科技大学，2022.
[6] Mahmoud Elmorshedy（王世达）．Improved finite-set model predictive thrust control for linear induction motors used in linear metros［D］．武汉：华中科技大学，2020.
[7] Mosaad Ali（明捷）．Direct thrust control for linear induction machine based on linear metro［D］．武汉：华中科技大学，2021.